Gesellschaft und Wirtschaft
des Römischen Reiches
im 3. Jahrhundert

Gesellschaft und Wirtschaft des Römischen Reiches im 3. Jahrhundert

Studien zu ausgewählten Problemen
von Gerda von Bülow, Hagen Fischer, Klaus-Peter Johne, Detlef Rößler und Volker Weber

Herausgegeben von Klaus-Peter Johne

THEORIA CUM PRAXI

Akademie Verlag

Prof. Dr. Klaus-Peter Johne
Humboldt-Universität zu Berlin
Institut für Geschichtswissenschaften
Lehrstuhl für Alte Geschichte
Unter den Linden 6
O-1086 Berlin
Bundesrepublik Deutschland

Abbildung auf dem Umschlag: Fragment eines Bodenmosaiks mit landwirtschaftlichen Szenen, Anfang des 3. Jahrhunderts n. Chr., Cherchel (Algerien), Musée Archéologique.

Die Deutsche Bibliothek – CIP-Einheitsaufnahme

Gesellschaft und Wirtschaft des Römischen Reiches im 3. Jahrhundert : Studien zu ausgewählten Problemen / von Gerda von Bülow ... Hrsg. von Klaus-Peter Johne. - Berlin : Akad. Verl., 1993
ISBN 3-05-001991-3
NE: Bülow, Gerda von; Johne, Klaus-Peter [Hrsg.]

Gedruckt auf chlorfrei gebleichtem Papier.
Das eingesetzte Papier entspricht der amerikanischen Norm ANSI Z. 39.48-1984 bzw. der europäischen Norm ISO TC 46.

Satz: Hagedornsatz, Berlin
Druck und Bindung: Druckhaus „Th. Müntzer" GmbH, O-5820 Bad Langensalza
Herstellerische Betreuung: Karla Henning

Printed in the Federal Republic of Germany

Inhalt

I. Einleitung

von Klaus-Peter Johne

Zu den interessantesten Epochen in der Geschichte des Altertums gehört das 3. Jh. n. Chr., das Zeitalter der großen Krise des Römischen Reiches. In diesem Jahrhundert erfolgte der Umbruch von der frühen Kaiserzeit zur Spätantike, und damit setzte jene Entwicklung ein, an deren Ende der „Fall Roms" stand, ein historisches Phänomen, nach dessen Ursachen in einer einmaligen Diskussion über die Zeiten hinweg bis in unsere Tage immer wieder gefragt wird.[1]

Das 3. Jh. bedeutet für diesen Prozeß des Niedergangs die erste Etappe. Sie endet noch nicht mit dem Untergang des Römischen Reiches, sondern mit einer Bewältigung der Krise dieser Gesellschaft und der Restauration des Imperium Romanum. Die Marksteine für diese Krise sind einerseits die Kriege unter Mark Aurel und der Ausgang der Dynastie der Antonine, zum anderen die Reformen, die mit den Regierungen der Kaiser Diokletian und Konstantin I. verknüpft sind und mit denen der spätrömische Staat entstand, der mit allen ihm zur Verfügung stehenden Mittel das Reich und die in ihm bestehende Ordnung bewahren wollte und dieses Ziel auch für längere Zeit erreichen konnte.

Am Beginn des 2. Jh. stand das Römische Reich auf dem Höhepunkt seiner Entwicklung. Es vereinigte den größten Teil der dem griechisch-römischen Kulturkreis bekannten Welt in einem riesigen Staat, dessen Territorium vom Atlantik bis an den Kaukasus und von Britannien bis an den Nil reichte. Römische Heere waren auf ihren Eroberungszügen bis an den Nordrand der Sahara, an den Persischen Golf, das Kaspische Meer, nach Schottland und zur Elbe gelangt. Die Entwicklung von Landwirtschaft und Handwerk hatte in vielen Teilen des Reiches einen hohen Stand erreicht und führte zu einer in der Alten Welt bis dahin unbekannten Prosperität. Mehr als 1000 Städte wirkten als Zentren von Wirtschaft und Kultur und förderten in den westlichen Provinzen die Romanisierung und in den östlichen die Hellenisierung. Ein gut entwickeltes Straßennetz verband Städte und Landesteile, das Mittelmeer wurde zum Binnenmeer, der Fernhandel reichte bis nach Skandinavien und Ostasien. In Lobreden priesen Plinius der Jüngere im Jahre 100 und Aelius Aristides im Jahre 143 das Römische Reich als einen blühenden Wohlfahrts- und Rechtsstaat.

[1] Eine Zusammenfassung dieser Diskussion bietet das Werk von A. Demandt, Der Fall Roms. Die Auflösung des römischen Reiches im Urteil der Nachwelt, München 1984.

Hinter dieser glänzenden Fassade begann nun jedoch im späteren 2. Jh. eine allgemeine Stagnation. Sie zwang zur Aufgabe der offensiven Politik, zur Grenzsicherung und zur Defensive. Diese Aspekte bestimmten seit der Regierung Kaiser Hadrians (117–138) die Außenpolitik, die Limesbauten an den verschiedensten Grenzabschnitten wurden unübersehbare Zeichen einer gewandelten Zeit. In den Markomannenkriegen (166–180) wurden Teile der Donauprovinzen verwüstet und Italien selbst, das Kernland des Imperiums, erstmals wieder seit den Tagen der Kimbern und Teutonen, die zweieinhalb Jahrhunderte zurücklagen, von außen ernsthaft bedroht. Mit der Ermordung des Commodus 192 endete nicht nur die antoninische Dynastie, sondern auch das Jahrhundert des „Kaiserfriedens". Mit dem Vierkaiserjahr 193 und seinen innenpolitischen Auseinandersetzungen wurde die beginnende Krise offenbar.

Aus den blutigen Bürgerkriegen der Jahre 193–197 ging Septimius Severus als Sieger hervor. Mit seiner Familie, die sich bis 235 an der Macht hielt, kamen Angehörige der nordafrikanischen und syrischen Aristokratie auf den Thron und damit erstmals Provinziale aus den Randgebieten des Reiches. Die Herkunft der Kaiser aus Italien wurde im Verlaufe des 3. Jh. immer mehr zur Ausnahme, jetzt kamen die Thronanwärter aus Kleinasien, Syrien, Gallien und vor allem aus den Donauprovinzen, aus Pannonien, Mösien und Illyrien. Mit der Veränderung der regionalen Herkunft der Herrscher ging die der sozialen einher. Kamen die Prätendenten bis zum Anfang des 3. Jh. ausschließlich aus dem Senatorenstand, so folgten den Senatoren bald Ritter und den Rittern nicht viel später Soldaten als Thronkandidaten. Diese Erscheinung hing auch mit der Verlagerung und Erweiterung der Rekrutierungsräume des Heeres zusammen. Das militärische Potential wurde immer häufiger von der Peripherie des Reiches gestellt und seit der Jahrhundertmitte in zunehmendem Maße auch außerhalb der Reichsgrenzen angeworben. Bürgerkriege und anhaltende Auseinandersetzungen an den Grenzen ließen Stärke und Bedeutung des Heeres rasch anwachsen. Die Zeit, da die Legionen an Rhein, Donau und Euphrat das Imperium sicherten und die Mehrheit der Reichsbevölkerung fernab davon mit ihnen wenig zu tun hatte, fand ihr Ende. Die Ersetzung der aus Italikern bestehenden Prätorianergarde in Rom durch Soldaten aus Illyrien und die Aufstellung einer nahe der Hauptstadt in den Albanerbergen stationierten Legion durch Septimius Severus in den neunziger Jahren des 2. Jh. waren symptomatische Auftakte für eine allgemeine Militarisierung des Staates. Deren Geist überliefert der Senator und Historiker Cassius Dio in dem angeblichen Vermächtnis des Septimius Severus an seine Söhne Caracalla und Geta: „Haltet eng zusammen, macht die Soldaten reich, und kümmert euch um nichts anderes!"[2]

Unter Anspannung aller militärischen Kräfte blieb der erste Severerkaiser in seinen Kriegen gegen die Parther an der Ostgrenze und gegen die Kaledonier im Norden Britanniens nochmals erfolgreich und konnte gefährdete Grenzräume

[2] Cassius Dio 76,15,2.

wirksam absichern. Insgesamt bedeutete die Herrschaft dieser Dynastie im ersten Drittel des Jahrhunderts noch eine gewisse Konsolidierung der Verhältnisse. Der Bestand des Reiches blieb erhalten, und die inneren Gegensätze wurden bewältigt. In diesem Rahmen fand unter Caracalla der Prozeß der Romanisierung einen wesentlichen Abschluß. Mit der Constitutio Antoniniana von 212 wurden fast alle freien Reichsbewohner römische Bürger im rechtlichen Sinne.

Ihren Höhepunkt erreichte die sich in der Severerzeit anbahnende Krise in der Zeit der Soldatenkaiser zwischen 235 und 284. In der Jahrhundertmitte war der durch permanente Thronwechsel, Usurpationen und Bürgerkriege geschwächte Staat, dessen Bevölkerung zusätzlich durch Seuchen dezimiert und dessen Wirtschaft durch Inflation ruiniert wurde, nicht mehr in der Lage, seine Grenzen erfolgreich zu verteidigen. Die zu Stammesbünden vereinigten Germanen konnten weite Vorstöße in die West- und Donauprovinzen, ja bis nach Italien, unternehmen, die Perser solche in die Ostprovinzen. Die Folge waren kurzlebige Teilreiche in den gefährdeten Grenzprovinzen und deren Hinterland sowie die ersten größeren territorialen Verluste des Reiches.

Von größter Bedeutung für die Geschichte des 3. Jh. war die Veränderung der internationalen Kräftekonstellation. Das Römische Reich verlor die militärische Initiative an seiner gesamten Nord- und Ostgrenze vom Ärmelkanal bis zum Schwarzen Meer und zum Persischen Golf. Alle seine Gegner gewannen an Stärke.

In Persien wurden zwischen 224 und 226 die geschwächte Herrschaft der Parther unter den Arsakiden durch die Dynastie der Sassaniden gestürzt. Ihr Begründer Ardaschir I. eröffnete schon 230 den Krieg gegen die römischen Ostprovinzen mit dem außenpolitischen Ziel einer Wiederherstellung des alten Achämenidenreiches des 6.–4. Jh. v. Chr. Unter Schapur I. (241–272) drangen die Perser in verschiedenen Feldzügen durch Mesopotamien nach Syrien, Kilikien und Kappadokien vor. In den fünfziger Jahren wurde Dura-Europos am Euphrat zerstört und Antiochia, die Metropole des Ostens, geplündert. Die Gefangennahme Kaiser Valerians bei Edessa im Jahre 260 markiert den Tiefpunkt der römischen Ostpolitik in diesem Jahrhundert und darüber hinaus in der gesamten Kaiserzeit. In den Zusammenhang mit den persischen Offensiven muß das Teilreich von Palmyra gestellt werden, das zeitweilig die meisten orientalischen Provinzen umfaßte. Es entstand in den Abwehrkämpfen nach 260 und war unter der Herrschaft der Zenobia von 267 bis 272 selbständig. Auch nach der von Aurelian erzwungenen Wiedereingliederung des Teilreiches zog an der Grenze zu Persien keine Ruhe ein. Zu Beginn der achtziger Jahre setzten hier von neuem Grenzkämpfe ein, die erst der Friedensschluß von 298 für längere Zeit beendete. Die Euphratgrenze war jedoch nur einer von drei gefährdeten Abschnitten.

An der Donau hatten schon unter Mark Aurel heftige Kämpfe getobt. Die iranischen Sarmaten, Jazygen und Roxolanen blieben auch im 3. Jh. in der Theißebene und im Karpatenbogen eine latente Gefahr. Sehr viel schwerer wogen jedoch die Einfälle der Goten und mit ihnen verbündeter germanischer

Stämme, die um 238 aus dem Schwarzmeerraum heraus ihren Anfang nahmen. In den Jahren 250–251 plünderten die Goten unter ihrem König Kniva Dakien, Mösien und Thrakien, Kaiser Decius verlor gegen sie in der Schlacht von Abrittus sein Leben. Wenige Jahre später begannen von neuem verheerende Plünderungszüge zu Lande und zur See. 257 drangen Germanen vom Schwarzen Meer aus durch den Bosporus und bedrohten in der Folgezeit Kleinasien, die Inselwelt der Ägäis und Griechenland, 269 konnte Claudius Gothicus zwar bei Naissus einen ansehnlichen Erfolg über die auf der Balkanhalbinsel umherziehenden „Barbaren" erringen, dessen Relativität jedoch durch die endgültige Aufgabe der dakischen Provinzen nördlich der Donau durch Aurelian im Jahre 271 deutlich wird. Nur durch die Aufgabe aller einst von Trajan in den Kriegen gegen Decebalus eroberten Gebiete war eine Wiederherstellung und Sicherung der Donaugrenze in den siebziger Jahren möglich. Kriegerische Auseinandersetzungen flackerten jedoch an der mittleren Donau in regelmäßigen Abständen bis zum Ende des Jahrhunderts immer wieder auf.

Die Gefahr für die Rheingrenze ging von den Stammesbünden aus, die sich im Vorfeld des obergermanisch-rätischen Limes aus germanischen Kleinstämmen gebildet hatten. Unter Caracalla tauchen hier 213 zum ersten Male die Alamannen auf, die 233/234 den Limes durchstießen und bis an den Rhein vordrangen. Bei der Vorbereitung eines Feldzuges gegen sie fand 235 Severus Alexander im Heerlager bei Mainz ein gewaltsames Ende und mit ihm die Dynastie der Severer. Die Jahre 259/260 brachten den endgültigen Durchbruch des Limes seitens der Germanen und seitens der Römer die Aufgabe des obergermanischen Provinzialgebiets östlich des Rheins. In den sechziger Jahren zogen germanische Heerscharen über die Alpenpässe und plünderten das nördliche und sogar das mittlere Italien. Die dortigen Städte waren unbefestigt und, da an lange Friedenszeiten gewöhnt, ihren Gegnern schutzlos preisgegeben. Sie sahen sich gezwungen, sich mit Mauern zu umgeben. Mailand und Verona wurden auf diese Weise geschützt, das imposanteste Beispiel ist jedoch die Aurelianische Mauer um Rom, die im Jahre 271 begonnen wurde. Mit einem Umfang von fast 19 Kilometern, einer Höhe von 6 und einer Breite von 3 1/2 Metern, mit ihren 18 Toren und 381 Befestigungstürmen ist sie bis heute ein sichtbares Symbol für den tiefen Einschnitt, der sich in der Mitte des 3. Jh. in der Geschichte Roms vollzogen hat.

Am Niederrhein spielten die für 257 zuerst bezeugten Franken eine Rolle, die mit derjenigen der Alamannen am Oberrhein vergleichbar war. In dieses Jahr fällt ihr großer Einbruch nach Gallien, der bis in das nordspanische Provinzialgebiet der Tarraconensis führte. Die Germanengefahr am Niederrhein bewirkte auch im Westen die Etablierung eines Teilreiches, das angesichts der Überforderung der Zentralgewalt die Verteidigung eines bestimmten Grenzabschnitts übernahm. Das von Postumus 259/260 begründete „Gallische Reich" hat bis 274 unter fünf Kaisern ein beachtenswertes Eigenleben geführt. Die Rückgliederung erfolgte wie bei dem Reich von Palmyra durch Kaiser Aurelian, die Germanengefahr war indessen damit keineswegs gebannt. Der Einfall der Jahre 275/276 wurde für die römische Seite wiederum sehr verlustreich und führte zu einer teilweisen Zerstörung von Trier. Mit größter Mühe konnte Kaiser Probus 277/278 die Rheingrenze wiederherstellen, doch auch deren Sicherung blieb für den Rest des Jahrhunderts mit häufigen Kämpfen verbunden.

Als dritter Stammesbund tauchten seit dem Jahre 286 die Sachsen auf. Sie bedrohten als Seefahrer die Küsten Galliens und Britanniens und trugen dadurch zur Entstehung eines britannischen Teilreiches bei, das von 286 bis 296 Bestand hatte.

Die fortwährende bedrohliche Situation an den Grenzen machte die Anwesenheit der Kaiser an den Brennpunkten erforderlich. Da sie unmöglich überall agieren konnten, fielen den Heerführern wichtige Aufgaben zu. Diese Situation führte unter den labilen Verhältnissen der Krisenzeit oft genug zur Usurpation durch den erfolgreichen Heerführer und damit zu Bürgerkriegen, die das von den Grenzen her erschütterte Reich nun auch im Innern noch ins Chaos stürzten. Zwischen 235 und 285 kommt man auf die Zahl von 70 Kaisern und Prätendenten; der Höhepunkt der Wirren war unter der Herrschaft von Valerian und Gallienus (253–268) erreicht. Eine Stabilisierung des Kaisertums zeichnete sich zuerst unter Aurelian (270–275) ab, anhaltender Erfolg war jedoch erst Diokletian (284–305) mit der Einführung eines legalisierten Mehrkaisertums in der Form der Tetrarchie beschieden.

Der über Jahrzehnte hin fast permanente Kriegszustand an den Grenzen und im Innern belastete die Wirtschaft in unerträglicher Weise. Ganze Provinzen wurden verwüstet, Städte geplündert und zerstört, wobei die Plünderungen sich nicht auf die der „Barbaren“ beschränkten, sondern in den Bürgerkriegen auch durch Reichstruppen erfolgten. Bischof Cyprian von Karthago sah in den fünfziger Jahren schon das Weltenende nahen.

Um die Ausgaben für Heer und Verwaltung bestreiten zu können, wurden das umlaufende Geld vermehrt und der Edelmetallgehalt der Münzen vermindert und diese damit verschlechtert. Das häufigste Geldstück dieser Zeit war der von Caracalla (211–217) eingeführte Doppeldenar, der nach ihm „Antoninianus“ benannt wurde. In der Inflation der Jahrhundertmitte sank diese Münze auf ein Prozent vom Wert des alten Denars herab. Der Fiskus, der an einem Rücklauf des minderwertigen Geldes nicht interessiert war, stellte das Steuerwesen zunehmend auf Naturalabgaben um. Die Bewältigung dieser Probleme erwies sich schwieriger als die der politisch-militärischen. Die Münzreform Aurelians blieb ebenso ohne Erfolg wie Diokletians Höchstpreisedikt von 301. Erst dessen Reorganisation des gesamten Steuerwesens auf der Basis neuer Veranlagungen und die Münzreform Konstantins I. führten im 4. Jh. zu einer Stabilisierung von Wirtschaft und Währung.

Am verheerendsten wirkte sich die Krise natürlich auf die arbeitenden Menschen auf dem Lande und in den Städten aus. Armut und Unterdrückung nahmen zuvor nicht gekannte Ausmaße an. Breite Kreise der freien Bevölkerung gerieten in Abhängigkeitsverhältnisse, die bislang sorgsam gehüteten Unterschiede zwischen den armen Freien und den Sklaven begannen sich zu verwischen, ein Prozeß der Nivellierung in den Unterschichten setzte ein. Die sich rapide verschärfenden sozialen Probleme lösten offene Konflikte aus. Seit dem Ende des 2. Jh. kam es sporadisch zu Aktionen gemeinschaftlichen Handelns unterdrückter Bevölkerungskreise. Schon bald nach den Markomannenkriegen erschütterte der Aufstand des Maternus in den Jahren 185 und 186 Gallien. In den Wirren des Sechskaiserjahres 238 kam es in Rom zu einem regelrechten Volksaufstand gegen die Prätorianergarde. Unter Kaiser Aurelian erhoben sich die Arbeiter der Münzstätte in der Reichshauptstadt. Bei weitem übertroffen wurde dies alles von den Vorgängen, die sich in den achtziger Jahren im nördlichen Gallien abspielten. Offenbar als Reaktion auf die Niederdrückung von Bauern in neue Abhängigkeitsformen wie den sich herausbildenden Kolonat kam es von 283 bis 286 zu dem ersten großen Bagaudenaufstand, der in einem mehrjährigen Krieg unterdrückt werden mußte.

Kriegsnöte, Wirtschaftskrisen und soziale Konflikte begünstigten die weitere Ausbreitung der orientalischen Erlösungsreligionen. Die offizielle Propagierung des Kultes von Emesa unter Kaiser Elagabal (218–222) und diejenige des der Mithrasreligion verpflichteten Sonnenkults Aurelians sind Beispiele dafür. Von entscheidender Bedeutung waren jedoch nicht diese religiösen Strömungen, sondern das Christentum, das im Verlaufe des 3. Jh. eine geradezu rasante Entwicklung genommen hat. In der Soldatenkaiserzeit und in der Tetrarchie wurde es im Sinne der an alten Traditionen hängenden Staatsräson, die als Loyalitätsbeweise Opfer auch unter Zwang forderte, heftig bekämpft. Letztlich ist das Christentum aus den Verfolgungen der Kaiser Decius 250–251, Valerian 257–258, Diokletian 303–305 und Galerius 305–311 jedoch gestärkt hervorgegangen und hat schließlich durch Konstantin I. 313 die allgemeine Anerkennung gefunden.

Die Christianisierung des Römischen Reiches im 4. Jh. war nur ein augenfälliges Indiz für die großen Erschütterungen und Veränderungen, die sich in diesem Staat im Laufe des 3. Jh. vollzogen hatten. Gesellschaft und Wirtschaft waren unter Konstantin und seiner Dynastie nicht mehr dieselben wie unter den Antoninen. Die Veränderungen im gesamten Sozialgefüge bahnten sich nach dem Ende der Soldatenkaiserzeit mit der Herausbildung der Tetrarchie unter Diokletian an und traten in den darauf folgenden Jahrzehnten offen hervor. In der Landwirtschaft löste der nun voll ausgebildete Kolonat weithin die Sklaverei als das charakteristische Ausbeutungsverhältnis ab. Parallel zur Bodenbindung auf dem Lande erfolgte auch eine staatlich sanktionierte Bindung an Berufe, Tätigkeiten und Pflichten in der Stadt. Die privilegierte Stellung Italiens, aber auch die Sonderstellung Ägyptens und der alten senatorischen Provinzen hörte zu bestehen auf. Das Heer erfuhr eine tiefgreifende Veränderung vor allem durch die Aufnahme von Germanen. Für das Jahr 286 ist erstmals ein geschlossener Truppenkörper aus Germanen, die außerhalb der Reichsgrenzen geworben wurden, bezeugt. 303 gelang einem reichsangehörigen Germanen der bis zu diesem Zeitpunkt nicht mögliche Aufstieg zum Militärbefehlshaber einer römischen Provinz. Für die Germanisierung der militärischen Führungsschicht bedeuten die Verleihung der Konsularinsignien an den Heruler Naulobatus durch

Gallienus den Auftakt und die ein Jahrhundert später erfolgte Erhebung des Heermeisters Nevitta zum ordentlichen Konsul des Jahres 362 durch Julian einen gewissen Abschluß. Neben das Heer trat ein in der bisherigen Geschichte Roms unbekannter bürokratischer Apparat für die dirigistischen Eingriffe des Staates in alle Lebensbereiche. Die Munizipalaristokratie verlor nach oft vertretener Ansicht die gewichtige Stellung, die sie in der frühen Kaiserzeit innehatte. Der Ritterstand, der im Jahrhundert der Krise im militärischen wie im zivilen Bereich seine größte Machtentfaltung erreichte, ging seit Konstantin in der Senatorenschicht oder in der Militärbürokratie auf. Der Senat blieb zwar die Reichsversammlung der Großgrundbesitzeraristokratie, die Tätigkeit seiner Mitglieder wurde jedoch seit Gallienus völlig in den zivilen Sektor gedrängt. Seine Bedeutung, die sich letztmalig in den Kaiserwahlen von 238 und 275 dokumentierte, trat in dem Maße in den Hintergrund, in dem Rom seine Rolle als die alleinige Kaiserresidenz einbüßte. Für das nach orientalischem Vorbild zeremoniell überhöhte Kaisertum entstanden neue Residenzen näher an der Rhein-, Donau- und Euphratgrenze: Trier und Mailand, Sirmium und Saloniki, Nikomedia und Antiochia. Am Ende dieser Entwicklung stand 330 die Gründung eines „Neuen Roms" in Konstantinopel, womit das Zerbrechen des Reiches in einen westlichen und einen östlichen Teilstaat und für den letzteren „das byzantinische Jahrtausend" bereits vorgezeichnet waren.

Mit diesem skizzenhaften Überblick zu wichtigen Ereignissen zwischen dem Beginn der Severerdynastie und dem Ende der Tetrarchie ist die Problematik dieses Zeitalters und seiner Krisenerscheinungen kurz beleuchtet worden. Die Frage nach den Gründen für das turbulente Geschehen im 3. Jh. und für die Veränderungen, die zwischen dem 2. und dem 4. Jh. vor sich gegangen sind, spitzt sich auf die Alternative zwischen inneren und äußeren Ursachen zu.

Der knappe Abriß der Ereignisgeschichte auf den vorangegangenen Seiten scheint die Ansicht zu bestätigen, daß aus der Bedrohung Roms durch äußere Feinde die Krise des 3. Jh. erklärbar sei. So hat etwa Franz Altheim vor einem halben Jahrhundert dem Auftreten der Reiternomaden des eurasischen Steppengürtels an der römischen Grenze die entscheidende Bedeutung zugemessen. Deutungen dieser Art finden vor allem bei Forschern Anklang, die einen Zusammenhang zwischen der auf der Sklaverei basierenden Produktionsweise und den Krisenerscheinungen bestreiten. Pointierten Ausdruck verlieh dieser Ansicht im Jahre 1977 Frank Kolb, der auch den Terminus „Krise" durch „beschleunigten Wandel" ersetzen möchte: „Außenpolitische Ereignisse und der aus ihnen resultierende Machtzuwachs von Militär und Bürokratie, nicht die Dialektik von Produktivkräften und Produktionsverhältnissen, waren die geschichtsbewegenden Kräfte im 3. Jahrhundert n. Chr."[3] Im Jahre 1989 formulierte Alexander

[3] F. Kolb, Wirtschaftliche und soziale Konflikte im Römischen Reich des 3. Jahrhunderts n. Chr., in: Bonner Festgabe Johannes Straub zum 65. Geburtstag am 18. Oktober 1977 dargebracht von Kollegen und Schülern, Bonn 1977 (Beihefte der Bonner Jahrbücher 39), 294.

Demandt seine Vorstellungen dazu in ähnlicher Richtung: „Die äußere Bedrängnis des Reiches war zum geringeren Teil eine Folge der inneren Krise, zum größeren Teil hingegen deren Ursache. Denn die Bildung der westgermanischen Großstämme, die Wanderungen der Ostgermanen und die Machtergreifung der Sassaniden sind unabhängig von innerrömischen Konflikten erfolgt.“[4]

Neben der Meinung, daß den äußeren Ursachen das Primat zukomme, besteht seit langem auch die, daß Roms Schwäche im 3. Jh. der Stärke seiner Gegner vorangegangen sei und dieser Schwäche, für die verschiedene Gründe namhaft gemacht werden, die entscheidende Bedeutung beigemessen werden müßte. Als solche Gründe wurden schon in den vergangenen Jahrhunderten genannt: die destruktive Rolle des Christentums, die allgemeine „Orientalisierung“ der Gesellschaft oder die übermächtige Rolle und die daraus resultierende Zügellosigkeit des Militärs. In den zwanziger Jahren unseres Jahrhunderts fand Michael Rostovtzeff eine Erklärung im Kampf der oberflächlich romanisierten Bauern, aus denen sich das Heer rekrutierte, gegen die romanisierte bzw. hellenisierte Stadtbevölkerung und ihre Zivilisation. Nach seiner These war der Antagonismus zwischen Stadt und Land das grundsätzliche Problem. Daß dieser eine beträchtliche Rolle gespielt hat, unterstrich auch Elena M. Štaerman, der die folgenreichste Deutung verdankt wird, die innerhalb der marxistischen Forschung vorgelegt wurde. Sie interpretierte die Krise des 3. Jh. als eine der Sklavenhalterordnung und der auf der Sklaverei begründeten antiken Eigentumsform. Dabei habe die sich auf das große Grundeigentum und die Ausbeutung der Kolonen stützende Aristokratie den ökonomischen und politischen Sieg über die mit der Sklavenarbeit und der Villenwirtschaft verbundene Munizipalaristokratie und die städtischen Mittelschichten errungen. Die in den fünfziger Jahren gewonnenen Ergebnisse Štaermans haben die Forschung in den ehemaligen sozialistischen Staaten lange und nachhaltig beeinflußt. Ein offenkundiger Mangel ihrer Interpretationen ist die völlig ungenügende Berücksichtigung äußerer Einwirkungen. Wollte Kolb allein außenpolitische Ereignisse gelten lassen, so lesen wir bei der russischen Forscherin genau das Gegenteil: „Für die marxistischen Historiker besteht kein Zweifel daran, daß sowohl der Untergang des Römischen Reiches als auch die Krise des 3. Jahrhunderts, die ihm voranging, sich aus der Krise der Sklavenhalterordnung ergaben.“[5]

Eine allgemein akzeptierbare Erklärung für die Vorgänge und Veränderungen im 3. Jh. sollte nach den Triebkräften in der sozialökonomischen Entwicklung suchen, aber auch der außenpolitischen Konstellation und ihrer Rückwirkung auf diese Entwicklung gebührende Beachtung widmen.

[4] A. Demandt, Die Spätantike. Römische Geschichte von Diocletian bis Justinian 284–565 n. Chr., München 1989 (Handbuch der Altertumswissenschaft, 3. Abt., 6. Teil), 43.

[5] E. M. Schtajerman, Die Krise der Sklavenhalterordnung im Westen des Römischen Reiches. Aus dem Russischen übers. und hrsg. v. W. Seyfarth, Berlin 1964, 7.

Das Ziel der folgenden Beiträge ist es, wesentlichen Veränderungen vor allem in den gesellschaftlichen und ökonomischen Verhältnissen der in Frage stehenden Zeit in einzelnen, ausgewählten Bereichen nachzugehen und sich um eine Aufhellung der Ursachen für diese Veränderungen zu bemühen.

Der Ausgangspunkt für diesen Sammelband waren Forschungen, die in den siebziger Jahren im Zentralinstitut für Alte Geschichte und Archäologie der Berliner Akademie der Wissenschaften zu dem Problemkreis „Kolonen und Kolonat" betrieben wurden und in der 1983 erschienenen Monographie „Die Kolonen in Italien und den westlichen Provinzen des Römischen Reiches vom 2. Jahrhundert v. u. Z. bis zu den Severern" ihren Niederschlag gefunden haben. Darin wurde das System der Bodenpacht von seinem ersten nachweisbaren Auftreten an über vier Jahrhunderte historischer Entwicklung verfolgt und auf der Grundlage der literarischen, juristischen und epigraphischen Quellen so umfassend wie möglich beleuchtet. Als ein wichtiges Ergebnis dieser Untersuchung konnte festgehalten werden, daß sich die Kolonenwirtschaft in der Zeit der späten römischen Republik und des Prinzipats wesentlich von dem spätantiken Kolonat des 4.–6. Jh. unterschieden hat. War die Kolonenwirtschaft trotz aller regionalen Unterschiede und Nuancen doch immer noch ein Vertragsverhältnis zwischen Verpächtern und Pächtern, so muß der Kolonat als ein Untertanenverhältnis zwischen Eigentümern und abhängigen Bauern angesehen werden. Der qualitative Umschlag ist nun im Jahrhundert der Krise erfolgt. Die Zeit dieses Umschlags wurde daher zum Gegenstand weiterer Untersuchungen gemacht.

Da die Herausbildung des Kolonats im Rahmen einer gesamtgesellschaftlichen Krise vor sich ging, konnten weitere Untersuchungen nur im engen Zusammenhang mit anderen tiefgreifenden Veränderungen erfolgversprechend sein. Die Studien zu Gesellschaft und Wirtschaft im 3. Jh. stellen daher in gewisser Weise eine zeitlich auf ein Jahrhundert begrenzte, in der Fragestellung jedoch grundsätzlich erweiterte Fortsetzung des Werkes über die Kolonen dar, wobei die unmittelbare Fortsetzung selbst nur noch einen relativ bescheidenen Raum einnimmt.

Behandelt werden ausgewählte, relevante Probleme der Übergangszeit vom frühen zum späten Kaiserreich. Dem Ausgangspunkt entsprechend liegt ein Schwergewicht auf der Landwirtschaft. Besondere Aufmerksamkeit wird dabei den Eigentumsverhältnissen auf der Grundlage neuer Erkenntnisse der Provinzialarchäologie geschenkt und dem Umschlag von der Kolonenwirtschaft zum Kolonat. Die wichtigste Parallele zur Bindung der Kolonen an das von ihnen bearbeitete Land stellt die Bindung städtischer Bevölkerung an Berufe und Tätigkeiten dar. Daher beschäftigt sich ein Abschnitt ausführlich mit dem Kollegienwesen. Ein weiterer Teil ist den Verhältnissen in Handwerk und Handel gewidmet, wobei wie bei der Landwirtschaft der unterschiedlichen Entwicklung in den verschiedenen Reichsteilen Rechnung getragen wird.

Neben die eher wirtschaftsgeschichtlich orientierten Beiträge treten mehrere, die vorrangig die Situation verschiedener Schichten der Gesellschaft im Blick haben. Zwei Beiträge befassen sich mit den Oberschichten. Zum einen geht es um die sich verändernde soziale Herkunft der Kaiser im Verlaufe des Jahrhunderts. Dabei wird das Kaisertum im Zusammenspiel mit der Senatsaristokratie und der führenden Schicht des Ritterstandes gesehen. Zum anderen wird den offenkundigen Umschichtungen an der Spitze der Gesellschaft die Munizipalaristokratie mit ihren weniger auffälligen Veränderungen gegenübergestellt.

Der innere Zusammenhang von Kunst und Gesellschaft wird an einem besonders einprägsamen Beispiel illustriert, an der Reflexion, die die Krisenzeit in der römischen Porträtkunst gefunden hat.

Der theoretische Schwerpunkt aller Beiträge liegt auf dem Zusammenhang zwischen den der niedergehenden antiken Gesellschaft immanenten Ursachen für die Vorgänge und Veränderungen im 3. Jh. und den diese Ursachen allenthalben verschärfenden Wirkungen der äußeren Einflüsse. Diese einheitliche Fragestellung ist auch das verbindende Element der einzelnen Teile. Bei der Zusammenschau auf den behandelten Gegenstand aus unterschiedlichen Blickwinkeln wird die Spezifik der einzelnen Disziplinen ebenso gewahrt wie die Individualität der einzelnen Autoren.

Die Anregung zu den folgenden Studien gab Heinz Kreißig, der leider viel zu früh verstorbene Leiter des Bereiches „Griechisch-römische Geschichte" im damaligen Zentralinstitut für Alte Geschichte und Archäologie der Berliner Akademie der Wissenschaften. Er hat die ersten Schritte zu diesem Projekt noch mit großer Anteilnahme verfolgt und mit wertvollen Ratschlägen bereichert. Dem ehrenden Gedenken an seine Person sind die Beiträge gewidmet.

II. Zu den Verhältnissen in der Landwirtschaft

II.1. Die archäologischen Quellen zur Entwicklung der Villenwirtschaft

von Gerda von Bülow

A. Einleitung

Die Landwirtschaft war die hauptsächliche Basis auch der römischen Wirtschaft von der frührepublikanischen Zeit bis in die Spätantike. Ihre Entwicklung war in jeder Phase eng verbunden mit der Geschichte der ganzen Gesellschaft, und soziale wie auch politische und militärische Veränderungen und Ereignisse hatten ihre Auswirkungen auf die Landwirtschaft bzw. Veränderungen auf diesem Gebiet beeinflußten die übrigen Lebensbereiche. Diese Wechselwirkung läßt sich z. B. sehr deutlich bereits im 3./2. Jh. v. Chr. erkennen, als die Stadt Rom durch erfolgreiche Kriege ihre Macht auf die gesamte Apenninenhalbinsel und darüber hinaus auf den gesamten Mittelmeerraum auszudehnen begann. Die militärischen Unternehmungen erforderten zunächst einmal den Einsatz großer Menschenmassen, die vorrangig durch Bauern gestellt wurden, so daß durch die unvermeidlichen Kriegsverluste die Schicht der Bauern besonders stark in Mitleidenschaft gezogen wurde. Andererseits brachte die Ausweitung des Machtbereiches auch einen großen Zuwachs an landwirtschaftlicher Nutzfläche mit sich. Die sich daraus ergebende Diskrepanz zwischen größer werdender Ackerfläche und abnehmender Zahl von Bauern begünstigte die Entstehung von Großgrundbesitz,[1] für dessen Bewirtschaftung der Eigentümer von Anfang an auf den Einsatz fremder, abhängiger Arbeitskräfte angewiesen war.

[1] Orth, RE, 23. Hbd., Stuttgart 1924, Sp. 669, s.v. Landwirtschaft; Johne–Köhn–Weber 11 f., 45 f.

Diese rekrutierten sich ebenso aus versklavten Kriegsgefangenen wie auch aus verarmten Bauern. Die Bildung von größeren und großen Landgütern war zwar zunächst ein Resultat dieser Entwicklung, sie nahm allerdings sehr bald auch Einfluß auf deren Fortsetzung, indem diese Güter viele Kleinbauernwirtschaften durch ihre größeren ökonomischen Möglichkeiten ruinierten.

Diesem Trend zur Konzentration von Landbesitz Einhalt zu gebieten und die in ihrer Entwicklung bedrohte Schicht der Kleinbauern zu stärken, waren Ziele der Reformbestrebungen der Brüder Tiberius und Caius Gracchus zwischen 133 und 121 v. Chr.[2] Die von ihnen eingebrachten Gesetzentwürfe sahen vor, daß keine Familie mehr als 1000 *iugera* (= etwa 250 ha) Land vom *ager publicus* besitzen solle; der übrige Besitz sollte als Staatseigentum in 30 *iugera* große Parzellen aufgeteilt und in Erbpacht an ärmere Bürger vergeben werden. Diese Reformen konnten allerdings nur bedingt durchgesetzt werden. Schon durch die Lex agraria des Jahres 111 v. Chr. wurde diesen Pächtern die freie Verfügbarkeit über ihre Parzellen zugestanden. Das bedeutete auch das Recht zu Kauf und Verkauf des Landes, wodurch wiederum der Bildung von Großgrundbesitz Vorschub geleistet und der Niedergang der Bauernschicht nicht aufgehalten oder abgewendet wurde.

Die Ansiedlungen entlassener Soldaten in den Veteranenkolonien des 1. Jh. v. Chr. kann in gewisser Weise als ein Versuch zur Stärkung des Kleinbauerntums angesehen werden, dem aber auch kein nachhaltiger Erfolg beschieden war.[3] Die Konzentration von großen Acker- und Weideflächen im Besitz einer zahlenmäßig kleinen Schicht der römischen Gesellschaft war auch dadurch nicht grundsätzlich aufzuhalten. Teils wegen Unfähigkeit, teils aber auch wegen Unwilligkeit von Veteranen zur landwirtschaftlichen Tätigkeit kam es zur Veräußerung von zugeteilten Gütern oder zur Übertragung der Nutzungsrechte an Dritte, also zu mehr oder weniger ausgebildeten Pachtverhältnissen. Damit wurden diese Güter, unabhängig von ihrer Größe, zur Basis für die Herausbildung spezifischer Organisationsformen, die für die römische Landwirtschaft charakteristisch geworden sind und die heute mit dem Begriff der Villenwirtschaft umschrieben werden. Das Zentrum einer solchen Villenwirtschaft bildet die *villa*, die zumeist außerhalb eines geschlossenen Siedlungsverbandes lag und von der dazugehörigen landwirtschaftlichen Nutzfläche umgeben war. Mehrere *villae* konnten, zumal wenn sie ihren gemeinsamen Ursprung in der systematischen Erschließung eines Gebietes hatten, einen Ortsverband eigener Prägung bilden.

Administrativ gehörten die meisten römischen Villen zu einer städtischen Siedlung bzw. auch zu einem Militärlager. Mit diesen waren sie auch wirtschaftlich verbunden, indem zumindest ein Teil der Produkte eines Gutshofes in den Warenaustausch auf dem städtischen Markt einging. Der Marktbezogenheit der

[2] K.-P. Johne, in: Johne–Köhn–Weber 49 f., mit weiterer Literatur.

[3] Orth, s. Anm. 1, Sp. 672.

Villen kommt für deren Existenz und Entwicklung eine besonders große Bedeutung zu, wenn der Villenbesitzer den Ratschlägen der Agrarschriftsteller Cato und Varro folgte und sich auf bestimmte Kulturen wie z. B. Wein- oder Olivenanbau spezialisiert hatte, weil er damit größere Gewinne auf den Märkten erzielen konnte als mit dem Verkauf von Getreide.[4] Besitzer, deren Güter auf dem zu einem Legionslager gehörigen Territorium lagen, waren verpflichtet, mit ihren Erzeugnissen zur Versorgung der römischen Soldaten beizutragen.

In einigen Provinzen des Römischen Reiches ist eine solche Vielzahl von Villen nachgewiesen worden, die über das gesamte Provinzterritorium verteilt waren, daß durch sie alles für die Landwirtschaft nutzbare Areal okkupiert gewesen sein muß.[5] Trotzdem kann man davon ausgehen, daß es neben diesen isoliert liegenden Villen zu allen Zeiten und in allen Reichsteilen auch Kleinbauern gegeben hat, die in geschlossenen dörflichen Siedlungen gelebt haben und eine kleine Landparzelle für den familiären Eigenbedarf bewirtschafteten. Besonders in den Provinzialgebieten zeigt sich in den Bauerndörfern das Fortbestehen vorrömischer Organisationsformen in der Landwirtschaft. Im Zuge der Romanisierung wurden einige dieser Dörfer durch die Einrichtung von Villenwirtschaften verdrängt, was jedoch höchstens in Einzelfällen durch schriftliche Zeugnisse oder archäologische Befunde nachweisbar ist. Andere Dörfer wurden sich ausweitenden Villenbezirken zugeordnet, indem ihre Bewohner saisonweise oder ständig für den Villenbesitzer arbeiteten. In Gegenden, wo es keine oder nur vereinzelt römische Villen gab, haben sich solche Siedlungen mit einer einheimischen, wenig oder gar nicht romanisierten Bevölkerung in unveränderter Form erhalten können.[6]

Die Villa als Bautyp und die mit ihr verbundene Wirtschaftsform taucht in den meisten Provinzialgebieten im Zusammenhang mit der Etablierung der Römer auf,[7] und die Dichte der Villenbesiedlung wird allgemein als ein Kriterium dafür angesehen, wie intensiv die jeweiligen Gebiete romanisiert

[4] Vgl. dazu K.-P. Johne, in: Johne–Köhn–Weber 41, 67 f.

[5] Z.B. auf der Iberischen Halbinsel: s. Gorges 42.

[6] In der Umgebung von Caesarea in Mauretanien gab es sowohl Dörfer mit einheimischer Bevölkerung, die in direkter Abhängigkeit von einer römischen Villa standen, als auch solche, in denen sich die vorrömische Wirtschaftsform erhalten hatte: s. Leveau 411, 481–484; vgl. dazu auch Frontinus, De controversiis agrorum II, ed. K. Lachmann u. a., Die Schriften der römischen Feldmesser, Bd. 1, Berlin 1848, 53. Für Italien ist aus spätantiker Zeit (Anfang 5. Jh.) ein Beispiel für ein großes Landgut bekannt, auf dem sich 60 dörfliche Siedlungen befanden, in denen die auf dem Gut Beschäftigten gelebt haben; s. Finley 149.

[7] Etwas anders scheinen die Verhältnisse in Gallien gewesen zu sein, wo mehrfach nachgewiesen werden konnte, daß die römische Villa über einem keltischen Gutshof errichtet war: s. G. Chouqueur, La genèse des paysages du Centre-Est de la Gaule. Polymorphisme et production d'une identité rurale, Dialogues d'histoire ancienne 9, 1983, 126; Harmand 360.

waren.[8] Die Villenwirtschaft in der oben beschriebenen Form ist also für die römische Landwirtschaft zwar nicht die einzige, aber doch die typische Organisationsform und Produktionsweise. Dem tragen auch alle Werke der römischen Agrarschriftsteller Rechnung, indem sie darin eigene oder fremde Erfahrungen von Villenbesitzern verwerten und ihre Ratschläge auch ausschließlich an diese Schicht von Landwirten richten.

Die römischen Gutswirtschaften wiesen entsprechend dem Vermögen ihres Besitzers oder Eigentümers sehr unterschiedliche Ausdehnungen auf, und durch Landzu- oder -verkauf konnten diese für jedes Gut im Laufe seiner Existenz auch noch schwanken. Der Landbesitz eines Einzelnen konnte sich auch aus mehreren untereinander nicht verbundenen Grundstücken zusammensetzen. Es ist bis heute weder durch eine Auswertung der Größenangaben in den schriftlichen Quellen[9] noch durch archäologische Beobachtungen und Untersuchungen[10] möglich, eine genaue Einteilung der Güter in große, mittelgroße und kleine vorzunehmen. Als ein kleines Gut wird von der Forschung im allgemeinen eines angesprochen, zu dem eine Ackerfläche von 10 bis 80 *iugera* (= etwa 2,5–20 ha) gehörte, während ein mittelgroßes 80 bis 500 *iugera* (= etwa 20–125 ha) umfaßte und bei einer darüber hinausgehenden Ackerfläche von einem Großgut gesprochen wird.[11] Abhängig von den jeweiligen Territorialbedingungen und von Veränderungen der allgemeinen Wirtschaftslage können die Größenangaben dieser drei Kategorien erhebliche Schwankungen aufweisen.[12] Die Grenzen der einer Villenanlage zuzuordnenden landwirtschaftlichen Nutzfläche konnten durch topograpische Besonderheiten wie Wasserläufe und Höhenzüge, aber auch durch Straßen gebildet werden, oder sie ergaben sich mittelbar aus der Entfernung zwischen mehreren benachbarten Gehöften.[13]

Berücksichtigt man diese Unsicherheit in der Größenbestimmung, so stößt die Einschränkung der Begriffe *villa* und „Villenwirtschaft“ auf das ausschließlich von Sklaven bewirtschaftete mittelgroße Gut, das auf städtischem Territorium

[8] Z. B. M. Vasić, Römische Villen vom Typus der Villa rustica auf jugoslawischem Boden, Archaeologia Iugoslavica 11, 1970, 54, 74; Gorges 23, 154; Tchalenko 406.

[9] Vgl. dazu K.-P. Johne, in: Johne–Köhn–Weber 108 f., der durch die Interpretation von Wert- und Größenangaben bei Plinius d. Ä. zu der Ansicht gelangt, ein Besitz von mindestens 400 *iugera* (= ca. 100 ha) sei als Großgrundbesitz anzusprechen. Für die Iberische Halbinsel finden sich entsprechende Berechnungen bei Gorges 88–89, 101.

[10] Vgl. zu diesen Fragen R. Etienne, J.-G. Gorges, A propos du latifundium II. Vocabulaire et prospection archéologique, in: Miscellanea di studi classici in onorem Eugenio Manni, Bd. 3, Rom 1980, 898.

[11] White 387; R. Martin, Recherches sur les agronomes latins et leurs conceptions économiques et sociales, Paris 1971, 387.

[12] Gorges 98, rechnet z. B. Villen mit einer Nutzfläche bis zu 30 ha noch zu den kleinen und bis 250 ha zu den mittleren Gütern; s. auch Bleicken 57.

[13] H. v. Petrikovits, Neue Forschungen zur römerzeitlichen Besiedlung der Nordeifel, Germania 34, 1956, 116.

lag,[14] in ihrer praktischen Anwendung auf Schwierigkeiten. Ihr gegenübergestellt wird einerseits das Kleinbauerngut und andererseits der Großgrundbesitz, das Latifundium, auf dem die Hauptarbeitskräfte Kolonen waren.[15] Die prinzipiellen Unterschiede zwischen der Wirtschaftsweise auf einem Kleinbauerngut, das in eine dörfliche Siedlung eingebunden war, und einem außerhalb eines Ortsverbandes liegenden Gutshof sind auch aus den archäologischen Befunden in ihren Grundzügen erkennbar. Anders sieht es jedoch mit der Abgrenzung zwischen dem mittelgroßen und dem großen Gut aus, für die keine Quellengattung bisher hinreichend sichere Anhaltspunkte liefern kann. Und indem ein Latifundium in Parzellen aufgeteilt und zur Bewirtschaftung an Kolonen verpachtet wurde, erfolgte letztlich die Nutzung großer Ländereien wiederum nach denselben Organisationsformen wie auch auf einem mittelgroßen Gut.[16] Unabhängig von der Größe der landwirtschaftlichen Nutzfläche ist also die Wirtschaftsweise auf einem Gutshof römischer Prägung gleich und entspricht der oben beschriebenen Villenwirtschaft, die von der im Rahmen einer geschlossenen dörflichen Siedlung betriebenen Agrarproduktion unterschieden werden muß.

Zu einem isoliert liegenden landwirtschaftlichen Betrieb, wie ihn die römische Villa darstellte, gehörten auch werkstattartige Einrichtungen, in denen kleinere Reparaturarbeiten an den Werkzeugen und Geräten ausgeführt werden konnten. Schon Varro empfiehlt in seinem Werk über die Landwirtschaft, daß besonders auf entfernt gelegenen Gütern Handwerker beschäftigt werden sollten.[17] Für sporadisch notwendige handwerkliche Arbeiten im Rahmen einer Gutswirtschaft, wie z. B. die Herstellung von Ziegeln als Baumaterial, wurden vielfach auswärtige Arbeitskräfte vorübergehend herangezogen.[18] Erst während der späten Kaiserzeit ging man dazu über, die handwerkliche Produktion innerhalb des Wirtschaftssystems auf den großen Gütern gezielt zu entwickeln.[19] Zu allen Zeiten blieb es aber eine Ausnahme, wenn auf einem Gutshof Handwerkserzeugnisse hergestellt wurden, die nicht für den Eigenbedarf des Wirtschaftskomplexes bestimmt waren. Es gibt einzelne Beispiele in verschiedenen Gegenden des Römischen Reiches, wo die ökonomische Basis einer Villa nicht allein durch

[14] Štaerman z. B. 26, 42, 91, 105.

[15] Diese Unterscheidung zwischen mittelgroßem Villenbetrieb und großem Grundeigentum findet sich in Anlehnung an die Arbeit von Štaerman auch bei W. Held, Die ökonomische Unterwanderung der Munizipien durch das Großgrundeigentum im 2. und 3. Jh., vor allem im Westen des Römischen Reiches, JbfWG 1971, 4, 159–169, sowie auch im Handbuch für Wirtschaftsgeschichte Teil 1, Berlin 1981, 449–451, s.v. Landwirtschaft (G. Audring), 429–432, s.v. Kolonat (K.-P. Johne) und bei K.-P. Johne, in: Johne–Köhn–Weber 13.

[16] Vgl. dazu Finley 164.

[17] Vgl. dazu Gummerus 69–72.

[18] Gummerus 38–49, wo auch andere Handwerkszweige in diesem Zusammenhang angesprochen werden.

[19] W. Held, s. Anm. 15, 164.

die Agrarproduktion gebildet wurde: In Germania inferior wurden in Verbindung mit Bauresten von Villen Eisenverhüttungsanlagen festgestellt;[20] in der Tarraconensis gibt es auf dem Gelände mehrerer Großvillen Hinweise auf die Produktion von Keramikgefäßen für den Getreidetransport;[21] und auf dem Territorium von Nicopolis ad Istrum (Moesia inferior) befand sich neben einer Villa eine große Keramikwerkstatt, deren Erzeugnisse in der ganzen Provinz verbreitet waren.[22]

Diese wenigen Beispiele, deren Aufzählung keinen Anspruch auf Vollständigkeit erhebt, machen immerhin deutlich, daß die römische Villenwirtschaft nicht ausschließlich mit der Landwirtschaft verbunden sein mußte, sondern auch in anderen, allerdings mit der Landwirtschaft in einem Zusammenhang stehenden Produktionszweigen wirksam werden konnte.

Allgemeine Untersuchungen zur Villenwirtschaft während des 3. Jh., das durch eine krisenhafte Zuspitzung bestimmter Entwicklungsmomente in der römischen Wirtschaft ebenso wie durch akute Existenzbedrohung für viele isoliert liegende Gutshöfe infolge wiederholter Barbareneinfälle auf römisches Reichsgebiet gekennzeichnet ist, können sich nicht in demselben Maße wie für frühere Jahrhunderte auf zeitgenössische Schriftquellen stützen. Bereits Rostovtzeff hat die Auswertung archäologischen Materials in die Arbeiten über italische Villen erfolgreich einbezogen.[23] Wenn im folgenden der Versuch unternommen wird, auf der Basis archäologischer Quellen die Entwicklung von Eigentumsverhältnissen in der römischen Landwirtschaft im 3. Jh. nachzuzeichnen, so muß allerdings von vornherein die Einschränkung gemacht werden, daß es sich nur darum handeln kann, einige allgemeine Entwicklungstendenzen und einige lokale oder regionale Besonderheiten herauszuarbeiten. Sozialökonomische oder wirtschaftshistorische Details im Zusammenhang mit einer einzelnen Villa, wie z. B. der soziale Status des Besitzers oder der Arbeitskräfte oder die mögliche Zusammengehörigkeit mehrerer Villen zu einem Besitztum, können durch archäologische Untersuchungen höchstens ausnahmsweise geklärt werden. Das liegt außer an den prinzipiellen Begrenztheiten der Aussagefähigkeit archäologischer Grabungsergebnisse auch daran, daß es im Vergleich zu der großen Zahl an lokalisierbaren Villen nur wenige vollständig erforschte gibt.

Aus ihrer Einzellage ergibt sich, daß Villenstellen häufig bei modernen Geländearbeiten wie Haus- oder Straßenbau oder bei anderen Erdarbeiten zufällig

[20] W. Janssen, Römische und frühmittelalterliche Landerschließung im Vergleich, in: Janssen–Lohrmann 109.

[21] Gorges 103 f.

[22] B. Sultov, Ceramic production on the territory of Nicopolis ad Istrum (II-nd–IV-th century), Sofia 1985, 22–25.

[23] M. Rostovtzeff, Pompejanische Landschaften und römische Villen, Jahrbuch des Deutschen Archäologischen Instituts 19, 1904, 103–126.

angeschnitten werden. Die darauf einsetzenden Rettungsgrabungen werden in den meisten Fällen nur auf dem gefährdeten Gelände durchgeführt und erfassen damit vielfach eine Villenanlage nur teilweise. Daneben werden jedoch mehr und mehr in allen ehemaligen römischen Provinzgebieten auch systematische Villengrabungen vorgenommen.

Auf Grund der Ergebnisse aus den verschiedenen Grabungsunternehmungen ist es möglich, eine allgemeine Typologie von Villengesamtanlagen sowie der einzelnen Gebäude, vorrangig des zentralen Wohnhauses, aufzustellen. Eine ausführliche Beschreibung einer Villa, unter Berücksichtigung aller wirtschaftlichen und sonstigen Belange, findet sich bei Vitruv.[24] Dieser Idealtyp wurde natürlich in der Praxis entsprechend den konkreten lokalen Bedingungen und speziellen Bedürfnissen abgewandelt und erfuhr auch im Laufe der Zeit noch konzeptionelle und architektonische Veränderungen, so daß es in den verschiedenen Reichsteilen eine Vielzahl von Sonderformen gab.[25] Prinzipiell besteht eine römische Villa aus zwei Teilen, dem zentralen Wohntrakt *(pars urbana)* und dem Wirtschaftshof *(pars rustica)*. Für das bauliche Verhältnis dieser beiden Hauptbestandteile entwickelten sich verschiedene Möglichkeiten:

a) Sie konnten gemeinsam in einem einzigen Gebäude untergebracht sein;
b) Wohn- und Wirtschaftsgebäude gruppierten sich um einen gemeinsamen Hof;
c) Wohn- und Wirtschaftsgebäude lagen getrennt an zwei hintereinanderliegenden Höfen;
d) die Wirtschaftsbauten umgaben in lockerer Streuung das Wohnhaus, und der gesamte Baukomplex konnte von einer Hofmauer umgeben sein.

Das Wohnhaus konnte als Zentrum einer Villenanlage und entsprechend den lokalen Bautraditionen sowie, bestimmt durch die ökonomischen Möglichkeiten und den Geschmack des Besitzers, in Größe, Grundrißgestaltung und Komfort sehr unterschiedlich sein. Die am häufigsten anzutreffenden Haustypen sind die Portikusvilla mit Eckrisaliten, die besonders in den germanischen Provinzen verbreitet war,[26] und die Peristylvilla, die vom römischen Stadthaustyp abgeleitet wird und in Italien, Südgallien oder Spanien häufiger anzutreffen ist als in nördlicher gelegenen Provinzen.[27] Daneben gab es auch einfachere Hausfor-

[24] Vitruvius, de architectura VI.

[25] Vgl. allgemein zu römischen Villenbauten und Villenanlagen: A. G. McKay, Houses, Villas and Palaces in the Roman World, London 1977, 100–135; White; J. Percival, Roman villa. An historical introduction, London 1976; H. Drerup, Die römische Villa, Marburger Winckelmann-Programm 1959; Gorges 111–151.

[26] H. Hinz, Die Landwirtschaft im römischen Rheinland, Rheinische Vierteljahrsblätter 36, 1972, 4; H. v. Petrikovits, L'économie rurale à l'époque romaine en Germanie inférieur et dans la région de Trèves, in: Janssen–Lohrmann 9.

[27] M. Rostovtzeff, s. Anm. 23, 103–126; M. Lutz, La domaine gallo – romaine de Saint Ulrich (Moselle) I, Gallia 29, 1971, 1, 30.

men und, vorrangig auf dem Grundschema der Peristylvilla basierend, vor allem in spätrömischer Zeit sehr große palastartige Gebäude.[28]

Auch in der *pars rustica* konnten außer den Wirtschaftsgebäuden verschiedentlich Wohnhäuser nachgewiesen werden. Diese dienten vermutlich zur Unterbringung von ständig auf dem Gut beschäftigten, abhängigen Arbeitskräften. Dabei handelte es sich meist um Häuser mit einer schlichten, gleichmäßigen Innengliederung.[29] Da derartige Gebäude wegen ihrer meist unbeständigen Bauweise nur unvollständig bekannt sind und da man davon ausgehen muß, daß ein Teil der Arbeitskräfte auch in Ställen oder Scheunen ihre Schlafstellen hatten, ist es nur bedingt möglich, aus diesen Befunden Rückschlüsse auf die Zahl der auf einem Gut Beschäftigten zu ziehen.

Innerhalb eines eingefriedeten Hofareals lagen verschiedentlich auch mehrere Wohngebäude unterschiedlicher Größe, von denen das größte vermutlich dem Gutsbesitzer gehörte, während die kleineren Wohnstätten des Verwalters *(vilicus)* oder auch von Pächtern *(coloni)* sein konnten,[30] wobei eine Interpretation, die allein auf den archäologischen Befunden beruht, nicht möglich ist.

Im Gegensatz zu der des Wohnhauses war die Gestaltung der Wirtschaftsbauten ausschließlich von pragmatischen Erwägungen geprägt; diese Bauten unterlagen kaum formalen Veränderungen. Nicht immer ist es möglich, die ursprüngliche Funktion eines freigelegten Bauwerkes in der *pars rustica* an Hand der archäologischen Befunde zu bestimmen. Im allgemeinen gilt – und diese Definition stützt sich auf die Hinweise bei Vitruv –, daß Viehställe lang und schmal waren, während Getreidespeicher *(horrea)* und Scheunen breiter waren und an den Außenseiten oft durch Kontraforce verstärkt waren, die von den meist leichten, fachwerkähnlich konstruierten Wänden aus Lehm und Holz den Druck des lagernden Getreides ableiten sollten. Getreide konnte auch in turmartigen Speichern aus massivem Steinmauerwerk *(granaria)* aufbewahrt werden.[31]

[28] Die großartigste bekannte Villa entstand im 4. Jh. auf der Insel Sizilien bei Piazza Armerina: C. Ampolo, A. Carandini, G. Pucci, La villa del Casale a Piazza Armerina. Problemi saggi stratigrafici ed altre ricerche, MEFRA 83, 1971, 141–281.

[29] Z. B. in einigen großen Villenanlagen in Dalmatien: M. Vasić, s. Anm. 8, 72; in Gallien: R. Brulet, La villa romaine du Truy-Hallot à Saint Gérard, Paris 1970, 75. In einigen Provinzen, wie z. B. in Gallien und Nordsyrien, konnten ganze Dörfer festgestellt werden, die großen Villenbetrieben untergeordnet waren und den abhängigen Arbeitskräften Unterkunft boten: Tchalenko 314 f.; Agache 387; Štaerman 188.

[30] Z. B. in der Villenanlage von Saint Ulrich in Gallien: s. M. Lutz, La domaine gallo – romaine de Saint Ulrich (Moselle) II, Gallia 30, 1972, 1, 41; oder bei Baláca in Pannonien: S. Palágyi, Die Geschichte der Ausgrabungen in Baláca (1904–1976), A Veszprèm magyei muzeumok közleményei 17, 1984 (1985), 27–51.

[31] S. dazu H. Schmitz, Zur wirtschaftlichen Bedeutung des römischen Gutshofes in Köln-Müngersdorf, BJb 139, 1934, 80–93.

Andere Wirtschaftsgebäude lassen sich durch besondere Installationen als Anlagen zur Weinkelterei[32] erklären, und in den nordafrikanischen Provinzen, wo für viele Villen der als Monokultur betriebene Olivenanbau die hauptsächliche wirtschaftliche Basis bildete, gab es entsprechende Spezialeinrichtungen zur Ölherstellung.[33] Außer den im engeren Sinne mit der Agrarproduktion verbundenen Wirtschaftsbauten finden sich in Villenanlagen auch handwerkliche Produktionsstätten. Dabei handelt es sich vor allem um Ziegelbrennöfen oder Metallverarbeitungsanlagen, die zur Herstellung von Baumaterial für den Eigenbedarf bzw. zu kleineren Reparaturarbeiten genutzt werden konnten, selten jedoch für eine für den Warenaustausch bestimmte Handwerksproduktion ausreichten.

Die Aufarbeitung von Villen in einem möglichst großen zusammenhängenden Gebiet, wie z. B. auf dem Gesamtterritorium einer ehemaligen Provinz, bietet naturgemäß die besten Voraussetzungen dafür, aus den zahlreichen Einzelbefunden die allgemeinen Entwicklungslinien abzuleiten.[34] Ein solches Unternehmen stößt jedoch wegen der isolierten Lage der Villen auf beträchtliche Schwierigkeiten. Durch den Einsatz neuerer Prospektionsmethoden, wie besonders der aerofotografischen Geländeaufnahme, sind gerade in den letzten Jahrzehnten wichtige Erkenntnisse über die Lokalisierung von Villen in großen zusammenhängenden Territorien gewonnen worden.[35] Die Kartierung der durch die Fotoaufnahmen aus der Luft festgestellten Villen gestattet z. B. Aussagen über die Verteilung von Gutshöfen in einem bestimmten Gebiet. Trotzdem können aus der so gewonnenen Kenntnis über die Verteilung von Einzelhöfen im Gelände zunächst keine Rückschlüsse auf die Ausdehnung der zu einem Gutshof gehörigen Ländereien gezogen werden, zumal ein Luftbild im allgemeinen keinen Hinweis auf die Datierung der Objekte gibt. In einzelnen Fällen lassen sich Größenangaben durch Besonderheiten des Geländes oder auch durch die Lage mehrerer Villen zueinander annäherungsweise treffen,[36] aber genaue Angaben sind kaum möglich.

[32] Z. B. in der Villa bei Madara, Niedermösien: C. Dremsizova-Nelčinova, Vilata kraj s. Madara, Šumenski okrăg, Sofia 1984 (Razkopki i proučvanija 11), 95.

[33] A. Akerraz, M. Lenoir, Les huileries de Volubilis, Bulletin d'Archéologie marocaine 14, 1981–1982, 69–120.

[34] Derartige Aufarbeitungen von Villenfunden in einem größeren zusammenhängenden Gebiet liegen bisher nur für wenige Reichsterritorien vor, z. B. für Pannonien: Thomas; für die Iberische Halbinsel: Gorges. Vorarbeiten zu solchen umfassenden Darstellungen in Form von Untersuchungen der Villen in einem enger begrenzten Gebiet gibt es jedoch inzwischen aus den meisten Provinzen.

[35] Für einen Teil Galliens liegen die Dokumentation und Auswertung von Geländebeobachtungen an Hand von Fotoaufnahmen aus der Luft vor: Agache.

[36] Vgl. zur Begrenzung eines Gutsbezirkes durch die topographische Situation z. B. Fouet 32; durch die Eingliederung in das Straßensystem M. Lutz, s. Anm. 27, 22–25. Im Rheingebiet ließen sich mehrere Villenfundplätze in annähernd regelmäßigen Abständen feststellen, die auf eine durchschnittliche Gutsgröße von etwa 100 ha schließen lassen: Hinz 54–57.

Auf den Luftbildern zeichnen sich häufig die Grundrisse von Villenbauten ganz oder teilweise im Gelände ab, und auch die Zusammengehörigkeit verschiedener Wohn- und Wirtschaftsbauten zu einzelnen Villenkomplexen ist zu erkennen. Eine Gruppierung derartiger Komplexe nach ihrer Größe gestattet wiederum gewisse allgemeine Aussagen über den Anteil von großen, mittleren und kleineren Gutswirtschaften an der Nutzung des Bodens.[37] In einem Teil der Provinz Gallia Belgica ist durch die Auswertung der aerofotografischen Geländeaufnahmen versucht worden, die Villenstellen nach den Ausmaßen der Ruinenfelder in vier Gruppen einzuteilen. Dabei zeigt sich ein deutliches Überwiegen von mittelgroßen Anlagen mit insgesamt etwa 60 Prozent aller in die Untersuchung einbezogenen Fundstellen gegenüber den Gebäuderesten mit kleiner Grundfläche (etwa 23%) und den großen Gehöften (etwa 15%).[38] Dieser Interpretation liegt die prinzipiell wohl zutreffende These zugrunde, daß zu einem großen Villengebäude mit großem Wirtschaftsbereich auch ausgedehnte Ländereien gehört haben. Dabei muß man aber folgendes berücksichtigen: Der Landbesitz eines Einzelnen konnte durchaus aus mehreren voneinander entfernt liegenden Grundstücken bestehen; der Besitzer selbst mußte nicht unbedingt auf jedem Fundus ein eigenes Herrenhaus unterhalten und dessen Ausstattungskomfort korrespondierte deshalb nicht unbedingt mit der Größe des anschließenden Nutzlandes. In einzelnen Regionen, wo nur ein sehr begrenztes Territorium für eine relativ große Anzahl von Siedlern zur Verfügung stand, sind reich ausgestattete Villen mit nur kleiner landwirtschaftlicher Nutzfläche nachgewiesen worden, wie z. B. im rechtsrheinischen Dekumatland.[39] Vereinzelt lassen sich auf den Aerofotografien auch große Villenstellen ausmachen, zwischen denen mehrere kleinere Wohnhäuser gelegen sind.[40] Ob es sich bei solchen Komplexen z. B. um die Widerspiegelung von Abhängigkeitsverhältnissen der kleinen von der jeweils benachbarten Großvilla handelt, kann jedoch allenfalls durch systematische Grabungen geklärt werden. Eine in diese Richtung gehende Interpretation dürfte am ehesten zutreffen, wenn innerhalb eines geschlossenen Hofareals mehrere unterschiedlich große Wohnhäuser liegen.[41]

Durch die Anwendung der aerofotografischen Prospektionsmethode haben sich also insgesamt für die Untersuchungen zur römischen Landwirtschaft qualitativ neue Möglichkeiten ergeben, und es werden zugleich auch neue Fragenkomplexe aufgeworfen. Dazu gehört z. B. das Problem der Centuria-

[37] Vgl. dazu Agache 19.

[38] Vgl. Agache 19.

[39] G. Schell, Die römische Besiedlung von Rheingau und Wetterau, Nassauische Annalen 75, 1964, 72.

[40] S. Agache 314.

[41] Z. B. in dem Villenbezirk von Baláca-Nemesvamos in Pannonien: S. Palágyi, Über die römischen Villen in Pannonien, Das Altertum 31, 1985, 158–163; dies., s. Anm. 30, 27–51.

tion.[42] Die Römer nahmen eine Vermessung aller neu erworbenen Gebiete vor, die zur Berechnung der für das Land zu entrichtenden Steuern diente. Die Grundeinheit der Vermessung war die Centurie, ein quadratisches Stück Land mit 2400 *pedes* Seitenlänge (= etwa 710 m), was eine Gesamtfläche von etwa 50 ha nach moderner Rechnung ergab. Dieses Areal wurde in Flächen von 240×120 *pedes* (= 1 *iugerum* = etwa 1 Morgen) unterteilt. Die Centurien waren durch etwa 5 m breite Wege, die *limites,* voneinander getrennt, die Staatsland blieben und zunächst ebensowenig in die steuerpflichtige Landvergabe einbezogen waren wie die *subseciva,* Geländestücke, die nach der schematisch durchgeführten Centuriation übriggeblieben waren. Als Ausgangsbasis für die Landvermessung konnten imaginäre Grundlinien dienen, die nach den Himmelsrichtungen orientiert waren; ebensogut aber auch Straßen, Wasserläufe oder andere natürliche Bezugslinien.

Bei der Erstansiedlung von Veteranen oder sonstigen Kolonisten in römisch besetzten Gebieten wurden die durch die Centuriation entstandenen Landlose aufgeteilt und in einem Kataster festgehalten. Die Katastereintragung blieb immer maßgebend für die Besteuerung eines Besitztums. Die tatsächlichen Besitztumsgrenzen änderten sich im Laufe der Entwicklung durch Verkauf, durch Inbesitznahme von *subseciva,* durch Verlassen des Besitzes u. ä. zwangsläufig; die Entwicklung der Eigentumsverhältnisse wurde durch die Centuriation kaum beeinflußt.

Durch Bodenbeobachtung und fotografische Geländeaufnahmen aus der Luft sind Spuren römischer Centuriation in verschiedenen Reichsteilen festgestellt worden, so z. B. in Italien,[43] in den germanischen und rätischen Provinzialgebieten,[44] in Gallien,[45] Nordafrika,[46] während dagegen z. B. in Spanien bisher noch keine Spuren von Centuriation nachgewiesen werden konnten, obwohl die für diese Provinz gesicherte systematische römische Ansiedlung eine vorhergehende Landvermessung sehr wahrscheinlich macht.[47]

Diese Ausführungen zeigen die Möglichkeiten, die eine Untersuchung archäologischer Quellen zu Fragen der Eigentumsverhältnisse in der römischen Landwirtschaft hat, und sollen zugleich aber auch die Grenzen abstecken.

[42] Vgl. allgemein zur Landvermessung bei den Römern: Lachmann; Weber, bes. 12–21; A. Oxé, Die römische Vermessung steuerpflichtigen Bodens, BJb 128, 1923, 20–27; Hotzel; Chouqueur-Favory; J. Peyras, Paysages agraires et centuriation dans le bassin de l'Oued Tine (Tunisie du Nord), Antiquités africaines 19, 1983, 209–253.

[43] Hotzel 48–51.

[44] Schweitzer, passim.

[45] G. Chouqueur, s. Anm. 7, 113–140.

[46] Harmand 362.

[47] Gorges 95 f.

B. Allgemeine Aspekte zum Entwicklungsstand der Villenwirtschaft im 3. Jahrhundert

Mit der Einrichtung einer Provinz und der Etablierung der römischen Herrschaft setzte in den jeweiligen Gebieten auch eine Umwandlung der wirtschaftlichen Strukturen ein, die für die Landwirtschaft mit der Einführung der Prinzipien der römischen Villenwirtschaft verbunden war. Archäologisch läßt sich dieser Vorgang am Auftreten der außerhalb eines geschlossenen Siedlungsverbandes gelegenen Gutshöfe nachweisen. So entstanden auf der Iberischen Halbinsel die frühesten römischen Villen bereits im 3./2. Jh. v. Chr., und eine Intensivierung läßt sich für das 1. Jh. v. Chr. erkennen, die mit der Ansiedlung von Soldaten des Pompeius in Verbindung gebracht werden kann.[48] In Nordsyrien kommt es unter römischem Einfluß seit dem 1. Jh. n. Chr. zu prinzipiellen Strukturveränderungen in der Landwirtschaft durch die Ausbreitung des exportorientierten und im Rahmen der Villenwirtschaft als Monokultur betriebenen Olivenanbaus, ohne daß hier allerdings die aus früherer Zeit überkommenen dörflichen Siedlungen vollständig verschwinden.[49] Die Entstehung der ersten Gutshäuser römischen Typs in illyrischen Küstengebieten spiegelt die Niederlassung von italischen Kaufleuten im 2./1. Jh. v. Chr. wider.[50]

Nicht in allen Reichsteilen scheint jedoch das Auftauchen von Villenstellen im Siedlungsbild eine Folge des Romanisierungsprozesses zu sein, sondern es gibt auch Beispiele, wo offenbar der römische Einfluß durch eine systematische Ansiedlung von Veteranen verstärkt werden sollte.[51] Eine besondere Situation ist auch in den ehemals keltisch besiedelten Gebieten zu beobachten, da hier bereits in vorrömischer Zeit die landwirtschaftliche Bodennutzung auf der Basis von einzeln gelegenen Gehöften erfolgte. Das am besten erforschte Beispiel dieser Art ist die Villa von Mayen, die von vorrömischer Zeit bis in die Spätantike kontinuierlich bewohnt und mehrfach umgebaut wurde.[52]

Verwaltungstechnisch wie steuerrechtlich waren die Villen im allgemeinen Städten oder sonstigen Selbstverwaltungseinheiten zugeordnet, und ihre Besitzer oder Eigentümer waren häufig Angehörige der Munizipalaristokratie,[53] so daß

[48] Gorges 23 f.

[49] Tchalenko 399 f.

[50] Rostovtzeff 193; Alföldy 203.

[51] V. Velkov, Kăm văprosa za agrarnite otnošenija v Mizija prez II v., Archeologija (Sofia) 4, 1962, 1, 34.

[52] F. Oelmann, Ein gallorömischer Bauernhof bei Mayen, BJb 133, 1928, 51–140; s. auch K. A. Seel, Römerzeitliche Fluren im Mayener Stadtwald, BJb 163, 1963, 337; allgemein zu dieser Frage G. Chouqueur, s. Anm. 7, 125 f.; Harmand 360.

[53] Vgl. dazu A. Suceveanu, Beiträge zur rechtlichen Struktur der landwirtschaftlichen Produktionsstätten in den westpontischen Städten (2.–3. Jh. u. Z.), JbfWG 1971, 2, 70 f., der einige inschriftlich belegte Beispiele aus den Schwarzmeerstädten im heutigen Rumänien auswertet; W. Modrijan, Römische Bauern und Gutsbesitzer in Norikum, in: Germania Romana III, 130 f., führt ein Beispiel aus Norikum an.

auch ein unmittelbarer Zusammenhang zwischen der Ausbreitung der Villenwirtschaft und dem Prozeß der Urbanisierung eines Gebietes zu konstatieren ist. Daneben gibt es aber auch Beispiele dafür, daß von Villen aus bewirtschaftete Güter sich in nicht-urbanisierten Gegenden etablierten, z. B. in einigen Gebieten Pannoniens und auf der Iberischen Halbinsel, wo die Gutsbezirke sich einerseits räumlich stärker ausbreiten konnten, andererseits aber in höherem Maße auf eine ökonomische Eigenversorgung angewiesen waren. Das bedeutet nicht nur, daß hier in einem möglichst ausgewogenen Verhältnis zueinander Ackerbau und Viehzucht betrieben wurden, sondern erforderte auch mehr handwerkliche Produktion im Rahmen der Villa als auf einem Gutshof in Stadtnähe.[54]

Die villenbesitzenden Veteranen standen vermutlich nur in sehr mittelbarer Verbindung mit den benachbarten Städten, sofern sie nicht zusätzlich Gemeindeämter versahen. Etliche von ihnen haben sich sicher in der Umgebung ihrer ehemaligen Einsatzorte niedergelassen, ungeachtet der Unsicherheiten des Lebens z. B. in der Limeszone. Spätestens seit severischer Zeit erhielten sogar noch aktive Soldaten in den besonders gefährdeten Grenzgebieten des Reiches auf militärisch verwaltetem Territorium Landgüter zugewiesen und wurden zu deren landwirtschaftlicher Nutzung verpflichtet, um so die Versorgung der am Limes stationierten Militäreinheiten mit Lebensmitteln zu sichern.[55] Diese Maßnahmen erwiesen sich als notwendig, weil es vor allem in den Limesgebieten zu einem Mangel an Menschen gekommen war, für den sicher nicht nur Erscheinungen wie die großen Pestepidemien der zweiten Hälfte des 2. Jh. verantwortlich gemacht werden können, sondern auch Bestrebungen der Zivilbevölkerung, sich aus den immer unsicherer werdenden Grenzzonen zurückzuziehen. Der Einsatz von vielfach in bäuerlichen Arbeiten unerfahrenen Soldaten, die darüber hinaus noch jederzeit zu militärischen Einsätzen abgezogen werden konnten, war zweifellos kein besonders geeignetes Mittel, um den sich anbahnenden Niedergang der landwirtschaftlichen Produktionsphäre aufzuhalten.

Überhaupt scheint es in der sozialen Stellung der Villenbesitzer in den Provinzen größere Unterschiede gegeben zu haben als in Italien, da hier die Agrarproduktion als Existenzgrundlage für die Villen offenbar größere Bedeutung hatte, was z. T. auf vorrömischen Traditionen beruhte,[56] während die italischen Villen häufig Landhauscharakter hatten und damit stärker mit einer zahlenmäßig kleineren und weniger heterogenen Oberschicht der Bevölkerung verbunden waren.[57] In den meisten Provinzgebieten dominierte zumindest bis zum 3. Jh. das mittelgroße Landgut, und die meisten Wohnhäuser dieser Gutsbezirke waren mit einem ausreichenden Komfort wie Heizungsanlagen und

[54] Henning 33; Gorges 98 f.
[55] Štaerman 316; M. Vasić, s. Anm. 8, 69 f.
[56] W. H. Groß, in: Der Kleine Pauly, Bd. 5, München 1975, Sp. 1274, s. v. Villa.
[57] M. Rostovtzeff, s. Anm. 23, 103–126.

Bademöglichkeiten ausgestattet, der eine ständige Anwesenheit des Besitzers auf seinem Grundstück zuließ. Und man kann wohl davon ausgehen, daß die Mehrzahl z. B. der Veteranen, die ihr Gut nicht verkauft oder verpachtet hatten, nicht noch zusätzlich einen Wohnsitz in der Stadt besaßen.

Die Beziehung der Villen zur Stadt hat neben diesen rechtlichen und sozialen Aspekten auch noch einen wirtschaftlichen, auf den schon Cato nachdrücklich hingewiesen hat, wenn er die Errichtung einer Villa in der Nähe einer Stadt oder zumindest in verkehrsgünstiger Lage empfiehlt, um auf dem städtischen Markt landwirtschaftliche Produkte gegen Handwerkserzeugnisse einzutauschen. Viele der archäologisch untersuchten Villen in allen Reichsteilen lassen deutlich die Bemühung erkennen, diesem Rat zu folgen, und demonstrieren damit auch die große wirtschaftliche Bedeutung des städtischen Marktes für die Lebensfähigkeit der Villen. Im obergermanischen Rheingebiet ist eine deutliche Häufung von Villenstellen in einem Abstand von maximal 1000 m von der römischen Straße zu erkennen.[58] Auch große Villen, wie z. B. die von Montmaurin in Gallien, der eine landwirtschaftliche Nutzfläche von etwa 1000 ha zugeordnet werden kann, suchten die Nähe von Straßen und Städten.[59] In der Provinz Dacia ließ sich eine größere Zahl von Villenstellen in der Umgebung der römischen Städte Sarmizegetusa und Napoca (Cluj) nachweisen, während auf dem Territorium von Apulum, wo eine römische Legion stationiert war, die Zahl der Villen geringer war.[60] Außer den großen Straßen, die die Villen mit städtischen Zentren verbanden, gab es auch zwischen den Gutshöfen ein System von untergeordneten, z. T. von den Villenbesitzern selbst angelegten und unterhaltenen Wegen, die die Kommunikation und auch einen ökonomischen Austausch ermöglichten.

Veränderungen auf dem städtischen Markt fanden bisweilen auch ihren Niederschlag in einzelnen Villenanlagen. So gehörten z. B. zu der Villa von Köln-Müngersdorf im späten 2. Jh. vier große Viehställe und eine Scheune. Als im Laufe des 3. Jh. ein Viehstall ausbrannte, wurde er nicht wieder aufgebaut; stattdessen errichtete man einen neuen Getreidespeicher, ein weiterer Stall wurde ebenfalls zu einem Getreidesilo umgebaut, und nur noch ein Schweinestall wurde weiter benutzt.[61] Es wurde also auf diesem Gut im 3. Jh. mehr Getreide produziert als früher, das wahrscheinlich zu einem großen Teil auf dem Markt in der nahegelegenen Colonia Claudia Ara Agrippinensium verkauft wurde. Daß es sich hierbei nicht um einen Einzelfall handelt, belegen ähnliche Beobachtungen aus anderen Provinzen,[62] so daß man für das 3. Jh. eine verbreitete Umstrukturierung der landwirtschaftlichen Produktion annehmen kann,

[58] G. Schell, s. Anm. 39, 74 f.

[59] Fouet 13, 291, 303.

[60] J. Winkler, V. Vasiliev und Mitarbeiter, Villa rustica de la Aiud. Cîteva observatu privind 'villae-le-rusticae' din Dacia Superior, Sargetia 5, 1968, 85.

[61] H. Schmitz, s. Anm. 31, 80–93.

[62] Z. B. in der Villa von Madara: C. Dremsizova-Nelčinova, Novi danni za ikonomikata na Dolna Mizija prez rimskata epocha, INMK 1, 1960, 16.

deren Ursache in einem vergrößerten Bedarf an einheimischem Getreide auf den städtischen Märkten zu vermuten ist. Über diese starken ökonomischen Bindungen waren die Villen also ebenfalls mit der Entwicklung des Städtewesens im Römischen Reich verknüpft, und der Niedergang der Stadt[63] hatte zweifellos gravierende Auswirkungen auch auf die Existenzmöglichkeiten der Einzelgehöfte, obwohl dabei in einzelnen Reichsteilen wiederum Unterschiede zu verzeichnen sind. Das gilt besonders für die nordafrikanischen und syrischen Gebiete, wo sich die Villenwirtschaft immer in größerer Unabhängigkeit von den städtischen Zentren entwickelt hatte und sogar im 5./6. Jh. noch zu einer besonderen Blüte gelangte.[64]

Zusammen mit der Einführung der Produktionsweise der römischen Villenwirtschaft fand auch die Verwendung von Sklavenarbeit in der Landwirtschaft der Provinzialgebiete Eingang.[65] Jedoch ist es nur in seltenen Ausnahmen möglich, allein an Hand archäologischer Grabungsbefunde das Vorhandensein von Sklaven auf einer Villa zu belegen. In einer Villenlage in Thrakien wurde ein ummauerter Hof untersucht, der nur einen von einer Wachstube kontrollierten Zugang vom Hof der *pars urbana* aus hatte und auf dem eine Reihe von gleichartigen Räumen angelegt war. Diese Anlage kann ebenso nur hypothetisch als eine bewachte Sklavenunterkunft angesehen werden[66] wie eine vergleichbare Einrichtung bei der Villa von Liédena in Spanien.[67]

Aus der Intensität der hauptsächlich auf den Prinzipien der Villenwirtschaft basierenden Bodennutzung in den Provinzen läßt sich mit einiger Deutlichkeit der unterschiedliche Grad der Romanisierung in den einzelnen Gebieten ableiten. Und Veränderungen auf diesem Gebiet in dem zu behandelnden Zeitraum des 3. Jh. müssen dementsprechend auch auf ihren Zusammenhang mit dem allgemeinen Niedergang der antiken Produktionsweise hin untersucht werden.

Die Krise des Römischen Reiches im 3. Jh. ist bereits von einigen Zeitgenossen als solche erkannt und auf ihre Ursachen hin untersucht worden.[68] Die damals bereits konstatierte Komplexität der Niedergangsproblematik ist durch moderne Untersuchungen im großen bestätigt, im Detail modifiziert worden.[69] Der Ausbruch und Verlauf der Krise wurden sowohl von innenpolitischen wie von außenpolitisch-militärischen Faktoren bestimmt.[70] In verschiedenen Reichs-

[63] Vgl. zu diesem Komplex H. Fischer, in diesem Band S. 135–185.

[64] Tchalenko z. B. 290.

[65] Vgl. u. a. Velkov 72 f.; M. Vasič, s. Anm. 8, 71; Štaerman 139 f.; L. Vidman, Die Sklaven und Freigelassenen der einheimischen Bevölkerung in Noricum, Acta Ant. Hung. 9, 1961, 121–151.

[66] Nikolov 20–23; s. unten S. 47.

[67] Gorges 150.

[68] G. Alföldy, Der heilige Zyprian und die Krise des Römischen Reiches, Historia 22, 1973, 479–501; Klein; Chastagnol 82 f.

[69] Christ 227.

[70] Meyer; Rémandon.

teilen kommt entsprechend den konkreten Bedingungen hierbei den einzelnen Faktoren ein unterschiedliches Gewicht zu. In intensiv romanisierten Gebieten wie z. B. Spanien wirkten sich die mit der inneren Entwicklung zusammenhängenden Krisensymptome auf sozialem wie auch auf ökonomischem Gebiet nachhaltiger aus[71] als in weniger stark romanisierten Provinzen, und es zeigen sich in dieser Beziehung auch innerhalb einer Provinz Unterschiede.[72]

Als ein Symptom der krisenhaften Entwicklung auf dem Gebiet der Landwirtschaft ist die seit dem späten 2. Jh. immer mehr um sich greifende Landkonzentration anzusehen.[73] Auch die Gesetzgebung des Pertinax, die denjenigen, die bislang brachliegende Ackerflächen wieder landwirtschaftlich nutzten, ökonomische und rechtliche Zugeständnisse machte, förderte doch letzten Endes die Entwicklung von Großgrundbesitz, weil den meisten kleineren bäuerlichen Produzenten die ökonomischen Mittel fehlten, um von diesen Vergünstigungen Gebrauch zu machen.[74] Die Tendenz zur Bodenkonzentration charakterisiert zwar die Entwicklung der Eigentumsverhältnisse in der Landwirtschaft seit spätestens dem 1. Jh., aber erst an der Wende zum 3. Jh. scheint sie gesellschaftlich relevante Ausmaße angenommen zu haben, wie z. B. die Reaktion des Pertinax zeigt. Ein Niederschlag dieser Entwicklung der Besitzkonzentration läßt sich auch im archäologischen Quellenmaterial erkennen, indem z. B. in den spanischen Provinzgebieten seit der Severerzeit eine zunehmend luxuriöse Ausstattung von Villen zu beobachten ist.[75]

Seit dem späteren 2. Jh. bedrohten zunehmend verschiedene Barbarenstämme die Grenzen des Römischen Reiches, und die Limeszone wurde durch dauernde militärische Auseinandersetzungen mit den Barbaren als Lebensraum für die Zivilbevölkerung immer unsicherer. Diese sich im Laufe des 3. Jh. ständig verschärfende Situation hatte gravierende Auswirkungen vor allem auf die Existenz der meist unbefestigten, einzeln liegenden Villen in der Grenzzone. In den germanischen Provinzen z. B. wurden im Zusammenhang mit den wiederholten Germaneneinfällen die meisten Villen in Grenznähe aufgegeben und zerstört,[76] während die linksrheinischen Gebiete davon nicht so betroffen waren.[77] Ähnliche Beobachtungen lassen sich auch in anderen Provinzen machen, und verschiedentlich kann die Aufgabe einzelner Villen oder der Villen in einem

71 Štaerman 140.

72 So z. B. in Dalmatien, wo die Küstenregionen ungleich stärker von römischem Einfluß geprägt waren als die küstenferneren Gegenden: vgl. Alföldy 208 f.

73 Štaerman 105, 300 f.; Rémandon 113; E. Sadée, Gutsherrn und Bauern im römischen Rheinland, BJb 128, 1923, 115.

74 W. Held, s. Anm. 15, 159 f.; Brockmeyer 261–263.

75 J. M. Blázquez, Hispania unter den Antoninen und Severern, in: ANRW II,3 (1975), 491.

76 H. Heinen, Grundzüge der wirtschaftlichen Entwicklung des Moselraumes zur Römerzeit, TrZ 39, 1976, 84.

77 H. Bayer, Die ländliche Besiedlung Rheinhessens und seiner Randgebiete in römischer Zeit, MZ 62, 1976, 164.

geschlossenen Gebiet durch das Auffinden von Münzhortfunden zeitlich genau fixiert und mit bestimmten Barbareneinfällen in Verbindung gebracht werden.[78]

Ein dritter Faktor, der für die Entwicklung der Landwirtschaft während des 3. Jh. an Bedeutung gewann, ist ein zahlenmäßiger Rückgang der Bevölkerung im ganzen Römischen Reich, wodurch es zu einem permanenten Mangel an Arbeitskräften und damit zu einem Absinken der Leistungsfähigkeit des gesamten Wirtschaftszweiges kam. Zu dem Bevölkerungsrückgang haben einerseits lange und verlustreiche Kriege beigetragen wie auch das seit den sechziger Jahren des 2. Jh. wiederholt bezeugte Auftreten verheerender Pestepidemien.[79] Kaiser Mark Aurel versuchte als Erster, diesem Mangel an Arbeitskräften in der Landwirtschaft abzuhelfen, indem er kriegsgefangene Barbaren als persönlich freie, aber an den Boden gebundene Kleinpächter *(inquilini)* auf verödeten Ländereien innerhalb der Reichsgrenzen ansiedelte.[80]

Es ist gewiß kein Zufall der Überlieferung, daß gerade aus der Regierungszeit des Mark Aurel gehäuft Nachrichten über schwere Bedrohungen des Römischen Reiches durch Barbarenstämme und auch über Pestepidemien bekannt geworden sind und daß im späten 2. Jh. staatliche Maßnahmen einem immer größeren Arbeitskräftemangel in der römischen Landwirtschaft begegnen sollte. Außerdem wurde die Wirtschaft des Reiches zur Zeit des Kaisers Commodus durch eine schwere Finanzkrise geschwächt.[81] Dieses Zusammenwirken verschiedener Faktoren führte in der Folgezeit zur Verschärfung der Gesamtsituation. Durch die ständig drohenden Barbareninvasionen wurden die Verkehrsverbindungen innerhalb des Reiches zu Lande und zu Wasser immer unsicherer, was in erheblichem Maße die Handelsverbindungen zwischen den Provinzen, aber auch zwischen den Villen und den städtischen Märkten beeinträchtigte[82] und zur allgemeinen Verschlechterung der wirtschaftlichen Lage beitrug. Aber erst, als diese Entwicklung im ersten Drittel des 3. Jh. ein bestimmtes Niveau erreicht und praktisch alle Bereiche des römischen Staatswesens erfaßt hatte, kann man vom Ausbruch der Krise der römischen Gesellschaft sprechen.[83]

Diese Entwicklung ist in ihren Einzelheiten durch archäologische Funde und Grabungsbefunde nur bedingt zu belegen bzw. es treten zeitliche Verzögerungen auf, mit denen das aus der Erde geborgene Quellenmaterial die durch die schriftliche Überlieferung belegten Entwicklungen widerspiegelt. Während sich also aus der Interpretation politisch-militärischer Ereignisse eine zunehmende

[78] Z. B. in Pannonien: Thomas 389; oder in Spanien: Gorges 44.

[79] Vgl. Bleicken 81; E. Sadée, s. Anm. 73, 115; Mazzarino 188, sieht in der Pestepidemnie sogar ein Hauptelement für den römischen Niedergang.

[80] Vgl. Bleicken 81 f.; W. Held, Das Ende der progressiven Entwicklung des Kolonats am Ende des 2. und in der ersten Hälfte des 3. Jh. im Römischen Imperium, Klio 53, 1971, 253; Štaerman 442; K.-P. Johne, in: Johne–Köhn–Weber 158–160.

[81] Mazzarino 160.

[82] Chastagnol 56; Bleicken 60.

[83] Chastagnol 37; Harmand 433.

Häufung von krisenhaften Entwicklungsmomenten schon im letzten Drittel des 2. Jh. und ein damit zusammenhängender wirtschaftlicher Niedergang ableiten ließen, so stellt sich das durch die Auswertung archäologischer Quellen gewonnene Bild der Landwirtschaft etwas anders dar. In vielen römischen Provinzen hatte sich die Villenwirtschaft gerade Ende 2./Anfang 3. Jh. voll entfaltet, und es ist überall eine besonders dichte Besiedlung der landwirtschaftlich nutzbaren Gebiete mit Villenstellen zu beobachten. Das gilt in gleichem Maße für die Provinzen am Limes, wie Germania inferior und Germania superior[84] oder Pannonia[85] wie auch für solche im geschützten Hinterland wie Gallien[86] und Spanien.[87] In einigen Reichsteilen gewann sogar erst seit dieser Zeit die Villenwirtschaft größere Bedeutung,[88] während sich vorerst nur vereinzelt Anzeichen der Krise auch im archäologischen Material erkennen lassen.[89] An zahlreichen Villen in verschiedenen Reichsteilen wurden Ausbauphasen festgestellt, die in das späte 2. bzw. frühe 3. Jh. zu datieren sind.[90] Es scheinen in dieser Zeit selbst in der unmittelbaren Limeszone nur wenige Gutshöfe verlassen worden zu sein.[91] All diese Beobachtungen sprechen dafür, daß die Prosperität der Landwirtschaft in vielen Reichsteilen zumindest noch während der Severerzeit angehalten hat. Die weitaus meisten schon früher genutzten Acker- und Weideflächen scheinen also auch während dieser Zeit noch bearbeitet worden zu sein, und die durch andere Quellen belegte Verödung von Landgütern findet offenbar durch die archäologischen Befunde keine ausdrückliche Bestätigung.

Die Mehrzahl der in dieser Zeit existierenden Villen gehörte zur Gruppe der mittelgroßen Anlagen, was sich im allgemeinen auch durch vorgenommene Erweiterungen nicht grundsätzlich geändert hat. Daß während dieser Zeit einige Villen mit luxuriösen Badeanlagen und großen Mosaikteppichen ausgestattet wurden, kann als materieller Niederschlag der gewachsenen ökonomischen Möglichkeiten Einzelner gelten. Aber im frühen 3. Jh. bilden diese Fälle noch die Ausnahme, und sie dürfen daher nicht als Ausdruck einer als Krisensymptom zu wertenden Entstehung von Großgrundbesitz angesehen werden.[92]

[84] H. Bayer, s. Anm. 77, 164; H. Hinz, Zur römischen Besiedlung in der Kölner Bucht, in: Germania Romana III, 62.

[85] Thomas 400; M. Biró, Roman villas in Pannonia, Acta arch. Hung. 26, 1974, 51.

[86] S. z. B. H. Cüppers, A. Neyses, Der römerzeitliche Gutshof mit Grabbezirk und Tempel bei Newel, Kr. Trier-Land, TrZ 34, 1971, 222.

[87] Gorges 42; Rostovtzeff 170 f.

[88] Z. B. der Nordwesten der Iberischen Halbinsel: s. Tranoy 239, 241.

[89] Alföldy 206.

[90] So z. B. Baumann 227; G. de Boe, Belgique Romaine 1968–1970, L'Antiquité classique 44, 1975, 229; Filtzinger–Planck–Cämmerer 359; Ja. Mladenova, Razkopki na vilata pri Ivajlovgrad prez 1964, Archeologija (Sofia) 7, 1965, 2, 31.

[91] G. Schell, s. Anm. 39, 22.

[92] Gorges 38–40; vgl. dazu auch Štaerman 105; Bleicken 85.

Für die Existenz der Villen als Bauwerke sowie für grundsätzliche Veränderungen im Siedlungsbild während des 3. Jh. kommt den Barbareneinfällen in den verschiedenen Reichsteilen eine entscheidende Bedeutung zu. Bedingt durch ihre Lage im offenen Gelände und durch das Fehlen von Befestigungseinrichtungen – eine einfache Hofmauer konnte keinen wirksamen Schutz bieten –, waren die Gutshöfe dem Zugriff von plündernden Horden in besonderem Maße ausgeliefert. Viele Besitzer verließen ihr Gut, zogen sich in die ummauerten Siedlungen zurück und überließen das Haus und die Äcker ihrem Schicksal. In Zusammenhang mit Barbareninvasionen sind zahlreiche Villen zerstört worden. Besonders betroffen waren davon natürlich die grenznahen Gebiete am Rhein und an der oberen Donau,[93] aber auch in Pannonien und an der unteren Donau blieb kaum eine Villa im 3. Jh. von der Zerstörung verschont.[94] Sogar in den grenzferneren Gegenden Galliens und Spaniens lassen sich durch eine Kartierung der Villen mit Zerstörungshorizonten, die durch das aus ihnen geborgene Fundmaterial in das dritte Viertel des 3. Jh. datiert werden können, Bewegungsrichtungen von Barbarendurchzügen rekonstruieren.[95] Von großem Aussagewert sind in diesem Zusammenhang auch Münzhortfunde, die von den Besitzern vor der drohenden Barbarengefahr auf ihren Grundstücken vergraben wurden. Solche datierenden Schatzfunde sind aus Pannonien,[96] Germanien,[97] Spanien,[98] Obermösien[99] u. a. bekannt.

In Gebieten, die von den Invasionen im 3. Jh. weniger oder gar nicht betroffen waren, wie weite Teile Innergalliens, der Iberischen Halbinsel oder auch Nordafrikas, läßt sich entsprechend eine Kontinuität der baulichen Substanz an zahlreichen Villen nachweisen.[100]

Während also zunächst einmal im frühen 3. Jh. die wirtschaftlichen Niedergangserscheinungen im archäologischen Fundmaterial nicht unmittelbar einen Niederschlag gefunden haben, so hatten dagegen die militärischen Ereignisse im Laufe des 3. Jh. ganz direkte Auswirkungen auf die Entwicklung der Landwirt-

[93] W. C. Braat, Die Besiedlung des römischen Reichsgebietes in den heutigen nördlichen Niederlanden, in: Germania Romana III, 55–58; H. Bayer, s. Anm. 77, 164; M. Lutz, s. Anm. 30, 43.

[94] Thomas 389; Velkov 104; V. Antonova, Novootkriti obekti ot rimskata epocha v Madara, INMK 2, 1963, 52.

[95] Gorges 46; s. auch G. Ch. Picard, Observations sur la condition des populations rurales dans l'Empire Romain, en Gaule et en Afrique, in: ANRW II,3 (1975), 101.

[96] S. Palágyi, s. Anm. 41, 161; Thomas 389.

[97] H. Bernhard, Beiträge zur römischen Besiedlung im Hinterland von Speyer, Mitteilungen des Historischen Vereins der Pfalz 73, 1976, 85.

[98] Gorges 44.

[99] M. Vasić, s. Anm. 8, 73.

[100] Vgl. u. a. A. Berthier, Établissements agricoles antiques à Oued-Athménia, Bulletin d'Archéologie Algérienne 1, 1962–1965 (1967), 17; Tchalenko 316; Leveau 485, 503; Gorges 38–42.

schaft, indem die Hauptproduktionsstätten in großer Zahl aufgegeben und vernichtet wurden. Solange die akute Bedrohung des Römischen Reiches durch die verschiedenen germanischen Stämme andauerte, waren auch die Einzelgehöfte ebenso wie die Äcker und Weideflächen in ihrer Existenz nicht gesichert, und eine kontinuierliche Agrarproduktion war vielfach nicht möglich. Erst im späteren 3. Jh. konnten eine Wiederbelebung der Landwirtschaft und ein Wiederaufbau von Villen in größerem Umfange einsetzen. Und erst in dieser Phase lassen sich die Auswirkungen auch der inneren Entwicklung der römischen Wirtschaft an den archäologischen Quellen ablesen. Viele der im frühen 3. Jh. so zahlreichen mittelgroßen Villenstellen erlebten nach der Zerstörung keine Wiederaufbauphase am Ende des Jahrhunderts.[101] Vor allem bei Villen, die nicht in unmittelbarer Grenznähe lagen, konnte aber beobachtet werden, daß das Leben und die Bewirtschaftung selbst nach einer weitgehenden Zerstörung zumindest teilweise wiederaufgenommen worden sind.[102] Diesen Befunden, die von einem deutlichen Rückgang in der Leistungsfähigkeit der landwirtschaftlichen Produktion insgesamt Zeugnis ablegen, stehen solche gegenüber, deren Interpretation eine Zunahme ökonomischer Möglichkeiten erkennen läßt. Derartige Villen, die nach einer Zerstörung in mittleren 3. Jh. in vergrößertem Umfang wiederaufgebaut worden sind, finden sich vor allem in Gebieten, in denen die Barbarenstürme weniger hart gewütet hatten, wie z. B. im Inneren Galliens[103] und in Thrakien;[104] aber auch in grenznäheren Gebieten finden sich einzelne Beispiele dafür, wie in Pannonien[105] oder sogar im Rheingebiet,[106] so daß diese Erscheinung der zunehmenden Luxusentfaltung in gewisser Weise als ein Gegenpol zu der vielfach beobachteten Tendenz zur Verkleinerung bzw. Aufgabe landwirtschaftlicher Produktionsstätten anzusprechen ist.

Am Ende des 3. Jh. läßt also eine archäologische Bestandsaufnahme eine Situation der auf der Basis von Villen organisierten Landwirtschaft in weiten Teilen des Römischen Reiches erkennen, die gegenüber dem Zustand am Beginn dieses Jahrhunderts erhebliche Veränderungen aufweist. Die Gesamtzahl der Villen ist am Ende des 3. Jh. deutlich verringert, und zwar nicht nur in den

[101] Filtzinger–Planck–Cämmerer 240, 310, 359, 472, 514, 563; H. Heinen, s. Anm. 76, 111; G. de Boe, s. Anm. 90, 238; Agache 374; M. Vasić, s. Anm. 8, 73; Baumann 229.

[102] S. dazu G. Schell, s. Anm. 39, 22; H. Bernhard, s. Anm. 97, 85 f.; M. Rech, Eine Villa rustica im Hambacher Forst, Kreis Düren, BJb 180, 1980, 491; J. Lauffray, J. Schreyeck, N. Dupré, Les établissements et les villas gallo-romaines de Lalonquette, Gallia 31, 1973, 1, 144; J. Metzler, J. Zimmer, L. Bakker, Die römische Villa von Echternach (Luxemburg) und die Anfänge der mittelalterlichen Grundherrschaft, in: Janssen–Lohrmann 39.

[103] Fouet 59.

[104] Nikolov 64.

[105] Thomas 190.

[106] A. Kolling, Die römische Villa von Sotzweiler, Kreis. St. Wendel, Germania 39, 1961, 477.

durch Barbareninvasionen betroffenen Gebieten, sondern auch dort, wo die Entwicklung von äußeren Einflüssen weniger berührt worden ist, wie z. B. auf der Iberischen Halbinsel[107] oder in Nordafrika.[108] Darin zeigt sich demnach eine allgemeine Tendenz, die die Entwicklung der Landwirtschaft während des 3. Jh. bestimmte und die in einigen Gebieten zusätzlich durch die Kriege gegen einfallende Fremdvölker forciert wurde.[109]

Dieser Prozeß spiegelt sich in gewisser Weise auch in der Grundrißgestaltung der Wohngebäude eines Villenkomplexes wider. Charakteristisch für die seit dem späten 3. Jh. entstandenen Großvillen ist nicht nur eine einfache Vergrößerung der Grundfläche, sondern auch eine gestiegene Anzahl der Räume sowie deren aufwendige Ausstattung mit Fußbodenmosaiken und nach außen vorspringenden Apsiden.[110] Dieser Typ der großzügigen, luxuriösen Villa, der im Einzelfall fast unbegrenzte Variationsmöglichkeiten in der Grundrißgestaltung eröffnete und sich damit von den vergleichsweise schlichten und schematisch gegliederten Bauformen der früheren Villen unterschied, ist besonders charakteristisch für die spätantiken Gutshäuser. Diese sind nach ihrer architektonischen Ausprägung eher als ländliche Residenzen anzusprechen. Aber die Agrarproduktion blieb trotzdem die ökonomische Basis für ihre Existenz. Daneben nahm das auf diesen großen Gutswirtschaften betriebene Handwerk auch Dimensionen an, die zunehmend eine Loslösung dieser Güter von den ökonomischen Verbindungen zum städtischen Markt ermöglichten und bewirkten.[111] Allerdings ist es bisher noch nicht gelungen, in der Umgebung von luxuriösen Großvillen des 3./4. Jh. Werkstatteinrichtungen in einem Umfang archäologisch nachzuweisen, wie sie zu einer allseitigen Versorgung der Bewohner eines großen Komplexes mit Handwerksprodukten notwendig gewesen wären. Dagegen ließ sich eine besonders dichte Besiedlung mit großen Luxusvillen in der Umgebung von Augusta Treverorum (Trier) nachweisen, für die zweifellos die Nähe dieser aufblühenden Residenzstadt aus Gründen der Sicherheit wie aber auch wegen der ökonomischen Möglichkeiten eine entscheidende Existenzbedingung darstellte.[112]

Im archäologischen Quellenmaterial spiegelt sich also eindeutig die Entstehung von Großgrundbesitz im Laufe des 3. Jh. wider, der sich am Ende des Untersuchungszeitraumes auf Kosten der früher dominierenden kleinen und vor allem mittelgroßen Güter in vielen Reichsteilen durchgesetzt hat. Hinweise auf eine wirtschaftliche Autarkie dieser Großgüter liefern die archäologischen Befunde dagegen nicht.

[107] Gorges 45–47.

[108] Leveau 484 f.

[109] G. Ch. Picard, s. Anm. 95, 111.

[110] Gorges 125–128; Leveau 408; G. Aleksandrov, Antična villa No. 3 kraj Mihajlovgrad, IMSZB 9, 1984, 13 f.

[111] W. Held, s. Anm. 15, 164; Finley 180.

[112] Rostovtzeff 184; H. Heinen, s. Anm. 76, 75–115.

C. Aspekte der Villenwirtschaft während des 3. Jahrhunderts in einigen ausgewählten Provinzen

Die Entwicklung der Landwirtschaft wird von verschiedenen natürlichen und gesellschaftlichen Faktoren beeinflußt. Dabei spielt zunächst einmal die Nutzbarkeit des jeweiligen Bodens eine entscheidende Rolle, die bedingt ist durch die Bodenart, die Höhenlage, die Wasserversorgung und das Klima. Diese Aspekte haben die römischen Landwirte bei der Einrichtung einer Villa nach Möglichkeit berücksichtigt, und sie richteten sich auch in der Bewirtschaftung nach den natürlichen Gegebenheiten.[113] In den Provinzen des Römischen Reiches kommt darüber hinaus aber auch den jeweiligen in der vorrömischen Zeit entwickelten sozialökonomischen Verhältnissen eine große Bedeutung zu. Auch die politische Situation einer Provinz und ihre geographische Lage innerhalb des Reiches wirkten sich auf die Entwicklung der Agrarproduktion aus. Wie sich gezeigt hat, waren die römischen Villen besonders in militärisch unruhigen Zeiten ständig in ihrer Existenz bedroht. Insofern entwickelte sich die Landwirtschaft in einer Grenzprovinz zwangsläufig anders als in einer, die im geschützten Hinterland lag, wo sich die Bevölkerung ungestörter der Bewirtschaftung ihrer Äcker widmen konnte.

Das Wechselverhältnis zwischen diesen Faktoren und den Auswirkungen der allgemeinen politischen und wirtschaftlichen Entwicklung des Römischen Reiches prägen das im folgenden zu entwerfende Bild von den Veränderungen, die sich im Laufe des 3. Jh. in der Landwirtschaft vollzogen haben. Dabei sollen drei größere zusammenhängende Gebiete modellhaft betrachtet werden, die teilweise auch über bestehende und sich verändernde Provinzgrenzen hinausgreifen können.

Ein solches Territorium ist die Iberische Halbinsel. Durch intensive und wiederholte Kolonisationsbewegungen der Römer wurde das Land sehr früh und gründlich romanisiert. Die große Entfernung vom Limes ermöglichte die Entwicklung einer blühenden Landwirtschaft besonders in den fruchtbaren Küstenstreifen und Flußtälern. Auch die Barbareneinfälle des 3. Jh. tangierten nur einzelne Regionen.

Etwas anders stellt sich die Situation in der Provinz Thracia und den angrenzenden Gebieten auf der südöstlichen Balkanhalbinsel dar. Hier setzte sich römischer Einfluß im Leben und in der Wirtschaft der Provinzialgebiete erst später durch und erreichte niemals die Intensität wie auf der Iberischen Halbinsel. Obwohl Thrakien auch im relativ geschützten Hinterland gelegen war, so wurde es doch im 3. Jh. in weitaus stärkerem Maße durch Einfälle, wie die der Goten, betroffen, und weite Landstriche wurden verwüstet.

[113] Vgl. dazu Ph. Leveau, Caesarea de Maurétanie, in: ANRW II, 10, 2 (1982), 689 f.; J. Peyras, s. Anm. 42, 229–231; H. Bayer, s. Anm. 77, 126–161; M. Vasić, s. Anm. 8, 54.

Die germanischen Provinzen am Rhein schließlich umfaßten unmittelbar die Limeszone, wodurch die wirtschaftliche Entwicklung dieser Gebiete entscheidend geprägt wurde. Die Einfälle von Franken und Alamannen im 3. Jh. hatten für das Leben in diesen Provinzen verheerende Auswirkungen.

1. Hispania

Geographisch läßt sich die Iberische Halbinsel in drei große Zonen unterteilen[114]:

a) das Hochland, das den größten Teil der Halbinsel einnimmt,
b) die Küstenregionen, die das Hochland im Osten, Süden, Westen und Nordwesten umgeben,
c) die großen Niederungsgebiete entlang der Flüsse Iberus (Ebro) im Nordosten und Baetis (Guadalquivir) im Süden.

Während die Küstenstreifen und die Flußtäler mit ihren fruchtbaren Böden und günstigen Klimabedingungen für jede Art landwirtschaftlicher Nutzung geeignet sind, gedeihen auf den schlechten Böden des Hochlandes in dem rauhen Bergklima eigentlich nur Getreide und die berühmten Pferde.[115] Weizenanbau war schon zur Zeit der römischen Eroberung in Hispania weit verbreitet, und die spanischen Provinzen blieben auch weiterhin ein wichtiger Kornlieferant für Rom. In den fruchtbaren Regionen der Küsten und der Flußtäler waren Oliven und Wein die hauptsächlichen Kulturpflanzen; Viehzucht wurde auf der ganzen Halbinsel in großem Maßstab betrieben, und in den Küstenregionen blühte außerdem noch die Fischereiwirtschaft. Die Fischsoße (*garum*) von der spanischen Ostküste war ebenso beliebt in Rom wie die gesalzenen Fische. In einer kleinen, am Meer gelegenen Villa im Conventus Carthaginiensis sowie in einer großen Villa an der Südwestküste im Conventus Pacensis wurden in den Boden eingelassene Bassins zur Bereitung und Aufbewahrung von *garum* gefunden.[116] Zu einer anderen reich ausgestatteten Villa im Conventus Carthaginiensis gehörten neben Ölpressen und einer Weinkelterei auch Einrichtungen zum Einsalzen von Fischen.[117]

Ein ebenso wichtiger Wirtschaftszweig wie die Agrarproduktion war für die Iberische Halbinsel die Ausbeutung der reichen Metallvorkommen in den Bergregionen. Zentren der Bergwerksindustrie lagen in Lusitanien, Cantabrien und im Süden der Halbinsel, in der Umgebung von Hispalis (Sevilla) und der Villenstadt Italica, deren Bewohner im 2. Jh. n. Chr. ihre Einkünfte nicht nur aus dem Ölexport, sondern auch aus den Bergwerken auf ihrem Territorium be-

[114] A. Schulten, RE, 16. Hbd., Stuttgart 1913, Sp. 1979–1991, s. v. Hispania.
[115] A. Schulten, s. Anm. 114, Sp. 1994, 2001.
[116] Gorges 317, Kat.-Nr. MU 44, S. 482, Kat.-Nr. PS 41.
[117] Gorges 260, Kat.-Nr. GE 26.

zogen.[118] In erster Linie wurde Silber gefördert; daneben auch Kupfer, Eisen, Blei u. a. Vor allem der Metallreichtum war es, der schon sehr früh das Interesse der Römer an Hispania geweckt hatte.[119]

Die geographischen Bedingungen der Iberischen Halbinsel hatten auch einen deutlich spürbaren Einfluß auf die Besiedlungsgeschichte. Die ersten römischen Ansiedlungen von Kolonisten, die bereits im 3./2. Jh. v. Chr. erfolgten, entstanden in den Küstengebieten und in den großen Flußniederungen.[120] Die Soldaten des Pompeius, denen im Jahre 73 v. Chr. in großer Zahl in Hispania Land zugewiesen wurde, ließen sich ebenfalls hauptsächlich in den fruchtbaren und klimatisch günstigen Gegenden nieder.[121] Das großen Reichtum verheißende Land zog auch in der Kaiserzeit ständig neue Siedler an, und die Zahl der Villenstellen wuchs unaufhörlich, so daß bald das zur Verfügung stehende Land von hoher landwirtschaftlicher Nutzbarkeit vollständig aufgeteilt war und zunehmend auch Böden schlechterer Qualität besiedelt und bearbeitet wurden. Von der Ost- und von der Südküste ausgehend, breitete sich der Bodenbau immer weiter über die gesamte Halbinsel aus, und die im Nordwesten gelegene Gallaecia würde erst sehr spät für die landwirtschaftliche Nutzung erschlossen. Die meisten der in dieser Gegend nachgewiesenen Villenanlagen entstanden erst im 3./4. Jh., während Siedlungsspuren aus früherer Zeit nur vereinzelt festgestellt werden konnten.[122] Die Villa bei Santa Colomba de Somoza (Conventus Asturum) ist eines der wenigen Beispiele für eine Anlage aus dem 1. Jh., und es ist zugleich die einzige Villa auf der Iberischen Halbinsel, deren Grundriß aus dieser Zeit vollständig bekannt ist. Es war eine mittelgroße Peristylvilla mit Hypokaustanlage. Ihr Besitzer betrieb anscheinend nicht nur Agrarproduktion, sondern war auch an der Ausbeutung der Goldminen in der Umgebung beteiligt, und in 200 m Entfernung von dem Wohngebäude wurde eine Terra-sigillata-Töpferei gefunden, die im 1. und 2. Jh. in Betrieb war. Die gesamte Villa wurde spätestens Mitte des 3. Jh. aufgegeben.[123]

Die Zahl der Villen auf der Iberischen Halbinsel nahm während der frühen Kaiserzeit ständig zu, und um die Mitte des 3. Jh. überzog ein engmaschiges Netz von Gutshöfen das gesamte Territorium, einschließlich Lusitanien, wo wahrscheinlich die eine oder andere Großvilla nicht primär Zentrum eines Land-

[118] R. Nierhaus, Die wirtschaftlichen Voraussetzungen der Villenstadt von Italica, MM 7, 1966, 189–205.

[119] A. Schulten, s. Anm. 114, Sp. 2005.

[120] Gorges 56, 60, Karte S. 28 Fig. 4; Tranoy 419.

[121] Gorges 24.

[122] Der derzeitige Forschungsstand gestattet es noch nicht, die Villen so genau zu datieren, daß eine Gegenüberstellung des Bestandes aus der frühen und der späten Kaiserzeit möglich wäre: vgl. Tranoy 239–241.

[123] Gorges 276 f.

wirtschaftsbetriebes war, sondern ihre wirtschaftliche Basis im Bergbau besaß.[124]

Insgesamt sind auf der Iberischen Halbinsel bisher 602 Villenfundorte bekannt, von denen 316, also mehr als die Hälfte, in der Tarraconensis lokalisiert sind, 138 in der Baetica, 96 in der Lusitania und 52 in der Gallaecia.[125] Die wenigsten von ihnen sind jedoch archäologisch untersucht und datierbar. Daher kann auch ein Versuch, die Größen der einzelnen Güter annähernd zu bestimmen, indem die Gesamtzahl der Villen zur Gesamtfläche des zur Verfügung stehenden Areals in Beziehung gesetzt wird, nur zu sehr hypothetischen Ergebnissen führen. Aber die große Dichte der Villenbesiedlung im nordöstlichen Küstengebiet und in der Baetica legt den Schluß nahe, daß hier die Einzelgrundstücke nur relativ klein gewesen sein können, während in der Gallaecia zu einem Gutshof sehr ausgedehnte, als Weideflächen nutzbare Ländereien gehört haben dürften.[126] Im Gesamtdurchschnitt scheinen die Villenbesitzer auf der Iberischen Halbinsel größere landwirtschaftliche Nutzflächen bearbeitet zu haben als in anderen Reichsteilen,[127] wobei auch diese Größenbestimmung nur den Charakter einer Hypothese haben kann.

Legt man daneben noch die Ausdehnung der ehemals bebauten Fläche eines Gutshofes und die vorhandenen Informationen über die Grundrißgestaltung und Ausstattung der Herrenhäuser dem Versuch der Berechnung der Grundstücksgröße zugrunde, so zeigt sich, daß auch in Hispania zunächst der mittelgroße Besitz überwog, der mit der systematischen Ansiedlung in den Perioden der späten Republik und der frühen Kaiserzeit in Verbindung zu bringen ist. Diesem Typ des mittelgroßen Gutes entspricht architektonisch eine einfache Peristylvilla. Aber bereits im Laufe des 2. Jh. n. Chr. waren die wirtschaftlichen Voraussetzungen für eine größere Luxusentfaltung in den Villenbauten gegeben, die sich in einer größeren Raumzahl im Herrenhaus, in deren häufiger werdender Ausstattung mit Hypokaustheizung und großen Fußbodenmosaiken sowie auch im Bau von separaten Badehäusern äußert. Hieraus entwickelte sich ein neuer Typ des palastartigen Herrenhauses, der seine charakteristische Ausprägung etwa um die Mitte des 3. Jh. erhielt und in der Spätantike zur vollen Entfaltung gelangte.[128]

[124] Gorges 42, Karte S. 107 Fig. 16.

[125] Gorges 82. Diese Zahlen dürften sich durch neue Fundstellen inzwischen verändert haben, aber die Proportionen zwischen den einzelnen Regionen verändern sich dadurch wohl nicht wesentlich.

[126] Tranoy 235–237; Gorges 97.

[127] Gorges 98: Kleineigentum schwankt zwischen 2,5 und 30 ha Nutzfläche; ein mittelgroßes Grundstück umfaßte 40–250 ha, während zu einem Latifundium mehr als 500 ha landwirtschaftlicher Nutzfläche gehörten.

[128] Gorges 127 f., 133–144.

Trotz seiner relativ geschützten Lage wurde Hispania von den Invasionen germanischer Stämme im dritten Viertel des 3. Jh. berührt. Nachdem diese in den Jahren 259/60 den Rheinlimes durchbrochen hatten, zogen einzelne Gruppen südwärts durch Gallien und erreichten auch die Iberische Halbinsel. Hier verwüsteten sie besonders einige Gebiete im Norden und an der Nordostküste. Als Datierung dieser Zerstörungswelle lassen sich auf Grund mehrerer Münzhortfunde die sechziger und siebziger Jahre des 3. Jh. ermitteln. Gemessen an anderen Provinzen, waren die von den Barbaren angerichteten Verwüstungen nur gering, und insgesamt sind bisher an 32 Villen Brandschuttschichten festgestellt worden, die von der Zerstörung der Anlagen im Zuge der Frankeneinfälle herrühren.[129]

Die Unruhen seit der Jahrhundertmitte hatten offensichtlich aber darüber hinaus schwere Auswirkungen auf das Wirtschaftsleben der spanischen Provinzen. Davon zeugt der sogenannte Monte Testaccio in der Baetica, eine Anhäufung von beschädigten Amphoren spanischer Provinienz, deren früheste in die erste Hälfte des 2. Jh. zu datieren sind und von denen keine später als 268 auf diese Deponie gelangte.[130] Diese Amphoren dienten als Emballage für den Öltransport, und ihr Fehlen seit den späten sechziger Jahren des 3. Jh. bedeutet wahrscheinlich auch ein Aufhören bzw. zumindest eine erhebliche Reduzierung des Ölexportes, der als Folge der Einfälle von Mauren in diese Gebiete anzusehen ist.[131]

Nachdem die germanischen Barbaren sich gegen 280 aus den spanischen Gebieten wieder zurückgezogen hatten, begann in der betroffenen Nordhälfte der Halbinsel sehr bald eine Phase der Restaurierung. Jedoch konnte nur für 14 der 32 beschädigten oder zerstörten Villen mit einiger Sicherheit der archäologische Nachweis ihres Wiederaufbaus erbracht werden, während die übrigen 18 Villenstellen endgültig aufgegeben worden waren oder höchstens als Siedlungsstellen mit anderer Funktion weiterexistierten. Unter den wiederhergestellten Villen befinden sich drei, die nur teilweise restauriert und im 4. Jh. in reduziertem Umfang genutzt worden sind. Zwei davon waren von mittlerer Größe und liegen im Küstengebiet des Conventus Tarraconensis,[132] während es sich bei der dritten um eine ehemals große Villa handelt, die sich relativ weit südlich in dem von Barbaren heimgesuchten Gebiet, im Conventus Cluniensis, befindet.[133] Die Reste der übrigen elf Villen lassen durchweg erkennen, daß diese nach der Zerstörung nicht nur wiederaufgebaut, sondern zugleich vergrößert und mit mehr Komfort und Luxus ausgestattet worden sind. Sie erlebten alle im 4. Jh. eine Blütezeit und existierten mindestens bis zu den Barbareneinfällen in der

[129] Gorges 42–44, Karte S. 46 Fig. 7.

[130] J. M. Blázquez, s. Anm. 75, 473; Gorges 49.

[131] A. Schulten, s. Anm. 114, Sp. 2044 f.

[132] Gorges 211 f., Kat.-Nr. B 68–69.

[133] Gorges 357, Kat.-Nr. SG 09.

Mitte des 5. Jh. Sechs dieser Villen liegen im Conventus Cluniensis,[134] vier im Conventus Tarraconensis[135] und eine im Conventus Caesaraugustanus.[136]

Die Mehrzahl der Villenbesitzer war also offenbar nicht in der Lage gewesen, ihre durch die Barbareneinfälle zerstörten Anwesen wiederaufzubauen und verließen ihr Gut. Die übriggebliebenen Grundbesitzer fügten die ungenutzten Äcker und Weiden ihrer eigenen Wirtschaft hinzu und vergrößerten dadurch ihren Reichtum, was sich in dem luxuriösen Ausbau der Herrenhäuser zeigt.

Jedoch auch in Gebieten, die von den germanischen Invasionen verschont geblieben waren, konnte eine ähnliche Besitzkonzentration beobachtet werden. Im Conventus Tarraconensis sind 18 Villenstellen auf einer Fläche von 80 km^2 festgestellt worden, von denen im Laufe des 3. Jh. 17 verlassen worden sind, ohne daß eine Zerstörung nachweisbar ist, während eine einzige übrigblieb und diese noch im 4. Jh. existierte.[137] Ähnliche Vorgänge müssen sich überall auf der Iberischen Halbinsel abgespielt haben; denn es sind insgesamt nur 113 Villen lokalisiert worden, die noch im 4. Jh. in Benutzung waren.[138] Da jedoch die wenigsten von ihnen systematisch untersucht worden sind, ist es nicht möglich, die Größe der einzelnen Güter zu bestimmen. Es scheint aber nach den Funden zumindest deutlich zu werden, daß hierbei der Anteil an großen Prunkvillen relativ hoch ist. Darunter befinden sich einige, die im späten 3. bzw. frühen 4. Jh. neu errichtet wurden;[139] weitaus größer ist jedoch die Zahl der Villen, die bereits im 2./3. Jh. bestanden, aber seit dem Ende des 3. Jh. durch Um- und Anbauten vergrößert wurden, und deren Ausstattung von wachsendem Reichtum ihrer Besitzer oder Eigentümer zeugt.[140]

Das archäologische Fundmaterial läßt also insgesamt erkennen, daß sich während des 3. Jh. in der Villenwirtschaft auf der Iberischen Halbinsel wesentliche Veränderungen vollzogen haben, indem am Ende des Untersuchungszeit-

[134] Die Villen von Bayubas de Abajo (Gorges 397, Kat.-Nr. SO 04), Dueñas (Gorges 335, Kat.-Nr. PA 04), Pedrosa de la Vega (Gorges 336 f., Kat.-Nr. PA 11), Rioseco de Soria (Gorges 403, Kat.-Nr. SO 34), Santervás del Burgo (Gorges 404, Kat.-Nr. SO 37) und Valladolid (Gorges 444, Kat.-Nr. VA 33).

[135] Die Villen von Altafulla (Gorges 407 f., Kat.-Nr. T 03), Reus (Gorges 415, Kat.-Nr. T 32), Tiana (Gorges 223 f., Kat.-Nr. B 129) und Tossa de Mar (Gorges 260, Kat.-Nr. GE 26).

[136] Die Villa von Liédena (Gorges 323 f., Kat.-Nr. NA 12).

[137] Gorges 45, 436 f., Kat.-Nr. V 65–70.

[138] Gorges, Karte S. 50 Fig. 8.

[139] Z. B. die Villen von Navatejera (Gorges 274 f., Kat.-Nr. LE 07), Villa de Frades (Gorges 477, Kat.-Nr. PS 22), Aguilafuente (Gorges 355, Kat.-Nr. SG 01) und Artieda de Aragón (Gorges 346 f., Kat.-Nr. Z 02).

[140] Z. B. die Villen von Torre de Palma (Gorges 465 f., Kat.-Nr. PC 25), Quarteira (Gorges 482 f., Kat.-Nr. PS 41), Quesada (Gorges 271 f., Kat.-Nr. J 04), Constantí (Gorges 411 f., Kat.-Nr. T 18), Ecija (Gorges 374, Kat.-Nr. SE 80), Fraga (Gorges 267 f., Kat.-Nr. HU 07), Torres Novas (Gorges 470 f., Kat.-Nr. PC 45) u. a.

raumes erheblich weniger Villen existierten, unter diesen aber der Anteil von luxuriös ausgestatteten Großvillen verhältnismäßig höher ist als im frühen 3. Jh. Dieser Befund ist als Ausdruck einer im einzelnen allerdings nicht genau nachweisbaren Vergrößerung der dazugehörigen Ländereien zu werten und bestätigt die allgemeine Tendenz zur Entstehung von Großgrundbesitz.

2. Thracia und Moesia inferior

In die Untersuchung der Villenwirtschaft in der Provinz Thracia im 3. Jh. sollen die sich nördlich anschließenden Gebiete von Moesia inferior mit einbezogen werden. Denn nachdem unter Kaiser Traian die Provinz Dacia nördlich der Donau eingerichtet worden war, hatte Niedermösien seine Funktion als Grenzprovinz verloren; seitdem verlief hier die politische und wirtschaftliche Entwicklung relativ ruhig. Mehreren Städten wurde unter Kaiser Traian und dessen Nachfolgern der Status einer Colonia bzw. eines Municipiums verliehen, und die Provinz erlebte im Zuge der Urbanisierung und unter römischem Einfluß eine ökonomische Blütezeit. Die Entwicklung in diesen Gebieten war eng verknüpft mit der in der südlichen Nachbarprovinz Thracia. Erst am Ende des 3. Jh. änderte sich die Situation wieder, als die Römer sich aus der Provinz Dacia zurückziehen mußten und die untere Donau erneut die Reichsgrenze bildete.[141] Auch in der Provinz Thracia wirkte sich der Romanisierungsprozeß erst im Laufe des 2. Jh. in stärkerem Maße auf das Leben in der Provinz aus, obwohl diese bereits seit der Mitte des 1. Jh. Teil des Römischen Reiches war. Als ein Kriterium für die verhältnismäßig schwache Romanisierung ist das weitgehende Fehlen von Nachweisen für die Existenz von Sklaven bis ins 2./3. Jh. anzusehen.[142] Die organisatorische Basis für die landwirtschaftliche Produktion war in dieser Zeit in Thrakien mehr als in intensiv romanisierten Gebieten wie Hispania der bäuerliche Kleinproduzent, der in geschlossenen Siedlungen lebte.[143] Diese Orte waren wohl nicht ausschließlich Bauerndörfer, vielmehr in erster Linie *vici* im Sinne von nichtstädtischen Kleinsiedlungen, zu denen neben Marktflecken auch die zahlreichen Straßenstationen und *mansiones* gehörten.[144] Ein in Niedermösien gefundener Inschriftenstein markierte einst die Grenze zwischen dem Gemeindeland der *vicani B[u]ridaven[a]tes* und dem Privatbesitz eines *Siampudus*.[145]

[141] Velkov 99 f.; Rostovtzeff 200.

[142] Velkov 72 f.; Štaerman 205, 208.

[143] Allein in Moesia inferior sind 45 Namen von *vici* und anderen nichtstädtischen Siedlungen bekannt, von denen aber bisher nur wenige lokalisiert und keine untersucht worden sind: s. A. G. Poulter, Town and Country in Moesia inferior, in: Ancient Bulgaria, 85 f.

[144] S. dazu z. B. H. v. Petrikovits, Kleinstädte und nichtstädtische Siedlungen im Nordwesten des römischen Reiches, in: Jankuhn–Schützeichel–Schwind 86–135.

[145] Štaerman 221.

Auf dem Gebiet des heutigen Bulgarien, das große Teile der einstigen Provinzen Thracia und Moesia inferior umfaßt, sind bisher etwa 70 Fundstellen römischer Villen lokalisiert worden,[146] von denen jedoch bisher kaum ein Drittel archäologisch untersucht worden ist.[147] In einigen Fällen bezogen sich die Grabungen nur auf die *pars urbana*, in anderen nur auf die *pars rustica*, und einige Villen sind vollständig erforscht und publiziert.[148] An Hand der Verbreitungskarte läßt sich eine besonders dichte Villenbesiedlung in der außerordentlich fruchtbaren thrakischen Tiefebene, in der Umgebung von Augusta Traiana (Stara Zagora) mit 28 Fundstellen und im Gebiet von Serdica (Sofia) mit 12 Fundstellen erkennen. Auch auf dem Territorium von Montana (Mihajlovgrad) existierten außer den drei untersuchten Villenanlagen wahrscheinlich noch weitere.[149] Eine Konzentration meist mittelgroßer Villen konnte auch in den landwirtschaftlich nutzbaren Regionen des Territoriums von Nicopolis ad Istrum festgestellt werden; sie fehlen jedoch vollständig in den Balkangebieten oberhalb 300 m Höhenlage.[150] Bei den meisten bekannten Objekten handelt es sich um Gutshäuser mit einfachem rechteckigem Grundriß[151] oder auch um eine mittelgroße Peristylvilla.[152] Bisher sind drei Großvillen ganz oder teilweise freigelegt worden, von denen sich zwei in der Provinz Thracia (bei Čatalka, Obl. Haskovo, und Ivajlovgrad, Obl. Haskovo) befinden und eine in Moesia inferior (bei Madara, Obl. Varna). Aber auch die Villa Nr. 2 bei Montana (bei dem Dorf Belotnica, Obl. Mihajlovgrad), deren zentrales Wohnhaus in der letzten Nut-

[146] Nikolov 60, Karte S. 60 Fig. 68, 64 mit Anm. 120.

[147] Unter den erforschten Fundplätzen, die als befestigte Villen angesprochen worden sind (vgl. C. Dremsizova, La villa romaine en Bulgarie, in: Actes du Ier Congrès international des études Balkaniques, Bd. 2, Sofia 1969, 510), sind einige wohl eher als *burgi* anzusehen: vgl. Nikolov 60, Abb. 69 und 70.

[148] Dabei handelt es sich um die Villa bei dem Dorf Čatalka, Obl. Haskovo (vgl. Nikolov), um drei Gutshöfe bei Montana (heute Mihajlovgrad): vgl. G. Aleksandrov, Antična vila No. 1 kraj Mihajlovgrad, IMSZB 8, 1983, 37–81: ders., Antična vila No. 2 kraj Montana, IMSZB 4, 1980, 9–64; ders., Antična vila No. 3 kraj Mihajlovgrad, IMSZB 9, 1984, 9–45.

[149] Aleksandrov 4.

[150] B. Gerov, Aspekte des Grund- und Bodenbesitzes im römischen Thrakien und Mösien (1.–3. Jh.), in: Ancient Bulgaria, 5; A. G. Poulter, s. Anm. 143, 92–94.

[151] C. Dremsizova, s. Anm. 147, 504–506; Nikolov 61 f., Abb. 69 und 70; vgl. auch die Einzelpublikationen von Villen: M. Stančeva, Épanouissement et disparition de deux villae rusticae près de Serdica, in: Actes du Ier Congrès international des études Balkaniques, Bd. 2, Sofia 1969, 535–538; dies., Vila rustika v kv. Obelja, Archeologija (Sofia) 23, 1981, 1–2, 52–71; B. Sultov, Vila rustika kraj s. Prisovo, V. Tărnovski okrăg, IOMT 2, 1964, 49–64; D. Ovčarov, Vila rustika do s. Mogilec, Tărgovišsko, Archeologija (Sofia) 11, 1969, 1, 26–35; Io. Atanasova, Vila rustika do s. Makreš, Vidinsko, IMSZB 4, 1980, 65–83.

[152] Najdenova 25.

zungsphase eine Fläche von etwa 900 m^2 einnahm, kann nach regionalen Maßstäben als Großvilla angesprochen werden.[153]

Von der Villa bei Ivajlovgrad ist bisher der urbane Teil untersucht.[154] Das Herrenhaus umfaßt mindestens 20 Räume, die sich um einen Peristylhof gruppieren, mit einer Gesamtfläche von 1300 m^2. Mehrere Räume waren mit Fußbodenmosaiken und Wandverkleidungen sowie Architekturdekorationen aus Marmor ausgestattet. In der Umgebung des Wohnhauses fanden sich vereinzelt Reste von Wirtschaftsbauten. Nach dem Stil der Architektur und der Mosaiken kann die Errichtung des Herrenhauses in die erste Hälfte des 2. Jh. datiert werden, und Münzfunde bestätigen diesen zeitlichen Ansatz. Noch im 2. Jh. wurde das Haus durch einige Anbauten erweitert. Die in der Mitte des 3. Jh. erfolgten Goteninvasionen haben diese Villa offenbar nicht berührt, sondern sie existierte ununterbrochen bis zum Ende des 4. Jh. und wurde wahrscheinlich im Zusammenhang mit der Schlacht bei Adrianopel, das nur etwa 40 km von der Villa entfernt lag, im Jahre 378 zerstört und aufgegeben.

Von der Villa bei Madara in Moesia inferior sind bisher die *pars urbana* und nur einige dazugehörige Wirtschaftsbauten untersucht worden.[155] Sie wurde in traianisch-hadrianischer Zeit errichtet und ist ein Zeugnis für den ökonomischen Aufschwung der Provinz in dieser Zeit. Neben dem 76×65 m großen zentralen Wohnhaus mit Peristylhof stammt aus dieser Bauphase auch ein Gebäude mit Einrichtungen zur Herstellung und Lagerung von Wein.[156] In der Mitte des 3. Jh. wurde die ganze Anlage durch Brand zerstört, und nach Aussage des Münzspiegels blieb sie einige Jahrzehnte unbenutzt. Erst am Ende des 3. oder Anfang des 4. Jh. wurde das Herrenhaus wieder aufgebaut, wobei jedoch das ehemalige *tablinum* zu einem Lagerraum umgebaut und die Hypokaustanlagen aus einigen Räumen entfernt wurden. Das Wohnhaus und die zunächst liegenden Wirtschaftsbauten wurden mit einer massiven Steinmauer umgeben, die an den Ecken durch Türme verstärkt war. Auch die ökonomische Basis des Gutshofes hatte Veränderungen erfahren, indem die Weinkelterei außer Betrieb gesetzt und in ein *horreum* umgebaut worden war. Erneut wurde die Villa zerstört, als im Jahre 376 die Westgoten die Donau überschritten hatten und auf ihrem Zug nach Marcianopolis (Devnja, Obl. Varna) die Gegend von Madara durchquerten. Danach konnten noch einmal einige Teile des Villenkomplexes wiederhergestellt und wirtschaftlich genutzt werden, bis in der ersten Hälfte des 5. Jh. die

[153] G. Aleksandrov, IMSZB 4, 1980, 13.

[154] Ja. Mladenov, s. Anm. 90, 20–33; dies., La villa romaine d'Ivajlovgrad, in: Actes du Ier Congrès international des études Balkaniques, Bd. 2, Sofia 1969, 527–534.

[155] V. Antonova, S. Anm. 94, 23–59; C. Dremsizova-Nelčinova, s. Anm. 32, 74–126; C. Dremsizova, Villa romaine aux environs de Madara, in: Acta antiqua Philippopolitana, Studia archaeologica, Serdica 1963, 111–119; V. Antonova, Novootkriti obekti ot rimskata epocha v Madara, INMK 1, 1960, 19–54.

[156] C. Dremsizova-Nelčinova, s. Anm. 32, Plan S. 76 Abb. 1.

endgültige Aufgabe und eine Zerstörung durch die Hunnen erfolgte. Für die Zeit bis in die erste Hälfte des 6. Jh. lassen sich auf dem Gelände der Villa von Madara nur noch einzelne Siedlungsspuren nachweisen, die mit einer neben der ehemaligen Villa errichteten christlichen Kirche in Zusammenhang gebracht werden. Die römische Villa mit ihrer wirtschaftlichen Funktion existierte also mit einigen Unterbrechungen von der ersten Hälfte des 2. Jh. bis zur ersten Hälfte des 5. Jh.

Die Villa bei dem Dorf Čatalka (Obl. Haskovo) liegt auf einer durch den Zusammenfluß von zwei Bächen begrenzten Felsterrasse, und der gesamte Villenbezirk ist von einer mächtigen Mauer umgeben.[157] Die *pars urbana* umfaßt mehrere Wohnräume und den Küchentrakt, die an einem unregelmäßig geformten Hof mit zwei gemauerten Wasserbassins liegen, und ist von einem weiteren Hof durch eine Steinmauer getrennt. Der schmale, von einem kleinen „Wachhaus" flankierte Durchgang zwischen beiden Teilen ist der einzige Zugang zu diesem Osthof, an dessen Nordmauer eine Reihe von vier gleichartigen, aus zwei Räumen bestehenden Wohneinheiten gelegen ist. Wegen ihrer kasernenartigen Erscheinung wird diese Anlage als Unterkunft für Sklaven gedeutet.[158] Auf diesem Hof befindet sich auch eine kleine Badeanlage. Ein ebenfalls von einer Mauer eingefaßter 135×56 m großer Wirtschaftshof schließt sich westlich an den urbanen Teil an.

Er umfaßt neben einem Wohnhaus für einen *vilicus* und mehreren Unterbringungsmöglichkeiten für Arbeitskräfte zwei Viehställe, Lagerhäuser sowie eine kleine Werkstatt für Keramikproduktion.[159] Hier wurden außer Tongefäßen auch Ziegel hergestellt, die bei der Erneuerung der Villa in der zweiten Hälfte des 3. Jh. Verwendung fanden.[160] Etwa 700 m nordwestlich der Villa liegt am anderen Ufer des Čatalka-Flusses ein weiterer Architekturkomplex, bei dem es sich um einen zweiten zu der Villa gehörigen Wirtschaftshof mit Wohnhaus für einen *vilicus*, weiteren Wohnräumen, einem kleinen Bad und mehreren Ställen handelt.[161]

Die Münzfunde von allen drei Teilen der Großvilla von Čatalka reichen von Mitte des 1. Jh. bis in die erste Hälfte des 5. Jh., wobei Prägungen aus dem 1. und 2. Jh. relativ selten sind und ein deutlicher Anstieg am Beginn des 3. Jh. zu verzeichnen ist.[162] Zumindest teilweise war die Anlage in der Mitte des 3. Jh. während der Goteninvasionen zerstört worden, aber es erfolgte sehr bald ein Wiederaufbau, der zugleich mit einer Erweiterung sowohl des urbanen Teils wie auch des Wirtschaftstraktes verbunden war.[163] So entstanden in dieser Phase

[157] Nikolov 5–73.
[158] Nikolov 20 f.; vgl. oben S. 31.
[159] Nikolov 30, Plan Abb. 36, S. 32–35.
[160] Nikolov 39 f.
[161] Nikolov 41–45, Plan Abb. 50.
[162] Nikolov Münztabellen S. 26 f., 39, 47.
[163] Nikolov 54.

außer zwei neuen Badeanlagen die Sklavenunterkünfte im Ostteil des zentralen Hofkomplexes, die Keramikwerkstatt und einige Ställe. Nach einer ökonomischen Blüte im 4. Jh. ging die Villa von Čatalka während der erneuten Gotenzüge im vierten Viertel des 4. Jh. zugrunde, und in den Ruinen etablierten sich bald darauf kleine Häuser aus Holz-Lehm-Konstruktionen, die in der ersten Hälfte des 5. Jh. von den Hunnen zerstört wurden. Diese letzte Besiedlungsphase des Gutes steht in keinem direkten Zusammenhang mehr mit der Villa, die als solche am Ende des 4. Jh. aufgegeben worden war. In der näheren Umgebung der Villa befinden sich 20 Hügelgräber, die sich in eine Gruppe von 8 mit reich ausgestatteten Grabstellen und eine zweite Gruppe von 12 Hügeln mit weniger üppig mit Beigaben versehenen Gräbern zusammenfassen lassen.[164] Die sich in der Form der Gräber sowie in der Art der Beigaben widerspiegelnden Bestattungsrituale lassen auf die thrakische Herkunft der hier Beigesetzten schließen, und die Unterschiede in der Ausstattung der einzelnen Gräber sprechen für bestehende soziale Differenzierungen.[165] Nach Münz- und anderen Funden können die acht Grabhügel der ersten Gruppe in die Zeit von Mitte 1. bis erste Hälfte 3. Jh. datiert werden, also etwa zeitgleich mit der Existenz der Villa,[166] während die ärmeren Bestattungen zwischen dem frühen 4. und der ersten Hälfte des 5. Jh. angelegt worden sind, teilweise schon nach christlichen Gebräuchen.[167] Diese Gräber sind wahrscheinlich mit der Besiedlung des Geländes nach der Aufgabe der Villa in Verbindung zu bringen.

So weit erkennbar, war also die wirtschaftliche Grundlage für zwei der drei bekannten Großvillen in Thrakien und Niedermösien die Landwirtschaft: Getreideanbau und zeitweilig Weinproduktion in Madara, Ackerbau und Viehhaltung in größerem Umfang in Čatalka. Über die ökonomische Basis für die reiche Villa von Ivajlovgrad fehlen jegliche Angaben, da von dieser Anlage nur das Herrenhaus untersucht worden ist. Zu den meisten mittelgroßen Villen gehörten Ställe und Lagermöglichkeiten für Getreide.[168]

Auf dem Territorium von Nicopolis ad Istrum ist eine Villa untersucht worden, deren Besitzer sich nicht vorrangig mit Agrarproduktion beschäftigte, sondern eine große, für den Markt produzierende Keramikwerkstatt betrieb.[169] Die hier

[164] Bujukliev.

[165] Bujukliev 5–7.

[166] Bujukliev 30, 45.

[167] Bujukliev 60.

[168] Z. B. bei einigen Villen in der Umgebung von Serdica (vgl. M. Stančeva, s. Anm. 151, Actes ... 1969, S. 536), bei einer Villa von Makreš (vgl. Io. Atanasova, s. Anm. 151, 67, 74) oder bei der Villa von Kralev dol (vgl. Najdenova 24 f.).

[169] Die Villa liegt bei der heutigen Stadt Pavlikeni, Obl. Loveč (vgl. B. Sultov, s. Anm. 22, 22–25, Plan Taf. IV). Daß hier aber auch die landwirtschaftliche Produktion entwickelt war, beweisen die Fundamente von Getreidescheunen, zahlreiche große Weinamphoren und verschiedene landwirtschaftliche Geräte: vgl. A. N. Martem'janov, Rimskaja villa v territorii Frakii i Nižnej Mizija v I–V vv., VDI 1986, 2, 171.

hergestellten Tongefäße, Lampen, Kleinplastiken und Kinderspielzeuge zeichneten sich durch eine sehr gute Qualität aus und fanden weite Verbreitung in der ganzen Provinz Moesia inferior und den Nachbargebieten.[170] Die Produktion feiner Tonwaren auf dem Gelände der Villa von Pavlikeni (Obl. Loveč) begann in traianisch-hadrianischer Zeit, schuf die ökonomische Grundlage für Erweiterungsbauten der Villenanlage im dritten Viertel des 2. Jh. und hörte auf, als der ganze Komplex in Zusammenhang mit den Goteninvasionen Mitte des 3. Jh. endgültig zerstört wurde. Die offenbar guten Tonvorkommen im Umland von Nicopolis ad Istrum dienten auch den Villenbesitzern in der Nähe der heutigen Dörfer Butovo und Hotnica als Grundlage für ihre wirtschaftliche Tätigkeit. Auch sie gingen in den Gotenstürmen des mittleren 3. Jh. zugrunde und wurden nicht wiederaufgebaut.

Die festgestellte Konzentration von Villen in der Umgebung von Montana (Mihajlovgrad) beruhte zwar zum großen Teil auf landwirtschaftlicher Produktion, aber auch die in römischer Zeit ausgebeuteten Goldvorkommen in dieser Zeit regten zur Niederlassung an.[171] Die drei untersuchten Villen in dieser Region entstanden in der zweiten Hälfte des 2. Jh., wurden alle nach einer teilweisen Zerstörung um 250 am Ende des 3. Jh. bzw. am Anfang des 4. Jh. wiederaufgebaut und dabei sowohl im urbanen Bereich wie auch im Wirtschaftsteil vergrößert. Sie erreichten ihre größte ökonomische Entfaltung im Laufe des 4. Jh. und gingen während der Gotenstürme in den siebziger Jahren des 4. Jh. zugrunde.[172] Auf dem Gelände der größten dieser Villen wurde ein Hortfund aus 656 Kupfermünzen von Constantinus I. bis Iulianus Apostata gefunden, der vor einer drohenden Barbareninvasion in den sechziger Jahren des 4. Jh. in einem Getreidespeicher vergraben worden war.[173]

Allen drei bekannten Villen bei Montana ist gemeinsam, daß ihre ökonomische Blüte im 4. Jh. auf besonders intensiv betriebener Getreideproduktion beruhte, worauf die Errichtung neuer *horrea* in der Wiederaufbauphase hinweist.[174] Vermutlich steht der verstärkte Getreideanbau mit dem erneuten Ausbau des niedermösischen Limes nach der Aufgabe der Provinz Dacia in Zusammenhang und sollte vorrangig den Bedarf der dort stationierten Truppen dekken. Die Ausweitung des Produktionsumfanges erforderte natürlich eine größere Zahl von Arbeitskräften auf den Villen, und in zwei Fällen lassen sich ebenfalls am Ende des 3. oder zu Anfang des 4. Jh. errichtete kasernenartige Unterkünfte

170 S. Sultov, s. Anm. 22, 25–30.

171 G. Aleksandrov, Goldgewinnung im Gebiet von Montana in der Antike, in: Actes du IIe Congrès international de Thracologie, Bd. 2, Bukarest 1980, 389–397.

172 G. Aleksandrov, IMSZB 4, 1980, 54–56; ders., IMSZB 8, 1983, 72 f.; ders., IMSZB 9, 1984, 35.

173 G. Aleksandrov, IMSZB 4, 1980, 33.

174 G. Aleksandrov, IMSZB 4, 1980, 54; ders., IMSZB 8, 1983, 46; ders., IMSZB 9, 1984, 22 f.

für Sklaven oder andere Gutsarbeiter nachweisen.[175] Zusätzliche Hilfskräfte werden wahrscheinlich aus umliegenden Dörfern herangezogen worden sein.[176]

Das Schicksal dieser Villen spiegelt insgesamt die historische Entwicklung des Territoriums von Montana wider, das im Jahre 161 den Rang eines Munizipiums erhielt und erst danach einen allgemeinen Aufschwung erlebte, der durch die ersten Goteneinfälle im mittleren 3. Jh. kaum beeinträchtigt wurde. Die Stadt selbst und einige Höhenfestungen in der Umgebung existierten noch im 5./6. Jh., doch die ungeschützten Villensiedlungen konnten nach den Verwüstungen durch die Goten im späten 4. Jh. nicht mehr weiterbestehen.

Das Herrenhaus einer weiteren Villa wurde in der Nähe des Dorfes Kralev dol, Obl. Sofia, untersucht.[177] Die Villa lag nahe der großen Straße zwischen Pautalia (Kjustendil, Obl. Sofia) und Serdica (Sofia) und in der Nachbarschaft eines Emporions.[178] Von dem Hauptgebäude sind mehrere Räume an der Süd- und der Westseite eines ehemals vierseitig umbauten großen Innenhofes (42,5× 27,5 m) freigelegt, die ausschließlich als Wirtschafts- und Werkstatträume dienten; der Wohntrakt lag entweder im oberen Stockwerk oder in einem der nicht erhaltenen Gebäudeflügel.[179] Die Villa ist frühestens am Ende des 2. Jh. errichtet worden, wahrscheinlich sogar erst im mittleren 3. Jh.[180] Es wurde kein Zerstörungshorizont als Indiz für eine Existenzunterbrechung festgestellt, sondern es ist mit einer kontinuierlichen Nutzung dieser Villa bis zum späten 4. Jh. zu rechnen. Da sich das die Villa umgebende Land für Getreideanbau nicht sonderlich eignet und da bei den Ausgrabungen weder Pflugschare oder Sicheln noch ein als Getreidelager identifizierbarer Speicherbau gefunden worden sind, dagegen jedoch Schafscheren und verwandte Geräte, scheint die Wirtschaftsbasis dieses Gutshofes des 3./4. Jh. die Viehhaltung gewesen zu sein.[181]

[175] G. Aleksandrov, IMSZB 4, 1980, 56; ders., IMSZB 9, 1984, 25.

[176] G. Aleksandrov, IMSZB 8, 1983, 74; ders., IMSZB 9, 1984, 33.

[177] Najdenova; das Herrenhaus bedeckte insgesamt eine Fläche von ca. 2600 m², und im Vergleich mit den bekannten Großvillen in Niedermösien und Thrakien muß man auch die Villa von Kralev dol in diese Gruppe einreihen, entgegen der Einschätzung von der Ausgräberin, vgl. Najdenova 25.

[178] Najdenova 7.

[179] Najdenova 25.

[180] Zwischen den Mauersteinen einer Wand im Westflügel wurde ein Schatz von 61 Silbermünzen gefunden, der Prägungen von Septimius Severus bis Traianus Decius und dessen Frau enthält. Najdenova 51 f., leitet daraus die Entstehungszeit für die Villa etwa zur Zeit von Septimius Severus ab und meint, daß die Münzen etwa im Jahre 251 an dieser Stelle versteckt worden seien. Meines Erachtens kann der Hort nach der Fundbeschreibung nur beim Aufbau dieser Wand zwischen den Mauersteinen niedergelegt worden sein und spricht daher eher für die Errichtung der ganzen Anlage frühestens zur Zeit von Traianus Decius. Dazu scheinen auch die übrigen Fundmünzen aus der Villa besser zu passen: je eine Prägung aus dem 1. und 2. Jh. n. Chr. sowie 14 aus dem 3. Jh., und davon der größere Teil aus der zweiten Jahrhunderthälfte.

[181] Najdenova 54 f.

Auf dem Territorium der Provinzen Thracia und Moesia inferior wurden mehrere epigraphische Zeugnisse gefunden, die Hinweise auf die Existenz von kaiserlichen Domänen geben können. Eine Inschrift stammt aus einem Nymphäum, das 500–600 m östlich der Villa von Madara gelegen war. In ihr wird ein Freigelassener als *proc(urator) A(ugusti)* tituliert, was den Verwalter einer kaiserlichen Domäne meinen kann.[182] Ein zweiter Domänenbezirk wird auf Grund von Inschriftenfunden im nordöstlichen Balkanvorland, westlich des Flusses Oescus (Iskâr), vermutet.[183] Und auch in den besonders fruchtbaren Gebieten der thrakischen Tiefebene, in der weiteren Umgebung der heutigen Stadt Čirpan (Obl. Haskovo), scheint es ausgedehnte kaiserliche Besitzungen gegeben zu haben.[184] Zwischen Čirpan und Stara Zagora (dem römischen Augusta Traiana) aber liegt die Villa von Čatalka, und in der Umgebung wurde außerdem eine sehr dichte Villenbesiedlung nachgewiesen.[185] Die Gebiete in der Umgebung von Montana, in denen die Goldvorkommen ausgebeutet wurden, liegen in unmittelbarer Nähe zu der am Mittellauf des Oescus vermuteten Domäne, und sie standen höchstwahrscheinlich auch unter staatlicher Aufsicht.[186] In diesem Teil der Provinz Moesia inferior befanden sich ebenfalls mehrere mittelgroße und große Villen. Auch die Großvilla von Madara scheint auf kaiserlichem Grundbesitz gelegen zu haben. Für die Villa von Ivajlovgrad fehlen bisher jegliche Hinweise auf besitzrechtliche Verhältnisse. Bei dem derzeitigen Forschungsstand ist es allerdings nicht möglich, mehr als hypothetisch einen unmittelbaren Zusammenhang zwischen kaiserlichen Domänen in den Provinzen Thracia und Moesia inferior und der festgestellten Existenz von Großvillen oder einer besonders dichten Villenbesiedlung anzunehmen.[187]

Die ersten Villen in Thrakien und Niedermösien entstanden bald nach der Etablierung der römischen Macht,[188] aber die meisten der ganz oder teilweise untersuchten Gutsbezirke wurden erst im späten 2. oder frühen 3. Jh. angelegt.[189] Von den Goteneinfällen Mitte des 3. Jh. wurden sehr viele Villen in Mitleidenschaft gezogen und zerstört. Doch nur wenige Anlagen sind in diesem Zusammenhang endgültig aufgegeben worden,[190] während der Wiederaufbau in

[182] C. Dremsizova-Nelčinova, s. Anm. 32, 117.
[183] Velkov 100; ders., s. Anm. 51, 34.
[184] Velkov 73.
[185] Nikolov 59 mit Anm. 101.
[186] G. Aleksandrov, s. Anm. 171, 395 f.
[187] Indizien für weitere kaiserliche Besitzungen auf der südöstlichen Balkanhalbinsel s. bei B. Gerov, s. Anm. 150, 3–5.
[188] Najdenova 53; A. N. Martem'janov, s. Anm. 169, 163.
[189] Das betrifft außer den Villen von Montana und der von Ivajlovgrad auch diejenigen von Kralev dol (vgl. Najdenova), von Mogilec (vgl. D. Ovčarov, s. Anm. 151), von Prisovo (vgl. B. Sultov, s. Anm. 151) u. a.
[190] Z. B. wurden die Villen von Mogilec (s. D. Ovčarov, s. Anm. 151, 33) und Prisovo (vgl. B. Sultov, s. Anm. 151, 62) nach der Zerstörung nicht wiederaufgebaut.

zahlreichen Fällen mit einer Vergrößerung sowohl des Wohn- als auch des Wirtschaftstraktes verbunden war und eine Periode der Prosperität einleitete. Parallel dazu entstanden nach der Mitte des 3. Jh. auch mehrere neue Villen,[191] so daß das 4. Jh. als eine weitere Blütezeit der Villenwirtschaft auf der südöstlichen Balkanhalbinsel anzusehen ist. Das hängt mit dem allgemeinen wirtschaftlichen Aufschwung und der größeren politischen und strategischen Bedeutung dieser Region zusammen, die seit dem frühen 4. Jh. das großräumige Vorfeld der neugegründeten oströmischen Metropole Konstantinopel bildete. Erst die erneuten schweren Goteninvasionen nach 375 unterbrachen diese Entwicklung und führten zum gewaltsamen Ende der meisten Villen.[192] Nur einzelne Anlagen existierten noch in der ersten Hälfte des 5. Jh. und wurden erst nach einer Zerstörung durch die Hunnen aufgegeben.[193]

Die politischen und militärischen Wirren des 3. Jh. hatten also ihre unübersehbaren Auswirkungen auf die Villenwirtschaft in den Gebieten südlich der unteren Donau, aber sie konnten die gesamtwirtschaftliche Situation nicht so nachhaltig beeinträchtigen wie z. B. in den spanischen Provinzen. Daß dafür die geringere oder stärkere Intensität der Romanisierung der jeweiligen Provinzen als Begründung heranzuziehen ist, kann zwar vermutet, bisher aber noch nicht sicher nachgewiesen werden. Für den erneuten Aufschwung der Villenwirtschaft in Niedermösien wird nicht zuletzt der erneute Ausbau des Limes an der unteren Donau eine wichtige Rolle gespielt haben, wie die Befunde in den Villen von Montana und anderswo erkennen lassen.

3. Germania inferior und Germania superior

Die äußeren Bedingungen für die Ausbreitung und Entwicklung der Villenwirtschaft waren in den beiden germanischen Rheinprovinzen grundsätzlich verschieden von denen in den bisher behandelten Gebieten. Die unmittelbare Grenznähe bestimmte den Charakter des Siedlungsbildes, und auch das gesamte gesellschaftliche und wirtschaftliche Leben wurde dadurch in besonderer Weise geprägt. Auch innerhalb der Provinzen selbst lassen sich noch entsprechende Unterschiede zwischen der unmittelbaren Limeszone und dem Provinzinnern erkennen. Durch die Stationierung mehrerer römischer Legionen mit den dazugehörigen Soldaten, den Hilfstruppen und den Angehörigen der notwendigen Verwaltungseinrichtungen war das zahlenmäßige Verhältnis der Provinzialbevölkerung von vornherein sehr zu Ungunsten produktiver Bevölkerungsschichten verschoben. Alle ökonomischen Aktivitäten waren vorrangig auf die Versorgung

[191] Z. B. einige Villen in der Umgebung von Serdica: vgl. M. Stančeva, s. Anm. 151, Actes ... 1969, 536.

[192] Darüber berichtet auch Ammianus Marcellinus, XXXI 5, 8.

[193] Z. B. die Villa von Obelja (im Stadtgebiet von Sofia): vgl. M. Stančeva, Archeologija (Sofia) 23, 1981, 1–2, 68.

der Truppen ausgerichtet, so daß sich eine selbständige wirtschaftliche Entwicklung, wie sie z. B. in den spanischen Provinzen zu beobachten war, in Germania inferior und superior kaum vollziehen konnte. Diese Bedingtheit, die die Agrarproduktion in noch höherem Maße betraf als die handwerkliche Tätigkeit in den Städten, brachte es mit sich, daß es im landwirtschaftlichen Bereich nicht in demselben Umfang wie im benachbarten Gallien zur Herausbildung sehr großer Vermögensunterschiede kam. Ferner waren in den Rheinprovinzen die Auswirkungen der Einfälle germanischer Stämme in die Provinzgebiete im mittleren 3. Jh. natürlich besonders gravierend. Weite Landstriche wurden verwüstet, und große Teile des Provinziallandes mußten von der römischen und romanisierten Bevölkerung geräumt werden.

Die Entfaltung und der Niedergang der Villenwirtschaft in den germanischen Provinzen am Rhein sind also weit mehr als in vielen anderen Reichsteilen ganz unmittelbar mit der politischen und militärischen Regionalgeschichte verknüpft. Das wird auch daran deutlich, daß die Errichtung von Villen hier in größerem Umfang erst am Ende des 1. Jh. einsetzte, nachdem die bis in die siebziger Jahre andauernden Unruhen beigelegt waren und die Lage sich durch Domitians Maßnahmen zum Ausbau des obergermanischen Limes und zur Neuordnung der Provinzialverwaltung stabilisiert hatte.

Als charakteristischer Bautyp bildete sich in den germanischen Provinzen sehr bald die Portikusvilla mit Eckrisaliten heraus, die möglicherweise aus einer Adaption einheimischer Bautradition an die neuen Anforderungen entstanden ist.[194] Wesentlich seltener als die Villa mit den teilweise turmartig ausgebildeten Risaliten und der sie verbindenden Säulenhalle finden sich in den Rheingebieten der blockartig kompakte Hausgrundriß sowie die in den südlichen Provinzen sehr häufig vorkommende Villa mit umbautem Peristylhof.[195] Ähnlich wie in ihrer Bauform sind die rheinischen Gutshäuser auch in ihrer Ausdehnung einheitlicher, als es in anderen Provinzen zu beobachten war, und man hat versucht, sie nach der Länge ihrer Portikusfront in drei Gruppen einzuteilen:
a) Häuser mit einer Frontlänge von weniger als 30 m;
b) solche mit 30–50 m langen Fassaden;
c) solche mit mehr als 50 m langen Frontseiten.[196]

Auf Grund der spezifischen wirtschaftlichen Verhältnisse scheint es aber nicht möglich zu sein, diese drei Gruppen in direkte Beziehung zur Differenzierung der Fundusgröße zu bringen.[197]

[194] H. Hinz, s. Anm. 26, 4.
[195] Filtzinger–Planck–Cämmerer 136.
[196] H. Hinz, s. Anm. 26, 2.
[197] Ein etwa 25 m langes Wohnhaus mit repräsentativer Fassadengestaltung – eine von zwei Turmspeichern flankierte Portikus – dürfte wohl kaum das Zentrum eines nur kleinen Gutes gewesen sein, sondern zweifellos eines schon als mittelgroß anzusprechenden: vgl. dazu B. Böttger, Die Landwirtschaft, in: Günther–Köpstein 150–159.

Eine besonders dichte Villenbesiedlung konnte in der Umgebung nicht nur von Städten, sondern auch im Umkreis der Legionslager festgestellt werden,[198] denn hier bestanden für den Villenbesitzer die günstigsten Möglichkeiten für den Absatz seiner Produkte. In spätrömischer Zeit kam noch hinzu, daß die umwehrten Siedlungen auch für die in der Umgebung Lebenden Schutz gegen feindliche Angriffe boten.[199] Bevorzugte Standorte für Güter waren die fruchtbaren Niederungen entlang der Nebenflüsse des Rheins und andere Flußtäler.[200] Darüber hinaus ist aber zumindest für das späte 2. bzw. das frühe 3. Jh. mit einer ziemlich gleichmäßigen Verteilung von Villenstellen im gesamten Gebiet zu rechnen. Auch im rechtsrheinischen Dekumatland, das vor der römischen Besetzung nur sehr schwach besiedelt war und kaum landwirtschaftlich genutzt wurde, verbreitete sich die Villenwirtschaft sehr intensiv, und es sind hier etwa 1000 Gutshöfe lokalisiert.[201] Durch die römischen Villen war praktisch das gesamte für die Agrarproduktion nutzbare Land okkupiert, so daß sich dörfliche Siedlungen höchstens vereinzelt noch erhalten und entwickeln konnten. Diese waren zumeist in vorrömischer Zeit entstanden, und ihre Bewohner gehörten einheimischen Bevölkerungsgruppen an. Im Zuge der Ausbreitung der römischen Villenwirtschaft wurden die meisten Bauerndörfer aufgegeben; nur in landwirtschaftlich wenig brauchbaren Gegenden hielten sich noch einzelne von ihnen. Die geschlossenen ländlichen Siedlungen spielten jedoch für die Agrarproduktion der Provinzen keine Rolle, da ihre wenig ertragreiche Wirtschaftsform nur zur eigenen Versorgung ausreichte, nicht aber Produktionsüberschüsse für den Handel erbrachte.[202] In den linksrheinischen Gebieten, soweit sie in vorrömischer Zeit von Kelten besiedelt waren, ließen sich verschiedentlich Siedlungen oder auch Einzelgehöfte als Vorgängerbauten unter römischen Villen nachweisen.[203]

Die regelmäßige Verteilung der Villen, vor allem entlang von Wasserläufen, ist das Ergebnis einer systematischen Aufteilung des Bodens in gleichgroße Parzellen, die mit einiger Wahrscheinlichkeit mit der Ansiedlung von Veteranen in Verbindung zu bringen ist. Auf Grund der Regelmäßigkeit und Gleichförmigkeit

198 B. Böttger, s. Anm. 197, 144 f.

199 M. Müller-Wille, J. Oldenstein, Die ländliche Besiedlung des Umlandes von Mainz in spätrömischer und frühmittelalterlicher Zeit, Ber. RGK 62, 1981 (1982), bes. S. 280; H. Bender, Neuere Ergebnisse der römerzeitlichen Siedlungs- und Kulturlandschaftsforschung in Großbritannien, Deutschland und den Niederlanden, Siedlungsforschung 5, 1987, 217.

200 Filtzinger–Planck–Cämmerer 140; H. Bernhard, s. Anm. 97, 63; H. Hinz, s. Anm. 84, 66; s. auch J.-B. Haversath, Die Agrarlandschaft im römischen Deutschland der Kaiserzeit (1.–4. Jh. n. Chr.), Passau 1984, 45 f.

201 Filtzinger–Planck–Cämmerer 129.

202 H. v. Petrikovits, s. Anm. 144, 121–123; H. Bender, s. Anm. 199, 211.

203 Vgl. dazu G. Schell, s. Anm. 39, 12; H. Bayer, s. Anm. 77, 161; H. Schmitz, s. Anm. 61, 83.

scheint es für diese Region möglich, die Größe der zu diesen Veteranenvillen gehörigen Ländereien annähernd zu bestimmen. Im allgemeinen betrug diese Fläche zwischen 360 und 400 *iugera* (= etwa 90–100 ha).[204] Für den Gutshof bei Mayen konnte etwa die gleiche Größe des *fundus* ermittelt werden, dessen Grenzen durch topographische Gegebenheiten gebildet wurden.[205] Im Dekumatland lag die durchschnittliche Fundusgröße etwas unter diesen Werten,[206] während sie in der geschützten Tiefebene am linken Ufer des Oberrheins etwa 200 ha betrug, obwohl es auch hier dichter besiedelte Gegenden gab.[207]

Aus der Vielzahl dieser mittelgroßen Villen ragen nur einige wenige Anlagen heraus. Zu ihnen gehört z. B. die Villa bei Meßkirch, Kreis Sigmaringen, zu der ein eingefriedetes Hofareal von etwa 8 ha Grundfläche gehört. Das Herrenhaus ist als typische Portikusvilla mit Eckrisaliten ausgebildet, und zwei Badehäuser vervollständigen die vergleichsweise großartige Anlage.[208] In der Nordeifel konnten zwei Komplexe festgestellt werden, die aus je einem großen und einer Anzahl diesem zugeordneter kleinerer Höfe bestanden. Sie werden als Großgut mit umliegenden Pachthöfen[209] und damit als ein Hinweis auf die Anwendung des Pachtsystems auch in den Grenzgebieten gedeutet. Der Reichtum der Villenbesitzer schlug sich in den germanischen Provinzen also nicht unbedingt in einem auffallend großen Gutshaus nieder, wie es in anderen Provinzen häufig der Fall war,[210] sondern ist oft nur durch eine aufwendigere Ausgestaltung eines nur mittelgroßen Hauses zu erkennen.[211]

Mittelgroße Veteranengüter bestimmten das Bild der ländlichen Besiedlung; vereinzelt gab es Großvillen, deren Besitzer ihre Ländereien parzellenweise verpachteten. Daneben existierten auch in den Rheinprovinzen kaiserliche Domänen. Doch lassen sich diese archäologisch nur schwer nachweisen, da sie ähnlich den privaten Großgütern parzelliert und verpachtet wurden.[212] Diese Territorien waren also ebenfalls in meist mittelgroße Villenstellen aufgeteilt, die sich allenfalls unter günstigen Umständen durch eine größere Regelmäßigkeit oder Gleichförmigkeit auszeichnen können. Diese Kriterien veranlaßten z. B. dazu, in der Nordeifel ein etwa 9 km² großes Areal, auf dem neun bis zehn Siedlungsstellen lokalisiert werden konnten, als einen Domänenbezirk anzuspre-

204 H. v. Petrikovits, s. Anm. 26, 7; G. Schell, s. Anm. 39, 75; Hinz 54.
205 K. A. Seel, s. Anm. 52, 328.
206 Filtzinger–Planck–Cämmerer 129.
207 H. Bernhard, s. Anm. 97, 64 f.
208 Filtzinger–Planck–Cämmerer 131, 419.
209 Hinz 58 f.
210 Z. B. schon in der Nachbarprovinz Gallia Belgica, wo zahlreiche luxuriös ausgestattete Großvillen bekannt sind: vgl. W. Held, Die Grundbesitzerverhältnisse in den römischen Rhein- und Donauprovinzen im 3. und 4. Jh., Teil 1, ZfA 5, 1971, 216–220; A. Kolling, s. Anm. 106, 478 f.
211 G. Schell, s. Anm. 39, 18–20.
212 J.-B. Haversath, s. Anm. 200, 45 f.

chen.[213] Ökonomische Grundlage dieses Komplexes war neben der Getreideproduktion auch die Gewinnung und Nutzung der anstehenden Bodenschätze: Die Villen waren außer mit Getreidespeichern auch mit Schmelzöfen zur Aufbereitung des im Tagebau gewonnenen Brauneisensteins ausgestattet, und Einrichtungen zur Herstellung von einfachen Gläsern wurden ebenfalls hier gefunden.[214] Im Neckartal konnte durch eine Inschrift ein weiterer *saltus* mit dem Zentralort Sumelocenna (Rottenburg) ausgemacht werden,[215] dessen nicht genau abgrenzbares Gebiet mit einem dichten Netz von Villen überzogen ist.[216] Selten ist dagegen eine kaiserliche Domäne so genau zu umreißen wie im Falle des sogenannten Langmauerbezirks in der benachbarten Provinz Gallia Belgica, eines ca. 220 km^2 großen Areals, das von einer 72 km langen Mauer eingefaßt war.[217] Insgesamt sind hier etwa 100 Siedlungsstellen festgestellt worden, die zu Villen ganz unterschiedlicher Größe gehörten.[218] Diese Domäne existierte und florierte im 2./3. Jh. und erlebte nach erheblichen Zerstörungen im 4. Jh. einen neuen Aufschwung, der sich nicht zuletzt aus der räumlichen Nähe zur zeitweiligen Kaiserresidenz Augusta Treverorum (Trier) erklären läßt.

Die im Vergleich zu anderen Reichsteilen relativ große Einheitlichkeit der Villenanlagen und die anscheinend größere Ausgewogenheit der Besitzverhältnisse im ländlichen Bereich in den germanischen Rheinprovinzen bedeutet jedoch nicht, daß es hier auf dem Agrarsektor keine nennenswerte Entwicklung gegeben hätte. Vielmehr hat die Zahl der neu errichteten Landgüter im Laufe des 2. Jh. überall ständig zugenommen, und in den Jahrzehnten um die Wende zum 3. Jh. erlebte die rheinische Landwirtschaft ihre allgemeine Blüte. In diesem Zeitraum entstanden besonders viele neue Villen, während zahlreichen schon bestehenden Gutshöfen neue Wirtschaftsbauten hinzugefügt wurden und die Wohnhäuser durch Mosaiken, Wandfresken u. ä. eine luxuriösere Ausstattung erhielten.[219]

Diese Blütezeit scheint jedoch nicht ungetrübt gewesen zu sein. In letzter Zeit hat sich in verschiedenen Regionen der germanischen Provinzen gezeigt, daß eine Reihe von Villen bereits bald nach 200 aufgegeben und verlassen, nicht

[213] H. v. Petrikovits, s. Anm. 13, 124.

[214] W. Janssen, s. Anm. 20, 108 f.

[215] CIL XIII 6365; s. auch D. Baatz, Die ländliche Besiedlung im römischen Reichsgebiet östlich des Ober- und Mittelrheins, in: Germania Romana III, 98.

[216] J.-B. Haversath, s. Anm. 200, 46 f.

[217] J. Steinhausen, Die Langmauer bei Trier und ihr Bezirk, eine Kaiserdomäne, TrZ 6, 1931, 41–79; H. Heinen, s. Anm. 76, bes. S. 88.

[218] Z. B. die Großvilla von Welschbillig: s. H. Wrede, Die spätantike Hermengalerie von Welschbillig, Berlin 1972 (Römisch-germanische Forschungen 32); oder die Villa von Newel: s. H. Cüppers, A. Neyses, Der römerzeitliche Gutshof mit Grabbezirk und Tempel bei Newel, Kreis Trier-Land, TrZ 34, 1971, 143–225.

[219] S. z. B. Filtzinger–Planck–Cämmerer 136, 228, 240, 358 f.

aber zerstört worden sind.[220] Diese Aussagen stützen sich allerdings fast ausschließlich auf die Auswertung von Oberflächenfunden, so daß sie sowohl in Hinsicht auf die genaue Datierung wie auch auf das individuelle Schicksal der Villen noch durch Grabungen überprüft werden müssen. In anderen Gebieten, wie z. B. im rechtsrheinischen Rheingau und in der Wetterau, ist ebenfalls ein ziemlich plötzliches Ende zahlreicher Villen bald nach 200 zu beobachten, das mit den ersten Barbareneinfällen in Verbindung gebracht wird, ohne daß dieser Zusammenhang bisher sicher zu belegen ist.[221] Solange nicht genauere Angaben über die Entwicklung mehrerer Einzelvillen im frühen 3. Jh. vorliegen, ist es nicht möglich zu entscheiden, ob die allgemeine wirtschaftliche Lage die Besitzer zur Aufgabe ihrer Güter gezwungen hat oder ob die ganz unmittelbare Bedrohung durch Plünderungszüge von Barbaren dazu führte. Wahrscheinlich muß man auch hier mit einer gewissen Wechselwirkung der sozialökonomischen und der regional unterschiedlich starken militärisch-politischen Faktoren rechnen. Bei der Komplexität dieser Problematik kann die Auswertung archäologischer Befunde zwar wichtige, aber zugleich nur begrenzte Antworten geben.

Diese Entwicklung der Villenwirtschaft wurde im zweiten Drittel des 3. Jh. jäh unterbrochen, als germanische Stämme den Limes durchbrachen und weite Landstriche verwüsteten. Davon waren in besonderem Maße das rechtsrheinische Dekumatland wie auch die Siedlungsstellen im Rheingau und in der Wetterau betroffen, wo praktisch alle Einzelhöfe aufgegeben werden mußten.[222] Die meisten Bewohner zogen sich aus diesen Regionen in weniger betroffene linksrheinische Provinzteile zurück. Hier scheint es eine Reihe von Villen gegeben zu haben, die von diesen Germaneneinfällen nicht in Mitleidenschaft gezogen wurden und ohne erkennbare Beeinträchtigung weiterexistierten, bis sie im Zusammenhang mit weiteren Einwanderungen von Franken in der Mitte des 4. Jh. verlassen wurden.[223]

In anderen Regionen erfuhr die Villenwirtschaft besonders nach der Aufgabe der rechtsrheinischen Gebiete und dem Rückzug der Bevölkerung einen neuen Aufschwung, der ebenfalls bis zur Mitte des 4. Jh., verschiedentlich sogar darüber hinaus anhielt.[224]

[220] M. Gechter, J. Kunow, Zur ländlichen Besiedlung des Rheinlandes in römischer Zeit, BJb 186, 1986, 377–396.

[221] H. Bayer, s. Anm. 77, 164.

[222] Z. B. Filtzinger–Planck–Cämmerer 240, 310, 359, 563; G. Schell, s. Anm. 39, 22; W. Held, Die Grundbesitzverhältnisse in den römischen Rhein- und Donauprovinzen im 3. und 4. Jh., Teil 2, ZfA 6, 1972, 49.

[223] H. v. Petrikovits, s. Anm. 13, 114.

[224] H. Bayer, s. Anm. 77, 164; H. Bernhard, Burgus und Villa von Bad Dürkheim-Ungestein (Rheinland-Pfalz), Archäologisches Korrespondenzblatt 12, 1982, 228 f.; ders., Der spätrömische Depotfund von Lingenfeld, Kreis Germersheim, und archäologische Zeugnisse der Alamanneneinfälle zur Magnentiuszeit in der Pfalz, Mitteilungen des Historischen Vereins der Pfalz 79, 1981, 2–66.

Vereinzelt haben also römische Villen in den inneren Teilen der Provinzen Germania inferior und superior die Germanenstürme im mittleren 3. Jh. überdauert, aber insgesamt waren deren Auswirkungen auf die Agrarwirtschaft in den Rheinprovinzen doch verheerend, indem die meisten Landgüter vernichtet und von den Besitzern verlassen wurden und damit die landwirtschaftliche Produktion nur noch in stark reduziertem Ausmaß aufrecht erhalten werden konnte. Wie weit unter solchen Einschränkungen eine Marktwirtschaft, die eine wesentliche Existenzgrundlage der Villen darstellte, überhaupt noch möglich war, ist kaum feststellbar.

Solange aber Soldaten an der Rheingrenze stationiert waren und solange der römische Verwaltungsapparat in den Städten existierte, bestand ein hoher Bedarf an landwirtschaftlichen Produkten. Deutlicher als in vielen anderen Reichsteilen läßt sich in den germanischen Provinzen der unmittelbare Einfluß der politischen und militärischen Situation einzelner städtischer Zentren auf die Existenzbedingungen der Villen auch mit archäologischem Material belegen.

Die Villa von Köln-Müngersdorf bietet dafür ein gutes Beispiel.[225] Sie entstand in der Mitte des 1. Jh. etwa 5 km westlich der gerade gegründeten Colonia Claudia Ara Agrippinensium. Bis zum 3. Jh. wurde die Villa mehrfach erweitert, so daß ihren Kern schließlich ein ca. 38 820 m^2 großer eingefriedeter Hof bildete, auf dem sich außer dem Herrenhaus und einem Gesindewohnhaus noch neun Wirtschaftsgebäude befanden. Die zu diesem Hof gehörige landwirtschaftliche Nutzfläche betrug zwischen 250 und 300 ha und war damit erheblich größer als ein durchschnittlicher Landbesitz dieser Gegend. War im 2. Jh. die wirtschaftliche Grundlage dieses Gutes eine extensive Viehhaltung, so erfolgte im Laufe des 3. Jh. eine Umorientierung auf den Getreideanbau, womit offenbar einer verstärkten Nachfrage nach Weizen auf dem städtischen Markt in Köln Rechnung getragen wurde. Die Villa, im mittleren 3. Jh. nicht zerstört, existierte uneingeschränkt bis zum Ende des 4. Jh. und wurde ohne Zerstörung aufgegeben, als ihr durch den Niedergang des städtischen Lebens die Existenzgrundlage entzogen worden war.

Es mehren sich inzwischen die archäologischen Indizien dafür, daß im 4. Jh. auch in den Rheinprovinzen die Agrarproduktion noch – oder wieder – auf den Prinzipien der Villenwirtschaft beruhte. In der schützenden Nähe von funktionierenden Legionslagern wie Mogontiacum (Mainz) oder Bonna (Bonn) bzw. von ummauerten Städten wie Colonia Claudia Ara Agrippinensium (Köln) oder Augusta Treverorum (Trier) gelangten die Güter wieder zu einer gewissen Stabilität.[226] Wenn die Nachbarschaft einer wehrhaften Siedlung fehlte, entstan-

225 Fremersdorf; H. Schmitz, s. Anm. 31, 80–93.

226 H. Müller-Wille, J. Oldenstein, s. Anm. 199, 261–316; J. Steinhausen, s. Anm. 217, 41–79.

den mitunter auch Kleinfestungen, *burgi,* zum Schutz einzelner Villen oder ganzer Regionen, in denen sich Villen wieder entfalten konnten.[227]

Diese Beispiele können nur einige spezifische Entwicklungsbedingungen der Villenwirtschaft in den germanischen Rheinprovinzen verdeutlichen, die sie von anderen Reichsteilen unterscheiden. Denn unmittelbarer als z. B. in Spanien waren hier die Villen von der regionalen politischen und militärischen Entwicklung abhängig. Villen, die nicht im Zuge der Germaneneinfälle zerstört und aufgegeben wurden, bestanden ohne größere Veränderungen weiter. Einmal zerstörte Villen hingegen wurden nur in einigen Fällen wiederaufgebaut, und dann meistens nur teilweise.[228] Nach den Verwüstungen durch die Barbaren vor allem im dritten Viertel des 3. Jh. gab es Voraussetzungen für die Existenz von Villen überhaupt und für die Entstehung weniger großer Güter nur noch dort, wo unmittelbarer Schutz gewährleistet schien. Andererseits ist aber auch der Einfluß der allgemeinen wirtschaftlichen Entwicklung des Römischen Reiches und der daraus erwachsenden krisenhaften Erscheinungen z. B. dort erkennbar, wo Villen möglicherweise schon im frühen 3. Jh. ohne sichtbare Einwirkung von außen aufgegeben wurden, während gleichzeitig neue Gutshöfe gegründet und vorhandene ausgebaut bzw. vergrößert wurden. Insgesamt gesehen war der Niedergang der Agrarwirtschaft in den Rheinprovinzen wohl stärker durch die äußeren Einwirkungen in Form von Barbareninvasionen hervorgerufen, als daß er durch Faktoren wie Steuerbelastung, Geldentwertung, Fluchtbewegungen vom Land in die Städte oder ähnliche Krisenerscheinungen bestimmt wurde.

D. Schluß

Die vorausgegangenen Untersuchungen haben eines deutlich gemacht: Während des 3. Jh. vollzogen sich in den verschiedenen Teilen des Römischen Reiches tiefgreifende Veränderungen, die auch im System der Agrarproduktion ihren Niederschlag fanden. Dieser Entwicklungsprozeß war sowohl durch gesellschaftsimmanente Faktoren wie auch durch Einwirkungen von außen beeinflußt. In den einzelnen, hier paradigmatisch besprochenen Provinzen kam dabei den verschiedenen Faktoren ein unterschiedliches Gewicht zu. Während nämlich auf der Iberischen Halbinsel sich die Veränderungen vor allem als Ergebnis der allgemeinen sozio-ökonomischen Entwicklung zeigten, waren es in den germanischen Rheinprovinzen vorrangig die Barbareninvasionen, die den rapiden Niedergang der Landwirtschaft bewirkten, und in den thrakisch-niedermösi-

227 H. Bernhard, Die spätrömischen Burgi von Bad Dürkheim-Ungestein und Eisenberg, Saalburg-Jb 37, 1981, 23–85.

228 Vgl. dazu G. Schell, s. Anm. 39, 22 f.; H. Fehr, J. Blänsdorf, Eine Villa des 2.–4. Jh. „Am Silberberg“ in Ahrweiler und das Ahrweiler Schüler-Sgraffito, Gymnasium 89, 1982, 500.

schen Provinzen ließ sich trotz der Zerstörung vieler Villen während der Gotenzüge kein gravierender Einschnitt in der Landwirtschaftsentwicklung im mittleren 3. Jh. erkennen. Diese drei Beispiele demonstrieren zwar verschiedene konkrete Erscheinungsbilder der wirtschaftlichen und gesellschaftlichen Entwicklung, aber die hieraus gewonnenen Erkenntnisse sind nicht unbedingt für andere Provinzen und Reichsteile gültig, auch wenn diese auf den ersten Blick vergleichbar erscheinen. Denn es hat sich auch gezeigt, daß eine wichtige Determinante für das Wirtschaftsleben in einem Gebiet im Entwicklungsstand der einheimischen Produktivkräfte vor seiner Integration in das Römische Reich zu sehen ist. Insofern mußte auch eine auf den begrenzten Zeitraum des 3. Jh. konzentrierte Untersuchung diese Aspekte mit berücksichtigen, die mindestens indirekt noch den Beginn, den Verlauf und die Auswirkungen der Krise des Wirtschaftssystems beeinflußt haben.

In dieser wechselseitigen Verknüpfung wird die Komplexität des Phänomens deutlich gemacht, der eine Studie wie die vorliegende nicht in vollem Umfange gerecht werden kann. Das ist unter anderem auch durch den regional sehr unterschiedlichen Forschungsstand zu dem hier behandelten Thema bedingt, der sich jedoch speziell in den letzten Jahren verschiedentlich erheblich weiterentwickelt hat. Bis 1979 waren auf der etwa 590 000 km^2 großen Iberischen Halbinsel, die in römischer Zeit ein bevorzugt agrarwirtschaftlich genutztes Territorium darstellte, nur 602 Villenstellen bekannt, von denen kaum eine archäologisch gründlich untersucht war. In demselben Jahr wurden aber an 30 römischen Villen Ausgrabungen durchgeführt, 1980 an weiteren 27, und 1981 kamen noch 19 dazu,[229] so daß inzwischen nicht nur die genannte Gesamtzahl, sondern vermutlich auch einige Details in der Darstellung der Villenwirtschaft schon wieder revidiert werden müßten.

Andererseits sind in einem nur etwa 6000 km^2 großen Gebiet in der Provinz Gallia Belgica, das seit dem Ende des 3. Jh. zur Provinz Maxima Sequanorum gehörte, 350 Villen lokalisiert worden.[230] Und auch in dem verhältnismäßig kleinen rechtsrheinischen Dekumatland sind ca. 1000 römische Gutshöfe festgestellt worden, während sich die Zahl der bekannten Fundstellen in den Provinzen Thracia und Moesia inferior bisher auf etwa 70 beläuft. Diese Zahlen dürfen nicht untereinander in Beziehung gesetzt werden, um daraus Informationen über eine unterschiedlich dichte Villenbesiedlung abzuleiten. Sie sind vielmehr in erster Linie ein Ausdruck des Forschungsstandes in den jeweiligen Gebieten und machen deutlich, daß die Grenzen der Aussagemöglichkeiten archäologischer Quellen zur Geschichte der Landwirtschaft im Römischen Reich noch lange nicht erreicht sind.

[229] J.-G. Gorges, Chronique III 1978–1980: Archéologie rurale, Revue des études anciennes 84, 1982, 238.

[230] M. Martin, Die spätrömisch-frühmittelalterliche Besiedlung am Hochrhein und im Schweizerischen Jura und Mittelland, in: Von der Spätantike zum frühen Mittelalter, hrsg. von J. Werner und E. Ewig, Sigmaringen 1979, 411, 445 f.

Abkürzungsverzeichnisse

1. Siglenverzeichnis

Acta Ant. Hung.:	Acta Antiqua Academiae Scientiarum Hungaricae (Budapest)
Acta arch. Hung.:	Acta archaeologica Academiae Scientiarum Hungaricae (Budapest)
ANRW:	Aufstieg und Niedergang der römischen Welt. Geschichte und Kultur Roms im Spiegel der neueren Forschung, hrsg. von H. Temporini und W. Haase, mehrere Teile in vielen Bänden, Berlin–New York 1972 ff.
Ber. RGK:	Bericht der Römisch-Germanischen Kommission (Mainz)
BJb:	Bonner Jahrbücher des Vereins von Altertumsfreunden im Rheinland (Kevelaer)
IMSZB:	Izvestija na muzeite v severozapadna Bălgaria (Sofia)
INMK:	Izvestija na Narodnija muzej v Kolarovgrad (Varna)
IOMT:	Izvestija na Okrăžnija muzej V. Tărnovo (Varna)
JbfWG:	Jahrbuch für Wirtschaftsgeschichte (Berlin)
MEFRA:	Mélanges de l'Ecole Française de Rome: Antiquité (Rom)
MM:	Madrider Mitteilungen des Deutschen Archäologischen Instituts (Madrid)
MZ:	Mainzer Zeitschrift (Mainz)
TrZ:	Trierer Zeitschrift (Trier)
VDI:	Vestnik Drevnej Istorii (Moskau)
ZfA:	Zeitschrift für Archäologie (Berlin)

2. Verzeichnis der abgekürzt zitierten Literatur

Agache: R. Agache, La Somme préromaine et romaine d'après les prospections aériennes à basse altitude, Amiens 1978.

Alexandrov: G. Alexandrov, Montana, Sofia 1981.

Alföldy: G. Alföldy, Bevölkerung und Gesellschaft der römischen Provinz Dalmatien, Budapest 1965.

Ancient Bulgaria: A. G. Poulter (Hrsg.), Ancient Bulgaria. International Symposium on the Ancient History and Archaeology of Bulgaria (Nottingham 1981), Bd. 2, Nottingham 1983.

Baumann: V. H. Baumann, Ferma romană din Dobrogea, Tulcea 1983.

Bleicken: J. Bleicken, Verfassungs- und Sozialgeschichte des Römischen Kaiserreiches, Bd. 2, 2. Aufl., Paderborn–München–Wien–Zürich 1981.

Brockmeyer: N. Brockmeyer, Arbeitsorganisation und ökonomisches Denken in der Gutswirtschaft des Römischen Reiches, Diss. Bochum 1968.
Bujukliev: Ch. Bujukliev, Trakijskijat mogilen nekropol pri Čatalka, Starazagorski okrăg, Sofia 1986 (Razkopki i proučvanija 16).
Chastagnol: A. Chastagnol, L'évolution politique, sociale et économique du monde Romain de Dioclétien à Julien, Paris 1982.
Chouqueur-Favory: G. Chouqueur, F. Favory, Contribution à la recherche de cadastres antiques, Besançon 1980.
Christ: K. Christ, Römische Geschichte und Wissenschaftsgeschichte, Bd. 2, Darmstadt 1983.
Filtzinger–Planck–Cämmerer: Ph. Filtzinger, D. Planck, B. Cämmerer (Hrsg.), Die Römer in Baden-Württemberg, Stuttgart 1976.
Finley: M. I. Finley, Die Sklaverei in der Antike, München 1981.
Fouet: B. G. Fouet, La villa gallo – romaine de Montmaurin (Haute Garonne), Paris 1969 (Gallia, Supplement 20).
Fremersdorf: F. Fremersdorf, Der römische Gutshof Köln-Müngersdorf, Berlin–Leipzig 1933.
Germania Romana III: Germania Romana III, Heidelberg 1970 (Gymnasium, Beiheft 7).
Gorges: J.-G. Gorges, Les villas hispano – romaines. Inventaire et Problématique archéologiques, Paris 1979.
Günther–Köpstein: R. Günther, H. Köpstein (Hrsg.), Die Römer an Rhein und Donau, Berlin 1975.
Gummerus: H. Gummerus, Der römische Gutsbetrieb als wirtschaftlicher Organismus nach den Werken des Cato, Varro und Columella, Berlin 1906 (Klio, Beiheft 5), Neudruck: Aalen 1963.
Harmand: L. Harmand, L'Occident Romain. Gaule, Espagne, Bretagne, Afrique du Nord, Paris 1960.
Henning: J. Henning, Untersuchungen zur Entwicklung der Landwirtschaft in Südosteuropa im Übergang von der Spätantike zum frühen Mittelalter, Diss. Berlin 1982.
Hinz: H. Hinz, Der Kreis Bergheim, Düsseldorf 1969.
Hotzel: P. Hotzel, Die Centuriation – eine Form der römischen Bodenordnung, Diss. Darmstadt 1972.
Jankuhn–Schützeichel–Schwind: H. Jankuhn, R. Schützeichel, F. Schwind (Hrsg.), Das Dorf der Eisenzeit und des frühen Mittelalters, Göttingen 1977.
Janssen–Lohrmann: W. Janssen, D. Lohrmann (Hrsg.), Villa – Curtis – Grangia. Landwirtschaft zwischen Loire und Rhein von der Römerzeit zum Hochmittelalter, München–Zürich 1983.
Johne–Köhn–Weber: K.-P. Johne, J. Köhn, V. Weber, Die Kolonen in Italien und den westlichen Provinzen des Römischen Reiches. Eine Untersuchung der literarischen, juristischen und epigraphischen Quellen vom 2. Jh. v. u. Z. bis zu den Severern, Berlin 1983.
Klein: R. Klein, Tertullian und das Römische Reich, Heidelberg 1968.
Lachmann: K. Lachmann, F. Blume, A. Rudorff (Hrsg.), Die Schriften der römischen Feldmesser, Bd. 1 u. 2, Berlin 1848–1852.
Leveau: Ph. Leveau, Caesarea de Maurétanie. Une villa romaine et ses campagnes, Rom 1984 (Collection de l'École Française de Rome 70).
Mazzarino: S. Mazzarino, Das Ende der antiken Welt, München 1961.
Meyer: E. Meyer, Die wirtschaftliche Entwicklung des Altertums, Jena 1895.

Najdenova: V. Najdenova, Rimskata vila v s. Kralev dol, Perniški okrăg, Sofia 1985 (Razkopki i proučvanija 14).
Nikolov: D. Nikolov, Trakijskata vila pri Čatalka, Starazagorsko, Sofia 1984 (Razkopki i proučvanija 11).
Rémandon: N. Rémandon, La crise de l'Empire Romain, Paris 1970.
Rostovtzeff: M. Rostovtzeff, Gesellschaft und Wirtschaft im römischen Kaiserreich, Bd. 1, Leipzig 1929.
Schweitzer: E. Schweitzer, Beiträge zur Erforschung römischer Limitationsspuren, Diss. Stuttgart 1983.
Štaerman: E. M. Štaerman, Die Krise der Sklavenhalterordnung im Westen des Römischen Reiches (Übersetzung aus dem Russischen von W. Seyfarth), Berlin 1964.
Tchalenko: G. Tchalenko, Villages antiques de la Syrie du Nord, Bd. 1–3, Paris 1953–1958.
Thomas: E. B. Thomas, Römische Villen in Pannonien, Budapest 1964.
Tranoy: A. Tranoy, La Galice romaine, Paris 1981.
Velkov: V. Velkov, Robstvoto v Trakija prez antičnostta, Sofia 1967.
Weber: M. Weber, Die römische Agrargeschichte und ihre Bedeutung für das Staats- und Privatrecht, Stuttgart 1891.
White: K. D. White, Roman farming, Ithaca–New York 1970.

II.2. Von der Kolonenwirtschaft zum Kolonat

von Klaus-Peter Johne

A. Das Problem

Die relative Bewältigung der Krise des Römischen Reiches im 3. Jh. ist eng mit den Reformen der Kaiser Diokletian und Konstantin verknüpft. Sie stehen am Beginn einer neuen Staatsordnung, der spätrömischen, die mit allen ihr zur Verfügung stehenden Mitteln das Imperium Romanum in seiner Gesamtheit noch einmal restaurieren wollte und dabei zweifellos auch gewisse Erfolge erzielen konnte, letztlich jedoch den endgültigen Untergang der antiken Gesellschaftsordnung ebensowenig wie den staatlichen Zerfall der westlichen Reichshälfte im 5. Jh. verhindert hat. Die Stabilisierung von Staat und Gesellschaft im 4. Jh. gelang nur durch die Errichtung der absoluten Militärmonarchie, die sich an hellenistisch-orientalische Vorbilder anlehnte und auf ein der Bevölkerung entfremdetes Heer sowie einen für die Verhältnisse des Altertums umfangreichen bürokratischen Apparat stützte. Mit der allgemeinen Militarisierung und Reglementierung einher ging die gesetzlich fixierte Bindung der meisten Produzenten an ihre jeweilige Tätigkeit, der Bauern an das von ihnen bearbeitete Land und vieler Handwerker an ihren Beruf.

Keine andere Schicht in der Gesellschaft war nun von diesen Maßnahmen nach Umfang und Ausmaß in einer solchen Weise betroffen wie die Pächter landwirtschaftlich genutzten Bodens, die Kolonen. Sie sanken in einem Prozeß, der etwa von der Mitte des 3. bis in die zweite Hälfte des 4. Jh. dauerte, von Pächtern und formal ihren Grundherren gleichberechtigten Vertragspartnern zu abhängigen Bauern herab und glichen sich den halbfreien landwirtschaftlichen Produzenten des vormals hellenistischen Ostens an. Mit der Institution des

Kolonats gelang es den Herrschenden des Römischen Reiches, den größeren Teil der bäuerlichen Bevölkerung und damit einen erheblichen Teil der Gesamtbevölkerung in ein ökonomisches und außerökonomisches Abhängigkeitsverhältnis zu drücken und diesen an Stelle der nicht mehr vorhandenen oder im Rahmen der existierenden Eigentumsverhältnisse nicht mehr so rentablen Sklaven zum wichtigsten Ausbeutungsobjekt zu machen. Der Kolonat löste die Sklaverei in der Landwirtschaft weithin ab.

Die vom Staat sanktionierte juristische Bindung der Kolonen an den Boden war das besondere Kennzeichen ihrer außerökonomischen Abhängigkeit. Diese Regelung erfolgte sowohl im Interesse der Aristokratie der großen Grundeigentümer, die allein die Krise des 3. Jh. unbeschadet und zum Teil sogar gestärkt überstanden hatte, als auch im Interesse eines regelmäßigen Steueraufkommens für den inzwischen beträchtlich angewachsenen militärbürokratischen Staatsapparat. Das freie Bauerntum ging weiter zurück und geriet häufig unter das Patrozinium, die „Schutzherrschaft" großer Grundherren.

Seine volle Ausprägung hat der Kolonat erst im spätrömischen Kaiserreich des 4.–6. Jh. gefunden, unter sozialökonomischem Aspekt war er geradezu ein Wesensmerkmal der untergehenden Antike. Lange bevor die Kolonen jedoch an die von ihnen bearbeitete Scholle gefesselt wurden, gab es schon ein weitverbreitetes System der Bodennutzung auf der Grundlage der freien Pacht. Kolonen als Bodenpächter haben bereits seit den Zeiten der mittleren Republik, spätestens seit dem 2. Jh. v. Chr., eine beträchtliche Rolle in der Landwirtschaft gespielt. Nun kann jedoch die Kolonenwirtschaft der Republik und des Prinzipats nicht lediglich als eine Vorstufe für den spätantiken Kolonat betrachtet werden. Sie war eine eigenständige Erscheinung, die als Wirtschaftsform noch in republikanischer Zeit sozialökonomische Bedeutung erlangte und sich seitdem relativ gut bis in die Zeit der Severerdynastie, bis in das erste Drittel des 3. Jh., verfolgen läßt.

Seit der Regierung Konstantins I. treffen wir dann auf das wesentlich anders geartete Abhängigkeitssystem des Kolonats. Die Wandlung vom freien Pachtbauern, der sich vor allem in ökonomischer Abhängigkeit befand, zum Kolonen in einem Stand mit erblicher Bindung, der Wandel von der Kolonenwirtschaft zum Kolonat, war ein Ergebnis der Krise des 3. Jh. Diesem Vorgang kommt die Bedeutung einer Qualitätsveränderung in der sozialökonomischen Basis der Gesellschaft zu.

Der Wandlungsprozeß hat trotz seiner Dimensionen nur einen sehr ungenügenden Niederschlag in den Quellen gefunden. Seine Erforschung leidet in besonderem Maße unter dem allgemeinen Quellenmangel, der kurz nach dem Ende der Severerdynastie einsetzt und über die Soldatenkaiserzeit bis in Diokletians Regierung anhält. Angesichts der Wichtigkeit dieser Veränderung soll dennoch im folgenden der Versuch unternommen werden, den historischen Vorgang etwas zu erhellen. Als Ausgangspunkt wurde die Kolonenwirtschaft gewählt, in deren Spätphase sich seit der Mitte des 2. Jh. Tendenzen abzeichnen, die den Übergang zum Kolonat markieren. Der Umbruch selbst kann lediglich aus Zeugnissen des 4. Jh. erschlossen werden und muß zwangsläufig in vieler Hinsicht hypothetisch bleiben. Alles spricht dafür, daß er in der Zeit der diokletianisch-konstantinischen Reformen gesucht werden muß.

B. Die Kolonenwirtschaft

Der Kolone bis zum 3. Jh. n. Chr. war ein Pächter wirtschaftlich nutzbaren Bodens, dessen Eigentümer oder Besitzer er als juristisch gleichberechtigter Vertragspartner gegenübertrat. Der Kolone verpflichtete sich gegenüber dem Verpächter in einem individuellen privatrechtlichen Austauschvertrag oder durch die Anerkennung einer allgemeinen Pachtordnung zur Bearbeitung des gepachteten Landes. In jedem Falle gelangte ein bestimmter Teil des Bodenertrages in der Form des Pachtzinses an den Grundherrn. Der Kolone gehörte, unbeschadet einer mehr oder weniger großen ökonomischen Abhängigkeit, zur freien Bevölkerung und konnte selbst Eigentümer von Boden neben dem Pachtland und natürlich auch Eigentümer von Sklaven sein.[1]

Die Pächter rekrutierten sich aus wirtschaftlich ruinierten oder auch nur verarmten Bauern, aus den nicht erbenden Bauernsöhnen, aus mittleren Grundeigentümern, die z. B. bei der Versorgung verabschiedeter Soldaten mit Land enteignet worden waren, und auch aus Freigelassenen. Selbst Sklaven wurde als Quasi-Kolonen Land zu pachtähnlicher Nutzung übergeben. In den Provinzen des Römischen Reiches konnten durch Landkonfiskationen wie bei der Bildung von Domänen zuvor freie Bauern zu Kolonen werden.

Das Charakteristikum der Kolonenwirtschaft war die ökonomische Abhängigkeit. Sie ergab sich allein aus der Tatsache, daß sich mit Grundherren und Kolonen Eigentümer und Nichteigentümer bzw. Großgrundeigentümer und Kleineigentümer gegenüberstanden. Das Eigentumsmonopol oder zumindest das Eigentum an viel Grund und Boden der ersteren konnte sich ganz leicht zum Nachteil der letzteren auswirken. Eine Bauernfamilie, die auf Pachtland als Existenzgrundlage angewiesen war, mußte sich unter Umständen bei Vertragsabschlüssen oder -verlängerungen auch zu ungünstigen Bedingungen verstehen, beispielsweise zur Leistung von zusätzlichen Diensten, was etwa von Columella als eine selbstverständliche Sache angesehen wird.[2] Zudem schwebte die kleinbäuerliche Kolonenwirtschaft, die die Masse dieser Wirtschaften darstellte, ständig in der Gefahr der Verschuldung. Eine Mißernte führte leicht dazu, daß der Pachtzins nicht oder nicht vollständig bezahlt werden konnte, eine mögliche

[1] Diese Definition ist das Ergebnis einer im Zentralinstitut für Alte Geschichte und Archäologie der Akademie der Wissenschaften der DDR vorgenommenen Untersuchung der einschlägigen Quellengattungen zur Kolonenwirtschaft: Johne–Köhn–Weber 415. Im Prinzip zu dem gleichen Ergebnis kam etwa gleichzeitig De Neeve.

[2] Colum. 1,7,2; zur Interpretation vgl. M. I. Finley, Private farm tenancy before Diocletian, in: Studies in roman property, ed. by M. I. Finley, Cambridge 1976, 119–121.

zweite Mißernte verschlechterte die Situation noch mehr, und so waren Pachtrückstände eine bei der Kolonenwirtschaft verbreitete Erscheinung. Cicero spricht im Jahre 46 v. Chr. zum ersten Male von ihnen,[3] und bis zum Ausgang der Antike gibt es kein Jahrhundert, in dem Pachtrückstände dann nicht in irgendeiner Weise erwähnt würden.[4]

Andererseits konnte aber auch ein Mangel an Kolonen, wie ihn z. B. der jüngere Plinius für die Landschaften Etrurien und Umbrien an der Wende vom 1. zum 2. Jh. konstatiert,[5] im System der Kolonenwirtschaft zu günstigen Angeboten führen. So sollten im römischen Afrika verschiedene Vergünstigungen Kolonen dazu bewegen, Kulturland zurück- oder auch erst neu zu gewinnen. Hier gestatteten im 2. Jh. Domänenordnungen, wie die der Villa Magna von Henchir Mettich auf der Grundlage der Lex Manciana,[6] und Pachtordnungen, wie diejenigen von Aïn el-Djemala und Aïn Ouassel,[7] die auf einer Lex Hadriana beruhten, die Okkupation öder und brachliegender Teile kaiserlicher Ländereien. Die Okkupation war mit der Kultivierungspflicht verbunden, gewährt wurden bestimmte abgabenfreie Jahre und wenigstens im Falle der Lex Hadriana das Recht, den kultivierten Boden zu vererben. Angesprochen werden sollte mit solchen Verfügungen das ökonomische Interesse freier Produzenten, die die Möglichkeit erhielten, sich durch ihre Arbeit eigenen Bodenbesitz zu verschaffen und das Pachtverhältnis in ein Erbpacht- und damit schließlich in ein Besitzverhältnis zu verändern.[8]

Wesentlich an der Kolonenwirtschaft war das Vertragsverhältnis, das im Prinzip kündbare Kontraktverhältnis, das nach Ablauf eines bestimmten Zeitraumes, im allgemeinen fünf Jahre, gelöst und natürlich erneuert werden konnte. Es war eine Form der freien Pacht, die sich nach der jeweiligen ökonomischen Situation der Vertragspartner gestaltete. Besonders deutlich wird dies in Italien, wo die Geldpacht die Kolonen in die Ware-Geld-Beziehungen des städtischen Marktes und damit in das Distributions- und Zirkulationssystem einer vorrangig auf der Ausbeutung von Sklaven beruhenden Wirtschaft mit einbezog. Das Recht des freien Vertragsabschlusses und vor allem ihre juristische Freizügigkeit verdankten die Kolonen in der Zeit der Republik und des Prinzipats ganz wesentlich der Tatsache, daß Sklaven die Hauptproduzenten in der Landwirtschaft

[3] Cic. ad fam. 13,11,1.

[4] Vgl. Colum. 1,7,1; Plin. epist. 9,37,2; Dig. 19,2,15,4; Symm. epist. 5,87; 6,81; P. W. de Neeve, Remissio mercedis, SZ 100, 1983, 296–339.

[5] Plin. epist. 3,19,7.

[6] CIL VIII 25 902 = FIRA^2 I 100 = Flach 477–484.

[7] CIL VIII 25 943 = FIRA^2 I 101 = Flach 484–486; CIL VIII 26 416 = FIRA^2 I 102 = Flach 486–489.

[8] Vgl. zur kataphyteutischen Pacht in Afrika M. I. Rostovtzeff, Studien zur Geschichte des römischen Kolonats, Leipzig–Berlin, 1910 (1. Beiheft des Archivs für Papyrusforschung), 342–363; J. Kolendo, Le colonat en Afrique sous le Haut-Empire, Paris 1976; Flach; V. Weber, in: Johne–Köhn–Weber 309–343.

gewesen sind.[9] Diese Feststellung gilt sicher in erster Linie für Italien, doch sie dürfte auch für die stärker romanisierten Gebiete in den westlichen Provinzen des Römerreiches Gültigkeit gehabt haben. Die Kolonenwirtschaft italischen Typs kann überall dort vermutet werden, wo mittlerer und kleiner Grundbesitz mit dem großen im Konkurrenzkampf stand und die Sklaverei in der Landwirtschaft eine gewisse Verbreitung gefunden hatte. Belegt werden kann diese Form der Kolonenwirtschaft in den Provinzen allerdings mit einiger Sicherheit nur auf Sizilien. Wiederum ist es Cicero, der in den Verres-Reden Verhältnisse schildert, die denen in Italien im wesentlichen gleich sind. Über einen Kolonen aus Menai im östlichen Sizilien äußert er sich in ähnlicher Weise wie über einen aus Tarquinii in Etrurien.[10] Zeugnisse aus den Provinzen Gallia cisalpina und Sardinia weisen ebenfalls auf Zustände, die von denen in Italien nicht abweichen.[11]

Es darf nicht übersehen werden, daß das versachlichte Vertragsverhältnis zwischen Verpächter und Pächter, wie es vor allem die Juristenschriften noch bis in die Severerzeit widerspiegeln, nur für Kolonen mit einem gewissen Vermögen von Bedeutung gewesen sein dürfte. Große Teile der kleinbäuerlichen Bodenpächter befanden sich, wie bereits angedeutet, auch bei Vertragsabschlüssen von Anfang an in der schwächeren Position. So konnte schon die ökonomische Abhängigkeit allein für viele Pächter recht drückend sein, neben ihr existierten jedoch auch Elemente der Abhängigkeit, die nichts mit ökonomischen Notwendigkeiten zu tun hatten. Für ganze Gruppen der Kolonen war der Grundherr nicht nur schlechthin der Verpächter von Land, sondern auch der Patron. Das war der Fall bei den Kolonen in klientelartiger Abhängigkeit, bei den Freigelassenen und bei den Quasi-Kolonen.

Die Anfänge der Kolonenwirtschaft liegen sowohl in Italien wie auch in den römischen Provinzen weitgehend im dunkeln. Manches spricht dafür, daß die ersten Kolonen der Apenninenhalbinsel aus Klienten mit Bodenbesitz hervorgegangen sind, deren vertragsloses Abhängigkeitsverhältnis sich im Laufe der Ständekämpfe des 5. und 4. Jh. v. Chr. und als Folge einer zunehmenden Ausbeutung von Sklaven in ein versachlichtes Vertragsverhältnis umgewandelt hat. Für einen Zusammenhang zwischen Kolonen und Klienten spricht, daß es auch in den späteren Jahrhunderten, als es die oben skizzierte freie Pacht gab, Kolonen in klientelartiger Abhängigkeit gegeben hat.[12] Die markantesten Beispiele dafür liegen in den Schriften von Caesar und Sallust vor. Die Senatoren

[9] Vgl. zu dieser Problematik J. Köhn, in: Johne–Köhn–Weber 174–183 und insgesamt 167–244.

[10] Cic. Verr. 2,3,22,55 und Cic. Caecin. 32,94.

[11] Cic. ad fam. 13,11,1; CIL X 7957.

[12] Zum Klientelwesen vgl. neuerdings N. Rouland, Pouvoir politique et dépendance personelle dans l'Antiquité romaine. Genèse et rôle des rapports de clientèle, Brüssel 1979 (Collection Latomus 166); R. P. Saller, Personal Patronage under the Early Empire, Cambridge 1982 und Krause.

L. Sergius Catilina und L. Domitius Ahenobarbus konnten in den Bürgerkriegssituationen der Jahre 62 und 49 v. Chr. ihre Kolonen bewegen, in irregulären Aufgeboten für sie zu kämpfen.[13] Diese Kolonen waren sicher auch Vertragspächter, doch ihre Beziehungen zu ihrem Grundherrn waren keineswegs auf einen Pachtvertrag beschränkt. Sie befanden sich vielmehr in einem Treue- und Abhängigkeitsverhältnis, das bis zum Tode reichen konnte und im Falle der Kolonen Catilinas auch bis zum Tode gereicht hat.[14] Sie leisteten Heerfolge, wie man das sonst nur aus früher Zeit von den Klienten kennt, und die russische Forscherin E. M. Štaerman hat sie deshalb auch Klienten-Kolonen genannt.[15] Als Pächter wird man sie jedoch trotz ihrer inferioren Stellung betrachten müssen, denn es gibt keine Hinweise darauf, daß Klienten ohne jegliche Pachtbindung im 1. Jh. v. Chr. auf den Ländereien ihrer Patrone gearbeitet hätten. Bei den Kolonen von Catilina und Ahenobarbus dürften sich Pacht- und Klientelverhältnis verbunden haben, und im Notfalle gab das zweite den Ausschlag. Aufgeboten wurden diese Kolonen nämlich erst, wenn für ihre Herren mindestens die politische Existenz auf dem Spiel stand. Daher entstammen auch die wenigen uns bekannten Beispiele den Bürgerkriegen, die für den Untergang der römischen Republik so charakteristisch gewesen sind.

Bei Cicero, dem älteren Seneca und Martial begegnen Kolonen, die mit Klienten gleichgesetzt, mit ihnen verwechselt oder in für sie charakteristischen Situationen geschildert werden.[16]

Die enge Verbindung zwischen Sklaven und Kolonen in der Zeit des Prinzipats wird an der Gruppe der Freigelassenen deutlich. Sklavenhalter, die zugleich große Grundeigentümer waren, ließen aus ihrer Sicht in der Landwirtschaft verdiente und tüchtige Sklaven frei und siedelten sie als Pächter auf ihrem Grund und Boden an. Selbst unter der Voraussetzung, daß die Grundherren ihre ehemaligen Sklaven formal ganz korrekt als Vertragspartner behandelten und von ihnen keinen anderen Pachtzins als von anderen Kolonen forderten, war durch die Tatsache, daß diese Kolonen sowohl ihre Freiheit als auch das Pachtland ihrem früheren Eigentümer verdankten, ein lebenslanges Klientelverhältnis begründet. Somit stellen die freigelassenen Kolonen nur einen Sonderfall derjenigen, die sich in klientelartiger Abhängigkeit befanden, dar. Vorkommen konnten sie überall, wo Sklaverei auf großem Grundeigentum verbreitet war, belegt sind sie wiederum nur in Italien, und zwar ausschließlich in epigraphischen Zeugnissen. So begegnet in je einer Inschrift aus Rom und aus der Landschaft Picenum ein Kolone, der *libertus* gewesen ist.[17] Mit großer Wahr-

[13] Sall. Catil. 59,3; Caes. civ. 1,34,2; 1,56,3.

[14] Sall. Catil. 60,4–61,6.

[15] E. M. Štaerman, Die Blütezeit der Sklavenwirtschaft in der römischen Republik, Wiesbaden 1969 (Übersetzungen ausländischer Arbeiten zur antiken Sklaverei 2), 72–76.

[16] Cic. Caecin. 20,57; Cic. Cluent. 65,182; Sen. contr. 7,6,17; Mart. epigr. 3,58,33–40.

[17] CIL VI 9273; IX 5659.

scheinlichkeit aus dem Freigelassenenstande stammten Kolonen, die auf Inschriften aus Rom, Mutina und von der Halbinsel Istrien Erwähnung gefunden haben.[18] Mit einiger Wahrscheinlichkeit lassen sich als Kolonen tätige *liberti* in weiteren Inschriften aus Rom, dem Marserland, aus Puteoli und Forum Livii vermuten.[19]

Auf der Stufenleiter der Abhängigkeit noch unter den Freigelassenen standen die Quasi-Kolonen.[20] Das waren Sklaven, denen ihre Herren Land zu pachtähnlicher Nutzung überlassen hatten. Obwohl sie unfrei blieben und daher juristisch keine eigentlichen Vertragspartner sein konnten, haben ihre Eigentümer sie doch innerhalb bestimmter Grenzen als solche anerkannt. Sie galten als Partner, die auf eigene Rechnung eine Wirtschaft betrieben und für das ihnen überantwortete Land Abgaben wie für ein Pachtgut bezahlten. Man kann sie sich als erfolgreiche Gutsverwalter oder andere, nach der Meinung ihrer Herren verdiente Sklaven vorstellen. Die Beförderung zum *quasi colonus* sollte wohl in erster Linie das Interesse an der landwirtschaftlichen Produktion anregen und dürfte in vielen Fällen den Freikauf für den Betreffenden ermöglicht haben bzw. eine Vorstufe für seine Freilassung gewesen sein. Die insgesamt wenigen Zeugnisse für Kolonen dieser Art sprechen gegen eine massenhafte Umwandlung von Sklaven zu Quasi-Kolonen. Neben sechs juristischen Fragmenten in den Digesten[21] kannte man bis vor kurzem nur vier kaiserzeitliche Inschriften aus Italien, in denen mit großer Wahrscheinlichkeit Quasi-Kolonen genannt sind. Eine dieser Inschriften stammt wiederum aus Rom, die drei anderen wurden auf der Halbinsel Istrien gefunden.[22] In den siebziger Jahren ist nun eine neue Inschrift aus Venusia in Apulien veröffentlicht worden, in der zum ersten Male ein *colonus,* der zweifelsfrei auch ein *servus* gewesen ist, genannt wird. Diese Inschrift ist bisher das einzige eindeutige epigraphische Zeugnis für die Schicht der Quasi-Kolonen.[23] Sie sind, wie die freigelassenen Kolonen, überall dort im Imperium Romanum denkbar, wo es die entwickelte Sklaverei in der Landwirtschaft gegeben hat. Außerhalb Italiens stehen allerdings nur zwei Zeugnisse zur Verfügung, und diese sind nicht einmal eindeutig. Die einzige Inschrift, die die Existenz von Kolonen auf der Insel Sardinien belegt, ist für einen Kolonen gesetzt, der ein Quasi-Kolone gewesen sein könnte. Es kann jedoch nicht ausgeschlossen werden, daß es sich dabei um einen Provinzialen ohne römi-

[18] CIL VI 33 840 = FIRA^2 III 147; CIL XI 911; JJ X 1, 599.

[19] CIL VI 9274 = ILS 7456; CIL IX 3674–3675 = ILS 7455–7455 a; CIL X 1877 = ILS 6329; CIL XI 600; vgl. V. Weber, in: Johne–Köhn–Weber 264–266.

[20] Vgl. zu ihnen G. Giliberti, Servus quasi colonus : Forme non tradizionali di organizzazione del lavoro nella società romana, Neapel 1981 (Pubblicazioni della Facoltà giuridica dell' Università di Napoli 190).

[21] Dig. 15,3,16; 33,7,12,3; 33,7,18,4; 33,7,19,1; 33,7,20,1; 40,7,14 pr.

[22] CIL VI 9276 = ILS 7453; JJ X 1, 592 a; CIL V 8190 = JJ X 2, 222.

[23] R. Gaeta Strippoli, Nuove iscrizione latine di Venosa, in: Atti della Accademia Nazionale dei Lincei 373, 1976, Serie 8, Rendiconti 31, Rom 1977, 295.

sches Bürgerrecht handelt, der Boden in gleicher Weise wie ein römischer Bürger in Italien gepachtet hatte.[24] Eine Inschrift der Provinz Africa Proconsularis aus dem ersten Jahrzehnt des 3. Jh. ist von drei kaiserlichen Sklaven auf Land, über das sie verfügen konnten, aufgestellt worden.[25] Zumindest die Vermutung darf geäußert werden, daß es sich bei diesen über Grund und Boden verfügenden Sklaven auch um Quasi-Kolonen gehandelt habe.[26]

Quasi-Kolonen, Freigelassene und Klienten befanden sich in einem Abhängigkeitsverhältnis, das über eine normale Pachtbindung hinausging. Die Kolonen in klientelartiger Abhängigkeit sind in dieser Ausprägung wohl eine italische Erscheinung, während Freigelassene und Quasi-Kolonen durchaus auch eine weitere Verbreitung in den Provinzen gefunden haben können. Dabei darf man die erste Gruppe als ein gesellschaftliches Phänomen betrachten, in dem frührömische Verhältnisse, die für die Zeit vor der vollen Entfaltung der Sklavereiwirtschaft charakteristisch gewesen sind, in gewisser Weise weiterlebten. Bei Freigelassenen und Quasi-Kolonen tritt der unmittelbare Zusammenhang mit der Sklaverei in der Landwirtschaft ganz offen zutage.

So zwingend der Einfluß von Patron, Freilasser und Sklavenhalter auch auf Klienten, Freigelassene und Quasi-Kolonen war, und der Fall von Catilinas Kolonenaufgebot zeigt die mögliche äußerste Konsequenz, insgesamt haben diese drei Abhängigkeitsverhältnisse das System der Kolonenwirtschaft noch nicht gesprengt, sie wurden vielmehr in dieses System integriert. Die genannten Gruppen haben in der Gesamtheit der Bodenpächter zweifellos Minderheiten dargestellt, und zwar Minderheiten, die zu relativ frühen Zeitpunkten auftauchen. Sowohl die Klienten-Kolonen als auch die Quasi-Kolonen lassen sich bis in die Zeit der ausgehenden Republik zurückverfolgen. Eine grundsätzliche Beeinflussung der Bodenpachtverhältnisse durch diese Abhängigkeitsformen ist nicht erkennbar, von ihnen allein führte der Weg noch nicht von der Kolonenwirtschaft zum Kolonat.

Die Kolonenwirtschaft reichte zwar in ihren Anfängen weit in die Geschichte Roms zurück, ausbreiten konnte sie sich jedoch erst unter bestimmten Voraussetzungen. Diese entstanden durch die großen Eroberungskriege der mittleren Republik, zu deren Folgen tiefgreifende Veränderungen in der Landwirtschaft Italiens gehörten. Dabei kommen der Herausbildung von Gutswirtschaften und der Entfaltung der Sklaverei zum bestimmenden Faktor der Produktionsverhältnisse besondere Bedeutung zu. Diese Entwicklung führte einmal zur Ruinierung zahlreicher Kleinbauern und schuf damit erst das Reservoir, aus dem sich die Kolonen rekrutieren konnten, zum anderen führte sie zu einer Konzentration des Grundeigentums zu Größen, die erst eine Verpachtung in bedeutenderem Umfange sinnvoll werden ließ.

[24] CIL X 7957.

[25] CIL VIII 27 550.

[26] Zu den Quasi-Kolonen in den Inschriften vgl. V. Weber, in: Johne–Köhn–Weber 267 f., 280 f., 309.

Die ersten Formen privater Pacht im landwirtschaftlichen Bereich der Apenninenhalbinsel, wo alleine sich die Entwicklung einigermaßen kontinuierlich verfolgen läßt, begegnen auf den von Cato geschilderten Gütern.[27] An der Wende zum 1. Jh. v. Chr. läßt sich in einem Fragment der Sasernae erstmals in der Überlieferung andeutungsweise der Kolone als Pächter fassen.[28] Die frühesten sicheren Belege für den Wortgebrauch im Sinne eines speziellen Terminus technicus finden sich in Reden Ciceros aus den Jahren 70–68 v. Chr.[29] Die ganze Art und Weise, wie er von den Kolonen spricht, setzt voraus, daß die Bodenpächter in der Mitte des 1. Jh. v. Chr. keine seltenen Erscheinungen mehr gewesen sind. Zur Parzellierung und Verpachtung von Land werden die Grundeigentümer dieser Zeit umso mehr bereit gewesen sein, als die großen Sklavenaufstände zwischen 136 und 71 v. Chr. die Gefahren, die aus der Ausbeutung Unfreier entstehen konnten, deutlich vor Augen geführt hatten. Die Kolonenwirtschaft bedeutete eine echte Alternative zur Sklavenwirtschaft und zugleich einen Ausweg aus den Problemen, die sich aus der Verwendung einer immer größeren Zahl von Sklaven in der Landwirtschaft ergaben. Die Kolonen garantierten gefahrlos ein regelmäßiges Mehrprodukt und brachten in der Regel das Arbeitsinteresse mit, das bei den Sklaven erst geweckt werden mußte. Daß auch die neue Produktionsform ganz und gar nicht problemlos war, sollte sich frühzeitig zeigen, z. B. an den Pachtrückständen, änderte aber im Prinzip nichts an ihrer Ausbreitung.

Seit der Mitte des 1. Jh. v. Chr. werden die Pachtbauern zunehmend in den Werken römischer Schriftsteller erwähnt – so bei Cicero, Caesar, Sallust, Varro und Horaz, später bei Seneca, Columella, Frontin, Martial, Tacitus und Plinius dem Jüngeren –, ferner in weit über 100 in den Digesten erhaltenen Fragmenten von Werken römischer Juristen und schließlich seit dem Anfang der Kaiserzeit auch in 105 inschriftlichen Zeugnissen aus Italien und mehreren Provinzen, von denen Nordafrika den mit Abstand größten Anteil stellt.[30] Alle Quellenzeugnisse sprechen dafür, daß die Kolonen seit der Zeit der ausgehenden Republik kontinuierlich immer wichtiger geworden sind und zum Teil die Sklaven als Produzenten in der Landwirtschaft ersetzt haben.[31] Dieser Prozeß fand vor allem

[27] Cato agr. 136–137. 144–150.

[28] Colum. 1,7,3–4.

[29] Cic. Verr. 2,3,22,55 und Cic. Caecin. 32,94.

[30] Die Zeugnisse aller drei Quellengruppen präsentiert das Werk von Johne–Köhn–Weber.

[31] Zu den Kolonen in der Zeit der Republik und des Prinzipats vgl. neben den in den Anm. 20 und 30 genannten Werken R. Günther, Die Entstehung des Kolonats im 1. Jahrhundert v. u. Z. in Italien, Klio 43–45, 1965, 249–260; N. Brockmeyer, Arbeitsorganisation und ökonomisches Denken in der Gutswirtschaft des römischen Reiches, Phil. Diss. Bochum 1968; W. Held, Das Ende der progressiven Entwicklung des Kolonats am Ende des 2. und in der ersten Hälfte des 3. Jahrhunderts im römischen Imperium, Klio 53, 1971, 239–279; J. Kolendo, Le colonat en Afrique sous le Haut-

in den literarischen Quellen seine Widerspiegelung. Der ältere Cato erwähnte die Kolonenwirtschaft als eine spezifische Form der Bodenpacht in seinem Werk noch nicht. Ein Jahrhundert später waren die Pächter bei Cicero, Caesar, Sallust und Varro eine ganz selbstverständliche Erscheinung.[32] In der frühen Kaiserzeit betrachtete sie Columella als einen festen Bestandteil der Gutswirtschaft.[33] Wurden von ihm noch die Vor- und Nachteile einer mit Sklaven betriebenen Wirtschaft und einer solchen mit Kolonen gegeneinander abgewogen, so hatten auf den Gütern des jüngeren Plinius am Beginn des 2. Jh. eindeutig diese den Vorrang gegenüber den Sklaven erlangt.[34] Der jüngere Plinius und sein Zeitgenosse Tacitus sind die ersten Schriftsteller, die in ihren Werken unter den Kolonen ausschließlich die Pachtbauern verstanden haben.

Es ist sicher kein Zufall, daß in den uns erhaltenen Zeugnissen der römischen Landwirtschaftsschriftsteller die Bedeutung der Kolonen zunimmt, je größer die beschriebenen Güter gewesen sind. Auf den Entwicklungsprozeß der kleinen Bodenpacht hat die fortschreitende Konzentration des Grundeigentums offenbar einen nachhaltigen Einfluß genommen. Auf mittelgroßen Gütern, die auf städtischen Territorien lagen und eng mit dem Markt verbunden waren, blieb die Ausbeutung von Sklaven lange dominierend. Auch dort war die Kolonenwirtschaft vorhanden, doch sie blieb im wesentlichen eine Ergänzung. Das zeigen die Beispiele, die Horaz und Columella liefern.[35] Die größeren Güter, die Latifundien, waren häufig mit der Stadt weniger verbunden und tendierten dazu, sich einmal zu exempten Territorien zu entwickeln. Dort war die wirkungsvolle Beaufsichtigung der Sklaven schwierig und konnte von einem bestimmten Punkte an unmöglich werden. Es war die Akkumulation und Konzentration an

Empire, Paris, 1976; M. I. Finley, Private Farm – Tenancy in Italy before Diocletian, in: Studies in Roman Property, ed. by M. I. Finley, Cambridge 1976, 103–121; Flach; ders., Die Pachtbedingungen der Kolonen und die Verwaltung der kaiserlichen Güter in Nordafrika, in: ANRW II 10,2, 1982, 427–473; P. Veyne, Le dossier des esclaves-colons romains, Revue historique 265, 1981, 3–25; De Neeve; D. Kehoe, Lease Regulations for Imperial Estates in North Africa, Zeitschrift für Papyrologie und Epigraphik 56, 1984, 193–219 und 59, 1985, 151–172; ders., The Economics of Agriculture on Roman Imperial Estates in North Africa, Göttingen 1988 (Hypomnemata 89); A. Avram, Zur Rentabilität der Kolonenarbeit in der römischen Landwirtschaft, Studii clasice 23, 1985, 85–99; R. Soraci, „Voluntas domini" e gli inquilini – coloni sotto Commodo e Pertinace, Quaderni Catanesi di studi classici e medievali 8, 1986, 16, 261–339; W. Backhaus, Plinius der Jüngere und die Perspektiven des italischen Arbeitskräftepotentials seiner Zeit, Klio 69, 1987, 138–151.

32 Cic. Caecin. 20,57; 32,94; Cluent. 62,175; 65,182; Att. 13,11,1; off. 3,22,88; ad fam. 13,11,1; Verr. 2,3,22,55 – Caes. civ. 1,34,2; 1,56,3 – Sall. Catil. 59,3 – Varro rust. 1,2,17; 2,3,7.

33 Colum. 1,7,1–6; 1,9,9.

34 Plin. epist. 3,19,6–7; 9,37,1–4; 5,14,8; 7,30,3; 9,15,1.3; 9,36,6; 9,20,2; 10,8,5.

35 Hor. epist. 1,14,1–4; vgl. sat. 2,7,117–118; Colum. 1,7,1–6.

Grund und Boden und vor allem das zusammenhängende große Grundeigentum, das den Kolonen an Stelle des Sklaven als Arbeitskraft empfahl. In den Werken Columellas und der beiden Plinii wird in Umrissen eine Diskussion über landwirtschaftliche Arbeitskräfte faßbar. Sie zeigt, daß sich in der zweiten Hälfte des 1. Jh. n. Chr. bei vielen Eigentümern offenbar die Meinung durchsetzte, daß ein Landgut von Latifundiengröße intensiv am besten mit Kolonen genutzt werden könne. Beispiele für diese Form der Bewirtschaftung sind die Güterkomplexe des jüngeren Plinius in Mittel- und Norditalien sowie die riesigen Saltus der Kaiser in der Provinz Afrika.[36]

Mit dem Nachlassen der Eroberungskriege in der Kaiserzeit ging die Versklavung von Kriegsgefangenen und mit der Ausdehnung des Römischen Reiches bis an Rhein, Donau und Euphrat auch der Sklavenhandel im Mittelmeerraum zurück. Die Sklaven waren kein so billiges Ausbeutungsobjekt mehr wie zu Catos Zeiten. Ein immer größerer Prozentsatz der Unfreien wurde im Reich selbst geboren und mußte aufgezogen werden. Columella versprach beispielsweise einer Sklavin, die mehrere Kinder geboren hatte, die Freilassung, und eine Stelle in den Digesten zeigt, daß eine solche Auffassung keineswegs nur die private Meinung eines einzelnen Gutsherrn gewesen sein kann.[37] Das vom älteren Plinius zitierte Testament des Caecilius Isidorus aus augusteischer Zeit belegt ein krasses Mißverhältnis zwischen dem Eigentum an Sklaven einerseits und dem an Boden und Vieh andererseits.[38] Die Konzentration an Bodeneigentum entsprach nicht derjenigen an Sklaven. Auch hier war die Nutzung des Landes allein durch Verpachtung möglich. Die Gewinnung neuer Arbeitskräfte durch die Umwandlung freier Bauern zu Kolonen wurde für die Grundeigentümer oft bequemer und billiger als der Kauf teurer Sklaven oder deren Aufzucht, wobei die Sklaven zudem stets eine höhere Form der Beaufsichtigung erforderten als die Kolonen. So kam die Wirtschaft mit Pächtern den Wünschen vieler Grundherren entgegen, ein Rentierdasein mit möglichst wenigen Aufsichtsfunktionen zu führen. Der Kolonenwirtschaft mußte die Spezialisierung und Kooperation der mit Sklaven arbeitenden Villa fehlen, doch sie garantierte ein regelmäßiges Einkommen. Wenn viel Land verpachtet wurde, ließ sich daraus auch ausreichend Gewinn ziehen. Trotz ständiger Sorgen mit seinen Pächtern und deren offensichtlich nicht sehr hohen Produktivität nahm Plinius der Jüngere aus der Menge seiner verpachteten Ländereien jährlich die enorme Summe von 400 000 Sesterzen ein.[39] Selbst die Erkenntnis, daß kurzfristige Pachtverträge schlimmen Raubbau zur Folge hatten, und auch erhebliche Pachtrückstände

[36] Vgl. die in Anm. 34 zitierten Stellen, bes. 3,19,6–7 und 9, 37,1–4; CIL VIII 10 570. 25 902. 25 943. 26 416 = FIRA^2 I 103. 100–102.

[37] Colum. 1,8,19; Dig. 40,7,3,16.

[38] Plin. nat. 33,10 (47),135.

[39] Plin. epist. 10,8,5.

brachten den Grundeigentümer nicht auf den Gedanken, die Kolonenwirtschaft zugunsten einer solchen mit Sklaven aufzugeben; er suchte nur nach Lösungen innerhalb der Wirtschaftsform.[40] Dieses Verhalten läßt sich nur erklären, wenn das System der kleinen Bodenpacht als Alternative zur Sklavenwirtschaft inzwischen anerkannt war und eine weite Verbreitung gefunden hatte. Im 2. Jh. n. Chr. war dies ohne Zweifel der Fall. Einige Jahrzehnte nach dem jüngeren Plinius glaubte der Jurist Q. Cervidius Scaevola es besonders vermerken zu müssen, wenn es auf einem Gut einmal keine Kolonen gab.[41]

C. Die Herausbildung des Kolonats

Am einträglichsten sei ein Gut, das alteingesessene Pächter habe und sie durch lange Vertrautheit schon von der Wiege an festhalte, empfahl Columella bereits in der Zeit Kaiser Neros unter Berufung auf einen sehr wohlhabenden Konsular.[42] Natürlich lag dieser Zeit der Gedanke an eine juristisch fixierte Bodenbindung der Kolonen noch fern, doch ein in diese Richtung gehender Wunsch von Grundeigentümern war damit erstmals formuliert. Pächter, die für lange Zeit, ja vielleicht lebenslang auf einem Gute blieben, mußten mit ihm fest verwachsen. Dabei konnte die Abhängigkeit vom Grundherrn in ganz anderer Weise zunehmen als bei einer kurzfristigen Bodenpacht. Der immer wieder verlängerte Vertrag büßte allmählich seine Bedeutung ein und das Vertragsverhältnis geriet damit ins Schwinden. Hinter Columellas Wunsch steht letztlich die Erkenntnis, daß die Kolonenwirtschaft als Produktionsform sich nur behaupten konnte, wenn es gelang, die landwirtschaftliche Kleinproduktion auf Dauer mit dem großflächigen Eigentum zu verbinden. Je größer die Bedeutung der Kolonen wurde, umso wünschenswerter mußte für die Verpächter die feste Verwurzelung ihrer Pachtbauern mit der Scholle werden. Daß eine solche partiell auch für die Kolonen von Vorteil sein konnte, bot sie doch eine gewisse Sicherung für die Existenz, steht dem nicht entgegen. Bei denjenigen, die sich in klientelartiger Abhängigkeit befanden, bei den Freigelassenen und den Quasi-Kolonen ließ sich eine ständige Verlängerung der Pacht verständlicherweise leicht einrichten; für diese Gruppen dürfte häufig bereits in den Zeiten der Republik und des Prinzipats eine faktische Bodenbindung bestanden haben. In eine solche konnten jedoch auch ursprünglich lediglich in der ohnehin immer vorhandenen ökonomischen Abhängigkeit befindliche Kolonen geraten, und zwar durch die Verschuldung.

[40] Dazu zuletzt W. Backhaus, Klio 69, 1987, 138–151.

[41] Dig. 20,1,32.

[42] Colum. 1,7,3.

1. Verschuldung

Plinius der Jüngere berichtet von verschuldeten Pächtern auf Ländereien, die er zu kaufen beabsichtigte. Die Lage dieser Kolonen war dermaßen prekär geworden, daß der bisherige Eigentümer des Pachtlandes das Hab und Gut seiner Kolonen als Pfand hatte verkaufen lassen. Auf diese Weise ließen sich zwar die Pachtrückstände zeitweilig beheben, doch die Pfändung der Arbeitsmittel führte bald dazu, daß die Schulden erneut anwuchsen.[43] So mußte sich Plinius wenige Jahre später auch auf seinen Gütern mit dem Schuldenproblem auseinandersetzen. Er klagte darüber, daß trotz bedeutender Pachtnachlässe die Schulden so angewachsen waren, daß die Kolonen bezweifelten, sie jemals abtragen zu können. Sie trieben Raubbau und verzehrten alles in der Meinung, es käme ihnen ja doch nichts zugute, falls sie sparten.[44] Beide Gruppen von Pachtbauern sind jedoch auf ihren Ländereien verblieben. Vielleicht sahen sie keinen anderen Ausweg, vielleicht hielt sie die angestammte Heimat zurück – beide Aspekte sollten nicht ganz übersehen werden, entscheidend dürfte jedoch derjenige der Schulden gewesen sein, der sie an das gepachtete Land band. Alles spricht dafür, daß die Verschuldung zu einer faktischen Bodenbindung der Kolonen führen konnte.[45] Eine Bestätigung für diese Vermutung findet sich in den Rechtsquellen. Von einer durch Verschuldung verursachten Bindung waren im 2. Jh. selbst die Pächter von Steuern und Staatsland bedroht, obwohl sie sich in ihrer gesellschaftlichen Stellung gewiß erheblich von den kleinbäuerlichen Kolonen unterschieden. Kaiser Hadrian (117–138) hielt es für höchst inhuman – *valde inhumanus mos est iste* –, solche Großpächter bei Nichterfüllung ihrer Verpflichtungen zurückzuhalten, und er fügte hinzu, man würde auch dann leichter Pächter finden, wenn ihnen die Freizügigkeit zugesichert sei.[46] Wie brisant dieses Problem in der Folgezeit geblieben ist, zeigt ein Reskript aus der Mitte des 3. Jh. Am 8. August 244 verfügte Philippus Arabs, daß nicht näher bezeichnete Pächter oder deren Erben nach Ablauf der Pachtzeit nicht zurückgehalten werden dürfen, was doch, wie er bezeichnenderweise dazu bemerkte, bereits so oft verordnet worden sei – *saepe rescriptum est.*[47] Diese Verfügung relativiert die

[43] Plin. epist. 3,19,6.

[44] Plin. epist. 9,37,2.

[45] So schon vor einem Jahrhundert N. D. Fustel de Coulanges, Le colonat romain, in: Recherches sur quelques problèmes d'histoire, Paris 1885, 15–24, und neuerdings M. I. Finley, Die antike Wirtschaft, München 1977, 74 f.; ders., Die Sklaverei in der Antike, München 1981, 174–176; W. Backhaus, Klio 69, 1987, 144–147.

[46] Dig. 49,14,3,6: Divus etiam Hadrianus in haec verba rescripsit: „Valde inhumanus mos est iste, quo retinentur conductores vectigalium publicorum et agrorum, si tantidem locari non possint. nam et facilius invenientur conductores, si scierint fore ut, si peracto lustro discedere voluerint, non teneantur."

[47] Cod. Just. 4,65,11: Invitos conductores seu heredes eorum tempora locationis impleta non esse retinendos saepe rescriptum est.

Zeugnisse über die allgemeine Freizügigkeit der Kolonen etwa des Juristen Gaius aus der Mitte des 2. Jh. doch erheblich.[48] Die Verbindlichkeiten der Pächter gegenüber dem Verpächter konnten offenbar allen Verordnungen zu seinem Schutz ein schnelles Ende bereiten. Wenn dies bereits bei finanzstarken Großpächtern der Fall war, kann man sich ausmalen, in welche Lage der kleinbäuerliche Kolone gegenüber einem großen Grundherrn geriet bzw. sehr rasch geraten konnte.

Die durch Verschuldung in starke Abhängigkeit geratenen Pächter näherten sich den Schuldknechten an. Trotz einer offiziellen Aufhebung der Schuldknechtschaft bereits durch die Lex Poetelia Papiria im Jahre 326 v. Chr. ist dieses Phänomen niemals gänzlich aus der römischen Gesellschaft verschwunden und hat auch in der Kaiserzeit noch existiert. Ein Hinweis des Columella auf Schuldner, die zusammen mit gefesselten Sklaven auf Latifundien arbeiten müssen,[49] kann nicht anders als ein Weiterleben der Schuldknechtschaft in Italien bis ins 1. Jh. n. Chr. verstanden werden.[50]

2. Untertänigkeitsverhältnisse

Die Verschuldung bedeutete eine permanente Gefahr für alle kleinbäuerlichen Kolonenwirtschaften und hat wohl tatsächlich viele ursprünglich „freie" Kolonen auf dieselbe Stufe gestellt wie Klienten, Freigelassene und Quasi-Kolonen. Jedoch auch Maßnahmen der Grundeigentümer zur Verbesserung der Situation hatten langfristig keinen Erfolg. Eine solche Maßnahme war die Umstellung von der Geld- zur Naturalpacht. Sie wurde z. B. von Plinius dem Jüngeren auf seinen mittelitalischen Gütern eingeführt, um das Problem der Pachtrückstände zu lösen.[51] Die Naturalpacht war zu dieser Zeit bereits recht weit verbreitet. So hielt Plinius' Freund Tacitus im Jahre 98 den mit Naturalien zahlenden Kolonen für eine typische Erscheinung.[52] Der Jurist Gaius und indirekt auch sein Kollege Paulus bezeugen den *colonus partiarius* für Italien im 2. und frühen 3. Jh.[53] Mit der Ausbreitung der Naturalpacht scheinen nun zugleich niemals ganz verschwundene patriarchalische Zustände im Vormarsch begriffen gewesen zu sein. Der Dichter Martial, ein Zeitgenosse von Plinius dem Jüngeren und Tacitus, schildert in den achtziger Jahren des 1. Jh., wie die Kolonen auf einem Gut in Kampanien ihrem Grundherrn als Willkommensgaben Honig, Käse, Zicklein und

48 Dig. 19,2,25,2: certe quin liceat colono vel inquilino relinquere conductionem, nulla dubitatio est.

49 Colum. 1,3,12.

50 So zuletzt M. I. Finley, Die antike Wirtschaft, München 1977, 74 f.; ders., Die Sklaverei in der Antike, München 1981, 175; De Neeve 102 und Anm. 173; 223.

51 Plin. epist. 9,37,3–4.

52 Tac. Germ. 25,1.

53 Dig. 19,2,25,6; 42,2,26,1.

Geflügel darbringen.[54] In einem anderen Epigramm Martials senden die Pächter Geflügel, Eier, Feigen, Oliven, Gemüse und jungen Ziegen ihrem Herrn nach Rom.[55] Geradezu wie die künstlerische Umsetzung dieser Gedichte in den gehauenen Stein wirkt ein Relief an der um das Jahr 250 errichteten Igeler Säule bei Trier. Dort bringen Kolonen in der Weise, wie Martial es schildet, Naturalabgaben in das Haus eines Gutseigentümers, einen Hasen, zwei Fische, ein Zicklein oder ein Lamm, einen Gegenstand, der als Felle oder als Aal gedeutet wurde, einen Hahn und einen Korb mit Eiern oder Früchten.[56] In welcher konkreten Situation sich diese Pachtbauern befanden, ist unbekannt. Wir wissen nicht, ob sie Quasi-Kolonen, Freigelassene oder Klienten waren, ob die Verschuldung sie in ein solches Untertänigkeitsverhältnis gebracht hatte oder ob diese Szenen bereits typisch für alle Naturalpacht zahlenden Kolonen gewesen sind. In jedem Falle vermitteln sie den Eindruck, daß Teile der Kolonen von ihren Grundherren eher als Untertanen betrachtet wurden denn als Vertragspartner.

Dieser Eindruck verstärkt sich bei einem Blick auf das römische Nordafrika. Es ist die berühmte Inschrift von Souk el-Kremis, die ein bezeichnendes Schlaglicht auf die Verhältnisse wirft, unter denen Kolonen in der Provinz Africa Proconsularis lebten und arbeiteten.[57] Auf dem Saltus Burunitanus, einem großen, dem Kaiser gehörenden Gut in dem Domänenkomplex um das Tal des Bagradas, des heutigen Oued Medjerda, im Norden Tunesiens, waren die Pachtbauern verpflichtet, im Jahre sechs Tagewerke, *operae*, unentgeltlich auf der individuellen Wirtschaft des Großpächters des Gutes, des Konduktors, zu verrichten, und zwar je zwei Tage beim Pflügen, Jäten und Ernten. Solche *operae* wurden offenbar vielen, wenn nicht sämtlichen Kolonen auf afrikanischem Domänenland auferlegt. Auch die in der Inschrift von Henchir Mettich überlieferte Domänenordnung schreibt jedem Kolonen sechs unentgeltliche Arbeitstage vor.[58] Die Großpächter waren nun bestrebt, die Zahl der Tage, an denen die Kolonen zu Arbeitsleistungen bei ihnen verpflichtet waren, zu erhöhen, wogegen diese protestierten. Von einem derartigen Protest aus den letzten Jahren der Regierung Mark Aurels und zu Beginn der Herrschaft des Commodus sind wir eben durch die Inschrift von Souk el-Kremis, datiert vom 15. Mai 182, recht gut unterrichtet. Danach hatten sich die Kolonen schon jahrelang über die Praktiken des Konduktors Allius Maximus bei dem für den Saltus Burunitanus zuständigen Prokurator als Vertreter der kaiserlichen Güterverwaltung beschwert. Doch sie hatten keinen Erfolg. Der Prokurator ließ sich von Allius Maximus wie auch von anderen

[54] Mart. epigr. 3,58,33–40.

[55] Mart. epigr. 7,31.

[56] Vgl. Johne–Köhn–Weber Tafel 1, Abbildung 1; P. Veyne, Les cadeaux des colons à leur propriétaire: La neuvième bucolique et le mausoleé d'Igel, Revue archéologique 1981/2, 245–252.

[57] CIL VIII 10 570 = ILS 6870 = FIRA² I 103 = Flach 489–492.

[58] CIL VIII 25 902 = FIRA² I 100 = Flach 477–484, Kolumne IV, Zeilen 22–27.

Konduktoren bestechen und beorderte als Strafe für eine Beschwerde direkt an den Kaiser Soldaten auf die Domäne. Diese nahmen Pachtbauern fest, fesselten und verprügelten sie, um sie einzuschüchtern und von weiteren Beschwerden abzuschrecken. Wahrscheinlich nur mit großer Mühe gelang es den Pächtern, dem Kaiser Commodus schließlich doch noch ein Beschwerdeschreiben zukommen zu lassen, in dem sie ihn als ihren Grundherrn um Hilfe baten. Vor allem ging es ihnen darum, daß die Zahl der Tagewerke und der zu stellenden Zugtiergespanne, also die Hand- und Spanndienste, nicht weiter vermehrt wurde. Mit dieser Beschwerde hatten die Kolonen des Saltus Burunitanus Erfolg. Sie erlangten einen positiven Bescheid vom Kaiser, der ihnen durch seine Kanzlei bestätigte, daß sie nicht mehr als dreimal je zwei Tagewerke zu leisten hätten. Ob der Bescheid, den der Kaiser und seine Beamten in Rom erteilten, die Lage der Bauern auf den weiten Domänen Afrikas tatsächlich gebessert hat, entzieht sich unserer Kenntnis. Die Unterwürfigkeit, die die Kolonen in ihrem Brief erkennen lassen, und die vorangegangene Behandlung, der sie ausgesetzt waren, lassen Zweifel angebracht sein. Auch die Tatsache, daß die Kolonen die für sie günstige Entscheidung in Stein hauen ließen, spricht für sich. In ihrem Schreiben versichern sie dem Kaiser, wie unbedeutend sie seien: *mediocritas nostra,* sie bezeichnen sich einmal als die Allerärmsten: *miserrimi homines,* dann als einfache Bauersleute, die ihren Lebensunterhalt allein mit ihrer Hände Arbeit verdienen: *homines rustici tenues manuum nostrarum operis victum tolerantes,* und schließlich als auf den Gütern des Kaisers geborene und aufgewachsene Bauern: *rustici tui vernulae et alumni saltuum tuorum.*[59] Die letzte Bemerkung zeigt, daß auch die Eltern dieser Pachtbauern schon dort gearbeitet hatten und die Kolonenwirtschaften vielleicht bereits seit mehreren Generationen bestanden. Diese Kolonen gehörten zum Gut wie Boden und Inventar auch ohne eine gesetzlich verfügte Bodenbindung. Was Columella 120 Jahre früher für so vorteilhaft gehalten hatte, war hier auf den nordafrikanischen Domänen Wirklichkeit geworden.

Wie berechtigt die Sorgen der Kolonen vom Saltus Burunitanus gewesen sind, erkennt man aus einer anderen nordafrikanischen Inschrift. Aus Ksar Mezouar stammt der Rest eines anderen Beschwerdeschreibens kaiserlicher Pachtbauern über einen Konduktor.[60] Darin begegnen etwa zur gleichen Zeit – im Jahre 181 – bereits doppelt so viele *operae* als auf dem Saltus Burunitanus. Je vier Tagewerke mußte jeder Kolone dort auf der Eigenwirtschaft des Großpächters pflügen, jäten und ernten. Vielleicht war die Zahl auf anderen Domänen noch höher. In jedem Falle war auch die Lage der Pachtbauern auf den beiden genannten Domänen bereits recht drückend. In dem Beschwerdeschreiben vom Saltus Burunitanus findet sich der Hinweis, daß das Komplott zwischen Konduktor und

[59] Vgl. die in Anm. 57 genannte Inschrift, Kolumne II, Zeilen 17–18, Kolumne III, Zeilen 1–2, 18–20, 28–29.

[60] CIL VIII 14 428.

Prokurator letztlich der Domänenkasse und damit dem Vermögen des Kaisers schaden werde: *in perniciem rationum tuarum.* Darunter kann nur die versteckte Drohung verstanden werden, das Gut zu verlassen, falls sich die Verhältnisse nicht bessern sollten. Weit offener waren dagegen die Kolonen von Ksar Mezouar. In ihrer Beschwerde findet sich die unverhüllte Drohung, die Domäne zu verlassen und dorthin zu flüchten, wo man frei leben könne: *ubi libere morari possimus.* Beide Inschriften sind unumstößliche Beweise dafür, daß die Pächter auf den kaiserlichen Gütern Nordafrikas im Prinzip ihre Freizügigkeit noch besaßen. Ein Verlassen der Parzelle war in den Jahren 181 und 182 nur der Bruch eines Pachtverhältnisses und nicht mehr.

Die afrikanischen Kolonen, deren Lebensumstände die Inschriften von Souk el-Kremis und Ksar Mezouar erhellen,[61] waren Pächter, doch zweifellos in einer abhängigeren Stellung als die Geldpacht zahlenden und noch mit individuellen Verträgen ausgestatteten Kolonen Italiens der gleichen Zeit. Deren Position war, sofern sie nicht den genannten außerökonomischen Zwängen oder der Schuldenhaftung unterlagen, bis in die Severerzeit noch relativ günstig, wie zahlreiche Zeugnisse der zeitgenössischen Juristen, gesammelt in den Digesten, belegen. Nun gehörten die Pachtbauern auf den Domänen jedoch keiner Gruppe an, für die eine besondere Abhängigkeit bekannt ist. Sie standen nicht in einer unmittelbaren klientelartigen Bindung, sondern waren als Pächter des Kaisers eher privilegiert gegenüber denen privater Grundherren, und sie waren mit Bestimmtheit weder Freigelassene noch Quasi-Kolonen. Und doch genügte lediglich das leicht herzustellende Einverständnis zwischen dem Prokurator und dem Großpächter, der zwischen ihnen und der Domänenverwaltung stand, um diesen Kolonen zusätzliche drückende Lasten aufzubürden und ihnen ganz deutlich vor Augen zu führen, daß sie sich weniger in einem Vertrags- als in einem Untertanenverhältnis befanden. Als Ausweg sahen sie keinen anderen als die flehentliche Bitte an den Kaiser, und, falls dieser nicht helfen sollte, nur noch die Flucht.

Die Kolonen vom Saltus Burunitanus und von Ksar Mezouar waren Provinziale, die in ihrer Mehrheit nicht Inhaber des römischen Bürgerrechts waren. Dieser personenrechtliche Status allein gibt jedoch keine ausreichende Erklärung. Einige der Kolonen auf den Domänen waren römische Bürger – und wurden nicht anders behandelt als die übrigen. Mit besonderer Empörung wird in dem Beschwerdeschreiben vermerkt, daß nicht einmal das römische Bürgerrecht sie vor der Prügelstrafe geschützt habe.[62] Die abkommandierten Soldaten konnten

[61] Zur Lage der Kolonen im römischen Nordafrika vgl. außer der in den Anm. 8 und 31 genannten Literatur auch C. R. Whittaker, Land and labour in North Africa, Klio 60, 1978, 331–362.

[62] Vgl. die in Anm. 57 genannte Inschrift, Kolumne II, Zeilen 14–15. In einem zu günstigen Lichte sieht D. P. Kehoe, The Economics of Agriculture on Roman Imperial Estates in North Africa, Göttingen 1988, die Lage der nordafrikanischen Kolonen. Er

also sicher sein, daß die römischen Beamten in der Provinz nur einen geringen oder gar keinen Unterschied zwischen Provinzbewohnern mit und ohne Bürgerrecht machten, was drei Jahrzehnte vor dem Erlaß der Constitutio Antoniniana, die diesen Unterschied fast völlig beseitigte, ja auch nicht sonderlich überrascht.

Von größerem Gewicht als der personenrechtliche Unterschied zwischen den afrikanischen Provinzialen und den generell das Bürgerrecht innehabenden Kolonen in Italien scheinen ökonomische Unterschiede gewesen zu sein. Die Pacht wurde auf den Domänen Afrikas nicht in Geld bezahlt, wie es für die Zeit vom 1. Jh. v. Chr. bis zum 2. Jh. n. Chr. in Italien wohl der Regelfall und im 2. und 3. Jh. immer noch verbreitet gewesen ist,[63] sondern ausschließlich in Naturalien. Die Naturalpacht zahlenden Kolonen waren nun jedoch mit ihren Grundeigentümern überhaupt nicht über den Markt und die Ware-Geld-Beziehungen verbunden. Sie brauchten ihre Erzeugnisse nicht mehr zu verkaufen, um damit den Zins zu zahlen, sondern sie lieferten den vereinbarten Teil einfach ab. Damit verblieben sie im Bereiche der Naturalwirtschaft und gelangten nicht mehr in die Sphäre der Warenproduktion. Der Grad der Versachlichung in dem Vertragsverhältnis zwischen Verpächter und Pächter war nicht mehr derjenige, der uns aus den in den Digesten erhaltenen Juristenfragmenten entgegentritt und der für Italien auch aus anderen Quellen belegt ist. Deutlich zeigt sich das daran, daß der individuell gestaltete Pachtvertrag fehlt und an seine Stelle ein allgemeingültiges Normenwerk getreten ist, dessen Anerkennung allein das Pachtverhältnis begründet. War bei dem Pachtvertrag italischen Typs die Vereinbarung von Zusatzleistungen möglich, so gehörte in Afrika die Ableistung unentgeltlicher Tagewerke ganz selbstverständlich zu den Pflichten der Kolonen. Nicht diese Tatsache an sich bot Konfliktstoff, sondern allein der Trend zur Ausweitung der schon als ganz normal empfundenen Hand- und Spanndienste.

Die Naturalpacht war nun vorwiegend in den Gebieten verbreitet, in denen die Sklaverei niemals so ausgeprägt war wie in den Kerngebieten der antiken Produktionsweise. Und hierin scheint sich eine Erklärung für die inferiore Stellung eines Teils, wahrscheinlich des größeren Teils der nordafrikanischen Kolonen anzudeuten. Die relativ freie und unabhängige Stellung der Kolonen als Vertragspartner und ihre gesicherte privatrechtliche Individualität waren nur innerhalb der entwickelten Sklavereiwirtschaft möglich, in der Unfreie die

gesteht zwar zu, daß „the appeals present a very miserable picture of the coloni" (S. 112), kommt aber dennoch zu dem Schluß, die Beschwerden „do not signal the desperate condition of coloni in the Bagradas valley, but instead suggest the economic leverage that these farmers could bring to bear against the imperial government" (S. 115). Seine „conception of the coloni as independent farmers who had substantial resources and who occupied their land under advantageous conditions" (S. 89) dürfte selbst für die Zeit bis zur Mitte des 2. Jh. nur zum Teil stimmen; „independent farmers" dürften die kaiserlichen Pachtbauern zu keinem Zeitpunkt gewesen sein.

[63] Vgl. u. a. Cic. Att. 13,11,1; ad fam. 13,11,1; Hor. epist. 1,14,1–4; Colum. 1,7,1; Plin. epist. 9,37,3; Dig. 19,2,25,6 (Gaius); 5,3,29 (Ulpian); 19,2,19,3 (Ulpian).

Hauptproduzenten der Landwirtschaft stellten. Wo die Kolonen schon in der Prinzipatszeit eben diese wichtigsten Arbeitskräfte selbst gewesen sind, konnte sich die Kolonenwirtschaft Formen außerökonomisch bedingter Abhängigkeit annähern. Das konnte umso leichter geschehen, wenn die Kolonenfamilien über Generationen auf einem Gute verblieben und so gleichsam zu dessen Bestandteil wurden. So standen die Kolonen vom Saltus Burunitanus und von Ksar Mezouar am Ende des 2. Jh. den Verhältnissen des spätantiken Kolonats bereits tatsächlich viel näher als die Geldpacht zahlenden und mit individuellen Pachtverträgen ausgestatteten Kolonen der Digesten. Die Ausbreitung der Naturalpacht auch im Kernland des Imperium Romanum spätestens seit dem Ende des 1. Jh. mußte auf die Dauer deren Stellung aushöhlen und auch dort Veränderungen in der sozialen Stellung der Pächter zu deren Ungunsten begünstigen.

Zu Beginn des 3. Jh. befanden sich die Kolonen durchaus noch alle in einem Pachtverhältnis, doch es gab mindestens fünf Gruppierungen innerhalb dieser Schicht mit einer über das normale Vertragsverhältnis hinausreichenden Abhängigkeit vom Grundherrn. Neben den seit langer Zeit schon vorhandenen Klienten-Kolonen, Freigelassenen und Quasi-Kolonen waren dies nun auch die chronisch verschuldeten Vertragspächter, die es sicher immer gegeben hat, von denen jedoch seit dem Beginn des 2. Jh. mehr Zeugnisse vorliegen als zuvor, und die Naturalpächter, deren Zahl sich offensichtlich vergrößerte und deren Lage sich verschlechterte.

3. Zwangsansiedlungen

Als durch die Markomannenkriege in der Mitte des 2. Jh. eine krisenhafte Situation zumindest in Teilen des Römischen Reiches entstand, griff man zu einem gewaltsamen Mittel, um die prekäre Arbeitskräftesituation zu bessern. Um das Jahr 170 begann die Regierung Kaiser Mark Aurels, kriegsgefangene Germanen und Sarmaten in den verwüsteten und entvölkerten Nordprovinzen des Reiches von Rätien bis Mösien anzusiedeln. Diese Gefangenen wurden nicht mehr versklavt, sondern als Abhängige zur Landbestellung und zum Grenzschutz verpflichtet. Von der ältesten Zwangsansiedlung berichtet Cassius Dio zu den Jahren 172–173. Er schildert die Friedensbedingungen, die den Quaden gewährt wurden, und fährt danach fort, daß auch andere Stämme sich unterwarfen. Ein Teil der Unterworfenen wurde in das Heer eingegliedert, andere in den Grenzprovinzen angesiedelt. Genannt werden dabei die in den kriegerischen Auseinandersetzungen dieser Jahre schwer heimgesuchten Gebiete von Dakien, Pannonien, Mösien und Germanien, aber auch Italien.[64] Zu dieser Angabe paßt die Nachricht der Marcusvita der Historia Augusta von der Ansiedlung sehr vieler unterworfener Markomannen in Italien.[65] Den Zwangscharakter der Maßnahmen

[64] Dio Cass. 71,11,4.

[65] Hist. Aug. vita Marci 22,2.

unterstreicht Dio noch mit der Bemerkung, daß einige der bei Ravenna angesiedelten Barbaren sich erhoben und diese Stadt zu erobern wagten, weshalb der Kaiser danach keine Barbaren mehr nach Italien kommen und die bereits dorthin verpflanzten auf die Provinzen verteilen ließ.[66] Daß es sich bei diesem Geschehen nicht um einen einmaligen Vorgang handelte, bezeugt Dio bereits zu den Jahren 179–180. Zu diesem Zeitpunkt wurden 3000 Naristen im Imperium angesiedelt, und 12 000 freie Daker erhielten ein Versprechen auf Landzuweisung in der Provinz Tres Daciae.[67] Ganz allgemein ist eine weitere Aussage in der Biographie des Mark Aurel, derzufolge er eine ungeheuer große Zahl besiegter Feinde im Reich angesiedelt habe.[68]

Alle diese Zeugnisse sprechen dafür, daß um 170 eine Ansiedlung von Barbaren im größeren Maßstab auf dem Reichsterritorium begonnen hat. Der unmittelbare Anlaß dafür waren zweifellos die Verwüstungen und Menschenverluste in den Grenzprovinzen, die dadurch zumindest teilweise ausgeglichen werden sollten. Doch auch nach dem Abschluß der Markomannenkriege behielt die römische Regierung diese Praxis bei. Herodian berichtet z. B. aus dem Jahre 231, Severus Alexander habe während des von ihm geführten Perserkrieges 400 Kriegsgefangene im kleinasiatischen Phrygien ansiedeln lassen.[69]

Da der Mangel an Arbeitskräften in der Landwirtschaft ein Dauerzustand blieb, und auch die Situation an den Reichsgrenzen sich nicht mehr wesentlich besserte, wurden solche Ansiedlungen unter verschiedenen Rechtsstellungen und auch Bezeichnungen der Betroffenen im 3., 4. und 5. Jh. fortgesetzt. Leider sagen die frühen Zeugnisse nichts Näheres über die Bedingungen aus, unter denen Germanen, Sarmaten und Daker sich niederlassen mußten, weshalb in der Forschung hinsichtlich Ausmaß und Bedeutung auch heute noch recht unterschiedliche Ansichten herrschen.[70]

Erst in der späten Verordnung über die Ansiedlung des germanischen Stammes der Skiren im Jahre 409 wird die Bindung an den zu bearbeitenden Boden als Kolonen in den Einzelheiten faßbar.[71] Die Unterworfenen wurden nach dem Recht des Kolonats – *iure colonatus* – auf Güter römischer Grundherren in Kleinasien verteilt. Diese Skiren waren bodengebundene Kolonen, freilich zu einer Zeit, als auch die einheimischen Kolonen schon seit Jahrzehnten offiziell ihrer Freizügigkeit beraubt waren. Konkrete Rückschlüsse von der Constitutio de

[66] Dio Cass. 71,11,5.

[67] Dio Cass. 71,21; 72,3,3, dazu I. Glodariu, Die Landwirtschaft im römischen Dakien, in: ANRW II 6, 1977, 984.

[68] Hist. Aug. vita Marci 24,3.

[69] Herod. 6,4,6.

[70] Vgl. z. B. einerseits C. R. Whittaker, Labour Supply in the Later Roman Empire, Opus 1, 1982, 171–179, und R. Soraci, Quaderni Catanesi di studi classici e medievali 8, 1986, 16, 294–298 und andererseits K.-W. Welwei, Zur Ansiedlungspolitik Mark Aurels, Bonner Jahrbücher 186, 1986, 285–290.

[71] Cod. Theod. 5,6,3.

Scyris aus dem frühen 5. Jh. auf das späte 2. und das 3. Jh. sind nicht möglich, dennoch wird man in den Vorgängen aus den Markomannenkriegen den Beginn einer Entwicklung sehen dürfen, die am Ende eine Verordnung wie die Constitutio de Scyris möglich gemacht hat. Es scheint nämlich ausgeschlossen, daß die Germanen und andere sogenannte Barbaren im 2. Jh. als Vertragspächter im üblichen Sinne, vergleichbar den Kolonen Plinius' des Jüngeren, angesiedelt worden wären. Auch Regelungen wie die Pachtordnungen Nordafrikas sind unwahrscheinlich, da bei diesen die Freizügigkeit zumindest offiziell immer gewährleistet war. Die „Barbaren" waren aber Kriegsgefangene oder hatten sich in ganzen Stämmen ergeben. Die persönliche Freiheit behielten sie wegen ihrer Verpflichtung, das Land zu bebauen und die Grenze zu schützen. Der Grenzschutz spielte sicher eine wichtige und zu dieser Zeit vordringliche Rolle. Als Kolonen konnte man sie ja zum Militärdienst heranziehen, während dies in der Regel nicht möglich war, wenn man sie versklavte. Aber genauso wichtig dürfte die Erkenntnis gewesen sein, daß diese Gefangenen die Aufgabe der Bodenbestellung als Kolonen mindestens ebenso gut, wenn nicht besser, erfüllten als im Zustande völliger Unfreiheit, der sich dadurch für sie erübrigte. Eine Form der Bodenbindung ist daher für sie durchaus wahrscheinlich, die Erhebung von Ravenna ohne diese Annahme kaum erklärbar.

Die literarischen Quellen erwähnen hinsichtlich der Bedingungen, unter denen die Barbaren ab 170 angesiedelt wurden, keine Einzelheiten. Seit langem werden nun zwei Zeugnisse aus der juristischen Überlieferung mit diesem Phänomen in Verbindung gebracht. Gerade aus der Zeit der Markomannenkriege stammt ein als Auszug aus dem Werk des Aelius Marcianus überliefertes Reskript der Kaiser Mark Aurel und Commodus, das in den Jahren ihrer gemeinsamen Regierung 177–180 erlassen wurde. Es besagt, daß *inquilini* nur mit den Gütern, an die sie gebunden sind, mit den *praedia quibus adhaerent,* vermacht werden dürfen.[72]

Ein Inquiline war nach dem römischen Sprachgebrauch im allgemeinen der Haus- oder Wohnungsmieter. Diese Bedeutung besaß das Wort auch noch in der Spätantike.[73] Daneben erlangte es jedoch eine spezielle in der Landwirtschaft. Die sprachliche Entwicklung verläuft hier parallel zu *colonus,* dessen Grundbedeutung „Bauer" ebenfalls jahrhundertelang neben der des „Pächters" erhalten bleibt.[74] In der Domänenordnung von Henchir Mettich aus den Jahren 116–117 begegnen *coloni inquilini eius fundi* als eine besondere Kategorie von Arbeitskräften auf kaiserlichen Latifundien.[75] Spätestens seit dem Anfang des 2. Jh.

[72] Dig. 30,112 pr.: Si quis inquilinos sine praediis quibus adhaerent legaverit, inutile est legatum: sed an aestimatio debeatur, ex voluntate defuncti statuendum esse divi Marcus et Commodus rescripserunt.

[73] Krause 269–275.

[74] Vgl. dazu K.-P. Johne, Colonus, colonia, colonatus, Philologus 132, 1988, 308–321.

[75] CIL VIII 25 902 = FIRA^2 I 100, Kolumne IV, Zeile 27 f., dazu V. Weber, in: Johne–Köhn–Weber 332 f.

bezeichnete der Terminus also auch bestimmte Gruppen der bäuerlichen Bevölkerung. Sie besaßen wie alle Kolonen und Inquilinen nach dem bekannten und bereits erwähnten Text des Gaius in der Mitte dieses Jahrhunderts noch offiziell ihre Bewegungsfreiheit.[76] Erstmals in dem Reskript Mark Aurels wird nun *inquilinus* im Sinne eines abhängigen Bauern gebraucht, der in einer nicht näher bekannten Weise an sein Grundstück gebunden war. In der Forschung sind darüber verschiedene Hypothesen aufgestellt worden. Man hat die *inquilini* als Sklaven gedeutet oder den Ausdruck *sine praediis quibus adhaerent* als eine Interpolation aus der Zeit Justinians erklärt. Weitere Vermutungen betrachteten sie als durch Schuld an das Pachtland gebundene Kolonen oder als betriebsfremde Landarbeiter.[77] Die meiste Zustimmung in der Diskussion zu dieser Stelle hat der Vorschlag Otto Seecks gefunden, in den als Inquilinen bezeichneten bodengebundenen Bauern die angesiedelten Barbaren zu sehen, die man zwar nicht mehr versklavt, aber doch als Kolonen ihrer Freizügigkeit beraubt hatte.[78] So problematisch auch Seecks Versuche bleiben müssen, diese Vorgänge als eine Übernahme der germanischen Einrichtung der Liten in die römische Gesellschaft zu interpretieren und sie mit den erst ab 297 bezeugten Läten in Verbindung zu bringen,[79] so scheint er doch richtig gesehen zu haben, daß mit diesen Inquilinen erstmals eine Schicht faßbar wird, bei der sich eine bis zu diesem Zeitpunkt nicht nachweisbare Abhängigkeit belegen und damit auch eine Kontinuität vom 2. zum 4. Jh. vermuten läßt.

Einige Jahrzehnte nach dem Reskript Mark Aurels begegnen bei Ulpian Inquilinen und Kolonen, die als zum Vermögen des Grundherrn gehörig betrachtet werden. Dieser wird unter Strafandrohung verpflichtet, sie beim Provinzialzensus mit zu deklarieren.[80] Auch diese Bestimmung hat zuvor keine Parallelen und muß im Zusammenhang mit dem Zeugnis der Jahre 177–180

[76] Dig. 19,2,25,2: ... certe quin liceat colono vel inquilino relinquere conductionem, nulla dubitatio est.

[77] Einen ausführlichen Überblick zur Problematik gibt G. E. M. de Ste. Croix, The Class Struggle in the Ancient Greek World from the Archaic Age to the Arab Conquest, London 1981, 244–247, 589 f. Anm. 26–28, vgl. ferner P. Veyne, Le dossier des esclaves-colons romains, Revue historique 265, 1981, 16–18, G. Giliberti, s. Anm. 20, 131–134, und K.-W. Welwei, Bonner Jahrbücher 186, 1986, 285 f.

[78] O. Seeck, RE 4,1, 1900, 494–496, s. v. Colonatus. Eine Übersicht der ihm folgenden Forscher bietet Welwei, s. Anm. 77, 285 Anm. 2 und 286 Anm. 4; vgl. ferner C. R. Whittaker, in: Opus 1, 1982, 174 und Soraci, in: Quaderni Catanesi 8, 1986, 16, 296–298.

[79] Vgl. Paneg. Lat. 8 (5) 21,1; dazu A. Lippold, Constantius Caesar, Sieger über die Germanen – Nachfahre des Claudius Gothicus? Der Panegyricus von 297 und die Vita Claudii der HA, Chiron 11, 1981, 354–359.

[80] Dig. 50,15,4,8: Si quis inquilinum vel colonum non fuerit professus, vinculis censualibus tenetur; ausführlich behandelt von L. Neesen, Untersuchungen zu den direkten Staatsabgaben der römischen Kaiserzeit (27 v. Chr.–284 n. Chr.), Bonn 1980, 48–53.

gesehen werden. Offensichtlich wird an beiden Stellen die gleiche Menschengruppe bezeichnet, die sich deutlich von allen bis zu diesem Zeitpunkt bekannten Kolonen unterscheidet. Vieles spricht dafür, in ihnen die zwangsangesiedelten Unterworfenen zu sehen, wenn auch letzte Sicherheit hinsichtlich der Interpretation dieser beiden Zeugnisse nicht wird erreicht werden können. So bleibt die Möglichkeit bestehen, unter den Inquilinen einheimische, chronisch verschuldete Pächter oder Gutsarbeiter ohne Pachtland zu verstehen. Aber auch bei dieser Einschränkung läßt sich nicht ausschließen, daß die in den beiden juristischen Zeugnissen belegte Form der Abhängigkeit erst unter dem Eindruck der Barbarenansiedlungen dieser Jahrzehnte entstanden ist. Es scheint doch kein Zufall zu sein, daß in den siebziger Jahren des 2. Jh. sowohl die Zwangsansiedlungen beginnen und zugleich eine bislang unbekannte in ihrer Freizügigkeit beschränkte Gruppe von Arbeitskräften in den Quellen auftaucht.

In der Spätantike sind dann schließlich alle anderen Kolonen auf den Status herabgedrückt worden, den die Inquilinen bei Marcian und Ulpian bereits gehabt zu haben scheinen. Zwei Zeugnisse aus dem Jahre 400 machen dies deutlich. Einmal wird davon gesprochen, daß sich die beiden Gruppen nur noch durch den Namen unterscheiden,[81] zum anderen werden die Begriffe Kolonat und Inquilinat völlig synonym gebraucht.[82]

Sicher ist es übertrieben, den spätantiken Kolonat allein aus den Zwangsansiedlungen abzuleiten, doch sie haben diesem Ausbeutungsverhältnis zweifellos den Boden bereitet und mit zu seinen Wurzeln gehört. Indem Mark Aurel und seine Regierung Kriegsgefangene nicht mehr versklavten, sondern in einen wie auch immer gearteten kolonenähnlichen Status versetzten, gaben sie dem Kolonen als Arbeitskraft in der Landwirtschaft den Vorzug vor dem Sklaven. Zugleich erhielt dadurch die zum Kolonat tendierende Kolonenwirtschaft gewissermaßen ihre staatliche Sanktionierung.

4. Das konstantinische Edikt

Bei Ausbruch der akuten militärisch-politischen Krise des 3. Jh. zeichnete sich eine breite Skala von Abhängigkeiten in der Landbevölkerung ab. Die Zahl der Kolonen, deren Vertragsverhältnis sich ausschließlich nach den juristischen Normen der Prinzipatszeit, wie sie in den Digesten überliefert sind, regelte, dürfte damals bereits in der Minderheit gewesen sein. Für die Mehrzahl der Pachtbauern waren Probleme der Verschuldung und Formen der Untertänigkeit,

[81] Cod. Just. 11,48,13: Definimus, ut inter inquilinos colonosve, quorum quantum ad originem pertinet vindicandam indiscreta paene videtur condicio, licet sit discrimen in nomine, . . .

[82] Cod. Just. 11,66,6: . . . colonatus vel inquilinatus quaestionem . . . Zu den Inquilinen in den spätantiken Gesetzen Eibach 233–245.

wie sie schlaglichtartig für die nordafrikanischen Domänen in den Jahren 181–182 erhellt werden, relevant. Wer immer die zum Gut bzw. zum Vermögen des Gutsherrn gehörenden Inquilinen gewesen sind, sie stellten eine weitere Gruppe innerhalb dieses Spektrums dar. Die äußerst spärlichen Zeugnisse über die Kolonen aus der Mitte und zweiten Hälfte des 3. Jh. weisen nicht auf eine Besserung der Lage hin.

Cyprian, der Bischof von Karthago in den Jahren 248–258, reiht sich in den Kreis derjenigen Schriftsteller ein, die mit bewegenden Worten den Kampf des großen Grundeigentums gegen das Kleinbauerntum schildern und dessen Verdrängung zugunsten der Latifundienbildung beklagen.[83] Arnobius bestätigt an der Wende zum 4. Jh. den Landhunger afrikanischer Magnaten auf Kosten schwächerer Nachbarn, Apuleius steht als Zeuge für dasselbe Verhalten im 2. Jh. zur Verfügung.[84] Dieses Thema zieht sich durch die römische Literatur von der späten Republik bis zum späten Kaiserreich, ohne daß man es deshalb für einen Topos ohne realen Hintergrund erklären könnte.[85] Als übertrieben in dieser Klage muß jedoch das stereotyp wiederkehrende Element eines angeblich wirklich drohenden Untergangs des Kleinbauerntums angesehen werden. Bis in die Spätantike hinein konnte sich ja das Großgrundeigentum auf Kosten eben dieser Schicht immer wieder ausdehnen. Eine tatsächliche Verdrängung der bäuerlichen Wirtschaft durch die Latifundien ist niemals erfolgt.[86] Das Kleinbauerntum war bis zum 3. Jh. die Bevölkerungsschicht, aus der sich die Kolonen vorrangig rekrutierten.

Der Bischof Cyprian überlieferte auch eines der seltenen Zeugnisse über die Pachtbauern dieser Zeit. Während der ersten systematischen Christenverfolgung im Römischen Reich unter Kaiser Decius in den Jahren 250–251 gab es in Nordafrika Grundherren, die ihre Inquilinen und Kolonen zum Opfer vor den heidnischen Göttern nötigten, während andere dieses nicht taten.[87] Eine bis zu diesem Zeitpunkt noch nicht bezeugte Abhängigkeit taucht hier auf: Der Gutsherr bestimmt über die Glaubenszugehörigkeit seiner Pächter mit! Diese befinden sich gegenüber ihrem Herrn in einer ähnlich inferioren Stellung wie 70 Jahre zuvor die Kolonen auf den Domänen gegenüber dem Kaiser. Ob die hier genannten Inquilinen zur Miete wohnende Gutsarbeiter oder Pächter gewesen sind, läßt sich nicht entscheiden. Bei Kolonen und Inquilinen ist das Vertragsverhältnis in den Hintergrund getreten, die Untertänigkeit dagegen sehr in den Vordergrund.

Wie sehr zu dieser Zeit auch das Recht der Freizügigkeit schon ausgehöhlt war, zeigt das wenige Jahre zuvor erlassene Reskript des Philippus Arabs, der

[83] Cypr. ad Donat. 10–12 (CSEL 3,1 p. 11–13).

[84] Arnob. nat. 2,40 (CSEL 4 p. 81); Apul. met. 9,35,1–3.

[85] K.-P. Johne, in: Johne–Köhn–Weber 148–151; Krause 294–301.

[86] Dazu zuletzt Krause 301–307.

[87] Cypr. epist. 55,13,2 (CSEL 3,2 p. 633).

244 die bereits oft wiederholte Verfügung erneuerte, Konduktoren nach Ablauf der Pachtzeit nicht zurückzuhalten.[88]

Die innere Entwicklung zum spätantiken Kolonat war somit in der Mitte des 3. Jh. bereits weit fortgeschritten. Es bedurfte nur noch eines äußeren Anlasses, um die Kolonenwirtschaft der frühen Kaiserzeit endgültig zu verabschieden.

Die Überlieferung zum Kolonat setzt mit dem Jahre 332 ein. Am 30. Oktober dieses Jahres erließ Kaiser Konstantin I. ein bemerkenswertes Edikt, das sich im Codex Theodosianus erhalten hat. Danach soll jeder, bei dem ein Kolone fremden Rechts gefunden wird, diesen nicht nur an seinen Ursprungsort zurückgeben, sondern auch die Steuern für die Zeit seines Aufenthaltes bei ihm bezahlen. Zusätzlich wird allen die Flucht planenden Kolonen die Fesselung in Eisen wie den Sklaven angedroht, damit sie die Pflichten, die ihnen als Freien zukommen, in sklavischer Verurteilung zu erfüllen gezwungen werden.[89]

Hier offenbart sich nun doch ein unübersehbarer Bruch im Vergleich zu allen Nachrichten, die wir bis zum 3. Jh. über die Kolonen besitzen. Dieser Bruch existiert nicht nur hinsichtlich der Pächter in Italien mit dem individuellen Pachtvertrag, wie sie uns noch aus den Juristenschriften der Severerzeit entgegentreten, sondern auch bezüglich der schon in einer viel bedrängteren Lage befindlichen afrikanischen Kolonen des späten 2. Jh. Die Pachtbauern vom Saltus Burunitanus und von Ksar Mezouar haben versteckt und offen mit ihrem Weggang von der Domäne gedroht, zu ihrer Zeit war das Verlassen des Gutes nur der Bruch eines Pachtverhältnisses und noch kein Verstoß gegen eine vom Staat sanktionierte Fesselung an die Scholle. Trotz aller Unterwürfigkeit war die Abhängigkeit dieser afrikanischen Kolonen noch von einem Vertragsverhältnis geprägt. Dagegen sind die Kolonen in dem konstantinischen Edikt nur noch ein Objekt, um das zwischen Staat und Grundherrn gestritten wird. Allein schon die Formulierung *colonus iuris alieni* stellt sie in eine früher so nicht gekannte Abhängigkeit und beschneidet ihre Rechtsfähigkeit. Sie „gehören" einem Grundherrn, in dessen *potestas* sie stehen, der die Steuern für sie mit bezahlen muß und für sie verantwortlich ist. Wenn sie zu einem anderen Grundeigentümer geflohen sind, muß dieser für die Zeit des Aufenthalts die Steuerhaftung übernehmen. Der Kolone ist an seine *origo* gebunden, an die er zwangsweise zurückgeführt werden soll. In der Praxis dürfte es keine Rolle gespielt haben, ob die *origo* das Gut selbst oder das Territorium, auf dem das Gut lag, bezeichnete. Entscheidend ist, daß bereits die Flucht des Kolonen an sich strafrechtlich verfolgt wird, ein Vorgang, der in vordiokletianischer Zeit

[88] Cod. Just. 4,65,11.

[89] Cod. Theod. 5,17,1: Apud quemcumque colonus iuris alieni fuerit inventus, is non solum eundem origini suae restituat, verum super eodem capitationem temporis agnoscat. Ipsos etiam colonos, qui fugam meditantur, in servilem condicionem ferro ligari conveniet, ut officia, quae liberis congruunt, merito servilis condemnationis conpellantur inplere.

unmöglich gewesen wäre. Alles Bisherige überboten wird schließlich in der Schlußbestimmung, die bereits eine Planung der Flucht unter Strafe stellt. Bereits diese Planung und, wie sich dabei von selbst versteht, die mißglückte Ausführung werden mit der sonst nur für Sklaven üblichen Fesselung bedroht. Diese Bestimmungen gehen auch weit über die juristischen Anfänge einer Bodenbindung hinaus, wie sie in den beiden oben genannten Zeugnissen über die Inquilinen bei Marcian und Ulpian vorzuliegen scheinen.[90] Interessant ist in diesem Zusammenhang, daß Konstantin in den Jahren 317, 319 und 332 neue Verordnungen gegen die Sklavenflucht erlassen hat, die teilweise Parallelen zu derjenigen gegen die Kolonenflucht aufweisen. So wird 317 und 319 der Herr, der einen flüchtigen Sklaven aufnimmt, ebenfalls zum Schadenersatz verpflichtet.[91]

Mit dem konstantinischen Edikt sind die Kolonen von Vertragspartnern, die sie trotz aller Abhängigkeiten mehr oder weniger auch im 3. Jh. noch gewesen sind, zu abhängigen Bauern in einem Untertanenverhältnis herabgesunken. Versuche, diesem Zeugnis seine grundsätzliche Bedeutung abzusprechen, wie sie in den siebziger Jahren zweimal unternommen wurden, sind nicht überzeugend. Das Gesetz insgesamt kann nicht auf eine finanzpolitische Maßnahme reduziert werden.[92] Sicher ist die Bindung an die *origo* formal nur ein steuertechnischer Vorgang, für einen Kolonen bedeutete diese Bindung aber nichts anderes als eine an Grundherrn und Gut.

Die harten Bestimmungen des konstantinischen Edikts stellten die Flucht der Kolonen unter Strafe und sollten den regelmäßigen Steuereingang sichern. Nur die Steuern interessierten die Gesetzgeber, das Verhältnis zwischen Verpächter und Pächter findet in der Konstitution gar keine Erwähnung. Tatsächlich muß dieses Pachtverhältnis durch die Bodenbindung jedoch ganz wesentlich modifiziert worden sein. Wenn der Kolone sein Pachtland nicht mehr verlassen durfte, entfielen Vertragslösung und Vertragserneuerung, die unbeschränkte, vererbliche Bodenpacht trat an die Stelle der Zeitpacht. Die Staatsmacht hatte somit die Kolonen ihren Grundherren weithin ausgeliefert. Sie mußte nun zumindest eine gewisse Sorge dafür tragen, daß die Ausbeutung nicht ganz unerträglich wurde. So findet sich bereits sieben Jahre vor dem Edikt von 332 ein Erlaß Konstantins, der den Kolonen das Recht erteilt, bei Erhöhung der Abgaben durch den Herrn Beschwerde einlegen zu können und Rückerstattung zu fordern. Es solle auch künftig nicht mehr gefordert werden dürfen *quam ante consueverat et quam in*

[90] Der Ausdruck *colonus iuris alieni* begegnet 386 in Cod. Theod. 5,17,2 wieder, die angedrohte Fesselung als Strafe in Cod. Just. 11,53,1 von 371, allgemeine Parallelen zu dem konstantinischen Edikt bieten die Erlasse Cod. Theod. 10,12,2 von 370, Cod. Just. 11,48,8 um 374, Cod. Theod. 11,24,6 von 415.

[91] Cod. Just. 6,1,4 pr.; 6,1,5; 6,1,6; vgl. dazu Bellen 57–62. 137. 159.

[92] Goffart 70–75 und Eibach 47–52, zu deren Interpretation vgl. Krause 168 Anm. 65 und Hildesheim 198 f.

anterioribus temporibus.[93] Ein solcher staatlicher Eingriff in das Pachtverhältnis ist ein sicheres Indiz dafür, daß auch bereits 325 die Bindung an den zu bearbeitenden Boden existiert hat.[94] Eingriffe dieser Art sind zuvor niemals belegt. Die Kolonenwirtschaft bis zum 3. Jh. hatte sich immer nach privatrechtlichen Regeln gestalten können. Erst mit der Einführung der Schollenpflichtigkeit begann das unmittelbare Interesse der Staatsmacht an dieser Bevölkerungsgruppe, erst zu diesem Zeitpunkt setzte die Gesetzgebung zum Kolonat ein.

Der beabsichtigte Schutz der Kolonen war sicher gut gemeint, hatte aber bestimmt nur eine begrenzte Wirkung. Als ein früheres Beispiel kaiserlichen Wohlwollens darf an den Bescheid des Commodus betreffs der Pachtbauern auf dem Saltus Burunitanus erinnert werden. Später haben Arcadius und Justinian erneut den Kolonen das Beschwerderecht gegen erhöhte Abgaben zugesprochen.[95] Gegen die Übermacht der großen Grundeigentümer dürften diese wenigen den Kolonen zugestandenen Rechte nicht viel ausgerichtet haben. Wie gering ihre Wirkung war, zeigt die Kolonenflucht, die seit den Anfängen der Bodenbindung zu einem großen Problem für den römischen Staat wurde und immer geblieben ist. Gerade die zahlreichen Erlasse zu diesem Komplex aus dem 4., 5. und 6. Jh. beweisen, daß dieses Problem nicht bewältigt werden konnte und die Mobilität trotz aller Einschränkungen in bestimmtem Umfange erhalten blieb.[96]

Aus der konstantinischen Zeit liegen vor allem Zeugnisse über die Flucht vor dem Steuerdruck vor. Er betraf die Kolonen wie die selbständigen Bauern. Beide hatte wohl Laktanz im Auge, als er beklagte, daß *coloni,* die durch die *enormitas indictionum* völlig erschöpft wären, ihr Land verlassen hätten.[97] Ein erschreckendes Beispiel liefert Ägypten gerade aus dem Jahr, in dem das Edikt gegen die Kolonenflucht erlassen wurde. In dem Dorf Theadelphia waren 332 nur 3 von 25 Steuerzahlern zurückgeblieben, 22 waren in ein anderes Dorf und zu einem Großgrundbesitzer geflohen.[98] Solche Vorgänge mußten, wenn sie sich häuften, das Steueraufkommen ernsthaft in Frage stellen. Der militärbürokratische Staats-

[93] Cod. Just. 11,50,1: Quisquis colonus plus a domino exigatur, quam ante consueverat et quam in anterioribus temporibus exactus est, adeat iudicem, cuius primum poterit habere praesentiam, et facinus comprobet, ut ille, qui convincitur amplius postulare, quam accipere consueverat, hoc facere in posterum prohibeatur, prius reddito quod superexactione perpetrata noscitur extorsisse.

[94] Krause 110 f.

[95] Cod. Just. 11,50,2,4 von 396; Cod. Just. 11,48,23,2 von 531/534.

[96] Zur Kolonenflucht Bellen 122, 137 f. 159 und Krause 167–183; auf die Diskrepanz zwischen Gesetzgebung und Realität hat R. Mac Mullen, Social Mobility and the Theodosian Code, Journal of Roman Studies 54, 1964, 49–53 = Schneider 155–167 nachdrücklich hingewiesen; vgl. auch Krause 177–179.

[97] Lact. mort. pers. 7,3.

[98] Pap. Theod. 17 = Hunt–Edgar, Selected Papyri 2, 295; dazu Jones 2, 774 f.; Krause 157 f.; 160 f.

apparat der Spätantike glaubte, allein durch die Bodenbindung der gesamten ländlichen Bevölkerung dieses Problem steuern zu können. Besonders hart mußte das die auch zuvor schon mehr oder weniger recht abhängigen Kolonen treffen. Zu dem ökonomischen Zwang, dem sie seit jeher ausgesetzt waren, kam nun noch ein umfassender außerökonomischer von seiten des Staates hinzu.

5. Die Bodenbindung

Das konstantinische Edikt markiert eine entscheidende Etappe auf dem Wege zum Kolonat. So wichtig es ist, es kann nicht am Anfang der Kolonatsgesetzgebung gestanden haben und es bedeutet auch noch nicht deren vollständige Ausprägung. Die Herausbildung dieses Ausbeutungsverhältnisses erfolgte nicht mit einem Male und nicht durch ein einziges Gesetz. Dabei handelte es sich um einen Prozeß, der sich vom Ende des 3. bis in die zweite Hälfte des 4. Jh. hinzog. Der Erlaß Konstantins erweckt mit seiner Adressierung *ad provinciales* den Eindruck, als ob bereits alle Kolonen an den Boden gefesselt wären. Dagegen sprechen jedoch eindeutig spätere Verordnungen für bestimmte Gebiete, so wurde z. B. die Bodenbindung für die Provinzen Palästinas erst 386 eingeführt.[99] In der Tendenz war die Entwicklung mit dem Edikt von 332 aber eindeutig vorgezeichnet. Aus dem Jahre 357 stammt die Verordnung, derzufolge Grund und Boden nicht ohne die dazugehörigen Kolonen verkauft werden darf.[100] Sieben Jahre später begegnet erstmals die Erblichkeit des Kolonenstatus, wenn es in einem Gesetz heißt, die Bestimmungen für kaiserliche Sklaven und Kolonen sollen auch für deren Kinder und Enkel Geltung besitzen.[101] Im Jahr darauf wird ihnen eine Veräußerung ihres Besitzes ohne die Zustimmung ihres Grundherrn verboten.[102] Weitere zwei Jahre später werden Kolonen von der freien Bevölkerung abgegrenzt.[103] Im Jahre 371 wurde die Bodenbindung für die Präfektur Illyrien und im Jahre 393 für die Diözese Thrakien festgestellt.[104] In diesem Erlaß vom Ende des 4. Jh. findet sich schließlich die klassische Formulierung über die Halbfreiheit der Kolonen. Sie werden dem Stande nach zwar immer noch als Freie betrachtet wie auch von Konstantin, zugleich jedoch auch als die Sklaven des Bodens, auf dem sie geboren wurden.[105] Erst damit hatte der Kolonat endgültig seine volle Ausbildung erfahren. Die in dieses System eingebundenen abhängigen Bauern befanden sich in einem Zustand der Hörigkeit

[99] Cod. Just. 11,51,1.
[100] Cod. Theod. 13,10,3 = Cod. Just. 11,48,2.
[101] Cod. Just. 11,68,3.
[102] Cod. Theod. 5,19,1.
[103] Cod. Just. 11,68,4.
[104] Cod. Just. 11,53,1; 11,52,1.
[105] Cod. Just. 11,52,1: . . . licet condicione videantur ingenui, servi tamen terrae ipsius cui nati sunt aestimentur.

und wurden in verschiedener Hinsicht mit den Sklaven auf eine Stufe gestellt. Zum Sklaven selbst ist der Kolone jedoch niemals geworden; eine Reihe unterscheidender Merkmale ist immer bestehen geblieben. Der Kolone war nicht das Eigentum seines Herrn, sondern dessen Rechte an ihm waren auf das Eigentum an dem Boden begründet, dem der Kolone zugehörig galt. Das Abhängigkeitsverhältnis war also nicht persönlich und direkt, sondern indirekt durch das Grundstück vermittelt.[106]

Die Zeugnisse für die Bodenbindung lassen sich nicht über die zwanziger Jahre des 4. Jh. zurückverfolgen. So kann die Erteilung des Beschwerderechts an die Kolonen wegen ungerechtfertigter Abgabenerhöhung durch kaiserlichen Erlaß von 325 durchaus als ein Indiz für die bereits bestehende Bodenbindung vor 332 gewertet werden.[107] Auch die strafrechtliche Gleichstellung von *servus* und *colonus,* wie sie ein Gesetz von 321 bietet, kommt niemals bei den nicht gebundenen Pächtern vor, ebensowenig die Bezeichnung *originalis colonus rei privatae nostrae,* womit im Jahre 325 die Zugehörigkeit kaiserlicher Kolonen zu ihrem Boden betont wird.[108] Für die Zeit davor ist man auf Vermutungen angewiesen. Einige Texte aus den siebziger bis neunziger Jahren des 4. Jh. scheinen jedoch auf die Anfänge der Bodenbindung im späten 3. oder frühen 4. Jh. Bezug zu nehmen.

Sehr allgemein bleibt in dieser Hinsicht eine Verordnung aus dem Jahre 383, in der davon gesprochen wird, daß es auf den kaiserlichen Domänen seit sehr langer Zeit ansässige Kolonen gebe – *colonos antiquissimos.*[109] Diese Feststellung braucht nicht über das Jahr 332 oder über Konstantins Regierungszeit zurückzuweisen. Sehr viel präziser ist der Erlaß, der im Namen der Kaiser Valentinian II., Theodosius I. und Arcadius 386 die Bodenbindung in Palästina einführt. Er rechtfertigt diese Maßnahme nämlich damit, daß für andere Pro-

[106] Darstellungen des Kolonats gaben in neuerer Zeit: A. H. M. Jones, The Roman Colonate, Past and Present 13, 1958, 1–13 = The Roman Economy, Oxford 1974, 293–307 = Studies in Ancient Society, ed. by M. I. Finley, London–Boston 1974, 288–303 = Schneider 81–99; Jones, Bd. 2, 795–812; F. de Martino, Storia della costituzione Romana, Bd. 5, Neapel 1967, 63–76; R. Günther, Coloni liberi und coloni originarii, Klio 49, 1967, 267–270; N. Brockmeyer, Arbeitsorganisation und ökonomisches Denken in der Gutswirtschaft des römischen Reiches, Phil. Diss. Bochum 1968, 280–286; W. Held, Die Vertiefung der allgemeinen Krise im Westen des Römischen Reiches. Studien über die sozialökonomischen Verhältnisse am Ende des 3. und in der ersten Hälfte des 4. Jahrhunderts, Berlin 1974 (Schriften zur Geschichte und Kultur der Antike 10), 95–122; ders., Die soziale Stellung der okzidentalen Kolonenbevölkerung im römischen Imperium des 4. Jahrhunderts, Antiquitas (Acta universitatis Wratislavensis) 8, 1979, 115–138; Goffart 66–90; M. Kaser, Das römische Privatrecht, 2. Abschnitt, 2. Aufl. München 1975 (Handbuch der Altertumswissenschaft, 10. Abt., 3. Teil, Bd. 3,2) 143–149; Eibach passim; Johne–Köhn–Weber 17–28; Krause 88–155; Hildesheim 192–218.

[107] Cod. Just. 11,50,1.

[108] Cod. Theod. 9,21,1; Cod. Just. 11,68,1.

[109] Cod. Just. 11,63,3.

vinzen des Römischen Reiches bereits ein von den Vorfahren erlassenes Gesetz existiere, welches die Kolonen mit „ewigem Recht" binde – *aeternitatis iure* –, die Orte nicht zu verlassen, von deren Erträgen sie lebten, und die Felder nicht im Stich zu lassen, die sie einmal zur Bebauung übernommen hätten.[110] Die dabei zitierte *lex a maioribus constituta* muß als ein Gesetz verstanden werden, das die Schollenpflichtigkeit der Kolonen für andere Teile des Imperium Romanum bereits vor langer Zeit festgeschrieben hat. Da diese 332 belegt ist und 325 und 321 auch schon vorausgesetzt werden kann, dürfte das 386 als ein altes Muster angesehene Gesetz aus der Zeit vor dem Jahre 320 stammen. Die *lex a maioribus constituta* ist in der Forschung verständlicherweise viel erörtert worden.[111] Sie wurde bis in das Zeitalter des Augustus zurückverlegt oder mit dem Edictum perpetuum des Salvius Julianus bzw. mit der Lex Hadriana de rudibus agris aus dem 2. Jh. gleichgesetzt.[112] Diese Vorstellungen können als überholt gelten. Es besteht heute kein ernsthafter Zweifel mehr darüber, daß es sich dabei um die erste allgemeine Maßnahme zur Bodenbindung der Kolonen gehandelt haben muß.[113] Ihre Datierung ist in jedem Falle vor dem konstantinischen Edikt von 332, jedoch nach dem Reskript des Philippus Arabs von 244 anzusetzen, das ja eine Bindung an irgendeine Pachtung im Prinzip noch untersagt hatte.[114] Wenn man den zwischen diesen beiden Fixpunkten liegenden Zeitraum in Betracht zieht, dann bietet sich keine andere Epoche für die Entstehung der *lex a maioribus constituta* mehr an als die Regierungszeit Kaiser Diokletians. Auf den Zusammenhang mit den von ihm erlassenen Steuerreformen weisen zwei weitere Gesetzestexte aus den siebziger und neunziger Jahren des 4. Jh.

Grundlegende Bedeutung kommt in dem Zusammenhang einem Erlaß der Kaiser Valentinian I., Valens und Gratian vom 15. Juli 371 zu. Sie erklären darin, es sei den Kolonen und Inquilinen in Illyrien und den benachbarten Gebieten nicht erlaubt, das Land zu verlassen, auf dem sie nach Herkunft und Abstammung ansässig wären. Sie sollen wie Sklaven dem Lande dienen, und zwar nicht mehr auf Grund einer steuerlichen Verpflichtung, sondern unter dem Namen und Titel von Kolonen. Falls sie flüchteten oder zu einem anderen Grundherrn gehen sollten, müssen sie zurückgeholt werden, wobei ihnen als Bestrafung die

[110] Cod. Just. 11,51,1: Cum per alias provincias, quae subiacent nostrae serenitatis imperio, lex a maioribus constituta colonos quodam aeternitatis iure detineat, ita ut illis non liceat ex his locis quorum fructu relevantur abscedere nec ea deserere quae semel colenda susceperunt, . . .

[111] Zusammenfassend C. St. Tomulescu, Über die „lex a maioribus constituta", Revue internationale des droits de l'antiquité 14, 1967, 429–446.

[112] Vgl. R. Clausing, The Roman Colonate. The Theories of its Origin, New York 1925 (Nachdruck Rom 1965) 61, 148 f.; St.Tomulescu, s. Anm. 111, 432 f.

[113] Vgl. z. B. Bellen 139 und St. Tomulescu, s. Anm. 111.

[114] Vgl. St. Tomulescu, s. Anm. 111, 435 f. Hildesheim 216 hält „wahrscheinlich CT 5,17,1 von 332" für die Lex a maioribus constituta.

Fesselung angedroht wird.[115] Die entscheidende Passage dieser Verordnung bekundet, daß die Kolonen und Inquilinen Illyriens bis zum Jahre 371 auf Grund steuerlicher Verpflichtungen an den zu bearbeitenden Boden gebunden waren, und daß diese Bindung künftig ausschließlich aus ihrer Eigenschaft als Kolonen resultieren soll: *inserviant terris non tributario nexu, sed nomine et titulo colonorum*.

Die unmittelbare Parallele zu diesem Gesetz stammt aus den Jahren 393–395. Theodosius I. verfügte zugleich im Namen seiner Söhne Arcadius und Honorius die Änderung des Steuersystems in der gesamten Diözese Thrakien, den Übergang von der *capitatio humana* zur *iugatio terrena*. Diese Maßnahme gäbe jedoch den von den Bindungen an ihre steuerpflichtige Stellung befreiten Kolonen keinesfalls die Erlaubnis zu irgendwelcher Freizügigkeit. Sie sollten jetzt vielmehr auf Grund ihrer Herkunft gebunden sein und, obwohl dem Stande nach Freie, als Sklaven des Bodens, auf dem sie geboren wurden, bleiben.[116] Wiederum wird eine Form der Steuer abgeschafft, die bis zu dem betreffenden Zeitpunkt das Mittel zur Bindung an die Scholle gewesen ist, und wiederum wird die weiter bestehende Schollenpflichtigkeit allein mit der Eigenschaft, Kolone zu sein, begründet: *originario iure* entspricht *nomine et titulo colonorum*. Auch der bis in die Nähe der Sklaverei rührende Grad der Abhängigkeit wird in beiden Gesetzen durch eine ähnliche Wortwahl ausgedrückt: *inserviant terris – servi tamen terrae ipsius*. Der Erlaß von 371 bietet zudem noch hinsichtlich der Bestrafung mit Fesseln eine Parallele zum konstantinischen Edikt.

Die Bestimmungen von 371 und 393/395 können wohl nicht anders als ein Wechsel in der Begründung für die Bodenbindung verstanden werden. Zumindest in den genannten Reichsteilen waren die Kolonen bis zu den genannten Zeitpunkten durch eine bestimmte Steuerpflichtigkeit an den Boden gefesselt. Diese Erkenntnis weist nun aber für die Anfänge der Bodenbindung mit aller Deutlichkeit auf Diokletian hin, der das gesamte Steuersystem neu geordnet hat.

Die *capitatio – iugatio* gibt bis heute Anlaß zu recht kontroversen Diskussionen, die Namen Piganiol, Déléage, Seston, Karayannopoulos, Goffart, Cérati und

[115] Cod. Just. 11,53,1: Colonos inquilinosque per Illyricum vicinasque regiones abeundi rure, in quo eos originis agnationisque merito certum est immorari, licentiam habere non posse censemus. Inserviant terris non tributario nexu, sed nomine et titulo colonorum, ita ut, si abscesserint ad aliumve transierint, revocati vinculis poenisque subdantur, . . .

[116] Cod. Just. 11,52,1: Per universam dioecesim Thraciarum sublato in perpetuum humanae capitationis censu iugatio tantum terrena solvatur. Et ne forte colonis tributariae sortis nexibus absolutis vagandi et quo libuerit recendendi facultas permissa videatur, ipsi quidem originario iure teneantur, et licet condicione videantur ingenui, servi tamen terrae ipsius cui nati sunt aestimentur nec recedendi quo velint aut permutandi loca habeant facultatem, . . .

Hildesheim seien stellvertretend für alle genannt.[117] Etwa seit dem Jahre 297 ergaben Grundstücke und Arbeitskräfte bestimmte Steuerveranlagungseinheiten, die in einem Zensus, welcher seit 312 alle 15 Jahre stattfand, festgelegt wurden. Die Schätzungs- und Steuereinheit für den Bodenertrag war das *iugum,* diejenige für die Arbeitskraft von Mensch und Tier das *caput.* Der Abstraktionsgrad der Steuerveranlagung war in jedem Falle so hoch, daß die *capitatio* auch eine Besteuerung des in *capita* veranlagten Grund und Bodens sein konnte. Die *capitatio – iugatio* insgesamt wird wohl am besten als eine Methode zur Steuerveranlagung aller Vermögenswerte betrachtet.[118]

Für die Bodenbindung der thrakischen Kolonen war nun die Steuerveranlagung der *capitatio* verantwortlich. Sie läßt sich bis in das Jahr 293 zurückverfolgen und betraf in besonderer Weise die *rusticana plebs,* wie Erlasse Diokletians zeigen.[119] Auf diesen Zusammenhang hat in jüngerer Vergangenheit mehrmals nachdrücklich und, wie es scheint, mit Recht der britische Forscher A. H. M. Jones hingewiesen.[120]

Nun hat Diokletian die gesamte in der agrarischen Produktion tätige Bevölkerung an das Land gefesselt, den freien Bauern ebenso wie den Pächter, den einen an sein Dorf und den anderen an das Gut des Verpächters.[121] Das Interesse der kaiserlichen Regierung war, wie bereits betont, die Sicherung der Steuereinnahme bei beiden Bevölkerungsgruppen. Es kann jedoch von Anfang an kein Zweifel darüber bestanden haben, daß die Bodenbindung für den kleinbäuerlichen Pächter eine völlig andere Bedeutung haben mußte als für den selbständigen Kleinbauern. Während deren Bindung ohne größere Bedeutung geblieben ist und nur einen geringen Niederschlag in den spätantiken Quellen gefunden hat,[122] sieht dies bei den Pächtern völlig anders aus. Für sie bedeutete eine Bindung an das Pachtland, auch wenn diese lediglich in finanzpolitischer Absicht erfolgt sein sollte, das faktische Ende des Pachtverhältnisses, wie es sich seit der späten Republik herausgebildet hatte. Selbst im Falle der Erledigung

117 A. Piganiol, L'impôt de capitation sous le Bas-Empire, Chambéry 1916; ders., L'Empire chrétien (325–395), 2. Aufl. von A. Chastagnol, Paris 1972, 371–378; A. Déléage, La capitation du Bas-Empire, Macon 1945; W. Seston, Dioclétien et la Tétrarchie, Paris 1946; J. Karayannopoulos, Das Finanzwesen des frühbyzantinischen Staates, München 1958; Goffart passim; A. Cérati, Caractère annonaire et assiette de l'impôt foncier au Bas-Empire, Paris 1975; Hildesheim.

118 J. Karayannopoulos, Die iugatio – capitatio und die Bindung der Agrarbevölkerung an die Scholle, in: Actes du VIIe Congrès de la F. I. E. C., Budapest 1983, Bd. 2, 59–72; Krause 171–173; Hildesheim 113–169, zusammenfassend 312–315.

119 Cod. Just. 4,49,9; 11,55,1: . . . rusticana plebe, quae extra muros posita capitationem suam detulit et annonam congruam praestat, . . .

120 A. H. M. Jones, The Roman Colonate, Past and Present 13, 1958, 1–13 = Schneider 81–99; Jones Bd. 2, 796 f. und Bd. 3, 257 f.

121 Die Zeugnisse bei Jones Bd. 3, 257.

122 Krause 159–164.

aller Verpflichtungen konnte der Kolone jetzt nicht mehr die Pachtung wechseln oder auch nur durch ein Androhen des Wegganges günstigere Bedingungen aushandeln. Auch bereits die aus fiskalischen Absichten durchgeführte Bindung, wie sie aus den Gesetzen von 371 und 393/395 erkennbar ist, lieferte die Kolonen in einer zuvor zumindest niemals juristisch so festgeschriebenen Art und Weise ihren Grundherren aus. Anders ist Konstantins Erlaß von 325, der den Kolonen das Beschwerderecht bei ungerechtfertigter Abgabenerhöhung zugestand, auch gar nicht zu verstehen. Eben diese Verordnung zeigt aber auch, daß der Kaiser sich der Konsequenzen der Bodenbindung durchaus bewußt gewesen ist. Die These von Jones, die Bodenbindung sei ausschließlich aus steuertechnischen Bedürfnissen eingeführt worden, wirtschaftliche Erwägungen hätten dabei gar keine Rolle gespielt und wären überhaupt erst im Verlaufe des 4. Jh. erkannt worden, weshalb man die zuerst steuerlich gebundenen Kolonen nachträglich in dieser Eigenschaft schollenpflichtig gemacht habe, bedürfen zweifellos der Modifizierung.[123]

D. Zusammenfassung

Wie in den vorangegangenen Ausführungen gezeigt, steht die Fesselung der Kolonen an den von ihnen bearbeiteten Boden am Ende eines langen Weges. Schon Columella hatte den Zustand, wie er dann im 4. Jh. erreicht war, als einen für den Grundeigentümer günstigen bezeichnet, ohne daß man ihm den Wunsch nach den Zwangsmaßnahmen des spätantiken Staates unterstellen dürfte. Die mannigfaltigen Abhängigkeitsformen, die sich im 2. und 3. Jh. abzeichneten, waren unübersehbare Schritte auf dem Weg zum spätantiken Kolonat. Die zunehmenden Bindungen durch Verschuldung, wie sie Hadrian und Philippus Arabs bestätigen, die sich über Generationen hinziehende Langzeitpacht mit ihrer Tendenz zu Formen der Untertänigkeit auf den afrikanischen Domänen und nicht zuletzt die Zwangsansiedlungen sogenannter Barbaren und die zu derselben Zeit auftretenden neuen Formen der Abhängigkeit unter Teilen der ländlichen Bevölkerung lassen sich in die Bemühungen der römischen Staatsmacht einordnen, die Erträge der agrarischen Produktion sicherzustellen. Zu diesen Bemühungen muß man auch die diokletianische Steuerreform rechnen.

Überblickt man den langen Weg der Kolonen bis zum Kolonat, dann kann die Bodenbindung weder als eine rein administrative Maßnahme verstanden werden, wie dies ein Teil der Forscher des 19. Jh. annahm,[124] noch als ein zufälliges

[123] So mit Recht F. Tinnefeld, Die frühbyzantinische Gesellschaft, München 1977, 48 f.; vgl. Hildesheim 317.

[124] C. Hegel, Geschichte der Städteverfassung von Italien, Leipzig 1847, Bd. 1, 84–88; H. A. Wallon, Histoire de l'esclavage dans l'antiquité, Paris 1847, Bd. 2, 338–346 und Bd. 3, 268–313; Ch. Revillout, Etude sur l'historie du colonat chez les Romains, Revue historique de droit français et étranger 2, 1856, 417–460; 3, 1857, 209–246, 343–368.

Nebenprodukt diokletianischer Steuerreformen. Die finanzpolitischen Gründe waren natürlich vorhanden, aber mit Sicherheit auch die wirtschaftspolitischen. Durch die Schollenpflichtigkeit der Kolonen ließen sich die Einnahmen der Grundherren sicherstellen, wenn nicht erhöhen, und über diesen Umweg durch den damit erzielten regelmäßigen Steuereingang die Staatsfinanzen zumindest in gewissem Umfange sanieren. Die praktische Durchführung der Maßnahmen war in den einzelnen Reichsteilen recht unterschiedlich, für Palästina wurde sie erst im späten 4., für Ägypten sogar erst im frühen 5. Jh. relevant.[125]

Nachdem die Situation großer Teile der Kolonenbevölkerung bereits vor Ausbruch der militärisch-politischen Krise in der Mitte des 3. Jh. sehr prekär geworden war, braucht es an sich gar nicht zu überraschen, daß Diokletian in dem Bestreben, die Krise mit allen ihm zur Verfügung stehenden Mitteln zu bewältigen, mit einer wie auch immer gearteten Verordnung, die später *lex a maioribus constiuta* genannt worden ist, einen Schlußstrich unter die bisherige Entwicklung gezogen hat und die Berufs- und Bodenbindung zunächst aus fiskalischen Gründen verfügte. Seine Reformen zur Wiederherstellung des zerrütteten Reiches bestanden auf dem Agrarsektor letztlich in einem Arrangement zwischen dem militärbürokratischen Staatsapparat auf der einen und der Aristokratie der großen Grundeigentümer auf der anderen Seite. Die Lasten dieses Arrangements hatten die kleinbäuerlichen Kolonen zu tragen. Deren Leistungen waren inzwischen viel zu wichtig geworden, um sie weiterhin – wie in den ersten drei Jahrhunderten – dem privaten Kräftespiel zwischen Grundeigentümer und Pächter zu überlassen. Diese Regelung nahm der Staat jetzt selbst in die Hand.

Konstantin und dessen Nachfolger haben dann das von Diokletian begründete System immer weiter ausgebaut, bis der Kolonat am Ende des 4. Jh. das für die Spätantike charakteristische Ausbeutungsverhältnis geworden war.

[125] Vgl. Cod. Just. 11,51,1; Cod. Theod. 11,24,6 und A. H. M. Jones, Der römische Kolonat, in: Schneider 87–89.

Abkürzungsverzeichnisse

1. Siglenverzeichnis

ANRW:	Aufstieg und Niedergang der römischen Welt. Geschichte und Kultur Roms im Spiegel der neueren Forschung, hrsg. von H. Temporini u. a., mehrere Teile in vielen Bänden, Berlin–New York 1972 ff.
CIL:	Corpus inscriptionum Latinarum, consilio et auctoritate Academiae Litterarum Regiae Borussicae / Academiae Litterarum Borussicae / Academiae Scientiarum Germanicae / Academiae Scientiarum Rei Publicae Democraticae Germanicae editum, Berolini 1863 ff.
CSEL:	Corpus scriptorum ecclesiasticorum Latinorum, editum consilio et impensis Academiae Litterarum Caesareae Vindobonensis / Academiae Litterarum Vindobonensis, Vindobonae 1866 ff.
FIRA[2]:	Fontes iuris Romani antejustiniani, ed. S. Riccobono, J. Baviera, J. Furlani, V. Arangio-Ruiz, tom. I–III, editio secunda Florentiae 1940–1943
ILS:	Inscriptiones Latinae selectae, ed. H. Dessau, vol. I–III, Berolini 1892–1916 (Nachdruck Berlin 1954–1955)
JJ:	Inscriptiones Italiae, Academiae Italiae consociatae ed., Roma 1931 ff.
RE:	Paulys Realencyclopädie der classischen Altertumswissenschaft, Neue Bearbeitung, hrsg. von G. Wissowa, W. Kroll, K. Mittelhaus, K. Ziegler und W. John, Stuttgart, ab 1972 München, 1893–1980
SZ:	Zeitschrift der Savigny-Stiftung für Rechtsgeschichte, Romanistische Abteilung, Weimar 1880 ff.

2. Verzeichnis der abgekürzt zitierten Literatur

Bellen:	H. Bellen, Studien zur Sklavenflucht im römischen Kaiserreich, Wiesbaden 1971 (Forschungen zur antiken Sklaverei 4).
De Neeve:	P. W. de Neeve, Colonus. Private Farm – Tenancy in Roman Italy during the Republic and the early Principate, Amsterdam 1984.
Eibach:	D. Eibach, Untersuchungen zum spätantiken Kolonat in der kaiserlichen Gesetzgebung unter besonderer Berücksichtigung der Terminologie, Phil. Diss. Köln 1977.
Flach:	D. Flach, Inschriftenuntersuchungen zum römischen Kolonat in Nordafrika, Chiron 8, 1978, 441–492.

Goffart: W. Goffart, Caput and Colonate: Towards a history of late Roman taxation, Toronto–Buffalo 1974 (Phoenix, Supplementary Volume 12).

Hildesheim: U. Hildesheim, Personalaspekte der frühbyzantinischen Steuerordnung. Die Personalveranlagung und ihre Einbindung in das System der capitatio-iugatio, Pfaffenweiler 1988 (Reihe Geschichtswissenschaft der Centaurus Verlagsgesellschaft 14).

Johne–Köhn–Weber: K.-P. Johne, J. Köhn, V. Weber, Die Kolonen in Italien und den westlichen Provinzen des Römischen Reiches. Eine Untersuchung der literarischen, juristischen und epigraphischen Quellen vom 2. Jahrhundert v. u. Z. bis zu den Severern, Berlin 1983 (Schriften zur Geschichte und Kultur der Antike 21).

Jones: A. H. M. Jones, The Later Roman Empire 284–602. A social, economic and administrative survey, vol. I–III, Oxford 1964.

Krause: J.-U. Krause, Spätantike Patronatsformen im Westen des Römischen Reiches, München 1987 (Vestigia 38).

Schneider: Sozial- und Wirtschaftsgeschichte der römischen Kaiserzeit, hrsg. von H. Schneider, Darmstadt 1981 (Wege der Forschung 552).

III. Zu den Verhältnissen in Handwerk und Handel

III.1. Zum Kollegienwesen: Die Berufsvereine in Handwerk und Handel

von Volker Weber

A. Die Stellung der Berufsvereine in Handwerk und Handel im Rahmen der Ordnung des römischen Staates der Kaiserzeit

Eines der Charakteristika des römischen Staates der Zeit der Republik war der Verzicht auf die Entwicklung eines ausgedehnten zentralen Verwaltungsapparates. Erinnert sei vor allem an die Nutzung der in den unterworfenen Stadtstaaten Italiens und, später, der Provinzen vorhandenen Verwaltungseinrichtungen – allerdings unter allmählicher Vereinheitlichung der unterschiedlichen Systeme. Erinnert sei ferner an die Ausdehnung des römischen Munizipalsystems mit seinen Munizipien und Kolonien auf Gebiete ohne städtische Entwicklung sowohl Italiens wie der Provinzen, bzw., soweit es die Kolonien betrifft, auf Gebiete, die zwar zu dem Zeitpunkt, als sie unter die römische Herrschaft gerieten, bereits zu städtischen Zentren gehörten, deren Gemeinwesen aber durch die neuen Herren aufgehoben oder doch in ihrer Existenz beschränkt wurden. Erinnert sei schließlich an die Nutzung der Privatinitiative der sogenannten *publicani* zur Einziehung der Steuern in den Provinzen.

In der Kaiserzeit entwickelte sich allmählich ein zentraler Verwaltungsapparat. Ausgangspunkt war der auf den Kaiser ausgerichtete Bereich des staatlichen Lebens. Der kaiserliche Verwaltungsapparat drängte den traditionellen, auf den Senat und die Oberbeamten der Republik bezogenen immer mehr zurück, um ihn schließlich zu absorbieren – ein Zustand, der unter dem Dominat erreicht war.

Dennoch blieben in der gesamten Kaiserzeit Elemente der dezentralen Verwaltung erhalten. Das vielleicht wichtigste stellte die weitere Nutzung der städtischen Gemeinschaften als der untersten Verwaltungseinheiten dar. Große Bedeutung besaß aber auch die weitere Inanspruchnahme der privaten Initiative in Handwerk und Handel: Dieser Initiative überlassen blieben die Versorgung der Bevölkerung insgesamt vor allem mit Lebensmitteln, d. h. die sogenannte *annona*, die Versorgung des Heeres im besonderen mit technischer Ausrüstung – wenigstens in den ersten beiden Jahrhunderten der Kaiserzeit – sowie die Verwirklichung der Transportaufgaben in vielen Bereichen, besonders in der *annona*.

Unter dem Aspekt der Nutzung der Privatinitiative in Handwerk und Handel spielten die entsprechenden Berufsvereine eine wesentliche Rolle. Sie stellten – zunächst auf der Grundlage der Freiwilligkeit und zu dauernder (also nicht nur augenblicklicher oder kurzfristiger) Verfolgung privater Zwecke geschaffen[1] – Zusammenschlüsse von Angehörigen in der Regel eines Berufes[2] dar und erleichterten den staatlichen Organen den Kontakt zu dem einzelnen, dessen Arbeitsleistung nach staatlichem Plan der Gesamtheit zugute kommen sollte.

Die Geschichte der Berufsvereine in Handwerk und Handel zeigt ebenso deutlich wie etwa die Geschichte der Munizipalverwaltung oder die der Kolonen ein zunehmendes, zunächst nur regulierendes, allmählich aber bestimmendes Eingreifen des Staates. Dieses Eingreifen entsprang dem Bemühen der herrschenden Kreise, die im 2. und, ausgeprägt, im 3. Jh. deutlich werdende Krise ihrer Herrschaft und damit der antiken Gesellschaftsordnung zu meistern. Anfangs genügten die Entschädigungen und Privilegien, die der Staat dem einzelnen für ihn tätigen Vereinsmitglied gewährte, um ein ausreichendes Leistungsangebot zu erhalten. Doch im Laufe der Zeit trugen die allgemeine Krise, die zunehmende Belastung durch die vom Staate geforderten Leistungen und die sich verschärfende, gegen den Mißbrauch der Privilegien gerichtete staatliche Überwachung dazu bei, daß immer mehr Vereinsmitglieder sich dem auf ihnen lastenden Druck zu entziehen suchten. Die Gegenreaktion des Staates bestand in der Erweiterung bzw. Bestätigung von Privilegien, schließlich aber, als die Vereinsflucht nicht mehr aufzuhalten schien, in der Bindung des einzelnen und seines Vermögens an den Verein und damit an den betreffenden Beruf und an die Leistungen, die der Staat von diesem benötigte und verlangte. Vergleichbare Bindungen erschienen den herrschenden Kreisen bekanntlich auch auf den anderen Gebieten des gesellschaftlichen und wirtschaftlichen Lebens als Ausweg: So wurden die Kolonen an den von ihnen bearbeiteten Boden, die Militärs an das Heer, die Kurialen an die munizipalen Kurien gefesselt.

Schon zu Beginn des 4. Jh. sehen wir die neue Ordnung in ihren Grundzügen überall in Kraft. Im 2. und im beginnenden 3. Jh. aber funktionierte noch die alte, mit der Freizügigkeit und – zumindest theoretisch – mit der Freiwilligkeit verbundene Ordnung. Der Wandel muß also im weiteren Verlaufe des 3. Jh.

[1] Siehe die Definition der privaten Vereine mit deren Abgrenzung von anderen Gemeinschaften des öffentlichen wie des privaten Lebens bei de Robertis 1, 4–7.

[2] Wobei aber Berufsfremde offenbar nur in Ausnahmefällen ausdrücklich ausgeschlossen waren; s. unten S. 116. 118 f. und Ausbüttel 36, vgl. ds. 74.

eingetreten sein; doch handelt es sich hierbei leider um eine Periode, aus der kaum aussagekräftige Zeugnisse erhalten sind.[3] Was damals im Vereinswesen im einzelnen vor sich ging, bleibt uns weitgehend verborgen – eine Feststellung, die ähnlich auch für nicht wenige andere Bereiche des öffentlichen Lebens jener Zeit getroffen werden muß. Immerhin hilft uns jedoch hinsichtlich der Berufsvereine der Blick auf die Zwangsordnung des 4.. Jh., die Aufmerksamkeit zu schärfen für die Ansätze, die sich deren Einführung in die Verhältnisse der ersten beiden Jahrhunderte der Kaiserzeit boten. Im Rahmen einer Darstellung von Verhältnissen und Entwicklungen des 3. Jh. müssen daher neben den dürftigen Nachrichten, die aus diesem Jahrhundert selbst über die Berufsvereine in Handwerk und Handel erhalten sind, eben diese Ansätze im Vordergrund des Interesses stehen.

B. Die Berufsvereine in Handwerk und Handel in der Zeit vom Beginn des 1. bis zum Beginn des 3. Jahrhunderts

Neben den literarischen und den juristischen Quellen lassen vor allem die Inschriften deutlich werden, in wie großer Zahl Vereine unterschiedlicher Art überall im Reiche blühten – auch in Nordafrika, für das Zeugnisse in größerer Zahl allerdings erst in neuerer Zeit bekannt geworden sind.[4] Ein Blick in die Materialzusammenstellungen bei Liebenam und Waltzing zeigt bei den Berufsvereinen in Handwerk und Handel eine sehr weitgehende Spezialisierung der Berufe.

Mit der Frage, zu welchem Zweck diese Berufsvereine gegründet wurden, wird ein Problem aufgeworfen, das bis heute nicht gelöst ist. Keines der vielen inschriftlichen Zeugnisse, die ja Äußerungen der Vereine selbst darstellen, gibt eine Antwort. In der Forschung des vorigen Jahrhunderts ist mehrfach die Ansicht vertreten worden, das entscheidende Motiv, das Handwerker und Händler dazu veranlaßte, sich entsprechend ihren Berufen in Vereinen zusammenzuschließen, sei ein ökonomisches gewesen:[5] Schutz des Berufes und seiner Vertreter gegen Nachteile – unter anderem durch die Konkurrenz der Sklavenarbeit, Bewahrung und Entwicklung der beruflichen Techniken und Verfahren, Reglementierung der Ausbildung u. a. Die Kritik[6] hat deutlich gemacht, daß die Quellen keinerlei Anhaltspunkte bieten, die erlauben, den Zweck der Vereinsgründung in dieser Richtung zu suchen; die betreffenden Gelehrten waren bei

[3] De Robertis 2, 130. Vgl. Kornemann 451.

[4] Ausbüttel 32; vgl. ds. 33. 107.

[5] Siehe die Literaturhinweise bei de Robertis 2, 13 Anm. 34, ferner Liebenam 9. 257 und Waltzing 1, 181–195, die beide trotz weitgehender Kritik doch dieser Richtung verhaftet bleiben.

[6] Siehe de Robertis 2, 14 Anm. 35. Vgl. Ausbüttel 99 f.

ihren Überlegungen einfach von ihrer Zeit und von den Nachrichten über die Zünfte des mittelalterlichen Europas ausgegangen. Ihre Kritiker stellten die These auf, „Pflege der Geselligkeit, gemeinsame Unterstützung, gemeinschaftliche Verehrung bestimmter Gottheiten" seien „die Hauptaufgaben der Verbände"[7] gewesen.[8]

Sucht man in den Inschriften nach Zeugnissen, die diese These stützen, so stellt man fest, daß die Berufsvereine in Handwerk und Handel in der Tat wie andere Vereine bei der Gründung offenbar eine Gottheit wählten, in deren Schutz sie sich stellten, deren Namen sie auch manchmal in ihrem eigenen Namen führten. So sind in der unter Vespasian (69–79) aufgestellten Inschrift CIL VI 940 aus Rom die wohl als Abrißarbeiter zu verstehenden *subrutores* als *cultores Silvani* („Verehrer des Silvanus") bezeichnet, in der im Jahre 102 ebenfalls in Rom aufgestellten Inschrift CIL VI 8826 = ILS 7276 die *negotiantes cellarum vinariarum novae et Arruntianae Caesaris nostri* („Händler der kaiserlichen Weinkeller – des neuen und des Arruntischen") als Angehörige eines *collegium Liberi Patris et Mercuri* („Verein des Liber Pater und des Merkur"), in der aus Puteoli stammenden Inschrift CIL X 1634 = ILS 300 vom Jahre 116 die *Berytenses,* Kaufleute aus Berytus, die in Puteoli ansässig waren, als *cultores Iovis Heliopolitani* („Verehrer des Juppiter von Heliopolis"), in der nach Trajans Ableben (117) gesetzten Inschrift CIL V 6970 = ILS 3855 a aus Augusta Taurinorum die *medici,* die Ärzte, als *cultores Asclepi et Hygiae* („Verehrer des Asklepios und der Hygia") und in der wohl dem 2. Jh. zuzuweisenden Inschrift CIL XIV 409 = ILS 6146 aus Ostia die dortigen *mensores frumentarii,* die Kornmesser, als solche *Cereris Augustae* („der Ceres Augusta"). Doch Zeugnisse dafür, daß diese Gottheiten im Rahmen des Vereinslebens durch Feste geehrt wurden, fehlen, und das gleiche gilt auch für andere Gottheiten.[9] Man wird freilich nicht deshalb daran zweifeln, daß derartige Feierlichkeiten, von denen wir bei anderen Vereinen aus den Inschriften erfahren, stattfanden. Immerhin weist ja eine Bezeichnung wie *cultores* im Namen des Vereines der Kaufleute aus Berytus in Puteoli auf solche Aktivitäten hin; und aus den literarischen Quellen kennen wir die Schutzgottheiten einzelner Berufe und erhalten Nachrichten über Feste zu ihren Ehren.[10] Doch weder der Name einer Gottheit im Namen eines Berufsvereines noch Feiern zu Ehren einer Gottheit oder auch die zahlreichen Weihungen von Vereinsmitgliedern zu Ehren einzelner Gottheiten oder des Kaiser-

[7] Liebenam 257.

[8] Siehe auch Waltzing 1, 254 und de Robertis 1, 15.17.23.

[9] Waltzing 1, 233.

[10] Liebenam 288 f.; z. B. Ov. fast. 3, 308 ff. 819–832: Verehrung der Minerva am 19. März durch Spinnerinnen, Weber, Walker, Färber, Schuhmacher, Zimmerleute, Maler, Bildhauer, Ärzte, Lehrer, Dichter; Ov. fast. 6, 303 f.: Feier der Vesta am 9. Juni durch Müller und Bäcker.

hauses[11] erlauben einen Rückschluß auf den mit der Gründung eines Berufsvereines verfolgten Zweck, denn es handelt sich um Äußerungen, die im römischen Vereinsleben generell verbreitet waren. Dasselbe gilt schließlich auch hinsichtlich der Sorge für eine angemessene Bestattung der Vereinsmitglieder: Aus den zahlreichen inschriftlichen Zeugnissen zum Bestattungswesen der Vereine[12] geht unter anderem hervor, daß die Berufsvereine in Handwerk und Handel nicht anders als die übrigen Vereine (zum Teil mit den Angehörigen zusammen) für die Bestattung ihrer Mitglieder sorgten und dafür auch eigene Bestattungsplätze besaßen.

Niemand wird daran zweifeln, daß alle diese privaten Aktivitäten eines Berufsvereines den Handwerkern und Handeltreibenden Gegenstände ihrer Überlegungen waren, wenn sie die Gründung eines eigenen Berufsvereines ins Auge faßten. Man wird auch nicht bestreiten, daß sich aus der Vereinigung unter Umständen auch beruflich-ökonomische Vorteile für das einzelne Mitglied ergeben konnten, einfach weil die Gemeinschaft und deren Würdenträger und Patrone hinter ihm standen und die Interessen aller vertraten.

So erfahren wir aus der stadtrömischen Inschrift CIL VI 1872 = ILS 7266 vom Jahre 206, daß der Patron, zu dessen Ehren das *corpus piscatorum et urinatorum totius alvei Tiberis* („Die Körperschaft der Fischer und Taucher des gesamten Tiberbettes") setzen ließ, diesem Verein die *navigatio scapharum*, die Schiffahrt mit Booten, besorgte und sicherte – vielleicht gegen den Widerstand der Tiberschiffer, der aus dem 4. Jh. bezeugten *nautae Tiberini* (Cod. Theod. 14, 21) und der aus dem 3. und 5. Jh. bezeugten *navicularii amnici* (Hist. Aug. Aurel. 47); Nov. Val. 3, 28 von 450).[13]

Nicht immer freilich war es einfach, die Interessen der Gesamtheit der Angehörigen eines Berufsvereines gegen Widerstand von außen erfolgreich zu vertreten. Manchmal bedurfte es dazu eines recht langen Atems – und über den verfügte natürlich eine größere Gemeinschaft weit eher als ein einzelner. Eine gute Illustration dieser Feststellung bietet die sogenannte *lis fullonum de pensione non solvenda*, über die uns die beiden weitgehend identischen[14] stadtrömischen Inschriften CIL VI 266 = FIRA² III 510–513 Nr. 165 unterrichten. Es handelt sich um einen Prozeß, in dem die *fullones*, die Walker, Färber und Textilreiniger, der Hauptstadt in den Jahren 226–244 ihre seit Augustus bestehende Abgaben-

[11] Z. B. der *nautae Parisiaci* zu Ehren des Juppiter Optimus Maximus CIL XIII 3026 *a* = ILS 4613 *d* = IL Trois Gaules 331 in Lutetia unter Tiberius; des *corpus mensorum adiutorum* für Ceres und die Nymphen CIL XIV 2 = ILS 3339 in Ostia 197; zweifellos von Vereinsmitgliedern zu Ehren des *Genius splendidissimus corporis fabrorum tignariorum itemque artificum tectorum* CIL XIII 1734 = ILS 7263 in Lugdunum im 2. Jh.; der *actores a foro suario* zu Ehren des Invictus Mithras CIL VI 31046 in Rom im 2. oder 3. Jh.

[12] Siehe die Zusammenstellung bei Waltzing 4, 484–545.

[13] De Robertis 2, 15.

[14] Die eine der beiden ist allerdings Fragment, das nur das Schlußdrittel des Textes bietet.

freiheit bei der Nutzung eines öffentlichen Platzes – oder einer Quelle beziehungsweise eines Aquäduktes (sie benötigten für die Ausübung ihres Handwerkes reichlich Wasser) – gegen den hartnäckigen Widerspruch ihres Prozeßgegners in drei Instanzen zu verteidigen hatten, bis ihnen endlich dauernder Erfolg beschieden war.[15]

Unter besonderen Umständen, wenn andere Wege nicht zum Ziele führten, nutzten Berufsvereine ihre ökonomische Position innerhalb des Gemeinwesens auch einmal, um durch eine illegale Aktion den Interessen ihrer Mitglieder Nachdruck zu verleihen. Ursprünglich aus Ephesus stammt die am Ende des vorigen Jahrhunderts in Magnesia ad Maeandrum gefundene, allgemein dem 2. Jh. zugewiesene Inschrift CIGr 2374 = Inschriften von Magnesia Nr. 114 = SEG IV 512 = Inschriften von Ephesus II Nr. 215.[16] Sie bietet den Schluß eines Ediktes eines Prokonsuls der Provinz Asia und den Eingang eines Beschlusses des Rates von Ephesus. Den Fragmenten entnehmen wir,[17] daß die Bäcker sich abgesprochen hatten, den Markt zu boykottieren, und daß diese Streikaktion Unruhen unter der nicht mehr mit Brot versorgten Bevölkerung hervorgerufen hatte. Der Statthalter, so erfahren wir weiter, sah von einer Bestrafung der Unruhestifter ab, verbot ihnen jedoch, sich in Vereinen zusammenzuschließen, und befahl ihnen, die für die Stadt zur Brotversorgung notwendige Arbeit zu leisten. Die Gründe dieses „Bäckerstreikes von Ephesus" bleiben für uns leider im dunkeln.

Das Gewicht, das die Angehörigen der Vereine eben durch ihren Zusammenschluß im öffentlichen Leben erlangten und das, wie im Falle der erwähnten Unruhen in Ephesus, sogar zu einer Gefahr für die bestehende Ordnung werden konnte, spiegelt sich in der Stellung der Vereinsmitglieder im öffentlichen Leben ihrer jeweiligen Stadtgemeinde: In den Inschriften, in denen die einzelnen Schichten der städtischen Bevölkerung aufgezählt werden – etwa bei Gelegenheit der Verteilung von Geschenken –, ist stets die Reihenfolge *decuriones – Augustales – collegiati – plebs urbana* eingehalten.[18] Die Vereinsangehörigen standen also unter der Munizipalaristokratie der Dekurionen und der „Freigelassenenaristokratie" der Augustalen, aber über der einfachen, nicht in Vereinen organisierten Bevölkerung. Aus einigen Städten kennen wir durch entsprechende Inschriften reservierte Plätze für Angehörige bestimmter, im

[15] Siehe Waltzing 3, 175–177; Schulz-Falkenthal, Handwerkerkollegien 26 f.; de Robertis 2, 339 f. 443–471; V. Weber, Klio 59, 1977, 253–255.

[16] Waltzing 3, 49 f. Nr. 14. Die Inschrift bietet keinen Anhaltspunkt einer genaueren Datierung; dem 2. Jh. weisen sie zu Abbot-Johnson 450, E. Ziebarth, RE Suppl. 7, 1940, 1251 s. v. Streik, Magie 635 und H. Freis, Historische Inschriften zur römischen Kaiserzeit von Augustus bis Konstantin, Darmstadt 1984 (Texte zur Forschung Bd. 49) 197 f. (Nr. 112; deutsche Übersetzung).

[17] Siehe Waltzing 1, 191 f.; Schulz-Falkenthal, Handwerkerkollegien 27 f.

[18] Siehe Waltzing 2, 183 f.; Kornemann 414. Vgl. Ausbüttel 48.

öffentlichen Interesse wirkender Berufsvereine.[19] So etwa erwähnt die aus Nemausus stammende Inschrift CIL XII 3316 = ILS 5656 für zwei Vereine besonders im Getreidetransport tätiger Schiffer (*nautae*) 25 bzw. 40 auf Beschluß des Gemeinderates im Theater reservierte Plätze. Derartige Platzreservierungen waren üblich u. a. auch für Angehörige des Senatoren- und des Ritterstandes, für die Augustalen und für bestimmte Priester; sie verdeutlichen ebenfalls das hohe Ansehen der *collegiati*.

In engem Zusammenhange mit der Frage nach dem mit der Gründung eines Handwerker- oder Händlervereines verfolgten Zweck steht die Frage, auf wessen Initiative hin die Gründung erfolgte. Auch mit dieser Frage wird ein Problem aufgeworfen, dessen Lösung meines Erachtens allerdings leichter zu finden ist, da aussagefähige Quellen vorliegen.

Im Rahmen der politischen Kämpfe in der Zeit der ausgehenden Republik hatte der konservative Senat im Jahre 64 v. Chr. mit einem *senatus consultum* den ersten weitreichenden Eingriff in die für die republikanische Zeit anzunehmende Freiheit der Vereinsbildung unternommen.[20] Der gelehrte Kommentator Asconius Pedianus schrieb im 1. Jh. n. Chr. in seinem Kommentar zu Ciceros Rede In Pisonem 4, 8 (Ascon. Pis. 4, 8 p. 6 Kiessling-Schoell), dieses SC habe alle Vereine verboten, *quae adversus rem publicam videbantur esse*.[21] Und in seinem Kommentar zu Ciceros Rede Pro Cornelio 45 (Ascon. Corn. 45 p. 67 Kiessling-Schoell) berichtet er, es seien nur einige Vereine nicht aufgelöst worden, *quae utilitas civitatis desiderasset*,[22] und nennt unter den Beispielen auch den Handwerkerverein der *fabri*. Nach weiterem Tauziehen um die Vereinsfreiheit zwischen Konservativen und Popularen in den fünfziger Jahren des 1. Jh. v. Chr. war es eine in keiner juristischen Quelle, nur in der stadtrömischen Inschrift CIL VI 4416 = ILS 4966 = FIRA^2 III S. 111 Nr. 38[23] erwähnte *lex Iulia* – eher Cäsars als Augustus' –,[24] die von offenbar weitreichender Bedeutung für das römische Vereinsleben wurde:[25] *Dis Manibus.* | *Collegio symphonia*| *corum qui sacris publi*|*cis praestu sunt, quibus* | *senatus c(orpus* de Robertis,[26] *-oire* CIL) *c(oire* de Robertis,[27] *-onvocari* CIL) *c(onvocari* de Robertis,[28] *-ogi* CIL) *permisit e* | *lege Iulia ex auctoritate* | *Aug(usti), ludorum causa.*[29] Aus dem Wortlaut dieser

[19] Siehe Liebenam 284; Kornemann 414.

[20] Siehe de Robertis 1, 83–108.

[21] „die gegen den Staat gerichtet zu sein schienen."

[22] „welche, wie es heißt, der Nutzen der Bürgergemeinde erfordert hatte."

[23] Gefunden an dem Grabmal, das Iulia Marcella, Nichte des Augustus, für ihre Sklaven und Freigelassenen errichten ließ und das bis in die Zeit des Kaisers Tiberius (14–37) genutzt wurde.

[24] Siehe de Robertis 1, 195–208.

[25] De Robertis 1, 215 f.

[26] 1, 197 f. Anm. 6.

[27] Ebd.

[28] Ebd.

Inschrift ergibt sich, daß der Senat vor einer Vereinsgründung seine Zustimmung erklären mußte. Eine Reihe weiterer Inschriften aus Rom, Italien und den Provinzen, die vom 1. Jh. n. Chr. bis etwa in die Zeit Severus Alexanders (222–235)[30] reichen, bezeugt mit der Formel *quibus ex senatus consulto coire licet*[31] die fortdauernde Geltung dieser Regelung. Die Inschrift der *symphoniaci* erwähnt ferner das Kriterium der Zustimmung: die Gestaltung der *ludi*. Damit war ein öffentliches Interesse an der Existenz des Musikervereines gegeben. Dieser Gesichtspunkt des öffentlichen Interesses, der *utilitas civitatis,* begegnet uns schon in dem SC des Jahres 64 v. Chr. (nach dem Bericht des Asconius Pedianus).[32] In der Tat erhielten die Autorisierung des Senates nur Berufsvereine, die für die Versorgung der Hauptstadt im Rahmen der *annona,* für öffentliche Arbeiten, zur Brandbekämpfung oder sonst für öffentliche Bedürfnisse notwendig waren.[33]

Der Gesichtspunkt der *utilitas civitatis* oder *utilitas publica*[34] läßt zwei Ausgangspunkte für Initiativen zur Gründung von Berufsvereinen denken: die private der künftigen Vereinsmitglieder und die staatliche, die davon ausging, daß die betreffenden Handwerker oder Handeltreibenden für die Befriedigung eines öffentlichen Bedürfnisses arbeiten konnten.

Th. Mommsen war der erste[35] Verfechter der Ansicht, von der *lex Iulia de sodaliciis,* wie sie in der Forschung allgemein bezeichnet wird, sei unter einem der ersten Kaiser durch ein *senatus consultum* ein Abstrich gemacht worden zugunsten von *collegia tenuiorum,* also Vereinen von Leuten mit bescheidenem Vermögen[36] (μέτριοι Basil. 60, 32, 1; πενέστεροι Dorotheos in

29 „Den göttlichen Manen. Dem Kollegium der Musiker, die bei den öffentlichen Sakralveranstaltungen zu Diensten sind und denen der Senat auf der Grundlage der Lex Iulia und auf Geheiß des Augustus die Erlaubnis gegeben hat, der Spiele wegen zusammenzukommen."

30 Kornemann 452.

31 „denen nach dem Senatusconsultum die Zusammenkunft erlaubt ist." Belege bei de Robertis 1, 218 Anm. 60, der nur einen Beleg aus der Zeit nach Severus Alexander anführt: die beiden Dendrophoren- (d. h. Feuerwehr-)Inschriften CIL X 3699 = ILS 4174. CIL X 3700 von 351 aus Cumae.

32 Siehe oben S. 107.

33 De Robertis 1, 232.

34 So der Jurist Callistratus unter den Kaisern Septimius Severus (193–211) und Caracalla (211–217); siehe unten S. 113.

35 Mit Überlegungen in seiner Schrift De collegiis et sodaliciis Romanorum, Kiliae 1843. Siehe Ausbüttel 25 (der die Schrift allerdings unrichtig als Dissertation bezeichnet); vgl. CIL XIV 2112 Kommentar (von H. Dessau) und de Robertis 1, 280.

36 De Robertis 1, 276–278. De Robertis macht hier zugleich die Problematik der Identifizierung der *tenuiores* mit jener in Besitz, sozialer Stellung und politischem Einfluß stark differenzierten Bevölkerungsschicht deutlich, deren Angehörige seit Hadrian zunächst im Bereich des Rechtes als *humiliores* den *honestiores* gegenübergestellt wurden, zu

seinem Digesten-Index[37]), sofern diese dazu dienten, das Begräbnis ihrer Mitglieder zu sichern.

Die Forschung hat zu großen Teilen Mommsens Ansicht aufgenommen[38] und zuletzt vermutet, die betreffende Senatsverordnung sei in der Regierungszeit Kaiser Claudius' (41–54) oder im Anfang der Regierungszeit Kaiser Neros (54–68) ergangen.[39] Sie stützt sich dabei auf zwei Passagen des im Anfang des 3. Jh. tätigen Juristen Aelius Marcianus (Dig. 47, 22, 1 pr. 1 = Basil. 60, 32, 1; Dig. 47, 22, 3, 1), auf ein Reskript Kaiser Septimius' Severus' (193–211), das der erwähnte im 6. Jh. unter Kaiser Justinian I. (527–565) an der Zusammenstellung der Digesten beteiligte Jurist Dorotheos in seinem Index zu dem Gesetzeswerk zitiert,[40] sowie auf einen wegen sprachlicher Übereinstimmungen mit dem erstgenannten Marcian-Passus in Verbindung gebrachten Abschnitt der in das Jahr 136 datierten Inschrift CIL XIV 2112 = ILS 7212 = FIRA^2 I S. 291 Nr. 46 aus Lanuvium, der mit *kaput ex s(enatus) c(onsulto) p(opuli) R(omani)* („Kapitel aus dem Senatusconsultum des römischen Volkes") überschrieben ist, freilich einen gerade in den entscheidenden Passagen (Kol. I Z. 10–13) ergänzungsbedürftigen Text bietet.

An eben diesem Punkt setzt die Kritik an, die in jüngster Zeit von F. M. Ausbüttel an dem Bemühen geübt worden ist, Mommsens Annahme des fraglichen *senatus consultum* zu stützen und auszubauen.[41] Ausbüttel weist darauf hin, daß die von Mommsen[42] vorgeschlagenen Ergänzungen der Inschriftpassagen nicht den in den Zerstörungslücken vorhandenen Platz ausfüllen[43] und auf der anderen Seite deren Ausrichtung auf reine Begräbnisvereine (von Mommsen *collegia funeraticia* genannt, obwohl diese Bezeichnung aus der Antike nirgends bezeugt ist) insofern in den Inschriften der Ost- wie der Westhälfte des Reiches keinerlei Stütze besitzt, als weder hier noch dort Vereine, die sich allein um das Begräbnis ihrer Mitglieder kümmerten, nachweisbar sind.[44]

denen die Angehörigen des Senatoren- und des Ritterstandes sowie die Soldaten und Veteranen, aber auch die Angehörigen der Munizipalaristokratie zählten (s. den Beitrag über die Munizipalaristokratie S. 265 f.). Ausbüttel 25. 42 f. vertritt die Ansicht, im gegebenen Zusammenhang seien die *tenuiores* durchaus nicht als Besitzlose zu verstehen, sondern eben als die *humiliores* der sozialen Stufenleiter.

[37] Siehe die Ausgabe der Basilica von G. E. und C. G. E. Heimbach 5, Lipsiae 1850, 668 und 6, Lispsiae 1870, 330 zu Basil. 60, 32, 1, 1.

[38] Siehe die Literaturzusammenstellung bei de Robertis 1, 280 Anm. 22.

[39] Allgemein zu diesem SC und zu den Quellen unserer Kenntnis de Robertis 1, 275–293. 341–345, speziell zum Problem der Datierung ebd. 286–293.

[40] Siehe die in Anm. 37 zitierten Stellen der Basiliken-Ausgabe von Heimbach.

[41] Siehe de Robertis 1, 275–293. 341–345 und dagegen Ausbüttel 25–30.

[42] Im Anhang seiner in Anm. 35 genannten Kieler Schrift von 1843.

[43] Ausbüttel 27 f.

[44] Ausbüttel 30. 59.

Ausbüttel nimmt damit den Faden einer anderen Interpretation der Inschrift von Lanuvium auf, die davon ausgeht, daß in dem betreffenden Abschnitt nicht ein allgemeingültiges *senatus consultum* gemeint ist, sondern ein spezielles, das die Existenz des Vereines der *cultores Dianae et Antinoi* von Lanuvium autorisierte.[45] Als Fazit ergibt sich: Die Annahme eines *senatus consultum,* das unter Claudius oder Nero die *lex Iulia de sodaliciis* zugunsten von *collegia tenuiorum* novellierte, die als *collegia funeraticia* wirkten oder sich wenigstens als solche ausgaben, erübrigt sich.[46]

Auch ohne die Konstruktion der *collegia funeraticia,* die den *tenuiores* erlaubt hätte, sich unter dem Deckmantel von „Begräbnisvereinen“ zu organisieren, war es den Vertretern von Berufen in Handwerk und Handel sicher möglich, sich in privater Initiative in Berufsvereinen zusammenzuschließen, sofern sie nur die *utilitas publica* nachweisen konnten. Diese Vereine mußten dann natürlicherweise Anlaufpunkte darstellen, wenn der Staat Handwerker oder Händler suchte, die in der Lage waren, bestimmte Leistungen für die Allgemeinheit zu erbringen.

Insofern haben jene Forscher Recht, die den Standpunkt vertreten, die Berufsvereine seien in den ersten beiden Jahrhunderten der Kaiserzeit auf private Initiative hin entstanden.[47] Für sie ist eine Wandlung erst unter Kaiser Severus Alexander (222-235) eingetreten, indem nun die Initiative von den Privatleuten auf den Staat überging, der Berufsvereine gründete – oder, eher,[48] bestätigte und mit Leistungen für die Öffentlichkeit betraute, weil er eben diese Leistungen benötigte.[49] Sie fußen dabei auf der Mitteilung Hist. Aug. Alex. Sev. 33: *Corpora omnium constituit vinariorum lupinariorum caligariorum et omnino artium, idemque ex sese defensores dedit et iussit qui ad quos iudices pertineret.*[50] Natürlich läßt sich einwenden, die Historia Augusta sei – nach der heute allgemein verbreiteten Überzeugung[51] – erst um 400 geschrieben worden, mithin müsse man mit der Rückprojizierung von Verhältnissen des 4. Jh. in das 3. Jh. rechnen. Doch darf im gegebenen Fall für die historische Zuverlässigkeit der

[45] Ausbüttel 26. 28 f. (Eine neue Lesung des fraglichen Inschriftpassus mit entsprechenden Ergänzungen bietet Ausbüttel 28.) Hinweise auf ältere in diese Richtung gehende Forschungsliteratur bei de Robertis 1, 279 Anm. 19. 20.

[46] Ausbüttel 29.

[47] Waltzing 2, 251–255; Kornemann 385. 443; zu weiteren Vertretern dieses Standpunktes siehe de Robertis 2, 95 Anm. 5.

[48] De Robertis 2, 99.

[49] Waltzing 2, 254.

[50] „Er konstituierte die Körperschaften aller Weinhändler, Schuhmacher und überhaupt aller Handwerkszweige; ebenso gab er (ihnen) aus eigener Machtvollkommenheit Defensoren (‚Verteidiger‘) und legte fest, welche Richter für welche Leute zuständig sein sollten.“

[51] Siehe den instruktiven Forschungsüberblick Johne 11–46 (besonders die Übersichtstafel 46) und dessen eigene Position ebd. 47–65 und besonders 177 f.

zitierten Mitteilung der bereits oben[52] erwähnte Umstand geltend gemacht werden, daß die Konzessionsformel *quibus ex senatus consulto coire licet,*[53] die deutlich die private Initiative zur Gründung von Berufsvereinen verrät, in den Inschriften nur bis etwa in die Zeit eben Severus Alexanders belegt ist, in der Folgezeit mithin die private Gründungsinitiative erlahmt zu sein scheint.[54]

Andere Forscher vertreten den gegenteiligen Standpunkt, die Initiative zur Gründung der Berufsvereine sei stets vom Staat ausgegangen, da ihre Existenz wegen der von ihren Mitgliedern zu erbringenden Leistungen in seinem Interesse gelegen haben.[55] Sie stützen sich auf Zeugnisse, die im folgenden besprochen werden sollen.

Neuerdings hat F. M. de Robertis einen vermittelnden Standpunkt eingenommen, der meines Erachtens der tatsächlichen Situation eher gerecht wird. Danach gab es unter den Berufsvereinen sowohl solche, die auf private Initiative hin mit spezieller Genehmigung gegründet worden waren, als auch solche, deren Gründung der Staat veranlaßt hatte; alle aber standen in gleicher Weise dem Staate als Anlaufpunkte zur Verfügung, wenn er bestimmte berufsgebundene Leistungen benötigte.[56] Allerdings, so betont de Robertis,[57] ließen die Quellen, aus denen über die Gründung von Berufsvereinen etwas zu entnehmen sei, den Eindruck entstehen, als habe auf diesem Gebiete in der Kaiserzeit die staatliche Initative im Vordergrunde gestanden – ausgenommen in den ersten fünf Jahrzehnten, in denen vielleicht in Erinnerung an die Zustände der ausgehenden Republik die Furcht eine Rolle spielte, die Vereine könnten sich zu politischen Organisationen entwickeln. Noch Kaiser Trajan (98–117) versagte aus diesem Grunde, wie wir aus einem im Briefcorpus des jüngeren Plinius enthaltenen Schreiben (Plin. epist. 10, 34) entnehmen, seine Zustimmung zur Gründung eines *corpus fabrorum* in Nicomedia in Bithynien, dessen Gründung Plinius als Statthalter der Provinz (111/112 oder 112/113) vorgeschlagen hatte, um eine Einrichtung zur Brandbekämpfung zu schaffen.

Das soeben erwähnte Schreiben Trajans und die ihm zugrunde liegende Anfrage des Statthalters Plinius (Plin. epist. 10, 33) stellen die ältesten datierten

[52] S. 108 f.

[53] Deutsche Übersetzung in Anm. 31.

[54] So Kornemann 452. Vgl. Ausbüttel 105. Auf einen Zusammenhang zwischen dem Inhalt der zitierten Mitteilung der Historia Augusta und dem Aufhören der inschriftlichen Zeugnisse der fraglichen Konzessionsformel weist schon Liebenam 49 hin, der allerdings – wie Waltzing 2, 254 Anm. 2 zu Recht betont – sicher zu weit geht mit der Annahme, aus der Historia-Augusta-Stelle ergebe sich, Severus Alexander habe die Berufsvereine in Zwangskollegien umgewandelt.

[55] Zu ihnen siehe Waltzing 2, 248 Anm. 1. 2 und de Robertis 2, 94 Anm. 4.

[56] De Robertis 2, 95 f. Ausgeklammert bleibt hier die erörterte, von de Robertis 2, 96 in Betracht gezogene Möglichkeit der *tenuiores,* sich in Eigeninitiative ohne spezielle Genehmigung für den Einzelfall in einem „Begräbnisverein" zusammenzufinden.

[57] 2, 96. 101 f.

bzw. datierbaren Zeugnisse der Kaiserzeit für die Gründung oder Reorganisierung von Berufsvereinen auf staatliche Initiative hin dar. Dabei geht aus Plinius' Vorschlag, die Mitgliederzahl auf 150 zu begrenzen und darauf zu achten, *ne quis nisi faber recipiatur,*[58] hervor, daß der Staat auch auf Größe und Zusammensetzung Einfluß nahm. In die Zeit Kaiser Augustus' (27 v. Chr.–14 n. Chr.) führt die oben[59] zitierte Inschrift des stadtrömischen *collegium symphoniacorum* zurück, doch ist ihr Zeugniswert im gegebenen Zusammenhange nicht unbestritten. In ihr ist berichtet, die Erlaubnis des Senats zur Vereinsgründung sei erteilt worden *ex auctoritate Aug(usti).* Diese Formulierung wird nach dem Vorgange Th. Mommsens gewöhnlich so verstanden, als habe der Senat zuvor das Einverständnis des Kaisers eingeholt.[60] Dagegen versucht de Robertis nachzuweisen, es könne sich eher darum handeln, daß der Kaiser den Vorschlag zur Gründung des Kollegiums gemacht habe,[61] ohne doch der Inschrift in dieser Hinsicht wirklichen Zeugniswert beizumessen.[62] Nicht sicher ist auch der Zeugniswert eines Passus in dem von dem jüngeren Plinius im Jahre 100 auf Kaiser Trajan gehaltenen Panegyricus (Plin. paneg. 54). Plinius tadelt hier an den schlechten Kaisern – wobei er Domitian (81–96) im Auge hat –, unter ihnen habe bei allen Gegenständen, die im Senat verhandelt wurden, auch den geringsten, das Lob der Kaiser ertönen müssen, und nennt dann als Beispiel solcher Gegenstände die Fragen *de ampliando numero gladiatorum aut de instituendo collegio fabrorum.*[63] Aus dem Zusammenhange geht nicht hervor, ob der Senatsdiskussion entsprechende Vorschläge des Kaisers zugrunde lagen. Ergibt sich aus dem erwähnten Schreiben, das Plinius an Kaiser Trajan richtete, eindeutig, daß unter diesem Kaiser der Staat die Initiative zur Gründung von Berufsvereinen ergriff und Einfluß nahm auch auf die inneren Angelegenheiten dieser Vereine, so wird man de Robertis folgen, wenn er[64] dem Bericht Aur. Vict. Caes. 13, 5 ... *et annonae perpetuo mire consultum, reperto (> recepto?) firmatoque pistorum collegio*[65] entnimmt, Trajan habe zur stadtrömischen Brotversorgung einen staatlich kontrollierten Bäckerverein geschaffen.

[58] „daß nur ein Handwerker der Metall-, Holz- und Steinverarbeitung aufgenommen werde."

[59] S. 107.

[60] Siehe de Robertis 1, 224 f. mit Anm. 79. 80; 2, 96 Anm. 8.

[61] 1, 225 f.; 2, 96.

[62] Siehe 2, 96.

[63] „bezüglich der Vergrößerung der Zahl der Gladiatoren oder bezüglich der Einrichtung eines Kollegiums der Handwerker der Metall-, Holz- und Steinverarbeitung."

[64] 2, 97 f.

[65] „... und für die Lebensmittelversorgung ist in bewundernswerter Weise Vorsorge getroffen worden, indem ein Kollegium der Bäcker ermittelt (> zugelassen?) und bestätigt wurde."

Als nächstes sei ein Zeugnis aus der Regierungszeit Kaiser Antoninus Pius' (138–161) vorgestellt, das zwar keinen Berufs-, sondern einen *iuvenes*-Verein betrifft, aber doch insofern besonderen Informationswert besitzt, als es belegt, daß die staatliche Initiative zur Genehmigung eines Vereines auch von der unteren Ebene einer Gemeinde ausgehen konnte, die Inschrift aus Kyzikos CIL III 7060 = ILS 7190 = FIRA² I S. 293 f. Nr. 48: *[S(enatus) c(onsultum) de p]ostulatione Kyzikenor(um) ex Asia, | qui dicunt ut corpus, quod appellatur ne|on et habent in civitate sua, auctoritate | [amplissimi o]rdinis confirmetur, . . .*[66] Ganz eindeutig in seiner Aussage ist ein Passus des unter den Kaisern Septimius Severus (193–211) und Caracalla (211–217) tätigen Juristen Callistratus, in dem es heißt (Dig. 50, 6, 6 (5), 12): *Quibusdam collegiis vel corporibus, quibus ius coeundi lege permissum est, immunitas tribuitur: scilicet eis collegiis vel corporibus, in quibus artificii sui causa unusquisque adsumitur, ut fabrorum corpus est et si qua eandem rationem originis habent, id est idcirco instituta sunt, ut necessariam operam publicis utilitatibus exhiberent.*[67] Ohne Zweifel hat der Jurist bei seinen Worten an die *lex Iulia de sodaliciis* gedacht, die das Kriterium der öffentlichen *utilitas* von dem *senatus consultum* des Jahres 64 v. Chr. übernommen hatte.

Zeitlich ordnet sich hier nun die bereits zitierte[68] Mitteilung der Historia Augusta in der Vita Alexander Severus' (Hist. Aug. Alex. Sev. 33) ein, dieser habe Vereine aller Berufe konstituiert, was mit de Robertis[69] wohl so zu verstehen ist, daß er ihre Mitglieder mit öffentlichen Aufgaben betraute. Sicher nicht zufällig ergibt sich aus den inschriftlichen Quellen, daß etwa in der Zeit dieses Kaisers die alte Konzessionsformel *quibus ex SC coire licet* verschwindet.[70] Private Initiative zur Gründung von Berufsvereinen war offenbar nicht oder kaum mehr vorhanden bei Handwerkern und Handeltreibenden.[71]

Das letzte Zeugnis dieser Reihe betrifft Kaiser Aurelian (270–275), den die Historia Augusta in seiner Vita sagen läßt (Hist. Aug. Aurelian. 47): *(Omne*

[66] „Senatusconsultum betreffs der Forderung der Bürger von Kyzikos in (Klein-)Asien, die sich dahingehend äußern, daß die ‚Neoi' (‚Jünglinge') genannte Körperschaft ihrer Gemeinde vom Senat autorisiert werde, . . ."

[67] „Gewissen Kollegien oder Körperschaften, denen durch das Gesetz das Versammlungsrecht zugestanden ist, wird Immunität gewährt: nämlich jenen Kollegien oder Körperschaften, in die Einzelpersonen ihres Handwerks wegen aufgenommen werden, wie es zutrifft für die Körperschaft der Angehörigen der metall-, holz- und steinverarbeitenden Gewerke und für andere Körperschaften mit demselben Entstehungsgrund, das heißt für solche, die mit dem Ziel eingerichtet worden sind, zum Nutzen der Allgemeinheit die notwendige Dienstleistung zu erbringen." Vgl. unten S. 117.

[68] S. 110.

[69] 2, 99.

[70] Siehe oben S. 111.

[71] Siehe oben S. 111.

annonarum urbicarum genus) ut esset perpetuum, navicularios Niliacos apud <A>egyptum novos et Romae amnicos posui.[72] Aurelian hat also den bereits bestehenden Verein der Nilschiffer reorganisiert und einen neuen Verein der Tiberschiffer gegründet. Ob das *perpetuum* bereits die Bindung der Mitglieder bedeutet, darf zumindest gefragt werden, selbst wenn man damit rechnen muß, daß auch hier wieder die Formulierung aus der Sicht des 4. Jh. gewählt ist.[73]

Daß der Staat auf seine Initiative hin gegründete oder von ihm reorganisierte Vereine besonders überwachte und sogar in deren innere Angelegenheiten eingriff, war ganz selbstverständlich. Er war ja daran interessiert, daß die entsprechenden öffentlichen Leistungen erbracht wurden und jede Störung vermieden blieb. Damit war aber der Weg frei, diese Vereine und entsprechend auch die anderen für öffentliche Aufgaben in Anspruch genommenen Berufsvereine in der Krisenzeit des 3. Jh. in Zwangsvereine umzuwandeln, mit deren Hilfe den Erfordernissen allen Schwierigkeiten zum Trotz weiter Genüge getan werden sollte.

Neben der Gründungsinitiative bzw. der Reorganisation sowie der Betrauung mit öffentlichen Aufgaben gab es einen weiteren Faktor, der staatlicher Überwachung und staatlichem Eingreifen die Tore öffnete: die Gewährung von Privilegien.

Die Tätigkeit der Angehörigen von Vereinen in Handwerk und Handel im Rahmen der *annona* und zur Erfüllung anderer öffentlicher Aufgaben absorbierte deren Zeit, brachte Verdienstausfall und unter Umständen sogar Gefahren für Gut und Leben mit sich. Von finanziellen Entschädigungen hören wir nur in einem Zeugnis, der Inschrift CIL II 1180 = ILS 1403 aus Hispalis in der Baetica. Diese Inschrift entstammt der Zeit der Doppelregentschaft Mark Aurels und Verus', also den Jahren 161–169, und stellt die Ehreninschrift der *scapharii Hispalenses,* der Bootsleute von Hispalis, dar für einen Mann, der unter anderem im Dienste der *annona* gestanden hat und dabei auch *adiutor praefecti annonae ad vecturas naviculariis exsolvendas,* also Gehilfe des Präfekten der *annona* bei der Auszahlung von Frachtgeldern, war. Möglicherweise ist es nur die Ungunst der Überlieferung, die uns weitere derartige Nachrichten auch für andere Berufe vorenthält.[74]

Weitaus besser unterrichtet sind wir über Privilegien, mit denen der Staat die Angehörigen der Berufsvereine in Handwerk und Handel zur freiwilligen Übernahme von Leistungen zu veranlassen suchte. Die früheste Nachricht in dieser Hinsicht aus der Kaiserzeit betrifft die Kornhändler und die Schiffseigner, denen Kaiser Claudius (41–54) eine Reihe von Privilegien gewährte (Suet. Claud. 18, 2–19; Gaius inst. 1, 32 c; Ulp. reg./Epit. Ulp. 3, 6); dazu gehörte die Übernahme

[72] „Damit jede Kategorie städtischer Lebensmittelversorgung dauerhaft sei, habe ich in Ägypten die neuen Nilschiffer und in Rom die Flußschiffer organisiert."

[73] Siehe oben S. 110 mit Anm. 51 zu Abfassungszeit und Sichtweise der Historia Augusta.

[74] Siehe dazu Kornemann 445 und de Robertis 2, 112.

des Risikos bei Getreidetransporten über See in der Zeit der Winterstürme zu Lasten der Staatskasse (Suet. Claud. 18, 2). Kaiser Trajan (98–117) gestand den stadtrömischen *pistores,* den Bäckern, Privilegien zu und schuf, wie oben[75] bereits erwähnt, einen staatlich kontrollierten Bäckerverein (Aurel. Vict. Caes. 13, 5). Mark Aurel und Commodus bewilligten während ihrer gemeinsamen Regierung (176–180), den *mensores frumentarii,* den Kornmessern, die *excusatio tutelarum* (Dig. 27, 1, 26), also die Befreiung von der Übernahme von Vormundschaften. Kaiser Septimius Severus (193–211) gewährte den *navicularii,* den Schiffern, die *immunitas,* so daß sie nicht gegen ihren Willen in die städtischen Kurien gewählt werden durften (Dig. 50, 2, 9; vgl. Dig. 50, 6, 2).

Daß die Übernahme der Dienstleistungen freiwillig war und der Staat mit dem einzelnen Vereinsmitglied, nicht mit der Gesamtheit, die Leistungen vereinbarte, dieses Mitglied jederzeit von dem Dienst zurücktreten konnte,[76] die Privilegien aber auch nur für die Dauer der Dienstleistungen galten und damit auch nicht vererbbar waren, sind Umstände, die aus den juristischen Quellen deutlich werden.[77] Der Staat verfügte also über keinerlei Druckmittel, die Dienstleistungen zu erzwingen. Um so mehr mußte er mithin darauf bedacht sein, daß zu einer Zeit, als die öffentlichen Lasten immer drückender wurden – und das war schon in der zweiten Hälfte des 2. Jh. der Fall –, die jeweils einem Verein als Gesamtheit, nicht den Mitgliedern als Einzelpersonen verliehenen[78] Privilegien nicht von Unberechtigten mißbraucht wurden, daß vor allem die *immunitas ab honoribus et muneribus publicis,* die Befreiung von den Ehrenämtern und den öffentlichen Lasten, nicht dazu führte, daß niemand mehr zur Übernahme dieser *honores* und *munera* zur Verfügung stand.

Der unter den Kaisern Septimius Severus (193–211) und Caracalla (211–217) tätige Jurist Callistratus entscheidet (Dig. 50, 6, 6 (5), 3): *Negotiatores, qui annonam urbis adiuvant, item navicularii, qui annonae urbis serviunt, immunitatem a muneribus publicis consequuntur, quamdiu in eiusmodi actu sunt.*[79] In die gleiche Richtung zielt bereits die Entscheidung des unter Kaiser Mark Aurel (161–180) tätigen Juristen Scaevola (Dig. 50, 5, 3): *His, qui naves marinas*

[75] S. 112.

[76] Dies noch zu Anfang des 3. Jh. (!): CIL III 14165^8 = ILS 6987 aus der Nähe von Berytus, eine Inschrift, die Texte im Zusammenhang mit Klagen von *navicularii* bietet; in Kol. I Z. 12–15 heißt es – in einem Schreiben des *praefectus annonae* –: . . . *ceteris etiam imploranti | bus* (abl. absol.) *auxilium aequitatis cum quadam de | nuntiatione cessaturi propediem obsequi(i),* |[15] *si permaneat iniuria,* . . . („. . . da auch die übrigen die Hilfe der Gerechtigkeit erbitten, wobei sie irgendwie androhen, der Diensteifer werde demnächst nachlassen, wenn das Unrecht fortdauere, . . .").

[77] Siehe Waltzing 2, 401 und de Robertis 2, 107–112. 116 f.

[78] Ausbüttel 102.

[79] „Händler, die die Lebensmittelversorgung der Hauptstadt unterstützen, ebenso die Schiffer, die der Lebensmittelversorgung der Hauptstadt dienen, erhalten Immunität von Leistungen für die Öffentlichkeit, solange sie einer Tätigkeit dieser Art obliegen."

fabricaverunt et ad annonam populi Romani praefuerint non minores quinquaginta milium modiorum aut plures singulas non minores decem milium modiorum, donec hae naves navigant aut aliae in earum locum, muneris publici vacatio praestatur ob navem.[80] Das Privilegium galt also nur für die Dauer der Dienstleistung. Callistratus stellt dann im Weiteren fest (Dig. 50, 6, 6 (5), 4): *Immunitati, quae naviculariis praestatur, certa forma data est: quam immunitatem ipsi dumtaxat habent, non etiam liberis aut libertis eorum praestatur.*[81] Das Privilegium war also auf die Person beschränkt (vgl. die Entscheidung des unter den Kaisern Septimius Severus [193–211], Caracalla [211–217] und Severus Alexander [222–235] tätigen Juristen Ulpian Dig. 50, 6, 1, 1: *Personis datae immunitates heredibus non relinquuntur.*)[82] Beide Callistratus-Passagen verraten im übrigen deutlich, daß noch zu Beginn des 3. Jh. von einer erblichen Bindung der Mitglieder an ihren Berufsverein und an die öffentlichen Leistungen keine Rede war.

Da die Berufsvereine nicht exklusiv waren, konnten auch Berufsfremde in sie aufgenommen werden. In der Zeit der Kaiser Antoninus Pius (138–161) und dann Mark Aurel (161–180) und Verus (161–169), ja vielleicht sogar Hadrian (117–138) gab es offenbar bereits Fälle, daß Personen versuchten, auf diesem Wege Privilegien zu erschleichen und sich von anderen öffentlichen Lasten zu befreien.

Von Kaiser Antoninus Pius heißt es Dig. 50, 6, 6 (5), 9: . . . *rescripsit, ut, quotiens de aliquo naviculario quaeratur, illud excutiatur, an effugiendorum munerum causa imaginem navicularii induat.*[83] Und Callistratus befaßt sich mit demselben Gegenstande und zitiert dazu ein entsprechendes Reskript der Kaiser Mark Aurel und Verus (Dig. 50, 6, 6 (5), 6): *Licet in corpore naviculariorum quis sit, navem tamen vel naves (si) non habeat nec omnia ei congruant, quae principalibus constitutionibus cauta sunt, non poterit privilegio naviculariis indulto uti. Idque et divi fratres rescripserunt in haec verba:* ᾿Ησαν καὶ ἄλλοι τινὲς ἐπὶ προφάσει τῶν ναυκλήρων καί τὸν σῖτον καὶ ἔλαιον ἐμπορευουμένων είς τὴν ἀγορὰν τοῦ δήμου τοῦ ῾Ρωμαϊκοῦ ὄντων ἀτελῶν ἀξιοῦτες τὰς λειτουργίας διαδιδράσκειν, μήτε ἐπιπλέοντες μήτε τὸ πλέον μέρος τῆς οὐσίας ἐν ταῖς ναυκληρίαις καὶ

80 „Denjenigen, die ein Segelschiff der Mindestgröße von 50 000 Modii gebaut und zur Lebensmittelversorgung des römischen Volkes die Schiffsführung übernommen haben, wird wegen des Schiffes die Befreiung von Dienstleistungen für die Öffentlichkeit gewährt, solange diese Schiffe oder andere an deren Stelle im Einsatz sind."

81 „Der Immunität, die den Schiffern gewährt wird, ist eine bestimmte Form gegeben: Zwar haben sie selbst diese Immunität, nicht aber wird sie auch ihren Kindern oder Freigelassenen gewährt."

82 „Personen verliehene Immunitäten gehen nicht auf die Erben über."

83 „. . . ordnete in einem Reskript an, sooft eine Untersuchung über einen Schiffer stattfinde, sei zu prüfen, ob er nur zum Schein den Schiffer spiele, um den Belastungen (zugunsten der Öffentlichkeit) zu entgehen."

ταῖς ἐμπορίαις ἔχοντες. Ἀφαιρεθήτω τῶν τοιούτων ἡ ἀτέλεια.[84] Es handelt sich hier also um Leute, die sich nur mit einem kleinen Teil ihres Vermögens in einem Berufsverein engagierten, um ansonsten von öffentlichen Lasten frei zu sein.

Gegen solche Leute in den Reihen der wirklichen Berufsgenossen – und zugleich gegen solche Vereinsmitglieder, die sich wohl beruflich engagierten, aber doch den eingesetzten Anteil ihres Vermögens nicht erhöhten, obwohl dieses gewachsen war –, richtet sich Callistratus mit dem folgenden Passus (Dig. 50, 6, 6 (5), 8): *Negotiatio pro incremento facultatium exercenda est. Alioquin si quis maiore pecuniae suae parte negotiationem exercebit, rursus locuples factus in eadem quantitate negotiationis perseveravit, tenebitur muneribus, sicuti locupletes, qui modica pecunia comparatis navibus muneribus se publicis subtrahere temptant: Idque ita observandum epistula divi Hadriani scripta est.*[85] Es gab solche Erscheinungen, sich den *munera publica* zu entziehen, also schon unter Kaiser Hadrian.

Gegen dieselben beiden Personenkategorien richtet sich Callistratus auch in dem Passus Dig. 50, 6, 6 (5), 12:[86] *Quibusdam collegiis, quibus ius coeundi lege permissum est, immunitas tribuitur. ... Nec omnibus promiscue, qui adsumpti sunt in his collegiis, immunitas datur, sed artificibus dumtaxat. ... Sed ne quidem eos, qui augeant facultates et munera civitatium sustinere possunt, privilegiis, quae tenuioribus per collegia distributis concessa sunt, uti posse plurifariam constitutum est.*[87]

84 „Gesetzt den Fall, jemand sei Mitglied der Körperschaft der Schiffer, verfüge jedoch nicht über ein Schiff beziehungsweise über Schiffe und es treffe auch nicht alles auf ihn zu, was in den kaiserlichen Konstitutionen festgelegt ist, so kann er nicht das den Schiffern verliehene Privileg nutzen. Dies haben auch die göttlichen Brüder in einem Reskript mit den folgenden Worten ausgedrückt: Es gab auch weitere, die unter dem Vorwand, zu den Schiffern zu gehören, die Getreide und Öl auf den Markt des römischen Volkes importieren und lastenfrei sind, die Forderung erhoben, den Liturgien zu entgehen, dabei aber weder als Schiffer tätig waren noch den größeren Teil ihres Vermögens in der Schiffer- und der Handelstätigkeit eingesetzt hatten. Die Lastenfreiheit solcher Leute soll aufgehoben werden."

85 „Das Handelsgeschäft muß entsprechend der Zunahme des Vermögens betrieben werden. Andernfalls gilt, daß wer mit dem größeren Teil seines Geldes Handelsgeschäfte treibt, wieder zu Reichtum gelangt ist und weiter in demselben Umfang Handel treibt, zu den Lasten herangezogen wird, wie die Reichen, die für beschränkte Geldmittel Schiffe kaufen und sich so den öffentlichen Lasten zu entziehen suchen. Daß dies so eingehalten werde, ist das Ziel eines Schreibens des göttlichen Hadrian."

86 Vgl. oben S. 113.

87 „Gewissen Kollegien, denen das Recht der Zusammenkunft gesetzlich zugestanden ist, wird Immunität zuteil. ... auch nicht allen, die in diese Kollegien aufgenommen sind, wird die Immunität unterschiedslos gewährt, sondern nur den Handwerkern. ... Aber nicht einmal jene, die ihr Vermögen vermehren und die Lasten der Gemeinden tragen können, dürfen nach einer Vielzahl von Konstitutionen die Privilegien nutzen, die den über die Kollegien verteilten Leuten niederen Standes zugestanden sind."

Die Möglichkeit, auch als Berufsfremder in einen Berufsverein einzutreten, reizte natürlich dazu, durch Mitgliedschaft in mehreren privilegierten[88] Berufsvereinen die Zahl seiner Privilegien zu vermehren. Dies zu unterbinden – und zugleich die Kontrolle über den Kreis der privilegierten Mitglieder zu erleichtern, gaben Mark Aurel und Verus ein Reskript, das Dig. 47, 22, 1, 2, von dem Juristen und Zeitgenossen Callistratus' Aelius Marcianus referiert wird: *Non licet autem amplius quam unum collegium licitum habere, ut est constitutum et a divis fratribus. Et si quis in duobus fuerit, rescriptum est eligere eum oportere, in quo magis esse velit, . . .*[89]

Interessant ist in diesem Zusammenhange auch die auf den 14. Oktober 205 datierte Inschrift aus Flavia Solva in Noricum AE 1920 Nr. 69 = FIRA^2 I S. 444f. Nr. 87 = Weber 199–207 Nr. 149.[90] Sie illustriert eindrucksvoll das Eingreifen des Staates in die inneren Angelegenheiten der Berufsvereine. Eingangs bietet sie ein Reskript der Kaiser Septimius Severus und Caracalla, sodann in sieben Kolumnen die Namen von 97 Mitgliedern des *collegium centonariorum* von Solva, abschließend den Aufstellungsvermerk des Vereines mit der Datierung.

Der Text des Reskriptes lautet nach E. Weber:[91] *[Imp(erator) Caes(ar) L(ucius) Sept(imius) Severus] Pert(inax) P(ius) [Aug(ustus) et i]mp(erator) Caes(ar) M(arcus) Aur(elius) Antoninus Pius Aug(ustus) | [Iuventio Suro Proculo?]. Beneficia, quae amplissimo ordine vel aliquo princi|[pe iubente collegiis c]entonar(iorum) concessa sunt, temere convelli non oportet. | [Quod autem legibus etia]m sanxum est, custodiatur, et ii, quos dicis diviti(i)s suis sine onere | 5[uti, publica subire m]unera compellantur, neque enim collegiorum privilegium pro|[sit aut iis, qui artem non] exercent, aut iis, qui maiores facultates praefi(ni)to modo possident. Adver|[sus hos igitur leg]is ad(h)ibendum est remedium, non propter hos minue(n)dus numerus. Alioquin|[omnes alii perfr]uantur vacatione, quae non competit beneficiis coll(egiorum) derogari.*

Dazu gibt Weber[92] die folgende Übersetzung: „Die Kaiser Septimius Severus und Caracalla (mit ihren offiziellen Namen) an Iuventius Surus Proculus (?). Es empfiehlt sich nicht, die Vergünstigungen, die auf Anordnung des hohen Senats oder eines Kaisers den *collegia centonariorum* gewährt wurden, voreilig aufzuheben; vielmehr möge das eingehalten werden, was durch die gesetzlichen

[88] Ausbüttel 104 macht darauf aufmerksam, daß ansonsten die Mitgliedschaft in mehreren Vereinen durchaus möglich war – ein Umstand, der in der Forschung bisher nicht beachtet worden ist. Vgl. dazu ders. 36.

[89] „Es ist aber nicht erlaubt, mehr als ein Kollegium erlaubt zu haben; so ist es auch von den göttlichen Brüdern festgelegt. Und wenn jemand bislang zweien angehörte, so heißt es in dem Reskript, er habe zu wählen, in welchem er lieber sein wolle, . . ."

[90] Zu ihrer Interpretation im gegebenen Zusammenhang siehe Schulz-Falkenthal, Berufskollegien 287–290; ders., Handwerkerkollegien 22–25 und Weber 203 f.

[91] 199.

[92] 303. Eine andere Übersetzung bietet H. Freis (s. Anm. 16) 215 (Nr. 127) auf der Grundlage einer Lesung G. Alföldys, Historia 15, 1966, 441–444 = AE 1966 Nr. 277.

Bestimmungen ohnedies geregelt ist. So sollen diejenigen, die sich nach deinen Worten ohne finanzielle Belastungen ihrer Reichtümer erfreuen, zur Übernahme von Leistungen für die Öffentlichkeit genötigt werden. Denn das Privileg der Kollegien kommt weder denjenigen zu, die an der gemeinnützigen Tätigkeit nicht teilnehmen, noch denen, deren Vermögen das festgesetzte Maß überschreitet. In bezug auf diese sind also die gesetzlichen Mittel anzuwenden, es braucht ihretwegen auch die Anzahl der Mitglieder nicht herabgesetzt zu werden. Im übrigen aber mögen alle anderen der Befreiung teilhaftig werden; diese ist kein ausreichender Grund dafür, die Vergünstigungen generell abzuschaffen."

Aus dem Reskript ergibt sich, daß die Feuerwehrleute von Solva sämtlich die *vacatio* von den – mit hohen Kosten verbundenen – öffentlichen Ämtern besaßen, die *immunitas munerum publicorum,* sofern sie nicht reich waren. Diese Vorteile lockten zum Eintritt in ihren Verein und hatten offenbar bewirkt, daß vermögendere Bürger sich durch die Mitgliedschaft ihren Verpflichtungen zu entziehen suchten. So war die Mitgliederzahl auch relativ hoch gestiegen, und man darf vermuten, daß nicht alle Mitglieder wirklich das Handwerk eines *centonarius* „Filz-/Lappenherstellers" ausübten. Die städtischen Behörden – oder aber der Beamte, an den das kaiserliche Reskript gerichtet ist – hatten offenbar an diesen Verhältnissen Anstoß genommen, weil hier der Öffentlichkeit Gelder und Leistungen (nicht nur im Feuerwehrwesen, sondern auch bei den *munera* und *honores*) entgingen; und der betreffende Beamte hatte in seiner Anfrage bei den Kaisern Vorschläge zur Änderung gemacht, die im Reskript als zu weitgehend zurückgewiesen werden. Dazu gehörte die Verringerung der Mitgliederzahl, die den Kaisern wegen der gemeinnützigen Bedeutung des Vereines als Feuerwehr nicht opportun erschienen sein dürfte. Dazu gehörte die Abschaffung der *beneficia* des Senates oder der Kaiser – wie weitgehend oder in welcher Richtung, bleibt verborgen. Die Kaiser verweisen stattdessen auf die geltenden gesetzlichen Bestimmungen – über deren Inhalt uns die weiter oben[93] zitierten Digestenstellen eine Vorstellung geben. Ihnen entsprechend sollten die Reichen und jene, die zu den gemeinnützigen Leistungen nicht beitrugen, des Genusses der Privilegien nicht teilhaftig, vielmehr zu den *munera* und *honores*[94] herangezogen werden.

Je mehr die auch in diesem Zeugnis deutlich werdende Tendenz, sich öffentlichen Belastungen zu entziehen, zunahm und damit zugleich die Gefahr wuchs, daß immer breitere Kreise in den Genuß von Privilegien gelangten, um

[93] S. 115 f.

[94] Der Erstherausgeber der Inschrift O. Cuntz (Jahreshefte des Österreich. Archäol. Inst.Wien 18, 1915, 98–114) ergänzt die Lücke zu Beginn der Z. 7 des Ediktes folgendermaßen: –, *ad ver* |[7]*[ba tua etiam honor]is ad(h)ibendum est remedium,* – („ ... gemäß Deinen Worten ist auch Abhilfe zu schaffen durch ein Ehrenamt, ..." – d. h. entsprechend dem Wortlaut des Schreibens haben die entsprechenden Personen städtische Ehrenämter zu übernehmen). Zu anderen Versuchen, diese Stelle zu ergänzen, siehe Schulz-Falkenthal, Handwerkerkollegien 23. 32 Anm. 21.

so größer mußte die Sorge der Behörden werden, überhaupt noch freie Kräfte zur Übernahme öffentlicher Lasten zu finden und auf solche Weise das Funktionieren der *annona* und anderer öffentlicher Einrichtungen des Gemeinwohles zu sichern und aus Unzufriedenheit entstehende Unruhen unter der Bevölkerung zu vermeiden. Unter diesen Umständen war der Schritt zum staatlichen Zwang, zur Zementierung der bestehenden Ordnung nur ein kleiner; ohne staatliches Eingreifen war es ja schon lange nicht mehr gegangen.

C. Die Berufsvereine in Handwerk und Handel im 4. Jahrhundert

Schon zu Beginn des 4. Jh. bietet sich im Bereiche der in Handwerk und Handel tätigen Berufsvereine ein völlig anderes Bild. Diese Vereine waren nun staatliche Zwangseinrichtungen zur Erfüllung bestimmter öffentlicher Aufgaben. Die Mitgliedschaft war erblich;[95] so heißt es im Jahre 371 von den *navicularii* in Cod. Theod. 13, 5, 14, 3: . . . *ita ut facultatibus propriis per succedaneas hereditatium vices perpetuo sint obnoxii functioni.*[96] Diese Mitgliedschaft konnte nur in Ausnahmefällen aufgegeben werden.[97] Berufsfremde – ausgenommen die Frauen und Kinder der männlichen Mitglieder[98] – sowie Sklaven und durch Krankheit oder Alter Leistungsunfähige gehörten diesen Zwangsvereinen nicht mehr an;[99] wo Sklaven im Zusammehang mit Berufsvereinen erwähnt sind, handelt es sich sehr wahrscheinlich um Eigentum des betreffenden Vereines oder des Staates.[100]

Ein allgemeines Gesetz, das die erbliche Bindung an einen Berufsverein verfügte, hat es offenbar nicht gegeben.[101] Wahrscheinlich wurde die Bindung für die einzelnen Berufe gesondert festgelegt[102] – vielleicht sogar (wie im Falle der erblichen Bindung der Kolonen an den von ihnen bewirtschafteten Boden[103]) in den einzelnen Provinzen zu unterschiedlichen Zeiten. So fallen die ersten Erwähnungen für die verschiedenen Berufe auch auf unterschiedliche Daten. Die ersten, von denen in diesem Zusammenhange in den Quellen die Rede ist, sind die *navicularii:* In Cod. Theod. 13, 5, 1 ist zum Jahre 314 von einem

[95] Waltzing 2, 283–285. 298–301; Kornemann 471 f.; de Robertis 2, 152 f.

[96] „. . . so daß sie mit dem eigenen Vermögen durch die aufeinanderfolgenden Wechsel der Erbschaften hindurch dauernd der Aufgabe verpflichtet sind."

[97] Waltzing 2, 311–320; Kornemann 473 f.; de Robertis 2, 149. 154 f. Zu den Befreiungsgründen gehörten unter anderen der Abschluß der Ämterlaufbahn des Vereines und ein entsprechendes Befreiungsreskript des Kaisers. Zum Verlust des Vermögens als Grund des Ausscheidens siehe unten S. 121. 124 f.

[98] De Robertis 2, 167; vgl. Kornemann 471.

[99] Waltzing 2, 359–361; de Robertis 2, 167.

[100] So Waltzing 2, 360; zustimmend Kornemann 471.

[101] Ausbüttel 106.

[102] Dies ist die Überzeugung Waltzings 2, 285.

[103] Johne – Köhn – Weber 18.

navicularius originalis die Rede, also von einem Schiffseigner, der auf Grund seiner *origo*, seiner Herkunft, seinen Beruf ausübte. Das zeitlich nächste Zeugnis, Cod. Theod. 13, 5, 2, spricht zum Jahre 315 von *hereditatis successione pistoribus obnoxios*, also Leuten, die auf Grund der Erbfolge zu den Bäckern gehören. Zum Jahre 317 heißt es Cod. Theod. 10, 20, 1 (= Cod. Iust. 11, 7, 1): *Monetarios in sua semper durare condicione oportet* . . ., das heißt, die Münzarbeiter sollten in ihrem Stande verbleiben.

Das zur Bezeichnung der Dienstleistungspflicht benutzte Vokabular[104] mit *necessitas* (Cod. Theod. 7, 20, 12, 3 von 400), *obnoxietas* (Novell. Valent. 28, 1 von 450), *obsequium* (Cod. Theod. 7, 1, 2 von 349; 11, 10, 1 von 369; 13, 5, 4 von 324; 13, 6, 1 von 326; 14, 3, 1 von 319;[105] 14, 4, 1 von 334), *servire* (Cod. Theod. 12, 19, 2 von 400) und die Bezeichnung der Vereinsmitglieder als *corporibus obligati* (Cod. Theod. 6, 30, 17 von 399) oder *necessitatibus irretiti* (Cod. Theod. 7, 20, 12, 3 von 400) verraten deutlich die Fesselung der Vereinsmitglieder an Verein und Leistung.[106]

Doch betraf diese Fesselung nicht allein die Person eines Vereinsmitgliedes und deren Nachkommen, sondern auch deren Vermögen, das heißt die geforderten Leistungen waren *munera mixta*.[107] Schon unter Septimius Severus (193–211) – möglicherweise sogar schon unter Hadrian (98–117) – hatte der Staat, wie die oben[108] zitierten Callistratus-Stellen verraten, darauf gesehen, daß die Mitglieder von Berufsvereinen, die Leistungen für die Öffentlichkeit erbrachten, dazu auch einen angemessenen Teil ihres Vermögens einsetzten. Ebenso ist der oben[109] besprochenen Flavia-Solva-Inschrift, die ein Reskript der Kaiser Septimius Severus und Caracalla wiedergibt, zu entnehmen, daß der Staat damals darauf achtete, die Reichen entsprechend ihrem Reichtum mit *munera* (im Rahmen der Vereine und der Gemeinden) und *honores* (im Rahmen der Gemeinden) zu belasten. Von hier aus führte ein direkter Weg zur Bindung des Vermögens von Vereinsmitgliedern an die vom Staat für die Aufrechterhaltung des öffentlichen Lebens geforderten Leistungen. Man darf sogar annehmen, daß die Bindung des Vermögens der Bindung der Person vorausging. Zum einen mußte ja, solange ein Interesse am Erhalt des Vermögens noch bestehen konnte, das Vermögen ausreichen, dessen Eigentümer in seinem Verein und bei seiner Dienstleistung zu halten.[110] Zum anderen verrät die im 4. Jh. anfänglich beobachtete Regelung, daß derjenige, der sein Vermögen verlor, aus seinem Berufsverein ausschied,[111] deutlich, daß vom Staate auf das Vermögen als die Grundlage aller Dienstlei-

[104] Siehe Waltzing 2, 272; de Robertis 2, 150 f.
[105] Vgl. unten S. 125.
[106] De Robertis 2, 150.
[107] Waltzing 2, 271; Kornemann 464; vgl. de Robertis 2, 149.
[108] S. 116 f.
[109] S. 118 f.
[110] Waltzing 2, 298 f.; de Robertis 2, 150; mit leichtem Vorbehalt Kornemann 453.
[111] Dazu unten S. 124.

stung mehr Gewicht gelegt wurde als auf die Person als Trägerin der Arbeitskraft; daraus ist zu schließen, daß im Hinblick auf die Aufrechterhaltung des öffentlichen Lebens die Bindung des Vermögens von größerem Interesse erschien als die Bindung der Person. Zu den belasteten Vermögensobjekten gehörten sowohl Immobilien, also Ländereien und Häuser, als auch bewegliche Dinge.[112] Zumindest für die *navicularii* wird mehrfach ausdrücklich festgestellt, das gesamte Vermögen sei belastet.[113] So heißt es etwa in Cod. Theod. 13, 5, 5 vom Jahre 326: . . . *ut . . . integris patrimoniis navicularium munus exerceant.*[114] Aber auch andere Berufe waren von dieser strengen Regelung betroffen. So lesen wir etwa in Cod. Theod. 14, 4, 7 vom Jahre 397, auf die *suarii,* die Schweinehändler bezogen: . . . *bona omnia ac patrimonia requirantur . . .*[115] Die doppelte – patrimoniale und persönliche – Bindung der für das Transportwesen äußerst wichtigen[116] *navicularii* kommt gut zum Ausdruck in der oben[117] zitierten Passage aus Cod. Theod. 13, 5, 14, 3 vom Jahre 371: Die *facultates* sind gebunden und ebenso deren Eigentümer und Erben. Sie wird aber auch an vielen anderen Stellen und für andere Berufe deutlich, etwa aus Cod. Theod. 14, 4, 1 von 334 wieder für die *suarii: Itaque dinoscant facultates proprias suariorum esse obnoxias muneri ac de duobus alterum eligant: Aut retineant bona, quae suariae functioni destricta sunt ipsique suario teneantur obsequio aut idoneos quos volunt nominent, qui necessatitati idem satisfaciant.*[118]

Die Folge der Bindung des Vermögens der Mitglieder von Berufsvereinen in Handwerk und Handel war logischerweise, daß jemand, der in den Besitz einer *res obnoxia* gelangte, dem betreffenden Verein beitreten und damit alle auf der *res* und auf der Person des Besitzers lastenden *munera* übernehmen mußte,[119] während gleichzeitig der ehemalige Besitzer von eben diesen *munera* entlastet wurde.[120] War jemand nicht gewillt, diese Verpflichtungen zu übernehmen, so blieb ihm nur, auf die fragliche *res obnoxia* zu verzichten.[121] Dieser Verzicht war

[112] Beispiele bei Waltzing 2, 272; Kornemann 464.

[113] Siehe de Robertis 2, 144; vgl. Waltzing 2, 272 f.

[114] „. . . daß sie mit ungeschmälertem Besitz die Last der Schiffer tragen."

[115] „. . . sollen alle Güter und Vermögen herangezogen werden . . ."

[116] Der Transport zu Wasser war bei größeren Entfernungen in der Antike beim Entwicklungsstand der Transportmittel der einzige ökonomisch vertretbare.

[117] S. 120.

[118] „Deshalb mögen sie zur Kenntnis nehmen, daß das eigene Vermögen der Belastung der Schweinehändler verpflichtet ist und sie von zwei Möglichkeiten eine auszuwählen haben: Sie sollen entweder die Güter, die der Schweinehändlerfunktion verpflichtet sind, beibehalten und dann selbst den Dienst eines Schweinehändlers erfüllen oder geeignete Personen ihrer Wahl benennen, die der Verbindlichkeit ebenfalls Genüge leisten."

[119] Waltzing 2, 287. 291; Kornemann 465; de Robertis 2, 146 f.

[120] De Robertis 2, 146.

[121] Waltzing 2, 291 f.; de Robertis 2, 147 (mit Anm. 36 von S. 146).

die einzige Möglichkeit auch für Personen, die einem Berufsverein wegen ihrer hohen, privilegierten Stellung nicht beitreten konnten, etwa für Senatoren, und ebenso für Personen, die anderweitig an einen Stand und an die diesem aufgebürdete Belastungen gebunden waren, wie etwa die Kurialen.[122] Doch gab es hier eine Ausnahme hinsichtlich der *res naviculariae:* Ihre Übernahme war auch solchen Personen möglich, die nicht Mitglied eines Berufsvereines in Handwerk und Handel werden konnten, indem in solchen Fällen vom Eintritt in den betreffenden Verein und von personaler Dienstleistung abgesehen wurde.[123] War aber jemand bereits Mitglied eines Berufsvereines, so ergaben sich für ihn bei Übernahme einer *res obnoxia* keine Schwierigkeiten. Gehörte diese *res* zur selben Kategorie wie sein bisheriger Besitz, so nahm seine Belastung in seinem Verein einfach um ein entsprechendes Maß zu. Gehörte sie einer anderen Kategorie an, die eigentlich den Eintritt in einen anderen, entsprechenden Berufsverein erfordert hätte, so kam die Regel zur Anwendung, daß niemand zur gleichen Zeit Mitglied mehrerer Berufsvereine sein konnte,[124] und er blieb Mitglied des Vereines, dem er bisher angehört hatte, mußte aber die Belastung des ihm neu zugekommenen Vermögensteiles mit entsprechenden andersartigen *munera* akzeptieren.[125] Beispielsweise blieben nach Cod. Theod. 13, 5, 2 von 315 *navicularii,* die *pistores* beerbten, Mitglieder ihres alten Berufsvereines, mußten jedoch die *adventiciae pistorum hereditates* für den Bäckerdienst einsetzen – es sei denn, sie hätten sie dem *corpus pistorum* abgetreten oder Verwandten des jeweiligen Verstorbenen, die dann selbst *pistores* hätten werden müssen.

Eine Entlastung der Vermögensgegenstände von der anhaftenden Leistungsbindung war auf keine Weise möglich; da nützten weder die Privilegien etwa eines Senators noch eine entsprechende Klausel beim Verkauf, die besagt, daß der Verkäufer die entsprechende Belastung auf sein übriges Vermögen nehme.[126] Diese Regelung bedeutete natürlich zu einer Zeit, als die Privilegien nicht mehr die Belastungen der Mitglieder von Berufsvereinen aufwogen, eine faktische Einengung der Verfügungsgewalt der Vereinsmitglieder über ihr Vermögen, obwohl sie, rein juristisch gesehen, die freie Verfügungsgewalt der Eigentümer beziehungsweise Besitzer nicht einschränkte. Um die öffentlichen Leistungen zu sichern, sah sich der Staat also nur in Ausnahmefällen und nur vorübergehend dazu veranlaßt, die freie Verfügbarkeit einzuschränken oder aufzuheben[127] –

[122] Zu diesen Personenkreisen siehe Waltzing 2, 289 f.; de Robertis 2, 146 Anm. 36.

[123] Waltzing 2, 287–291; de Robertis 2, 146 f. Anm. 36.

[124] Waltzing 2, 361; de Robertis 2, 167.

[125] Waltzing 2, 292 f.; de Robertis 2, 147 mit Anm. 36 (von S. 146), der darauf hinweist, daß die uns erhaltenen Entscheidungen aus unterschiedlichen Jahren nicht alle einhellig in diese Richtung gehen.

[126] Waltzing 2, 293; Kornemann 465; de Robertis 2, 147 f.

[127] Waltzing 2, 296 f.; Kornemann 465; de Robertis 2, 145.

ersteres etwa im Jahre 319 für das Vermögen der *pistores* (Cod. Theod. 14, 3, 1) oder im Jahre 326 für die *res naviculariae* (Cod. Theod. 13, 6, 1), letzteres etwa im Jahre 369 für das Vermögen der *pistores* (Cod. Theod. 14, 3, 13).

Die erbliche Bindung des Vermögens und zugleich der Person bedingte, daß in den Mitgliederlisten der Berufsvereine auch Kinder und Frauen geführt wurden,[128] obwohl die Kinder erst mit Erlangung der Mündigkeit wirkliche Mitglieder wurden[129] und die Frauen möglicherweise von personalen Dienstleistungen (etwa Transportaufgaben) befreit waren.[130]

Oben[131] ist die Möglichkeit erörtert worden, daß die Bindung des Vermögens der Bindung der Person vorausging. In diese Richtung weist die im 4. Jh. unzweifelhaft anfänglich beobachtete Regelung, daß aus seinem Berufsverein ausschied, wer sein Vermögen durch Bankrott, Verschwendung, Verschenken, Verkauf oder sonstwie verlor.[132] Im Jahre 377 ordneten die Kaiser Valens, Gratian und Valentinian an, daß ein *pistor,* der vom Präfekten der *annona* aus seinem *corpus pistorum* ausgeschlossen worden war, weil er durch Bankrott sein Vermögen verloren hatte, nicht wieder aufgenommen werden durfte (Cod. Theod. 14, 3, 15): *Ne quis umquam pr(ae)f(ectus) ann(onae) contra suam alienamve sententiam pistorum locum eiectis permiserit reformari, cum praescribtum suum aput iudices obtinere lex debeat, per quam simul adversus decoctorum vitia et utilitati annonae publicae et rerum iudicatarum constantiae providetur.*[133] In der Mehrzahl sind die Zeugnisse für die anfängliche Existenz dieser Regelung allerdings insofern indirekter Natur,[134] als es sich um Nachrichten darüber handelt, daß eben diese Regelung von Vereinsangehörigen dazu genutzt wurde, sich von ihrer Vereinsbindung und den anhaftenden Verpflichtungen zu befreien.[135] Beispielsweise beginnt in Cod. Theod. 13, 6, 1 eine Entscheidung Kaiser Konstantins vom Jahre 326 mit den Worten: *Alienationes possessionum a naviculariis factas fugiendi muneris gratia . . .*[136] Als die Behör-

[128] Waltzing 2, 360; Kornemann 471; de Robertis 2, 167.

[129] Waltzing 2, 280. 360 f.; Kornemann 471.

[130] Ob die Frauen zu solchen personalen Dienstleistungen herangezogen wurden und, gegebenenfalls, zu welchen, ist uns unbekannt: Waltzing 2, 361; Kornemann 471.

[131] S. 121 f.

[132] Zu dieser Regelung siehe Waltzing 2, 294 f.; de Robertis 2, 148; vgl. Kornemann 474.

[133] „Kein Präfekt der Lebensmittelversorgung soll je gegen seine oder eine fremde Entscheidung Hinausgeworfenen eine Erneuerung ihres Platzes bei den Bäckern erlauben, da das Gesetz, durch das Vorsorge getroffen wird zugleich gegen die Fehler der Bankrotteure und zum Nutzen der öffentlichen Lebensmittelversorgung sowie für die unveränderliche Ordnung in der Rechtsprechung, seine Vorschriftskraft bei den Richtern behalten soll."

[134] Vgl. Waltzing 2, 295; de Robertis 2, 148 Anm. 43.

[135] Waltzing 2, 295; Kornemann 474; de Robertis 2, 148.

[136] „Von den Schiffern mit der Absicht, der Belastung zu entgehen, vorgenommene Besitzveräußerungen . . ."

den gewahr wurden, daß man sich des Vermögens zu entledigen suchte, um den geforderten Dienstleistungen „zu entfliehen", und so dem Staate die zur Leistung der *munera* nötigen Arbeitskräfte in steigendem Maße fehlten, wurde eine entsprechende Gegenmaßnahme damit getroffen, daß man die Vereinsangehörigen auch ohne Vermögen in ihren Vereinen festhielt.[137] Beispielsweise heißt es in bezug auf *pistores,* die sich durch Übertragung auf andere ihres Vermögens nach außen hin entledigt hatten, in Cod. Theod. 14, 3, 1 schon für das Jahr 319: *Cunctis pistoribus intimari oportet, quod, si quis forte possessiones suas ideo putaverit in alios transferendas, ut postea se rebus in abdito conlocatis minus idoneum adseveret tamquam in locum eius alio subrogando, nihil ei haec astutia nec detestabilia commenta profutura sunt, sed in obsequio pistrini sine ulla excusatione durabit nec ad eius iura revocabuntur, si quas emptiones transcribserit.*[138]

Es war seit der Zeit der Republik eine bewährte Praxis der römischen Staatsverwaltung, den zentralen Apparat zu entlasten durch das Einfügen vieler kleiner Verwaltungseinheiten der unteren Ebene, denen eine gewisse Eigenverantwortlichkeit in der Regelung innerer Angelegenheiten belassen beziehungsweise zugewiesen wurde. Nach diesem Prinzip funktionierte Jahrhunderte hindurch die römische Gemeindeverwaltung, das sogenannte Munizipalwesen. Das Vereinswesen zeigt deutliche Parallelen in innerer Struktur und Ämterordnung. Aber erst in der Zeit der Zwangsvereine in Handwerk und Handel, als der Staat nicht mehr mit dem einzelnen Vereinsmitglied eine persönliche Leistungsvereinbarung abschloß, sondern jeweils einen ganzen Verein mit bestimmten Aufgaben belastete,[139] ein Verein also, wie es in Cod. Theod. 13, 5, 3, 1 in einer Verordnung des Jahres 319 von den *navicularii* heißt, ein *commune onus,* eine Last zugunsten der Allgemeinheit, trug – erst da wurde eine andere Parallele im Dienste des Staatsganzen wirksam: Die Vereine regelten intern die Einzelheiten der Ausführungen der ihnen als Gesamtheit übertragenen Aufgaben, die Verteilung der Lasten auf die einzelnen Mitglieder und die Verteilung der Verantwortlichkeiten für die Durchführung der gestellten Aufgaben.[140] Auf solche Weise sorgte das Interesse der Gesamtheit der Mitglieder eines im öffentlichen Dienste

[137] Waltzing 2, 295; Kornemann 474; de Robertis 2, 149.

[138] „Es ist nötig, allen Bäckern folgendes bekanntzumachen: Wenn vielleicht jemand geglaubt haben sollte, seine Besitztümer deshalb auf andere übertragen zu müssen, um später, nachdem seine Dinge versteckt sind, behaupten zu können, er sei weniger geeignet, und damit gleichsam einen anderen an seine Stelle wählen zu lassen, so werden ihm diese Hinterlist und diese verabscheuungswürdigen Einfälle nichts nützen; vielmehr wird er weiter, ohne daß es irgendwelche Entschuldigungsgründe gäbe, an die Pflichten des Bäckergewerbes gebunden sein, und auch Käufe, die er überschrieben haben sollte, werden nicht auf seine Rechte bezogen werden."

[139] Waltzing 2, 363; Kornemann 466; de Robertis 2, 167.

[140] Waltzing 2, 363 f.; Kornemann 466; de Robertis 2, 168.

stehenden Berufsvereines dafür, daß kein Mitglied sich seinen Verpflichtungen zu Lasten der Gesamtheit entzog. Folglich kümmerte sich der Verein durch seine Funktionäre darum, daß ihm auf irgendeinem Wege verlorengegangenes, also leistungsbelastetes und damit Leistung ermöglichendes Eigentum ebenso wie flüchtige Mitglieder als Leistung erbringende Arbeitskräfte wieder in seine Verfügungsgewalt zurückgeführt wurden,[141] und er erhob notfalls entsprechende Klage bei den übergeordneten staatlichen Stellen bis hinauf zum Kaiser.[142] Die Klageerhebung war nicht nur eine Möglichkeit, vielmehr sogar eine Pflicht: Laut Cod. Theod. 14, 8, 2 zwangen die Kaiser Valentinian I., Valens und Gratian im Jahre 369 jedes *corpus centonariorum,* diejenigen Mitglieder anzuzeigen, die sich ihren Verpflichtungen dadurch entzogen hatten, daß sie in die Kurie eingetreten waren, und drohten dem Verein eine Strafe an, falls er nicht umgehend eine entsprechende Klage erhebe: *Ne quis ex centonariorum corpore subtrahere se possit ad curiam poena eidam corpori proposita, nisi ilico de eius abscessu querellam deposuerit.*[143]

Die Überwachung der Berufsvereine in Handwerk und Handel erforderte verständlicherweise in jedem Verein ein genaues, von den vorgesetzten Behörden kontrolliertes Verzeichnis der Mitglieder und der Güter des Einzelnen wie der – als Neuerung im Rahmen der Weiterentwicklung der Zwangsvereine eingeführten[144] – Güter des Vereins als Körperschaft.[145] Zur Einschaltung der breiten Öffentlichkeit in die Kontrolle, vor allem wohl als Maßnahme gegen die Flucht der Vereinsmitglieder, kam es sogar zur Veröffentlichung der Mitgliederlisten: In der aus Anxanum stammenden Steininschrift CIL IX 2998 = ILS 6122b wahrscheinlich der Mitte des 4. Jh.[146] lesen wir: *Antonius Iustinianus rector [provinciae nomin]ạ tam decurionum quam etiam collegia[torum collegiorum o]mnium publice incidi praecepi, ut [i(nfra) s(cripta) s(unt)].*[147] Um die Übersicht über die Vereinsmitglieder zu erleichtern, verbot Kaiser Maiorianus dann im Jahre 458 den *collegiati* einfach, sich außerhalb ihres Wohnsitzes aufzuhalten (Novell. Maior. 7, 3): . . . *illud provisio nostrae serenitatis adiungit, ut collegiatis operas patriae alternis vicibus pro curialium dispositione praebentibus extra*

[141] Waltzing 2, 364; de Robertis 2, 168; vgl. Kornemann 465.

[142] Waltzing 2, 364; de Robertis 2, 168.

[143] „Damit keiner aus der Körperschaft der Feuerwehrleute sich der Kurie entziehen kann, wobei eben der Körperschaft eine Strafe droht, sollte sie nicht umgehend eine Klage wegen seines Verschwindens erhoben haben."

[144] De Robertis 2, 144 f.

[145] Waltzing 2, 344 f. 362.

[146] A. H. M. Jones, J. R. Martindale, J. Morris, The Prosopography of the Later Roman Empire 1, Cambridge 1971, 489 zu Iustinianus 3.

[147] „Ich, Antonius Iustinianus, habe als Rektor der Provinz befohlen, die Namen sowohl der Dekurionen wie der Mitglieder aller Kollegien öffentlich in Stein zu hauen so, wie sie unten geschrieben sind."

territorium civitatis suae habitare non liceat.[148] Man scheute sich nicht einmal, bestimmte Berufsgruppen wie die Soldaten mit dem Eisen zu brandmarken; im Jahre 315 wurde dieses Verfahren für die *metallarii* angeordnet (Cod. Theod. 9, 40, 2), im Jahre 398 für die *fabricenses* (Cod. Theod. 10, 22, 4 = Cod. Iust. 11, 10 (9), 3) – mit der Absicht, *ut hoc modo saltem possint latitantes agnosci.*[149]

Wirtschaftlicher Niedergang, zunehmende Belastung der Berufsvereine, Verschärfung der Überwachung, autoritäre Eingriffe des Staates in das Vereinsleben und schließlich Massenflucht der Vereinsmitglieder und eine allgemeine Jagd auf die Flüchtigen[150] bedingten einander und ließen ein Bild der Trostlosigkeit entstehen.[151]

Die Flucht aus den Berufsvereinen – ähnlich der Flucht der Kolonen von dem ihnen zur Bearbeitung angewiesenen Boden und ähnlich der Flucht der Kurialen aus ihrer jeweiligen Kurie – stellte für den Staat ein ernstes Problem dar und fand daher in immer neuen Anordnungen ihren Niederschlag. Vor allem die Mitglieder weniger angesehener, das heißt auch weniger privilegierter Vereine suchten die Mitgliedschaft in den angeseheneren oder wechselten gar zu den Kurialen oder den Kolonen über. Umgekehrt kam es allerdings auch vor, daß Kolonen oder Kuriale ihre Lage zu verbessern glaubten, wenn sie in einen Berufsverein eintraten. Alle diese Wechsel[152] aber waren eigentlich untersagt. So verboten im Jahre 397 die Kaiser Arcadius und Honorius den *suarii,* anderweitig gebundene Personen aufzunehmen (Cod. Theod. 14, 4, 7): ... *dummodo suo ordini attributos suarii non admittant* ...[153] Gern gewähltes „Fluchtziel" waren wegen ihrer besonderen Privilegien die Vereine der *navicularii,* und diese erhielten in

148 „... setzt die Fürsorge unserer Durchlaucht das hinzu, daß es den Kollegiumsangehörigen, die der Heimat nach Einteilung der Kurialen im Wechsel Arbeitsleistungen erbringen, nicht erlaubt ist, außerhalb des Territoriums ihrer Gemeinde zu wohnen."

149 „... daß wenigstens auf diese Weise im Verborgenen Lebende erkannt werden können." So an der letztgenannten Stelle.

150 Laut Cod. Theod. 12, 19,1 ordneten die Kaiser Arcadius und Honorius im Jahre 400 an: ... *plurimi siquidem collegiati cultum urbium deserentes agrestem vitam secuti in secreta sese et devia contulerunt. Sed talia ingenia huiusmodi auctoritate destruimus, ut, ubicumque terrarum reperti fuerint, ad officia sua sine ullius nisu exceptionis revocentur.* („... weil sich ja sehr viele Mitglieder von Kollegien nicht mehr um die Belange der Städte kümmern, ein Leben auf dem Lande erstrebt und erreicht und sich so in die entlegene Abgeschiedenheit begeben haben. Doch derartige Winkelzüge machen wir zunichte, indem wir anordnen, daß (solche Personen), wo immer sie gefunden worden sind, ganz ausnahmslos zu ihren Verbindlichkeiten zurückgerufen werden.")

151 Siehe Waltzing 2, 324–348. 378–392 und die kurzen Überblicke bei Kornemann 465 und de Robertis 2, 157. 159 f.

152 Zu ihnen siehe Waltzing 2, 325 f.; vgl. Kornemann 465.

153 „... sofern nur die Schweinehändler Personen nicht zulassen, die einem eigenen Stand zugewiesen sind..."

Anbetracht ihrer bedeutenden wirtschaftlichen Aufgaben mehrfach das Recht, Mitglieder anderer Berufsvereine oder gar Kuriale in ihre Reihen aufzunehmen.[154]

Um die für das öffentliche Leben besonders wichtigen Berufsvereine funktionsfähig zu erhalten, griff der Staat zur Zwangsrekrutierung neuer Mitglieder unter der nicht bereits anderweitig gebundenen Bevölkerung,[155] unter den *vacui* bzw. *vacantes* (scil. *publico officio*) oder *otiosi*, zu denen auch die *liberti* gehörten, die gerade ihre Freilassung erhalten hatten, und zu denen im Bedarfsfalle auch die Ortsfremden, die *peregrini* und *incolae*, gerechnet wurden. Manchmal übertrug der Staat das Recht der Zwangsrekrutierung sogar den Vereinen selbst.[156] So schrieben laut Cod. Theod. 13, 9, 3, 4 im Jahre 380 die Kaiser Gratian, Valentinian II. und Theodosius den afrikanischen *navicularii: Et quia ordinem vestrum ampliari etiam hominum adiectione gaudemus, quoscumque vacuos publico invenietis* (*invenerit* die Handschriften) *officio, in complexum vestri ordinis adplicate, dummodo is, qui in municipalibus manet causis, nominatione ordinis non teneatur.*[157] Kaiser Licinius ging so weit, in den Jahren 313/314 Senatoren unter die *navicularii* zu versetzen, weil sie das für einen *navicularius* (bzw. dessen vom Staate geforderte Leistungen) notwendige große Vermögen besaßen; laut Cod. Theod. 15, 14, 4 sprach Kaiser Konstantin über Licinius und diese Personen vor dem Senat: *Super his, qui ex senatoribus ad navicularium munus a tyranno deiecti sunt . . .*[158] Im Jahre 371 wiederholte sich der Fall laut Cod. Theod. 13, 5, 14. Manchmal wurde auch zu dem Mittel gegriffen, Personen aus einem Berufsverein in einen anderen zu versetzen[159] oder Vereine mit ähnlicher Aufgabenstellung zusammenzuschließen.[160] So hatte im Jahre 315 der *praefectus annonae* die Reihen der *pistores* mit *navicularii* aufgefüllt, die dann Kaiser Konstantin wieder in ihren Verein zurückversetzte (Cod. Theod. 13, 5, 2). So vereinten die Kaiser Konstantin im Jahre 315 die *dendrophori* mit den *fabri* und den *centonarii*, die alle drei im Feuerlöschwesen eingesetzt waren (Cod. Theod. 14, 8, 1), Arcadius und Honorius im Jahre 419 die *pecuarii* mit den *suarii* (Cod. Theod. 14, 4, 10). Schließlich wies man gar wegen bestimmter Vergehen Verurteilte einzelnen Berufsvereinen,

[154] Belege bei Waltzing 2, 325 f.

[155] Waltzing 2, 327–331; Kornemann 465; de Robertis 2, 158.

[156] Waltzing 2, 327 f.

[157] „Und weil es uns freut, wenn euer Stand auch durch Zuweisung von Personen vergrößert wird, so nehmt in die Reihen eueres Standes jegliche auf, die ihr frei von einer Pflicht für die Öffentlichkeit vorfindet, sofern nur für den, der munizipal gebunden ist, die Standesnominierung keine bindende Kraft besitzt."

[158] „Über die Personen, welche der Tyrann dadurch degradiert hat, daß er ihnen die Lasten der Schiffer auferlegte, . . ."

[159] Waltzing 2, 331 f.; Kornemann 466; de Robertis 2, 158.

[160] Kornemann 466; de Robertis 2, 159.

besonders dem der *pistores,* zu[161] – ähnlich wie etwa eine Verurteilung „zur Kurie" möglich war.

Die Flucht der *collegiati / corporati* war zweifellos einer der Hauptgründe für den Staat, die Überwachung der Berufsvereine zu verschärfen. Doch spielten unter den Gründen auch die Privilegien ähnlich wie in den ersten beiden Jahrhunderten der Kaiserzeit noch eine Rolle. In seinen Hauptlinien blieb das System der Privilegien so bestehen, wie es sich damals herausgebildet hatte; neue Privilegien kamen nur wenige noch hinzu.[162] Herausgebildet hatte sich ein Grundbestand, der allen Berufsvereinen gleichermaßen zukam – zumindest was die Hauptstadt anging.[163] Daneben gab es spezielle Privilegien für bestimmte Berufsvereine, unter denen die *navicularii,* wie schon mehrfach zum Ausdruck gebracht, die erste Stelle einnahmen.[164] Die in der Zeit der Zwangsvereine recht häufige Bestätigung bereits bestehender Privilegien durch kaiserliche Konstitutionen läßt den Schluß zu, daß sie von den Beamten und kaiserlichen Funktionären häufig mißachtet wurden.[165]

Neben den Privilegien gab es weiterhin auch materielle Vergütungen in Geld oder in Naturalien,[166] die ihrem begrenzten Umfange nach nicht eine Kompensation der Aufwendungen und Leistungen sein sollten, sondern nur Beihilfen, allenfalls Entschädigungen für beim Erbringen der Leistung erlittene Verluste;[167] sie werden deshalb mehrfach als *solatia / solacia* bezeichnet (z. B. Cod. Theod. 14, 3, 19 von 396; ebd. 13, 5, 32 von 409; ebd. 6, 30, 23 von 422). Auch gewisse Monopolrechte dienten in einigen Fällen dazu, den Angehörigen bestimmter Berufsvereine Einnahmen aus neben der Erfüllung der staatlichen *munera* ausgeübten privaten beruflichen Tätigkeiten zu sichern.[168] So erhielten die *saccarii,* die Sackträger, Roms laut Cod. Theod. 14, 22, 1 im Jahre 364 von den Kaisern Valentinian I. und Valens das Monopol der Entladung aller Waren von Privatleuten, die im Hafen von Ostia angelandet wurden.

Ergänzt wurden Privilegien und Vergütungen durch bestimmte, allerdings sehr begrenzt verliehene Ehrentitel, die freilich im allgemeinen Titel ohne zugehörige Ehrenrechte darstellten.[169] So erhielten laut Cod. Theod. 6, 20, 1 im Jahre 415 von den Kaisern Honorius und Theodosius alle Mitglieder von Berufsvereinen, die im öffentlichen Dienst standen, das Recht auf den Ehrentitel *comes primi ordinis*. Eine Ausnahme gab es auch hier wieder bei den *navicularii*. Für

[161] Waltzing 2, 333–336; de Robertis 2, 158 f.
[162] Waltzing 2, 408; Kornemann 467; de Robertis 2, 169 f.
[163] Waltzing 2, 409; Kornemann 467; de Robertis 2, 174 f.
[164] Waltzing 2, 410; Kornemann 468; de Robertis 2, 175.
[165] Waltzing 2, 396 f.; de Robertis 2, 173.
[166] Waltzing 2, 423–429; Kornemann 468 f.; de Robertis 2, 170.
[167] Waltzing 2, 428; Kornemann 469; de Robertis 2, 171.
[168] Waltzing 2, 426 f.; Kornemann 469; de Robertis 2, 172.
[169] Waltzing 2, 429 f.; Kornemann 469; de Robertis 2, 170. 178.

sie erfahren wir aus dem Erlaß der Kaiser Gratian, Valentinian II. und Theodosius vom Jahre 380 in Cod. Theod. 13, 5, 16, daß ihnen Kaiser Konstantin die Ritterwürde verlieh und die Kaiser Julian (361–363) und eben Gratian, Valentinian II. und Theodosius diese Verleihung bestätigten, die die Empfänger vor der *corporalis iniuria* und damit auch vor der damals im Justizwesen üblichen Folter bewahrte.

Das für das 4. Jh. von der Lage der Berufsvereine gezeichnete Bild erscheint düster; auch die Privilegien, Vergütungen und Ehren hellen es nur wenig auf. Es ist das Verdienst F. de Robertis', darauf hingewiesen zu haben, daß das Zwangsvereinswesen in der beschriebenen Ausprägung in Wirklichkeit auf einige wenige, allerdings für das Staatsganze äußerst wichtige Bereiche in Handwerk und Handel beschränkt war und nicht ausschloß, daß daneben von allen staatlichen Belastungen freie Vertreter der in den Zwangsvereinen erfaßten Berufe ihrer Arbeit nachgingen und sogar freie Berufsvereine existierten.[170] Zum einen hören wir ja in den gesetzlichen Bestimmungen immer wieder von *vacui / vacantes / immunes officio,* auf die bei der Ergänzung der Zwangsvereine zurückgegriffen wurde, die also nicht nur vom Vermögen, sondern – da es neben den finanzellen auch um personale Leistungen ging – auch von der Person her geeignet sein mußten, also wohl in dem entsprechenden Berufe bereits standen, ohne noch gebunden zu sein.[171] Zum anderen ergibt sich daraus, daß noch Kaiser Justinian (527–565) in seine Digesten die oben[172] zitierten Fragmente des unter den Kaisern Elagabal (218–222) und Severus Alexander (222–235) tätigen Juristen Aelius Marcianus aufnehmen ließ (Dig. 47, 22, 1 pr. 1; 47, 22, 3, 1), die sich mit den *collegia tenuiorum* befassen, daß diese zu privaten Zwecken gegründeten Vereine weiterbestanden und – wie früher – im Rahmen der öffentlichen Sicherheit alle Freiheiten genossen.[173] Da es bei den Römern das Übliche war, daß sich Leute gleichen Berufes in Vereinen zusammenschlossen, auch wenn das dabei verfolgte Ziel nichts mit dem Beruf zu tun hatte, so ist es natürlich, daß es unter den *collegia tenuiorum* Berufsvereine, das heißt Vereine von Angehörigen jeweils eines bestimmten Berufes, gegeben haben muß – auch wenn wir aus den Quellen kaum etwas darüber erfahren.[174]

Was die Zwangsvereine in Handwerk und Handel bzw. deren Mitglieder nun selbst angeht, so ist es wiederum F. de Robertis' Verdienst, deutlich gemacht zu haben, daß die Belastungen keineswegs so groß gewesen sein können, wie allgemein vorausgesetzt wird. De Robertis betont, alle erhaltenen Nachrichten

[170] De Robertis 2, 191. 195; die Nachweise ebd. 185–192 betreffen, was konkrete Berufe angeht, als Privatleute, also nicht in Zwangsvereine eingebunden, in ihren Berufen tätige *navicularii* und *pistores*.

[171] Die Argumentation bei de Robertis 2, 190 f.

[172] S. 109.

[173] De Robertis 2, 184–186.

[174] De Robertis 2, 186.

wiesen darauf hin, daß es eine „Leistungsnorm" gab, die – nach Qualität und Quantität im Rahmen von Tagen, Monaten und sogar Jahren aufgeschlüsselt – erfüllt werden mußte und über die hinaus zum persönlichen Nutzen und Vorteil gearbeitet werden konnte.[175] So erfahren wir beispielsweise über die *navicularii* aus Cod. Theod. 13, 5, 6 von 334; 13, 5, 21 von 392; 13, 5, 26 = Cod. Iust. 11, 2, 2 von 396, daß sie zunächst alle zwei Jahre, später alle Jahre eine Fahrt zugunsten der staatlichen *annona* zu unternehmen hatten, woraus zu schließen ist, daß sie über die verbleibende Zeit in eigenem Interesse verfügen konnten. Und das oben[176] erwähnte, den *saccarii* Roms im Jahre 364 gewährte Entlademonopol geht davon aus, daß diese Berufsgruppe nicht nur in staatlichem Auftrage, sondern auch auf private Rechnung tätig war. Ohne die Möglichkeit, auf eigene Rechnung zu arbeiten, wäre es den Angehörigen der Zwangsvereine in Handwerk und Handel schlechterdings unmöglich gewesen, über längere Zeit die vom Staate auferlegten *munera* zu leisten, denn ohne Zugang aus privat erzieltem Gewinn hätte sich das mit diesen *munera* belastete Vermögen zu bald erschöpft.[177]

D. Zusammenfassung: Die Umwandlung der Berufsvereine in Handwerk und Handel in Zwangsvereine und die Diokletianisch-Konstantinischen Reformen

Das im letzten Abschnitt skizzierte Bild der Lage der Berufsvereine in Handwerk und Handel im 4. Jh. paßt gut in den Rahmen der durch die Diokletianisch-Konstantinischen Reformen geschaffenen Situation in Wirtschaft, Gesellschaft und Staat. Ziel der zu Anfang des 4. Jh. geschaffenen Neuordnung war die Meisterung der damals überall offenbar gewordenen Krise der antiken Gesellschaftsordnung durch staatliche Reglementierung, ideelle Grundlage der Wunschgedanke, das Funktionieren der Wirtschaft und des gesellschaftlichen Lebens, der Fortbestand der alten Ordnung ließen sich dadurch sichern, daß man jeden an dem Platz fixiere, den er einmal eingenommen hat. So fesselte der Staat den Kolonen an den von ihm bearbeiteten Boden, den Kurialen an die städtische Kurie und den Handwerker und den Handeltreibenden an seinen Berufsverein.

Ist es da nur Zufall, daß wir die ersten entsprechenden Nachrichten hinsichtlich der Handwerker und der Handeltreibenden gerade aus den Jahren 314, 315 und 317 haben, also aus der Regierungszeit Konstantins I.? Unstreitig falsch wäre – das sei hier nochmals betont – die Vorstellung, die Neuordnung auf dem Felde der Berufsvereine sei auf einen Schlag erfolgt. Zu rechnen ist vielmehr mit einer allmählichen Entwicklung nach dem Anfang des 3. Jh., für den das Fehlen einer

[175] De Robertis 2, 192. 196; die Zeugnisse ebd. 193 (besonders in Anm. 37).
[176] S. 129.
[177] Vgl. die ähnliche Argumentation bei de Robertis 2, 194.

Bindung an die Berufsvereine, das Funktionieren des aus der republikanischen Zeit überkommenen Prinzips der Nutzung privater Initiativen für öffentliche Zwecke aus den Zeugnissen noch deutlich wird. Leider ist uns ein Einblick in das Geschehen der folgenden etwa einhundert Jahre dadurch versagt, daß entsprechende Quellennachrichten fehlen. Bereits durch eine Lex Iulia wurde die Regelung eingeführt, daß die Gründung eines Berufsvereines nach dem erstmals im Jahre 64 v. Chr. vom Senat angewandten Kriterium der *utilitas publica* staatlich autorisiert und damit legalisiert werden mußte. Sieht man von ihr ab, so zeichnen sich bereits in der frühen Kaiserzeit die Ansatzpunkte für staatliche Eingriffe in das Leben der Berufsvereine ab: 1. Der Ausbau der Privilegien als eine Art Kompensation für die wachsenden Aufwendungen des einzelnen Vereinsmitgliedes bei der Erfüllung der damals noch freiwillig übernommenen staatlichen Aufgaben und zugleich die Entwicklung der Maßnahmen gegen die mißbräuchliche Inanspruchnahme der Privilegien. 2. Die vom Staate – in seinen Organen von der städtischen Gemeinde bis hinauf zum Kaiser – ergriffene Initiative zur Gründung von Berufsvereinen in Handwerk und Handel, eindeutig faßbar bereits unter Trajan, die etwa seit der Regierungszeit Severus Alexanders gegenüber der privaten Initiative offenbar allein oder doch beinahe unangefochten das Feld behauptete und dem Staate von vornherein die Möglichkeit reglementierenden Eingreifens bot.

Als die Möglichkeiten, die sich aus diesen beiden Ansatzpunkten für den Staat ergaben, das Funktionieren des Berufsvereinswesens im öffentlichen Interesse auf der Grundlage freiwilliger Übernahme von Leistungen zu sichern, erschöpft waren, als – mit anderen Worten – die Privilegien ihre Anziehungskraft verloren und die öffentlichen Lasten so zugenommen hatten, daß die Reproduktion in Handwerk und Handel den Vereinsmitgliedern nicht mehr oder nur sehr eingeschränkt möglich war, sie deshalb ihren Verpflichtungen und ihrem Berufsverein den Rücken kehrten, sah der Staat dann auch auf diesem Gebiete nur noch den einen Ausweg der Bindung seiner Bürger an den einmal eingenommenen Platz im gesellschaftlichen Leben: Er band die Vereinsmitglieder zunächst wohl nur über die Bindung des Vermögens, später auch in der eigenen Person und in der Person ihrer Nachkommen an den jeweiligen Verein. Dieser Zustand spiegelt sich bereits zu Anfang des 4. Jh. ausgebildet in den juristischen Quellen.

Abkürzungsverzeichnisse

1. Siglenverzeichnis

CIL:	Corpus inscriptionum Latinarum, consilio et auctoritate Academiae Litterarum Regiae Borussicae / Academiae Litterarum Borussicae / Academiae Scientiarum Germanicae / Academiae Scientiarum Rei Publicae Democraticae Germanicae editum, Berolini 1863 ff.
FIRA²:	Fontes iuris Romani antejustiniani, ed. S. Riccobono, J. Baviera, J. Furlani, V. Arangio-Ruiz, t. I–III, 2. Aufl. Florentiae 1940–1943.
ILS:	Inscriptiones Latinae selectae, ed. H. Dessau, vol. I–III, Berolini 1892–1916 (Nachdruck Berlin 1954–1955).
IL Trois Gaules:	P. Wuilleumier, Inscriptions latines des Trois Gaules (France), Paris 1963 (Gallia, suppl. 17).
SEG:	Supplementum epigraphicum Graecum, ed. J. J. E. Hondius et A. G. Woodhead, Leiden 1923 ff.

2. Verzeichnis der abgekürzt zitierten Literatur

Abbott-Johnson:	F. F. Abbott, A. Ch. Johnson, Municipal Administration in the Roman Empire, Princeton 1926.
Ausbüttel:	F. M. Ausbüttel, Untersuchungen zu den Vereinen im Westen des Römischen Reiches, Kallmünz Opf. 1982 (Frankfurter Althistorische Studien 11).
Inschriften von Ephesus:	Die Inschriften von Ephesus, Teil II = Nr. 101–599, hrsg. von Ch. Börker und R. Merkelbach, Bonn 1979.
Inschriften von Magnesia:	Die Inschriften von Magnesia am Maeander, hrsg. von O. Kern, Berlin 1900.
Johne:	Kaiserbiographie und Senatsaristokratie. Untersuchungen zur Datierung und sozialen Herkunft der Historia Augusta, Berlin 1976 (Schriften zur Geschichte und Kultur der Antike 15).
Johne–Köhn–Weber:	K.-P. Johne, J. Köhn, V. Weber, Die Kolonen in Italien und den westlichen Provinzen des Römischen Reiches. Eine Untersuchung der literarischen, juristischen und epigraphischen Quellen vom 2. Jahrhundert v. u. Z. bis zu den Severern, Berlin 1983 (Schriften zur Geschichte und Kultur der Antike 21).
Kornemann:	E. Kornemann, RE 4, 1, 1900, 380–480, s. v. Collegium.
Liebenam:	W. Liebenam, Zur Geschichte und Organisation des römischen Vereinswesens, Leipzig 1890 (Nachdruck Aalen 1964).

Magie:	D. Magie, Roman Rule in Asia Minor to the End of the Third Century after Christ, 2 Bde., Princeton 1950.
De Robertis:	F. M. de Robertis, Storia delle corporazioni e del regime associativo nel mondo romano, 2 Bde., Bari [1971].
Schulz-Falkenthal, Berufskollegien:	H. Schulz-Falkenthal, Zur Lage der römischen Berufskollegien zu Beginn des 3. Jhs. u. Z. (die Privilegien der centonarii in Solva nach einem Reskript des Septimius Severus und Caracalla), Wiss. Zeitschrift Univ. Halle 15, 1966, Gesellschaftswiss. Reihe, Heft 2, 285–294.
Schulz-Falkenthal, Handwerker-kollegien:	H. Schulz-Falkenthal, Römische Handwerkerkollegien im Dienst der städtischen Gemeinschaft und ihre Begünstigung durch staatliche Privilegien, Wiss. Zeitschrift Univ. Halle 22, 1973, Gesellschaftswiss. Reihe, Heft 2, 21–35.
Waltzing:	J.-P. Waltzing, Étude historique sur les corporations professionelles chez les romains depuis les origines jusqu'à la chute de l'Empire d'Occident, t. 1–4, Louvain 1895–1900 (Nachdruck Roma 1968).
Weber:	E. Weber, Die römerzeitlichen Inschriften der Steiermark, Graz 1969 (Veröffentlichungen der Historischen Landeskommission für Steiermark, Arbeiten zur Quellenkunde 35).

III.2. Zu Problemen von Stadt und Stadtentwicklung im Römischen Reich während des 3. Jahrhunderts

von Hagen Fischer

A. Einleitung

Die bisher zum Römischen Reich des 3. Jh. erschienene Literatur ist so zahlreich, daß sie selbst für den Spezialisten kaum mehr zu überblicken ist. Entsprechend der Bedeutung der Städte als administrative, ökonomische und kulturelle Mittelpunkte nehmen Untersuchungen zu ihrer Lage innerhalb des Imperium Romanum einen wesentlichen Platz ein. Schon Cato (agr. 1,4) stellte für den italischen Raum im 2. Jh. v. Chr. fest, daß ein Landgut nur dann günstig gelegen sei, wenn es sich in der Nähe einer Stadt oder doch wenigstens an einem günstigen Verkehrsweg zu ihr befände. Dann könnten die erzeugten Produkte rasch und kostengünstig auf den städtischen Markt gebracht und im landwirtschaftlichen Betrieb nicht selbst herzustellende Produkte dort gekauft werden. Im Prinzipat haben Romanisierung und Urbanisierung in nahezu allen Provinzen zur Neugründung zahlreicher Städte geführt. Sie waren durch ein in dieser Perfektion bis dahin nicht gekanntes dichtes Netz von Straßen miteinander, besonders aber mit Knotenpunkten verbunden, von denen aus Anschlüsse nach der Apenninenhalbinsel mit der Hauptstadt Rom als Zentrum des Reiches führten. In den östlichen Provinzen dominierten traditionsreiche griechische Städte. Daneben existierten zu allen Zeiten Gebiete, welche nicht zu einer Stadt gehörten, mit eigenen ländlichen Administrationen. Sie konnten sich besonders im Inneren Kleinasiens behaupten.

Natürlich gab es zwischen den Städten regionale Unterschiede. Sie sind jedoch sekundärer Natur. Archäologisch läßt sich nachweisen, daß in den provinzialen Städten selbst das äußere Bild durch bauliche Veränderungen angeglichen wurde – häufig in Nachahmung des Vorbildes der Hauptstadt. Neue Straßensysteme, großzügige Aquädukte, öffentliche Bäder, Theater, Bibliotheken, Marktplätze, *fora* usw. unterstrichen die Prosperität vieler Städte. Gerade dieser auch optische Eindruck städtischer Entwicklung jedoch war es, der dazu führte, daß die Ereignisse während des 3. Jh. in der Literatur außerordentlich kontrovers bewertet wurden. So wurde davon ausgegangen, daß die „römische Sozialstruktur, die fest in das politische System eingebettet war . . . bei allen Wandlungen eine erstaunliche innere Festigkeit bewiesen. . ." habe. „Um so drängender stellt sich dem Historiker die Frage, wie es zur großen, auch sozialen Krise des 3. Jhs. kommen konnte."[1] Andererseits wird namentlich in letzter Zeit eben diese Ausgangsthese, die „Festigkeit" der römischen Gesellschaftsordnung, in Frage gestellt – auch in Hinsicht auf die Situation vieler Städte. Einer generellen Feststellung, der Schrumpfungsprozeß der Städte beginne im 3. Jh.[2] bzw. im 3. Jh. seien die Städte allgemein ruiniert und die municipalen Grundbesitzer endgültig untergegangen,[3] stehen speziellere lokalisierbare Meinungen gegenüber. Dabei wird die Aufmerksamkeit der Leser auf regional begrenzte Zeichen städtischer Mißwirtschaft seit etwa Kaiser Trajan (98–117)[4] gelenkt, also auf die Wende zwischen 1. und 2. Jh.,[5] wonach Krisensymptome spätestens während der Adoptivkaiserzeit in vielen Städten zutage träten.[6] Die Vorboten des „Chaos"[7] werden also in eine Zeit verlegt, die gemeinhin als Höhepunkt des Prinzipats, ja als sogenanntes „Goldenes Zeitalter" angesehen wird. Damit wird der zweifellos nach dem Untergang der Republik vorhandene Aufschwung in Italien und den Provinzen von Anfang an relativiert, beispielsweise, wenn als Ergebnis entsprechender Untersuchungen konstatiert wird, das Zeitalter des Augustus sei zwar durch Prosperität gekennzeichnet, doch habe diese im Handwerk keine neuen Käfte geweckt.[8] Andererseits gibt es Darstellungen, die erst ab etwa zweitem Jahrzehnt des 3. Jh. von ernsthaften Krisenmomenten sprechen. Sie weisen darauf hin, daß

[1] F. Vittinghoff, Soziale Struktur und politisches System in der hohen römischen Kaiserzeit, Historische Zeitschrift 230, 1980, 52.

[2] von Petrikovits, Fortleben 74. Ausnahmen bei einigen Städten: 75.

[3] A. Piganiol, L'Empire chrétien, Paris 1947, 10 ff.; Štaerman, Krise 463.

[4] S. Dill, Roman Society from Nero to Marcus Aurelius. 6. Aufl., Cleveland-New York 1964, 247; Katz, Decline 22.

[5] W. Langhammer, Die rechtliche und soziale Stellung der Magistratus municipales und der Decuriones, Wiesbaden 1973, 165.

[6] Vgl. schon B. Niese, Grundriss der römischen Geschichte nebst Quellenkunde. 5. Aufl., München 1923, 339 f.; wesentlich undifferenzierter die Neubearbeitung von H. Bengtson, unter dem gleichen Titel, München 1967; vgl. etwa die Einschätzung noch zu Zeiten des Septimius Severus, S. 370.

[7] Die „Vorboten des Chaos" zeigten sich schon im „goldenen Zeitalter des Prinzipats", Katz, Decline 25.

[8] F. W. Walbank, The awful Revolution, Liverpool 1969, 40.

das kulturelle Leben im westlichen wie östlichen Teil des Reiches noch „auf voller Höhe“ gewesen sei, wie die Fülle von Stiftungen wohlhabender Privatleute zeige.[9] Von anderen Wissenschaftlern wird auf die zunehmende Belastung der Dekurionen seit dem 2. Jh. aufmerksam gemacht. In diesem Zusammenhang will man einen generellen Rückzug städtischer Autonomie[10] erblicken, ja sogar eine Krise des Munizipalbürgerstandes schlechthin. Allerdings darf man (durchaus vorhandene) negative Symptome städtischer Haushaltsführung für diese Zeit noch nicht überbewerten; in jedem Fall ist es nicht angängig, derartige Tendenzen allein subjektiv zu begründen, sie beispielsweise als nur oder zumindest teilweise von den Munizipalbürgern selbst verschuldet[11] zu erklären.

Zu solchen vorherrschend wirtschaftlichen Fragestellungen gehören auch Diskussionen über die Folgen eines angeblich defizitären römischen Zahlungssystems, das Problem, wieweit die allmählichen Erweiterungen exterritorialer Güter, also die Schwächung der Städte durch teilweise Abtrennung ihrer ländlichen Teile[12] gediehen ist, usw. Andere Deutungsversuche des „Phänomens“ 3. Jahrhundert seien nur noch kurz erwähnt, wie etwa die Feststellung, das größte Gewicht habe nicht bei den Kriegen, sondern bei den Usurpatoren gelegen, da diese das Volk ausgesogen haben,[13] was natürlich die städtische Bevölkerung in erster Linie betraf.

Diese keineswegs vollzählige Literaturübersicht verdeutlicht: Es gibt zweifellos viele Momente, die das städtische Leben im 3. Jh. tendenziell negativ beeinflußt haben – aber erst nach Zusammenfügung aller Einzelbilder ist es möglich, ein zutreffendes Bild von ihren Auswirkungen zu erhalten. Es wird also neben anderem zu überprüfen sein, welchen Stellenwert regionale Kennzeichen haben können. Es ist beispielsweise zu untersuchen, ob an Hand vornehmlich von Belegen aus Bithynien in Kleinasien zu schließen ist, daß zu einem schon recht frühen Zeitpunkt in vielen Städten im gesamten Imperium der Haushalt defizitär sei. Umgekehrt ist zu fragen, wieweit die häufig vertretene Ansicht über einen allgemein relativ früh nachweisbaren tendenziellen Niedergang der Dekurionen mit dem Nachweis gegenteiliger Entwicklungen in einzelnen Provinzen zurückgewiesen werden kann.[14]

9 H. Bengtson, s. Anm. 6, 370.

10 Hammond, City 297.

11 Ebenda; oberste Schichten der Stadtbevölkerung so von Müdigkeit und Apathie befallen, so daß sie kaum etwas dagegen unternahmen; N. A. Maschkin, Römische Geschichte, Berlin 1953, 589; Bedenken bei F. Jacques, Volontariat et compétition dans les carrière municipales durant le Haut-Empire, Ktema 6, 1981, 269 f.

12 Vittinghoff, Verfassung 27; vgl. prinzipiell Johne–Köhn–Weber, Kolonen 118 ff., 158, 183 u. a.

13 W. Goffard, Rome, Constantinopele and the Barbarians, The American Historical Review 86, 1981, 283.

14 W. Langhammer, s. Anm. 5, 165; dagegen für Nordafrika C. Lepelley, La carrière municipale dans l'Afrique romaine, Ktema 6, 1981, 269 f.

B. Zur städtischen Entwicklung bis zum 3. Jahrhundert

Die Charakteristik des Imperium Romanum als ein Reich von Städten (2. Jh.: Aelius Aristides, Or. 26, 93 f., Anfang des 3. Jh.: Tertullian, De anima 30; – rückblickend 4. Jh.: Libanius or. 2,26) unterstreicht die Bedeutung der Städte noch im Dominat. Bei aller Unterschiedlichkeit war ihnen gemeinsam, daß zur Stadt ein eigenes ländliches Territorium gehörte, die Stadt also niemals Teil eines Territoriums einer anderen Stadt war; ländliche, keiner Stadt verwaltungsmäßig zugeschlagene Einheiten waren häufig Teile anderer lokaler Verwaltungsterritorien. Städte wurden in der Antike häufig als gemeinsamer kommunikativer Mittelpunkt mehrerer einzelner solcher Gemeinden, wenn auch besonders in den Provinzen nicht jede Stadt zu einem Produktions-, Handels-, kulturellem und Verkehrsmittelpunkt mit urbaner Ausgestaltung wurde, von Vertretern einer breiten Schicht von Angehörigen einer wohlhabenden munizipalen Oberschicht geleitet. Das heißt, es konnten die Voraussetzungen, von der geographischen Lage her zu einem Verkehrszentrum zu werden, ebenso nicht vorhanden sein, wie es mangelnde Bevölkerungsdichte des städtischen Umfeldes nicht dazu kommen ließ, daß sich ein Warenherstellungs- und Verteilungsknotenpunkt entwickelte. In solchen Fällen bildeten sie bloße Verwaltungszentren größerer Territorien.[15]

Erhebliche Unterschiede wies auch der administrative Überbau auf, deren Ursachen historische Wurzeln hatten. Das schlug sich bis in die Zahl der obersten Magistrate nieder. Eine Vereinheitlichung ist namentlich unter Caesar und im frühen Prinzipat angestrebt worden,[16] doch stand z. B. noch in der Prinzipatszeit an der Spitze einiger Städte, die auf ehemals den Sabinern gehörigem Gebiet lagen, ein Octovirat-Kollegium als Relikt alter Munizipalordnungen der frühen Republik. Ähnlich verhält es sich mit der Institution des Quattuorvirates, welcher erstmals während des Bundesgenossenkrieges (90–88 v. Chr.) eingesetzt wurde; an seine Stelle trat zwar im Zuge der Gesetzgebung Caesars der Duovirat, doch blieben, wenn auch unter Veränderungen, Quattuorviri bestehen, solange es in Italien römische Stadtverfassungen gegeben hat.

Wesentlicher als diese Vereinheitlichungen im administrativen Bereich von Städten war, daß italischen städtischen Beamten spätestens nach Caesar die eigene Jurisdiktion oblag – ein Merkmal, welches Siculus Flaccus (grom. p. 138,7) geradezu als Definition des zu einer Stadt gehörigen Territoriums diente: „Man sagt, daß zum Territorium (einer Stadt) dasjenige Gebiet gehöre, innerhalb dessen Grenzen Recht gesprochen wird *(inter quos fines dicendi (ius) esset).*“[17]

[15] Millar, Staat 86; D. Berciu, Die Daker im ersten Jahrhundert n. Chr., in: Fischer – Weltgeschichte, Bd. 8, 272; Vittinghoff, Verfassung 14.

[16] Ausführlich mit entsprechender Literatur Fischer, Stadt 27 ff.

[17] H. Rudolph, Stadt und Staat im römischen Italien, Göttingen 1965 (Nachdruck Leipzig 1935), 68, 113, 121, 224 f. – Zum Octo- bzw.Quattuorvirat als praemunizipale Strukturen s. M. Humbert, Municipium et civitas sine suffragio, Rom 1978, 401.

Hauptsächlich Caesar hat darüber hinaus die „römischen Stadtformen in das Provinzialgebiet in Ost und West in größerem Umfang hinauszutragen begonnen, ohne die lateinische Verwaltungssprache zu fordern". Zwar hat Augustus diese Entwicklung vorübergehend gebremst und letzteres zur Bedingung gemacht. Sicherlich geschah das mit Rücksicht auf die italischen Bevölkerungsschichten, denen er seine Macht verdankte. Spätere *principes* konnten hier mehr nach eigenen Maximen verfahren; schon Kaiser Claudius übernahm die weitgehendere caesarische Politik wieder für den Alpenraum.[18] Diese Munizipalisierung der Provinzen führte dazu, daß der „Stadtstaat" Rom allmählich in ein Römisches Reich blühender Städte umgewandelt wurde und damit ein Grad der Urbanisierung erreicht wurde, den Libanius im 4. Jh. nur noch beschwörend in die Erinnerung zurückrufen kann.[19]

Während dieses Prozesses wurde die Variationsbreite unterschiedlicher Stadtentwicklungen eher noch größer, da im Prinzipat die Kaiser in der Gewährung städtischer Privilegien nie einheitlich vorgingen. Sie konnten diesen Akt auch jederzeit wieder einschränken, ja sogar einzelne Städte ihres Stadtrechtes zumindest vorübergehend berauben, wenn diese in Ungnade gefallen waren.

Ein wichtiges Merkmal der Stadtentwicklung im Prinzipat war die allmähliche Angleichung zwischen dem Status der *colonia* bzw. des *municipium*. Das gilt besonders für die westlichen Provinzen. In die Belange der griechischen Städte des östlichen Reichsteiles griff Rom kaum ein. Das betrifft z. B. auch die Verleihung des Status eines *municipium*, welches hier keine Bedeutung erlangte.

Für die frühe Kaiserzeit kann allgemein gesagt werden, daß für Peregrinengemeinden einschließlich -städte „*civitas*" als Oberbegriff verwendet wurde, der Titel *colonia* rangniedriger als *municipium* galt. Dabei waren die mit der Munizipium-Verleihung verbundenen Privilegien, welche die Bevölkerung erhielt, je nach Gutdünken der Kaiser unterschiedlich. Der Akt der Verleihung bedeutete nicht unbedingt, daß die Bewohner gleichzeitig das Privileg der Steuerfreiheit erhielten; bei der Munizipalisierung Spaniens durch Vespasian wurde nur das latinische, nicht aber römische Recht verliehen. Hingegen konnten auch in Städten minderen Rechts die gewesenen Magistrate, aber zumindest deren Nachfolger das volle römische Recht erhalten.[20] Schließlich wurde es auch in angesehenen Peregrinen-*civitates* zur Regel, daß die dortigen obersten Beamten, wenn nicht schon vorher im Besitz desselben, wenigstens nach ihrer Amtszeit das römische Bürgerrecht erhielten, das die Kaiser wie schon in der späten Republik nach eigenem Ermessen auch an andere Freunde ad personam

[18] H.Rudolph, s. Anm. 17, 240 ff.; Fischer, Stadt 32 f. Anm. 112 f.; E. Kornemann, Municipium, in: RE, Bd. 16, Stuttgart 1933, Sp. 591 f.

[19] Libanius or. 2,26, 33 und 52: „Oh ihr armen Städte, wo seid ihr jetzt."

[20] Vittinghoff, Verfassung 14; im griechischen Osten wurde keine Polis in ein municipium verwandelt: H. Volkmann, Municipium, in: Der kleine Pauly, Bd. 3, München 1979, Sp. 1468.

verliehen, so daß die Anzahl der *cives Romani* auch in Peregrinenstädten ständig wuchs.

Die *coloniae,* wie sie uns im Prinzipat entgegentreten, waren Neugründungen für Veteranen. Sie erfolgten fast ausschließlich auf Geheiß des Prinzeps. Das vorgesehene Gebiet wurde in rechteckige Parzellen aufgeteilt und ihren zukünftigen Bewohnern zugewiesen. Diese waren als gediente Soldaten mit römischem Bürgerrecht ausgestattet. Ihre Ansiedlungen lagen in der Regel an Hauptstraßen, die sich im Zentrum kreuzten.[21] Diese Form der Einrichtung von *coloniae* bleibt seit Kaiser Tiberius ganz überwiegend auf die Provinzen beschränkt.[22]

Im späteren Prinzipat setzt sich dann durch, daß der Titel einer *„colonia"* als höherwertiger als der eines *municipium* gilt. Bereits im Rang von *municipia* stehende Städte ersuchen dann um eine Belehnung als *colonia.*

Kaiser Hadrian (117–138), unter dem offenbar noch das *municipium* als römisch-traditionelle, daher erstrebenswerte Titulatur galt, wurde von seiner Geburtsstadt, dem *municipium* Italica, die Bitte angetragen, ihr den Titel *„colonia"* zu verleihen. Hadrian schlug das Gesuch zwar nicht ab, dürfte jedoch schwerlich dafür Verständnis empfunden haben (Gellius 16,13,3).

Mit Kaiser Hadrian finden Neugründungen von *coloniae* auf der Grundlage von Veteranensiedlungen auch in den Provinzen ihren Abschluß, die Urbanisierung des Reiches verliert an Dynamik: Viele Städte, selbst wenn mit des Kaisers Namen ausgezeichnet, waren keine Neugründungen mehr (HA, Vita Hadriani 20,4). Dagegen schritten die Herrscher verstärkt zu Aufwertungen von Kommunen mit niedrigerem Status zu *municipia* und Titularkolonien. Unter ihnen befanden sich immer häufiger auch Städte von Peregrinen, die sich die Gunst der Kaiser erworben hatten. Auch für den Erhalt des Status einer Titularkolonie war keine geschlossene Ansiedlung römischer Veteranen mehr notwendig. Diese Entwicklung war möglich, da der Unterschied zwischen *municipia* und *colonia* immer mehr aufgehoben worden war; die *municipia* wurden bis an die Reichsgrenzen, unmittelbar an die großen Heeresstandlager, vorgeschoben. Die klare Trennung von Stadt und Lager war aufgegeben worden.[23]

Voraussetzung für die Übertragung des Status eines *municipium* (oder später Titularkolonie) war, daß die in Frage kommenden *civitates* zwar insgesamt nicht mit römischem Bürgerrecht ausgestattet waren, wohl aber zahlreiche Einwohner, denen als Einzelpersonen dieses Recht verliehen worden war. Mit anderen Worten, die Romanisierung in solchen Städten mußte eine bestimmte Breite erreicht haben. Doch änderte sich niemals etwas daran, daß Privilegien ad personam oder an Städte vom Kaiser verliehen oder aufgekündigt bzw. verändert werden konnten. Das Bild der städtischen Gemeinden blieb verschiedenfarbig. Dennoch muß betont werden, daß die Romanisierung im Reich rasch voran-

[21] Millar, Staat 88 f.; Fischer, Kleinasien, 216.

[22] E. Kornemann, Coloniae, in: RE, Bd. 4, Stuttgart 1900, Sp. 565, 573.

[23] Vittinghoff, Verfassung 13; E. Kornemann, Municipium, s. Anm. 18, Sp. 602 f.

schritt, die Zahl der Einwohner mit römischem Bürgerrecht zunahm: Bürger peregriner Städte konnten durch verschiedene Umstände, wie nach Dienst in den Hilfstruppen der römischen Armee *(auxiliae)*, durch Erwerb der Gunst des Kaisers usw., das römische Bürgerrecht erlangen. Schließlich war es im ausgehenden 2. Jh. bereits eine Ausnahme, wenn die Magistratsinhaber größerer peregriner Städte nicht im Besitz des römischen Bürgerrechtes waren.[24]

C. Allgemeine Merkmale städtischer Entwicklung im 3. Jahrhundert

Die in der Literatur häufig sehr negativ gesehene Zeit des 3. Jh., die häufig mit Soldatenkaisertum, Zeit der 30 Tyrannen, Wirrnis, Auflösung usw. einseitig charakterisiert wird, kann man nicht gerecht werden, wenn man an ihrem Beginn nicht die noch relativ intakte Regierung der Severer, am Ende nicht die vorübergehende Stabilisierung des Reiches, die noch vor dem Dominat einsetzt, würdigt. Gerade unter Septimius Severus erleben einige Provinzen nochmals einen erheblichen Aufschwung, als Konsequenz dessen die großzügige Aufwertung von Kommunen zu *municipia* bzw. Titularkolonien, wie sie besonders in Pannonien, aber auch im römischen Nordafrika sowie in Syrien erfolgt. Andererseits ist darauf hinzuweisen, daß ständige kriegerische Auseinandersetzungen in weiten Teilen des Imperiums nicht erst ein Kennzeichen des 3. Jh. sind. Sie zogen bereits seit Kaiser Mark Aurel (161–180) zahlreiche Gebiete direkt in Mitleidenschaft (Pannonien, Kleinasien, Syrien, vorübergehend selbst Norditalien). Hinzu kamen Plünderungen der römischen Heere besonders bei Thronstreitigkeiten. Schon für die Zeit ab 165 ist für Pannonien durch erhebliche Bevölkerungsverluste ein empfindlicher Mangel an Arbeitskräften nachgewiesen worden.[25] Ähnliche Erscheinungen, wenn auch aus anderen Ursachen, begegnen uns schon vorher im italischen Raum und sind nach Zeugnissen unter Nero und Trajan, besonders gut wieder unter Kaiser Pertinax (193) belegt, in Ägypten, Kleinasien u. a. Noch bis Kaiser Hadrian ist beispielsweise für Mittelitalien eine Besserung durch Aufwertung von Kolonen zu Kolonie- bzw. Munizipalbürgern versucht worden. Da jedoch von verschiedenen antiken Autoren seit Ende des 1. Jh. gefordert wird, Kolonen ganz allgemein statt mit Geldpacht mit Naturalpacht zu belegen, ist anzunehmen, daß weit vor dem 3. Jh. ein allmählicher Prozeß der Loslösung der Kolonen von der Stadt beginnt. Denn „bei dieser Pachtform stand nicht mehr der städtische Markt als Vermittler zwischen Pächter und Verpächter".[26]

[24] Millar, Staat 88, 91.

[25] Hammond, City 299; St. E. Sidebotham, Roman Economic Policy in the Erythra Thalassa 30 B. C. – A. D. 217, Leiden 1986, 164 f.; K.-P. Johne, Germanen im römischen Dienst, Das Altertum 34, 1968, 7 f.

[26] Belege bei Johne–Köhn–Weber, Kolonen 154 ff., Zitat S. 156.

Die bereits erwähnte defizitäre Haushaltslage namhafter Städte hatte in einigen Provinzen zur Einsetzung von *curatores,* Finanzkontrolleuren in kaiserlichem Auftrag, besonders bekannt für Kleinasien unter Kaiser Trajan (98–117), geführt, worin allgemein eine gewisse Beschneidung der städtischen Autonomie gesehen wird. Diese Einrichtung ist auch im 3. Jh. noch kein ständiges Kontrollorgan, breitet sich jedoch weiter aus: in Nordafrika ist sie erst seit dieser Zeit belegt.[27] Auch der von Hadrian und Mark Aurel ausgesprochene Verzicht auf Inthronisierungsgeschenke gegenüber italischen, kleinasiatischen und Städten anderer Provinzen[28] belegt, wie angespannt deren Haushaltsangelegenheiten (Haushaltslage) zeitweise gewesen sein muß. Diese Situation wurde im 3. Jh. verschärft. Unmittelbare Kosten der Heeresunterhaltung, Versuche der Friedenssicherung durch hohe Kontributionszahlungen an „Barbaren"stämme, Donative an das Heer durch die Kaiser, um sich vor Empörungen zu sichern usw., zwangen die Kaiser von der Bevölkerung, höhere Mittel zu verlangen. Das konnte, sofern nicht direkte militärische Aktionen gegen Provinzteile erfolgten, nur in Form von zusätzlichen Forderungen über die städtischen Ratsherren durchgesetzt werden. Die Regierung des Maximinus Thrax (235–238) ist hier das prägnanteste Beispiel. Herodian (7, 2, 3) sagt in rhetorischer Zuspitzung, daß seine militärischen Aktionen, mit denen er (nach den Rückschlägen unter seinem Vorgänger) die Germanen bis zum Ozean zu unterwerfen drohte, zu seinem Ruhm gezählt worden wären, hätte er nicht so rücksichtslos gegen seine Untertanen gehandelt. Und er fragt: „Was für einen Gewinn brachte es, wenn er ein noch größerer Schlächter gegen Rom und die Provinzen (als gegen die Feinde) war?" Allerdings hatte auch hier etwa die Finanzierung von Requirierungskosten durch die Städte schon vor dem 3. Jh. zu erfolgen, erreichte aber jetzt neue Dimensionen. Die Dekurionen als vermögendste Schicht der städtischen Bevölkerung bekleideten die wichtigsten (ehrenamtlichen) Stadtämter und waren dank ihrer finanziellen Lage fähig und willens, die schon im frühen Prinzipat nicht geringen städtischen Lasten, die *munera,* zu tragen, ebenso durch freiwillig gezahlte Spenden das städtische Leben zu vervollkommnen. Ihr Reichtum basierte in der Regel auf der Landwirtschaft.[29] Nur in einigen, durch Handel und Handwerk reich gewordenen Städten war es möglich, daß an ihre Stelle renommierte Händler und Handwerker treten konnten. Auf ihnen ruhte im wesentlichen die fortschreitende Munizipalisierung in den Provinzen des Reiches.[30] Dort, wo vermehrte Anzeichen ihrer Verarmung auftreten, wird man Symptome einer Krise der betreffenden antiken Städte sehen müssen.

[27] C. Lepelley, s.Anm. 14, 337.

[28] Fischer, Kleinasien 208 ff.; Fischer, Stadt 42.

[29] Vittinghoff, Verfassung 22.

[30] L. Mrozewicz, Munizipalaristokratie in Moesia Inferior, EOS 70, 1982, 299, zur allgemeinen Definition der Munizipalaristokratie; F. Jacques, s. Anm. 11, 269 f.

Ein in der Wertung sehr strittiges Problem ist die Frage nach den Folgen der allmählichen Ausbreitung der exempten Güter. Dabei können hier nur solche behandelt werden, die auf ehemals städtischem Territorium entstanden. Wir wissen, daß exempte Territorien in vorderasiatischen Provinzen in privatem wie in (sich immer weiter auf Kosten der ersteren ausbreitenden) kaiserlichem Besitz eine lange Tradition haben. Ebenso verhielt es sich mit Ägypten. Die Größe privaten Grundbesitzes in Nordafrika zur Zeit Kaiser Neros ist sprichwörtlich. Die italischen großen privaten Landbesitzungen hingegen sind in ihrer Rechtsstellung diesen exempten Gütern nicht gleichzusetzen, waren zumindest bis zu den Severern in ihrer Mehrheit noch in die städtische Verfassung eingebunden.[31] Allein in der Verbreitung exempten Grundbesitzes kann man demnach kein Indiz von Blüte oder Niedergang von Städten in einer Provinz sehen. Der Vollständigkeit halber sei im Gegenteil noch darauf hingewiesen, daß sogar die Möglichkeit bestanden zu haben scheint, daß Städte von Produzenten auf ihnen benachbartem kaiserlichem Besitz Leistungen abforderten. Wir wissen von solchen Eintreibungen durch städtische Organe aus der Severerzeit in Kleinasien. Daß diese Erscheinung nicht erst seit dieser Zeit auftritt, ist nicht beweisbar, aber ebenso naheliegend wie die Vermutung, daß die Kaiser auch späterhin nicht in der Lage waren, ihre *laoi basilikoi* vor solchen städtischen Forderungen zu bewahren. Die bekannteste diesbezügliche Inschrift stammt aus Aga Bey Kjöj im kleinasiatischen Lydien. Hier führen die abhängigen kaiserlichen Bauern an ihre Kaiser (wohl Septimius Severus und seine beiden Söhne) Beschwerde über, wie sie meinen, ungerechtfertigte Leistungen, die städtische Beamte ihnen auferlegen.[32] Dessen ungeachtet wird man sagen können: Vermehrten kaiserlichen Forderungen an die Städte standen geringere Einnahmemöglichkeiten gegenüber. Selbst in Zeiten größter Prosperität konnten die städtischen Ausgaben nur dank jener Bürger, die großzügig freiwillige Spenden zu geben in der Lage waren, erbracht werden. Demzufolge ist leicht erklärbar, daß unter den erschwerten Bedingungen des 3. Jh. vielerorts eine Verschärfung der Schwierigkeiten städtischer Wirtschaftsführung zu beobachten ist. Geringere Einnahmen, da sinkende Kaufkraft der Bürger, aus Handel und Verkehr, Verluste durch die rapide Abwertung des Geldes wirken sich in unterschiedlicher Schwere aus. Die Schließung zahlreicher Münzstätten ist, sofern nicht politisch erzwungen, Alarmsignal. In einzelnen Provinzen kommen unterschiedliche Faktoren, wie Aufstände der unterdrückten, meist ländlichen Bevölkerung (Gallien, Kleinasien, Afrika, Italien) neben den bereits angesprochenen unmittelbaren Kriegsschäden, hinzu. Vor diesem Hintergrund muß die sogenannte Constitutio Antoniniana des Jahres

[31] Johne–Köhn–Weber, Kolonen 183.

[32] Millar, Staat 87; nach J. Keil, A. von Premerstein, Bericht über eine dritte Reise in Lydien, Wien 1908, wurde spätestens im Jahre 211 angeordnet, daß kaiserliche Kolonen von städtischen Leistungen befreit seien, S. 39; Abdruck der Quelle S. 37 f.; vgl. Broughton, Asia 656 ff.

212 bewertet werden. Dieser Erlaß des Kaisers Caracalla zielte formal darauf ab, das römische Bürgerrecht auf alle Bewohner des Römischen Reiches auszudehnen. Ausgenommen war eine besondere Gruppe, die *dediticii.* Wer sich dahinter verbirgt, ist ebenso umstritten wie die Frage, wie groß die Zahl derer war, die hierzu gehörten. Laut Gaius (Inst. 1,14) sind hierunter solche zu verstehen, *qui quondam adversus populum Romanum armis susceptis pugnaverunt, deinde victi se dediderunt,* also Personen, die früher gegen das römische Volk gekämpft haben und danach, besiegt, sich ergeben haben. Demnach wäre *dediticius* ein Status, der sich auf Einzelpersonen bezieht, denen weder eine Zugehörigkeit zur *urbs* Rom, noch zu einer anderen *civitas* oder *polis* zukommt.[33]

Cassius Dio 77,9 hat Caracalla unterstellt, die Verfügung nur erlassen zu haben, um eine noch größere Zahl von Steuerzahlern zu erhalten. Die Literatur ist hier überwiegend gefolgt. Tatsächlich erwuchsen den Einwohnern, die das römische Bürgerrecht noch nicht besaßen, es aber durch dieses Gesetz nun erhalten hatten, erhebliche Belastungen. Ihre Zahl wird besonders in den Provinzen, wo es vergleichsweise weite Territorien gab, die zu keinen *municipia* bzw. *coloniae* gehörten, groß gewesen sein, besonders in Kleinasien. Für sie traten jetzt Steuerregelungen in Kraft, denen sie als Peregrine nicht unterworfen waren. Zu ihnen gehörten die Sklavenfreilassungs- und Erbschaftssteuer. Es ist kein Zufall, daß kurz vor der Verkündung der Constitutio beide verdoppelt wurden (Cassius Dio 78). Letztere war schon vorher eine offenbar recht einträgliche Einnahmequelle des Staates, war sie doch von allen zu zahlen, die im Laufe des Prinzipats neu das Bürgerrecht ad personam verliehen bekommen haben, also deren Vorfahren nichtrömische Bürger waren. Beachtet man, daß (abgesehen von früheren Regelungen in der Republik) Augustus den Einwohnern mit römischem Bürgerrecht schon indirekte Steuern auferlegte, also faktisch seit dem frühen Prinzipat eine Art Ausgleich zugunsten von (steuerpflichtigen) Nichtbürgern gegenüber (nichtsteuerpflichtigen) Bürgern geschaffen wurde, erkennt man, daß die ehemaligen Peregrinen als neue römische Bürger mit neuen Steuern belastet wurden. Ein weiteres Ergebnis der Constitutio dürfte gewesen sein, daß dadurch, daß den Bewohnern von Peregrinen-Gemeinden das römische Bürgerrecht verliehen wurde, die Zahl der zu städtischen Leithurgien Verpflichteten vergrößert wurde.[34]

[33] E. Schönbauer, Reichsrecht oder Volksrecht? Studien über die Bedeutung der Constitutio Antoniniana für die römische Rechtsentwicklung, Zeitschrift der Savigny-Stiftung für Rechtsgeschichte, Romanistische Abteilung 51, 1931, 309 f.

[34] Einschätzung der Constitutio Antoniniana: Kulturgeschichte der Antike, Bd. 2, Berlin 1982, 441; Dieter–Günther, Römische Geschichte 297; Katz, Decline 30; Millar, Staat 93 f.; Broughton, Roman Asia 906; Magie, Roman Rule 687. Zu indirekten Steuern für Einwohner mit römischem Bürgerrecht B. Rainer, Immunität und Abgabenpflichtigkeit bei römischen Kolonien und Munizipien in den Provinzen, Historia 31, 1982, 352; M. I. Rostovtzeff, Gesellschaft und Wirtschaft im römischen Kaiserreich, Bd. 1, Leipzig o. J. 130 f.

Auch wenn man Dio Cassius nicht völlig zustimmt, allein die fiskalische Bedeutung der Constitutio Antoniniana hervorzuheben: angesichts der aufwendigen Baupolitik dieses Kaisers, der großzügigen Geschenke an die Soldaten, des geplanten kostspieligen Partherkrieges, kann diese Seite der Gesetzeswirkung nicht übersehen werden. Das Mißverhältnis zwischen staatlichen Einnahmemöglichkeiten und Ausgaben – hinzukommt die gerade unter Caracalla zu beobachtende rapide Geldentwertung, seine Einführung des „Antoninianus" war ein völliger Fehlschlag – erzwang zusätzliche Restriktionsmaßnahmen. Die Constitutio Antoniniana diente hierzu. Das dagegen gebotene römische Bürgerrecht war im 3. Jh. weitgehend wertlos, da einerseits ein beträchtlicher Teil der Bewohner des Reiches bereits in seinem Besitz war. Andererseits wurde es durch die alle betreffenden Restriktions- und Willkürmaßnahmen der Kaiser (Hinrichtungen, Konfiskationen, Verlust der politischen Betätigungsmöglichkeit als römischer Bürger usw.) in der Praxis nahezu aufgehoben. Hinzu kam, daß verbliebene Privilegien, wie „Brot und Spiele" als Ersatz für den Entzug politischer Freiheiten, in den provinzialen Städten längst nachgeahmt wurden, waren doch zumindest die größeren Städte im Verlaufe des 1./2. Jh. zu kulturellen Mittelpunkten geworden, von denen etwa Antiocheia, Alexandreia oder Karthago Rom wenig nachstanden. Beispielsweise arbeiteten in den Städten in Nordafrika noch Volksversammlungen, und ihnen sind bis ins 4. Jh. Einflußmöglichkeiten geblieben. Sie überlebten damit ihre Vorbilder in Rom um mindestens drei Jahrhunderte.

Zusammenfassend sei wiederholt: Die Lage der Städte ist im 3. Jh. allgemein schwierig, Krisenanzeichen prägen mehrheitlich das äußere Bild der Städte, Verstärkungen der Stadtmauern, Verkleinerung des städtischen Territoriums werden besonders in den westlichen Provinzen gesehen, hervorgehoben sei Gallien.[35] Dem wird häufig das Argument von der fortdauernden Errichtung selbst monumentaler Gebäude in wichtigen Städten entgegengestellt. Diese Sicht ist dann berechtigt, wenn es nicht allein um Bauten aus Mitteln der Kaiser, sondern aus denen städtischer Kurialen geht. Handelt es sich nur um wenige Luxusobjekte und ist diese Bautätigkeit nur auf wenige Städte beschränkt, kann sie kein Indiz für fortdauernde Prosperität städtischen Lebens in einer Provinz sein.[36]

[35] Vittinghoff, Verfassung 21, 28; von Petrikovits, Fortleben 75; Katz, Decline 34. Differenzierter ist die Charakteristik von R. Günther, Veränderungen des Stadt-Land-Verhältnisses in der Spätantike im nördlichen Gallien sowie in den römischen Provinzen am Rhein und an der oberen Donau, Jahrbuch für Wirtschaftsgeschichte 1981, 3, 125.

[36] Beispiele für den süditalischen Raum Fischer, Stadt 41 ff.

D. Zur städtischen Entwicklung im italischen, nordafrikanischen, kleinasiatischen, pannonischen und gallisch/germanischen Raum

1. Apenninenhalbinsel

In dem Maße, wie einerseits die Städte in den griechischsprechenden Ostprovinzen von den Ausraubungen im Gefolge der Bürgerkriege in der späten Republik verschont bleiben, andererseits in den westlichen Teilen (Iberische Halbinsel, Gallien) die Urbanisierung im Prinzipat voranschreitet, schwindet die Bedeutung der Apenninenhalbinsel als ökonomischer Mittelpunkt des Reiches. Während die kulturelle Vorbildwirkung der Hauptstadt selbst in kleinen provinzialen Städten der Ost- wie Westprovinzen mit etwa 3000–5000 Einwohnern so weit fühlbar ist, daß ein Bürger aus Rom sich in ihnen als einer Miniaturausgabe seiner Heimatstadt wie zu Hause fühlen kann[37], ist es gerade die Produktion eben dieser Provinzstädte mit ihrem landwirtschaftlich betriebenen Hinterland, welche italische, für entferntere Märkte bestimmte Waren ersetzt. Auch hierin zeigt sich die Vorbildwirkung des italischen Raumes. Doch die an Ort und Stelle erzeugten Kopien sind billiger als die über weite Entfernungen transportierten Originale. Zum anderen werden selbst auf der Apenninenhalbinsel Produkte, deren Qualität gefragt, die aber auf wenige Standorte beschränkt waren, an weiteren geeigneten Stellen imitiert. Dadurch verringert sich der Abnehmerkreis bisher traditioneller Produktionsstätten. Aus unterschiedlichen Gründen erreichen aber spätestens im 2. Jh. im Gegenzug provinziale Nachproduktionen städtische italische Märkte. Das konnte nicht ohne Auswirkungen auf die wirtschaftliche Lage der italischen Städte bleiben, auf deren Territorien die von der zurückgehenden Nachfrage betroffenen Erzeugnisse hergestellt wurden, zumal die Zahl der italischen Produkte, die überprovinzial gehandelt wurden, ohnehin nie groß war (es betraf im wesentlichen nur Keramik, Wein, Öl sowie Lampen aus Kampanien).[38] Gewerbliche und agrare Mittelpunkte wie Capua, die in der späten Republik noch mit Rom selbst zu konkurrieren versuchten, verlieren an Bedeutung. Es ist längst beobachtet worden, daß das einst so viel gerühmte Kampanien als Produktionszentrum schon vor dem 3. Jh. nur noch lokale Märkte bediente.

Capua selbst, laut Tacitus im „Dreikaiserjahr“ 69 gegen Vespasian und für Vitellius Partei ergreifend, wird nach Plinius nur noch selten, und dann ohne in unserem Zusammenhang wesentliche Aussagen zu liefern, erwähnt. Pompeii wird nach dem Vesuvausbruch des Jahres 79 nicht nur nicht wieder aufgebaut, seine Funktion als lokales Verteilungs- und Umschlagszentrum auch von keiner anderen kampanischen Stadt übernommen. Puteoli geht als Haupthafen für

[37] Katz, Decline 9.

[38] Ausführlicher Fischer, Stadt, 38 ff.; Hammond, City 298; F. Millar, Italien, in: Fischer-Weltgeschichte, Bd. 8, Frankfurt/M. 1966, 129; F. W. Walbank, s. Anm. 8, 52.

alexandrinisches Getreide, das im Rahmen der *annona* von hier aus nach Rom weitergeliefert wird, sowie als Sitz von Niederlassungen namentlich syrisch-libanesischer Handwerkszweigstellen (Glaswaren) in seiner Bedeutung im späten Prinzipat zurück. Inwieweit ein Teil dieser Aufgaben von Ostia, unmittelbar vor den Toren Roms gelegen, übernommen wird, ist umstritten. In unserem Zusammenhang ist wesentlich, daß Puteoli noch im 4. Jh. keine unbedeutende Stadt ist, sein Hafen auch noch immer einige Rekonstruktionen erlebt und in den Quellen als Erholungsort für reiche Römer erwähnt wird. Eine durchaus begüterte Oberschicht in für eine mittlere Stadt überdurchschnittlicher Größenordnung lebt hier, nur daß sie ihren Reichtum nicht mehr, wie analog des 1./2. Jh. anzunehmen gewesen wäre, aus Handel, Verkehr oder Handwerk, sondern aus landwirtschaftlichen Erträgen, aus großen Besitzungen in der kampanischen Umgebung, bezieht. Die Hafenanlagen von Ostia selbst waren durch Trajan zwar rekonstruiert worden. Bemerkenswert ist aber, daß die damit verbundene Aufwertung in keinem Verhältnis steht zu den Impulsen, die mit der zusätzlichen Übertragung der von Puteoli übernommenen Aufgaben zu erwarten waren. Es fällt auf, daß in der vorher schon von Kaiser Claudius begünstigten Hafenstadt bereits weit vor dem 3. Jh. an Stelle der traditionellen Munizipalaristokratie reiche Händler und die wohlhabenden Mittelschichten, also im wesentlichen Handwerker, herangezogen werden, wenn die Magistraturen besetzt werden müssen. Trotz eines nochmaligen (letzten) Ausbaues der Hafenanlage[39] ist eine Stagnation seiner ökonomischen Bedeutung schon im 3. Jh. unübersehbar. Wie Rom als ökonomisches Zentrum von Handel und Verkehr an Bedeutung verliert, wird auch die Bedeutung Ostias geringer, was sich in der Zahl seiner Bauten ausdrückt. Wie für Rom die Thermen des Caracalla das spektakulärste Bauwerk während der Krisenjahrzehnte des 3. Jh. werden, sind es für Ostia Ergänzungs-, aber eben keine neuen Bauten für ein Theater, ebenfalls von Caracalla veranlaßt, sowie die Lieferung von 100 Marmorsteinblöcken aus Afrika für die Neugestaltung des Marktplatzes, in Auftrag gegeben von Kaiser Tacitus (275–276).[40] Doch waren das nur noch wenige Bauten, die außerdem von Kaisern, nicht von der Stadt selbst finanziert wurden – eine Tatsache, die die Beobachtungen vom allmählichen Abstieg Ostias seit Ende des 3. Jh. unterstützt.[41] Er steht in Zusammenhang damit, daß Rom nicht mehr nur in ökonomischer Hinsicht seine

[39] Ausführlicher mit Quellen Chr. Hülsen, Campania, in: RE, Bd. 3, Stuttgart 1899, Sp. 1437; Fischer, Stadt 36 ff.; ders., Zur Entwicklung Ostias und Puteolis vom 1. Jahrhundert v. u. Z. bis zum 3. Jahrhundert, Münstersche Beiträge zur Antiken Handelsgeschichte 5, 1986, 1, 3 ff.; zu Commodus vgl. weiterhin M. Gherardini, Studien zur Geschichte des Kaisers Commodus, Wien 1974, 312 ff.

[40] HA, Vita Tacit., 10,5.

[41] F. Millar, Italien, s. Anm. 38, 143. Selbst F. Kolb, Die Stadt im Altertum, München 1984, 203, erkennt „in Verfall und Wandel in der Bausubstanz ein sicheres Indiz für einen ökonomischen Niedergang“.

beherrschende Rolle verliert, sondern auch die absolute Zahl seiner Bewohner rückläufig ist. Im 4. Jh. wurde seine Einwohnerzahl auf nur noch 200 000 geschätzt.[42] In dieser Zeit ist parallel dazu die Verkleinerung von Ostia offenkundig: Hafen und Bevölkerungszahl sind entsprechend den geringeren wirtschaftlichen Aufgaben Ostias verkleinert.

Dem hier gezeigten Bild vom graduellen Rückgang der Bedeutung von Stadt, Handel, Handwerk und Verkehr im italischen Raum entsprechen einige allgemeine Indizien, deren Anfänge ebenfalls z. T. weit vor dem 2. Jh. liegen. In diesem Zusammenhang sei hervorgehoben, daß einige, während der Krise des 3. Jh. häufig als typisch angesehene Faktoren hier eine wesentlich geringere Rolle spielen als in vielen anderen Provinzen. Die Barbareneinfälle nach Italien im 3. Jh. treffen nur wenige Gebiete und dann die Städte nicht nachhaltig. Kaiser Aurelianus versieht zwar Rom mit einer Mauer, doch als Präventivmaßnahme; die Juthungeneinfälle betrafen nur den Norden, konnten von Aurelian auch selbst zurückgeschlagen werden und fielen in eine Zeit, da die Destabilisierung des Reiches ökonomisch wie politisch ihren Höhepunkt bereits überschritten hatte.

Die Loslösung großer landwirtschaftlicher Güter aus städtischem Territorium, verbunden mit oft erheblichen Verlusten städtischer Einnahmen, erfolgt im italischen Raum, wie jüngst nachgewiesen, verhältnismäßig spät, so daß dieser Prozeß als Ursache des Rückganges der Bedeutung der Städte nicht in Betracht kommt: Bis gegen Ende des 2. Jh. überwog auf der Apenninenhalbinsel der außerstädtische, also exempte Grundbesitz noch nicht.[43] Da sich hier sehr früh eine Krise der Landwirtschaft bemerkbar machte, ein Rückgang der Marktproduktion damit verbunden war, ferner viele Städte vor oder seit dem 2. Jh. stagnierten, verdient es hervorgehoben zu werden, daß bis ins 3. Jh. das Territorium der Städte überwiegend intakt blieb.

Zu den eher regional begrenzten Anzeichen eines partiellen Niederganges der Entfaltungsmöglichkeiten städtischen Lebens werden seit dem 2. Jh. beobachtete Anzeichen finanzieller Mißwirtschaft gezählt. Zwar sind sie in Kleinasien signifikanter, weil durch Quellen auch besser nachweisbar, doch traten sie nicht nur hier auf. Auch für Como, Canusium, Praeneste, Pisa und Caere sind sie belegbar, ebenso für Bergomum,[44] bekannt durch die bei Plinius (Plin. nat. 34,2) hervorgehobene Bronzegießerei. Diese Angabe ist jedoch ebensowenig für Bergomum ein Indiz für eine Fortdauer städtischer Prosperität, wie etwa für die gleichfalls bei Plinius erwähnte Stadt Tarentum (Plin. nat. 34,11), deren Bevölkerungsrückgang schon Nero durch Anlage einer *colonia* vergebens zu begegnen suchte (Tac. ann. 14,27). Und was für Tarent gilt, trifft nahezu auf ganz

[42] J. Bleicken, Verfassungs- und Sozialgeschichte des Römischen Kaiserreiches, Bd. 2, Paderborn, 21.

[43] Dazu Belege bei Johne–Köhn–Weber, Kolonen 154, 183.

[44] W. Langhammer, s. Anm. 5, 165; S. Dill, s. Anm. 4, 247 f. mit Quellenangaben.

Großgriechenland zu. Dieser Raum war aus Ursachen, die weit vor dem 3. Jh. liegen, nicht mehr strukturbestimmend. Ausgenommen sind Städte, die namentlich von ihrer günstigen Verkehrslage profitierten, so Brundisium (als Anlegestelle für den Verkehr in Richtung Griechenland), Rhegium und Beneventum. Letztere erlebte unter Trajan einen Aufschwung, als er die Straße nach Brundisium ausbauen ließ. Thermen und Theaterbau unter Hadrian sowie Erweiterungsbauten unter Septimius Severus und seinem Sohn Caracalla bezeugen die kaiserliche Förderung dieser Stadt zumindest bis in die ersten Jahrzehnte des 3. Jh.[45]

Die Verschlechterung kommt nicht nur in der Verschuldung einiger italischer Städte zum Ausdruck. In ebendem Maße, wie die oberste Schicht nicht mehr in der Lage ist, durch Spenden neue öffentliche Gebäude zu finanzieren bzw. sich dabei übernimmt, kann sie auch die obligatorischen Geld- und Naturalverteilungen nicht mehr aufrecht erhalten. Empfänger war, nach dem Vorbild der Hauptstadt Rom, wo solche Spenden in der Kontrolle der Kaiser lagen, die arme Bevölkerung, die durch solche Gaben von sozial motivierten Rebellionen abgehalten werden sollte. Es ist gewiß nicht zufällig, wenn die sogenannte *munificentia privata* in italischen Städten durch 11 Inschriften im 1. Jh., 68 im 2. Jh., 16 im beginnenden 3. Jh. manifestiert ist, Mitte des 3. Jh. jedoch rasch zurückgeht. Eine Ursache wird darin gesehen, daß der überwiegende Teil der Spender, die Dekurionen, ebenso wie bestimmte mittelständische Schichten, selbst verarmt, damit nicht mehr in der Lage waren, die Verteilungen aufrechtzuerhalten.[46]

Gerade weil die Loslösung städtischen Landes zu exterritorialem Großgrundbesitz im italischen Raum recht spät erfolgt, können auch die Alarmzeichen aus der Landwirtschaft als Schlaglicht auf die ökonomischen Verhältnisse mancher Städte gewertet werden. Hierzu gehören die Hinweise aus dem späten 2. Jh. über offenbar größere Strecken von Land, das mangels Arbeitskräften nicht bebaut werden konnte. Kaiser Pertinax (193) verfügte für den ganzen italischen Raum, daß jeder von unbebauten Feldern so viel er wolle und bearbeiten könne in Besitz nehmen dürfe. Und wer dieses Land sorgfältig bebaue, solle dessen Eigentümer werden. Den Bebauern sicherte Pertinax völlige Steuerfreiheit für zehn Jahre und für die weitere Zeit ungestörten Besitz zu (Herodian, 2,4). Die Anzeichen für einen Rückgang bestimmter Zweige der italischen Landwirtschaft sind jedoch viel weiter zurückzudatieren. Erinnert sei an den Rückgang des Abnehmerkreises für die überregional gefragten Weine und Öle ebenso wie an die steigenden Angebote provinzialer Sorten, die umgekehrt auf der Apenninenhalbinsel vertrieben wurden. Zwar ist neuerdings zurückgewiesen worden, daß gallische bzw. spanische Weine auf der Apenninenhalbinsel einheimische Sor-

[45] U. Kahrstadt, Die wirtschaftliche Lage Großgriechenlands, Wiesbaden 1960, 124.

[46] St. Mrozek, Munificientia privata in den Städten Italiens der spätrömischen Zeit, Historia 27, 1978, 357, 367.

ten zurückgedrängt hätten, vielmehr sei der italische Wein noch im 2. und 3. Jh. berühmt gewesen. Doch reichen die beigebrachten Gegenbelege offensichtlich nicht in das 3. Jh.[47] Schon vor diesem Zeitpunkt wurden die guten Weine aus dem fruchtbaren Kampanien selbst im italischen Raum imitiert. Plinius (nat. 23,20) beklagt im übrigen, daß die Qualität italischen Weines durch unsachgemäße Behandlung gesunken ist. Und wenig später hatte es Kaiser Domitian für notwendig befunden, ein Weinbauedikt herauszugeben, wonach im italischen Raum die Zahl der Weinberge nicht mehr vergrößert, in den Provinzen jedoch der Anbau um die Hälfte vermindert werden solle (Suetonius, Domitian 7). In diesem Edikt wird mithin versucht, italische Weine zugunsten provinzialer zu bevorzugen, offensichtlich verlorengegangene Märkte wiederzugewinnen. Allerdings konnte das Dekret nicht durchgesetzt werden (Plin. nat. 14).

Ein ähnliches Bild bot sich bei Öl. Die Forschung ist sich weitgehend einig, daß sich etwa seit dem 2. Jh. spanisches Öl auf dem italischen Markt durchsetzte. In unserem Zusammenhang ist nicht zu diskutieren, ob diese Schwierigkeiten in der italischen Landwirtschaft letztlich ähnliche Ursachen wie bei dem Rückgang des Getreideanbaues zur Zeit der Republik hatten, wo Lieferungen aus den Provinzen, überwiegend im Rahmen der *annona* erfolgend, den Getreideanbau in vielen italischen Gebieten unrentabel werden ließen. Tatsache ist, daß die italische Landwirtschaft aus Gründen, die weit vor dem 3. Jh. liegen, in vielen Regionen in einer Krise war, die mit dazu beitrug, daß die Armut unter der Bevölkerung weit verbreitet war.[48] Namentlich für den Süden des italischen Raumes belegte Unruhen, die mit dem Anführer Felix Bulla ihren Höhepunkt fanden, beweisen, wie hoffnungslos die Lage der untersten Schichten schließlich eingangs des 3. Jh. geworden war. Die Hinrichtung des Felix Bulla im Jahre 206 (Dio Cassius 76,10) bedeutete kaum eine Lösung des Problems; sozial motivierte Unruhen, wenn auch geringeren Ausmaßes dauerten fort, wenn sie auch in den Quellen keinen so spektakulären Niederschlag mehr fanden.

Die hier dargestellten Symptome eines seit spätestens am Beginn des 2. Jh. sichtbaren Rückganges der Bedeutung vieler italischer Städte als Plätze überregionalen Austausches landwirtschaftlicher und handwerklicher Produkte, damit verbunden der städtischen Prosperität überhaupt, schließlich auch der politischen Vorrangstellung Italiens, finden Ende des 3. Jh. durch Kaiser Diokletian (284–305) ihren folgerichtigen administrativen Niederschlag. Die Apenninenhalbinsel verliert ihre Sonderstellung und wird in ihrem Status anderen Provinzen des Römischen Reiches gleichgesetzt. Damit war gleichzeitig die Konse-

[47] N. Purcell, Wine and Wealth in Ancient Italy, Journal of Roman Studies 75, 1985, 19.

[48] Vgl. dazu die ausdrückliche Forderung Trajans, daß Senatoren ein Drittel ihres Vermögens (patrimonii tertiam partem) in Grund und Boden anlegen sollten, Plinius, ep. 6, 19. – Von einer Unrentabilität des Getreideanbaus in der späten Republik spricht F. de Martino, Wirtschaftsgeschichte des alten Rom, München 1985, 264, 327 mit Lit.

quenz aus der seit dem Prinzipat fortschreitenden Abwertung der Bedeutung des römischen Bürgerrechts gezogen, die unter Caracalla auch de iure verfügt worden war.

Dennoch bedarf das Bild des Rückganges der italischen Städte für den Norden der Korrektur – gerade in jenem Gebiet, das von Zeit zu Zeit von feindlichen Überfällen heimgesucht worden ist. Gegen 168 erfolgten Einfälle von Stämmen jenseits der Donau, wobei Opitergium niedergebrannt, Aquileia belagert wurde. Die nächste Belagerung mußte Aquileia im Jahre 238 über sich ergehen lassen, als das plündernde Heer des Maximinus Thrax die Stadt zu erobern suchte, die sich gegen ihn erklärt hatte. Schließlich gelangte Philippius Arabs, bei dem vergeblichen Versuch, seinen Thron zu verteidigen, im Jahre 249 bis Verona. Besonders Aquileia wurde seit etwa Strabos Zeiten die Vermittlungsstation von und zu den Stämmen des Nordens; das Pogebiet galt als fruchtbarster Teil Italiens (Strabo 5, 1, 12; Tacitus, hist. 2, 17, 1: *florentissimum Italiae latus*) und ist es bis in das 5. Jh. geblieben. Aquileia wird zur Zeit des Maximinus Thrax als eine der größten Städte der Apenninenhalbinsel beschrieben. Sowohl dank seiner zahlreichen Bewohner als auch durch seine günstige Lage war es einerseits der Markt Italiens, aber auch eine Vorstadt ganz Illyriens. Hinzu kam der Gewerbefleiß seiner Einwohner, ferner das günstige Klima, welches besonders zum Weinbau sehr geeignet war. So befanden sich stets zahlreiche Fremde, besonders auch Kaufleute, in Aquileia (Herodian 7, 61). Es war wohl diese Funktion als ökonomisches und kommunikatives Zentrum auch für viele umliegende kleine Städte und Landstriche, die Aquileia jene Prosperität verlieh, durch die es in der Lage war, jederzeit seine gut befestigten Mauern instandzuhalten und große Vorratslager zu unterhalten,[49] woran die Truppen des Maximinus Thrax schließlich scheiterten. Die Hoffnungslosigkeit auf einen Sieg erkennend, brachten sie ihren Kaiser um. Als die Bürger Aquileias ihre Mauern nach dem Untergang des Maximinus öffneten, mögen die nun nicht mehr in feindlicher Absicht die Stadt besichtigenden Heeresangehörigen noch im nachhinein erkannt haben, daß noch so viele Opfer vergebens gewesen wären, ihr ehemaliger Kaiser sich vielmehr in eine politisch wie militärisch hoffnungslose Situation hatte manövrieren lassen.

Neben Aquileia sind besonders Ravenna und Mediolanum wichtige italische Städte im 3. Jh. Mediolanum, dessen Einwohnerzahl in der Spätantike auf etwa 100 000 geschätzt wird, gehört schließlich wie Aquileia zur drittgrößten Städtegruppe des Reiches (nach Rom gab es eine kleine Anzahl von Städten, wie Alexandreia, Antiocheia und Karthago, mit über 100 000 Einwohnern). Mediolanum profitierte bei seinem Aufstieg von seiner geographischen Lage (zentrale Lage inmitten anderer Städte in der norditalischen Tiefebene, Tor zu den Gebieten jenseits der Alpen) und wurde schließlich dank der dadurch ermög-

[49] T. Frank, Rome and Italy of the Empire, in: An Economic Survey of Ancient Rome, ed. by T. Frank, Bd. 5, Baltimore 1940, 107.

lichten wirtschaftlichen Prosperität zur Kaiserresidenz.[50] Gerade die wirtschaftliche Bedeutung dieser Städte auch im 3./4. Jh. macht deutlich, daß kriegerische Einwirkungen für Rückgang oder Weiterentwicklung italischer Städte keine nachhaltige Bedeutung hatten. Während Beginn und Höhepunkt der Krise des 3. Jh. blieben gerade die Städte Mittel- und Süditaliens, die doch am nachhaltigsten von ihr betroffen wurden, von Zerstörungen durch militärische Auseinandersetzungen weitgehend verschont.

2. Nordafrika

Im Gegensatz zum italischen Raum, wo schon im 1. Jh. v. Chr. als Folge des Abfalls der Italiker (90–88) das römische Bürgerrecht auf die Bundesgenossen *(socii)* ausgedehnt worden war und das ganze Territorium zu Städten gehörte, wurde in Nordafrika der Ausbau des Städtewesens erst im frühen Prinzipat (die schon von Caesar geplante Koloniegründung von Karthago konnte erst unter Augustus realisiert werden) vorangetrieben. Ein weiterer Höhepunkt war die Zeit vom 2. bis etwa Mitte des 3. Jh. Bis zu diesem Zeitraum ist die größte Zahl von Spenden der Städtebürger für ihre Stadt zu beobachten, ebenso eine rasche Zunahme von städtischen Bauten. Doch ist auch festgestellt worden, daß zwischen der Regierungszeit Kaiser Hadrians und der des Septimius Severus die Zahl der kleinen Spenden viel stärker anwuchs als die Zahl der großen. Hieraus wurde geschlossen, daß einmal der Wohlstand der reichen Schichten sich nur mäßig vergrößerte, zum anderen die Bürger aus Furcht vor Konfiskationen durch die Kaiser vermieden, durch größeres finanzielles Engagement übermäßige Ehrungen ihrer Stadt auf sich zu häufen.[51]

Entsprechend wurden für diese Zeit großer städtischer Prosperität einschränkende Unsicherheitsfaktoren gesehen, die die weitere Entwicklung beeinflussen könnten. Weiterhin wurde angeführt, daß es zunächst nicht Ziel römischer Politik sein konnte, Zentren von ehemaligen punischen Siedlern oder Einheimischen zu urbanisieren, wogegen zu recht festgestellt wurde, daß dieser Prozeß sich aus der fortschreitenden Urbanisierung im ganzen Reich ergab.[52] Nachdem sie sich zu Städten entwickelt hatten, waren sie jedoch als administrative Zentren der kaiserlichen Machtdurchsetzung förderlich und Ausdruck des wachsenden

[50] Vgl. Amm. Marc. 21,11; 21,12 für das 4. Jh. Auch die Expos. tot. mundi 56 erwähnt Aquileia und Mediolanum als herrliche Städte. Kolb, Stadt 191, 229; R. Syme, Rival cities, notably Tarraco and Barcino, Ktema 6, 1981, 271 f.

[51] Haywood, Africa 73.

[52] Diese „Blütezeit" ist „von solchen Erscheinungen begleitet . . ., die als Symptome der sich nähernden Krise angesehen werden können", so J. Burian, Die einheimische Bevölkerung Nordafrikas von den Punischen Kriegen bis zum Ausgang des Prinzipats, in: Die Araber in der Alten Welt, Bd. 1, Berlin 1964, 468; W. H. C. Frend, The Donatist Church, Oxford 1952, 33.

Grades der Romanisierung. Entsprechend beobachten wir, daß in steigendem Maße Peregrinenstädte, die nicht mehr auf Basis der Stammesgemeinde organisiert waren, oder *pagi* (wo römische Bürger organisiert waren) zu *municipia* oder *coloniae* aufgewertet wurden.[53] Doch war gerade letzteres problematisch. Trotz Vereinigung von punischen oder einheimischen Siedlungen mit solchen römischer Kolonisten, die zunächst nebeneinander lagen, blieben doch oft erhebliche kultische und kulturelle Unterschiede bestehen, was sich u. a. darin ausdrückt, daß sich die punische Sprache bzw. ein latinisiertes Punisch im ehemals peregrinen Teil der neuen *colonia* bzw. des *municipium* behaupten konnte.[54] Hinter diesen Differenzen verbargen sich häufig soziale Konflikte.

Daneben gab es *castella*, befestigte Dörfer, in denen meist Einheimische lebten oder aber römische Bürger, die bei der Verteidigung strategisch wichtiger Territorien eingesetzt waren. Diese *castella* wurden in der Folge oft mit benachbarten Städten verbunden, mitunter jedoch wurden sie selbst auch politisch wie wirtschaftlich zu eigenen Mittelpunkten des umliegenden Gebietes aufgewertet, so ein *castellum* in der Nähe von Cirta im Jahre 215 (CIL VIII 6001). Teilweise wurde ihnen das Recht, Markttage zu veranstalten, eingeräumt, so belegt von Caracalla (*castellum Mastarense:* CIL VIII 6357), und Alexander Severus (*castellum Tidditanorum:* L'année épigraphique 1942/43, 3; 7).[55]

Es fällt auf, daß sich Dedikationen, Verleihungen von *municipium*- oder *colonia*-Status, in der Severerzeit häuften. Ein Grund mag darin gelegen haben, daß in einer politisch krisenanfälliger werdenden Zeit die Kaiser versuchten, sich die Gunst der Städte zu erwerben, sie also aufwerteten. Außerdem gab ihnen das die Möglichkeit, durch Vermehrung der Zahl der römischen Bürger sich ein größeres Reservoir für die notwendigen Rekrutierungen angesichts der mehr und mehr steigenden Anforderungen infolge ständiger Kriege zu schaffen. Andererseits muß hervorgehoben werden, daß im Unterschied zum italischen Raum die Entwicklung der Städte im 2. und beginnenden 3. Jh. noch keineswegs abgeschlossen war, bekannte Städte vielmehr den Höhepunkt noch vor sich hatten. Dazu gehören eine der neben Karthago wohl wichtigsten Hafenstädte, Hadrumetum, unter Trajan in den Rang einer *colonia* erhoben, ebenso Sitifis im caesarensischen Mauretanien oder Cuicul, dessen erste Bauperiode Mitte des 2. Jh. bis zu Beginn des 3. Jh. datiert wird. Noch später, unter Kaiser Gallienus, wurde Thugga zur *colonia* erhoben, aus welchem Anlaß die Stadt Säulenhalle, Tempel und Thermen errichten konnte.[56] Dazu kommt, daß Septimius Severus namentlich seine Heimatstadt Leptis Magna förderte. Die Stadt hatte zwar schon unter Trajan den Status einer *colonia* bekommen, womit ihre Einwohner das römische Bürgerrecht erhielten. Als solcher bekleidete der Großvater des Kaisers

[53] J. Burian, s. Anm. 52, 483.
[54] W. H. C. Frend, s. Anm. 52, 36.
[55] Ausführlicher bei J. Burian, s. Anm. 52, 486.
[56] Kolb, Stadt 211 ff.

eine Magistratur als *sufes,* doch erst Septimius Severus gewährte allen Bürgern Steuerfreiheit.[57] Gleiche Privilegien erhielten unter ihm z. B. die Einwohner der Städte im *colonia*-Rang Karthago, Thysdrus und Utica. Wie in anderen Fällen wurden anläßlich kaiserlicher Dedikationen auch in Leptis Magna zahlreiche Neubauten, u. a. *forum* und *basilica,* sowie eine Renovierung der Hafenanlage vom Kaiser veranlaßt bzw. von den Bürgern gestiftet. Daß im Falle von Leptis Magna jedoch nur eine künstliche Blütezeit per kaiserlichem Willen erzeugt wurde, zeigt, daß letztere rasch versandete, als der Kaiser gestorben war. Ähnlich kurzlebig war die Blüte solcher Städte, die nur der Aktivität dort vorübergehend gelagerter Legionen zu verdanken war. Das gilt z. B. für den Aufschwung kleinerer Städte im Innern von Mauretania Tingitana im frühen und mittleren 3. Jh., der im Zusammenhang mit der dortigen Limesanlage und -sicherung stand. Hier wurde eine nur kurzzeitige Stimulanz für das Leben vieler Städte durch die vorübergehende Anwesenheit starker Garnisonen erzeugt.[58] Unbestreitbar ist die Entstehung vieler Städte im Landesinnern der Provinz Africa neben den bereits bestehenden Peregrinenstädten auch den Ansiedlungen römischer Veteranen zu verdanken und den Leistungen der Armee, so beim Bau von ursprünglich nur dem Heer dienenden Straßen, so südöstlich von Karthago oder von Tacape ins Landesinnere und weiter östlich bis Leptis Magna.[59] Durch die sogenannte *centuriatio,* das heißt einer nach Aufteilung entsprechend einem Flurplan in rechteckigen Losen entlang der Hauptverkehrswege erfolgten Anweisung des Landes, entstanden jene *castella* und auch allmählich feste Siedlungen bisher nomadischer Völkerschaften, die bis zum 3. Jh. in den Rang einer *colonia* als höchste Stufe steigen konnten, wie beispielsweise Sufes zur *colonia* Sufetana, vielleicht noch im 2. Jh. (CIL VIII 11430). Im Jahre 215[60] erhält das *castellum* Subzuar bei Cirta in Numidien die Selbstverwaltung zugesprochen (CIL VIII 6001). Die zunehmende Unsicherheit der politischen Situation im Römischen Reich seit Ende des 2. Jh., verbunden mit häufigen Rebellionen von Heeresteilen, schlug sich auf die städtische Entwicklung in Nordafrika nicht nachhaltig nieder.[61] Es ist bekannt, daß Septimius Severus in der Lage war, rechtzeitig Maßnahmen zu treffen, daß sein Kontrahent Niger nicht die Getreide-

[57] Das sogenannte ius Italicum F. Millar, Africa, in: Fischer-Weltgeschichte, Bd. 8, Frankfurt/M. 1966, 178.

[58] Haywood, Africa 114.

[59] F. Millar, s. Anm. 57, 174; St. E. Sidebotham, s. Anm. 25, 179.

[60] H. Dessau, Sufes, in: RE, Bd. 4, Stuttgart 1931, Sp. 643; ders., Subzuar, in: ebenda, Sp. 512; beide Datierungen nach J. Burian, s. Anm. 52, 486.

[61] Ausführlich zur Geschichte der antirömischen Kriegszüge und Bewegungen in Nordafrika J.Burian, s. Anm. 52; zu Raubzügen einheimischer Stämme, die Numidia wohl nur gelegentlich und nur die Bergregionen von Mauretania, wo zahlreiche (halb-) nomadische Stämme wohnten, stärker beunruhigten siehe Haywood, Africa 115 (nach dem Jahre 235).

lieferungen aus der Provinz Africa, die im Rahmen der *annona* erfolgten, stören konnte. Er schickte Legionen nach Africa, damit Niger nicht über Libyen und Ägypten Africa okkupieren und so das römische Volk durch Mangel an Getreide hart bedrängen konnte *(perurgeret)* (HA, Vita Sept. Sev. 8, 7), also Hungerrevolten in Italien gegen ihn auslösen würde.

Dagegen kam es unter Maximinus Thrax ebenfalls vornehmlich in der Provinz Africa zu Unruhen, die schließlich mit erheblicher Grausamkeit niedergeschlagen wurden, wobei sowohl die Einwohner von Karthago als auch die Stadt selbst beträchtlich in Mitleidenschaft gezogen wurden. Angesichts der relativen Bedeutungslosigkeit kriegerischer Einfälle oder Aufstände nomadischer Stämme in diesem Gebiet im 3. Jh. sei auf die Ereignisse der Jahre 235–238 näher eingegangen: Nach Herodian 7, 4–9, war der Anlaß der Revolte des Maximinus' Auftrag an seinen Prokurator in Africa, finanzielle Mittel einzutreiben, was letzterer bei reichen Bürgern versuchte. Diese, ihren Ruin befürchtend, sammelten Abhängige und töteten ihn. Offenbar schon durch vorhergehende Ausraubungen im Namen des Kaisers aufgebracht, fanden schnell weitere Unzufriedene den Weg zu den Empörern und – um der Bestrafung durch Aktionen des Kaisers zu entgehen – wurden der Prokonsul von Africa, der reiche Grundbesitzer Gordianus, ein achtzigjähriger Greis, sowie dessen Sohn zu (Gegen-)Kaisern ausgerufen. Danach zogen die Anhänger Gordianus' nach der Stadt *(ad oppidum)* Thysdrus (HA, Vita Gord. 8, 5). Nach Herodian wie der Historia Augusta waren es in erster Linie rebellierende reiche Gutsbesitzer, an denen sich Maximinus schadlos halten wollte – die Darstellung des Aurelius Victor 17, es handle sich um eine Soldatenrebellion, wird von der Forschung überwiegend abgelehnt.[62] Andererseits ist es unbestritten, daß man nach der Kaisererhebung sich zunächst in Thysdrus festsetzte, ja nach Herodian 7, 6 ging die ganze Bewegung von dieser Stadt, wo sich der Prokonsul gerade aufhielt, aus. Sodann ging Gordianus I. nach Karthago, das, als größte und volkreichste Stadt, so berühmt gewesen sei zur damaligen Zeit, daß es sich an Macht, Reichtum, Größe und Bevölkerungszahl mit Alexandreia in Ägypten als zweitgrößter Stadt im Reich habe messen können und nur Rom nachgestanden habe. Weiter heißt es, der Statthalter von Numidia, Capellianus, habe die gegen ihn militärisch vorrückenden Karthager (also nicht nur große Gutsbesitzer und deren Abhängige aus den umfangreichen landwirtschaftlichen Betrieben) rasch geschlagen. Offensichtlich erwies sich Gordianus I. als nicht in der Lage, geeignete Truppen aufzustellen. Danach wird ausdrücklich vermerkt, Capellianus habe nach der Zerschlagung des Aufstandes Städte und Ländereien plündern, Eigentum von Städten, Bürgern und Tempeln konfiszieren und viele Einwohner hinrichten oder verbannen lassen. Aus diesen Angaben dürfte hervorgehen, daß zwar möglicherweise zunächst hauptsächlich reiche Grundbesitzer die Leidtragenden der Ausraubungsversuche im Namen des Maximinus gewesen sein mögen und insofern

[62] Štaerman, Krise 355, mit Literaturverweisen.

auch die Anstifter zur folgenden Absetzung des Kaisers in der Provinz Africa. Der weitere Verlauf der Bewegung, auch die Vergeltungsmaßnahmen des Capellianus lassen jedoch nicht zu, ausschließlich in der Landbevölkerung Anhänger der Gordiane zu sehen.[63]

Leider gibt Herodian keine näheren Hinweise, welche Städte von den Plünderungen und Konfiskationen betroffen waren. Das läßt bei aller Vorsicht vermuten, daß die Zahl der Städte – außer Karthago natürlich –, wo solche Aktionen sich gelohnt hätten, nicht allzu groß war und führt uns zu weiteren Überlegungen über die Charakteristik der Mehrzahl der Städte in Nordafrika. Ausgenommen wieder Karthago und Hadrumetum hatte die Provinz Africa proconsularis, zuzüglich des nach dem Aufschwung unter Septimius Severus wieder an Bedeutung verlierenden Leptis Magna, wenig Häfen, die von mehr als regionaler Bedeutung waren. Hinzuzufügen ist noch, daß das wichtigste Produkt, welches in andere Provinzen geliefert wurde, Getreide war, welches im Rahmen der *annona* Italien per Seeweg erreichte, überregionaler Handel also von geringer Bedeutung war.[64] Hinzu kamen Öl, Feigen und Weine. Das gleiche gilt von Handwerkserzeugnissen, etwa Tonwaren. Entsprechend sind Belege für große Warenspeicher, wo handwerkliche, für den überregionalen Markt bestimmte Produkte gesammelt wurden wie in Timgad (Numidien), selten. Selbst Karthago war überwiegend Umschlagplatz für Produkte, die in seinem fruchtbaren Hinterland gewonnen wurden. So waren die Städte in Nordafrika überwiegend Zentren der Landwirtschaft bzw. Umschlagplätze für Agrarprodukte. Soweit diese nicht in exterritorialen Gütern erzeugt wurden, heißt das, daß der größte Teil der städtischen Bevölkerung mit der Landwirtschaft oder der handwerklichen Verarbeitung landwirtschaftlicher Erzeugnisse beschäftigt war. Unter letzteren überwiegt die Wolle. Die auf ihrer Grundlage arbeitende Bekleidungsherstellung war bezeichnenderweise das einzige handwerkliche Gewerbe, wo sich Kollegien, Handwerkervereinigungen, von einiger Bedeutung nachweisen lassen.[65] Ansonsten, da Schafherden im Inneren Nordafrikas verbreitet waren, überwiegt selbst bei der Wolleerzeugung wie bei vielen anderen Bedarfsartikeln, lokale Kleinproduktion in den Städten oder deren Hinterland. Die einzelnen Hersteller vertrieben selbst in kleinen Verkaufsbuden auf dem benachbarten Markt ihre Ware.

[63] Štaerman, Krise 357; F. Kolb, Der Aufstand der Provinz Africa Proconsularis im Jahre 238 n. Chr., Historia 30, 1981, sieht die Ursachen der Erhebung in der Belastung der Kolonen durch den Staat (S. 472 f.): Da die *conductores* die ihnen auferlegten Beträge nicht mehr dem Fiscus beibringen könnten, käme es zur Verzweiflungstat der *conductores* mit der Ermordung des Prokurators, der sie haftbar gemacht hatte (S. 475 f.).

[64] Kolb, Stadt 221, spricht zwar von exportorientierter Organisation der Landwirtschaft, macht aber zwischen Leistungen im Rahmen der *annona,* innerprovinzialem, zwischenprovinzialem und Fernhandel keinen Unterschied, wodurch eine reale Einschätzung erschwert wird. Wirklicher Export im Sinne von Handel mit außerrömischen Gebieten ist sicher kaum von Bedeutung gewesen.

[65] Haywood, Africa 69 ff., Liste der belegbaren Korporationen des Handwerks.

Das galt selbst für Hersteller von „Luxusartikeln" wie Schmuck sowie der Mosaik- oder Vasen- und Statuettenproduktion der Töpferei.[66] Vielleicht ist es nicht übertrieben, die Marmorsteinbrüche von Simitthus als bedeutendste Quelle überprovinziellen Handels im 3. Jh. zu bezeichnen. Entsprechend spielen in der Expositio totius mundi nordafrikanische Erzeugnisse fast keine Rolle – die Ausnahme betrifft wieder nur Textilherstellung.[67] Größere Werkstätten, so eine für Purpurfarben in Meninx unter Claudius II. (HA, Vita Claudii 14, 8) und eine für Bekleidungsanfertigung im 4. Jh. in Karthago (Cod. Theod. 4, 6, 3) könnten kaiserlicher Besitz gewesen sein, gehörten also wahrscheinlich nicht Städtebürgern.

Ein Blick auf die Karte Nordafrikas zeigt namentlich für die Provinz Africa nicht nur an der Küste, sondern auch im Landesinneren ein dichtes Netz von Städten. Timgad, bekannt wegen seiner typisch römischen Stadtanlage mit gepflasterten, von Kolonaden umsäumten Straßen mit den obligatorischen Bauten, die kennzeichnend für das Stadtleben in römischer Zeit sind: Forum, Kapitol, Markt mit seinen *tabernae,* Theater, Bäder, Bibliotheken und Tempel, war als Stadt ein „Anzeiger des zivilisierten Lebens der einheimischen Bewohner an der Grenze".[68] Kleinere Städte waren ebenfalls nach dem Vorbild Roms aufgebaut, weniger aufwendig, je nach finanziellen Möglichkeiten, doch die wichtigsten munizipalen Einrichtungen waren hier wie dort vorhanden. Das gilt ebenso für die weiter auseinander liegenden, meist kleinen Städte in den Provinzen Numidia und Mauretania. Sie waren Mittelpunkte der sie umgebenden landwirtschaftlich genutzten Gebiete. Zu kultischen Höhepunkten, Festen, Markttagen usw. kam die Bevölkerung von dort in die Stadt, auch in Zeiten politischer Unsicherheit. Hier sollten die Städte Schutz vor Einfällen von nomadisierenden Grenzstämmen oder römischem Militär (Prätendentenkämpfe, soziale Widerstände wie bei der Bewegung der Gordiane) bieten. Durch diese ständige politische und wirtschaftliche Verbindung mit vielen Bewohnern aus Landgebieten, die eigentlich außerhalb des Stadtterritoriums lagen, erklärt sich zum Teil, daß selbst Städte mit verhältnismäßig geringer Einwohnerzahl über große kulturelle Einrichtungen verfügten. Beispielsweise konnte die Stadt Thugga Mitte des 3. Jh. ein riesiges Amphitheater für 60 000 Personen bauen. Im Landesinnern gelegen, gestatteten die geographischen Bedingungen gar nicht die Anlage einer Stadt mit so vielen Einwohnern, die diese Kulturstätte hätten füllen können. Doch zu bestimmten Anlässen kamen die Bewohner des weiten Umfeldes nach Thugga als nächstgelegener Stadt und füllten das Theater.[69] Solange die politischen Störungen noch begrenzt, die sozialen Auseinandersetzungen noch nicht allzu gravierend waren – und das trifft für das 3. und

[66] Haywood, Africa 58 f.

[67] Mauretania: Bekleidung, Pferde; Africa: Öl, bes. erwähnter Handwerkersitz: Straße der Silberschmiede in Karthago: Expos. tot. mundi 50; 61.

[68] Haywood, Africa 109.

[69] Haywood, Africa 112.

auch weitgehend für das 4. Jh. zu – verlief das städtische Leben ziemlich ungestört. Vielleicht ist eine Erklärung für die im wesentlichen ungebrochene Prosperität vieler Städte auch, daß man durch überwiegend lokal begrenzte Handels- und Produktionsbeziehungen weniger störanfällig gegen Münzverfall, Unsicherheit der Handelsstraßen, Verringerung des Kundenkreises an wertvollen, teuren Waren, vorübergehende Rückschläge etwa in der Landwirtschaft usw. war – Faktoren, die in anderen Provinzen eine wesentliche Rolle spielten.[70] Entsprechend weniger belegbar sind die Veränderungen im Dominat. Die Ankurbelung der Landwirtschaft besonders seit Konstantin (das Getreide aus Ägypten wurde nach Konstantinopel gelenkt, so daß Nordafrika jetzt allein Italien beliefern mußte) betraf in erster Linie die exterritorialen Güter (die sich hier schon viel früher von der Stadt gelöst hatten als auf der Apenninenhalbinsel), doch ist auch beobachtet worden, daß sich in der Provinz Africa offenbar die großen Grundbesitzer nicht im zu erwartenden Maße von ihren Städten gelöst hatten. In Karthago und einigen anderen größeren Städten läßt sich durchaus vermuten, daß offenbar noch im 4. Jh. von den reichen Oberschichten gleichzeitig komfortable Häuser auf ihren großen Gütern und teure Gebäude in der Stadt gebaut wurden.[71]

Curatores, im italischen Raum wie in Kleinasien kaiserliche Angestellte bzw. im kaiserlichen Dienst Arbeitende, die städtische Haushaltsführungen wegen deren desolatem Zustand zu kontrollieren haben, erscheinen in der Provinz Africa erst recht spät, wohl nicht vor dem 3. Jh. und dann nur zeitweise und nicht als Dauerinstitution. Von einer Beschränkung städtischer Souveränität durch kaiserliche *curatores,* für den Dominat häufig als typische Erscheinung eingeschätzt, kann demnach für Nordafrika noch über das 3. Jh. hinaus nicht gesprochen werden. Verstärkte soziale Auseinandersetzungen (Donatistenbewegung), Separationsversuche einzelner Machthaber, Einfälle von Barbaren im Süden usw., womit Schwächungen des städtischen Lebens verbunden sein könnten, werden ebenfalls erst weit nach dem 3. Jh. gravierend.[72]

[70] Wahrscheinlich ist es zu weit gegangen, will man den Aufstieg eines ehemaligen Bauern, der 12 Jahre als Schnitter umherzog, Vorarbeiter einer Gruppe von Schnittern wurde und schließlich so vermögend wurde, daß er ein Haus in Mactar erwerben konnte und dort Beamter wurde, auf Mangel an Dekurionen in dieser (und weiteren) Städten des frühen 3. Jh. deuten, wie F. Millar, s. Anm. 57, 176 nach CIL VIII 11824.

[71] Johne–Köhn–Weber, Kolonen 183; Kolb, Stadt 209, 215 (Timgad), 218.

[72] Zur Stellung des Kurators im römischen Afrika vgl. jetzt Cl. Lepelley, s. Anm. 14, 338: Institution des Kurators kein Schlag gegen die städtische Autonomie. – Zu den Donatistenbewegungen vgl. H. J. Diesner, Der Untergang der römischen Herrschaft in Nordafrika, Weimar 1964, 8, 100; ders., Kirche und Staat im spätrömischen Reich, Berlin 1963, 18. Für eine frühere Ansetzung von Krisenzeiten u. a. Haywood, Africa 116; vgl. zur Problematik auch: Dieter–Günther, Römische Geschichte 336.

3. Kleinasien/Syrien

Die städtische Entwicklung in diesen vorderorientalischen, vorwiegend griechischsprachigen Provinzen des Römischen Reiches scheint widersprüchlicher als in anderen Gebieten zu sein. Einerseits wird von einem Wiederaufblühen vieler Städte seit Augustus gesprochen. Gemessen an der Zahl der auf uns gekommenen Ehreninschriften über Stiftungen zur Förderung des städtischen Lebens – für gemeinnützige Bauten, Wettkämpfe (*agones*), Schauspiele usw. – läge das 3. Jh. bis zum Ende der Severer an der Spitze des Wohlstandes städtischer Bürger und ihrer öffentlichen Entfaltungsmöglichkeiten in diesem Raum. Allein aus einer verhältnismäßig kleinen Landschaft wie Lydien lassen sich aus dem 3. Jh. bzw. aus der Wende vom 2. Jh. zum 3. Jh. 18 Stellen bei Keil und Premerstein nachweisen, davon mindestens acht für die Severer, dagegen 14 aus dem 2. Jh. und nur elf, die sicher ins 1. Jh. gehören.[73] Andererseits besitzen wir von den anatolischen Städten die meisten Nachrichten über finanzielle Schwierigkeiten, so daß man aus diesen Quellen weitgehende Verallgemeinerungen für die Lage der Städte ab mittlerer Prinzipatszeit für das Imperium treffen zu können glaubte. Nachdem, was wir von Plinius dem Jüngeren oder Dion Chrysostomos, also aus dem Anfang des 2. Jh. erfahren, können die Probleme der Haushaltsführung bei einigen Städten in Kleinasien in der Tat nicht gering gewesen sein und können nicht mit der wachsenden Unlust der begüterten Bürger, für öffentliche Zwecke zu spenden, erklärt werden.[74] Wenn Dion Chrysostomos den Bürgern von Nikaia und Nikomedeia empfiehlt, statt sich in gegenseitiger Rivalität zu verausgaben, lieber sich durch Wohltaten an arme Gemeinden, die es ringsumher gibt, hervorzutun (38, 31 f.), spricht das für erhebliche soziale Differenzierung zwischen Städten bzw. Gemeinden. Daß dies nicht nur zwischen benachbarten, sondern mindestens ebenso innerhalb von Städten zutraf, zeigen gelegentliche Hinweise, so über eine Spende für notleidende Kinder in Sillyum (IGR 3, 800–802). Den Wohlstand vieler Städte, der sich scheinbar in vielen Bauten des späten 2. und beginnenden 3. Jh. manifestierte, verdunkelte mancher Schatten.[75] Nicht selten konnten große Bauwerke nicht mehr vollendet werden, da die städtischen Einnahmen nicht mehr ausreichten, die Bürger aber ihre weitere Finanzierung nicht mehr übernehmen konnten (vgl. Plinius, ep. 10, 37; 10, 39 für Nikomedeia, Nikaia, Claudiopolis), fehlten die Mittel für die Verbesserung der Lage der Bedürftigen. Laut den Digesten (35, 2, 89) versuchte man namentlich Zuteilungen für arme Kinder dadurch rationell zu lenken, daß man die Statthalter für ihre Verwaltung verantwortlich machte,

[73] Quellenverzeichnis siehe Fischer, Kleinasien 240 f.,Anm. 334, 335, 336.

[74] Hammond, City 297.

[75] Magie, Roman Rule 658; A. D. Macro, The Cities of Asia Minor under the Roman Imperium, in: ANRW, Bd. 7.2, Berlin-New York 1980, 687.

staatliche Beamte also für ihre zielgerichtete Verwendung einsetzte.[76] Manche Städte litten mit anderen Worten schon sehr früh unter Mangel an finanziellen Mitteln. Die verstärkten Bemühungen der Kaiser, zahlreiche Lasten auf die Städte abzuwälzen (Requirierungen, Straßenreparaturen usw.), zwangen umgekehrt die Städte, neue Einnahmequellen zu erschließen. Schon unter Kaiser Claudius erließ der Prokonsul von Asia ein Edikt, wonach Anleihen, die von einem öffentlichen Amt einer Stadt aufgenommen worden sind, innerhalb eines Jahres zurückzuzahlen sind.[77] Nach Tacitus (ann. 13, 51) sollen Klagen gegen offenbar sehr hohe Steuereinziehungen der Städte unter die Rechtssprechung des Provinzstatthalters kommen. Die Einsetzung eines kaiserlichen Korrectors für die Provinz Bithynia-Pontus durch Kaiser Trajan, die zeitweise Ernennung von *curatores* im 2. Jh. sind u. a. Hinweise, daß die kaiserliche Regierung auch vor dem 3. Jh. stärker in städtische Belange eingriff.[78] Die Stadt Apameia hatte z. B. trotz aller Privilegien auf ausdrücklichen Wunsch Trajans seinem Beauftragten Plinius ihr Rechnungswesen *(rationum suarum)* darzulegen (Plin., ep. 10, 47 f.). Amisos wurde zwar auf Grundlage eigener Gesetze, die sie dank der Huld Trajans hatten *(beneficio indulgentiae tuae legibus suis utitur)* gestattet, eine Kasse zur Unterstützung von Armen zu gründen, bemerkenswert ist jedoch, daß erst Trajan diese Einrichtung gutheißen mußte, ferner die gestellten Bedingungen und endlich die Anweisung, in allen anderen Städten *(civitatibus)*, „die unserer (= kaiserlicher) Rechtssprechung unterliegen *(quae nostro iure obstrictae sunt)*“ derartige Dinge *(res)* zu verbieten.[79] Dabei ging es einerseits um Regulierungen übermäßiger städtischer Ausgaben für Renommierbauten, andererseits um Hilfen. Die kaiserliche Zentralregierung bzw. ihre Beamten waren es, die u. a. mittels Ausnahmegenehmigungen für zusätzliche Steuererhebungen für einzelne Städte, da von ihnen genehmigungspflichtig,[80] städtische Haushalte weiterhin entlasten konnten, ebenso durch Wegfall beispielsweise der Unterhaltungskosten für die kaiserliche Post (HA, Sept. Sev. 14, 2) und vieles andere mehr. Die Kaiser konnten jedoch auch umgekehrt jederzeit die Städte durch zusätzliche Forderungen belasten. Besonders ausgeprägt zeigte sich das schon an der Wende zum 3. Jh. unter Septimius Severus. Nicht alle Städte wurden so vergleichsweise gering bedrückt, wie die kleinasiatische Stadt Laodikeia (Phrygien). Sie wurde anscheinend mit dem Verbot des Münzprägerechtes bestraft, welches wohl bereits Caracalla wieder aufgehoben hat.[81] Andere Städte, z. B. Byzantion, ließ er zerstören, einschließlich der öffentlichen Bauten (Theater, Bäder). Byzantion ging auch seines Ranges als Stadt verlustig und sein Territo-

[76] Magie, Roman Rule 657 f., 675.
[77] Magie, Roman Rule 545 f.
[78] Katz, Decline 22; Magie, Roman Rule 596 ff.; St. E. Sidebotham, s. Anm. 25, Policy, 144.
[79] Magie, Roman Rule 602; Plinius ep. 10, 92 f.
[80] Vgl. Cod. Iust. 4, 62,1 f.
[81] W. M. Ramsay, The Cities and Bishoprics of Phrygia, Oxford 1895, 59.

rium wurde dem benachbarten Perinthos zugeschrieben. Das gleiche galt für das syrische Antiocheia, dem u. a. das Münzprägungsrecht entzogen wurde und dessen Territorium Laodikeia unterstellt wurde, sowie für Nikaia. Diese Städte hatten sich im Prätendentenkampf zwischen Septimius Severus und Niger letzterem angeschlossen, Nikaia angeblich nur getrieben von der Rivalität gegen die Nachbarstadt. Damit brachte das schon von Dion Chrysostomos verurteilte Vorrangstreben zwischen den beiden Poleis in den Zeiten politischer Wirren noch zusätzliche Gefahren für die Stadtbürger. Dagegen ist mehrfach belegt, wie Septimius Severus an die Städte, welche Niger zerstört hatte, bedeutende Summen zum Wiederaufbau gab bzw. auch sonst Städte, welche ihn unterstützten, mit großzügigen Bauten förderte (Herodian 3, 1 ff.). Da es jedoch selten im Entscheidungsvermögen einzelner Städte lag, ob sie zufällig zum Machtbereich des späteren Siegers oder Verlierers bei den zahlreichen Thronkämpfen gehörten, waren Plünderungen des siegreichen Heeres bzw. der Truppen des Gegners kaum abzuwenden. So gehörte Nikomedeia wahrscheinlich zeitweise zum Machtbereich Nigers, ehe er sich vor dem heranrückenden Septimius Severus zurückziehen mußte, so daß sich die Stadt, der Willkürmaßnahmen des ersteren überdrüssig, noch rechtzeitig der Sache des letzteren anschließen konnte, und dafür von ihm gegenüber Nikaia favorisiert wurde[82]. Hinzu kamen die Belastungen vieler Städte Kleinasiens durch Aushebungen infolge der häufigen Bürgerkriege bzw. Auseinandersetzungen mit dem östlichen Nachbarstaat (Partherreich, seit Mitte des 3. Jh. Perserreich der Sassaniden). Auch in diesen Fällen wurden die staatlichen Forderungen an die Städte gerichtet. So wurde eben dasselbe Nikomedeia, das sich noch rechtzeitig im Machtkampf zwischen Niger und Septimius Severus dem späteren Sieger anschließen konnte, von Caracalla anläßlich des Heeresdurchzuges zur parthischen Front harten Requirierungsforderungen ausgesetzt. Allerdings ist bei Zwangsrekrutierungen schon seit dem 2. Jh. belegt, daß die betreffenden Städte einen Landbezirk als Teil ihrer Territorien beanspruchen durften, um aus ihm Heeresangehörige zu stellen. Des weiteren war es möglich, daß an ihre Stelle entweder Ersatzleute *(vicarii)* oder eine Art Ersatzsteuer gezahlt wurde. Letzteres ergibt sich aus einer Inschrift aus einem Dorf in Kleinasien. Noch im 4. Jh. war es in manchen Gegenden möglich, an Stelle einer jährlichen Stellung von Leuten für das Heer das *aurum tironicum* als Ersatzleistung zu zahlen.[83]

Weiterhin wirkten sich die Landkonfiskationen der Severer nachteilig für die Städte aus. Die meisten eingezogenen, nun in den kaiserlichen Besitz übergegangenen Güter gehörten ehemals reichen städtischen Bürgern, deren Einnah-

[82] W. Ruge, Nikomedeia, in: RE, Bd. 17, Stuttgart 1936, Sp. 474; M. Crawford, Finance, Coinage and Money from the Severans to Constantine, in: ANRW, Bd. 2.2, Berlin–New York 1975, 572.

[83] Text der Inschrift: M. I. Rostovtzeff, Synteleia tironum, Journal of Roman Studies 8, 1918, 26; Millar, Staat 102.

men diese zu Leistungen für ihre Städte befähigten. Durch ihre Enteignung vergrößerten sich zwar die kaiserlichen großen Grundbesitzungen und damit die Gewinne für die Kaiser, was sie in die Lage versetzte, zeitweise die ständig steigenden Ausgaben ohne größere Manipulationen mit der Münze zu bestreiten. Das geschah aber auf Kosten der Städte, denen diese Einnahmen fehlten. Teilweise versuchten sie, dieses Manko dadurch zu verringern, daß sie von den Arbeitskräften auf nunmehr kaiserlichen Ländereien weiterhin Abgaben, zum Teil mit Gewalt oder Erpressung, eintrieben. Tatsächlich gestaltete sich jedoch die Realisierung solcher Forderungen für die Städte immer schwieriger, da schon Septimius Severus hiergegen administrativ vorzugehen versuchte, um so mehr als die betroffenen bäuerlichen Produzenten in einer Petition dem Kaiser gedroht hatten zu fliehen,[84] der Kaiser also seinerseits diese Abgaben von seinen Besitzungen sichern mußte. Schließlich war die Münzentwertung auch durch zusätzliche Willkürmaßnahmen der Kaiser wie die eben angesprochenen Landenteignungen nicht aufzuhalten, wodurch Handel und Handwerk und damit gerade die großen Städte zusätzlich geschädigt wurden. Der Verfall der Silbermünzen unter den Severern betrug zwischen 40 und 50 Prozent,[85] was dazu führte, daß noch im Umlauf befindliches Geld aus Silber oder Gold gehortet bzw. für Zahlungen außerhalb des Reiches benutzt wurde. Ungesetzliche Wechselmethoden griffen um sich, denen die Legislative nicht begegnen konnte. So trat Mangel an Geld auf, was die Bürger von Mylasa zu dem Hilferuf an die Severer (im Jahre 209/10) veranlaßte, sie hätten keine Mittel mehr zum Lebensunterhalt, da die Marktbeziehungen gestört seien (OGIS 515).[86] Vermehrte Kupfergeldemissionen, noch unter Septimius Severus in fünf pontischen Städten, veranlaßt ferner im syrischen Antiocheia unter Elagabal, waren kein Ersatz, zeigen jedoch eine immense Geldknappheit, die bis in die neue Provinz Mesopotamia nachweisbar ist. Dieser zusätzliche Kupfergeldausstoß aus dem Pontos (205/06 und 206/07) verdeutlicht darüber hinaus, daß die Kaiser, nicht mehr örtliche städtische Organe, entschieden, welche Städte in welchem Maße selbst Kupfermünzen prägten[87] – auch auf diesem Gebiet griff die Zentralregierung in das wirtschaftliche Leben der Städte mehr als zuvor ein. Gewinne, die die Städte aus der Emission von Münzen gezogen hatten, mögen der Grund gewesen sein, weshalb die Kaiser hier kontrollierend eingriffen.

Abwegig ist es, mit Hinweis auf die fortdauernden Bronzeprägungen in verschiedenen Städten noch von einer durchgängigen Prosperität zu sprechen.

[84] J. Keil, A. von Premerstein, Bericht über eine dritte Reise in Lydien, Wien 1908, Nr. 55, 39. – Zum Verlust wichtiger Einkommensquellen von Städten durch Konfiskationen der Severer: B. F. Harris, Bithynia, in: ANRW, Bd. 7.2, Berlin–New York 1980, 897.

[85] Broughton, Asia 897.

[86] Ebenda, mit Kommentar.

[87] The Excavations at Dura-Europos. Preliminary Report of Seventh and Eight Seasons of Work, New Haven 1939, 414. Vgl. weiterhin M. Crawford, s. Anm. 82, 572 f.

Hatten nach Commodus nur fünf Städte ihre Emissionen eingestellt, waren es bis zur Ermordung des Alexander Severus weitere 49.[88] Und diese negative Entwicklung setzte sich bis Mitte des 3. Jh. rapid fort: Zwischen den Jahren 235 und 253, also vom Tode des Alexander Severus bis zum Regierungsantritt des Valerianus mit seinem Sohn Gallienus, beenden weitere 83 Städte in Kleinasien ihre Münzprägungen, bis zum Tode des letzteren im Jahre 268 sind es insgesamt 107 Kommunen.[89]

Auch aus einem anderen Blickwinkel wird man im beginnenden 3. Jh. eine Zäsur setzen müssen. So ist festgestellt worden, daß die Urbanisierung der griechischen Ostprovinzen, also die Ausweitung und Neuentwicklung von Städten bis zu dieser Zeit andauerte.[90] Für Kleinasien hörten Neugründungen unter den Severern auf, doch gaben sie verschiedenen, bereits existierenden Städten noch den Rang einer *colonia*. „Doch im Gegensatz zu den Kolonien östlich des Euphrat, wo offenbar Veteranengruppen siedelten, handelt es sich hier nicht um Ansiedlungsplätze für ehemalige Soldaten, sondern um reine ehrenvolle Titelverleihungen einer colonia." Tatsächlich ist der Höhepunkt städtischer Entwicklung mit den Severern überschritten.[91]

In diesem Zusammenhang seien die Hinweise auf die Auswirkungen der Constitutio Antoniniana wiederholt. Die weitgehende Übertragung des Bürgerrechtes bedeutete, daß die „neuen" Bürger jene Steuern zu zahlen hatten, die alle römischen Bürger tragen mußten. Das betraf hauptsächlich die Beträge für Erbschaft und *manumissio*, Sklavenfreilassungen, die beide gerade erst verdoppelt worden waren (Cassius Dio 78, 9). Gerade aus Kleinasien, wo es wenig Städte im Rang von *municipia* oder *coloniae* gab, da vordem die Gewährung des Bürgerrechtes meist individuell, also weniger zahlreich als in den westlichen Provinzen erfolgt war, waren von den „Neubürgern" das meiste an zusätzlichen Einnahmen, die sich der Kaiser durch seine Order erhoffte, aufzubringen. Mehr als anderswo erwies sich also die Constitutio Antoniniana hier als Belastung.[92]

Wenn mit der Verleihung des Status einer *civitas* für das in Pisidien gelegene Tymandos durch die Kaiser (3. Jh.) die Bedingung verbunden war, daß in dieser Stadt genügend Bürger existierten, die die Dekurionenämter zu bekleiden in der

[88] Broughton, Asia 907.

[89] Katz, Decline 35; D. Knibbe, W. Atzinger, Ephesos vom Beginn der römischen Herrschaft in Kleinasien bis zum Ende der Prinzipatszeit, in: ANRW, Bd. 7.2, Berlin–New York 1980, 808 f. sehen die Ursache darin, daß unter Gallienus des Antoninianus' Metallwert unter den der Lokalprägungen gesunken war.

[90] Millar, Provinzen 208.

[91] Magie, Roman Rule 691.

[92] Die Mehrheit selbst der Dekurionen gewann vorher nicht das römische Bürgerrecht: A. D. Macro, s. Anm. 75, 687; Broughton, Asia 906; vgl. auch Kulturgeschichte der Antike, Bd. 2, Berlin 1982, 441; positiver im Rahmen des Gesamtreiches bei Dieter–Günther, Römische Geschichte 297, wo von einer Förderung der weiteren Romanisierung der Provinzbevölkerung gesprochen wird.

Lage waren (CIL III 6866), stoßen wir erneut auf die prekärer werdende Situation selbst der obersten städtischen Schichten. Sie waren offenbar nicht mehr überall in der Lage, in genügender Anzahl ehrenamtliche Stellen in ihrer Stadt zu besetzen. Deren Lage wurde auch dadurch verschärft, daß die kaiserliche Administration immer mehr dazu überging, sie für die an den Staat zu leistenden Abgaben persönlich haftbar zu machen. Die Order Aurelians, daß die Städte, also die Dekurionen, für den Eingang der Steuern, die auf verlassenen Ländereien lagen, verantwortlich waren (Cod. Iust. 11, 59, 1), bedeutete angesichts der auch in Kleinasien verbreiteten Flucht ländlicher Produzenten nur eine weitere Erschwerung ihrer wirtschaftlichen Lage.

Eine Charakteristik der Entwicklung der Städte in den asiatischen Provinzen des Römischen Reiches wäre jedoch einseitig, würde nicht berücksichtigt, daß zahlreiche, besonders im Inneren Kleinasiens, aber auch Syriens gelegene Gebiete nicht städtischer Verwaltung unterstanden. Das heißt: Das Netz der Städte war hier insgesamt weitmaschiger als in vergleichbaren Provinzen im Westteil des Reiches.[93] Die Lebenskraft der Eingeborenensiedlungen in Phrygien, Lykaonien oder Pisidien z. B. ist im 3. Jh. durch Inschriften zweifelsfrei bezeugt, eine Hellenisierung bzw. Romanisierung kaum gelungen. Im Gegenteil, Sprachen der Eingeborenen erfuhren im 3. Jh. eine Neubelebung, besonders symptomatisch ist hier vielleicht die Wiedererweckung des Phrygischen. Hierzu gehört auch, daß verschiedene Bergstämme, die kaum jemals wirklich unterworfen worden waren, durch bewaffnete Überfälle die umliegenden Straßen unsicher machten, somit Handel und Verkehr, von dessen Einnahmen doch in erster Linie die Städte profitierten, unsicher machten. Es ist bekannt, daß Kaiser Probus einen förmlichen Krieg gegen die Isaurier wegen ihrer Räubereien führen mußte, über die Wirksamkeit seiner Erfolge wissen wir jedoch nichts.[94]

Andererseits ist sich die Forschung überwiegend einig, daß Kleinasien von Krisenerscheinungen im 3. Jh. vergleichsweise weniger betroffen war. Auch in der Zeit der Soldatenkaiser gab es Faktoren, die sich günstig auswirkten, das heißt, daß die Städte in den asiatischen Provinzen kein allgemeines Desaster erlitten. Wenige Ausnahmen nicht gezählt, kann aus archäologischen wie inschriftlichen Quellen zusammengefaßt werden, daß die Städte, welche als durch Kaiser oder Einfälle anderer Völker drangsaliert bzw. geplündert erwähnt wurden, sich rasch oder allmählich, aber doch erholt haben. Nikomedeia wurde

[93] Dabei übten die Städte nur Einfluß auf die sie umgebenden Landgebiete aus, wo die Bürger der Stadt ihre Besitzungen hatten. Die weiter entfernt gelegenen Landgebiete konnten ihre Organisationen behalten, so E. M. Štaerman, Eščo raz k voprosu o rimskoj sel'skoj obščene, VDI 1978/2, 106 mit Belegen für Kleinasien. Andererseits weist Broughton, Asia 736, darauf hin, daß die Entwicklung hier keineswegs so einheitlich verlief, vielmehr während des 3. Jh. die Urbanisation auch zurückgebliebene, abseits gelegene Gegenden z. B. in Phrygien erreicht habe.

[94] Broughton, Asia 738; E. Gren, Kleinasien und der Ostbalkan, Uppsala 1941, 133.

einmal natürlich wegen seiner strategischen Lage, aber besonders ob seiner vergleichsweise ungebrochenen Prosperität von Diokletian als „Hauptresidenz" gewählt und als solche weiter ausgestaltet,[95] Nikaia wurde zum Tagungsort des berühmt gewordenen Konzils unter Kaiser Konstantin gewählt, was ebenfalls für die günstige Situation der Stadt spricht. Prusa, zwar nicht so bedeutend, abseits von Handelswegen, blieb wegen seiner heißen Quellen bekannt und erlebte schließlich zur Zeit der Seldschuken seinen großen politischen Aufschwung.[96] Byzantion galt für Herodian als blühende, reiche, sehr bevölkerte Stadt und er fügt ausdrücklich seiner Schilderung an, wenn man zu seiner Zeit die Reste von noch vorhandenen Trümmern sehe, wisse man nicht, ob man die Fähigkeiten deren Erbauer oder die Stärke ihrer Zerstörer mehr bewundern sollte (Herodian 3, 1). Mit anderen Worten, die Nachwirkungen der „Bestrafungsaktion" des Septimius Severus waren rasch überwunden, ebenso im syrischen Antiocheia, das einige Jahrzehnte später nochmals vom Perserkönig Shapur I. erobert, geplündert sowie eines Teiles seiner Bevölkerung (Handwerker) beraubt wurde. Bei Ammianus Marcellinus wird Antiocheia jedoch wieder in fast gleichen Worten gelobt, wie das Herodian für die Zeit vor dem Eingriff des Septimius Severus tut (Herodian 7: sehr große und wohlhabende Stadt; Ammianus Marcellinus 22, 9,14: schönste Stadt des Orients),[97] gilt also wieder als eine der neben Rom größten Städte des Reiches. Ähnlich verlief die Entwicklung des in der Provinz Judäa gelegenen Caesareia. Es blieb in den nächsten Jahrhunderten eine der wichtigsten Kommunen seines Gebietes und wird von der Expositio totius mundi (36, 160) und Ammianus Marcellinus deswegen ausdrücklich hervorge-

[95] Broughton, Asia 913, zählt auf: 1. Kleinasien war geographisch nicht so offen für Invasionen wie etwa der Balkan oder Syrien. 2. Es hatte ökonomisch den Vorteil, weitgehend sich selbst erhaltende Regionen zu haben, die mehr als andere fähig waren, alle lebensnotwendigen Dinge in gewissem Maße selbst und ständig herstellen zu können. 3. Trotz der großen Entwicklung der Urbanisation blieb die Stadt-Land-Bindung auch dort bestehen, wo ländliche Territorien nicht zum Stadtgebiet gehörten; Magie, Roman Rule 714; Kulturgeschichte der Antike, s. Anm. 92, 477; vgl. Expos. tot. mundi, 39 ff. und dazu H. J. Drexhage, Die Expositio totius mundi et gentium, Münstersche Beiträge zur Antiken Handelsgeschichte 2, 1983, 1, 3 ff.; dessen Übersetzung wir weitgehend folgen.

[96] Seit den diokletianischen Bauten zur Ausgestaltung von Nikomedeia wurde die Stadt viel bewundert. Quellen bei W. Ruge, s. Anm. 82, Sp. 490; ausführlich J. Sölch, Bithynische Städte im Altertum, Klio 19, 1919, 177 ff.: Schicksal Nikomedeias und Nikaias im Dominat; zu Prusa, 186 f.

[97] M. G. Raschke, New Studies in Roman Commerce with the East, in: ANRW 9.2, Berlin–New York 1978, 677; zum Hintergrund der Aktion des Perserkönigs gegen Antiocheia vgl. auch H. Fischer, Stadt und städtisches Leben im 3. Jahrhundert, in: Krise–Krisenbewußtsein–Krisenbewältigung. Ideologie und geistige Kultur im Imperium Romanum während des 3. Jahrhunderts, Halle (Saale) 1988, 19–23; J. H. W. G. Liebeschuetz, Antioch. Oxford 1972, 95, 256.

hoben – neben anderen wichtigen Küstenstädten in Syrien und Judäa[98] (14, 8, 11). Die Beispiele zeigen, daß es weder die Folgen der Münzverschlechterungen, noch steuerliche Belastungen oder kriegsbedingte Zerstörungen des 3. Jh. vermochten, die ökonomischen Grundlagen, auf denen die Prosperität der meisten großen Städte beruhte, zu zerstören. Kleinasien war von Einfällen durch Boraner, Goten und Heruler erst ab Mitte des 3. Jh. betroffen, die zudem im wesentlichen auf die Küsten im Westen der Halbinsel beschränkt blieben (Ephesos, Byzantion, Trapezunt wurden geplündert bzw. niedergebrannt). Um diese Zeit erfolgten auch größere Angriffe der Perser nach Syrien. Namentlich letztere waren jedoch aus Gründen, die hier nicht ausführlicher erörtert werden können, nicht in der Lage, an ihrer Westgrenze längere Zeit größere Truppenkontingente einzusetzen. Auch Aufstieg und damit verbundene Expansion Palmyras waren vorübergehend. Bemerkenswerter ist, daß trotz aller Ereignisse im 3. Jh., die sich nachteilig auf die städtische Entwicklung auswirkten, die natürlichen Grundlagen nicht oder doch nicht nachhaltig zerstört worden waren. Was Herodian (3, 1) über Byzantion sagt, gilt sinngemäß für die überwiegende Zahl der Städte: Bedeutende Einkünfte erhält die Stadt dank ihrer günstigen Lage durch Zölle. Auch das umliegende Land, das sehr fruchtbar ist, ist sehr groß, so daß die Stadt aus Handel und Verkehr und den landwirtschaftlichen Erzeugnissen größten Gewinn zieht. Hinzuzufügen ist für die meisten griechischen Städte ein aus ihren reichen Ressourcen resultierendes Handwerk (Erzeugung von Nahrungsmitteln und Produkten aus der örtlichen Landwirtschaft bzw. einheimischen und durch Handel erworbenen Rohstoffen). Die schon aus vorrömischer Zeit etwa in der Herstellung von Bekleidung oder Stoffen resultierende interprovinzielle Arbeitsteilung an Hand der Rohstofferzeugung (Wolle, Farbstoffe usw.) wurde in römischer Zeit nur dann unterbrochen, wenn vorübergehende politische Krisen diesseits und jenseits der Ostgrenze des Imperiums Handel und Verkehr unsicher machten.[99] Die Kontinuität der daraus resultierenden Impulse für Handwerk und Handel innerhalb und zwischen den asiatischen Provinzen bis nach Mesopotamien dauerte fort, sobald das die politischen Ereignisse zuließen. Es werden nicht zufällig kleinasiatische Textilerzeugnisse im Diokletianischen Preisedikt häufig erwähnt; sie haben ihre Absatzmärkte überwiegend behaupten können. So werden Leinenerzeugnisse aus Tarsos, bei Ammianus Marcellinus (23, 10, 5; vgl. 14, 8, 4) als „noble Stadt" charakterisiert, sowie aus Tralleis aufgezählt. Tuniken von Laodikeia sind noch im 4. und 5. Jh. berühmt. Ferner werden feine Lederwaren (Tralleis), gefärbte Stoffe (Nikaia) und vieles andere genannt. Die Expositio totius mundi, wohl um die Mitte des 4. Jh. geschrieben, notiert ebenfalls gerade aus dem kleinasiatisch-syrischen Raum zahlreiche Pro-

[98] L. I. Levine, Caesarea under the Roman Rule, Leiden 1975, 48 f.

[99] Ausführlicher H. Fischer, Überlegungen aus wirtschaftshistorischer Sicht zum Scheitern der Großoffensive des Römischen Reiches gegen die Parther 113/14 bis 117, Jahrbuch für Wirtschaftsgeschichte 1979, 2, 186 f.

dukte aus der Landwirtschaft, die überall Absatz fanden.[100] Wesentlich ist auch, daß die Verbindungen der Städte als Produktions- und Verteilerzentren zu den umliegenden Dörfern auf nichtstädtischem Territorium intakt blieben bzw. wiederhergestellt wurden, sobald politisch bedingte Störungen beseitigt waren. Die fruchtbaren landwirtschaftlich nutzbaren, den Städten gehörenden Territorien brachten ihren Eigentümern, die wiederum von ihren Städten zu Leistungen herangezogen werden konnten, weiterhin Gewinne.[101] Das traf sowohl dann zu, wenn die in der Landwirtschaft erzeugten Produkte vom Eigentümer direkt verkauft wurden oder wenn er sein Land an Pächter vergab, die dann Abgaben bzw. Leistungen zu erbringen hatten.[102]

Man kann also ohne wesentliche Einschränkungen zusammenfassen, daß die ökonomischen und sozialen Grundlagen des städtischen Lebens, nachdem die Rückschläge im späten 3. Jh. überwunden worden waren, gesichert blieben.[103] Als Zentren von Handwerk, ob für lokalen, überregionalen oder Fernhandel arbeitend (Küstenstädte Kleinasiens und Syriens mit Anschluß an Seeverkehr), gestützt auf eine ertragreiche Landwirtschaft, blieben die Städte im wesentlichen kontinuierliche Mittelpunkte des kulturellen und politischen Lebens in einem immer mehr sich zwangsstaatlicher Methoden bedienenden Staatssystem.

Die Tatsache, daß selbst in der Zeit des Höhepunktes der Krise gerade im syrischen Raum noch von Philippus Arabs aus seinem Geburtsdorf die Stadt Philippopolis erbaut wurde mit den charakteristischen Anlagen und Kennzeichen einer antiken Stadt (Theater, Bädern, Tempeln sowie etwa 18 km langem Aquädukt) legt Zeugnis ab, daß die alte Tradition der Urbanisierung noch nicht völlig zu Ende war. Ebenso zu werten sind Marktkonzessionen, die zur Belebung des Handels an Städte gegeben wurden, die keinen Polisstatus hatten. Derartige Zentren haben sich anscheinend dort in Kleinasien herausgebildet, wo die Entfernung zwischen den verschiedenen Poleis sehr groß war, wie beispielsweise in Bithynien.[104]

[100] W. M. Ramsay, s. Anm. 81, 41 zu Laodikeia, vgl. Expos. tot. mundi 42; Broughton, Asia 915, zählt die Erzeugnisse aus der Textil- und Lederbranche auf, die im Preisedikt des Diokletian besonders erwähnt werden: Wollsachen, Purpur (Laodikeia, Milet), gefärbte Waren (Nikaia), Leinenerzeugnisse (Tarsos, Tralleis), feine Lederwaren (Tralleis).

[101] Aus der Expos. tot. mundi seien erwähnt: kilikischer Wein (39), pamphylisches Öl (45), karische diverse Produkte (außer Wein und Öl auch Purpur, Reis, Spelt) (47), ähnlich fruchtbar ist Bithynien (49). Syrische Städte handeln mit Purpur, Getreide, Wein und Öl sowie Datteln aus Palästina (31).

[102] Magie, Roman Rule 719. Andererseits hielt die Landflucht an. Erst Kaiser Konstantin machte die seit Aurelian bestehende Verantwortlichkeit der Stadtmagistrate für die Steuern, die auf verlassenem Landeigentum lagen, teilweise rückgängig (ebenda). Broughton, Asia, kommt zu dem Ergebnis, daß trotz aller Besserung der Situation der Städte im Dominat keine weitere munizipale Entwicklung mehr möglich gewesen sei.

[103] So J. H. W. G. Liebeschuetz, s. Anm. 97, 256.

[104] Millar, Provinzen 218; Magie, Roman Rule 692.

4. Pannonien

Nach den Flaviern bedeutete die Regierung Trajans den „staatsrechtlichen Abschluß der Romanisierung" für Pannonien. Die Urbanisierung des Gebietes wurde seit Hadrian fast ausschließlich auf die ortsansässige Bevölkerung beschränkt, Stadtrechte nur an vorhandene Gemeinden verliehen, selbst wenn die neuen Städte nicht alle Bedingungen städtischen Lebens erfüllten. Dazu wird auch Aquincum gezählt, wo die Oberschicht aus Einheimischen bestand, „aber sonst das städtische Leben anscheinend auf einer ... Bevölkerung fremden Ursprungs" basierte.[105] Die Städte erhielten fast ausnahmslos nicht den Status einer *colonia*, sondern eines *municipium*, so auch Carnuntum; nach der Konstituierung des *municipium* grenzte das militärische Areal des Lagers an sein Stadtterritorium.[106]

Schwere Rückschläge erfolgten durch Zerstörungen, Menschenverluste und Verwüstungen des agrarischen Hinterlandes während der sogenannten Markomannenkriege in der Regierungszeit des Mark Aurel. In den Jahren 167/68 und während des Winterhalbjahres 171/72 gelangten Sarmaten und Germanen über Pannonien bis nach Noricum bzw. sogar Norditalien, wobei Opitergum zerstört, Aquileia jedoch vergebens belagert wurde.[107]

Eine weitere, letzte Urbanisierung erfolgte unter den Severern, namentlich dem Begründer der Dynastie. Ebenso wie er Nordafrika, seine Heimat, förderte, erhob er viele Städte in Pannonien, erfolgte doch in Carnuntum durch die Truppen seine Erhebung zum Kaiser. Allerdings wird auch diese Urbanisierungswelle fast nur durch Rangerhöhungen zu *coloniae* und *municipia*, nicht Neugründungen getragen. Und selbst diese Feststellung ist zu differenzieren. Zunächst: Die wachsende Bedeutung der Donaugrenze war seit den Markomannenkriegen offensichtlich. Damit hing die wachsende Bedeutung der römischen Städte am mittleren Donauabschnitt unmittelbar zusammen.[108] Daher erfolgte die Aufwertung der hier gelegenen Städte unter Septimius Severus als Konsequenz einer politischen Situation, wie sie spätestens seit Mark Aurel offenkundig wurde. Sie betraf aber in erster Linie nur die Städte, die von dem wachsenden römischen Heer beeinflußt wurden und erstreckte sich nicht nur auf die zivilen Städte, sondern auch oder sogar primär auf Militärstationen.[109] Bereits im Jahre 194 erhielten Aquincum und wohl auch Carnuntum den Rang einer *colonia*, unter der von ihm begründeten Dynastie kamen die Nachbarstädte von Sirmium, Bassiana und Cibilae hinzu, Brigetio spätestens Mitte des

[105] Mócsy, Pannonia Sp. 599.

[106] M. Kandler, Zum territorium legionis von Carnuntum, in: Limes, Akten des 11. Limeskongresses, Budapest 1977, 150.

[107] Nach HA, Vita Marc. Aurel. 14, 1 f.; 29, 6, 1, siehe dazu W. Goffard, s. Anm. 13, 36.

[108] Mócsy, Pannonia Sp. 599 f.; ders., Pannonien 572 f.; Fitz, Jahrhundert 14.

[109] P. Oliva, Pannonia and the Onset of Crisis in the Roman Empire, Praha 1962, 341.

3. Jh. Das heißt, zu *coloniae* wurden nur die Städte, welche neben sich Legionslager gebildet hatten oder um Sirmium lagen, was kaum zufällig sein dürfte: Zentren des Wohlstandes und der Prosperität lagen in den Donaugrenzgebieten Pannoniens,[110] während sich im Landesinneren die Bildung von Großgrundbesitz fortsetzte.[111] Entsprechend verschoben sich die Schwerpunkte des wirtschaftlichen Lebens von Westpannonien (zur Zeit der Flavier und noch bis etwa Trajan) an die Donaugrenze, also in jene Zone, wo Militär lagerte. Der hier unter den Severern zu beobachtende Aufschwung zeigt sich in der Beteiligung breiter Bevölkerungsschichten am öffentlichen Leben, ihrer Bereitschaft, städtische Lasten zu tragen usw.[112] Das gilt sowohl für das Militär als auch für die Zivilbevölkerung. In diesem Zusammenhang sei auf die unter Septimius Severus erfolgte Neuregelung des Status der Bewohner von *canabae* hingewiesen. Die *canabae* waren zunächst Buden- oder auch „Barackensiedlungen", also außerhalb von Legionslagern errichtete Zivilsiedlungen, wo auch Kaufleute und Handwerker lebten – teils römische Bürger, teils Einheimische.[113] Nachdem ihnen bereits vorher eine quasi munizipale Verfassungsform zugestanden worden war, hat Septimius Severus die Rangerhöhung von Städten auch auf die *canabae* ausgedehnt. Vorher blieben *canabae* und die unweit gelegenen, aufgewerteten städtischen Siedlungen voneinander abgetrennt.[114]

Wesentliche Gründe für die Prosperität der pannonischen Städte an der Donaugrenze lagen also bei der Armee. Neben den Impulsen, die die Anwesenheit der Armee dem lokalen Handwerk an sich verlieh, waren es die Änderung des sozialen Status der Soldaten, die Anerkennung ihrer Familie, aber auch die unter Septimius Severus und Caracalla gewährten Solderhöhungen. Nach der Besiegung seiner Nebenbuhler erhielten die Armeezugehörigen durch Septimius Severus 500 Denare (statt bisher 375) pro Jahr, für Unteroffiziere und andere Chargen des Fußvolkes und der Reiterei in Hilfstruppen wurde die Besoldung

[110] D. Gabler, Zu Fragen der Handelsbeziehungen zwischen den Römern und den Barbaren im Gebiet nördlich von Pannonien, in: Römer und Germanen in Mitteleuropa, Berlin 1975, 106. Dagegen verloren die „näher zu Italien liegenden Städte" an Bedeutung.

[111] Mócsy, Pannonien 573.

[112] Ebenda, 576.

[113] A. R. Neumann, canabae, in: Der kleine Pauly, Bd. 1, München 1979, Sp. 1034; A. Schulten, canabae, in: RE Bd. 3, Stuttgart 1899, Sp. 1455; G. Neumann, Canabae legionis, in: Reallexikon der Germanischen Altertumskunde, Bd. 4, Berlin–New York 1981, 324.

[114] Mócsy, Pannonia Sp. 610 f.; Einschränkungen bei H. von Petrikovits, Canabae legionis, in: Reallexikon der Germanischen Altertumskunde, Bd. 4, Berlin–New York, 327, wonach die Munizipalrechtsverleihung an „Legionslager-Vorstädte" nicht durchgängig unter Septimius Severus erfolgt sei, die Abtrennung auch noch im 4. Jh. z. B. für Carnuntum und Aquincum nicht auszuschließen sei.

um ein Drittel angehoben, so daß Zehntausende von Soldaten zu Wohlstand gelangen konnten. Mit anderen Worten, in der langen Grenzzone von Vindobona bis zur Savemündung kamen jährlich 8–10 Millionen Denar mehr in Umlauf. Auch die Geldentwertung, namentlich seit Caracalla, unter dem nochmals eine Solderhöhung erfolgte, konnte diesen Impuls, der in Form steigender Ansprüche seitens der Betroffenen an Handwerker und Händler erging, noch nicht aufsaugen.[115]

Gleichzeitig erfolgte eine weitgehende Angleichung zwischen ehemals Einheimischen und im Heer Dienenden – ein Prozeß, der durch die weitgehende Verleihung des römischen Bürgerrechtes im Zuge der Constitutio Antoniniana gefördert wurde. Dazu kam, daß durch die Severer der überwiegende Teil Pannoniens städtisches Territorium geworden war, auch wenn im Landesinneren nicht alle „Städte" als solche im antiken Sinne bezeichnet werden können.[116] Dadurch wurde die Vielzahl unterschiedlicher territorialer Einheiten im wesentlichen auf zwei reduziert, *municipia* und großer Grundbesitz.[117]

Im Unterschied zu vorherigen Jahrzehnten konnten die Handwerker den Bedarf der Bewohner der von den Severern so geförderten Donaustädte decken. Viele lokale Handwerksstätten waren jetzt, durch ständige Absatzmöglichkeiten ihrer Produkte motiviert, in der Lage, auch qualitativ hochwertige Waren der Töpferei und Glaserzeugnisse an Ort und Stelle nachzuproduzieren, nur wenige Luxusartikel kamen noch aus anderen Provinzen; umgekehrt war der Handel mit pannonischen Produkten in anderen Provinzen bedeutungslos geworden – eine große Rolle hatte er allerdings nie gespielt. Lediglich zwei Werkstätten für Tonwaren *(terra sigillata)* lieferten von Aquincum bzw. Südpannonien aus bis Mösien. Doch waren diese Produktionsstätten schon Mitte des 2. Jh. nicht mehr in Betrieb. Pannonien war in wirtschaftlicher Hinsicht für das Gesamtreich also kaum von Bedeutung. Dagegen zog es zivile Bewohner aus dem kleinasiatisch-syrischen Raum in die städtischen Zentren an der Donaugrenze. Ferner schöpfte man den Reichtum von diesen Gebieten ab. Noch für die Zeit Gordianus' III. läßt sich diese Tatsache durch Münzfunde aus den östlichen Provinzen und des Balkanraumes belegen.[118]

So sehr diese, im wesentlichen vom Militär ausgehende und damit von politischen Umständen abhängige Blüte städtischen Lebens im Donaupannonien (abgeschwächt auch im Binnenland) durch die nur wenige Jahrzehnte währende Friedenszeit gefördert wurde – mit dem Einbruch neuer Barbarenstämme und gleichzeitiger Krise der kaiserlichen Zentralgewalt war sie vorbei. Durch die

[115] Fitz, Jahrhundert 12.
[116] Mócsy, Pannonien 572 f.
[117] Fitz, Jahrhundert 35.
[118] Mócsy, Pannonien 572, 577; Fitz, Jahrhundert 28; Mócsy, Pannonia Sp. 692 f.
[119] Fitz, Jahrhundert 30; Mócsy, Pannonia Sp. 697.

Ereignisse nach der Mitte des 3. Jh. gehen zahlreiche Städte zugrunde bzw. verarmen und können sich nicht mehr erholen.[119] Der Einschnitt war für viele Städte das Jahr 270, als ein Einfall von Juthungen und anderen Völkerschaften erfolgte, der selbst Norditalien erreichte. Noch im Jahre 268 wurden z. B. in Aquincum die *thermae maiores,* Badeanlagen, der II. Legion Adiutrix erneuert (CIL III 10492). Danach wurden zerstörte Bauten hier nicht mehr restauriert, in den *cannabae* von Aquincum baufällige Häuser zwar noch bewohnt, aber ebenfalls nicht mehr ausgebessert.[120]

Daß jedoch schon frühere Raubzüge von Stämmen jenseits der Donau das wirtschaftliche Leben gerade auch der Städte empfindlich getroffen haben, zeigt das Schicksal der Münzstätte von Viminacium. Sie wurde gegen 256 zur wichtigsten Basis der Geldversorgung für die mittleren Donaugebiete, ein Jahr später bereits vermochte sie den wachsenden Geldbedarf nicht mehr zu decken, da sie Kaiser Gallienus zur Hälfte abbauen und verlegen mußte; schließlich zwang die immer kritischer werdende militärische Lage zum völligen Abbau, womit das unter großen Schwierigkeiten aufrecht erhaltene wirtschaftliche Gleichgewicht zerstört war. Um namentlich für das unzufriedene Heer, das mehrmals rebellierte, die Soldzahlungen absichern zu können,[121] sollte die Münzstätte in Siscia diese Leistungen übernehmen. Ihre Tätigkeit überdauerte das 3. Jh., ging aber schon unter den Nachfolgern Kaiser Konstantins zurück. Im Jahre 388 wurde ihre Münzprägung eingestellt.[122]

Die nordpannonischen Städte, durch die politische Situation zur Zeit des Septimius Severus aufgeblüht, verfallen. Nur Savaria konnte Kaiser Valentinian nach der Mitte des 4. Jh. noch ein befriedigendes Winterquartier bieten (Ammianus Marcellinus 30, 5). Dagegen ist Carnuntum, von Septimius Severus wiederbelebt und in den Rang einer *colonia* erhoben, geradezu typisch für den Rückgang von Handel, Verkehr und Wirtschaft im pannonischen Donauraum nach der Mitte des 3. Jh., da ständige Spannungen im Inneren und politische Unsicherheit an der Grenze das Leben beeinträchtigen. Doch auch hier gibt es den endgültigen Einschnitt erst später. Das späteste Baugeschehen im Bereich des Legionslagers wird in die Wende zum 4. Jh. datiert, später erfolgen noch Restaurierungen. Es ist auch das 4. Jh., da die Wohnstätten in den *canabae* erheblich zusammenschrumpfen. Während Zosimos, hist. nova, 2, 10, 4, anläßlich der Konferenz des Jahres 308, als man die nach dem Rücktritt Diokletians und Maximians entstandene Krise (letztlich erfolglos) zu überwinden versuchte, neutral von Canuntum als keltische *polis (polei keltike)* sprach, kennzeichnet sie

[120] J. Fitz, Gorsium, 4. Aufl., Székesfehérvar 1976, 101; P. Oliva, s. Anm. 109, 341; Mócsy, Pannonia Sp. 697.

[121] J. Fitz, Der Geldumlauf der römischen Provinzen im Donaugebiet Mitte des 3. Jahrhunderts, T. 1/2, Budapest-Bonn 1978, 811.

[122] Mócsy, Pannonia 693.

Ammianus Marcellinus (21, 5, 1 f.) als verlassen und öde *(desertum quidem nunc et squalens)*.[123]

So sind die Jahre der letzten Soldatenkaiser und die Regierungszeit Diokletians zwar auch in Pannonien von einer gewissen Regeneration gekennzeichnet, doch ist eine Stadt wie Gorsium, „welche in der Neuordnung wiedererwachte und aus kaiserlichen Mitteln eine neue Blütezeit erlebte", die zudem über das 4. Jh. hinausging, nicht typisch. Einige Städte, jetzt überwiegend im Inneren Pannoniens gelegen, die „neue Zentren des Wohlstandes" wurden, wie Savaria, Sopianae, Siscia und Sirmium, verdanken ihre Impulse in erster Linie der Tatsache, daß sie Verwaltungssitze durch die unter Diokletian erfolgte Neueinteilung der Provinzen wurden. Ihre Zahl ist jedoch nicht groß. Selbst Aquincum, seit Trajan Verwaltungssitz für Pannonia inferior, trat jetzt zurück.[124] Handel und Handwerk sind überall geschwunden; die Anfang des 3. Jh. ausgegangenen Impulse sind erloschen, ist doch die Bedeutung des Militärs an der Donaugrenze jetzt auf die „eines zweitrangigen Grenzheeres"[125] gesunken. Hinzu kommt noch, daß die Verbindungsstraßen von und nach Sirmium bisher wichtige Städte, z. B. Carnuntum, nicht mehr berührten, was deren Existenzgrundlage außerordentlich schmälern mußte.[126]

Wie jedoch die Belebung der Städte an der Donaugrenze vorrangig aus politischen Gründen, also „künstlich", im beginnenden 3. Jh. betrieben wurde, so ist auch die Blüte einiger urbaner Mittelpunkte im Inneren Pannoniens im Dominat nicht dauerhaft geblieben. Für die Provinz Valeria bedeutete die Katastrophe des Jahres 378 eine endgültige Schwächung des städtischen Lebens, auch wenn in Gorsium zunächst noch kein definitiver Rückgang nachweisbar war. In den dreißiger Jahren des 5. Jh. mußte schließlich Pannonien von der Armee aufgegeben werden. Die Festung Aquincum, im 4. Jh. mit neuen Mauern versehen, blieb noch einige Jahrzehnte dicht bewohnt und mußte erst Anfang des 5. Jh. verklei-

[123] So wurde der zwischen Aquileia und Scarbantia (und weiter bis Carnuntum) führende Teil des römischen Bernsteinweges im 3. Jh. nochmals umgebaut, Scarbantia selbst, bedeutende Zwischenstation, im 4. Jh. als Ausdruck der politisch unsicher gewordenen Lage ummauert G. Nováki, A Scarbantiából Saviába vezeto római kori ut, Soproni Szemle 10, 1956, 175 ff. (dt. Zusammenfassungen S. 178); ders., Abriss der topographischen Entwicklung der Stadt Sopron auf Grund der neueren Ausgrabungen, in: a. a. O., 135 ff.; dt. Zusammenfassungen S. 138; H. Stiglitz, M. Kandler, W./Jobst, Carnuntum, in: ANRW, Bd. 2, 6, Berlin–New York 1977, 655, 700; vgl. D. Gabler, Vorbericht über die Freilegung des römischen Militärlagers von Barátfoldpuszta im Jahre 1964/65, Arrabona 8, 1966, 67–96 (dt. Zusammenfassungen S. 95 ff.), wo für das *castrum* ebenfalls die letzte Bauperiode in die erste Hälfte des 4. Jh. datiert wird.

[124] Sirmium ist die einzige Stadt, welche die (über Pannonien allerdings offensichtlich wenig informierte) Expos. tot. mundi 57 als sehr groß bezeichnet. Zu Gorsium J. Fitz, s. Anm. 120, 101 ff.

[125] Mócsy, Pannonien 579.

[126] H. Stiglitz, M. Kandler, W. Jobst, s. Anm. 123, 592.

nert werden. Doch sind das ebenso Ausnahmen wie die Nachricht, daß Sirmium im Jahre 374 noch die Errichtung eines neuen Theaters (Ammianus Marcellinus 29, 6, 11) erlebte. Der Bau ist wohl nur möglich gewesen, da Sirmium damals noch Residenzstadt war. Der Schlußpunkt der Münzstätte in Siscia 14 Jahre später wirft ein Schlaglicht auf die tatsächliche Lage.[127]

5. Gallien

Zu denjenigen Provinzen, in welchen im 3. Jh. ein „Rückgang des städtischen Lebens" gesehen wird, zählt allgemein auch Gallien.[128] Die Verringerung des städtischen Territoriums, die dazu führte, daß um das Jahr 300 schließlich kaum eine gallische Stadt mehr als 25 ha besaß, wäre in der Tat ein beredtes Faktum.[129] Diese und andere Zahlen sagen jedoch nicht aus, welche Teile der Städte ummauert wurden. „Wenn die von Mauern umgebenen Flächen tatsächlich identisch mit dem Siedlungsareal jener Orte gewesen wären, so müßte man feststellen, daß die urbane Zivilisation des nördlichen Galliens bereits in der zweiten Hälfte des dritten Jahrhunderts weitgehend zerstört, zahlreiche Städte in Kastelle umgewandelt wurden. Aber das ist unwahrscheinlich. ... Grundsätzlich möchte man ... vermuten, daß jene ummauerten Siedlungskerne nur als Fluchtburgen für eine großenteils in Vorstädten angesiedelte Bevölkerung dienten."[130] Unbestritten bleibt natürlich, daß die Tatsache, daß teils hastig errichtete Wälle gebaut werden mußten, welche die Städte erhebliche Mittel, Materialien und Arbeitskräfte kosteten, ein Indiz für die Bedrohung des städtischen Lebens ist.

Ein weiteres Merkmal, welches häufig angeführt wird, ist der Rückgang von angeblichen „sklavenhaltenden Großbetrieben" bei der Keramikproduktion und ihre Verlagerung nach Gallien und Germanien in kleinere und höchstens mittlere Betriebe.[131] Das Problem ist jedoch sehr viel komplizierter. Nicht nur, daß in der Antike handwerkliche Betriebe mit über 50 Produzenten immer Ausnahmen darstellten,[132] es ist von der Forschung auch überwiegend abgelehnt worden, bis

[127] Mócsy, Pannonien 572; zu den Ausnahmen vgl. Scarbantia, deren Wehrmauern im frühen Mittelalter ein Holzwall, dann etwa im 13. Jh. die noch heute sichtbare Mauer folgten G. Nováki, s. Anm. 123, 139; K. Póczy, P. Zsidi, Aquincum. Neue Ausgrabungen im römischen Budapest, Budapest 1986, 11 f.

[128] Kulturgeschichte, s. Anm. 92, Bd. 2, 477, als ein Beispiel.

[129] Katz, Decline 34.

[130] Kolb, Stadt 236.

[131] Die Arbeitswelt der Antike, Leipzig 1983, 146, 155. Ähnlich F. de Martino, s. Anm. 48, 341, der jedoch keinen Zusammenhang mit einer angeblichen Krise sieht (vgl. Anm. 133).

[132] Selbst in den *terra sigillata*-Werkstätten in Norditalien hatten Betriebe mit 11–40 Arbeitskräften, also der mittleren Größe, überwogen, siehe zuletzt B. Rink, Zur Bedeutung des Handwerks im italischen Raum zur Zeit der späten römischen Republik, Jahrbuch für Wirtschaftsgeschichte, Sonderbd. 1983, 64.

zum 3. Jh. eine Dezentralisierung der Keramikproduktion anzunehmen, dagegen spräche schon der fortbestehende Handel mit weit entfernt liegenden Gebieten.[133]

An anderer Stelle wurde nachzuweisen versucht, daß die Verlagerung norditalischer Keramikproduktion zumindest nicht allein ausreicht, um eine Krise italischer Städte anzunehmen.[134] Es müßten fernerhin die Ursachen der weiteren allmählichen Verschiebung keramischer Produktionszentren von Gallien (Condatomagus, Ledosus) nach Nordosten, einschließlich des Rheingebietes (2./3. Jh.),[135] genauer untersucht werden, ehe endgültige Schlüsse zu ziehen sind. Immerhin haben Keramikwerkstätten in Augusta Treverorum noch im 4. Jh. einen Ruf, während sie beispielsweise in Colonia Agrippina Ende des 2. Jh. weitgehend aufgegeben wurden, ohne daß deshalb für letztere Stadt eine generelle Krise angenommen werden könnte.[136]

Wenn es also zweifellos Hinweise auf einen Niedergang der Städte (Vergrößerung des exterritorialen Gebietes, Rückzug von Handwerkern auf die großen, nur zum Teil autark wirtschaftenden Güter, Schrumpfung des Stadtgebietes, Rückgang von Handel und Handwerk) in den westlichen Provinzen gibt, ist andererseits darauf hinzuweisen, daß dies auch für Gallien nicht generell zutrifft.[137] Als Beispiel stehe Arae Flaviae neben Mogontiacum. Die Einfälle germanischer Stämme, einschließlich der Fall des Limes im Jahre 259, bedrohten alle römisch-obergermanischen Städte, auch die kleineren des Hinterlandes. In Arae Flaviae, die vermutlich seit den Flaviern Munizipalrecht besaß, „was von keiner anderen Stadt in Obergermanien bekannt" ist, weshalb die Stadt ein „bedeutender Wirtschaftsfaktor für die weitere Umgebung gewesen sein muß", wurde bis ins 3. Jh. viel gebaut. Zahlreiche Gebäude der Zivilstadt wurden zu Steinbauten rekonstruiert. Doch nach den Einbrüchen der Alamannen ist jedes organisierte Stadtleben zugrunde gegangen, wenn auch die Stadt nicht völlig verlassen wurde.

Mogontiacum war ebenfalls bis in das 3. Jh. ein reges Wirtschaftszentrum. Daß die politischen Wirren und militärischen Unsicherheitsfaktoren weder den lokalen noch den überprovinzialen Fernhandel ernstlich beeinträchtigt hatten, zeigt

133 Vgl. z. B. F. de Martino, s. Anm. 48, 341. Zu beachten sind daher in dieser Zeit sich vollziehende Veränderungen bei Besitzer und Produktionsziel der Werkstätten: Aufkommen von immer zahlreicheren staatlichen Werkstätten, Heranziehung privater Handwerker in immer stärkerem Maße zu Dienstleistungen für staatliche Belange usw. Vgl. E. Kluwe, Handwerk (in der antiken Produktionsweise), in: Handbuch Wirtschaftsgeschichte, Bd. 1, Berlin 1981, 420.

134 H. Fischer, s. Anm. 39, 38, 43.

135 Millar, Provinzen 153 f.; G. von Bülow, Die Keramikproduktion, in: Die Römer an Rhein und Donau, Berlin 1975, 242.

136 H. Cüppers, Treveri, in: Der Kleine Pauly, Bd. 5, München 1975, Sp. 942; Kolb, Stadt 233.

137 von Petrikovits, Fortleben 75; O. Doppelfeld, Das römische Köln I., in: ANRW, Bd. 2.4, Berlin–New York 1975, 722.

der rege Bedarf an gemünztem Geld. Nur durch die ständige Nachfrage nach Münzen im Handelsverkehr ist zu erklären, daß in dieser Zeit Prägungen einer Falschmünzerwerkstatt in Mogontiacum so begehrt waren, daß sie sogar bis nach Ägypten kamen, wo sie ausgegraben worden sind. Hingegen zwang der Fall des Limes die Bürger von Mogontiacum zu starken Anstrengungen, um rasch schützende Mauern erstehen zu lassen. Hierbei trat der eigenartige Fall ein, daß mit dem Neubau der Mauer des Legionslagers gleichzeitig der erste Abschnitt der Stadtmauer errichtet wurde. Dabei verlagerte sich der Schwerpunkt der Stadt auf den Siedlungsbereich zwischen Legionslager und Fluß (Rhein). Als die Lagerbauten Mitte des 4. Jh. aufgegeben und abgerissen wurden, mußte die Stadtmauerlücke an dieser Stelle geschlossen werden; abgesehen von diesen, eher organisatorischen Veränderungen im Bild der Stadt, die im 4. Jh. immerhin eine Fläche von 98,5 ha erreicht hatte, ist an Hand der Begräbnisplätze um Mogontiacum eine Siedlungskontinuität bis in die fränkische Zeit nachweisbar. Um 340 bis 350 entsteht die erste Bischofskirche, und ein erster Bischof wird erwähnt.[138]

Ebenfalls noch im 3. Jh. erlebte Augusta Treverorum den Höhepunkt ihrer städtischen Entwicklung. Im 2. Jh. wurde sie mit dem typischen rechtwinkligen Straßennetz und umfangreichen öffentlichen Bauten ausgestattet (Amphitheater, „Barbara“thermen).

Während des Bürgerkrieges der Jahre 196/97 wurde die Stadt von Truppen des Clodius Albinus belagert, widerstand diesen jedoch dank des Entsatzes durch die in Mogontiacum stationierte Legion, die wie die drei übrigen, welche am Rhein (Vetera Castra/Xanten, Bonna/Bonn, Argentoratum/Strasbourg) lagen, dem Septimius Severus die Treue hielten.[139] Das Mauersystem, das auch hier spätestens Mitte des 3. Jh. errichtet werden mußte, schützte eine Fläche, die das Dreifache der einstigen claudischen *colonia* umfaßte.[140]

In der Zeit des gallischen Teilreiches wurde die Stadt Administrationszentrum, jedoch zu Beginn des letzten Viertels des 3. Jh. zerstört.

Während Samarobriva, ebenfalls im 1. Jh. als römische Stadt an Stelle einer gallischen Siedlung gegründet und im 2. Jh. nach antikem Muster vergrößert, nach germanischen Einfällen des 3. Jh. sich nicht wieder erholte, vielmehr auf einen befestigten Kern um das Amphitheater beschränkt blieb,[141] wurden Augu-

[138] A. Rusch, Arae Flaviae, das Militärlager und die Zivilsiedlung in Rottweil am Neckar, in ANRW, Bd. 2.5.1, Berlin–New York 1976, 592; K.-H. Decker, W. Selger, Mogontiacum: Mainz von der Zeit des Augustus bis zum Ende der römischen Herrschaft, in: a. a. O., 512 f., 529.

[139] K.-P. Johne, Die Krise des 3. Jahrhunderts, in: Die Römer an Rhein und Donau, Berlin 1975, 60 f.

[140] Millar, Provinzen 152 f.

[141] H. Hinz, Die Landwirtschaft im römischen Rheinland, Rheinische Vierteljahrsblätter 36, 1972, 25; B. Böttger, Die Landwirtschaft, in: Die Römer an Rhein und Donau, Berlin 1975, 180.

sta Treverorum wie Mogontiacum oder Colonia Agrippina, *colonia* seit dem Jahre 50, wieder aufgebaut. Sie bekamen neue Funktionen als Kaiserresidenz (Augusta Treverorum), Münzstätten und Fernhandelszentren, bzw. kirchliche Mittelpunkte. Ökonomische Basis blieb die Landwirtschaft, die trotz aller sozialen Unruhen (Bagaudenaufstände usw.) nicht in dem Maße betroffen wurde wie Handel und Verkehr.

Mit den Städten blieben der Landwirtschaft Versorgungszentren, die ihre Produkte jederzeit abnahmen. Das traf für die *villae* im unmittelbaren Umfeld von Städten zu, die jederzeit die städtischen Märkte erreichen konnten, aber auch für weiter entfernte Gebiete.

So heißt es für Augusta Treverorum: „Die Stadt liegt mitten im Lande“ (Expos. tot. mundi 58). Gute Straßen ermöglichten aber selbst einen nicht unwesentlichen Getreidetransport aus Britannien; weitere Waren des Fernhandels aus verschiedenen Regionen kamen über Arelatum (ebenda). Die Stadt, schon im Prinzipat ein bedeutender Handelsumschlagsplatz, wurde in konstantinischer Zeit ebenfalls kaiserlicher Verwaltungssitz und Provinzialhauptstadt.[142]

Ein großer Bedarf für das Heer, u. a. an Metallgeräten, wurde überwiegend von kaiserlichen Werkstätten gedeckt, zu denen aber auch Handwerker in zivilen städtischen Siedlungen kamen. Sie übernahmen teilweise auch Zulieferungen in Form von „Halbfabrikaten“.

So konnten Produktionen für Heer, kirchliche und kaiserliche Institutionen u. a. als wichtige Abnehmer den Produzenten in Handwerk und Landwirtschaft dort Ersatz bieten, wo in den Städten die Nachfrage wegen zurückgehender Kaufkraft ihrer Bewohner nachließ.

In den Städten, die nicht dauerhaft vom Rückgang betroffen waren, boten dennoch die Bedürfnisse einer sozial breit gefächerten Bürgerschaft dem eigenen Handwerk diverse Möglichkeiten, seine unterschiedlichen Waren auf den heimischen Märkten abzusetzen. Eine allerdings numerisch nicht große Anzahl von hochwertigen Produkten der Keramik- oder Glasherstellung, bestimmter Textilien oder Bronzen wurde darüber hinaus für den überregionalen Handel gefertigt.[143]

In der Keramikherstellung sind im rheinischen Produktionszentrum um die Mitte des 3. Jh. insofern Veränderungen zu registrieren, als die bis dahin „blühende Vielfalt ... aufhörte und alteinheimische Elemente wieder auflebten“. Kleine Produzenten für den lokalen Bedarf gab es in vielen Städten. Zentren, wie Augusta Treverorum (Schwarzfirnisbecher), Argonnen *(terra sigillata)* und

[142] H. Hinz, s. Anm. 141, 25; P. Wuilleumier, Arelate, in: Der Kleine Pauly, Bd. 1, München 1964, Sp. 525.

[143] Ausführlich G. Gomolka, Die Metallproduktion, in: Die Römer an Rhein und Donau, Berlin 1975, 189 ff.; vgl. dort Produktion von Stützarmfibeln in Nordgallien, 217. Zum Abnehmerkreis für handwerkliche Produkte R. Günther, s. Anm. 35, 124, der jedoch insgesamt ein negatives Bild zeichnet.

Eifelgebiet (am weitesten verbreitete Gebrauchskeramik) und einige andere behaupteten sich jedoch als Produktionsstätten mit überregionalem Absatzmarkt bzw. lebten im 4. Jh. wieder auf. Einige Schwerpunkte blieben auch nach dem Untergang der römischen Herrschaft bedeutsam, was heißt, daß ihre marktbeherrschende Stellung nicht nur auf römische Militäreinrichtungen beschränkt gewesen sein kann.[144]

Bei der Glaswarenerzeugung hat Colonia Agrippina für den Fernhandel im 3. und 4. Jh. Verbindungen bis zu Werkstätten in Ägypten und Syrien aufrechterhalten können, was sich in einer „mehr oder minder großen Ähnlichkeit vieler Erzeugnisse"[145] dokumentiert, deren Ausstoß in vielen Funden in westlichen Provinzen des Imperiums ausgewiesen wird.[146]

Die Baugeschehen, die in dieser Zeit zur Ausgestaltung als einer kaiserlichen oder provinzialen Residenz vor sich gehen, gleichen scheinbar in ihrer Intensität nahezu denen während des Höhepunktes der antiken Städte im Prinzipat, nur daß an Stelle traditioneller Kultstätten jetzt christliche treten. Entsprechend wird im Dominat mitunter von einer zweiten Blüte,[147] besonders für die Rheinstädte, gesprochen. Diese übernehmen zum Teil Funktionen von Städten, die zum Ende des 2. bzw. 3. Jh. durch Bürgerkriege oder Einfälle fremder Stämme zerstört worden sind. So ist – als Beispiel – Lugudunum im Zusammenhang mit der Erhebung des Clodius Albinus, der die Stadt als Hauptsitz seiner Administration erwählt hatte, von Septimius Severus nachhaltig zerstört und geplündert worden. Die bis dahin sicher bedeutendste Stadt Galliens hat sich nicht wieder völlig erholen können.[148] Soziale Unsicherheit im Zusammenhang mit der Bagaudenbewegung und politische Instabilität ließen ihre Wirtschaft zurückgehen. Hinzu kam, daß Lugudunum noch weiteren „Strafexpeditionen" römischer Kaiser ausgesetzt war, wohl unter Aurelianus und Probus.[149] Einfälle germanischer Stämme wurden hierdurch begünstigt, von Probus jedoch abgewehrt (HA, Vita Prob; 13). Spätestens Ende des 3. Jh. ist zudem eine deutliche Verlagerung des Schwerpunktes städtischer Entwicklung zu erkennen; neben Augusta Treverorum, das durch den Rückgang Lugudunums begünstigt wurde, sind Städte wie Vienna, Burdigala, das schon erwähnte Arelatum oder das Ende des 3. Jh. wieder erstandene Augustodunum wichtige Knotenpunkte für Handel, Handwerk und Verkehr. Es waren also ökonomische

[144] G. von Bülow, s. Anm. 135, 242, 268 f., mit weiterweisender Literatur.

[145] Zum Stand der Diskussion B. Döhle, in: Die Römer an Rhein und Donau, Berlin 1975, 290 f., 297.

[146] F. Fremersdorf, Rheinischer Export nach dem Donauraum, in: Dissertationes Pannonicae, Ser. 2, Nr. 10, S. 180 zum Handel rheinischer Glashersteller mit dem Donaubekken.

[147] von Petrikovits, Fortleben 75.

[148] K.-P. Johne, s. Anm. 139, 64; H. Dieter, R. Günther, Römische Geschichte 294.

[149] K. Cramer, Lugudunum, in: RE, Bd. 13, Stuttgart 1927, Sp. 1722, mit Quellenhinweisen.

Potenzen der Städte am Ausgang des 3. Jh., die deren steigende Bedeutung auch im administrativen Bereich nachzogen. Als Folge des Vordringens privater bzw. kaiserlicher exterritorialer Güter verringerte sich ab etwa Ende des 3. Jh. das der Stadt gehörende umliegende Landgebiet. Durch die Besitzungen reicher Grundbesitzer erleiden die Städte nun einen immer fühlbarer werdenden Einkommensverlust; das gilt selbst für solche Städte wie Mogontiacum oder die eben genannte Colonia Agrippina mit ihren berühmten Glas- und Edelmetallschmiedewerkstätten.[150] Dennoch, sofern sich von der geographischen Lage (Verkehrsknotenpunkt, Eignung als Heeresstützpunkt, Voraussetzung für Sitz von Verwaltungseinrichtungen) Ansatzpunkte fanden, konnte, trotz aller Wirren im 3. Jh., auf der Grundlage intakt gebliebener ökonomischer Voraussetzungen für verschiedene Städte ein Neuaufbau erfolgen, der im wesentlichen kaiserlicher Förderung unterlag. Staatlich betriebene Münzen, ein nach wie vor ausgezeichnetes, zum Teil auch ursprünglich für Militärzwecke rekonstruiertes Straßennetz unterstützten die Belebung eines Fernhandels, der auch die städtischen Produktionsstätten im Dominat wieder forderte.

E. Zusammenfassung und Ausblick

Der vorstehende Abriß zeigte zunächst, daß zwar allgemeine Tendenzen für das 3. Jh. evident sind, sie sind aber zu spezifizieren. Geographisches Milieu, politische Situation, administrative Aufgabe und vieles andere mehr sind (zum Teil sich gegenseitig bedingende) Faktoren, deren Wirkungsweise nur regional untersucht werden kann. Gerade im süd- und mittelitalischen Raum ist der Rückgang von Städten am auffälligsten, obwohl kaum kriegerische Zerstörungen zu beklagen waren und die Kaiser hier zu allen Zeiten am ehesten gegenzusteuern versuchten. Namentlich in der Landwirtschaft zeigte sich das Schwinden der Bedeutung Mittel- und Süditaliens. Ein Vergleich des Standes der Agrarwirtschaft an Hand Catos und Palladius' Empfehlungen[151] bedarf da keines Kommentares. In dem Maße, wie die politische Bedeutung des italischen Raumes als Zentrum des Reiches zurückging, verlor dieser auch seine wirtschaftliche Vorrangstellung – ein Prozeß, der schon Ende des 1. Jh. begann, im 2. Jh. offensichtlicher wurde. Die Verlegung der Hauptstadt nach Konstantinopel war zuletzt die Folge. Auch der Verlust der Bedeutung des römischen Bürgerrechtes, mündend in der Constitutio Antoniniana, ist in diesem Zusammenhang zu sehen. Rom und die

[150] R. Günther, Zusammenstoß und Auseinandersetzung zwischen römischer Sklavenhaltergesellschaft und germanischer Gentilgesellschaft in Mitteleuropa von der Mitte des 4. Jahrhunderts bis zum Ende des 5. Jahrhunderts, in: Römer und Germanen in Mitteleuropa, Berlin 1975, 53 f.

[151] V. G. Gavrilov, Zel'skoje chozjajstvo italii 4 v.n.e., VDI 1979/4, 59 ff.

Apenninenhalbinsel waren nicht mehr alleiniges politisches Zentrum, die großen Provinzstädte hatten diesen den Rang abgelaufen. Sie übernahmen teilweise ehemals bei Rom gelegene politische, ökonomische und kulturelle Aufgaben noch über das 3. Jh. hinaus.[152]

In den asiatischen Provinzen Roms basierte die städtische Entwicklung, anders als in den westlichen Provinzen, auf älterer, griechisch-hellenistischer Tradition. Die größeren Städte mit ihrem traditionellen Handwerk und Handel wurden von den fiskalischen Schwierigkeiten im späten Prinzipat und während der Soldatenkaiser von willkürlichen Konfiskationen, ferner von Requirierungsforderungen ebenso wie in anderen Provinzen betroffen. Ähnlich wie in großen Teilen des italischen Raumes und Nordafrika hatten dagegen kriegerische Einfälle von „Barbaren“ keine entscheidenden Nachwirkungen. Die Belastungen konnten in beträchtlichem Maße kompensiert werden, sobald sich im Dominat begünstigende Faktoren durchsetzten. Das bezeugen das Diokletianische Preisedikt, welches viele Artikel aus Kleinasien als Beispiele einer Preisgestaltung für das gesamte Imperium zugrunde legt, aber auch die Expositio totius mundi, wo vorzugsweise die Städte der östlichen Provinzen hervorgehoben werden.

Anders war die Situation in Pannonien, wo seit den Markomannenkriegen die Donaugrenze für die weitere städtische Entwicklung entscheidend wurde. Zahlreiche Städte erlebten dadurch einen Aufschwung, der durch die Soldaten als private Auftraggeber gefördert wurde, zumal der Sold unter Septimius Severus erhöht worden war. Hinzu kam, daß Septimius Severus den Ausbau der Städte in dem Gebiet begünstigte, wo er zum Herrscher ausgerufen worden war. Das heißt, viele pannonische Donausiedlungen wurden erst zu Städten im römischen Sinne, als andere Städte schon von Krisenzeichen geprägt waren. Die kurze Blüte im nördlichen Donauraum ging jedoch zu Ende, als andere politische Faktoren Mite des 3. Jh. wirksam wurden. Münzverschlechterungen saugten die Solderhöhungen auf, wegen Kriegen und innerer Machtkämpfe erfolgten Zerstörungen, wichtige Handelsstraßen wurden unsicher, das Militär mußte verlegt werden, die Bevölkerung floh aus den Städten. All das führte zum Niedergang vieler Städte, der auch im Dominat nicht mehr überall wettgemacht werden konnte.

Ähnlich wie in Pannonien blieben auch in Nordafrika Handwerk und Handel überwiegend auf den näheren Umkreis der Städte beschränkt. Ausgenommen waren Leistungen im Rahmen der *annona*. Neben Karthago, Hadrumetum und (für kurze Zeit) Leptis Magna gab es nur wenige große Städte. Sie waren mehrheitlich nicht so sehr Mittelpunkte handwerklicher Produktion, sondern kulturelles und Verteilerzentrum für das sie umgebende Territorium. Viele Städte

[152] J. Česka, Der politische Zwiespalt in der Mitte des 4. Jh. u. Z., in: Neue Beiträge zur Geschichte der Alten Welt, Bd. 2, Berlin 1965, 225.

haben mindestens bis ins 4. Jh. unter Führung einer begüterten Oberschicht ihre Prosperität behaupten können. Selbst funktionierende Volksversammlungen sind hier noch belegt. Zwar schritt auch hier der exempte Grundbesitz voran, wurden Teile der städtischen Oberschicht drangsaliert (Maximinus Thrax), doch blieben die negativen Nachwirkungen beschränkt, nicht zuletzt, da Separationsbestrebungen, soziale Konflikte und andere Unruhen, die anderswo für das 3. Jh. als typisch anzusehen sind, in Nordafrika erst in späterer Zeit Bedeutung erlangten.

Die Städte im gallisch-germanischen Raum waren als Folge eben dieser sozialen Kämpfe (Bagaudenbewegung), kaiserlicher Repressionen und germanischer Raubzüge im 3. Jh. vielen Belastungen ausgesetzt. Geht man von der Ummauerung aus, schrumpften zahlreiche Städte in ihrer Fläche, wurden auch viele von ihnen für Dauer in Mitleidenschaft gezogen. Ferner war ein Niedergang der Dekurionenschicht vielerorts unverkennbar. Das gallische Sonderreich wurde nicht von der städtischen Oberschicht, sondern von den reichen Grundbesitzern, deren Ländereien überwiegend aus dem städtischen Territorium herausgelöst waren, getragen. Als die Bagaudenbewegung (vorübergehend) niedergeschlagen, die politische Stabilität und damit die Sicherheit der Fernhandelswege wieder hergestellt waren, beobachten wir jedoch, daß zahlreiche große Städte ihren Warenverkehr (wieder) aufnehmen konnten, zum Teil allerdings unter Schwerpunktverlagerung in die Rheinstädte. Begünstigende Faktoren, wie Funktionen zentraler Administration oder Armeelager traten hinzu, wobei die Kaiser aber in der Regel dort Verwaltungsmittelpunkte anlegten, wo günstige Bedingungen realisiert waren, nicht umgekehrt. Gestützt auf die Basis der Landwirtschaft entwickelte sich im Dominat auch wieder ein Fernhandel (Keramik, Glas, Wein), der die Prosperität einer Anzahl von Städten, die dann oft auch kirchliche Mittelpunkte wurden, neu belebte bzw. hervorbrachte.

Gerade im gallischen wie pannonischen Raum ist aber erkennbar, daß es hier in erster Linie jetzt die Kaiser waren, die im Dominat neue Bauten errichten ließen bzw. rekonstruierten, viel weniger reiche Bürger, sofern nicht an ihre Stelle die Kirche getreten war. Letztere war auch zu einem beträchtlichen Teil Bedarfsträger hochwertiger Handwerkserzeugnisse (neben der Armee und kaiserlichen Beamten). Es waren staatliche Münzen, die auf den Fernhandel stimulierend wirkten, der in der antiken Wirtschaft des Prinzipats niemals im Vordergrund stand. Er wurde auf Straßen betrieben, die zum Teil aus militärischen Gründen erneuert bzw. intakt gehalten wurden. Schließlich ist die Zahl der florierenden Städte geschrumpft, gerade die Rolle der zahlreichen, weniger bedeutenden, aber als Verteilerzentren für das ländliche Umfeld regional wichtigen Städten zurückgegangen.

Andere Gebiete sind hier nur zu streifen: In Britannien waren die dort „Städte" genannten Siedlungen meist nur Verwaltungszentren umliegender Agrargebiete, doch kaum Mittelpunkte von Produktion, Austausch und Verkehr. Sie wurden, da ökonomisch nicht bedeutend, auch von wirtschaftlichen Krisenfaktoren nicht nachhaltig oder längerfristig getroffen, sofern die vorübergehende

Stabilisierung des Reiches im Dominat gegen Ende des 3. Jh. militärisch verursachte Störungen[153] beseitigen konnte.

In Griechenland waren selbst Städte wie Athen durch Ursachen, die lange vor dem 3. Jh. lagen, für den antiken Warenverkehr nicht mehr von Bedeutung. Immerhin konnte man hier, auf sich allein gestellt, eigene Verteidigungsanlagen warten und kleinere Truppenkörper aufstellen, die sogar im Jahre 269 eine zeitweilige Verteidigung ermöglichten. Athen konnte noch Mitte des 3. Jh. das typische Boule- und Ephebensystem beibehalten.

Kenchreai, Korinths Hafen, seit Caesar wieder aufgebaut, ließ bis ins 4. Jh. seine Hafenanlagen regelmäßig erneuern; seine Einnahmen müssen hoch genug gewesen sein, daß die Stadt um 360 zur Renovierung nach einem Erdbeben teuere, herrliche Diatretgläser aus Alexandreia einschiffen lassen konnte. Doch ist Korinth/Kenchreai die einzige Stadt Griechenlands, die als bedeutender Warenumschlagplatz im 3. Jh. eine derartige Prosperität besaß.[154]

Nach allen vorstehend formulierten Überlegungen können wir abschließend sagen, daß die Entwicklung vieler Städte bis Ende des 3. Jh. nicht so negativ verlief, wie angesichts vorangegangener Wirren zu erwarten wäre. Die für das Jahr 400 geschätzte Zahl von etwa 2500 Städten im Römischen Reich,[155] die zitierte Darstellung des Imperium Romanum als eines Reiches von Städten, schließlich die Ausführung der Expositio totius mundi, die für jede Provinz eine Anzahl blühender, Handel und Verkehr angeschlossener Städte notiert, verbieten eine andere Einschätzung. Nicht so sehr negativ, wie es oft geschieht, sollte auch die Rolle der Armee gesehen werden. Sie ist nicht nur in Pannonien ein erstrangiger Bedarfsträger gewesen. Da besonders in Kriegszeiten die Textilherstellung – als ein Beispiel – für das Militär auf viele Produktionsstätten verzweigt wurde, die Intakthaltung des Straßennetzes, einschließlich vieler Nebenstraßen, auch dem zivilen Warenverkehr zugute kam, zogen auch zahlreiche Städte, denen keine *canabae*-Siedlungen angeschlossen waren, vom römischen Heer Gewinn, zumal seit den Severern die Soldaten die Unterhaltskosten nicht mehr von der Soldauszahlung abgezogen bekamen, damit auch selbst mehr ausgeben konnten.[156]

Andererseits darf man nachteilige Veränderungen im Gefolge des spätantiken Zwangsstaates nicht übersehen: Die finanziellen Schwierigkeiten der Städte

[153] A. Heidelberger, Die römische Stadt in Britannien und das Problem ihrer weiteren Entwicklung bis zum Einfall der Dänen, Vierteljahrsschrift für Sozial- und Wirtschaftsgeschichte 59, 1972, 454; Millar, Provinzen 168.

[154] J. A. O. Larsen, Roman Greece, in: An Economic Survey of Ancient Rome, Bd. 4, New Jersey 1959, 492 f.; L. Ibrahim, R. Scranton, R. Brill, Kenchreai, Bd. 2, Leiden 1976, 250, 252.

[155] J. Bleicken, Verfassungs- und Sozialgeschichte des Römischen Reiches, Bd. 2, Paderborn 1978, 79.

[156] E. Gren, s. Anm. 94, 23, 58, 144.

(vermehrte Ausklammerung großer städtischer Territorien im Besitz reicher ehemaliger Stadtbürger, die nun von *munera* befreit waren) dauerten fort. Die Verschärfung der Lasten mußte die verbliebene Dekurionenschicht mehr denn je treffen. Sind im 3. Jh. noch Möglichkeiten eines Ausweichens aus dem Dekurionenstand belegt, ist das später offenbar ausgeschlossen. Seit spätestens Aurelian mußte diese Schicht für die Zahlungspflichten der Städte mit eigenem Vermögen haften, die Städte wurden ihrerseits für die Forderungen des Staates an ihre Bürger haftbar gemacht.[157] Die vom Staat in Anspruch genommenen städtischen Kontrollrechte sind zwar schon lange vor dem 3. Jh. bekannt, wurden aber im Dominat verstärkt (*curatores* ab 4. Jh. auch in Nordafrika). Staatliche Verordnungen über zwangsweise Erblichkeit der wichtigsten Berufe, seit Konstantin Gesetz, verstärkten diese Tendenz. Zu beachten ist aber auch: Vielfach konstatieren wir am Ende des 3. Jh., daß Städte neu belebt wurden bzw. relativ ungeschwächt weiter existierten, wo ihre ökonomische Grundlage, unzerstört oder erneuert, einen nach außen hin florierenden Warenverkehrs- und -produktionsplatz zuließ. Doch konnte diese Entwicklung in den weströmischen Gebieten nicht dauerhaft sein, vielfach waren schon Mitte des 4. Jh. neue erhebliche Rückschläge zu sehen, die dann irreparabel waren.[158]

Hingewiesen sei noch auf die Entwicklung antiker Städte im südlichen Donauraum, die erst im 2. und 3. Jh. einsetzte. Städte wie Tropaium Traianum, Durostorum, Troesmis und andere erhielten, ähnlich wie viele pannonische, erst in dieser Zeit ihr Munizipalrecht und wurden im endenden 3. bzw. 4. Jh. weiter ausgebaut und, so Mangalia, erreichten ihre größte Blüte.[159] Dagegen zwangen die Folgen von kriegerischen Einfällen, besonders der Goten, zur Ummauerung der vorher blühenden Stadt Histria, was eine Beschränkung der städtischen Fläche und eine Verminderung des Lebenskomforts (Einstellung der Thermen, Beschränkung der Wohnfläche) ab Ende des 3. Jh. erzwang.[160] Doch zahlreiche Städte, nicht nur in Scythia minor, sondern auch in Mösien,[161] erlebten im Zusammenhang mit der Verlagerung der Hauptstadt des Römischen Reiches

[157] Millar, Staat 103, 94; J. Česka, s. Anm. 152, 227; schon die Severerzeit als Einschnitt nehmen D. Knibbe, W. Atzinger, s. Anm. 89, 799 für Kleinasien an.

[158] Die Veränderungen des Charakters der ehemals antiken Städte als kulturelle und ökonomische Mittelpunkte kommen auch in der Ersetzung der antiken Stadtbezeichnung, wie *municipia* oder *colonia* zugunsten des Ausdrucks *civitas,* ursprünglich Stamm bzw. Stammesgemeinschaft, zum Ausdruck. Vgl. von Petrikovits, Fortleben 73; Vittinghoff, Verfassung 15.

[159] L. Mrozewicz, s. Anm. 30, 302; C. Preda, Callatis, Bucuresti 1980 (dt. Zusammenfassung S. 121–128), 125; A. Barnea, Descoperiri epigrafice noi in cetatea Tropaeum Traiani, Pontica 10, 1977, 355.

[160] M. Bucovala, Histria, Bucuresti 1981, 16 f.

[161] R. Schumacher, Zur Rolle und Bedeutung der Städte in den oströmischen Provinzen Thrakien und Niedermösien vom 4. bis 6. Jahrhundert, Jahrbuch für Wirtschaftsgeschichte, Sonderbd. 1983, 179 ff.

nach Konstantinopel, womit sie militärisch, ökonomisch und politisch wichtiges Hinterland des neuen Mittelpunktes des Imperiums wurden, einen neuen Aufschwung. Hiervon profitierten auch die Städte im kleinasiatisch-syrischen Raum, wie in Nordafrika, doch sind dessen Folgen, da außerhalb des 3. Jh. wirksam werdend, hier nicht mehr zu erörtern.

Abkürzungsverzeichnisse

1. Siglenverzeichnis

ANRW: Aufstieg und Niedergang der römischen Welt. Geschichte und Kultur Roms im Spiegel der neueren Forschung, hrsg. von H. Temporini u. a., mehrere Teile in vielen Bänden, Berlin – New York 1972 ff.

RE: Paulys Realencyclopädie der classischen Altertumswissenschaft, Neue Bearbeitung, hrsg. von G. Wissowa, W. Kroll, K. Mittelhaus, K. Ziegler und W. John, Stuttgart, ab 1972 München 1893–1980

VDI: Vestnik drevnej istorii, Moskva 1937 ff.

2. Verzeichnis der abgekürzt zitierten Literatur

Broughton, Asia: T. R. S. Broughton, Roman Asia, in: An Economic Survey of Ancient Rome, ed. by T. Frank, Bd. 4, Baltimore 1938 (Nachdruck Paterson, New Jersey 1959).

Dieter-Günther, Römische Geschichte: H. Dieter, R. Günther, Römische Geschichte bis 476, Berlin 1979.

Fischer, Kleinasien: H. Fischer, Die wirtschaftliche und soziale Entwicklung in Kleinasien im 2. Jahrhundert v. u. Z. bis zum 2. Jahrhundert u. Z., Jahrbuch für Wirtschaftsgeschichte, Sonderbd. 1977.

Fischer, Stadt: H. Fischer, Zur Entwicklung der Stadt im italischen Raum in der späten Republik und im frühen Prinzipat, Jahrbuch für Wirtschaftsgeschichte, Sonderbd. 1983.

Fitz, Jahrhundert: J. Fitz, Das Jahrhundert der Pannonier (193–284), Budapest 1982.

Hammond, City: M. Hammond, The City in the Ancient World, Cambridge/Mass. 1972.

Haywood, Africa: R. M. Haywood, Roman Africa, in: An Economic Survey of Ancient Rome, ed. by T. Frank, Bd. 4, Baltimore 1938 (Nachdruck Paterson, New Jersey 1959).

Johne-Köhn-Weber, Kolonen: K.-P. Johne, J. Köhn, V. Weber, Die Kolonen in Italien und den westlichen Provinzen des Römischen Reiches vom 2. Jahrhundert v. u. Z. bis zu den Severern, Berlin 1983.

Katz, Decline: S. Katz, The Decline of Rome and the Rise of Mediaeval Europe, Ithaca, New York–London 1972.

Kolb, Stadt: F. Kolb, Die Stadt im Altertum, München 1984.

Magie, Roman Rule: D. Magie, Roman Rule in Aisa Minor, Princeton-New Jersey 1959.

Millar, Provinzen:	F. Millar, Die griechischen Provinzen, in: Fischer Weltgeschichte, Bd. 8: Das römische Reich und seine Nachbarn, hrsg. von F. Millar, Frankfurt am Main 1966.
Millar, Staat:	F. Millar, Staat und Untertan: Die Städte, in: Fischer Weltgeschichte, Bd. 8: Das römische Reich und seine Nachbarn, hrsg. von F. Millar, Frankfurt am Main 1966.
Mócsy, Pannonia:	A. Mócsy, Pannonia, in: RE, Supplementband 9, Stuttgart 1962.
Mócsy, Pannonien:	A. Mócsy, Pannonien und die Soldatenkaiser, in: ANRW, Bd. II 6, Berlin–New York 1977.
von Petrikovits, Fortleben:	H. v. Petrikovits, Das Fortleben römischer Städte an Rhein und Donau, in: Vorträge und Forschungen, Bd. 4, Lindau–Konstanz 1958.
Štaerman, Krise:	E. M. Schtajerman, Die Krise der Sklavenhalterordnung im Westen des römischen Reiches, aus dem Russischen übers. und hrsg. v. W. Seyfarth, Berlin 1964.
Vittinghoff, Verfassung:	F. Vittinghoff, Zur Verfassung der spätantiken Stadt, in: Vorträge und Forschungen, Band 4, Lindau–Konstanz 1958.

IV. Veränderungen in den Oberschichten

IV.1. Kaiser, Senat und Ritterstand

von Klaus-Peter Johne

A. Maximinus Thrax und der Bürgerkrieg von 238
B. Die ersten Kaiser nichtsenatorischer Herkunft
C. Senats- und Soldatenkaiser
D. Senatskaiser und Vigintiviri
E. Die gallischen Kaiser
F. Der Ausschluß der Senatoren vom Militärkommando
G. Der endgültige Übergang der Herrschaft an die Militäraristokratie

Die Krise des 3. Jh. hat die Oberschichten des Römischen Reiches in einer relativ kurzen Zeit tiefgehend verändert. Vom Kaiser über den Senatoren- und Ritterstand bis hin zur Munizipalaristokratie war in der ersten Hälfte des 4. Jh. nicht mehr viel so wie in der zweiten Hälfte des 2. Jh. Nun liegt es in der Natur der zur Verfügung stehenden Quellen, daß die eingetretenen Veränderungen sich in der Munizipalaristokratie am wenigsten erkennen lassen, während wir über die beiden ersten Stände sehr viel besser unterrichtet sind und am besten natürlich über die Spitze des Reiches.

Die Munizipalaristokratie erfährt in dieser Arbeit eine gesonderte, systematische Behandlung. Für den Senatoren- und Ritterstand ist eine solche in dem gegebenen Rahmen nicht möglich. Die Wandlungen, die beide Stände sowohl in ihrer Zusammensetzung als auch in ihrem Einfluß auf die politischen Entscheidungen erlebten, können nun aber sehr gut an der sich verändernden sozialen Herkunft der Kaiser und an deren Verhältnis zu den beiden Ständen studiert werden. Die folgenden Ausführungen versuchen daher, diesen historischen Prozeß an einigen markanten Beispielen deutlich werden zu lassen.

Ausgewählt wurden dafür

- die Kaiserwahl nach Caracallas Tode im Jahre 217 und die darauf folgende Regierung des Macrinus,
- das Ende der Herrschaft des Maximinus Thrax, das gegen ihn aufgestellte Senatsregiment und der Bürgerkrieg von 238 mit seinen Folgen,
- die Herrscher des Gallischen Teilreiches,
- der Ausschluß der Senatoren vom Truppenkommando durch Gallienus
- sowie die Regierung des Tacitus 275/276 und der endgültige Übergang der Herrschaft an die Militäraristokratie.

A. Maximinus Thrax und der Bürgerkrieg von 238

Im Frühling des Jahres 238 ereigneten sich im Römischen Reich unerhörte Vorgänge. Als in Nordafrika der dortige Statthalter Gordian und sein Sohn zu Gegenkaisern proklamiert worden waren, ergriff der Senat in Rom für sie Partei, sprach die Absetzung des seit 235 regierenden und zu diesem Zeitpunkt in Sirmium weilenden Kaisers Maximinus Thrax aus und nahm den Kampf gegen ihn auf. Auch nach dem rasch erfolgten Zusammenbruch der afrikanischen Usurpation und dem Tode der beiden Gordiane setzte der Senat unbeirrt seine Politik fort und wählte aus den Reihen einer kurz zuvor auf Senatsbeschluß gebildeten Zwanzigmännerkommission zur Verteidigung Italiens zwei als gleichberechtigte Regenten gedachte neue Kaiser. An ihnen sollte Maximinus dann auch bald tatsächlich scheitern. Wie zu erwarten, war er mit seinem Heer von der Donaufront zur Niederwerfung des Senatskaisertums nach Norditalien aufgebrochen. Dort sah er sich zu einer Belagerung Aquileias gezwungen, da diese Stadt, ein wichtiger Verkehrsknotenpunkt, auch bereits auf die Seite des Senats übergetreten war und von zwei Konsularen verteidigt wurde. Bei der sich hinziehenden Belagerung kam es zu einer Meuterei, in deren Verlauf Maximinus das Opfer seiner eigenen Soldaten wurde.

Nun hatte es Bürgerkriege zwischen rivalisierenden Thronprätendenten auch schon vorher zur Genüge im römischen Kaiserreich gegeben. Augustus war auf diese Weise im Jahre 30 v. Chr. Alleinherrscher geworden, Vespasian im Jahre 69 n. Chr. und Septimius Severus im Jahre 197, doch ein regelrechter Krieg des Senats als Körperschaft gegen den immerhin drei Jahre lang als legitim betrachteten Herrscher war selbst für die bewegte Geschichte Roms etwas Neues, und ist in dieser Form ebenso einmalig geblieben wie die Wahl von zwei Kaisern durch den Senat nach dem Beispiel der Konsuln republikanischer Zeit.[1]

Die Frage nach den Ursachen und Motiven für die ganz erstaunliche Haltung des Senats ist in der Forschung bereits des öfteren gestellt worden. War doch der Senat nach dem Ende der Severerdynastie ein Gremium, das bereits seit Jahrhunderten nicht mehr gewohnt war, allein über Krieg und Frieden zu entscheiden, geschweige denn selbständig einen Kampf mit der Militärmacht des Imperators zu führen. Noch im Jahre 193 hatte sich die Aristokratenversammlung den Legionen des Septimius Severus, die er von Carnuntum nach Rom führte, anstandslos unterworfen und den zuvor anerkannten Kaiser Didius Julianus angesichts der erdrückenden militärischen Übermacht des ersten Severers ohne

[1] Aus der sehr umfangreichen Literatur zur Regierung des Maximinus und zu den Ereignissen des Jahres 238 seien genannt: E. Hohl, C. Iulius Verus Maximinus, in: RE 10,1 (1917) 852–868; G. M. Bersanetti, Studi sull' imperatore Massimino il Trace, Rom 1940 (Nachdruck 1965); A. Bellezza, Massimino il Trace, Genua 1964 (Pubblicazioni dell' Istituto di Storia antica dell' Università di Genova 5); Syme Emperors 163–193; Loriot 657–722; Dietz.

weiteres geopfert. Im Frühjahr 238 stand Maximinus Thrax mit ähnlicher Heeresmacht in den Donauprovinzen, und dennoch erklärte sich der Senat für die Usurpatoren in Afrika, die von Anfang an kaum eine Erfolgschance besaßen. Im Gegensatz zu der geballten Militärmacht an den neuralgischen Punkten der Reichsgrenze, am Rhein, an der Donau und am Euphrat, stand im römischen Afrika nur eine einzige Legion, und nicht einmal diese konnten die Aufständischen auf ihre Seite ziehen; sie bereitete vielmehr der Usurpation ein schnelles Ende. Trotz alledem wagte der Senat den offenen Bruch mit einem Militärdiktator und ließ es auf eine militärische Kraftprobe ankommen.

Für die einheitliche Haltung fast des gesamten *ordo amplissimus* sind in der Forschung die verschiedensten Ursachen angeführt worden. M. Rostovtzeff sah in dieser Auseinandersetzung den verzweifelten Kampf zwischen einer wohlhabenden und um ihre Privilegien fürchtenden städtischen „Bourgeoisie" unter der Führung des Senats und einer verarmten, bäuerlich-provinzialen Soldateska, aus der sich die kaiserliche Armee rekrutiert habe, einen Kampf, der für Jahrzehnte eine Militäranarchie zur Folge hatte.[2] Die These vom Konflikt zwischen einem orientalisierten Senat und dem „Italikertum" auf der einen Seite sowie dem „Illyrertum" und einem barbarischen Heer andererseits verfocht F. Altheim, der im Zuge der von ihm vorgenommenen Etikettierungen die Regierung des Maximinus als „Säbelregiment" charakterisierte.[3] Als eine Auseinandersetzung zwischen Zivilisten und Militärs interpretierte H. G. Mullens die Vorgänge, als eine gut vorbereitete Verschwörung herrschender Kreise in Italien und Afrika P. W. Townsend und als separatistisch gefärbte Bewegung gegen die Ausbeutung der afrikanischen Provinzen zugunsten der für die Grenzgebiete bestimmten Heeresversorgung T. Kotula und M. Bénabou.[4]

M. E. Štaerman deutete die Ereignisse von 238 als einen durch den Aufstand der Großgrundbesitzer in Afrika ausgelösten Machtkampf innerhalb der herrschenden Klasse und ordnete das Geschehen in die Klassenauseinandersetzungen des 3. Jh. ein.[5] Differenzierter sah G. Alföldy darin den gemeinsamen Kampf recht unterschiedlicher sozialer Gruppen, nämlich der senatorischen Aristokratie im zeitweiligen Bündnis mit der städtischen Oberschicht in Italien und Afrika und breiten Massen der Stadt- und Landbevölkerung, gegen die politische Elite des Ritterstandes im Offizierskorps und in der Reichsverwaltung,

[2] M. Rostovtzeff, The Social and Economic History of the Roman Empire, 2. Aufl., Oxford 1957, 439–442. 451–458.

[3] Altheim 245–256. 265–268.

[4] H. G. Mullens, The Revolt of the Civilians A.D. 237-238, Greece and Rome 17, 1948, 65–77; P. W. Townsend, The Revolution of A.D. 238: The Leaders and their Aims, Yale Classical Studies 14, 1955, 49–105; T. Kotula, L'insurrection des Gordiens et l'Afrique romaine, in: Eos 51, 1959/1960, 197–211; M. Bénabou, La résistance africaine à la romanisation, Paris 1976, 201–207.

[5] Štaerman Krise 351–359.

die sich auf das Heer und dessen Reservoir, die Bevölkerung der schmalen Militärzonen in den Grenzprovinzen, sowie die kaiserliche Bürokratie stützte.[6]

Etwa vor einem Jahrzehnt wurde die Diskussion durch die Erarbeitung einer Prosopographie des Senatorenstandes für die Jahre 235 bis 238 auf eine neue Materialgrundlage gestellt. Diese Prosopographie ist das Kernstück des Buches „Senatus contra principem. Untersuchungen zur senatorischen Opposition gegen Kaiser Maximinus Thrax" von K. Dietz aus dem Jahre 1980. In einer höchst minutiösen Untersuchung konnte der Verfasser 87 Mitglieder des Senats in diesem Zeitraum ermitteln, eine Zahl, die 9 Prozent der Gesamtstärke dieser Versammlung darstellen dürfte. Ihrer geographischen Herkunft nach lassen sich 51–53 Prozent der Senatoren Italien zuweisen, 11–12 Prozent den Westprovinzen, 12–15 Prozent Afrika, 20 Prozent dem östlichen Reichsteil und etwa 2 Prozent den Donauprovinzen.[7] Bereits das vor 40 Jahren erarbeitete Werk von G. Barbieri hatte – auf viel breiterer Quellenbasis und für den ungleich längeren Zeitraum von 193 bis 285 – den Nachweis erbracht, daß der Anteil der Italiker im Senat im ganzen 3. Jh. niemals erheblich unter die Hälfte gesunken ist. Barbieri ermittelte als Heimatland für 44,5 Prozent der Senatoren Italien, für 9 Prozent die Westprovinzen, für 13 Prozent Afrika und für 33 Prozent die Ostprovinzen.[8] Beide Forschungsergebnisse entkräften die These von einem „völlig orientalisierten Senat" in diesem Jahrhundert endgültig.

Ein wichtiges Ergebnis der Arbeit von Dietz ist der gelungene Nachweis, daß Maximinus in der Reichsverwaltung eine kontinuierliche Personalpolitik betrieben hat. Früher geäußerte und unter Berufung auf Herodian vertretene Ansichten, der Thraker auf dem Throne habe den Senat völlig ausgeschaltet und die Amtsträger seines Vorgängers allesamt beiseite geschoben, finden keine Bestätigung. Ebenso bedeutete die Übertragung eines Amtes an einen Senator durch Maximinus kein Hindernis für dessen weitere Laufbahn. Einige Karrieren lassen sich kontinuierlich von der Regierungszeit des Severus Alexander über die des Maximinus Thrax bis zu derjenigen Gordians III. verfolgen. Somit stellt diese Prosopographie eine deutliche Korrektur der literarischen Überlieferung dar, die diesem Kaiser eine prinzipielle Feindschaft gegenüber dem Senat zuschreibt.[9]

Der ohne Zweifel sehr begrüßenswerte Nachweis einer relativen Kontinuität in der Verwaltung des Imperium Romanum mit Hilfe der prosopographischen Methode wirft aber zugleich ein anderes Problem auf. Wenn es nämlich unter

[6] G. Alföldy, Soziale Konflikte im Römischen Kaiserreich, Heidelberger Jahrbücher 20, 1976, 111–125, bes. 113–119 = Schneider 372–395, bes. 375–379.

[7] Dietz 269–271.

[8] G. Barbieri, L'albo senatorio da Settimio Severo a Carino (193–285), Rom 1952 (Studi pubblicati dall' Istituto italiano per la storia antica 6), 459.

[9] Zusammenfassend Dietz 290–300; vgl. zur literarischen Überlieferung A. Lippold, Der Kaiser Maximinus Thrax und der römische Senat, in: BHAC 1966/1967, Bonn 1968, 73–89.

Maximinus keinen entscheidenden Bruch in der Personalpolitik gegeben hat und der Kaiser nicht den ihm von Herodian und der Historia Augusta unterstellten abgrundtiefen Haß gegenüber dem ersten Stand besaß, sondern zumindest partiell zur Zusammenarbeit bereit gewesen ist, was bewog dann die senatorische Führungsschicht, die Waffen gerade gegen ihn zu erheben? Es kann nicht ein Aufstand der von der Verwaltung auf einmal völlig ausgeschalteten oder gar an Leib und Leben bedrohten Träger von Tradition und Bildung gegen einen „Barbaren auf dem Thron" gewesen sein. So wichtig und erkenntnisreich also die Aufarbeitung aller Nachrichten über die Senatoren dieser Jahre ist, die Frage, warum der Senat in einer in der Kaiserzeit einmaligen Kraftanstrengung den Kampf aufgenommen hat, kann mit den Mitteln der Prosopographie allein nicht beantwortet werden.[10]

Dietz führt die feindselige Haltung der Aristokratie vor allem auf zwei Ursachen zurück. Die eine sei die Auflösung des *consilium principis* des Severus Alexander, die andere die Ermordung der Usurpatoren Quartinus und Magnus.[11] Im *consilium principis,* dem Kronrat, sieht der Verfasser für die Zeit des Severus Alexander geradezu eine Institution der Mitregentschaft, da „der Senat zum ersten Mal seit Augustus nicht nur über die Dienststellungen einzelner Mitglieder, sondern durch die Vertretung seiner Gesamtheit tatsächliche Beteiligung und damit ... Einfluß auf die Regierungsgeschäfte erlangt" habe.[12] Mit dieser Interpretation, die sich auf Herodian und die Alexandervita der Historia Augusta

[10] Über die Möglichkeiten und Grenzen der prosopographischen Methode wird seit nunmehr 20 Jahren eine lebhafte Diskussion geführt, vgl. W. den Boer, Die prosopographische Methode in der modernen Historiographie der hohen Kaiserzeit, Mnemosyne 22, 1969, 268–280 = Suggramata. Studies in Graeco – Roman History, hrsg. v. H. W. Pleket, H. S. Versnel, M. A. Wes, Leiden 1979, 264–276; L. Stone, Prosopography, Daedalus 100, 1971, 46–79; W. Eck, Sozialstruktur des römischen Senatorenstandes der hohen römischen Kaiserzeit und statistische Methode, Chiron 3, 1973, 375–394; T. F. Carney, Prosopography: Payoffs and Pitfals, Phoenix 27, 1973, 156–179; K. Christ, Römische Geschichte, Darmstadt 1973, 193–199; H.-G. Pflaum, Les progrès des recherches prosopographiques concernant l'époque du Haut-Empire durant le dernier quart de siècle (1945–1970); in: ANRW 2, 1 (1974) 113–135; A. J. Graham, The Limitations of Prosopography in Roman Imperial History, in: ebenda, 136–157; G. Alföldy, Konsulat und Senatorenstand unter den Antoninen, Bonn 1977 (Antiquitas, Reihe 1, 27), 7–11; L. Petersen, Einige Aspekte zur Prosopographie der Prinzipatszeit, Zeitschrift für Papyrologie und Epigraphik 43, 1981, 281–284; dies., Zur Prosopographia Imperii Romani, in: Epigrafia e ordine senatorio. Atti del Colloquio Internazionale AIEGL Roma 1981, Bd. 1, Rom 1982, 681–684; J. Maurin, La prosopographie romaine: pertes et profits, Annales E.S.C. 37, 1982, 824–836; W. Dahlheim, Geschichte der römischen Kaiserzeit, 2. Aufl., München 1989, 168–173.

[11] Dietz 300–314.

[12] Dietz 304; zum Kronrat vgl. J. Crook, Consilium principis. Imperial Councils and Counsellors from Augustus to Diocletian, Cambridge 1955.

stützt,[13] dürfte der Autor etwas zu weit gegangen sein. Es gibt keine sicheren Anhaltspunkte dafür, daß sich das *consilium principis* des letzten Severers grundsätzlich von den Beraterstäben anderer Herrscher unterschieden hat. Erhöhte Bedeutung kam ihm nur dadurch zu, daß Severus Alexander in sehr jugendlichem Alter auf den Thron gelangte. Andererseits war dieses *consilium* auch kein ausschließlich senatorisches Organ; in ihm saßen auch ranghohe Vertreter des Ritterstandes. Dennoch braucht die führende Beteiligung von Anhängern der gestürzten Dynastie und darunter auch von Mitgliedern des 235 aufgelösten Kronrates in der antikaiserlichen Opposition überhaupt nicht bezweifelt zu werden.[14] Auch der Tod der Senatoren Quartinus und Magnus, die ohne Senatsgericht verurteilt wurden[15] – und damit nach der Auffassung der Mitglieder des ersten Standes nicht rechtmäßig[16] – wird eine gewisse Erbitterung hervorgerufen haben, wenn auch die Hinrichtung von gescheiterten Usurpatoren und deren Anhängern nichts so Außergewöhnliches war. Septimius Severus hatte nach der Niederwerfung des Clodius Albinus im Jahre 197 auf einmal 29 Senatoren hinrichten lassen.[17]

Die allgemeine Feindseligkeit des Senats gegenüber Maximinus kann nicht allein aus den von Dietz hervorgehobenen Vorgängen erklärt werden. Die harte Finanz- und Steuerpolitik des Kaisers gegenüber den Großgrundbesitzern und den Städten im allgemeinen sowie willkürliche Konfiskationen im besonderen dürften eine gewichtigere Rolle gespielt haben, als ihnen der Verfasser von „Senatus contra principem" zubilligen möchte.[18] Auf diesen Umstand haben Forscher aufmerksam gemacht, die die Vorgänge von ganz verschiedenen Seiten aus betrachtet haben, S. Mazzarino und H.-G. Pflaum ebenso wie E. M. Štaerman, W. Seyfarth und R. Günther.[19]

Nicht übersehen werden kann auch, daß der Kaiser in seiner dreijährigen Regierung stets nur vom „Feldlager" aus regierte und der Reichshauptstadt und damit dem Senat niemals auch nur einen Besuch abstattete, nicht einmal zum Konsulatsantritt, was zweifellos als eine Brüskierung aufgefaßt worden ist. Auch

[13] Herod. 6,1,2; 7,1,3; Hist. Aug. vita Alex.,Sev. 16,1–3.

[14] So schon H.-G. Pflaum, Le marbre de Thorigny, Paris 1948 (Bibliothèque de l'École des hautes études, Sciences historiques et philologiques 292), 52.

[15] Dietz 188 und 209; PIR² M 100.

[16] Vgl. J.Bleicken, Senatsgericht und Kaisergericht, Göttingen 1962 (Abhandlungen der Göttinger Akademie der Wissenschaften, Phil.-hist. Klasse 3, 53).

[17] Hist. Aug. vita Severi 12,8–13,8; zum Problem „Senatorenblut" vgl. K.-P. Johne, Kaiserbiographie und Senatsaristokratie, Berlin 1976 (Schriften zur Geschichte und Kultur der Antike 15), 72–91.

[18] Vgl. Dietz 4 f. und 310; Hartmann 114 f.

[19] S. Mazzarino, L'impero romano, 2. Aufl., Bari 1973, 500–508; H.-G. Pflaum, Das römische Kaiserreich, in: Propyläen-Weltgeschichte, hrsg. von G. Mann und A. Heuß, Band 4, Berlin–Frankfurt–Wien 1963; Štaerman Krise 351–359; Seyfarth 274–278; Dieter–Günther 299 f.

in dieser Hinsicht entsprach Maximinus ganz und gar nicht dem Bild, das sich die Senatsaristokratie von einem „guten" Kaiser zu machen pflegte und das zuletzt unter Severus Alexander erreicht zu sein schien.

Zu gering ist von Dietz der Faktor veranschlagt worden, durch den sich Maximinus von allen seinen Vorgängern unterschied. Die literarischen Quellen unterstreichen durchweg mit Nachdruck, daß er der erste Soldat gewesen ist, der auf den Thron gelangte. Die entsprechenden Passagen lauten bei Aurelius Victor: *Namque Gaius Iulius Maximinus, praesidens Trebellicae, primus e militaribus, litterarum fere rudis potentiam cepit suffragiis legionum,* bei Eutrop: *Post hunc Maximinus ex corpore militari primus ad imperium accessit sola militum voluntate, cum nulla senatus intercessisset auctoritas neque ipse senator esset,* in der anonymen Epitome de Caesaribus: *Iulius Maximinus Thrax, ex militaribus, imperavit annos tres,* und in der Biographie der Historia Augusta: . . . *Maximinus primum e corpore militari et nondum senator sine decreto senatus Augustus ab exercitu appellatus est*. . .[20] Diese Nachrichten gehen wohl durchweg auf eine lateinische Tradition zurück, die in der sogenannten „Enmannschen Kaisergeschichte" vorliegt.[21] Die Tatsache, daß keiner der Autoren diesen Punkt übergangen hat, sondern ihn im Rahmen der chronikartigen Breviarienliteratur meist sogar mit relativ vielen Worten behandelt, spricht für die Bedeutung des Vorgangs.

Tatsächlich war im Jahre 235 etwas bis dahin Beispielloses geschehen. Ein „Grenzlandrömer" von der unteren Donau, der sich vom einfachen Soldaten zum Offizier im Ritterrang hochgedient hatte, griff nach dem Purpur, erlangte ihn und behauptete seine Herrschaft drei volle Jahre. Seine Erfolge in der Grenzverteidigung an Rhein und Donau zeigten, daß ein Mann, der aus einer bisher nicht als „regierungsfähig" betrachteten Bevölkerungsschicht kam, das Reich mindestens ebenso gut verteidigen konnte wie die aristokratischen *viri militares,* deren relative Entbehrlichkeit damit aller Welt vor Augen geführt wurde. Die Regierung des Thrakers mußte dem Senat in seiner Gesamtheit deutlich machen, daß sich hier grundsätzlich Neues tat.

Der erste Soldatenkaiser wurde in den Jahren 172 oder 173 auf der Balkanhalbinsel geboren und entstammte wohl einfachen, provinzialen Verhältnissen. Über den Geburtsort und die soziale Herkunft finden sich in den literarischen Quellen keine verläßlichen Angaben. Der Zeitgenosse Herodian läßt ihn aus einem Dorf im Innern Thrakiens aus „halbbarbarischen" Verhältnissen stammen, wobei diese Angaben zweifellos unter dem Eindruck seines Scheiterns und der sich daran anschließenden allgemeinen Verurteilung gesehen werden müssen.[22] Herodians Feststellung übertrumpft noch der Verfasser der Historia Augusta, der

[20] Aur. Vict. Caes. 25,1; Eutr. 9,1; Epit. de Caes. 25,1; Hist. Aug. vita Maxim. duo 8,1.

[21] J. Schlumberger, Die Epitome de Caesaribus. Untersuchungen zur heidnischen Geschichtsschreibung des 4. Jahrhunderts n. Chr., München 1974 (Vestigia 18), 137, vgl. 128 f.

[22] Herod. 6,8,1.

aus Maximinus einen echten „Barbaren" macht, den Sohn des Goten Micca und der Alanin Hababa. Um diese Behauptung etwas glaubhafter zu machen, wird der Geburtsort des späteren Kaisers aus dem Inneren Thrakiens an die Grenze zum Barbarenland, an die untere Donau, verlegt.[23] Seit langem sind die Detailangaben der Biographie als Fiktionen erkannt.[24] Mit Recht hat A. Lippold darauf verwiesen, daß zu Herodians Zeit bereits die Herkunft aus dem Innern Thrakiens für einen Kaiser „barbarisch" genug war, während seit der Mitte des 3. Jh. aus dem illyrisch-thrakischen Raum so viele Imperatoren gekommen waren, daß im 4. Jh. diese Abstammung allein gar nicht mehr als etwas Besonderes empfunden wurde.[25] Aus diesem Grunde hat sich der Verfasser der Historia Augusta, der aller Wahrscheinlichkeit nach um die Wende vom 4. zum 5. Jh. geschrieben hat, auch nicht mit dem *semi-barbarus* des Binnenlandes begnügt, sondern aus ihm einen wahrhaftigen *barbarus* gotisch-alanischer Provenienz aus dem Grenzland gemacht. Dabei stand der Biograph sicher auch unter dem Eindruck des Heeres seiner Zeit, in dem Goten und Alanen nicht nur ganze Kontingente stellten, sondern auch bereits hohe Kommandoposten innehatten. Mit seiner negativen Zeichnung des Maximinus Thrax scheint der Verfasser der Historia Augusta auch vor der Macht und dem Einfluß der „Barbaren" um 400 warnen zu wollen.[26]

Mit der Verlegung des Heimatortes an die Donaugrenze macht die Historia Augusta aus dem Thraker unversehens einen Mösier und hat damit vielleicht sogar – unbeabsichtigt – recht. Natürlich ließe sich auch in diesem Falle die Bezeichnung *Thrax* rechtfertigen, wenn man den Begriff nicht ausschließlich auf das eigentliche Thrakien bezieht, sondern berücksichtigt, daß ein Teil der unteren Donau als *ripa Thraciae* bezeichnet wurde und Niedermösien zu jeder der möglichen Entstehungszeiten der Historia Augusta zur Diözese Thrakien gehört hat. Als Mösier wird der Soldatenkaiser auch in einer sehr späten Quelle, bei dem byzantinischen Chronographen Georgios Synkellos, bezeichnet.[27] Für eine solche mösische Abkunft ist in neuerer Zeit mit Nachdruck R. Syme eingetreten. Er wies daraufhin, daß sein Name C. Iulius Verus Maximinus ein Beweis

[23] Hist. Aug. vita Maxim. duo 1,5–6; *hic de vico Threiciae vicino barbaris, barbaro etiam patre et matre genitus, quorum alter e Gothia, alter ex Alanis genitus esse perhibetur. et patri quidem nomen Micca, matri Hababa fuisse dicitur.* – 4,4–5: . . .*in Thracia in vico, ubi genitus fuerat, possessiones conparavit ac semper cum Gothis commercia exercuit. amatus est autem unice a Getis quasi eorum civis. Halani quicumque ad ripam venerunt, amicum eum donis vicissim recurrentibus adprobabant.*

[24] Vgl. PIR^2 J 619; H 1; M 586; ausführlich und mit einem Überblick über die ganze frühere Literaur A. Lippold, Die Herkunft des Kaisers C. Julius Verus Maximinus, in: Bonner Festgabe Johannes Straub, Bonn 1977 (Beihefte der Bonner Jahrbücher 39), 261–275.

[25] A. Lippold, s. Anm. 24, 274 f.

[26] Zu diesem Aspekt zuletzt J. Burian, Maximinus Thrax. Sein Bild bei Herodian und in der Historia Augusta, Philologus 132, 1988, 230–244; zur Datierung der Historia Augusta vgl. die Übersicht bei K.-P. Johne, s. Anm. 17, 11–46.

[27] Georgii Syncelli Chronographia p. 674 und 681 ed. Dindorf = p. 437 und 443 ed. Mosshammer.

dafür ist, daß er das römische Bürgerrecht bereits vor der allgemeinen Verleihung desselben durch die Constitutio Antoniniana im Jahre 212 besessen hat und es vielleicht schon von Geburt an besaß. Die Namensform ebenso wie die soldatische Laufbahn ließen Syme die ansprechende Vermutung äußern, Maximinus entstamme einer Soldaten- oder Veteranenfamilie des unteren Donauraumes, etwa aus der Gegend des Grenzabschnitts von Ratiaria bis Oescus.[28]

Von seiner Laufbahn sind in der Überlieferung bedauerlicherweise nur noch die beiden letzten Stationen erkennbar, die er geraume Zeit nach der Erlangung des Ritterranges bekleidete. Gesichert erscheinen lediglich die Stellung eines *praefectus Mesopotamiae* im Perserkrieg der Jahre 231/232 und die eines *praefectus tironibus* an der Rheingrenze unmittelbar vor seiner Erhebung zum Kaiser 234/235.[29] Alle anderen bei Herodian und in der Biographie der Historia Augusta genannten Posten sind unsicher, wenn nicht offensichtlich fiktiv.[30] Den Aufstieg vom Soldaten zu einem im Ritterrang stehenden Offizier dürfte er spätestens um das Jahr 215 geschafft haben, da er sich um diese Zeit mit der vermutlich aus vornehmem Hause stammenden Caecilia Paulina vermählt hat.[31]

Auch wenn Maximinus nicht gotisch-alanischer Abkunft war und somit kein „Barbar" nach römischem Verständnis, sein Herkommen war von denen, die in Rom bisher regiert hatten, immer noch sehr weit entfernt. Mit seiner Person wurde der Berufssoldat, der seit dem Anfang der Monarchie bereits deren unentbehrliche Stütze war und dessen Bedeutung seit dem Ende des 2. Jh. durch drei blutige Bürgerkriege sowie mehrere Palastrevolutionen und Meutereien immer mehr zugenommen hatte, „regierungsfähig", *capax imperii*. Alle damit verbundenen Befürchtungen – Erinnerungen an die Hinrichtungswellen 197 unter Septimius Severus und 212 unter Caracalla ebenso wie die Erkenntnis des seit dem Ende des Zeitalters der Antonine bereits eingetretenen Machtverlustes der traditionellen Führungsschichten – dürften den geistigen Hintergrund, die nachdrücklich geforderten materiellen Opfer den unmittelbar entscheidenden Beweggrund für fast die gesamte Senatsaristokratie und für Teile der Munizipalaristokratie Afrikas und Italiens geliefert haben, sich zu der „Koalition" von 238 zusammenzufinden und sich der hier anbahnenden Entwicklung gewaltsam entgegenzustellen.[32] Die bisher herrschende Klasse wehrte sich gegen den drohenden weiteren Machtverlust und die offensichtlich auf der Tagesordnung stehende Umschichtung ihrer Struktur.

[28] Syme Emperors 178–193, bes. 185 f.

[29] Herod. 7,8,4; 6,8,2.

[30] Vgl. E. Hohl, RE 10,1 (1917) 854–857 s. v. Iulius 526; H. U. Instinsky, Das angebliche Legionskommando in der militärischen Laufbahn der Kaiser Maximinus, Claudius Goticus und Aurelianus, Klio 34, 1942, 118–120; PIR² J 619; Syme Emperors 188.

[31] PIR² C 91; A. Lippold, Der Kaiser Maximinus Thrax und der römische Senat, in: BHAC 1966/1967, Bonn 1968, 86 f.

[32] Zu der „Koalition" vgl. G. Alföldy, in: Schneider 375–379.

Der Anlaß, der die Kettenreaktion des Jahres 238 in Gang setzte, die zur Erhebung der Gordiane, zu einem neuen Bürgerkrieg und schließlich zum Sturz des Maximinus Thrax führte, war eher unbedeutend. In den ersten Monaten dieses Jahres wurde in der Stadt Thysdrus in der Provinz Africa Proconsularis – heute El Djem im östlichen Tunesien – ein kaiserlicher Prokurator ermordet, der sich durch Ungerechtigkeiten und Erpressungen verhaßt gemacht hatte.[33] Die Anstifter der Tat waren reiche Neaniskoi, die den Verlust ihres Vermögens und ihrer ererbten Güter befürchten mußten. Welche soziale Gruppe sich hinter den Neaniskoi verbirgt, ist erst jüngst der Gegenstand einer Diskussion geworden.

Die frühere Forschung – Rostovtzeff, Altheim, Štaerman, Townsend, Kotula, Loriot u. a. – betrachtete sie durchweg als junge Großgrundbesitzer der Provinz Africa, wobei sie häufig mit der paramilitärischen Organisation der *iuventus* gleichgesetzt wurden. In einer eingehenden Untersuchung aus dem Jahre 1977 hat nun F. Kolb wahrscheinlich machen können, daß es sich bei den Neaniskoi um jüngere Mitglieder des *ordo decurionum* von Thysdrus gehandelt habe, die zugleich Großpächter, *conductores,* auf den kaiserlichen Domänen in der Umgebung dieser Stadt waren.[34] Thysdrus lag in dem riesigen Domänenkomplex der *regio Hadrumetina,* die von einem der beiden ranghöchsten Prokuratoren in der Provinz Africa verwaltet wurde. Daher dürfte es sich bei dem ermordeten Beamten auch um einen *procurator regionis Hadrumetinae* gehandelt haben.

Die von dem Prokurator repräsentierte kaiserliche Finanzverwaltung hat in Afrika häufig mit den Großpächtern auf den Domänen gut zusammengearbeitet. Wie leicht dieses Zusammenwirken von den Konduktoren mißbraucht werden konnte, zeigt die Beschwerde der Kolonen vom Saltus Burunitanus, die oben erörtert wurde.[35] Das zeitweilige Einverständnis gegenüber den Pachtbauern verdeckte aber nur partiell die latent vorhandenen Gegensätze zwischen Fiskus und Großpächtern. Der Druck der sich seit dem Beginn der Severerzeit steigernden Belastungen traf nämlich nicht nur die Kolonen, sondern auch die Konduktoren, die mit ihrem Vermögen für die pünktliche und vollständige Ablieferung der von den Kolonen zu erstattenden Abgaben hafteten. Seit der

[33] Zur umstrittenen Detailchronologie in der ersten Hälfte dieses Jahres vgl. Loriot 720–722 und die Übersicht bei Dietz 345–347.

[34] F. Kolb, Der Aufstand der Provinz Africa Proconsularis im Jahre 238 n. Chr. Die wirtschaftlichen und sozialen Aspekte, Historia 26, 1977, 440–478; ders., Wirtschaftliche und soziale Konflikte im Römischen Reich des 3. Jahrhunderts n. Chr., in: Bonner Festgabe Johannes Straub, Bonn 1977 (Beihefte der Bonner Jahrbücher 39), 277-295; zu den nordafrikanischen Domänen vgl. zuletzt D. Flach, Die Pachtbedingungen der Kolonen und die Verwaltung der kaiserlichen Güter in Nordafrika, in: ANRW 2, 10, 2 (1982), 427–473; V. Weber, in: Johne–Köhn–Weber 289–343; D. P. Kehoe, The Economics of Agriculture on Roman Imperial Estates in North Africa, Göttingen 1988 (Hypomnemata 89).

[35] Vgl. oben S. 78–81.

Reorganisation der *annona militaris* durch Septimius Severus war die Provinz Proconsularis von zentraler Bedeutung für die Versorgung des Heeres und damit ein Objekt erhöhter Aufmerksamkeit für die Finanzverwaltung. Natürlich werden die Großpächter bestrebt gewesen sein, möglichst viele der ihnen aufgebürdeten Lasten auf die Kolonen abzuwälzen, dennoch können sich von einem bestimmten Punkt an auch Groß- und Kleinpächter gegenüber den immer mehr fordernden Staatsorganen verbündet haben. Dieser kritische Punkt scheint im Jahre 238 erreicht gewesen zu sein. Der Prokurator forderte offenbar von den Konduktoren mehr, als sie an Erträgen herbeischaffen konnten. Für das Fehlende wurden sie haftbar gemacht und sollten mit ihrem Vermögen dafür einstehen. Die Ermordung des kaiserlichen Funktionärs war nach den Forschungen Kolbs eine Verzweiflungstat verschuldeter Konduktoren aus der Munizipalaristokratie, die bei ihrem Vorgehen auf breite Unterstützung der Landbevölkerung, das heißt vor allem der Kolonen auf den Domänen, rechnen konnten.[36] In dieser Verbindung wäre damit ein Strang der „Koalition" von 238 zu sehen.

Weltpolitische Bedeutung erlangte der zunächst nur lokale Vorgang erst durch drei Umstände. Der eine war die Anwesenheit des Prokonsuls in Thydrus, der dort wohl Gerichtssitzungen abgehalten hat, die vielleicht im Zusammenhang mit den Auseinandersetzungen zwischen Prokurator und Konduktoren standen. So war es möglich, sofort nach dem Mordanschlag den obersten Repräsentanten des Staates in der Provinz zum Kaiser zu proklamieren. Hinzu kam die Tatsache, daß die Proklamation nicht auf die *regio Hadrumetina* beschränkt blieb, sondern sehr schnell in der ganzen Provinz begrüßt und anerkannt wurde. Der Unmut über die Forderungen des Fiskus und seiner Funktionäre war also aller Wahrscheinlichkeit nach in der gesamten Proconsularis weit verbreitet, so daß ein Funke genügte, um das Feuer zu entfachen. Aber erst die Parteinahme des Senats in Rom für den auf diese Weise erhobenen M. Antonius Gordianus Sempronianus Romanus führte dann schließlich zu der „Koalition" zwischen Senats- und Munizipalaristokratie, die für Maximinus Thrax so verderblich werden sollte.

Der erste Soldatenkaiser fiel zwar als Person, die von ihm repräsentierte Schicht behauptete sich jedoch und setze sich relativ schnell durch. Als ein Ergebnis der Krise der römischen Gesellschaft war seit der Mitte des 3. Jh. der Weg für Männer aus dem Soldatenstand auf den Thron endgültig frei.

B. Die ersten Kaiser nichtsenatorischer Herkunft

Um die historischen Dimensionen, die sich in den Vorgängen der Jahre 235–238 offenbarten, richtig zu erfassen, ist es notwendig, den Blick zurück auf das 1. und 2. Jh. und danach auch noch auf die folgenden Jahrzehnte im 3. Jh.

[36] F. Kolb, in: Historia 26, 1977, 475–477.

zu richten. Es steht außer Zweifel, daß Maximinus einen markanten und nicht zu übersehenden Einschnitt in der Geschichte des römischen Kaisertums darstellt, einen Einschnitt, der für die Sozialgeschichte der Führungsschicht höchst bedeutsam gewesen ist. Seine Regierung war ein Bruch mit einer fast dreihundertjährigen Tradition und dem ungeschriebenen Gesetz, daß allein aus dem Senatorenstand der Herrscher des Imperium Romanum kommen könne. Die Formulierung der Historia Augusta: ... *primum e corpore militari et nondum senator* ... *Augustus ab exercitu appellatus est* unterstreicht, was nach der Meinung der Senatsaristokratie so anstößig an der Wahl des Thrakers war.[37]

An der allgemeinen Auffassung, daß ausschließlich der *ordo senatorius* „regierungsfähig" sei und die Zugehörigkeit zu ihm allein für das Kaiseramt qualifiziere, ist denn auch von der Begründung des Prinzipats bis in die Zeit der Severer unbeirrt festgehalten worden. So unterschiedlich auch die soziale wie lokale Abstammung der Dynastien war, die zwischen dem Ende des 1. Jh. v. Chr. und dem Anfang des 3. Jh. n. Chr. Rom regierten, so durchgängig einheitlich war doch ihre Zugehörigkeit zum Senatorenstand. Das ist auch gar nicht weiter verwunderlich, da sich der Prinzipat ja aus einer aristokratischen Republik entwickelt hatte, in der alle wesentlichen Funktionen von der im Senat versammelten Nobilität wahrgenommen wurden. Die speziell römische Form der Monarchie setzte nicht nur die Adelsrepublik fort, sie gestaltete ihre Herrschaft auch lange noch weitgehend mit dem Formenapparat ebendieser Republik, weshalb der Prinzeps wesentliche Ämter, die immer nur von Senatoren bekleidet worden waren, ständig in seiner Hand vereinigte, genannt seien nur die *tribunicia potestas,* das *imperium proconsulare,* das *imperium consulare* und die Würde des *pontifex maximus.* Unter diesen Umständen verstand es sich beinahe von selbst, daß der Kaiser die Qualifikation eines Senators auch bereits vor seinem Regierungsantritt besitzen mußte. Bis in das zweite Jahrzehnt des 3. Jh. sind denn auch alle Imperatoren, falls sie nicht schon als Prinzen im Kindesalter auf den Thron gelangten wie Commodus, Caracalla und Geta, erst Angehörige der Versammlung der Reichsaristokratie gewesen und stammten in der Regel auch aus senatorischen Familien.

Die Herrscher des julisch-claudischen Hauses kamen bekanntlich aus alten Patrizierfamilien der stadtrömischen, republikanischen Nobilität oder waren zumindest, wie der Begründer des Prinzipats, mit diesen verwandtschaftlich verbunden.[38] Einer alten Patrizierfamilie entstammte auch der Kaiser Galba, während seine Rivalen Otho und Vitellius aus Familien kamen, die erst zu Beginn des Kaiserreiches in den Senatorenstand gelangt und von Claudius in das

[37] Hist. Aug. vita Maxim. duo 8,1.

[38] PIR^2 215; D. Kienast, Augustus. Prinzeps und Monarch, Darmstadt 1982, 1–9; PIR^2 C 941; J 217; C 942; D 129.

neugeschaffene Patriziat der Kaiserzeit aufgenommen worden waren.[39] Mit den Flaviern bemächtigten sich Angehörige der italischen Munizipalaristokratie des Thrones. Vespasian war als Sohn eines Steuereinnehmers zwar der erste Kaiser nichtsenatorischer Abstammung, der nur einen Onkel mütterlicherseits im ersten Stande aufzuweisen hatte. Noch in jungen Jahren gelang ihm jedoch der Eintritt in den *ordo amplissimus,* dem er dann über 30 Jahre angehörte, bevor er die Regierung übernahm.[40] Nach dem italischen Neupatrizier Nerva, der vor seinem Amtsantritt zweimal das Konsulat bekleidet hatte,[41] folgten für bald ein Jahrhundert mit den Adoptivkaisern und Antoninen Vertreter der Provinzaristokratie Südspaniens und Südgalliens, die allesamt schon lange Sitz und Stimme im Senat hatten. Die Ulpii, denen Trajan entstammte, und die Annii Veri, Vorfahren von Mark Aurel und Commodus, waren ebenso wie die Ceionii, aus denen Lucius Verus kam, von Vespasian in den Jahren 73/74 in das Patriziat aufgenommen worden.[42] Auch der Kaiser Hadrian stammte aus einer spanischen Senatorenfamilie,[43] Antoninus Pius aus einer wahrscheinlich patrizischen aus dem heutigen Nîmes.[44] Der Kaiser mußte Patrizier sein; war er es nicht, so mußte er es werden.[44a]

Auch für die zweite Hälfte des 2. Jh. galt noch der alte Grundsatz, daß ein Kandidat für das Herrscheramt senatorischen Rang besitzen mußte. Allerdings mehrten sich jetzt die Fälle, in denen der Betreffende ein Aufsteiger aus dem Ritterstand war und damit das erste Mitglied seiner Familie, das im Senat saß. Dies trifft für Avidius Cassius zu, den ersten Orientalen, der nach dem Purpur griff. Er kam aus der syrischen Provinzaristokratie und hier vielleicht aus einer alten hellenistischen Königsfamilie.[45] Sein Vater Avidius Heliodorus war ein

39 F. Münzer, in: RE 4 A 1 (1931), 751–754. 774–778 s. v. Sulpicius Galba, ders., in: RE 1 A 2 (1920) 2029 und Nagl, a. a. O. 2035–2038 s. v. Salvius Otho; M. Schuster, in: RE 9 A 1 (1961) 383 f. und R. Hanslik, in: RE Supplement 9 (1962) 1706. 1741 s. v. Vitellius.

40 PIR² F 398, vgl. F 351; J. Nicols, Vespasian and the Partes Flavianae, Wiesbaden 1978 (Historia Einzelschriften 28), 1–12; H. Bengtson, Die Flavier. Vespasian, Titus, Domitian. Geschichte eines römischen Kaiserhauses, München 1979, 12–24.

41 PIR² C 1227.

42 H.-H. Pistor, Prinzeps und Patriziat in der Zeit von Augustus bis Commodus, Diss. Freiburg i. B. 1965, 45. 49, vgl. auch 21. 36 f. 38 f. 49 f.; ferner R. Hanslik, in: RE, Supplement 10 (1965), 1035–1038 s. v.Ulpius, vgl. 1032–1035; PIR² A 697, vgl. 694–696; C 606, vgl. 603–605.

43 PIR² A 184, vgl. 185 und 219; zu den Throninhabern spanischer Herkunft vgl. allgemein Actes du Colloque internationale sur les Empereurs Romains d'Espagne, Madrid 1964, éd. par A. Piganiol et H. Terrasse, Paris 1965.

44 PIR² A 1513, vgl. 1509–1510 und Pistor, s. Anm. 42, 57.

44a Th. Mommsen, Römisches Staatsrecht 2,2, 4. Aufl., Tübingen 1952, 789 f.; Wickert 2191.

45 PIR² A 1402, vgl. 1401 und J. Spieß, Avidius Cassius und der Aufstand des Jahres 175, Diss. München 1975, 14–20.

Freund Hadrians und hatte als Präfekt von Ägypten eine der Spitzenfunktionen inne, die dem Ritterstand vorbehalten waren.[46]

Ungleich bemerkenswerter war der Aufstieg des Helvius Pertinax, der im Jahre 126 als Sohn eines Freigelassenen geboren wurde und in dem turbulenten Jahr 193 für wenige Monate die Kaiserherrschaft innehatte. Er war der erste Imperator, der von Geburt den Herrschenden fern stand und sich erst mühsam in sie „hineindienen“ mußte. Möglich wurde seiner Karriere auch nur dadurch, daß sein Vater Helvius Successus zur Klientel der einflußreichen Senatorenfamilie der Hedii Rufi Lolliani gehörte. Deren Protektion, zweifellos vorhandene persönliche Begabungen und militärische Erfolge ließen ihn erst in den Ritterstand gelangen und dann auch noch in den Senat. Als Ritter bekleidete er zuerst die üblichen Posten der *militia equestris* und danach mehrere hohe Verwaltungsfunktionen in verschiedenen Provinzen. Zu Beginn der Markomannenkriege erfolgte seine Aufnahme in den Senat durch Kaiser Mark Aurel. Dem ersten Konsulat von 175 folgte ein zweites 192 zusammen mit dem Kaiser Commodus, dazwischen lag die Bekleidung von Ämtern, die zu den einflußreichsten und angesehensten im Kaiserreich gehörten, wie die Statthalterschaften von Untermösien, Dakien, Syrien und Britannien, das Prokonsulat von Afrika und die Stadtpräfektur von Rom.[47] Als Kaiser ist Pertinax wohl gerade wegen seiner unbedeutenden Herkunft ein recht konsequenter Interessenvertreter der Senatsaristokratie gewesen.

Dem ersten Stand gehörten auch alle anderen Thronprätendenten der Jahre 193–197 an. Ein Freigelassenensohn war zwar nur Pertinax, doch *homines novi* allem Anschein nach auch Pescennius Niger und Clodius Albinus, aus alteingesessener Senatorenfamilie stammte lediglich Didius Julianus.[48] Als Sieger aus den Bürgerkriegen dieser Jahre gingen die Severer hervor, die als führende Familie der tripolitanischen Stadt Lepcis Magna eine gewichtige Stellung in der afrikanischen Munizipalaristokratie innehatten und im Verlaufe des 2. Jh. senatorischen Rang erlangt hatten. Diese Dynastie, deren letzte Vertreter aus Syrien stammten, war die erste, in der nicht mehr die italische Abkunft wie noch bei den Antoninen aus Spanien und Gallien, sondern das provinziale Element die entscheidende Rolle spielte.[49] Mit dem Machtantritt der Severer wurden die

[46] PIR² A 1405.

[47] PIR² H 73; H. G. Kolbe, Der Pertinaxstein aus Brühl, Bonner Jahrbücher 162, 1962, 407–420; vgl. L'année épigraphique 1963, 52; H. Devijver, Prosopographia militiarum equestrium quae fuerunt ab Augusto ad Gallienum, Bd. 1, Leuven 1976 (Symbolae Facultatis Litterarum et Philosophiae Lovaniensis A 3), 418–420; H.-G. Pflaum, Les carrières procuratoriennes équestres sous le Haut-Empire romain, Supplément, Paris 1982, 48–50.

[48] W. Reusch, in: RE 19,1 (1937) 1090–1092 s. v. Pescennius; PIR² C 1186; A. R. Birley, The Fasti of Roman Britain, Oxford 1981, 146–149; PIR² D 77.

[49] Zum Begründer der Dynastie A. Birley, Septimius Severus. The African Emperor, London 1971; zur Familie ebenda, 293–307 und M. Bénabou, La résistance africaine à la romanisation, Paris 1976, 522–525.

beträchtlichen Veränderungen und die enorme Ausweitung, die die Führungsschicht im Verlaufe des Prinzipats erfahren hatte, schlagartig deutlich. An die Spitze des Imperiums traten jetzt Aristokraten aus den Grenzgebieten des Reiches, aus Gebieten, die einst von der italischen Nobilität der Republik besiegt und unterworfen worden waren. Die Entwicklung Roms zum Reichsstaat, die sich damit dokumentiert, fand bald darauf mit dem Erlaß der Constitutio Antoniniana auch ihren formellen Abschluß.

Die Ausweitung der Führungsschicht erfolgte jedoch nicht nur durch die Ergänzung des Senatorenstandes aus der Provinzaristokratie bis zur Peripherie des Reiches, sondern gleichermaßen durch die Auffüllung des Ritterstandes aus dem Heer.

Ein sehr wichtiger Aspekt des beginnenden 3. Jh. war die allgemeine Bevorzugung des Ritterstandes durch die Kaiser, der verstärkte Ausbau der Verwaltung mit der Hilfe dieser Schicht sowie die Vergrößerung und die weitere Privilegierung des Heeres. Von den zahlreichen Maßnahmen, die in dem Zusammenhang von der Regierung des Septimius Severus getroffen wurden, war eine ganz besonders folgenreich für die weitere Geschichte des Kaisertums. Der erste Herrscher aus Afrika begann damit, in großem Umfang altgediente Berufsoffiziere, die Legionszenturionen, für ihre Dienste durch die Aufnahme in den Ritterstand zu belohnen und damit auch dem einfachen Soldaten den Weg in die beiden ersten *ordines* zu eröffnen. Dadurch vergrößerte sich der Ritterstand beträchtlich, die aus ihm rekrutierten Stellungen konnten vermehrt werden, und zwangsläufig wurde das militärische Element innerhalb des gesamten *ordo equester* gestärkt.[50]

Die allgemeine Militarisierung setzte also bereits Jahrzehnte vor der permanenten Bedrohung der Reichsgrenzen an Rhein, Donau und Euphrat ein. Es bedurfte nicht erst des Durchbruchs des Limes 233/234, des Auftauchens der Goten an der unteren Donau ab 238 oder des Erscheinens des neupersischen Sassanidenreiches mit seiner expansiven Außenpolitik ab 227, um in Rom den Einfluß von Ritterstand, Bürokratie und Heer spürbar anwachsen zu lassen. Ohne jeden Zweifel hat diese gesellschaftliche Entwicklung durch die von außen kommenden Einflüsse in der Jahrhundertmitte eine ungeheure Beschleunigung erfahren. Ebenso sicher kann man aber auch sein, daß der sich seit dem ersten Severer anbahnende Trend auch ohne Franken, Alamanen, Goten und Perser zur

[50] Zum Ritterstand in der Kaiserzeit ist bis heute grundlegend geblieben A. Stein, Der römische Ritterstand. Ein Beitrag zur Sozial- und Personengeschichte des römischen Reiches, München 1927 (Münchner Beiträge zur Papyrusforschung und antiken Rechtsgeschichte 10); teilweise jetzt ersetzt durch S. Demougin, L'ordre équestre sous les Julio-Claudiens, Paris 1988 (Collection de l'École française de Rome 108); zur Sache vgl. allgemein Štaerman Krise 317–320 und speziell H. G. Pflaum, Les procurateurs équestres sous le Haut-Empire romain, Paris 1950, 82–85. 259–268; ders., in: RE 23,1 (1957), 1255–1259 s. v. Procurator.

Herausbildung des Dominats geführt hätte, wenn sicher auch erst erheblich später.

Die Folgen der angedeuteten gesellschaftlichen Entwicklung ließen denn auch an der Spitze des Reiches nicht lange auf sich warten. Am 8. April 217 fiel Kaiser Caracalla einer Verschwörung zum Opfer. Drei Tage später proklamierte das Heer, das zu einem Feldzug gegen das Partherreich in Syrien zusammengezogen worden war, den bisherigen Prätorianerpräfekten M. Opellius Macrinus, der der führende Kopf der Verschwörung war, zum neuen Herrscher. An diesem 11. April 217 übernahm zwischen Carrhae und Edessa zum ersten Male ein Mann die Regierung, der nicht nur keine Senatoren zu seinen Vorfahren zählen konnte, sondern selbst bis zu diesem Tage nicht im Senat gesessen hatte. Der erste Kaiser aus dem Ritterstand war afrikanischer Herkunft wie der Begründer der Severerdynastie. Im Gegensatz zu Septimius Severus besaß er jedoch keine verwandtschaftlichen Beziehungen nach Italien, sondern stammte von Mauren ab. Seine Familie gehörte auch nicht zur afrikanischen Munizipalaristokratie wie die Septimii in Lepcis Magna, sondern zu den unteren Schichten der Provinzbevölkerung. Außer Pertinax war vor ihm noch kein Kaiser so einfachen Herkommens gewesen. L. Wickert bemerkte in seinem RE-Artikel über den Prinzeps dazu: „Dies ist vielleicht der merklichste Einschnitt in der soziologischen Entwicklung des Prinzipats (falls man nicht die Erhebung des Maximinus Thrax, J. 235, für einen noch wichtigeren Grenzpunkt hält).“[50a]

Macrinus wurde 164 oder 166 im mauretanischen Caesarea, dem heutigen Cherchell in Algerien, geboren, war von Beruf Jurist und machte als fähiger Anwalt die Bekanntschaft des sehr einflußreichen Prätorianerpräfekten Fulvius Plautianus. Dieser bestellte ihn bald zu seinem Vermögensverwalter und förderte ihn auf verschiedene Weise. Ihm verdankte Macrinus die Erhebung in den Ritterstand und die Aufnahme in den Staatsdienst. Im Jahre 205 schien seine gerade erst begonnene Laufbahn dann jedoch ein jähes Ende gefunden zu haben, als Plautianus gestürzt und hingerichtet wurde. Doch in dem Stadtpräfekten Fabius Cilo fand er schnell einen neuen Gönner, durch dessen Protektion er in Spitzenpositionen des Ritterstandes gelangte. Nach der Bekleidung mehrerer Prokuratorenstellen wurde er 212 von Caracalla zum Prätorianerpräfekten ernannt, der höchsten Funktion, die ein *eques Romanus* bekleiden konnte, und zugleich der wichtigste Posten, den der römische Kaiser zu vergeben hatte.[51]

Der *praefectus praetorio* ist ursprünglich zwar einmal nur der Kommandeur der von Augustus im Jahre 2 v. Chr. gegründeten Leibwache gewesen, hatte jedoch im Laufe der Zeit immer mehr militärische und zunehmend auch zivile Befugnisse erhalten, vor allem im Bereich der Gerichtsbarkeit, so daß das Amt

[50a] Wickert 2191.

[51] Die jüngste Behandlung der Person des Macrinus ist in PIR^2 O 108 erfolgt; zu seinen Gönnern vgl. PIR^2 F 554 und J. J. van Norren, Plautianus, Diss. Amsterdam 1953 sowie PIR^2 F 27.

zu Anfang des 3. Jh. auch von Juristen ohne militärische Erfahrung bekleidet werden konnte. So ist Macrinus' Vorgänger der berühmte Rechtsgelehrte Aemilius Papinianus gewesen.

Bereits in den Anfängen des Kaiserreiches, unter dem zweiten Prinzeps Tiberius, war ein Prätorianerpräfekt, L. Aelius Seianus, zum zweiten Manne im Staat aufgestiegen, und eine ganze Reihe der späteren Inhaber dieses Amtes hatten eine ähnliche Machtposition erlangt.[52] Wenn also irgendeine Person außerhalb des *ordo senatorius* überhaupt für die Thronfolge in Frage kommen konnte, dann mußte dies zuerst und vor allem der Prätorianerpräfekt sein, der die Spitze der für Ritter möglichen Karriere erreicht hatte und damit auch die größtmögliche Nähe zum ersten Stand. Sie wird vor allem dadurch dokumentiert, daß zahlreiche Präfekten bestimmte Attribute des Senatorenstandes erhalten haben, die *ornamenta praetoria,* die *ornamenta consularia* oder die Rangtitulatur *vir clarissimus,* ohne deshalb jedoch tatsächlich zu Mitgliedern des *ordo senatorius* zu werden.[53] So ist auch Macrinus noch von Caracalla im Jahre 217 mit den Konsularornamenten ausgezeichnet worden und hat das im allgemeinen den Senatoren vorbehaltene Prädikat des Clarissimats erhalten.[54] Vor ihm waren die Prätorianerpräfekten Fulvius Plautianus und Maecius Laetus in gleicher Weise ausgezeichnet worden.[55]

Wenn dennoch trotz solcher äußerlicher Gleichstellungen bis zu Caracallas Ermordung kein Gardepräfekt nach dem Purpur gegriffen hat, und selbst die ehrgeizigsten Amtsinhaber sich mit der Stellung des „Zweiten" und dem damit verbundenen tatsächlichen Einfluß begnügt haben, dann zeigt dies doch, wie stark die Tradition noch aus der frühen Prinzipatszeit und letztendlich noch aus der Republik nachwirkte, die unter dem Imperator ausschließlich einen Angehörigen der Senatsaristokratie verstand. Diese stadtrömisch-senatorische Tradition hatte sich erst unter den Severern soweit abgeschwächt, daß auch andere Konstellationen möglich wurden. Erst nachdem *homines novi* aus Italien und den Provinzen, Syrer und Afrikaner sowie ein Freigelassenensohn, der den senatorischen Rang erklommen hatte, an die Spitze des Reiches getreten waren, tat dies auch der erste Mann des Ritterstandes mit Attributen des *ordo senatorius.*

Als Kaiser hat sich Macrinus dann in seiner kurzen Regierung ähnlich wie Pertinax um die Gunst der Senatoren bemüht und ihnen u. a. die Befreiung von

[52] W. Enßlin, in: RE 22,2 (1954), 2391–2502 s. v. Praefectus praetorio, bes. 2399 ff.; zu Papinian vgl. PIR^2 A 388, zu Seian A 255 und D. Hennig, L. Aelius Seianus. Untersuchungen zur Regierung des Tiberius, München 1975 (Vestigia 21).

[53] A. Stein, s. Anm. 50, 245–262 und A. Chastagnol, L'Histoire Auguste et le rang des préfets du prétoire, in: Recherches sur l'Histoire Auguste, Bonn 1970 (Antiquitas, Reihe 4, 6), 39–68, bes. 41–45 und 63 f.

[54] CIL XV 7505 = H. Dessau Inscriptiones Latinae selectae 461; Cod. Just. 9,51,5; Cassius Dio 78,13,1.

[55] Vgl. PIR^2 F 554 und M 54.

der Todesstrafe zugesichert.[56] Nach der tyrannischen Herrschaft des Caracalla hätten die Angehörigen des ersten Standes mit ihm und seiner Politik an sich recht zufrieden sein müssen. Wie sie jedoch über ihn dachten, das hat der aus Kleinasien stammende Historiker Cassius Dio Cocceianus, der den größten Teil der Severerzeit dem Senat angehörte, seinem Geschichtswerk anvertraut. Dort heißt es, Macrinus hätte sich dann die allergrößte Anerkennung verschaffen können, wenn er nach der Ermordung Caracallas auf die Herrschaft verzichtet und diese – einem würdigen Senator übertragen hätte![57] Deutlicher und klarer konnte nun die konservative Senatsaristokratie ihren Standpunkt gar nicht mehr formulieren. Die gesamte Schilderung von Macrinus' Regierung steht daher bei Cassius Dio unter dem Zeichen der unedlen Herkunft dieses Kaisers und der Vorstellung, daß ein solcher Mann nicht auf den Thron gehöre.[58] Der einmal so geprägte Standpunkt ist dann auch in die aus diesem Blickwinkel urteilende Geschichtsschreibung eingedrungen und taucht fast zwei Jahrhunderte danach in der Biographie des Macrinus in der Historia Augusta wieder auf.[59]

Für Cassius Dio, der aus einer alteingesessenen Aristokratenfamilie aus Nikaia stammte, dessen Vater Konsul unter Mark Aurel oder Commodus gewesen war und dessen Enkel oder Urenkel im Jahre 291 *consul ordinarius* werden sollte,[60] waren Herkunft und Werdegang des Macrinus für die Herrscherwürde anstößig. Er lehnte ihn ab, obwohl dieser Mann als guter Jurist bekannt war, obwohl er ihm als Prätorianerpräfekten eine vorzügliche und gerechte Amtsführung bescheinigen mußte, obwohl er bei der Bevölkerung beliebt war und sich sichtlich um ein gutes Einvernehmen mit dem Senat bemühte.[61] Alle diese Vorzüge wurden aus dem Blickwinkel senatorischen Standesdünkels jedoch von der Herkunft überschattet. Cassius Dio kommt zu dem Schluß, Macrinus wäre bei längerer Regierungszeit ein Objekt allgemeinen Hasses geworden, weil er als Mann des Volkes andere Männer niederer Herkunft in Führungspositionen gebracht und damit an den Grundfesten der traditionellen römischen Staatsordnung gerüttelt hätte.[62]

Wenn man bedenkt, daß diese Äußerungen nur wenige Jahre vor dem Regierungsantritt des Maximinus Thrax niedergeschrieben wurden, dann kann man sich einen Begriff machen, auf welche Ablehnung bei Dios Gesinnungsgenossen ein Mann stoßen mußte, der nichts von den Vorzügen des Macrinus besaß. Der Imperator der Jahre 235–238 war ein unbekannter Soldat ohne

[56] Cassius Dio 78,12,5; 15,3; 21,3.

[57] Cassius Dio 78,41,2, dazu R. Bering-Staschewski, Römische Zeitgeschichte bei Cassius Dio, Bochum 1981 (Bochumer historische Studien, Alte Geschichte 5), 92 f.

[58] Dazu R. Bering-Staschewski, s. Anm. 57, 92–105; vgl. Wickert 2191 und 2197.

[59] Dazu B. Mouchová, Ignobilitas Macrini, Listy filologické 106, 1983, 174–177.

[60] Vgl. PIR^2 C 492, 485, 491.

[61] Vgl. Cassius Dio 78,11,2–3; 78,21,1–22,1.

[62] Cassius Dio 78,15,2 f; 18,4 f.

jegliche Verwaltungs- und Regierungserfahrung, den auch das Bewußtsein um seine Abkunft nicht zu großem Entgegenkommen gegenüber dem Senat oder der Bevölkerung veranlaßt hat. Das Urteil des Cassius Dio über Macrinus ist somit ein Schlüssel zum Verständnis des Urteils der Senatoren über Maximinus Thrax.

Der Antagonismus zwischen Kaiser und Senat hat latent natürlich immer bestanden, und die Konflikte zwischen beiden waren nicht primär von der sozialen Herkunft bestimmt. Namentlich die Vertreter einer Dynastie in der zweiten oder gar dritten Generation, die schon als Prinzen geboren oder aufgewachsen waren, sind oft in die heftigsten Auseinandersetzungen mit dem Senat geraten, so Caligula und Nero aus der julisch-claudischen, Domitian aus der flavischen, Commodus aus der antoninischen und Caracalla aus der severischen Familie. Daraus resultierte die in der Aristokratie so weitverbreitete Ablehnung der Erbmonarchie. Die Alternative war aber natürlich die Wahl durch den Senat und nicht die Wahl durch die Soldaten wie bei Macrinus und Maximinus.

Die Kaiser senatorischer Herkunft konnten sich innerhalb ihres Standes immer auch zumindest auf gewisse Fraktionen, mit denen sie verbunden waren, stützen und so etwa verhindern, daß die Aristokratie in ihrer Gesamtheit sich empörte. Macrinus vermied dies durch eine geschickte Politik gegenüber den Senatsangehörigen. Bei Maximinus fehlten jedoch nicht nur die Beziehungen zum Senat, er hat sich während seiner dreijährigen Regierung auch nicht so um ihn bemüht, daß er eine nennenswerte Gruppe für sich gewinnen konnte. Zwar tastete er die bisherige Ämterlaufbahn nicht an und behielt in der Reichsverwaltung die überkommenen und die Aristokraten so bevorzugenden Regeln bei, doch daß dieses Verhalten seitens des Senats nicht honoriert wurde, zeigt die nahezu einhellige Ablehnung im Jahre 238. Das viel weiter gehende Entgegenkommen des Ritters Macrinus hatte von der Aristokratie ja auch kaum eine Honorierung erfahren. Der Berufssoldat Maximinus mit seiner Fixierung ausschließlich auf das Heer unterschätzte Einfluß und Möglichkeiten der Senatsangehörigen seiner Zeit und meinte, angesichts der notwendigen und von ihm ja auch mit Erfolg betriebenen Verteidigung der Reichsgrenzen auf dieses Gremium nur noch wenig oder gar keine Rücksicht mehr nehmen zu müssen. Ein solcher Stand der historischen Entwicklung war jedoch erst in der zweiten Jahrhunderthälfte erreicht.

Gewissermaßen ein Bindeglied zwischen den beiden ersten Kaisern nichtsenatorischer Herkunft, zwischen Macrinus und Maximinus, stellt eine Person dar, die in vielen Darstellungen keine oder nur eine beiläufige Erwähnung findet. In den wenigen Tagen zwischen Caracallas Ermordung am 8. und dem Regierungsantritt des Macrinus am 11. April 217 stand für die Nachfolge nämlich noch der zweite Prätorianerpräfekt zur Debatte.

M. Oclatinius Adventus, ein Sohn einfacher Eltern aus Italien – der Gentilname weist auf Etrurien als die engere Heimat hin –, wurde spätestens um 150 geboren und trat in den sechziger Jahren in die Armee ein. In ihr diente er mehrere Jahrzehnte bis in die Regierungszeit des Septimius Severus. Vom *miles gregarius* avancierte er zum *speculator,* einem Kurier wahrscheinlich im Stabe eines Provinzstatthalters, weiter zum *frumentarius* und *centurio frumentarius,* das heißt zum Offizier der Geheimpolizei, und schließlich zum *princeps castrorum peregrinorum,* der an der Spitze der *frumentarii* in Rom stand. Über den höchsten Zenturionenrang, die Station des *primipilus,* gelangte er in den Ritterstand. Diesem gehörte er spätestens 205 an, als Septimius Severus ihn als kaiserlichen Prokurator nach Britannien schickte. Wahrscheinlich im Jahre 212 wurde er dann von Caracalla zum Prätorianerpräfekten befördert und blieb bis 217 der Kollege des Macrinus. Dabei dürfte er sich um die militärischen und Macrinus um die juristischen Belange des Amtes gekümmert haben. Wie Macrinus sind auch ihm 217 die Konsularornamente und die senatorische Titulatur eines *vir clarissimus* verliehen worden. Nach Caracallas Tode wurde zuerst Oclatinius Adventus von den Soldaten die Herrschaft angetragen. Hätte er sie angenommen, wäre er und nicht Maximinus Thrax der erste Soldat auf dem römischen Kaiserthron gewesen. Wegen seines Alters – schätzungsweise um oder sogar über 70 Jahre – lehnte er jedoch ab und empfahl Macrinus für die Nachfolge. Dennoch war dieser Mann der erste einfache Soldat, den sein Weg bis zur Thronkandidatur geführt hat.[63]

Macrinus honorierte den Verzicht seines Kollegen mit der Aufnahme in den Senat und der Übertragung der Stadtpräfektur von Rom, des angesehensten Amtes innerhalb des senatorischen *cursus honorum.* Am 1. Januar 218 trat er mit ihm gemeinsam das ordentliche Konsulat an. Adventus überlebte den Sturz des Macrinus im Juni 218, ist aber offenbar nicht sehr viel später eines natürlichen Todes gestorben.

Es überrascht nicht, wenn das Urteil des Cassius Dio auch über diesen Mann ganz negativ ausfällt. Als anstößig empfindet der kleinasiatische Senator, daß dieser ausgediente Soldat die begehrte Stadtpräfektur innehatte, obwohl er schon beinahe blind war, vor Dummheit nicht habe lesen können und keinerlei Erfahrungen in den Staatsgeschäften besessen habe. Um als gewählter Konsul keine Rede halten zu müssen, soll er am Wahltag eine Krankheit vorgeschützt haben.[64]

M. Oclatinius Adventus hatte infolge Alters, offensichtlicher Gebrechen und mangelnder Erfahrung im Regieren auf den Thron verzichtet. Die historische Entwicklung, die einen Mann wie ihn „herrschaftsfähig" gemacht hatte, schritt über diese persönliche Entscheidung schnell hinweg. Bereits 18 Jahre später, als

[63] Cassius Dio 78,14,1–4; Herod. 4,12,1–2; R. Hanslik, in: RE, Supplement 8 (1956), 364 f.; H.-G. Pflaum, Les carrières procuratoriennes équestres sous le Haut-Empire romain, Bd. 2, Paris 1960 (Bibliothèque archéologique et historique d'Institut français d'archéologie de Beyrouth 57), 662–667; B. Dobson, Die Primipilares. Entwicklung und Bedeutung, Laufbahnen und Persönlichkeiten eines römischen Offiziersranges, Köln 1978 (Beihefte der Bonner Jahrbücher 37), 281 f.; PIR^2 O 9.

[64] Vgl. Cassius Dio 78,14,1–4.

der übernächste Thronwechsel nach der Regierung der syrischen Prinzen Elagabal und Severus Alexander stattfand, ist mit Maximinus Thrax dann ein echter Soldat, der wie Oclatinius Adventus von der Pike auf gedient hatte, wirklich Kaiser geworden.

Der Aufstieg altgedienter Soldaten zu hohen Kommando- und Verwaltungsposten ist ein Charakteristikum severischer Zeit, Adventus und Maximinus stehen keineswegs vereinzelt dar.

Das erste bekannte Beispiel ist der in den neunziger Jahren des 2. Jh. berüchtigte M. Aquilius Felix *centurio notus caedibus senatoriis*, der wie Oclatinius Adventus vom *centurio frumentarius* zum *primipilus* befördert wurde und anschließend nach der Aufnahme in den Ritterstand wichtige Prokuraturen und schließlich das Amt des Präfekten der Flotte von Ravenna innehatte.[65]

Ebenfalls ein Zeitgenosse des Adventus war C. Titius Similis, dessen Karriere *centurio legionis, centurio frumentarius, princeps (castrorum) peregrinorum, primipilus*, zum ritterlichen Prokurator, zuletzt von Lusitania, führte.[66] Weitere Laufbahnen dieser Art ließen sich anführen und zeigen die Entwicklungstendenz, die zur Herrschaft des ersten Soldatenkaisers geführt hat.[67]

Bei Maximinus scheint der Weg ausschließlich im Truppendienst des an den Grenzen stationierten Heeres verlaufen zu sein; Erfahrungen im Verwaltungsbereich, wie ihn etwa die Bekleidung einer Prokuratur mit sich brachte, haben ihm wohl gefehlt.

Die Hoffnungen der Senatsaristokratie, mit ihrem Sieg über den Thraker wieder Einfluß auf die Thronbesetzung erlangt zu haben, erwiesen sich als trügerisch. Die geradezu an die senatorische Tradition einer längst vergangenen Zeit anknüpfende Doppelherrschaft der Kaiser Balbinus und Pupienus war ein Anachronismus und blieb nur eine Episode des Jahres 238. Militär und Ritterstand ließen sich auf diese Weise den Zugang zur Spitze des Reiches nicht mehr verwehren, alle restaurativen Tendenzen besaßen auf die Dauer keine Perspektive.

C. Senats- und Soldatenkaiser

Die Begriffe „Senats"- und „Soldatenkaiser" bedürfen einer Erläuterung, da sie in der modernen Literatur einen unterschiedlichen Gebrauch finden.

„Soldatenkaiser" ist die seit F. Altheim übliche Bezeichnung für die meist nur kurz regierenden Herrscher des 3. Jh., die von ihren Truppen erhoben und des öfteren von ihnen auch wieder gestürzt wurden. „Das Kaisertum ist in zunehmendem Maße Exponent der Soldaten und damit des Heeres geworden. Dieses

[65] B. Dobson, s. Anm. 63, 277–279.

[66] B. Dobson, s. Anm. 63, 288.

[67] B. Dobson, s. Anm. 63, 48–50.

Heer bringt die Kaiser empor, stützt sie, entscheidet über Fortdauer oder Ende ihrer Herrschaft."[68]

Während durchweg Übereinstimmung darüber herrscht, daß mit Diokletians Regierungsantritt 284/285 der Endpunkt der Soldatenkaiser erreicht ist, wird der Beginn dieses Zeitabschnitts unterschiedlich angesetzt.

Commodus als den ersten Soldatenkaiser betrachteten Forscher wie Altheim und E. M. Štaerman, die ansonsten grundsätzlich verschiedene Positionen zu dem Begriff bezogen haben.[69] W. Seyfarth beschrieb „Die Zeit der Soldatenkaiser von Septimius Severus bis zur Thronbesteigung Diokletians (192 bis 284)" und bezog so die gesamte Epoche der Severerdynastie in diese Bezeichnung mit ein.[70] Derselbe Zeitansatz findet sich in der „Römischen Geschichte" von H. Dieter und R. Günther.[71] Wird in den genannten Werken der aus den Verhältnissen in der Mitte des 3. Jh. gewonnene Terminus bis in das späte 2. Jh. nach rückwärts ausgedehnt, so engt der amerikanische Wissenschaftler G. C. Brauer „the Age of the Soldier Emperors" auf die 40 Jahre vom Regierungsantritt des Philippus Arabs bis zu dem Diokletians ein.[72]

Der weitaus größte Teil der Darstellungen über das 3. Jh. versteht unter dem Zeitalter der Soldatenkaiser jedoch das halbe Jahrhundert zwischen dem Beginn der Regierung des Maximinus Thrax 235 und dem Sturz des Carinus 285. Diese zeitliche Fixierung kann sich auf die Zeugnisse der spätantiken Geschichtsschreibung stützen, auf Zeugnisse, die zum Teil oben im Zusammenhang mit Maximinus Thrax, dem ersten Soldatenkaiser nach antikem Verständnis, zitiert wurden.[73] Diese Begrenzung wurde und wird von Forschern vertreten, die das Geschehen dieser Jahrzehnte – im Überblick oder in detaillierter Behandlung – unterschiedlich, wenn nicht gar kontrovers, gedeutet haben, von M. Rostovtzeff und N. A. Maškin ebenso wie von H.-G. Pflaum, R. Syme, X. Loriot, A. Heuß, K. Christ, F. Hartmann, W. Dahlheim und A. Demandt.[74] Übereinstimmend ist

[68] Altheim 133, vgl. 13: „das Jahrhundert der Soldatenkaiser".

[69] Altheim 13. 133, vgl. 249. 253 f.; Štaerman Krise 292 f.

[70] Seyfarth 223 f. 225 f.

[71] Dieter–Günther 289–291.

[72] G. C. Brauer jr., The Age of the Soldier Emperors. Imperial Rome, A. D. 244–284, Park Ridge N. J. 1975.

[73] Aur. Vict. Caes. 24,9; 25,1; Eutr. 9,1; Epit. de Caes. 25,1; Hist. Aug. vita Alex. Sev. 64,1; vita Maxim. duo 8,1.

[74] M. Rostovtzeff, Gesellschaft und Wirtschaft im römischen Kaiserreich, Bd. 2, Leipzig 1929, bezeichnet die Severerzeit als „Militärmonarchie" (106–142) und die Jahre 235–285 als „Militäranarchie" (143–176). Die Zeit der Soldatenkaiser lassen 235 beginnen N. A. Maškin, Römische Geschichte, Berlin 1953, 575–589; Pflaum Kaiserreich 409; Syme Emperors 161 f.; Loriot 666; A. Heuß, Römische Geschichte, 4. Aufl., Braunschweig 1976, 418–421. 616; K. Christ, Die Römer. Eine Einführung in ihre Geschichte und Zivilisation, 2. Aufl., München 1984, 180; Hartmann 12 f.; W. Dahlheim, Geschichte der Römischen Kaiserzeit, 2. Aufl., München 1989, 291; Demandt Spätantike 34.

diese Zeit von den Genannten „als ein relativ einheitliches Ganzes betrachtet worden, dessen Gleichförmigkeit geradezu in der permanenten Diskontinuität der römischen Monarchie seine Ausprägung fand.

Gerade jenes halbe Jahrhundert dauernder Thronwechsel, Usurpationen, ja sogar kurzfristig eigenständiger Teilreiche wird eingegrenzt einerseits durch die über vierzigjährige Dynastie der severischen Familie und andererseits durch die jahrzehntelange Regentschaft des Diocletian, des ersten Herrschers des Dominats.“[75]

Die Kurzfristigkeit der Regierungen, der gewaltsame Herrscherwechsel und die daraus resultierende, fehlende Kontinuität sowie die Abhängigkeit aller Kaiser von ihren Truppen erscheinen als die Charakteristika der Epoche.

Es ist das Verdienst der russischen Wissenschaftlerin E. M. Štaerman, das Problem der Soldatenkaiser mit der Krise der Sklavereiordnung und dem Niedergang der antiken Produktionsweise in Verbindung gebracht zu haben. Dieses Verdienst wird auch dadurch nicht geschmälert, daß man ihrem Versuch, diese Phase des Niedergangs durchgängig als einen Kampf zwischen Senats- und Soldatenkaisern zu interpretieren, nicht folgen kann. Frau Štaerman und die ihr folgenden Vertreter der marxistischen Forschung sehen in den beiden Typen von Kaisern die Repräsentanten der Munizipalaristokratie bzw. der Großgrundbesitzeraristokratie und begründen die militärischen Auseinandersetzungen des Jahrhunderts vorrangig als den Kampf zwischen diesen Schichten innerhalb der herrschenden Klasse. So formuliert R. Günther in der „Römischen Geschichte“: „Die Soldatenkaiser begünstigten objektiv die Politik der städtischen Oberschichten, die noch am stärksten mit der auf Sklaverei beruhenden Produktionsweise verbunden waren. ... Die Soldatenkaiser betrieben also trotz aller Widersprüchlichkeit ihrer Maßnahmen eine Politik der Erhaltung der auf Sklaverei beruhenden Produktionsverhältnisse.

Andererseits gab es Kaiser, sogenannte ‚Senatskaiser‘, die die Politik der Großgrundbesitzeraristokratie unterstützten. Natürlich waren sie genauso wie die Soldatenkaiser vom Heer abhängig, aber sie versuchten zumindest, das Heer als Instrument ihrer politischen Ordnung zu benutzen .... Mit der Unterstützung der Großgrundbesitzeraristokratie verfolgten die Senatskaiser eine Politik, die auf die Förderung und weitere Entwicklung des von den Städten abgetrennten (exterritorialen) Großgrundbesitzes und der Kolonatsverhältnisse gerichtet war.“[76]

Ohne Zweifel hat es das hier beschriebene politische Verhalten im 3. Jh. gegeben, doch die durchgängige Bestimmung eines Herrschers als Senats- oder Soldatenkaiser nach seinem politischen Verhalten bringt große Schwierigkeiten mit sich. Wie problematisch diese Einteilung ist, mögen einige wenige Beispiele verdeutlichen. So wird Commodus auf Grund bestimmter politischer Maßnah-

[75] Hartmann 12 f.

[76] Dieter–Günther 290 f.

men als Soldatenkaiser bezeichnet, obwohl Mark Aurels Sohn natürlich dem Senatorenstand und dem Patriziat entstammte, durch normale Erbfolge an die Herrschaft gelangte, sich während seiner Regierung auch immer auf bestimmte Fraktionen im Senat stützen konnte und eindeutig eine Stärkung des exterritorialen kaiserlichen Grundeigentums in Nordafrika und der mit ihm verbundenen Kolonenwirtschaft verfolgte.[77] Andererseits besaß der Soldatenkaiser par excellence Maximinus Thrax kein gutes Verhältnis zur Senatsaristokratie, aber eben auch kein gutes zur Munizipalaristokratie Italiens und Afrikas, die sich mit der Senatsaristokratie gegen ihn verbündete. Postumus, der Begründer des Gallischen Teilreiches, muß nach Herkunft und Art der Erhebung zweifellos als Soldatenkaiser angesprochen werden, dennoch hat er offensichtlich eng und relativ dauerhaft mit der gallischen Provinzaristokratie zusammengearbeitet. Ein ähnliches Zusammenwirken gab es auch bei anderen Soldatenkaisern in den letzten beiden Jahrzehnten vor Diokletian. Gegenüber dem beschriebenen politischen Verhalten von Senats- und Soldatenkaisern gab es zu viele Ausnahmen und Abweichungen, um hier eine feste Regel aufstellen zu können. Die Gegensätze zwischen der Senats- und Munizipalaristokratie und der bei ihnen vorherrschenden Eigentums- und Abhängigkeitsverhältnisse spiegeln sich nicht adäquat in dem jeweiligen politischen Machtkampf zwischen Aristokratie und Militär wider.

Man wird deshalb hinsichtlich der Begriffsbestimmung, zumindest in einem weiter gefaßten Sinne, auf die Art und Weise der Erhebung zurückkommen müssen. So ist für F. Hartmann in seiner eingehenden Untersuchung über Herrscherwechsel und Reichskrise im 3. Jh. die Art der Proklamation von entscheidender Bedeutung: „Für die Erhebung soll aufgrund fehlender verbindlicher Prinzipien bei den ‚Soldatenkaisern' ihre Ausrufung durch das Heer, bei den ‚Senatskaisern' die Bestimmung durch den römischen Senat als konstitutiv angesehen werden. Natürlich erfolgte auch in dieser Krisenphase des Imperium Romanum die Anerkennung eines ‚legitimen' Kaisers in der Regel sowohl durch die Truppen wie den Senat, wobei die Bestätigung durch letzteren häufig nur ein formeller Akt war. Die hier anstehende Erörterung der Erhebungsvorgänge bezieht sich demgemäß nur auf den entscheidenden Akt der Proklamation, kann also die Senatsbestätigung von ‚Soldatenkaisern' durchweg außer acht lassen."[77a]

Zweifellos ist die Hervorhebung der proklamierenden Instanz berechtigt, zumal sie auch den Vorteil hat, für alle Herrscher anwendbar zu sein. Als Definition scheint sie aber auch nicht ohne Einschränkungen brauchbar.

Die Probleme, die die Einteilung in Senats- und Soldatenkaiser ausschließlich nach der Form ihrer Proklamation unter Weglassung aller anderen Gesichtspunkte mit sich bringt, verdeutlicht unbeabsichtigt Seyfarth mit den folgenden

[77] Vgl. oben S. 79.
[77a] Hartmann 61.

Ausführungen: „Vitellius, den die germanischen Legionen zum Kaiser ausriefen, war eigentlich schon ein typischer Soldatenkaiser, und Vespasian verdankte seine Erhebung zum Kaiser den syrischen Legionen, doch der Senat erkannte ihn aus Furcht vor seiner Überlegenheit an. Mit Nerva begann für längere Zeit eine ununterbrochene Reihe von Senatskaisern, als welche man die Adoptivkaiser durchweg ansehen kann."[78] Diese Feststellung wird nun aber der Spezifik des 3. Jh. nur noch zum Teil gerecht. Das Heer war ja seit dem Beginn des Kaisertums engstens mit diesem verbunden und wurde nicht erst im 3. Jh. die Stütze des Throns. Die Prätorianergarde in Rom besaß vom 1. bis 3. Jh. bei mehreren Thronwechseln großen Einfluß, in den Jahren 68/69 und 193–197 hatten die Legionen der Provinzen die ausschlaggebende Bedeutung.[78a] Allein die Erhebung durch das Heer wie z. B. bei Vitellius im Jahre 69 und die Befriedigung der Bedürfnisse der Soldaten machte aber noch keinen Herrscher zum Soldatenkaiser. Dieser Begriff ist doch auch mit der qualitativ neuen Entwicklung des 3. Jh. verbunden, die, wie gezeigt, Männern aus dem Heer den Weg auf den Thron geebnet hatte.

Ohne die eingeführte und verbreitete Bezeichnung des halben Jahrhunderts zwischen 235 und 285 als „Soldatenkaiserzeit" in Frage stellen zu wollen und ohne der Bestimmung nach der Art der Proklamation ihre Berechtigung zu bestreiten, werden in diesem Kapitel unter Soldatenkaisern im engeren Sinne nur diejenigen Herrscher verstanden, die, wie Maximinus Thrax, nichtsenatorischer Abstammung waren, über eine soldatische Laufbahn bis an den Thron gelangten und von ihren Soldaten auf diesen gehoben wurden. Der Soldatenkaiser war eben in mehrfacher Hinsicht mit dem Heer verbunden.

Der Begriff „Senatskaiser" ist in seiner Verallgemeinerung problematisch, da mit Ausnahme des Macrinus bis 235 alle Kaiser Senatoren oder zumindest senatorischer Abstammung waren; Macrinus war zwar ein Ritter, aber kein Soldat. In ihrer Politik haben sich alle mehr oder weniger mit ihren Standesgenossen arrangiert. Selbst Septimius Severus und Caracalla, die dem Heer weit entgegengekommen sind und teilweise in Konfrontation mit dem Senat standen, waren immer mit einem Teil dieser Körperschaft enger verbunden. Von Männern wie Oclatinius Adventus und Maximinus Thrax trennte sie die Herkunft, das soziale Umfeld und das ganze Leben vor der Thronbesteigung. Sinnvoll scheint die Bezeichnung „Senatskaiser" erst für die Zeit nach 235, als Senatoren auf dem Thron nicht mehr die Regel waren und die Rücksichtnahme auf den Senat immer mehr zur Ausnahme wurde. Senatskaiser im engeren Sinne waren also nur die wenigen Regenten, die in der Zeit der Soldatenkaiser noch vom Senat gewählt wurden.

[78] Seyfarth 227.
[78a] Vgl. dazu Hartmann 30–40.

D. Senatskaiser und Vigintiviri

In den ersten beiden Abschnitten dieses Kapitels sind die ersten zur Kaiserwürde oder bis fast zu derselben gelangten Soldaten ausführlich gewürdigt worden. Nunmehr ist der Blick auf die Personen zu richten, die für die traditionelle Führungsschicht der dreißiger Jahre des 3. Jh. die Alternative zu Soldatenkaisern bedeuteten. In das Jahr 238, in dem Maximinus Thrax scheiterte, fällt die kurze, etwa dreimonatige Samtherrschaft der beiden „klassischen" Senatskaiser, des D. Caelius Calvinus Balbinus und des M. Clodius Pupienus Maximus. Ihre Wahl durch den Senat zeigt, was für Thronkandidaten dieses Gremium ausgesucht hat, wenn ihm die Möglichkeit dazu einmal gegeben war.

Balbinus wurde unter der Regierung Mark Aurels geboren, zwischen der Mitte der sechziger und der Mitte der siebziger Jahre des 2. Jh., spätestens im Jahre 178, wie Zonaras angibt, dessen Zeugnis jedoch nur fraglichen Wert besitzt.[79] Seine Herkunft erfüllte voll und ganz die Erwartungen, die die konservative Senatsaristokratie an einen Herrscher des Imperium Romanum zu stellen pflegte. Er stammte aus der Provinzaristokratie der Baetica im Süden Spaniens und damit aus einer Landschaft, aus der die Kaiserfamilien der Ulpii, Aelii und Annii kamen, deren Vertreter Trajan und Mark Aurel im 3. Jh. bereits idealisiert wurden. Sein Heimatort Italica war derjenige Trajans, und aller Wahrscheinlichkeit nach gab es verwandtschaftliche Beziehungen zwischen den beiden Senatorenfamilien. Als Ahnherr des Kaisers Balbinus gilt P. Coelius Apollinaris, der im Jahre 111 Suffektkonsul und damit der erste nachweisbare Vertreter dieser Familie im Senat war. Sein Sohn P. Coelius Balbinus Vibullus Pius wurde von Hadrian in das Patriziat, die ranghöchste Schicht im *ordo senatorius,* aufgenommen. Im Jahre 137 bekleidete er das ordentliche Konsulat zusammen mit dem Thronfolger Aelius Caesar. Diese bewußte Hervorhebung durch Hadrian sowie die Bekleidung des Priesteramtes eines *flamen Ulpialis* stützen die Vermutung verwandtschaftlicher Bindungen zur *gens Ulpia*. Sein Sohn war M. Aqu(ilius?) P. Coelius Apollinaris, der ordentliche Konsul von 169. Eher dessen jüngerer Bruder oder der Vetter als dessen Sohn war Caelius Calvinius, Statthalter von Kappadokien im Jahre 184 und aller Wahrscheinlichkeit nach der Vater des späteren Kaisers.[80] Wenn auch die genauen verwandtschaftlichen Zusammenhänge der Vorfahren des Balbinus bisher nicht genau rekonstruiert werden konnten, wozu nur die Auffindung neuer Inschriften beitragen könnte, so steht seine Abstammung von den Coelii/Caelii aus Italica doch außer Zweifel, da Balbinus in jungen Jahren zu dem nur Patriziern zugänglichen Priesteramt des *salius Palatinus* gewählt wurde, und es keine anderen patrizischen Caelii bzw. Coelii im 2. Jh. gegeben hat. Diese Wahl kann in den Zeitraum von 191 bis 195

[79] Zon. 12,17 (3, 127, 8 f. ed. Dindorf), dazu K. Dietz, Chiron 6, 1976, 416–421.

[80] PIR² C 1239. 1241. 1240. 125, ausführliche Diskussion der Abstammung bei Dietz, Chiron 6, 1976, 405–410, und C. Castillo, Los senadores beticos, in: E.O.S. 2, 473. 495 f.

datiert werden, somit stellt ihn uns Herodian mit Recht als Eupatriden vor und die Historia Augusta als *nobilissimus*.[81]

Die lange Reihe der in der Vita aufgeführten Statthalterschaften findet ansonsten keine Bestätigung und ist zum größeren Teil mit Sicherheit erfunden. Im Bereiche des Möglichen liegen ein Prokonsulat von Asia oder Africa, wogegen allerdings auch Bedenken erhoben worden sind.[82] Bestimmt kann ein Suffektkonsulat etwa für die Zeit um 200 erschlossen werden, und bezeugt ist er als *consul II ordinarius* zusammen mit Kaiser Caracalla für das Jahr 213. Die Bekleidung des eponymen Amtes mit dem Herrscher galt stets als eine besondere Auszeichnung für den damit Geehrten und für seine Familie. Balbinus ist damit zugleich als ein *amicus* dieses Kaisers erwiesen, der sich bei der Ermordung von dessen Bruder Geta kurz zuvor zumindest loyal verhalten hatte. Im Jahre 238 muß der Patrizier mindestens 60 Jahre alt gewesen sein, eher um einiges älter, und dürfte seit etwa vier Jahrzehnten dem Senat angehört haben.[83]

Pupienus konnte im Unterschied zu Balbinus nicht auf eine Reihe senatorischer Ahnen zurückblicken. Er scheint ein *homo novus* aus dem Ritterstand Italiens gewesen zu sein, vermutlich aus Volaterrae in Etrurien. Geboren ebenfalls unter Mark Aurel etwa zwischen 170 und 175, nach dem schon genannten Zonaras sogar schon 164, dürfte sein Suffektkonsulat in das Ende der Regierungszeit des Septimius Severus oder eher erst in die des Caracalla anzusetzen sein. Aus der Folgezeit, unter Elagabal oder im Anfang des Severus Alexander, kennen wir von ihm ein wichtiges Militärkommando. Pupienus war der Statthalter einer der beiden germanischen Provinzen, was in jedem Falle den Oberbefehl über zwei Legionen und eine nicht geringe Anzahl von Auxiliareinheiten bedeutete. Seit Caracallas Germanenfeldzug von 213 gehörte die Rheingrenze zu den neuralgischsten Punkten des Imperiums, und die dort befehligenden Statthalter dürften besonders ausgesucht worden sein. Als *proconsul Asiae* ist Pupienus erst durch zwei 1968 und 1971 gefundene Inschriftenfragmente erneut bestätigt worden; das Amt ist in die Zeit um 230 zu datieren. Bald danach erklomm er den Gipfel jeder senatorischen Karriere der Kaiserzeit, er erhielt die Stadtpräfektur von Rom. Ihre Bekleidung fällt in die Spätzeit des Severus Alexander, denn im Jahre 234 war er mit diesem Kaiser zusammen *consul II ordinarius;* zweites Konsulat und Stadtpräfektur sind häufig miteinander verbunden.[84]

[81] CIL VI 1981; Herod. 7,10,4; Hist. Aug. vita Max. et Balb. 7,1.

[82] Hist. Aug. vita Max. et Balb. 7,1–2; Syme Emperors 172; Dietz 101–103.

[83] PIR² C 126; Syme Emperors 171–173; K. Dietz, Chiron 6, 1976, 405–424; Dietz 99–103; C. Castillo, in: E.O.S. 2, 495.

[84] PIR² C 1179; Syme Emperors 171–175; K. Dietz, Chiron 6, 1976, 393–400; Dietz 129–134; W. Eck, Die Statthalter der germanischen Provinzen vom 1.–3. Jahrhundert, Köln–Bonn 1985, 238 f.

Für einen *homo novus* war auch das, was lückenhaft überliefert ist, eine glänzende Laufbahn, die vier Spitzenpositionen enthielt, die für Senatoren möglich waren. Drei davon fallen mit Bestimmtheit in die Regierung des Severus Alexander, bei dem er in hohem Ansehen gestanden haben muß. Vielleicht ist er von ihm in das Patriziat aufgenommen worden, sein Sohn T. Clodius Pupienus Pulcher Maximus war jedenfalls Patrizier. M. Pupienus Africanus, *consul ordinarius* 236 zusammen mit Maximinus Thrax und ebenfalls Patrizier, ist wahrscheinlich auch ein Sohn des Senatskaisers gewesen.[85]

Die Lebensbeschreibung in der Historia Augusta schildert Pupienus als einen bedachten und energischen Politiker mit Zügen der Strenge: *praefectus urbi prudentissimus, ingeniosissimus et severissimus,* und kann mit diesem Detail Recht haben.[86] Im Unterschied zu Balbinus, dessen Laufbahn bereits durch die patrizischen Vorfahren geebnet worden war, mußte Pupienus sich seine Stellungen, Ehrungen und das Patriziat für seine Familie erst im Dienste des Kaisers verdienen. Nach senatorischer Auffassung ist er ein *vir militaris* im traditionellen Sinne gewesen. Dafür spricht, daß 238 bei der an die Zeiten der aristokratischen Republik erinnernden Funktionsaufteilung der Samtherrschaft in die Bereiche *domi et militiae* gerade ihm die Kriegführung gegen Maximinus Thrax übertragen wurde, während Balbinus in Rom zurückblieb.

Es waren somit zwei recht unterschiedliche Persönlichkeiten, für die sich die Senatoren bei ihrer Wahl entschieden, einen altadeligen Patrizier ohne näher erkennbare politische oder militärische Verdienste, und einen Neuaufsteiger der Severerzeit mit ausgewiesenen Fähigkeiten. Eine solche Wahl, die die späteren Aufgabenbereiche bereits berücksichtigte, kann natürlich von der Gesamtheit beabsichtigt gewesen sein. Wahrscheinlicher ist jedoch, daß hinter der völligen Gleichberechtigung so verschiedenartiger Regenten zwei Fraktionen innerhalb des Senats standen, die jeweils ihre Exponenten an der Macht sehen wollten. Sofort nach dem Ende des Maximinus, gegen den sich fast alle Glieder des Senats zusammengefunden hatten, brach nämlich der Zwist zwischen den beiden Senatskaisern aus, der mit zu ihrem baldigen Sturz beitrug.

Neben den Unterschieden zwischen Balbinus und Pupienus sollten die Gemeinsamkeiten nicht übersehen werden. Die Wahl fiel auf zwei Männer, die in mindestens vier Punkten übereinstimmten: beide standen in den sechziger Jahren ihres Lebens, beide rangierten als gewesene *consules II ordinarii* in der Hierarchie der Senatoren ganz oben, beide besaßen enge Verbindungen zu der 235 untergegangenen Severerdynastie als *amici* von Kaisern und beide gehörten der Zwanzigmännerkommission zur Verteidigung Italiens gegen Maximinus Thrax an. Dies alles schien für die Herrschaft empfehlenswert zu sein, „denn", so kommentiert es die senatsfreundliche Historia Augusta, „der Senat hätte, da

[85] PIR² C 1180; PIR¹ P 804; Syme Emperors 171. 174; Dietz 134–136. 208 f.

[86] Hist. Aug. vita Max. et Balb. 5,10.

ihm die Wahl freistand, keine schlechten Männer gekürt": *neque enim, cum esset potestas, malos senatus eligeret.*[87]

Zu diesen *viginti viri ex senatus consulto rei publicae curandae* gehörten außer Balbinus und Pupienus 18 Senatoren, die nicht gewählt wurden. Leider sind von ihnen mit Sicherheit lediglich vier bekannt. Sie sollen unter dem Blickwinkel möglicher Kandidaten für das Senatskaisertum kurz gemustert werden.

Von herausragender Bedeutung neben den beiden Kaisern waren in diesem Kollegium die beiden Konsulare, die die Stadt Aquileia gegen Maximinus Thrax und sein Heer verteidigten, Rutilius Pudens Crispinus und Tullius Menophilus.

Rutilius Pudens war wie der Kaiser Pupienus Maximus ein *homo novus.* Einige Indizien weisen auf Ostia als seine Heimatstadt hin. Dank einer im Jahre 1928 veröffentlichten großen Kursusinschrift aus Rom ist seine Laufbahn in allen Einzelheiten von Anfang bis Ende bekannt, ein für das 3. Jh. seltener Fall. Sein Start begann noch als Angehöriger des *ordo equester,* und zwar als Befehlshaber einer in Ägypten stationierten Kohorte. Unter Septimius Severus oder Caracalla gelang ihm der Sprung in den *ordo senatorius.* Ungewöhnlich sind seine vielen Ämter prätorischen Ranges, die in die Zeiten des Elagabal und des Severus Alexander fallen. Nach mehreren Verwaltungsposten in Italien war er um 223 Kommandeur der in Satala in Kappadokien stationierten *legio XV Apollinaris,* um 225 Statthalter von Lusitanien, um 227 Statthalter von Thrakien und um 230 Statthalter von Syria Phoenice. Zwischen 233 und 237 bekleidete er das Prokonsulat von Achaia und das Konsulat, das als Suffektkonsulat nicht in den Fasten vermerkt worden ist. Im Jahre 238 gelangte er jedenfalls als Konsular in den Kreis der Vigintiviri. Darin gehörte er zu den aktivsten und, obwohl seine Laufbahn nur zwei Truppenkommandos enthielt, zweifellos auch zu den militärisch erfahrensten Senatoren, da er als einer der beiden Verteidiger Aquileias ausgewählt wurde: *electus dux ex senatus consulto bello Aquileiensi* heißt es in der genannten Inschrift. Die Formulierung unterstreicht, daß Rutilius Pudens als ein vom Senat gewählter und allein auf Senatsbeschluß handelnder Feldherr angesehen werden wollte. In Aquileia bewährte er sich als Militär wie als Redner, der den Widerstandswillen dieser Stadt gegen Maximinus Thrax hochhielt. Der Erfolg über den „Tyrannen" wurde noch von den beiden Senatskaisern oder aber schon von der Regierung Gordians III. mit einem der angesehensten Statthalterposten belohnt. Von 238 oder 239 bis mindestens 241 war er *legatus Augusti pro praetore Hispaniae citerioris et Gallaeciae.* In die vierziger Jahre fallen noch die Kuratel über mehrere Städte Kampaniens und die Durchführung eines Zensus in der Gallia Lugdunensis, beides konsulare, politisch jedoch völlig bedeutungslose Ämter. Diese „Kaltstellung" hängt wohl damit zusammen, daß 241 der Prätorianerpräfekt Timesitheus übermächtigen Einfluß in der Regierung Gordians III. bekommen hat und seitdem die Verdienste

[87] Ebenda, 15,1.

aktiver Senatoren gegen den Thraker nicht mehr so hoch im Kurs standen wie in den ersten drei Jahren nach dem Geschehen. Mit Timesitheus und dem ihm nachfolgenden Philippus Arabs, der 244 zur Herrschaft gelangte, schoben sich exponierte Vertreter des Ritterstandes in den Vordergrund und drängten die 238 hervorgetretenen senatorischen *viri militares* wieder zurück.[88]

Dieser Eindruck verstärkt sich bei dem zweiten *dux* im *bellum Aquileiense*. Von Tullius Menophilus ist sehr viel weniger bekannt als von Rutilius Pudens. Seinem Namen nach gilt er als Senator aus dem griechischen Osten, ohne daß sich Näheres ermitteln ließe. Auch seine Laufbahn vor 238 ist unbekannt. Lediglich ein Suffektkonsulat vor diesem Zeitpunkt kann sicher erschlossen werden, da er als Konsular zu den Vigintiviri gehörte und als *dux* in Aquileia wesentlich zum Sturz des Maximinus und zum Sieg der Senatspartei beigetragen hat. Wie sein Kollege wurde auch er bald danach durch die Übertragung einer wichtigen Statthalterschaft geehrt. Von 238 bis 241 war er *legatus Augusti pro praetore provinciae Moesiae inferioris* mit dem Kommando über zwei Legionen und weitere Hilfstruppen. In diesem Amte verteidigte er die Grenze an der unteren Donau gegen Einfälle der Karpen und Goten erfolgreich. Auch er schied 241 aus dem Amte, und zwar in Ungnade, denn sein Name ist auf zwei Inschriften aus Nicopolis ad Istrum eradiert, was als Ächtung verstanden werden muß. Dieser zweite „Aktivist" der Senatspartei von 238 ist also von dem allmächtigen Prätorianerpräfekten Timesitheus nicht nur kaltgestellt, sondern offenbar regelrecht gestürzt worden.[89]

Ein „Zivilist" im Kreise des Zwanzigmännerkollegiums war L. Caesonius Lucillus Macer Rufinianus. Für seine Familie läßt sich die Herkunft aus Kampanien ermitteln. Der Vater hatte sich im Kriegsdienst unter Mark Aurel ausgezeichnet und danach eine senatorische Laufbahn auch mit militärischen Stellungen durchlaufen.[90] Caesonius Lucillus wurde in jungen Jahren unter den ersten Severern in das Patriziat aufgenommen, war Quästor und Prätor auf Empfehlung des Kaisers, viermal Kurator in Städten Italiens und in Rom, Suffektkonsul wohl in den zwanziger Jahren und schließlich 238 einer der Vigintiviri, wobei er der einzige ist, bei dem diese Mitgliedschaft als ein Amt innerhalb des senatorischen Kursus inschriftlich festgehalten ist. Wurden die *viri militares* Rutilius Pudens und Tullius Menophilus für ihre Tätigkeit gegen Maximinus mit der Statthalterschaft in einer kaiserlichen Provinz belohnt, so erhielt Caesonius Lucillus eine der

[88] Zu Rutilius Pudens Crispinus G. Alföldy, Fasti Hispanienses. Senatorische Reichsbeamte und Offiziere in den spanischen Provinzen des Römischen Reiches von Augustus bis Diokletian, Wiesbaden 1969, 59 f.; W. Eck, in: RE, Supplement 14 (1974), 590 s. v. Rutilius; ausführliche Diskussion bei Dietz 210–226.

[89] W. Hoffmann, in: RE 7 A 2 (1948), 1316–1318 s. v. Tullius 45; J. Fitz, Die Laufbahn der Statthalter in der römischen Provinz Moesia inferior, Weimar 1966, 31–34; ausführlich Dietz 233–245.

[90] PIR^2 C 210.

angesehensten Senatsprovinzen. Bald nach dem Jahre 238 ist er Prokonsul von Africa geworden. Erheblich später erlangte er in den vierziger oder erst zu Beginn der fünfziger Jahre mit der Stadtpräfektur von Rom den Gipfel einer senatorischen Karriere.[91] Sein Sohn durchlief eine noch glanzvollere Laufbahn bis zum zweiten Konsulat und zur Stadtpräfektur im Jahre 285.[92]

Ein „Zivilist" war auch das letzte mit Sicherheit festzustellende Mitglied der Vigintiviri. (V)alerius Claud(ius) Acilius Priscilianus (Maximus) gehörte einer alten Senatorenfamilie an und dürfte der Sohn des *consul ordinarius* von 214 gewesen sein. Als Patrizier durchlief er eine dieser Aristokratengruppe gemäße Laufbahn. Im Jahre 233 bekleidete er das ordentliche Konsulat. 238 war er *comes Augustorum inter XX consulares,* d. h. der Begleiter des Kaisers Pupienus auf der Expedition gegen Maximinus. Mit großer Wahrscheinlichkeit ist er mit einem Spitzenfunktionär unter Valerian und Gallienus identisch, mit dem Stadtpräfekten des Jahres 255 und dem *consul ordinarius II* von 256.[93]

Bei allen anderen Senatoren, die im Jahre 238 und in den darauffolgenden Jahren eine Rolle spielen und die man den Vigintiviri zuordnen wollte, bleibt diese Zugehörigkeit hypothetisch.[94]

Vergleicht man die sechs der 20 Mitglieder dieses Kreises untereinander, so ergeben sich einige interessante Zusammenhänge. Mühelos lassen sich Rutilius Pudens und Tullius Menophilus mehr mit dem Kaiser Pupienus Maximus in Verbindung bringen und Caesonius Lucillus und Valerius Claudius mehr mit dem Kaiser Balbinus. Valerius Claudius stammte wie Balbinus aus einer Patrizierfamilie, die sich schon seit Generationen dieser Würde erfreute, Caesonius Lucillus war zwar ein Neupatrizier, die Laufbahnen beider verliefen jedoch gleichermaßen betont zivil wie diejenige des Balbinus. Zum Heer besaßen alle drei keinen Kontakt. Die zivile Karriere des Caesonius und des Valerius wird durch die Ereignisse von 238 nicht grundsätzlich berührt, beide erreichen ein höheres Alter und werden zuletzt Stadtpräfekten von Rom.

Dagegen war Rutilius Pudens mit Sicherheit ein *homo novus,* für Tullius Menophilus ist dies wahrscheinlich. Wie der derselben Herkunft entstammende Senatskaiser verdienten sie sich ihre Sporen als *viri militares,* Rutilius in Ägypten und Kappadokien wie Pupienus an der Rheingrenze, für Tullius Menophilus muß dies auf Grund seiner späteren Erfahrungen an der Donau angenommen werden. Die Neuaufsteiger mit militärischer Erfahrung sind der aktivere Teil in dem Zwanzigmännergremium, alle drei beteiligten sich unmittelbar am Kampf gegen Maximinus Thrax. Sie besitzen die Verbindung zum Heer, wie sie für

91 PIR² C 209; Dietz 103–109.

92 PIR² O 186.

93 W. Eck, ZPE 18, 1975, 89–94; ders., in: RE, Supplement 15 (1978), 652 f. s. v. Valerius 241; Dietz 245 f.

94 Vgl. Syme Emperors 163–166; Loriot 707–710; Dietz 326–340.

Senatoren der Kaiserzeit möglich war. Nach dem Sturz des Thrakers hochgeehrt, werden Pudens und Menophilus späteren Machthabern bald verdächtig und auf verschiedene Weise aus dem politischen Geschehen entfernt.

Dieser Befund stützt die These, daß die beiden Senatskaiser Vertreter einflußreicher Gruppen im Senat gewesen sind, Balbinus derjenige der alten Aristokratie und insbesondere der Patrizier, Pupienus derjenige der relativ neuen Senatorenschicht, die sich durch militärisches Engagement und eigene Verdienste im Reichsdienst emporgearbeitet hatte. Die Tatsache, daß dem *homo novus* Pupienus als Begleiter auf seiner Expedition der altadelige Valerius Claudius mitgegeben wurde, spricht für sich.

Allen Vigintiviri gemeinsam war die Rangstufe gewesener Konsuln und damit das mittlere und höhere Lebensalter. Gemeinsam war ihnen auch eine mehr oder weniger enge Verbindung mit den Herrschern der untergegangenen Severerdynastie. Balbinus und Pupienus waren *amici* von Caracalla bzw. Severus Alexander, Rutilius Pudens war von einem der ersten beiden Severer in den Senat aufgenommen worden, Caesonius Lucillus von einem derselben in das Patriziat, Valerius Claudius bekleidete unter Severus Alexander das ordentliche Konsulat.

Balbinus und Pupienus waren von den sechs bekannten Vigintiviri die ältesten, wahrscheinlich waren sie es in dem ganzen Kreis. Dasselbe trifft wohl auch für die Hierarchie zu, sie allein scheinen *consules II ordinarii* gewesen zu sein. Die Kriterien, die für die Wahl der beiden Senatskaiser ausschlaggebend gewesen sind, waren also sehr traditionell und ganz an das senatorische Standesbewußtsein gebunden. Nicht der militärisch befähigteste Senator wurde gegen den Soldatenkaiser proklamiert, sondern ein Doppelregiment installiert, in dem Alter und Würde den Ausschlag gaben und Fraktionsauseinandersetzungen breiter Raum gelassen wurde. Auf diese Weise ließ sich ein Senatsregime jedoch auf die Dauer nicht gegen die Soldaten halten. Die Schwäche dieser Regierung zeigte sich trotz der Fähigkeiten einzelner Mitglieder bereits vor dem Sieg über Maximinus Thrax. Die stadtrömische Plebs, beeinflußt von Anhängern der Gordiane, und ebenfalls wohl auch die den Veränderungen mißtrauisch gegenüberstehende Prätorianergarde drängten unter Berufung auf das dynastische Prinzip den beiden Senatskaisern den erst dreizehnjährigen späteren Gordian III. als Caesar auf.[95] Trotz des Erfolges über den Thraker beendete schließlich ein Aufstand der Prätorianer in Rom die Samtherrschaft der unter sich zerstrittenen Senatskaiser nach nur einem Vierteljahr und hob den „Kinderkaiser“ Gordian III. als alleinigen Herrscher auf den Schild.

Der Ablauf der Ereignisse zeigt, daß die hauptstädtische Garde die Inthronisierung von zwei „Kaiser-Konsuln“ republikanischen Zuschnitts offenbar von

[95] Zu einer möglichen Partei der Gordiane vgl. Loriot 710 f.; K. Dietz, Chiron 6, 1976, 390, und Dietz 325 f.; zum dynastischen Prinzip in der Kaiserzeit allgemein Hartmann 24–28.

Anfang an mit großem Mißtrauen beobachtet hat. Verstärkt wurde dieses noch durch das Faktum, daß der militärisch aktive Pupienus von seinem Zug gegen Maximinus Thrax nach Norditalien germanische Hilfstruppen mit nach Rom gebracht hatte, in denen die Prätorianer potentielle Rivalen erblickten. Septimius Severus hatte 193 die aus Italikern bestehende Garde aufgelöst und durch eine ihm ergebene aus den Balkanprovinzen ersetzt. Eine ähnliche Maßnahme mochten die Prätorianer 238 befürchten. Sie warteten eine Konsolidierung der Senatsherrschaft gar nicht erst ab. Mit einer Überraschungsaktion holten sie Balbinus und Pupienus aus dem Kaiserpalast und ermordeten sie, bevor die germanische Wache ihnen zu Hilfe eilen konnte. Erleichtert wurde ihnen das Vorhaben durch die Zwistigkeiten der beiden Exponenten des Senatsregimes, die offenbar, gedrängt von den hinter ihnen stehenden Gruppierungen, beide nach der Alleinherrschaft strebten. Die beschwörende Formel CONCORDIA AUGG. auf den Münzen der Senatskaiser dürfte gerade ein sicheres Indiz für deren Fehlen sein.[96] Unter solchen Begleitumständen blieb das Senatskaisertum traditionell-aristokratischer Prägung eine Episode des Jahres 238.

Nach dem Ende der blutigen Bürgerkriege des Sechskaiserjahres war nur ein „Kinderkaiser" übriggeblieben, der seinen Thron den Soldaten der Prätorianergarde verdankte. Er stammte aus einer Senatorenfamilie und sollte das dynastische Prinzip wahren, insofern hatte der Aufstand gegen den Soldatenkaiser doch gewisse Erfolge gehabt. Die Erhebung Gordians III. bedeutete aber nicht die Fortsetzung des bisherigen Senatskaisertums, sondern einen Kompromiß zwischen den politischen Kräften. Die Wahl von Balbinus und Pupienus hatte gezeigt, daß die übergroße Mehrheit der Senatoren keinen so jugendlichen Herrscher wünschte, der zwangsläufig zum Spielball der jeweiligen Ratgeber werden mußte, und ihn nur unter dem Druck des Militärs annahm.

M. Antonius Gordianus war der Enkel des gleichnamigen Prokonsuls von Africa, dessen Kaiserproklamation im Frühjahr 238 den Auftakt für die folgenden Wirren gegeben hatte, und der Neffe des jüngeren Gordianus, der kurzzeitig seines Vaters Mitregent war. Entgegen den Beteuerungen der Historia Augusta, die Gordiane hätten das Blut der edelsten Geschlechter altrömischer Aristokratie in sich vereinigt, ist von der neueren Forschung der Nachweis erbracht worden, daß diese Familie der kleinasiatischen Provinzaristokratie entstammte.[97]

Die ersten Maßnahmen der neuen Regierung kamen dem Senat entgegen. Die Vigintiviri wurden, wie oben gezeigt, mit einflußreichen Statthalterschaften bedacht. Ein in der Geschichte des 3. Jh. einmaliger Fall war die Bestrafung der afrikanischen *legio III Augusta*. Weil sie auf Befehl des Maximinus Thrax die Erhebung von Großvater und Onkel des jungen Kaisers niedergeschlagen hatte,

[96] Vgl. Herod. 8,8,2–7; K. Dietz, Chiron 6, 1976, 381–424; Hartmann 90. 95.

[97] PIR² A 835, vgl. 833–834; A. R. Birley, in: Britain and Rome. Essays presented to Eric Birley, ed. by M. G. Jarrett and B. Dobson, Kendal 1967, 56–60; Syme Emperors 167–170; Loriot 725 f. 694–696.

wurde sie aufgelöst und verfiel der *damnatio memoriae,* das heißt ihr Name wurde auf allen Inschriften ausgemeißelt. Die Soldaten wurden auf Truppen, die an Rhein und Donau standen, verteilt; erst Valerian hat die Legion 253 wiederhergestellt.[98]

Bei den bekannten Mitgliedern des Zwanzigmännerkollegiums wurde gezeigt, daß das Jahr 241 für mehrere das Ende ihres Einflusses bedeutete. In diesem Jahre gelangte der etwa sechzehnjährige Kaiser völlig unter den Einfluß seines Prätorianerpräfekten. Dieser war ein Ritter aus einer Provinz des griechischsprachigen Ostens und hieß C. Furius Sabinius Aquila Timesitheus. Dank einer Lyoner Inschrift läßt sich seine Laufbahn über mehr als zwei Jahrzehnte von den Zeiten Elagabals bis zu denen Gordians III. lückenlos verfolgen. Er begann als Präfekt der *cohors I Gallica* in Spanien und bekleidete dann nacheinander acht Prokuratorenstellen. Von ihnen waren diejenige eines *procurator provinciae Syriae Palaestinae ibi exactor reliquorum annonae sacrae expeditionis* im Perserkrieg des Severus Alexander und diejenige eines *procurator provinciae Lugdunensis et Aquitanicae* um 238 von besonderer Bedeutung. 241 stieg er zum alleinigen *praefectus praetorio* und zugleich zum Schwiegervater des jungen Herrschers auf; bis zu seinem Tode 243 war Timesitheus der eigentliche Herr des Imperiums.[99] Mit seinem Machtantritt ging die Kaltstellung der aktivsten Senatoren von 238 ebenso einher wie der Aufstieg neuer Amtsträger aus dem Ritterstand.[100] Von den letzteren verdienen die Brüder M. Julius Philippus und C. Julius Priscus vorrangige Beachtung. Sie waren arabischer Herkunft, ihr Vater lebte als Scheich im Djebel Hauran. Wahrscheinlich waren es Kommandos über arabische Spezialtruppen, die sie im Offiziersdienst aufsteigen ließen. Unter Gordian III. bekleideten sie mit dem Ritterstand verbundene hohe Positionen. Julius Priscus war in den Jahren 242 und 243 Präfekt von Mesopotamien und ab 243 Prätorianerpräfekt. Über Julius Philippus läßt sich vor seiner Beförderung zum *praefectus praetorio* nichts Sicheres ermitteln, die nachdrückliche Förderung der Brüder durch den mächtigen Timesitheus steht aber außer Zweifel. Nach dessen Tod waren die beiden Julier die Leiter der Politik Gordians III. Als 244 auch noch der jugendliche Kaiser wohl im Kampf gegen die Perser gefallen war, wurde Philippus der neue Herrscher und sein Bruder blieb *praefectus praetorio* mit den außergewöhnlichen Vollmachten eines *rector Orientis*.[101]

Der Thronwechsel von 244 war erneut symptomatisch für die Veränderungen in der Führungsschicht, die sich im 3. Jh. vollzogen. Zum dritten Male innerhalb

[98] Eine umfassende Darstellung der Politik unter Gordian III. bietet Loriot 726–774.

[99] CIL XIII 1807 = ILS 1330; PIR² F 581; Loriot 735–738; Dietz 294.

[100] Vgl. Loriot 738–743.

[101] PIR² J 407. 461. 488; Loriot 740 f.; die Überlieferungsvarianten zum Tode Gordians III. erörtert Hartmann 76–79; zum Ende des Timesitheus und zum Aufstieg der beiden Julii ausführlich F. Kolb, Untersuchungen zur Historia Augusta, Bonn 1987, 99–132 (Antiquitas, Reihe 4, 20).

von 30 Jahren wurde der Grundsatz, daß nur ein Senator Kaiser werden könne, durchbrochen und damit als solcher endgültig zu Fall gebracht.

Philippus Arabs war der zweite Prätorianerpräfekt, der sich nicht mit der ohnehin schon beträchtlichen Machtfülle dieses Amtes begnügte, sondern den Purpur nahm. Im Unterschied zu Opellius Macrinus hatte er jedoch aller Wahrscheinlichkeit nach eine militärische Laufbahn hinter sich, die eher derjenigen des Maximinus Thrax geähnelt haben dürfte; der Bruder Priscus war *praefectus Mesopotamiae* wie der Thraker. Mit diesem verband Philippus auch die Herkunft von der äußersten Peripherie des Reiches.

Im Gegensatz zu Maximinus bemühte sich der Araber um ein gutes Auskommen mit dem Senat. Mit großem Aufwand ließ er um den 21. April 248 die Tausendjahrfeier Roms mit dreitägigen Säkularspielen feierlich begehen. Sie konnten jedoch nicht viel mehr als ein nostalgischer Rückblick sein. Noch in demselben Jahr begann die Welle ununterbrochener Usurpationen und Bürgerkriege, die die folgenden drei Jahrzehnte beherrschte. Philippus Arabs war der erste regierende Augustus, der von einem gegen ihn aufgestandenen Usurpator vom Thron gestoßen wurde. Die Gründung einer Dynastie und eine dadurch vorhandene relative Kontinuität an der Spitze des Reiches war ihm ebensowenig gelungen wie zuvor Maximinus und den Gordiani und wie seinen Nachfolgern. Unter diesen gab es dann nochmals einige Vertreter des ersten Standes, von denen Valerian und Gallienus am längsten regierten und wirklich eine neue Dynastie zu begründen schienen. Doch auch hier blieb es beim Schein. Die zahlreichen Usurpatoren dieser Zeit waren Soldatenkaiser, die nicht mehr auf eine so einheitliche Opposition stießen wie Maximinus Thrax. Erstmals im Gallischen Teilreich ist es dann offenbar zu einem dauerhaften Arrangement zwischen den Exponenten des Heeres und der senatorischen Aristokratie gekommen. Dies geschah auf dem Höhepunkt der innen- und außenpolitischen Krise des Reiches in den sechziger Jahren des 3. Jh.

E. Die gallischen Kaiser

Die permanenten Auseinandersetzungen an den Grenzen des Imperium Romanum seit dem Jahre 238 ließen die an die Reichshauptstadt gebundenen Faktoren Senat und Prätorianergarde in der Folgezeit immer mehr an Gewicht verlieren, während die Bedeutung der in den Grenzprovinzen stationierten Truppenverbände und der provinzialen Oberschicht stetig zunahm. Auch diese Kräfte verfochten unterschiedliche und teilweise geradezu entgegengesetzte politische Interessen – das Heer war an einer möglichst guten und gesicherten Versorgung sowohl für die aktiven Soldaten als auch für die Veteranen interessiert, die Provinzbevölkerung an einer möglichst geringen Belastung ihres Besitzes durch das Heer –, aber unter dem Eindruck der militärischen Bedrohung im allgemeinen und tiefer Einbrüche feindlicher Verbände im besonderen, fanden militärische und zivile Kräfte zum gemeinsamen Handeln zusammen und begruben zumindest zeitweise ihre Gegensätze.

Bezeichnend für die Verlagerung des Schwerpunkts vom Zentrum an die Peripherie ist die Tatsache, daß nach Philippus Arabs fast drei Jahrzehnte vergehen sollten, ehe 276 mit Florianus wieder ein Prätorianerpräfekt zur Herrschaft gelangte. In der Zwischenzeit waren die Truppenkommandos der Grenzprovinzen das „Sprungbrett", das zu der zu dieser Zeit zugegebenermaßen fragwürdigen Kaiserwürde führte. Charakteristisch für die Krisensituation ist, daß die Befehlshaberstellen, wie sie sich seit dem Beginn des Prinzipats herausgebildet hatten, daß die Ämter des *legatus Augusti pro praetore* und des *legatus legionis,* jetzt nicht mehr ausreichten. Mit den *dux* genannten Inhabern außerordentlicher Militärkommandos vorrangig an Grenzabschnitten entstand eine neue Art von Generalen, die bereits auf das neuformierte Heer der Spätantike hinweist. Aus den *duces* rekrutierten sich die meisten der Soldatenkaiser in der Mitte des 3. Jh.[102]

F. Hartmann hat in seiner eingehenden Untersuchung der Usurpationen in der Jahrhundertmitte die Bedeutung des „Bedürfnisses nach Kaisernähe" gerade in den Grenzgebieten in ansprechender Weise herausgearbeitet: „Die massive Bedrohung durch einen Feind wurde von den Provinzialen/Soldaten einer Provinz, die durch den weit entfernten römischen Augustus keinerlei Hilfe und Schutz zu erwarten hatte, damit beantwortet, daß sie eine eigene ihnen vertraute Autorität zum Augustus erhoben, um unter der Leitung eines mit dem kaiserlichen Charisma versehenen Führers erfolgreicher den sie bedrängenden Problemen begegnen zu können."[103]

Es liegt auf der Hand, daß dieses Bedürfnis nach „Kaisernähe" von dem Zeitpunkt an besondere Relevanz erhalten mußte, seitdem Rom einen nahezu permanenten Dreifrontenkrieg an Rhein, Donau und Euphrat zu führen hatte. So registriert Hartmann für das halbe Jahrhundert von 235 bis 285 an der Rheingrenze 16 Kaiserproklamationen, an der Donaugrenze 10, im „Fronthinterland" Norditalien 4 und an der Euphratgrenze 9. Dem stehen deutlich geringere Zahlen für das Reichsinnere gegenüber, 3 für Afrika, 3 für Ägypten und 6 für Rom, von denen Balbinus, Pupienus und Gordian III. bereits die Hälfte ausmachen. Ein innerer Zusammenhang zwischen Grenzkriegen und Usurpationen dürfte angesichts dieser Zahlen schwer zu bestreiten sein.[104]

[102] Vgl. J. Fitz, Die Vereinigung der Donauprovinzen in der Mitte des 3. Jahrhunderts, in: Studien zu den Militärgrenzen Roms (6. Internationaler Limes-Kongreß), Köln–Graz 1967, 113–121; H.-G. Pflaum, Zur Reform des Kaisers Gallienus, Historia 25, 1976, 110–113; Hartmann 136–140.

[103] Hartmann 141, vgl. 140–183; der Begriff „Kaisernähe" stammt von H. Castritius, Rez. H. R. Baldus, Uranius Antoninus. Münzprägung und Geschichte, Bonn 1971, Gnomon 46, 1974, 595.

[104] Hartmann 167 f.

Die Usurpationen führten wiederum zu neuen innenpolitischen Auseinandersetzungen, die das Verteidigungssystem weiter schwächten, worauf das Bedürfnis nach „Kaisernähe" noch ausgeprägter werden mußte. Auf dem Höhepunkt der Krise begnügten sich Heer und Provinzbevölkerung unter Führung ihrer aristokratischen Oberschicht auch nicht mehr mit der Erhebung eigener Herrscher, sondern schritten zur Bildung von Teilreichen, von denen das Gallische besondere Bedeutung erlangt hat.

Das Gallische Teilreich der sechziger und frühen siebziger Jahre des 3. Jh. war die wichtigste Abspaltung, die das Imperium Romanum vor seinem Zerfall in einen östlichen und einen westlichen Reichsteil erlebt hat. Unter fünf Kaisern führte es fast anderthalb Jahrzehnte ein beachtenswertes Eigenleben und umfaßte zeitweise ein Territorium vom Rhein bis an die Straße von Gibraltar und von Britannien bis an die Alpen.[105] Entstanden ist es nach dem im Jahre 259 erfolgten endgültigen Durchbruch des Limes und der Zerstörung bzw. Aufgabe der letzten bis zu diesem Zeitpunkt noch intakten Kastelle an diesem Grenzwall, was mit dem Verlust allen römischen Gebiets östlich des Rheins und nördlich der Donau verbunden war. Der Vorstoß der Germanen machte jedoch an den Flußgrenzen nicht Halt. Ihre Scharen drangen über die Westalpen bis in die norditalienische Poebene. Diese äußerst bedrohlichen Vorgänge riefen den Kaiser Gallienus, der seit 257 die Rheingrenze zu verteidigen sich bemühte, nach Italien zurück. Als Vertreter in Köln ließ er seinen jungen Sohn, den Caesar Saloninus, zurück. Dieser geriet bald mit dem Militärbefehlshaber Postumus in Konflikt. Als sich

[105] Aus der reichen Literatur seien genannt: G. Elmer, Die Münzprägungen der gallischen Kaiser in Köln, Trier und Mailand, Bonner Jahrbücher 146, 1941, 1–106; Štaerman Krise 405–424; H.-J. Herrmann, Studien über Usurpationen und Krise im 3. Jahrhundert u. Z. unter besonderer Berücksichtigung ihrer Darstellung in der Historia Augusta, Diss. Greifswald 1964; J. Lafaurie, La chronologie des empereurs gaulois, Revue numismatique 1964, 91–127; ders., L'empire Gaulois. Apport de la numismatique, in: ANRW II 2, 1975, 853–1012; H. Willger, Studien zur Chronologie des Gallienus und des Postumus, Diss. Saarbrücken 1966; N. Jankowski, Das Gallische Gegenreich (259–274 n. Chr.) und seine soziale Basis im Spiegel der Historia Augusta, Helikon 7, 1967, 125–197; W. Held, Die zunehmende Erstarkung der römischen Provinzaristokratie in der zweiten Hälfte des 3. Jahrhunderts, Acta Antiqua Hungarica 19, 1971, 281–290; ders., Die Vertiefung der allgemeinen Krise im Westen des Römische Reiches, Berlin 1974 (Schriften zur Geschichte und Kultur der Antike 10), 34–39; F. J. Drinkwater, A History of the Gallic Empire of the Third Century A.D., Diss. Oxford 1972; ders., Coin Hoards and the Chronology of the Gallic Emperors, Britannia 5, 1974, 293–302; M. Bouvier-Ajam, Les temps des empereurs gaulois, Paris 1974, 117–176; K.-P. Johne, Der Fall des Limes und das Gallische Teilreich (235–274), in: Die Römer an Rhein und Donau. Zur politischen, wirtschaftlichen und sozialen Entwicklung in den römischen Provinzen an Rhein, Mosel und oberer Donau im 3. und 4. Jahrhundert, hrsg. von R. Günther und H. Köpstein, Berlin 1975 (Veröffentlichungen des Zentralinstituts für Alte Geschichte und Archäologie der Akademie der Wissenschaften der DDR 3), 75–91; König.

eine Schar Germanen mit Beute beladen auf dem Rückweg aus dem Provinzialgebiet befand, überraschte sie Postumus mit seinen Truppen am Rhein, besiegte sie und ließ die Kriegsbeute unter seine Soldaten verteilen. Als Saloninus und seine Berater die Beute zurückverlangten, führte dies zur Meuterei der Truppen und zur Ausrufung des Postumus zum Kaiser. Er zog nach Köln, belagerte dort den Sohn des Gallienus, bis die Provinzhauptstadt ihn auslieferte, und erlangte so die ausschließliche Herrschaft am Rhein.[106]

Mit dem Einzug des Postumus in Köln im Jahre 260 nahm das Gallische Reich – *imperium Galliarum* nannte es Eutrop ein Jahrhundert später[107] – seinen Anfang. Sein erster Herrscher war zugleich sein erfolgreichster. Fast ein Jahrzehnt hat er die Rheingrenze verteidigt und sich gegenüber dem Kaiser Gallienus in Rom behauptet. Nach den letzten, sehr eingehenden Untersuchungen von I. König ist seine Regierung von 260 bis 269 anzusetzen.[108]

M. Cassianius Latinius Postumus war ein Mann von geringer Herkunft. Eutrop nennt ihn *obscurissime natus*, die Historia Augusta bescheinigt ihm und seinem Gegner Laelianus, daß sie *non nobilitatis pondere vixerunt*.[109] Diese Feststellung der literarischen Quellen bestätigten die Inschriften. Der seltene Gentilname Cassianius kann keiner bekannten senatorischen oder ritterlichen Familie zugewiesen werden. Er wird als eine typische gallorömische Bildung betrachtet und weist auf Familien von Soldaten der Rheinarmee. Ein Cassianius Lupulus stammte aus dem heutigen Lyon und diente in der Bonner *legio I Minervia*, ein Cassianius Severus ist aus Mainz, einer der wichtigsten Garnisonstädte des Rheinlandes, bekannt.[110] So wird man Postumus für einen Provinzialen aus Gallien oder dem Rheingebiet halten müssen, für einen Berufssoldaten derselben Schicht, der auch C. Julius Verus Maximinus entstammte. Wie bei diesem ist auch bei Postumus die Laufbahn nicht bekannt, ja sogar die Position, von der aus er seine Usurpation begann, ist unklar. Die von der Vita der Historia Augusta gebotene Bezeichnung *thransrhenani limitis dux et Galliae praeses* weist auf ein militärisches Amt hin, wofür alle Begleitumstände sprechen.[111] *Praeses* deutet eher auf einen ritterlichen als auf einen senatorischen Provinzgouverneur. Als *praeses provinciae Germaniae inferioris* wäre Postumus ein vergleichbarer Amtsträger zu einem durch eine Inschrift aus Vindonissa für 260 bezeugten *praeses provinciae Germaniae superioris;* diese Lösung hält König am wahrscheinlich-

[106] Zon. 12,24; vgl. Zos. 1,38,2; Aur. Vict. Caes. 33,8; PIR² L 183. Zum Muster des Handlungsablaufs dieser Proklamation und des folgenden Bürgerkrieges Hartmann 82. 85. 97 f.

[107] Eutr. 9,9,3.

[108] König 57–66.

[109] Eutr. 9,9,1; Hist. Aug. vita tyr. trig. 5,8.

[110] CIL XIII 1846. 7080; vgl. Y. Burnand, Senatores Romani ex provinciis Galliarum, in: E.O.S. 2, 426.

[111] Hist. Aug. vita tyr. trig. 3,9; vgl. PIR² C 466.

sten.[112] Ebenso könnte Postumus aber auch der Kommandeur der Bonner Legion oder ein mit einem außerordentlichen Kommando betrauter und *dux* genannter Offizier gewesen sein; diese Möglichkeit hat schon E. Ritterling 1932 in Betracht gezogen, 1982 wurde sie von Hartmann unterstützt.[113]

Herkunft, Laufbahn und Proklamation durch niederrheinische Truppen, wahrscheinlich die *legio I Minervia* – von König als die „Hausmacht" des Postumus bezeichnet[114] –, erweisen den Begründer des Teilreiches ohne Zweifel als einen Soldatenkaiser. Die Haltung der Großgrundbesitzeraristokratie gegenüber einem solchen war in den sechziger Jahren nun jedoch eine ganz andere geworden als drei Jahrzehnte zuvor. In der zehnjährigen Regierung des Gegenkaisers hat es nicht nur keine irgendwie erkennbare Opposition der Aristokratie gegen ihn gegeben, vielmehr standen deren Vertreter in seinem Dienst, unterstützten ihn und kamen als Nachfolger in Betracht. Der große Einfluß dieser Kreise schimmert in einigen Quellen noch durch. In der Historia Augusta wird die Version vertreten, die Gallier hätten aus Haß auf Gallienus unter Zustimmung des Heeres den Postumus an die Macht gerufen, und er sei vor allem der Prätendent der Zivilbevölkerung und nicht der des Militärs gewesen. Ähnlich ist der Tenor bei Petrus Patricius.[115] In dieser Ausformung sind die Behauptungen nicht zutreffend, denn das Heer als Ausgangspunkt der Erhebung kann nicht in Zweifel gezogen werden.[116] Eine andere Frage ist jedoch, ob das Arrangement zwischen Heer und Aristokratie, das für die Spätphase des Teilreiches nicht bestritten wird, nicht auch schon an seinem Anfang gestanden hat. Allein mit der Niederrheinarmee oder gar nur mit der Bonner Legion wäre wohl ein Putsch und die Beherrschung einer Grenzprovinz möglich gewesen, doch nicht die Begründung einer so langen und relativ stabilen Regierung über ein so ausgedehntes Territorium. Selbst wenn die Aristokratie nicht an der Erhebung beteiligt gewesen sein sollte, König führt dafür bedenkenswerte Gründe an,[117] so ist sie doch offenbar schnell mit dem neuen Regime zufrieden gewesen und hat es unterstützt. Erfüllte doch die hier etablierte Partikulargewalt genau die Verteidigungsfunktion für die Westprovinzen, bei der die Zentralgewalt kurz zuvor beim Fall des Limes und dem Verlust des Dekumatlandes versagt hatte. Mit der erfolgreichen

[112] CIL XIII 5203; König 53; dagegen spricht sich W. Eck, Die Statthalter der germanischen Provinzen vom 1.–3. Jahrhundert, Köln–Graz 1985, 222–224, für Postumus als senatorischen *legatus Augusti pro praetore provinciae Germaniae inferioris* aus.

[113] E. Ritterling, Fasti des römischen Deutschland unter dem Prinzipat, hrsg. von E. Stein, Wien 1932 (Beiträge zur Verwaltungs- und Heeresgeschichte von Gallien und Germanien 2), 85; Hartmann 137. 139 f.

[114] König 88.

[115] Hist. Aug. vita Gall. 4,3; vita tyr. trig. 3,3 f.; Petri Patricii Excerpta, in: Cassius Dio ed. Boissevain, Bd. 3, 743, Nr. 165.

[116] In diesem Punkt sind Štaerman Krise 406. 420 und von ihr abhängige Darstellungen mit Sicherheit zu korrigieren.

[117] König 54–56.

Verteidigung der Rheingrenze gegen die Germanen bewies der Usurpator sein militärisches Können, das letztlich dem Großgrundbesitz den größten Nutzen brachte. Um dieser Verdienste willen war schließlich die Aristokratie auch bereit, als Kaiser einen Soldaten hinzunehmen und sich in dessen Dienst zu stellen. Die senatsfreundliche Geschichtsschreibung lieferte dafür die ideologische Begründung, indem sie die *virtus* im Dienste der bisher Herrschenden der *nobilitas* gleichstellte. Auch hier findet sich der prägnanteste Ausdruck in der Historia Augusta bei der Gegenüberstellung: *virtute enim clari, non nobilitatis pondere.*[118] Die Krise hatte in der Jahrhundertmitte den Gegensatz zwischen Soldatenkaiser und Aristokratie, der 238 noch zum Bürgerkrieg geführt hatte, überdeckt und modifiziert. Die Konstellation *senatus contra principem* des Sechskaiserjahres war einem Kompromiß gewichen, bei dem die bisherige Führungsschicht im Interesse der Erhaltung der Reichsverteidigung und von Teilen ihrer Macht bestimmte Positionen preisgab und den Soldaten auf dem Thron in Kauf nahm.

Postumus betrachtete sich als den rechtmäßigen Herrscher, wenn er auch nur die Westprovinzen unter seiner Botmäßigkeit hatte. Die minutiöse Untersuchung Königs hat gezeigt, daß das Gallische Teilreich gar nicht so „gallisch" gewesen ist, wie die bisherige Forschung immer angenommen hat. Es ist wohl weniger als der Ausdruck separatistischer Tendenzen zu verstehen, sondern als ein frühes Stadium der im Ergebnis der diokletianisch-konstantinischen Dezentralisierungspolitik entstandenen Präfektur Gallien, die dasselbe Gebiet umfaßte.

Den Anspruch auf Legitimität unterstreicht die Kontinuität vieler staatlicher Institutionen. So wurden in Köln Konsuln berufen, Statthalter ernannt und eine Prätorianergarde unterhalten. Von den eponymen Oberbeamten des Teilreiches sind außer dem Kaiser und seinem Nachfolger Victorinus drei Paare bekannt, die in den Jahren 263–266 amtiert haben müssen: Censor und Lepidus, Dialis und Bassus sowie Apr. . . und Ruf. . . . Am 22. August des unbekannten Jahres, in dem Censor und Lepidus ihr zweites Konsulat bekleideten, war Octavius Sabinus *praeses provinciae Britanniae inferioris*. Die Existenz eines in vielen Darstellungen immer wieder angenommenen Senats, der von Postumus berufen worden wäre, wird dagegen neuerdings mit guten Gründen in Zweifel gezogen.[119]

Länger als alle anderen Usurpatoren des 3. Jh. hat Postumus den westlichen Reichsteil regiert. Trotz seiner erfolgreichen Herrschaft entging auch er dem Schicksal vieler Soldatenkaiser nicht und wurde das Opfer seiner eigenen Truppen, denen er die Plünderung der Stadt Mainz verboten hatte. Dort hatte sich Ulpius Cornelius Laelianus gegen ihn erhoben, die Erhebung war jedoch nach wenigen Monaten – wohl Frühjahr bis Sommer 269 – wieder zusammengebrochen.

[118] Hist. Aug. vita tyr. trig. 5,8; vgl. weiterhin vita Maxim. duo. 20,1; vita Max. et Balb. 2,7; 16,2; vita Aurel. 4,1; vita Probi 3,1.

[119] Vgl. PIR^2 L 151 und O 56; König 67–70. 73–75.

Hinsichtlich des Lebens vor der Usurpation sind die Quellen bei Laelianus so wenig ergiebig wie bei Postumus. Die „zwei urrömischen Namen Ulpius und Cornelius“ ließen G. Elmer an eine Abkunft aus der spanischen Aristokratie, ja sogar an eine Verwandtschaft mit Kaiser Trajan denken.[120] Dafür spricht jedoch sonst gar nichts. Wahrscheinlich weist der Name Ulpius lediglich darauf hin, daß die Familie von Trajan das Bürgerrecht erhalten hat. Nach der Historia Augusta war Laelian von so bescheidener Herkunft wie sein Vorgänger. Wie dieser dürfte auch er einer Soldaten- bzw. Veteranenfamilie entstammen, die Namen Ulpius und Cornelius sind beim Militär der germanischen Provinzen durchaus geläufig.[121] Mainz als Zentrum der Rebellion führte zu den Annahmen, er sei der Statthalter der Provinz Germania superior gewesen oder der Kommandeur der *legio XXII Primigenia* bzw. nur ein Offizier dieser Legion; es sind dieselben Möglichkeiten, die bei Postumus in Betracht gezogen wurden.[122] Die Nähe des Laelianus zum Heer bezeugen Münzen mit einer von der „Germania“ gehaltenen Fahne mit der Zahl *XXX*, was sich mit der Legende *Virtus militum* nur auf die Xantener *legio XXX Ulpia Victrix* beziehen kann.[123] Nicht klären ließ sich bisher jedoch, ob die Usurpation von dieser Legion ihren Ausgang nahm, ob sie sie unterstützte oder ob nur ihre Unterstützung gewonnen werden sollte.

Nach den dicht aufeinanderfolgenden Stürzen von Postumus und Laelianus wurde für kurze Zeit ein M. Aurelius Marius in Mainz zum Herrscher proklamiert; König datiert seine Regierung vom Sommer bis zum Herbst 269. Dieser dritte der gallischen Usurpatoren, der seine Macht den Soldaten verdankte, übertraf in der Bescheidenheit seiner Herkunft alle bisherigen Soldatenkaiser. Diese hatten immerhin noch klangvolle Namen aufzuweisen gehabt und gehörten Soldaten- oder Veteranenfamilien an, die lange das Bürgerrecht besaßen. Maximinus Thrax, Postumus und Laelianus unterschieden sich hierin wohl nicht voneinander. Dagegen verrät der Name des Marius bereits den Neubürger, dessen Familie wohl erst im Zuge der massenhaften Bürgerrechtsverleihung nach 212 ihren Peregrinenstatus verloren hatte. Die Quellen bezeichnen ihn als einen ehemaligen Waffenschmied, womit eine Beziehung zu dem im Rheinland entwickelten Handwerk bestehen könnte. Barbieri sah in ihm einen Gallier, König will seine Herkunft aus den Rheinprovinzen und eine Abstammung von germanischen Vorfahren nicht ausschließen.[124] Marius war der erste Subalternoffizier, der

[120] G. Elmer, Bonner Jahrbücher 146, 1941, 56 f.

[121] Vgl. CIL XIII 7789 = ILS 4634; CIL XIII 11 976.

[122] W. Eck, in: RE, Supplement 14 (1974), 936–939 s. v. Ulpius 32; König 132–136; Hartmann 92. 98; C. Castillo, Los senadores Beticos, in: E.O.S. 2, 516.

[123] A. Alföldi, Die Germania als Sinnbild der kriegerischen Tugend des römischen Heeres, Germania 21, 1937, 95–100.

[124] PIR² A 1555; G. Barbieri, L'albo senatorio da Settimio Severo a Carino (193–285), Rom 1952, 401; A. Chastagnol, L'empereur gaulois Marius dans l'Histoire Auguste, in: BHAC 1971, Bonn 1974 (Antiquitas, Reihe 4, 11), 51–58; König 136–140; Hartmann 108.

Kaiser wurde. In dem im Jahrhundert der Krise möglich gewordenen Wandel der sozialen Herkunft der Herrscher, in der seit 217 Ritter neben Senatoren und ab 235 Berufssoldaten neben die Ritter getreten waren, bedeutete der vormalige Schmied peregriner Abstammung einen weiteren, bis dahin hoch nicht erfolgten Schritt. Erstmals bei ihm bedurfte es zur Thronkandidatur nicht einmal mehr eines wichtigen militärischen Postens. Man kann sich ausmalen, wie ein Cassius Dio, der schon die Thronbesteigung des Ritters Macrinus und die Kandidatur des Soldaten Adventus mit höhnischen Kommentaren begleitet hatte, diese Vorgänge beurteilt hätte. Die Proklamation des Marius mußte nach den traditionellen von der Aristokratie geprägten Maßstäben den bisherigen Tiefstand aller Kaiserwahlen bedeuten. So dürfte es kein Zufall sein, daß sich nach seinem Tode die gallische Aristokratie zu Wort meldete und eigene Kandidaten präsentierte. Einen Mann wie Postumus hatte sie unterstützt, mit Leuten wie Marius mochte sie sich nicht befreunden.

Der vierte gallische Kaiser, der nach den Wirren von 269 an die Macht gelangte, war ein Exponent des Großgrundbesitzes.

M. Piavonius Victorinus entstammte einer in Trier ansässigen Familie der Aristokratie. In seiner Heimatstadt ließ er in den sechziger Jahren ein palastartiges Gebäude nahe dem Forum renovieren. Zu dieser Zeit war er *tribunus praetorianorum,* das heißt Offizier in der Leibgarde des Postumus und damit in jedem Falle von ritterlichem Rang.[125] Da er wenige Jahre später dem *ordo senatorius* angehörte, könnte er zum Prätorianerpräfekten des Teilreiches aufgestiegen sein, was den Übergang in den ersten Stand am besten erklären würde. Als *belli scientia Postumo par* und *vir strenuissimus* besaß er militärische Verdienste, die ihn dem Herrscher empfehlen mußten; 267 war er *consul ordinarius* mit dem Begründer des Teilreiches zusammen, der das eponyme Amt zum vierten Male innehatte.[126] Sein Aufstieg neben dem Soldatenkaiser und der Übergang der Herrschaft an ihn nach dem Scheitern von Laelianus und Marius sprechen für einen inzwischen erfolgten Interessenausgleich zwischen Heer und Aristokratie. So kommt nach der Ermordung des Victorinus im Jahre 271 zum ersten Male im Gallischen Reich der dynastische Gedanke ins Spiel. Die Mutter des Ermordeten, Victoria, verstand es, die Kontinuität zu wahren und die Macht in ihrer Familie zu erhalten. In erster Linie waren es wohl ungeheure Donative, mit denen die Soldaten bewegt werden konnten, einen Verwandten des Victorinus als neuen Kaiser anzuerkennen.[127]

Die Familie des C. Pius Esuvius Tetricus gehörte bereits vor der Entstehung des Teilreiches dem Senatorenstand an. Der *senator Romanus,* wie Tetricus bei Eutrop heißt, und *senator populi Romani* nach der Lesart der Historia Augusta

[125] CIL XIII 3679 = ILS 563.

[126] CIL II 5736; Aur. Vict. Caes. 33,12; Eutr. 9,9,2; R. Hanslik, in: RE 8 A 2 (1958), 2074–2079; König 141–157.

[127] R. Hanslik, in: RE 8 A 2 (1958), 2071 f. s. v. Victoria 4; König 158–161.

verdankte diese Würde also nicht wie sein Vorgänger dem Postumus.[128] Vor seiner Proklamation residierte er als Statthalter der Provinz Aquitanien im heutigen Bordeaux. Die Konsekration des Victorinus – eine Ehre, die keinem anderen gallischen Kaiser zuteil geworden ist –, und die Erhebung seines gleichnamigen Sohnes 272 zum Caesar lassen die dynastischen Absichten deutlich werden. Die Verlegung der Hauptstadt von Köln an der Rheingrenze nach Trier im Binnenland in demselben Jahr könnte mit Germaneneinfällen in Verbindung gebracht werden, sollte jedoch auch sicher die Demonstration einer neuen Regierungsform sein, die nicht mehr in unmittelbarer Nähe der Legionslager amtieren wollte und sich um eine gewisse Distanz zum Heer bemühte.[129]

Nach Herkunft, Laufbahn und Politik war Tetricus ein Senatskaiser, wenn er auch einer Wahl durch den Senat entbehrte. Seine Regierungsübernahme kann nur so verstanden werden, daß die Provinzaristokratie noch einmal glaubte, auf einen Berufssoldaten an der Spitze der Westprovinzen verzichten zu können. Wenn sie sich um 270 auch mit Soldatenkaisern als einer unvermeidbaren Herrschaftsform abgefunden hatte, so dürfte sie diese doch vor allem als zeitweilige „Krisenkaiser“ empfunden haben. Wie im Sechskaiserjahr 238 die Wahl von Balbinus und Pupienus durch den Senat, so war auch 271 die von der Aristokratie favorisierte Wahl des Tetricus eine Wahl ohne Perspektive. Der „Zivilist“ geriet bald in große Differenzen mit seinen Soldaten. Als eine neue Meuterei den Separatstaat erschütterte, marschierte Aurelian, der „Soldatenkaiser der Zentrale“, in Gallien ein. Tetricus unterwarf sich ihm, weil er „die Unverschämtheit und Dreistigkeit seiner Soldaten nicht mehr ertragen konnte“: *cum militum suorum impudentiam et procacitatem ferre non posset.*[130] Auf dem Schlachtfeld von Catalaunum (Châlon-sur-Marne) verriet Tetricus sein Heer und verständigte sich mit seinem Gegner; das die Westprovinzen umfassende Teilreich wurde wieder in das Gesamtreich eingegliedert.

Für dieses Ende des Imperium Galliarum gibt es sicher mehrere Ursachen. Der akute Anlaß ist durchaus in dem Unvermögen der aristokratischen Regierung zu sehen, mit dem unbotmäßigen Militär fertig zu werden. Dies konnte die unter Aurelian deutlich erstarkte Zentralgewalt benutzen, um die Abspaltung zu beenden. Der zumindest theoretisch in Rom residierende Kaiser war nun wieder mächtig genug, um die innere und äußere Sicherheit auch für die Rheinlande und Gallien zu verbürgen, womit die Gründe, die zur Entstehung des Teilreiches geführt hatten, hinfällig wurden. Bestimmt reichen die Ursachen aber auch in den sozialökonomischen Bereich hinein. Ein Jahrzehnt nach der Rückgliederung wurden die gallischen Provinzen von dem großen Bagaudenaufstand erschüttert. Vermutlich waren Anzeichen dieser sozialen Unruhe schon in den siebziger

128 Eutr. 9,10; Hist. Aug. vita tyr. trig. 24,1.

129 PIR^2 E 99–100; König 158–172; Burnand, in: E.O.S. 2, 427.

130 Hist. Aug. vita tyr. trig. 24,2; zum Ende des Teilreiches König 172–181; vgl. Hartmann 177 f.

Jahren spürbar und beeinflußten die Kompromißbereitschaft der Provinzaristokratie. Züge eines Kompromisses trägt das Geschehen von 274 zweifellos. Tetricus und sein Sohn haben ihre Usurpation überlebt. Aurelian begnadigte den Gegenkaiser nicht nur, sondern beließ ihn auch im Senat und berief ihn zum *corrector Lucaniae,* der Sohn wurde in den Senat aufgenommen, die Beamten des Teilreiches erfuhren eine überaus schonende Behandlung. Es wurde nichts gegen die Truppenverbände unternommen wie 238 gegen die dem Maximinus Thrax ergebene Legion von Lambaesis.

Keiner der gallischen Usurpatoren verfiel der sonst bei Gegenkaisern unvermeidlichen *damnatio memoriae.* So zeigen die Vorgänge im Gallischen Teilreich und nicht zuletzt die an seinem Ende, daß Soldatenkaiser und Senatsaristokratie in der Jahrhundertmitte unter dem Druck der Verhältnisse einen in die Zukunft weisenden *modus vivendi* gefunden hatten.

F. Der Ausschluß der Senatoren vom Militärkommando

Die endgültige Entscheidung über die weiteren Geschicke des römischen Kaisertums fiel mit den Reformen des Gallienus.

P. Licinius Egnatius Gallienus gelangte im Jahre 253 zusammen mit seinem Vater P. Licinius Valerianus an die Herrschaft und konnte sie anderthalb Jahrzehnte bis 268 behaupten. Der Vater wurde um 193 geboren und wird von den Quellen als der Senatsaristokratie zugehörig betrachtet. 238 saß er als Konsular im Senat und unterstützte die Gordiane.[131] Um das Jahr 215 hatte er in die etruskische Gens Egnatia aus Falerii eingeheiratet. Die Gattin Egnatia Mariniana war die Tochter und Enkelin von Konsularen.[132] Dem um 218 geborenen Gallienus war auf diese Weise der Weg in den Senat geebnet. Er hat ihm zweifelsohne angehört, möglicherweise war er sogar Patrizier.[133] Gallienus war der letzte allgemein anerkannte Kaiser des 3. Jh., der zweifelsfrei senatorischer Abstammung war und dessen Heimat auf der Apenninenhalbinsel lag. Derselben Herkunft war nach ihm nur noch der gallische Usurpator Tetricus; über den Senatskaiser Tacitus wird noch zu sprechen sein, der Aristokratie hat er sicher nicht entstammt.

Daß der Senatorenstand nicht mehr das Reservoir bedeutete, aus dem die Imperatoren kamen, war die sich aus der Heeresreform ergebende Konsequenz. In den sechziger Jahren schloß Gallienus die Senatoren von allen Militärkommandos aus und übertrug diese den Rittern und vor allem Berufsoffizieren, die sich vom Soldaten in den Ritterrang hochgedient hatten, Leuten wie Oclatinius Adventus und Maximinus Thrax, die Jahrzehnte zuvor noch von den Aristokraten verachtet und bekämpft worden waren. Damit verlor der in den zivilen

[131] PIR² L 258; Dietz 177–181.

[132] PIR² E 39; vgl. E 37, E 35 und Dietz, Stemma 7.

[133] PIR² L 197.

Bereich gedrängte *ordo senatorius* in kurzer Zeit jeglichen Einfluß auf das militärische Geschehen und auf die Kaiserwahl. Gallienus schloß mit dieser Entscheidung letztendlich seinen eigenen Stand für die Zukunft von der Spitze des Reiches aus. Mithin war Wirklichkeit geworden, wogegen die Aristokratie 238 die Waffen erhoben hatte.[134]

Die entscheidende Quellenpassage über die Maßnahmen des Gallienus enthält das Werk des Aurelius Victor. Er schilderte den Kaiser als einen beim Senat verhaßten Mann, dessen Familie und Anhänger auf die Nachricht von seiner Ermordung hin in Rom einem Pogrom zum Opfer fielen. Nach Aurelius Victor sei der Haß der Aristokraten besonders auf das Gebot des Kaisers zurückzuführen, keine militärischen Stellen mehr bekleiden zu dürfen und keinen Zutritt zum Heer mehr zu haben: . . . *ne imperium ad optimos nobilium transferretur, senatum militia vetuit et adire exercitum.*[135]

Nun ist dies die Formulierung eines Senators, der aus dem Abstand von einem Jahrhundert urteilt. Seine knappe und apodiktische Aussage wird von der für die gesamte lateinische Historiographie typischen negativen Darstellung des Gallienus beherrscht. Aus der Sicht des späten 4. Jh. mochte die Einschätzung des Historikers etwa stimmen, für die Mitte des 3. Jh. muß sie in mindestens vier Punkten relativiert werden.

Der Ausschluß der Senatoren vom Militärkommando wurde nicht von einer antisenatorischen Einstellung des Kaisers diktiert, sondern erwuchs aus den Notwendigkeiten der Krise auf ihrem Höhepunkt mit ständigen kriegerischen Auseinandersetzungen sowohl an den Grenzen als auch im Innern des Reiches. Erst unter dem massiven Druck der Verhältnisse der sechziger Jahre des 3. Jh. fielen die Standesprivilegien, die jahrhundertelang die höheren Kommandostellen den Senatoren vorbehalten hatten, und zwar unabhängig von ihrer Qualifikation dafür. Bis zu diesem Zeitpunkt hatten junge Senatoren als Tribunen in den Legionen gedient, hatten dann als Prätorier kommandiert und schließlich ebenfalls als Prätorier Einlegionenprovinzen verwaltet und eventuell als Konsulare Zweilegionenprovinzen. Die wenigen Dreilegionenprovinzen waren in der Severerzeit aufgeteilt worden. Die militärischen Posten wurden stets von zivilen Tätigkeiten unterbrochen bzw. von Jahren ohne irgendeine amtliche Aufgabe.

[134] Aus der umfangreichen Literatur zu den Reformen des Gallienus seien aus der letzten Zeit genannt: L. de Blois, The Policy of the Emperor Gallienus, Leiden 1976 (Studies of the Dutch Archaeological and Historical Society 7), 26–87; H.-G. Pflaum, Zur Reform des Kaisers Gallienus, Historia 25, 1976, 109–117; J. Osier, The Emergence of Third-century Equestrian Military Commanders, Latomus 36, 1977, 674–687; Hartmann 121 f.; 132–135; M. Christol, Essai sur l'évolution des carrières sénatoriales dans la 2e moitié du IIIe s. ap. J.-C., Paris 1986 (Études prosopographiques 6), 35–54. Speziell die militärischen Aspekte der Reform untersucht H.-G. Simon, Die Reform der Reiterei unter Kaiser Gallien, in: Studien zur antiken Sozialgeschichte. Festschrift Friedrich Vittinghoff, hrsg. von W. Eck, H. Galsterer und H. Wolff, Köln – Wien 1980, 435–452.

[135] Aur. Vict. Caes. 33,34.

Der eine Senator hatte mehr Erfahrung im Heer sammeln können, der andere weniger, im Prinzip wurde aber bis Gallienus daran festgehalten, daß ein Senator Heerführung, Verwaltung und Rechtsprechung gleichermaßen zu beherrschen habe. Dieses letztlich noch aus der Republik überkommene Prinzip funktionierte nun aber im 3. Jh. nicht mehr. Kein senatorischer *vir militaris* diente so lange im Heer oder war mit ihm so verbunden wie viele Ritter, die die *tres militiae* absolvierten. Die meiste Erfahrung mit der Kriegführung besaßen aber naturgemäß die Berufssoldaten, die keine andere Tätigkeit als das Heer kannten und in ihm aufstiegen. Seit Septimius Severus stand ihnen der Ritterrang offen, seit Gallienus nun auch alle vorher nur Senatoren zukommenden Kommandos. „Endlich erhielten die sachverständigen Elemente des Heeres die ihnen zukommende Stellung im Staat" kommentiert H.-G. Pflaum diese Entwicklung.[136]

Die bisherigen Ausführungen in diesem Kapitel dürften gezeigt haben, daß die Reformen des Gallienus nicht abrupt gekommen sind. Bereits in der Severerzeit sind Soldaten zu hohen Verwaltungsposten aufgestiegen, wie oben gezeigt werden konnte.[137] Als Septimius Severus Mesopotamien als neue Provinz einrichtete, stellte er einen *praefectus* aus dem Ritterstand an die Spitze nach dem Beispiel Ägyptens, wo diese Praxis seit den Zeiten des Augustus geübt wurde. Die von dem ersten Severer neu aufgestellten drei *legiones Parthicae* wurden von ritterlichen Präfekten befehligt, und zwar wiederum nach dem Beispiel Ägyptens, dessen Legionen niemals senatorische Legaten besessen haben. Gallienus hat also nur Praktiken, die als Ausnahme vorhanden waren, zur Regel erhoben.

Die epigraphischen Zeugnisse, die die Nachricht des Aurelius Victor prinzipiell bestätigen, zeigen deutlich, daß es sich bei den Maßnahmen des Gallienus nicht um einen einmaligen Akt gehandelt hat; das in der Literatur immer wieder angenommene Edikt hat es wohl gar nicht gegeben. Die Reform trug den Charakter eines Prozesses, der sich über Jahrzehnte hingezogen hat und der lediglich den entscheidenden Impuls von Gallienus erhalten hat.

Aus den Inschriften läßt sich erkennen, daß der Kaiser in seinem Vorgehen recht behutsam gewesen ist. Die Übertragung bisher von Senatoren befehligter Legionen und von ihnen verwalteter Provinzen erfolgte anfangs nur vorläufig und scheinbar als ein Provisorium. Die ersten Legionskommandeure aus dem Ritterstand an der Stelle senatorischer Legionslegaten sind für die im heutigen Budapest stationierte *legio II Adiutrix* bezeugt. Clementius Valerius Marcellinus war 267 *praefectus legionis agens vices legati,* P. Aelius Aelianus dasselbe bei der gleichen Legion.[138] Die Ersetzung der Legionslegaten durch ritterliche Präfekten hat sich relativ schnell durchgesetzt, senatorische Militärtribunen und Legionslegaten sind nach Gallienus nicht mehr bekannt. Sehr viel langsamer ging dieser Prozeß in der Verwaltung der Provinzen vonstatten. Die Provinz Arabia ist die

[136] Pflaum Kaiserreich 417.

[137] Siehe oben S. 205–207.

[138] PIR^2 C 1143; A 129 in Verbindung mit L'année épigraphique 1965, 9.

erste, in der durchgängig ritterliche *praesides* die senatorischen ***legati Augusti pro praetore*** ersetzt haben. Auf Junius Olympus 262/263 folgten hier Statilius Ammianus 263/264 und Julius Heraclitus nach 264 als Statthalter mit der Bezeichnung *vir egregius agens vices praesidis.*[139] Die nächste Provinz, für die der Übergang noch zu Zeiten des Gallienus gesichert ist, war Pannonia inferior. Hier amtierte als Statthalter 267/268 Clementius Silvinus als *vir egregius agens vices praesidis.*[140] Die Titulaturen lassen erkennen, wie schonend der Kaiser die Senatoren an die neuen Verhältnisse gewöhnen wollte; die Ritter amtierten vorerst nur als „Stellvertreter" von Senatoren. In den siebziger Jahren sind diese provisorischen Statthalterschaften dann zunehmend in reguläre verwandelt worden. M. Aurelius Sebastianus war 270/271 *vir perfectissimus praeses provinciae Moesiae inferioris,* vor Gallienus war Untermösien immer von einem konsularischen Legaten verwaltet worden.[141] Daneben gab es Provinzen, in denen die senatorischen Statthalter erst von Diokletian durch Ritter ersetzt worden sind, z. B. Coelesyrien. In einer dritten Gruppe von Provinzen wechselten in der Zeit von Gallienus bis Diokletian Ritter und Senatoren im Amte ab, Numidien ist ein solches Beispiel. Die gallienische Reform hat sich also mit einer gewissen Elastizität durchgesetzt.

Pflaum hat bei einer Untersuchung der bekannten ritterlichen Statthalter zwischen 260 und 300 festgestellt, daß die Mehrzahl von ihnen Neubürger des späten 2. und des 3. Jh. gewesen sind. Sie entstammten also demselben Milieu wie die Soldaten auf dem Thron, das heißt nicht den alten Familien des Ritterstandes, sondern den Veteranen- und Soldatenfamilien vorwiegend der Grenzprovinzen.[142] In einzelnen Fällen läßt sich der Werdegang sogar nachzeichnen. So gibt es 283/284 einen ritterlichen Statthalter von Numidien, der zuvor *princeps peregrinorum,* der Chef der Geheimpolizei, gewesen ist wie der oben behandelte M. Oclatinius Adventus, der es zum Prätorianerpräfekten brachte, oder C. Titius Similis, der Prokurator geworden ist.[143] M. Aurelius Decimus war auch nicht mehr ein provisorischer Statthalter in Vertretung eines Senators, er nannte sich *vir perfectissimus praeses provinciae Numidiae ex principe peregrinorum.*[144]

Schließlich muß festgestellt werden, daß die Reform nur einen Teil des Senatorenstandes wirklich traf. Die Angehörigen des Patriziats waren ohnehin schon lange nicht mehr gewohnt, Militärdienste zu leisten und entsprechende Kommandos innezuhaben. Ihre Laufbahn verlief über Quästur und Prätur zum

139 PIR^2 J 787; Inscriptiones Graecae ad res Romanas pertinentes III 1287; PIR^2 J 351.

140 PIR^2 C 1142.

141 PIR^2 A 1605.

142 Pflaum, Historia 25, 1976, 115–117.

143 Siehe oben S. 205–207.

144 PIR^2 A 1490; H.-G. Kolbe, Die Statthalter Numidiens von Gallien bis Konstantin, München–Berlin 1962 (Vestigia 4), 21–28.

Konsulat und danach zu zivilen Ämtern wie den Prokonsulaten von Africa bzw. Asia oder zur Stadtpräfektur von Rom. Dieser Strang des senatorischen *cursus* wurde durch die Maßnahmen des Gallienus nicht weiter berührt, er ist voll und ganz in der nachdiokletianischen Zeit erhalten geblieben. Von den übrigen Senatoren getroffen wurden die *viri militares,* die durch Kommandos im Heer oder über Heere vorankommen wollten. Senatoren wie Pupienus Maximus, Rutilius Pudens und Tullius Menophilus aus dem Sechskaiserjahr wurden von den Schalthebeln der Macht ausgeschlossen. Auch im Hinblick auf die Auswirkungen innerhalb des Senatorenstandes ist also eine differenzierende Betrachtung der Reform des Gallienus angebracht.

Der Ausschluß der Senatoren vom Militärkommando hat nur einen Teil der senatorischen Aristokratie betroffen, er trug den Charakter eines Prozesses und knüpfte an genügend frühere Entwicklungen an. Diktiert wurde er von der äußerst schwierigen Lage des Imperium Romanum in der Mitte des 3. Jh. Dennoch wird man Gallienus zubilligen müssen, daß er einen entscheidenden Schritt zur Veränderung der römischen Führungsschicht getan hat.

G. Der endgültige Übergang der Herrschaft an die Militäraristokratie

Der schlagendste Beweis für die Wirkung der mit der Reform des Gallienus offen zutage tretenden Veränderungen ist die Tatsache, daß nach seinem Tode überhaupt nur noch ein einziger Senator im 3. Jh. im Gesamtreich an die Regierung gelangte, wenn man von dem gallischen Usurpator Tetricus absieht.

Gallienus wurde im Sommer 268 bei der Belagerung Mailands auf Anstiften einer Gruppe hoher Offiziere illyrischer Herkunft ermordet. Nach der Gewinnung des Heeres übernahm einer aus dem Verschwörerkreis die Herrschaft.

M. Aurelius Valerius Claudius, bekannt als Claudius Gothicus, wurde am 10. Mai 214 geboren. Er ist der erste der sogenannten „Illyrischen Kaiser" des letzten Jahrhundertdrittels, die durchweg aus Soldaten- oder Veteranenfamilien der Balkanprovinzen kamen und erst im Verlaufe ihres Militärdienstes in den Ritterstand eintraten. Claudius wird in der Historia Augusta als *Illyricianae gentis vir* vorgestellt, wobei offen bleibt, ob er der Provinz Dalmatia oder der Landschaft Dardania in Obermösien entstammte.[145] Die dabei behauptete edle Abkunft hängt mit der konstruierten Verwandtschaft zu Constantius Chlorus und damit zu der konstantinischen Dynastie zusammen und trägt so deutlich den Stempel der Erfindung, daß sie hier nicht erörtert zu werden braucht.[146] Ebenso entbehrt die in der Biographie mitgeteilte militärische Laufbahn jeglichen Wertes, wobei an einen Aufstieg vom Soldaten zum Heerführer jedoch nicht zu zweifeln ist. Darauf weisen die Bezeichnungen *tribunus* bei Aurelius Victor, *dux*

[145] Hist. Aug. vita Claud. 14,2; 11,9.

[146] Siehe unten S. 240 f.

in der Gallienus- und Claudiusvita sowie *hipparchos* bei Zonaras hin.[147] Man wird an einen Werdegang zum Thron denken müssen, wie er seit den Zeiten des Maximinus Thrax immer wieder begegnet. Im Jahre 270 folgte Claudius sein Bruder M. Aurelius Claudius Quintillus für wenige Monate in der Herrschaft, beider Gentilname Aurelius läßt die Neubürger erkennen.[148] Eine bloße Vermutung ist die Aufnahme beider Militärs in den Senat gegen Ende der Regierung des Gallienus etwa im Jahre 267, also kurze Zeit vor ihrem Machtantritt.[149] Diese Hypothese läßt sich mit dem gerade in den sechziger Jahren beginnenden Ausschluß der Senatoren von hohen Militärkommandos schwerlich in Einklang bringen.

Derjenigen des Claudius Gothicus sehr ähnlich ist die Vorgeschichte Aurelians, des bedeutendsten Soldatenkaisers nach der Jahrhundertmitte, der nach der Wiedereingliederung des Gallischen und des Palmyrenischen Teilreiches als *restitutor orbis* gefeiert wurde. Geboren wurde Aurelian im gleichen Jahr wie sein Vorgänger am 9. September 214. Hinsichtlich des Geburtsortes variieren die Angaben. Die Lebensbeschreibung der Historia Augusta bietet drei Alternativen: *ut plures loquuntur, Sirmii familia obscuriore, ut nonulli, Dacia Ripensi.* Dem wird noch *Moesia* hinzugefügt. Die Nachricht über die Abstammung aus der Dacia Ripensis findet sich auch bei Eutrop und dürfte der Enmannschen Kaisergeschichte entnommen sein. Moesia bezeugt im Grunde dasselbe, da Dacia Ripensis erst von Aurelian nach der Aufgabe der eigentlichen Provinz Tres Daciae aus einem Teil Mösiens gebildet wurde, Aurelian selbst also nur in dem Gebiet Mösiens geboren sein kann, das er später umbenennen ließ. Die Angabe der Epitome de Caesaribus *inter Daciam et Macedoniam* beschreibt in vergröbernder Weise denselben Raum. Diese Quelle nennt auch den Vater Aurelians Aurelii *clarissimi senatoris colonus* und bezeichnet somit die *familia obscurior* der Vita etwas näher.[150] Alle Nachrichten stimmen in der Herkunft aus dem Donauraum, und zwar aus dem Gebiet der dortigen Militärgrenze überein. Der Eintritt des Sohnes eines Kolonen in die Armee ist für die vordiokletianische Zeit nicht ungewöhnlich. Auch bei Aurelian läßt sich vor einer Stellung als Heerführer zur Zeit der Ermordung des Gallienus im Jahre 268 nichts Sicheres ermitteln.[151] Die von J. Šašel in Erwägung gezogene Aufnahme Aurelians in den Senat bereits im Jahre 257/258 beruht auf einer unkritischen Übernahme von Nachrichten der Historia Augusta und ist ganz und gar unwahrscheinlich.[152]

[147] Aur. Vict. Caes. 33,28; Hist. Aug. vita Gall. 7,1; vita Claud. 15,2. 4; Zon. 12,26.

[148] PIR² A 1626 und 1480.

[149] J. Šašel, Senatori ed appartenenti all' ordine senatorio provenienti dalle province romana di Dacia, Tracia, Mesia, Dalmazia e Pannonia, in: E.O.S. 2, 572 f. 579.

[150] Hist. Aug. vita Aurel. 3, 1–2; Eutr. 9,13,1; Epit. de Caesar. 35,1.

[151] PIR² D 135.

[152] Hist. Aug. vita Aurel. 11,8; 12,1; 13,4; Šašel, in: E.O.S. 2, 573. 579.

In diese Zeit nach der Ermordung Aurelians im Herbst 275 fällt ein für die Jahrzehnte der Soldatenkaiser äußerst ungewöhnlicher Vorgang. Angeblich kam es nämlich zu einem sechsmonatigen Interregnum, weil sich Heer und Senat nicht darüber einigen konnten, von wem ein neuer Kaiser gewählt werden sollte. Nach langem Hin und Her sei der Senat schließlich den Aufforderungen der Truppen nachgekommen und habe aus seiner Mitte den angesehensten und würdigsten Konsular gewählt. Es war M. Claudius Tacitus, der erst aus dem Badeort Baiae am Golf von Puteoli herbeigeholt werden mußte. Nach längerem Sträuben habe er dann die Wahl durch den Senat angenommen.[153]

Die lateinischen Quellen feiern die Wahl des Tacitus als eine Wiederkehr der Macht des Senats. Besonders die Historia Augusta vermittelt den Eindruck, als ob mit dem Regierungsantritt des Senatskaisers wahrhaftig die Tage der untergegangenen Adelsrepublik zurückgekehrt seien. Nach Aurelius Victor ist der von Gallienus verfügte Ausschluß der Senatoren vom Militärkommando rückgängig gemacht worden.[154] Die angeblich zurückgekehrte Senatsherrlichkeit währte allerdings nicht viel über ein halbes Jahr. Der sehr begüterte und angesehene Senator Tacitus soll bereits 75 Jahre alt gewesen sein, als er an die Regierung gelangte. Als seine Heimat wird Interamna, das heutige Terni in Umbrien angegeben. Nach der Biographie habe er seine Abstammung von dem Historiker Cornelius Tacitus hergeleitet und für die weite Verbreitung von dessen Werken gesorgt. *Consularis* nennen ihn Aurelius Victor und die Vita, in der Historia Augusta ist er sogar *princeps senatus, primae sententiae senator* und *primae sententiae consularis*. In Übereinstimmung mit diesen Angaben wird in dem Tacitus, der im Jahre 273 zusammen mit Julius Placidianus *consul ordinarius* gewesen ist, der spätere Kaiser gesehen.[155]

Das aus der Antike überlieferte Bild ist von der modernen Forschung in wesentlichen Punkten korrigiert worden. So ist seit langem erkannt, daß es kein halbjähriges Interregnum zwischen Aurelian und Tacitus gegeben haben kann. Es war wohl schon die sogenannte Enmannsche Kaisergeschichte, die Quelle für die ganze folgende lateinische Historiographie des 4. Jh., die die Zeitspanne des Interregnums mit der Regierungsdauer des Tacitus verwechselt hat. Als Interregnum wird also tatsächlich der gesamte Zeitraum zwischen den Kaisern Aurelian und Probus bezeichnet, bestehend aus einem wirklichen kurzen Interregnum nach Aurelians Tod und den kurzlebigen Regierungen des Tacitus und des Florianus. Das eigentliche Interregnum, in dem über Aurelians Nachfolge verhandelt wurde, hat höchstens 6–7 Wochen im Spätherbst 275 umfaßt. Die Regierung des Tacitus reichte vom November/Dezember dieses Jahres bis zum Juni/Juli 276. Entscheidende Anstöße für die kritische Betrachtung dieses Kaiser-

[153] Aur. Vict. Caes. 35,9–13; 36,1; Hist. Aug. vita Aurel. 40,1–41,15; vita Tac. 2,1–7,7.

[154] Aur. Vict. Caes. 37,6.

[155] A. Stein, in: RE 3,2 (1899), 2872–2881 s. v. Claudius 361; PIR² C 1036; Seyfarth 310–312.

tums werden R. Syme verdankt. Er verwies darauf, daß die griechischen Quellen nichts von einer senatorischen Restauration wissen und Zonaras sogar Tacitus von den Truppen proklamiert sein läßt.[156] Syme kam zu der Schlußfolgerung, daß dieser Senator den Heerführern und Offizieren, die nach Aurelians Tod den großen für einen Krieg gegen Persien aufgebotenen Heeresverband am Bosporus befehligten, gut bekannt gewesen sein muß. Er äußerte sogar die Vermutung: „Tacitus, if the truth could be known, was perhaps one of the Danubian military."[157] Wenn die zweite Vermutung auch unbeweisbar bleiben wird, so hat die erste doch viel für sich. Tacitus war sicher kein Zivilist abseits des Heeres, sondern stand in irgendeiner Verbindung zu ihm. Denkbar ist, daß er einer der senatorischen *viri militares* war, die vor der Regierung des Gallienus hohe Kommandoposten innehatte. Dagegen spricht allerdings die späte Bekleidung des Konsulats. Wahrscheinlicher und den Intentionen Symes näher liegt die Vermutung, daß es sich bei Tacitus gar nicht um einen Mann senatorischer Herkunft gehandelt habe, sondern um einen Ritter, der nach einer erfolgreichen militärischen Karriere erst in vorgerücktem Alter in den Senat aufgenommen wurde. Parallelen dazu wären der oben behandelte Oclatinius Adventus[158] und sein Zeitgenosse und Konsulatskollege Julius Placidianus. Dieser war *praefectus vigilum, dux* in der Gallia Narbonensis unter Claudius Gothicus im Jahre 269 und *praefectus praetorio* 272–274. Erst von dieser Spitzenfunktion des Ritterstandes aus gelangte er in den Senat, und zwar gleich als *consul ordinarius* 273.[159] Wenn Tacitus eine ähnliche Laufbahn hinter sich hatte, wäre dies eine Erklärung, warum er erst so spät das Konsulat erhielt und man 275 auf ihn als Thronkandidaten kam. Die anderen zur Debatte stehenden Anwärter waren zu diesem Zeitpunkt entweder durch die Ermordung Aurelians diskreditiert oder standen an den Grenzen und waren deshalb für das am Bosporus versammelte Heer nicht verfügbar.[160] So kam es zu dem einmaligen Kompromiß, bei dem die hohen Militärs dem Senat die Kaiserwahl überließen. Im Anschluß daran mußte sich natürlich auch Tacitus der Gunst der Soldaten versichern.[161]

Der letzte Senatskaiser war nun zwar vom Senat gewählt, hat jedoch kaum eine Wiederherstellung der Senatsautorität betreiben können. Dazu nötigten ihn die realen Machtverhältnisse, falls er überhaupt den eigenen Antrieb dazu besessen haben sollte. Mit einigen Beinamen auf Inschriften und Münzen wie *verae libertatis auctor* und vor allem *restitutor rei publicae* kam er sicher der Aristokratie mehr entgegen als andere Herrscher des 3. Jh., sie finden jedoch in

[156] Zos. 1,63; Zon. 12,28.

[157] Syme Emperors 237–247, Zitat 247; vgl. L. Polverini, Da Aureliano a Diocleziano, in: ANRW II 2 (1975), 1020–1023.

[158] Siehe oben S. 205 f.

[159] PIR² J 468.

[160] Hartmann 122–124.

[161] Hist. Aug. vita Tac. 8,3–9,1; vgl. Zon. 12,28.

der Wahl durch den Senat und der Zugehörigkeit zum *ordo amplissimus* eine hinreichende Erklärung. Wie wenig sie tatsächlich bedeuteten, zeigt, daß nicht einmal die Münzprägung des Senats wiederhergestellt wurde. Das Edikt des Gallienus über den Ausschluß der Senatsangehörigen vom Militärkommando hat er nicht aufheben können, da es dieses Edikt aller Wahrscheinlichkeit nach gar nicht gegeben hat. Die unter Gallienus begonnene Entwicklung im weiteren Machtausbau der Ritter ist unter Tacitus nicht einmal aufgehalten, geschweige denn rückgängig gemacht worden.

Vor wenigen Jahren hat M. Christol das Konsulat des Tacitus im Jahre 273 in Zweifel gezogen, weil der spätere Kaiser zu dieser Zeit für ein erstes Konsulat bereits viel zu alt gewesen sei. Er meint, der Konsul Tacitus sei in Wirklichkeit ein in den Jahren 240/245 geborener Senator A. Caecina Tacitus gewesen.[162] Dieser Auffassung steht jedoch die Schwierigkeit entgegen, eine afrikanische Inschrift für *M. Claudio Tacito cos.*, die bisher immer als ein sicherer Beleg für das Konsulat von 273 galt, erst auf das Konsulat als Kaiser beziehen zu müssen.[163] Das zugegebenermaßen hohe Alter für ein erstes Konsulat läßt sich wohl nur durch eine späte Aufnahme in den Senat erklären. An Beispielen für die Aufnahme von Rittern am Ende ihrer Karriere in die Reichsaristokratie fehlt es nicht. Der Kollege des Tacitus im Konsulatsjahr, Julius Placidianus, wurde schon erwähnt. Besser bekannt ist die Laufbahn des L. Petronius Taurus Volusianus, der von den vierziger bis sechziger Jahren eine glänzende Offizierslaufbahn vom Zenturio bis zum Prätorianerpräfekten durcheilte, 261 mit Kaiser Gallienus das ordentliche Konsulat bekleidete und 267–268 nunmehr als Senator Stadtpräfekt von Rom war.[164] Bei Tacitus läßt sich an eine weniger herausragende Karriere denken, die ihm einen Sitz im Senat und ein spätes Konsulat einbrachte. Christol spricht sich bei seiner Hypothese dafür aus, daß der spätere Kaiser in den vierziger oder fünfziger Jahren ein unbekannt gebliebenes Suffektkonsulat innehatte oder als ehemaliger Ritter *inter consulares* aufgenommen wurde.

Mit M. Claudius Tacitus endet in der Mitte der siebziger Jahre des 3. Jh. die lange Reihe römischer Kaiser aus dem Senatorenstand. Zu diesem hat er zweifelsfrei gehört, eine senatorische Herkunft ist für ihn nicht mehr erwiesen. Deren letzte Vertreter waren der 268 ermordete Gallienus und der 274 gestürzte Tetricus.

Nach dem Tode des letzten Senatskaisers erlangte sein Prätorianerpräfekt M. Annius Florianus im Zusammenwirken mit dem Senat und in Italien stehenden Truppen kurzfristig die Regierung.[165] Gegen ihn proklamierten die Truppen

[162] M. Christol, Essai sur l'évolution des carrières sénatoriales dans la 2e moitié du IIIe s. ap. J.-C., Paris 1986 (Études prosopographiques 6), 111–113. 183 f.; zu Caecina Tacitus 153–158.

[163] CIL VIII 18 884 = Inscriptions Latines d'Algérie 2, 2, 4549.

[164] E. Groag, in: RE 19,1 (1937), 1225–1227 s. v. Petronius 73; Pflaum Carrières 901–905.

[165] Hist. Aug. vita Probi 10,3; Zos. 1,64,1; vgl. PIR^2 A 649.

Syriens ihren Feldherrn Probus, der noch im Jahre 276 an die Macht kam. M. Aurelius Probus, ein weiterer der bedeutenden „illyrischen Kaiser“, war am 19. August 232 in Sirmium an der unteren Save, dem heutigen Sremska Mitrovica in Jugoslawien, geboren worden. Bei ihm kennen wir die Abstammung aus einer Soldatenfamilie, wofür auch der Gentilname eines Neubürgers spricht. Nach der Historia Augusta war sein Vater ein zum Tribunen aufgestiegener Zenturio namens Maximus. Die Benennung des Vaters als Dalmatius in der Epitome de Caesaribus dürfte eine Verwechslung mit dem Heimatland Dalmatien sein.[166] Wie Claudius Gothicus und Aurelian absolvierte auch Probus eine soldatische Laufbahn bis zum *dux*.[167]

Nach dem Tode des Probus hat der Senat seine letzten Rechte bei der Kaiserwahl eingebüßt. Aurelius Victor beklagte, daß seit der Ermordung dieses Herrschers 282 die Macht der Soldaten übergroß geworden und dem Senat die Herrschaft und das Recht zur Kaiserwahl bis zu der Gegenwart, in der er schreibe – um das Jahr 360 – entrissen worden sei: *Abhinc militibus potentia convaluit, ac senatui imperium creandique ius principis ereptum ad nostram memoriam*.[168] Auch diese Feststellung enthält Übertreibungen. Ein *ius creandi principis,* ein Recht auf die Wahl des Kaisers, hat es im strengen Sinne des Wortes nie gegeben. Von Ausnahmen wie 238 und 275 abgesehen, hat der Senat immer nur an der Bestimmung eines neuen Herrschers in der Weise mitgewirkt, daß sich der von den Truppen erhobene Kandidat um Anerkennung und Bestätigung seitens der Senatoren bemühen mußte. Aber auch damit war es nun vorbei; Probus' Nachfolger begnügte sich lediglich mit einer Mitteilung seiner Erhebung. Dieser Nachfolger war wiederum Prätorianerpräfekt, hieß M. Aurelius Carus, stammte aus dem heutigen Narbonne im Süden Galliens und nahm seine Söhne Numerianus und Carinus zu Mitregenten an.[169]

Nach der kurzen Regentschaft des Carus und dem Tode des Numerianus erhoben die Offiziere der Orientarmee wieder einen neuen Herrscher. Sein Regierungsantritt am 20. November 284 gilt als das Ende der Soldatenkaiserzeit.

Der neue Kaiser hieß C. Valerius Diocles. Mit diesem Cognomen ist er noch zu Beginn seiner Regierung am 7. März 285 in Ägypten bezeugt, obwohl er sich im allgemeinen seit seinem Machtantritt M. Aurelius Valerius Diocletianus nannte.[170] Wie die ihm vorangegangenen Herrscher war auch er ein *vir obscurissime natus,* wobei er entweder als der Sohn eines Schreibers oder als der Freigelassene des Senators (Annius) Anullinus bezeichnet wird.[171] Seine Heimat war Dalma-

[166] Hist. Aug. vita Probi 3,1–2; Epit. de Caes. 37,1.
[167] PIR² A 1583.
[168] Aur. Vict. Caes. 37,5.
[169] PIR² A 1475, vgl. 1564 und 1473.
[170] The Oxyrhynchus Papyri, Volume 42, ed. by P. J. Parsons, London 1974, Nr. 3055.
[171] Eutr. 9,19,2; vgl. Aur. Vict. Caes. 39,5; Epit. de Caes. 39,1; Zon. 12,31; zu dem senatorischen Patron PIR² A 902, vgl. A 632.

tien, wo er um 245 geboren wurde. In der historischen Überlieferung taucht er zu Beginn der achtziger Jahre als Militärbefehlshaber in Mösien auf. 283 begleitete er den Kaiser Carus auf dessen Persienfeldzug als Kommandeur der Leibwächter, der *protectores domestici;* diese Stellung bekleidete er wohl bis zu seinem Regierungsantritt. Im Jahre 283 erscheint er als Inhaber eines Suffektkonsulats.[172] Die Verleihung von Konsulaten an hohe Funktionäre aus dem Ritterstand läßt sich, wie schon öfter erwähnt, bis an den Beginn der Severerzeit zurückverfolgen. C. Fulvius Plautianus erhielt als erster Prätorianerpräfekt 197 zunächst die *ornamenta consularia* und 203 dann das ordentliche Konsulat in seiner Amtszeit als Präfekt. Von den zahlreichen weiteren Beispielen wurde Julius Placidianus genannt, der 273 Konsulat und Prätorianerpräfektur zur gleichen Zeit bekleidete. Eine solche Verbindung ist auch für den späteren Kaiser Diokletian anzunehmen. Bereits seit Gallienus konnten mit den Konsularinsignien auch reichsfremde Germanen ausgezeichnet werden; das erste überlieferte Beispiel ist der Heruler Naulobatus.[173]

Diokletians Herrschaft und die im Jahre 293 begründete Tetrarchie führte endgültig zur Herausbildung der Militäraristokratie, die sich aus in den Ritterstand erhobenen Soldaten rekrutierte und die die führende Gruppe in der Oberschicht des 4. Jh. werden sollte. Mit der Thronbesteigung der konstantinischen Dynastie begann für diese neue Aristokratie die Phase der Konsolidierung.

Die „Konstantinische oder zweite Flavische Dynastie“ wuchs aus dem Kreis der Tetrarchen heraus, die Diokletian in bewußter Politik miteinander versippt und verschwägert hatte. Ihr Ahnherr war Flavius Valerius Constantinus, der in der späteren Historiographie den Beinamen Chlorus erhielt. Er wurde an einem 31. März um das Jahr 250 in einer der illyrischen Provinzen geboren. Sein Werdegang ist besser bekannt als der seiner meisten Vorgänger. Er diente als *protector* in der neuen Leibgarde, wurde *tribunus* und in den achtziger Jahren *praeses provinciae Dalmatiae.* Vielleicht war er anschließend *praefectus praetorio* von Diokletians Mitregenten Maximianus. Ab 1. März 293 fungierte er als Caesar für den westlichen Reichsteil, ab 1. Mai 305 als Augustus bis zu seinem Tode am 25. Juli 306.[174] Unter seinem Sohn Konstantin dem Großen taucht dann die genealogische Legende auf, die Constantius Chlorus zu einem Nachfahren des Claudius Gothicus stempelt. Sie begegnet erstmals in einem im Jahre 310 in Trier gehaltenen Panegyricus und erfährt später in der Claudiusvita der Historia

[172] PIR² A 1627; zu Diokletians Machtantritt zuletzt F. Kolb, Diocletian und die Erste Tetrarchie. Improvisation oder Experiment in der Organisation monarchischer Herrschaft, Berlin–New York 1987 (Untersuchungen zur antiken Literatur und Geschichte 27), 10–21.

[173] PIR² N 35; vgl. A. Chastagnol, L'Histoire Auguste et le rang des préfets du prétoire, in: A. Chastagnol, Recherches sur l'Histoire Auguste, Bonn 1970 (Antiquitas, Reihe 4, 6), 39–68, bes. die Übersicht 63–68.

[174] PIR² F 390; zur Caesarenernennung zuletzt Kolb, s. Anm. 172, 68–87, bes. 70 f.

Augusta ihre endgültige Ausmalung.[175] Bemerkenswert an dieser Konstruktion ist, daß Konstantin oder seine Umgebung auf der Suche nach „geeigneten“ Vorfahren nicht an eine frühere Dynastie anknüpften, wie es die Severer hinsichtlich der Antonine getan hatten, oder auf eine berühmte Senatorenfamilie zurückgriffen.

Ihnen genügte einer der illyrischen Soldatenkaiser, der sich allein durch seine militärischen Verdienste empfahl und durch eine ähnliche lokale Herkunft. Die Militäraristokratie begann, sich ihre eigenen Traditionen zu schaffen, die nicht mehr mit den Vorstellungen der Oberschicht bis zur Mitte des 3. Jh. übereinstimmten. Die neue Führungsschicht gewann auch schnell die ökonomische Macht neben der politischen und trat selbstbewußt neben die Senatsaristokratie. Zu ihr gehörten nach der Konstantinischen Dynastie die Valentinianische in der zweiten Hälfte des 4. Jh. und die Theodosianische des 4. und 5. Jh. Wie sich diese Militäraristokratie aus dem Soldatentum ergänzen konnte, zeigt der Fall der Justinianischen Dynastie im 6. Jh. Typisch für diese Schicht war im 4. Jh. die Verbindung mit germanischen Heermeisterfamilien und im 5. Jh. die Verbindung sowohl mit einigen der angesehensten und reichsten Senatorenfamilien als auch mit den germanischen Königshäusern der Völkerwanderungszeit.[176] Die Anfänge dieser Entwicklung müssen in der Soldatenkaiserzeit und in der Tetrarchie gesucht werden.

Die Krise des 3. Jh. hat somit die Führungsschicht des Römischen Reiches in einer relativ kurzen Zeit tiefgehend verändert. Senat und Ritterstand erfuhren eine Wandlung sowohl in ihrer Zusammensetzung als auch in ihrem Einfluß auf die politischen Entscheidungen.

Der Senatorenstand konnte zwar sein Ansehen als erster Stand und vor allem seinen Reichtum an Grund und Boden im wesentlichen bewahren und teilweise sogar auf Kosten kleiner Grundeigentümer vermehren. Der reale Machtverlust gegenüber Ritterstand, Heer und Bürokratie ist jedoch unübersehbar. Die Verdrängung der Senatoren aus den militärischen Kommandoposten und den einflußreichen Statthalterschaften seit den sechziger Jahren ist kurz dargelegt worden.

Der Aufstieg der Ritter war in erster Linie der Aufstieg der Soldaten, erst in zweiter derjenige ziviler Beamter. Unter der Tetrarchie erreichte die Machtausweitung des militarisierten Ritterstandes ihren Höhepunkt, um schließlich unter Konstantin in eine neue Qualität umzuschlagen. Die obere Schicht dieses zweiten Standes erhielt nämlich den Zugang zum *ordo senatorius,* der Rest

[175] Paneg. Lat. 6 (7), 2,1 f.; Hist. Aug. vita Claud. 1,1; 3,1–2; 9,9; 13,1–2; vgl. Syme Emperors 204 f.; A. Lippold, Constantius Caesar, Sieger über die Germanen – Nachfahre des Claudius Gothicus, Chiron 11, 1981, 347–369, bes. 357–364; Kolb, s. Anm. 172, 60.

[176] Vgl. ausführlich dazu A. Demandt, Der spätrömische Militäradel, Chiron 10, 1980, 609–636.

verschwand in den Kreisen des Militärs, der Bürokratie und der Kurialen und spielt fortan als eigener Stand nur noch eine ganz untergeordnete Rolle.[177] A. Chastagnol hat es so formuliert: „Der Senatorenstand hat also schließlich die führenden militärischen wie zivilen Kreise, die ihm bis dahin Konkurrenz machten, in sich aufgesogen.“ Daß sich damit der Stand als solcher noch einmal verändern mußte, und zwar nun grundlegend, versteht sich von selbst. An den Senat der Prinzipatszeit erinnerten seit der Mitte des 4. Jh. nur noch wenige traditionsreiche Familien wie die Anicii-Petronii, Aradii-Valerii, Caeionii, Furii, Naeratii, Nummii, Symmachi-Nicomachi, Turcii und Vettii.[178]

Der komplizierte Veränderungsprozeß, der sich im Verlaufe des 3. Jh. innerhalb der Führungsschicht vollzogen hat, kann bis ins Detail nur an der sich verändernden sozialen Herkunft der Kaiser studiert werden. Bis zum Jahre 217 war die Zugehörigkeit zum *ordo senatorius* die unabdingbare Voraussetzung für das Herrscheramt, wenn es auch seit der Mitte des 2. Jh. zunehmend *homines novi* waren, die diese Bedingungen erfüllten. Die Übergangsphase begann mit Macrinus, dem ersten Ritter auf dem Thron, und erlebte ihren Höhepunkt in den Auseinandersetzungen um den ersten Soldatenkaiser Maximinus Thrax. Die heftige Reaktion der restaurativen Kräfte im Sechskaiserjahr 238 blieb erfolglos, in der von inneren und äußeren Kämpfen erfüllten Jahrhundertmitte verdrängte der Kaiser neuen Typs denjenigen, der in der Tradition des Prinzipats stand. Der Ausschluß der Senatoren vom Militärkommando bedeutete den endgültigen Umschlag, denn seit der Mitte der siebziger Jahre gibt es den Herrscher senatorischer Abkunft nicht mehr. Der italische Senator Gallienus, der Gallier Tetricus und der Senatskaiser Tacitus stehen am Ende einer Entwicklung. Die wenigen Ausnahmen des 4. und 5. Jh. bestätigen nur die Regel, daß sich der Soldat auf dem Thron in der Krise des 3. Jh. durchgesetzt hatte.

[177] Zum faktischen Zerfall des Ritterstandes vgl. A. Stein, Der römische Ritterstand. Ein Beitrag zur Sozial- und Personengeschichte des römischen Reiches, München 1927 (Münchener Beiträge zur Papyrusforschung und antiken Rechtsgeschichte 10), 455–459; A. Chastagnol, Die Entwicklung des Senatorenstandes im 3. und 4. Jahrhundert, in: Schneider 298 f.; A. Chastagnol, L'évolution politique, sociale et économique du monde romain de Dioclétien à Julien. La mise en place du régime du Bas-Empire (284–363), Paris 1982, 206–211; Demandt, Spätantike 273 f.

[178] Chastagnol, in: Schneider 293–306, Zitat 300; vgl. A. Chastagnol, La Préfecture urbaine à Rome sous le Bas-Empire, Paris 1960 (Publications de la Faculté des Lettres et Sciences humains d'Alger 34), 450.

Abkürzungsverzeichnisse

1. Siglenverzeichnis

ANRW: Aufstieg und Niedergang der römischen Welt. Geschichte und Kultur Roms im Spiegel der neueren Forschung, hrsg. von H. Temporini u. a., mehrere Teile in vielen Bänden, Berlin–New York 1972 ff.

BHAC: Bonner Historia-Augusta-Colloquium, hrsg. unter Mitwirkung von J. Straub von A. Alföldi, seit 1983 unter Mitwirkung von A. Chastagnol von J. Straub, Bonn 1964 ff. (Antiquitas, Reihe 4).

CIL: Corpus Inscriptionum Latinarum, consilio et auctoritate Academiae Litterarum Regiae Borussicae/Academiae Litterarum Borussicae/Academiae Scientiarum Germanicae/Academiae Scientiarum Rei Publicae Democraticae Germanicae editum, Berolini 1863 ff.

E.O.S.: Epigrafia e ordine senatorio = Atti del Colloquio Internazionale AIEGL su epigrafia e ordine senatorio, Roma 1981, 2 Bände, Rom 1982 (Tituli. Pubblicazioni dell' Istituto di Epigrafia e Antichità Greche e Romane dell' Università di Roma – La Sapienza, a cura di Silvio Panciera, 4–5).

ILS: Inscriptiones Latinae selectae, ed. H. Dessau, volumen I–III, Berolini 1892–1916 (Nachdruck Berlin 1954–1955).

PIR[1]/PIR[2]: Prosopographia Imperii Romani saeculi I, II, III, ed. E. Klebs, H. Dessau, P. de Rohden, partes I–III, Berolini 1897–1898; editio altera, ed. E. Groag, A. Stein, L. Petersen et alii, pars I–III, Berolini et Lipsiae 1933–1943, pars IV sqq. Berolini 1952 ff.

RE: Paulys Realencyclopädie der classischen Altertumswissenschaft, Neue Bearbeitung, hrsg. von G. Wissowa, W. Kroll, K. Mittelhaus, K. Ziegler und W. John, Stuttgart, ab 1972 München, 1893–1980.

ZPE: Zeitschrift für Papyrologie und Epigraphik, Bonn 1967 ff.

2. Verzeichnis der abgekürzt zitierten Literatur

Altheim: F. Altheim, Die Soldatenkaiser, Frankfurt am Main 1939 (Deutsches Ahnenerbe).

Demandt Spätantike: A. Demandt, Die Spätantike. Römische Geschichte von Diocletian bis Justinian 284–565 n. Chr., München 1989 (Handbuch der Altertumswissenschaft, 3. Abteilung, 6. Teil).

Dieter–Günther: H. Dieter, R. Günther, Römische Geschichte bis 476, hrsg. vom Wissenschaftlichen Beirat für Geschichtswissenschaft beim Ministerium für Hoch- und Fachschulwesen unter Leitung von M. Kossock, Berlin 1979.

Dietz:	K. Dietz, Senatus contra principem., Untersuchungen zur senatorischen Opposition gegen Kaiser Maximinus Thrax, München 1980 (Vestigia 29).
Dobson:	B. Dobson, Die Primipilares. Entwicklung und Bedeutung, Laufbahnen und Persönlichkeiten eines römischen Offiziersranges, Köln–Bonn 1978 (Beihefte der Bonner Jahrbücher 37).
Hartmann:	F. Hartmann, Herrscherwechsel und Reichskrise. Untersuchungen zu den Ursachen und Konsequenzen der Herrscherwechsel im Imperium Romanum der Soldatenkaiserzeit (3. Jahrhundert n. Chr.), Frankfurt am Main–Bern 1982 (Europäische Hochschulschriften, Reihe 3, 149).
Johne–Köhn–Weber:	K.-P. Johne, J. Köhn, V. Weber, Die Kolonen in Italien und den westlichen Provinzen des Römischen Reiches vom 2. Jahrhundert v. u. Z. bis zu den Severern. Eine Untersuchung der literarischen, juristischen und epigraphischen Quellen, Berlin 1983 (Schriften zur Geschichte und Kultur der Antike, Band 21).
König:	I. König, Die gallischen Usurpatoren von Postumus bis Tetricus, München 1981 (Vestigia 31).
Loriot:	X. Loriot, Les premières années de la grande crise du IIIe siècle: De l'avènement de Maximine le Thrace (235) à la mort de Gordien III (244), in: ANRW II 2 (1975), 657–787.
Pflaum Carrières:	H.-G. Pflaum, Les carrières procuratoriennes équestres sous le Haut-Empire romain, 3 Bde. Paris 1960–1961 (Institut Français d'Archéologie de Beyrouth, Bibliothèque archéologique et historique 57).
Pflaum Kaiserreich:	H.-G. Pflaum. Das römische Kaiserreich, in: Propyläen – Weltgeschichte, hrsg. von Golo Mann und Alfred Heuß, Bd. 4, Berlin–Frankfurt–Wien 1963.
Schneider:	Sozial- und Wirtschaftsgeschichte der römischen Kaiserzeit, hrsg. von H. Schneider, Darmstadt 1981 (Wege der Forschung 552).
Seyfarth:	W. Seyfarth, Römische Geschichte. Kaiserzeit, Bd. 1, 3. Aufl., Berlin 1980.
Štaerman Krise:	E. M. Schtajerman, Die Krise der Sklavenhalterordnung im Westen des Römischen Reiches. Aus dem Russischen übers. und hrsg. von W. Seyfarth, Berlin 1964.
Syme Emperors:	R. Syme, Emperors and Biography. Studies in the Historia Augusta, Oxford 1971.
Wickert:	L. Wickert, Princeps (civitatis), in: RE 22, 2 (1954), 1998–2296.

IV. 2. Die Munizipalaristokratie

von Volker Weber

A. Einleitung

1. Allgemeine Grundlegung: Städtewesen und Munizipalaristokratie

Vom Zentrum Rom aus entwickelte sich das Römische Reich in der Zeit vom 5. Jh. v. Chr. bis zum Beginn des 2. Jh. n. Chr. zu einem Weltreich, das Westeuropa bis zum Rhein, Britannien, Südeuropa bis zur Donau und darüber hinaus nach Norden (Dakien), Kleinasien, Syrien, Palästina, die Sinaihalbinsel und Nordafrika umfaßte. Der Verwaltungsapparat, zugeschnitten zunächst auf die Verwaltung des Stadtstaates Rom, wurde zwar im einzelnen erweitert und den gestiegenen Erfordernissen angepaßt, blieb jedoch bis zu Diokletians Reformen im wesentlichen unverändert. Dies war möglich nur, weil die Oberschicht der Großgrundbesitzer und Sklavenhalter die ihre inneren Angelegenheiten mehr oder minder autonom regelnden Stadtgemeinden (Munizipien, Kolonien, Poleis, *civitates*) bei weitgehender Vereinheitlichung beziehungsweise Angleichung an das in Italien entwickelte römische Modell als untere Glieder der Reichsverwaltung nutzte. Zweifellos hätte die Einrichtung einer direkten Verwaltung durch die Zentralgewalt die Mittel des Reiches überstiegen.[1]

[1] Jacques, Privilège XI. 801.

Das Munizipalsystem funktionierte so gut, daß die Zentralgewalt eine Politik der Munizipalisierung verfolgte, das heißt, daß Munizipalsystem auch dort einführte, wo vor Errichtung der römischen Herrschaft städtische Gemeinden römischen Typs fehlten. Dabei ergab sich im griechischsprachigen Osten die paradoxe Situation, daß die Kaiser hier – neben einigen römischen Kolonien, in denen sie Veteranen ansiedelten – in Aufnahme einer hellenistischen Tradition Poleis als Verwaltungszentren gründeten,[2] die natürlich den römischen Verwaltungserfordernissen angepaßt waren. Die Stammesordnung der einheimischen Bevölkerung wurde nur in einigen Gebieten Nordafrikas unangetastet gelassen.[3]

In dem Abschnitt „Zu Problemen von Stadt und Stadtentwicklung“ ist die Schlüsselfunktion der Stadtgemeinden bereits deutlich gemacht worden.[4] Sie blieb auch nach dem 3. Jh. erhalten.[5] Viel für sich hat die von F. Jacques aufgestellte These, daß die Städte dank ihrer Anpassungsfähigkeit an neue Erfordernisse wie ihrer Rolle im Verwaltungsgefüge des Reiches die Keimzellen darstellten, von denen aus eine Erholung nach der Krisenzeit des 3. Jh. möglich wurde.[6] Die Verhältnisse der antiken Gesellschaftsordnung prägten selbstverständlich auch die ökonomischen und politischen Verhältnisse in den Stadtgemeinden. Die ökonomische Macht und entsprechend die politische Gewalt lag in den Händen desjenigen Teiles der Bevölkerung, der in der Forschung allgemein als Munizipalaristokratie bezeichnet wird.[7] Sie und die Stadtgemeinden bedingten einander in ihrer Existenz. Aufstieg bzw. Niedergang der einen Seite mußten auch Aufstieg bzw. Niedergang der anderen bedeuten. Auf die vorliegende Untersuchung zugeschnitten, heißt dies: Erlebten die Stadtgemeinden im 3. Jh. eine Periode des Niedergangs, so dürfte der Munizipalaristokratie ein entsprechendes Schicksal zuteil geworden sein.

Die Finanzierung der Gemeindeverwaltung erfolgte in der Antike zu einem beträchtlichen Teil aus privaten Mitteln. Diese hatten neben privaten Spendern die Inhaber der städtischen Ehren- *(honores)* und Priesterämter sowie diejenigen aufzubringen, denen die Betreuung spezieller Bereiche des städtischen Lebens, wie der Lebensmittelversorgung, des Straßenbaus, der Beheizung der öffentlichen Bäder oder des Einzugs der Reichssteuern, auferlegt worden war, die also sogenannte *munera* („Lasten“) zu tragen hatten. Einer derartigen Belastung hielten nur die Angehörigen der Munizipalaristokratie stand, deren politische Führungsrolle damit gesichert war. Aus ihren Reihen rekrutierten sich die städtischen Priester und leitenden Beamten (Quattuorvirn, Duovirn, Ädilen u. a.) sowie der seit dem 3. und frühen 4. Jh. zunehmend als *curia* bezeichnete *ordo*

[2] Gagé 155.
[3] Gagé 155.
[4] Beitrag Fischer (bes. S. 135. 138 f.).
[5] Lepelley, Carrière 346; vgl. Beitrag Fischer S. 138.
[6] Jacques, Privilège 803.
[7] Definition bei Mrozewicz 300.

decurionum. Letzterer stand als eine Art Gemeinderat den leitenden Gemeindebeamten als beratendes, aber auch weisungsberechtigtes Organ zur Seite und bildete damit die oberste Instanz in allen Angelegenheiten der Verwaltung und Leitung einer Gemeinde. Die *bulê* der Poleis des griechischsprachigen Ostens ist weitgehend dem *ordo decurionum* des lateinischsprachigen Westens angepaßt worden.[8]

Ausgeschlossen von den genannten Positionen der Gemeindeleitung waren – nach einer Zeit der Öffnung unter Caesar, Augustus und Tiberius – ihrer unfreien Geburt wegen die Freigelassenen, obwohl die reichen unter ihnen vom Besitz her den Anforderungen genügten. Im *ordo Augustalium,* der Aufgaben im Kaiserkult versah, zusammengeschlossen, konnten sie nur die *ornamenta decurionalia,* die äußeren Ehrenzeichen der Dekurionen, erhalten. Damit standen sie allerdings gleichsam unmittelbar an der Tür zum Rathaus, die sich ihren Söhnen dann in der Regel auch öffnete. So werden sie, sofern sie in städtischen Gemeinden ansässig und tätig waren, in der Forschung gern der Munizipalaristokratie zugerechnet.[9] In der folgenden, in ihrem Umfang beschränkten Behandlung dieser Gesellschaftsschicht sollen sie jedoch als nur potentielle Angehörige lediglich als Rekrutierungsreservoir Beachtung finden.

Ähnliches darf auch für die Veteranen gelten, die als ranggleich mit den Angehörigen des *ordo decurionum* betrachtet wurden und wohl eben deshalb seit einem Edikt Oktavians vom Jahre 40/39 v. Chr. durch Immunität vor den *munera publica* und damit vor den munizipalen *honores* und dem *decurionatus,* der Position eines Dekurios, geschützt waren, doch freiwillig dem *ordo decurionum* beitreten konnten und in der Tat als Mitglieder bezeugt sind.

Ausgehend von den Verhältnissen in der Provinz Moesia Inferior, hat L. Mrozewicz auf die Oberschicht von Verwaltungseinheiten nichtmunizipalen Charakters, wie *vici, territoria* und *regiones,* aufmerksam gemacht, deren Angehörige von ihrer ökonomischen Basis und ihrer gesellschaftlichen Stellung her in der Lage waren, bei Erreichung der Stufe einer Stadtgemeinde in dieser *honores* und *munera* zu übernehmen, und nicht selten schon vorher in einer benachbarten Stadtgemeinde derartige Funktionen bekleideten – wie umgekehrt Vertreter der städtischen Oberschicht oft in *vici* Verwaltungsaufgaben erfüllten.[10]

Hier handelt es sich noch weniger als bei den städtischen Augustalen und bei den in Stadtgemeinden lebenden Veteranen um Munizipalaristokratie im eigentlichen Sinne,[11] obwohl die betreffenden Personen über eine ähnliche ökonomische Basis und eine vergleichbare soziale Stellung verfügten. Die Gemeinwesen, in denen sie tätig waren, die *vici* als dörfliche Siedlungen und die übergeordneten *territoria* und *regiones,* verfügten zwar über einen *ordo decurionum* bzw.

[8] Gagé 162.
[9] Mrozewicz 300.
[10] Mrozewicz 301.
[11] Entgegen Mrozewicz 301.

ordo curialium,[12] besaßen aber nur quasimunizipalen Charakter, das heißt sie waren zwar nach dem Muster städtischer Gemeinden organisiert, diesen jedoch rechtlich nicht gleichgestellt. Allenfalls darf ihre Oberschicht als potentielle Munizipalaristokratie gelten, insofern sie bei Erreichen der Stufe der stadtgemeindlichen Verwaltungsorganisation zu wirklicher Munizipalaristokratie wurde.

Wir kennen entsprechende Gemeinwesen auch aus den nordwestlichen Provinzen des Imperiums von Britannien über Gallien und Germanien bis in die kleinen Alpenprovinzen und nach Rätien, und zwar als bäuerliche Gemeinden der *saltus,* der kaiserlichen Gutsbezirke, als ländliche Verwaltungsbezirke *(pagi)* mit zugehörigen *vici,* als Stammesgemeinschaften *(civitates)* sowie als Zivilsiedlungen *(canabae)* von Legionslagern, für die alle – vielleicht sogar für die *canabae*[13] – ebenfalls in ganz munizipaler Diktion in den Zeugnissen von einem *ordo* bzw. von einer *curia* die Rede ist.[14] Und wir kennen sie, teilweise als *res publica* („Gemeinwesen") bezeichnet, mit einem *ordo* und *decuriones* auch von den *saltus,* den kaiserlichen Gütern, in der Numidia und der Africa Proconsularis sowie von kaiserlichen Bergbaudistrikten in der Dalmatia und der Moesia Superior,[15] ferner beispielsweise aus von der Kolonie Cirta in der Numidia abhängigen Gemeinwesen.[16]

Sieht man aus den genannten Gründen von den Augustalen, den Veteranen und den Angehörigen der Leitungsschicht der quasimunizipalen Gemeinwesen ab, so hat sich eine Behandlung der Munizipalaristokratie mit dem *ordo decurionum* bzw. in den Poleis des griechischsprachigen Ostens mit der *bulê* zu befassen. Sie muß dies in dem weiteren Sinne tun, daß das Augenmerk auch auf die Familien der Mitglieder gerichtet wird, weil diese im Laufe der Zeit ein Standesbewußtsein entwickelten, das *homines novi,* also Angehörigen von noch

[12] Nach Munteanu bildeten in der Moesia Inferior die Leiter der *vici* den *ordo decurionum* bzw. *ordo curialium* eines *territorium.* Doch zumindest anderswo konnte auch *vici* über einen *ordo decurionum* verfügen, wie die der Zeit um 100 n. Chr. entstammende Inschrift ILT 778 = Johne-Köhn-Weber 406 Nr. 86 der *vicani vici Annaei* aus Henchir Ksour Dzemda im Gebiet der Africa Proconsularis bezeugt.

[13] Dies ist allerdings fraglich: Siehe Rupprecht 54. 233.

[14] Rupprecht 53 f. 219. Zu dem *ordo saltus Sumelocennensis,* dem durch die bei Rottenburg a. N. im Gebiet der Germania Superior gefundene Inschrift CIL XIII 6365 = ILS 7100 = Johne–Köhn–Weber 365 Nr. 24 bezeugten Rat der Kolonengemeinde eines kaiserlichen Gutsdistriktes siehe Weber, in: Johne–Köhn–Weber 281.

[15] Zu den bäuerlichen Gemeinwesen in den erwähnten nordafrikanischen Provinzen siehe Weber, in: Johne–Köhn–Weber 298–301. 303–305. 314, zu den Gemeinden der Bergbaukolonen auf dem Balkan dens. ebenda 344. 351, zu beiden Kategorien zusammenfassend Johne ebenda 422.

[16] So bezeichnen sich in dem Album des zur Kolonie Cirta gehörigen *castellum* von Sigus (s. hier S. 263) die leitenden Funktionäre als *decuriones.* Und in dem ebenfalls von Cirta abhängigen *pagus* Thibilis war dasselbe der Fall, wie die CIL VIII 5525 (cf. add. p. 1807) = ILAlg II 4660 zeigt.

nicht im Ordo vertretenen Familien, den Zugang zu den *honores* und den – teilweise über diese erfolgenden – Eintritt in den *ordo decurionum* zu verwehren suchte.

Den folgenden Ausführungen liegen im wesentlichen Quellen des lateinischsprachigen Westens und Literatur auf sie bezogener Forschung zugrunde. Doch dürfte aus dem bisher Gesagten verständlich sein, daß den *ordo decurionum* betreffende Erkenntnisse – mit gewissen Abstrichen freilich – auch für die *bulê* des Ostens und die ihr zugehörigen Familien Gültigkeit besitzen.[17]

2. Die Quellen

Unsere Kenntnis des Dekurionenstandes wird aus drei Kategorien schriftlicher Quellen gespeist: den Inschriften, den literarischen und den juristischen Texten.

Die literarischen Texte besitzen dabei wenigstens quantitativ die geringste Bedeutung. Ein Autor wie der selbst der Munizipalaristokratie angehörige Rhetor Libanios aus Antiochia in Syrien stellt mit den reichen Informationen in seinen Briefen und Reden eine Ausnahme dar – abgesehen davon, daß er bereits für das 4. Jh. spricht. An seinem Beispiel sei aber darauf hingewiesen, daß eine objektive Aussage nicht unbedingt zu erwarten ist. Libanios schildert die Lage seiner Standesgenossen in den düstersten Farben und berichtet u. a., daß in seiner Heimatstadt von den 600, unter Umständen sogar 1200 Kurialen der Zeit Kaiser Julians (361–363) unter Kaiser Theodosius I. (379–395) nur noch 60 oder noch weniger übrig waren.[18] Auf der anderen Seite aber ergibt die Lektüre seiner Briefe, daß zu seiner Zeit noch eine breite Schicht wohlhabender Kurialen existierte, und zwar nicht nur in Antiochia, sondern in allen größeren Städten sowohl des östlichen wie des westlichen Reichsteiles.[19]

Die reichste Quelle unseres Wissens über den Dekurionenstand stellen die Inschriften dar.[20] Dies rechtfertigt ein etwas näheres Eingehen. Problematisch ist zunächst die Streuung. Sie bietet sich weder zeitlich noch geographisch in der erwünschten Gleichmäßigkeit. In ihrer Hauptmenge datieren die Inschriften aus den ersten zweieinhalb Jahrhunderten n. Chr., so daß dieser Zeit der größte Teil der uns überhaupt bekannten Dekurionen entstammt.[21] Eine Untersuchung der nordwestlichen Provinzen etwa ergab, daß die Mehrzahl der Zeugnisinschriften

[17] Vgl. Gagé 154.

[18] Lib. or. 48, 3 (Bezug auf die Zeit Julians: 600 Buleuten). 2, 33 (Bezug auf das Jahr 381: Rückgang von 600 Buleuten auf 60). 48, 4 (Bezug auf das Jahr 388: Rückgang von 600 oder 1 200 Buleuten auf 60). 49, 8 (Bezug ebenfalls auf das Jahr 388: Rückgang von 1 200 Buleuten auf 12!). Siehe dazu Petit 323 und Liebeschuetz 181 f.

[19] Hahn 181 f.

[20] Rupprecht 25. 50.

[21] Rupprecht 57.

dem 1. und dem 2. Jh., eine geringe Zahl dem 3. Jh. angehört, während aus späterer Zeit ganz wenige erhalten sind.[22]

Vom Problem der Streuung nun zu einem anderen Repräsentativitätsproblem. Eine Inschrift zu setzen, bedeutete eine mitunter nicht unerhebliche finanzielle Ausgabe. Weit aufwendiger aber waren die Bauten, Standbilder, Spenden, Spiele und anderen Äußerungen des Euergetismus, der Wohltätigkeit für die Allgemeinheit, zu deren „Verewigung" Inschriften gefertigt wurden. So versteht sich, daß nicht allein die Unterschichten auf diesem Felde nicht mithalten konnten, sondern auch der größere Teil der Munizipalaristokratie, daß also auch von letzterer nur eine Elite inschriftliche Spuren hinterließ.[23] G. Alföldy schätzt für die ersten beiden Jahrhunderte n. Chr., daß uns aus drei Städten der Hispania Citerior – Tarraco, Barcino und Saguntum – rund 5 Prozent der Gemeindebeamten (im Falle von Saguntum bei den Duovirn sogar 10 Prozent) aus den Inschriften bekannt sind;[24] berücksichtigt sind hier allerdings die im Laufe der Jahrhunderte eingetretenen Inschriftenverluste.

Die Kenntnis von 5–10 Prozent der Gesamtheit bietet natürlich weitaus günstigere Voraussetzungen für die Untersuchung der Munizipalaristokratie als die Kenntnis höchstens einiger Promille der Gesamtbevölkerung in dieser oder jener Provinz.[25] Verglichen mit dem uns für die Oberschicht des Reiches, besonders für die Angehörigen des – freilich zahlenmäßig auch weit kleineren – Senatorenstandes, zur Verfügung stehenden Quellenmaterial, bleibt dieses Material für den als Munizipalaristokratie verstandenen Dekurionenstand insgesamt doch dürftig. Es läßt nur vergleichsweise punktuelle Einblicke zu,[26] keineswegs aber etwa breitangelegte Familienforschungen oder Laufbahnuntersuchungen auf prosopographischer Grundlage, wie sie die Wissenschaft etwa zum Studium der senatorischen Reichsbeamten entwickelt hat.[27]

Alle aus der Untersuchung einer relativ so schmalen, zeitlich und geographisch inhomogenen Quellenbasis gewonnenen Ergebnisse können keineswegs als unbedingt repräsentativ gelten; sie besitzen, wie G. Rupprecht im Zusammenhang mit einer Untersuchung von Zusammensetzung und Herkunft des *ordo*

[22] Francisco Martin 242. (Nach seiner Meinung sind aus der Zeit nach dem 3. Jh. keine Inschriften erhalten.) Im einzelnen siehe zu Tarraco, Barcino und Saguntum im Osten der Hispania Citerior Alföldy, Städtische Eliten 242, zu Britannien Rupprecht 77, zur Gallia Lugdunensis Rupprecht 72. 74 f., zur Gallia Belgica Rupprecht 75 f., zur Gallia Narbonensis Rupprecht 69, zur Germania Inferior Rupprecht 77 f., zur Germania Superior Rupprecht 78 f. 82, zu Rätien Rupprecht 82 f., zu den Alpenprovinzen Rupprecht 70 f.

[23] Rupprecht 30; Jacques, Privilège 551 f. 569 f.

[24] Alföldy, Städtische Eliten 242.

[25] Alföldy, Städtische Eliten 242.

[26] Rupprecht 50 f.

[27] Alföldy, Städtische Eliten 243.

decurionum in den nordwestlichen Provinzen betont,[28] „in den günstigsten Fällen ... nur einen mittleren Wahrscheinlichkeitswert", und in vielen Fällen sind Antworten auf gestellte Fragen nicht möglich, so daß wir „im beschreibenden Stadium verharren müssen".[29]

Dennoch sollen Fragen gestellt und Antworten gesucht werden, denn ein Warten auf eine wesentliche Ausweitung des Quellenmaterials, vor allem eben der Inschriften, erscheint illusorisch, einfach weil die dann geforderte Lawine von Neufunden undenkbar ist.[30] Hier wie auch sonst bei der Behandlung gerade mehr oder weniger weit zurückliegender Epochen der Menschheitsgeschichte gilt es, mit Hilfe von Hypothesen Lücken zu schließen und Zusammenhänge herzustellen, darf mit Analogiebildungen gerechnet werden dort, wo Nachrichten nur aus einzelnen Gebieten des Reiches vorliegen.[31] Zweifellos wird die Arbeit für den lateinischsprachigen Westteil des Römischen Reiches dadurch erleichtert, daß der bestimmende Einfluß des römischen Munizipalsystems und dessen fortschreitende Nivellierung über alle regionalen Besonderheiten hinweg einen globalen Zusammenhang geschaffen hatte, der das Einzeldokument sehr weitgehend als exemplarisch betrachten läßt.[32] Aus dem griechischsprachigen Ostteil des Reiches ist infolge der gewaltigen Zahl aus der hellenistischen Zeit fortbestehender Stadtgemeinden nicht allein ein weit umfangreicheres, wiederum vor allem epigraphisches Quellenmaterial zu analysieren; auch die traditionellen Eigenheiten jeder Gemeinde blieben unter der römischen Herrschaft weitgehend erhalten,[33] so daß Verallgemeinerungen und Analogieschlüsse viel mehr der Gefahr ausgesetzt sind, fehlerhaft zu sein.

Trotz dem eben Ausgeführten darf aber, insgesamt gesehen, sowohl für den uniformeren Westen wie für den Osten mit seinen vielen Gemeindeindividualitäten gelten, daß von den als einst vorhanden vorauszusetzenden epigraphischen Quellen nur ein Bruchteil zu unserer Verfügung steht.

Doch der Mangel an Quellen ist nicht das einzige Problem einer historischen Untersuchung wie der des *ordo decurionum*. Auch der unterschiedliche Charakter der einzelnen Quellenkategorien darf bei der Auswertung nicht außer acht gelassen werden, soll kein allzu fehlerhaftes Bild entstehen.

Bei den literarischen Quellen ist dies am Beispiel des Rhetors Libanios bereits zur Sprache gekommen. Was bedeutet es für die Arbeit mit den epigraphischen Quellen? Zu bedenken ist zum einen, daß die Elite, auf welche die Inschriften zurückgehen, auch in Krisenzeiten in der Regel unter weitaus besseren Umstän-

28 Rupprecht 31.

29 Rupprecht 31.

30 Rupprecht 31.

31 So Rupprecht 55 in Bezug auf Zusammensetzung und Herkunft des *ordo decurionum* in den nordwestlichen Provinzen des Reiches.

32 Jacques, Privilège XX f.

33 Jacques, Privilège XX.

den gelebt haben dürfte als die übrige Bevölkerung. Zu bedenken ist ferner der Zweck eines Großteils aller Inschriften: die Ehrung von Personen oder Personengruppen. Ihm zuliebe wird vieles idealisiert dargestellt – etwa das Verhältnis der Familienangehörigen zueinander, die Laufbahn im öffentlichen Leben, der Einsatz zum Wohle der Mitbürger; von Konflikten und Schwierigkeiten ist dabei kaum die Rede.[34]

Der nicht selten wohl zu positiven Spiegelung der Wirklichkeit in den Inschriften steht das zweifellos zu negative Bild der juristischen Quellen gegenüber,[35] der dritten Quellenkategorie, auf die abschließend nun noch einzugehen ist. Bedenken muß man hier vor allem, daß die juristischen Texte, was die Stadtgemeinden angeht, kein allgemeines Munizipalrecht bieten, sondern ad-hoc-Entscheidungen zum Füllen von Lücken in den örtlichen Stadtrechten *(leges)*, vor allem aber zur Regelung von Konfliktfällen,[36] daß sie also naturgemäß ein negatives Bild der tatsächlichen Verhältnisse abgeben müssen.[37] Der normale, problemlose Lauf des Alltags, das tadelsfreie Verhalten von Angehörigen der Munizipalaristokratie, der übliche Weg des Eintritts in den *ordo decurionum* – alles dies kommt nicht zur Sprache. „. . . la réalité courante . . . pouvait se situer à mi-chemin entre l'Arcadie idyllique suggérée par les inscriptions et l'univers maffieux présenté par le droit . . .", schreibt deshalb F. Jacques.[38]

Aber auch das Problem der Streuung ergibt sich bei einer Auswertung der juristischen Quellen – ähnlich wie bei den Inschriften. Nicht nur beziehen sich die erhaltenen Regelungen in der Mehrzahl auf konkrete Einzelfälle in bestimmten Gemeinden oder auf Zustände in einer Provinz, auch zeitlich sind sie gestreut, wenngleich sie sich dabei mehr auf die späte als auf die frühe und die hohe Kaiserzeit verteilen.[39] Wiederum werden mithin zeitlich wie regional große Lücken im Quellenmaterial sichtbar, die etwa eine Antwort auf die Frage, wann eine Erscheinung zum ersten Mal auftrat, mit einem Risiko behaften.[40] So berichten die juristischen Quellen erst seit konstantinischer Zeit von der Kurialenflucht; doch daraus allein auf eine Verschlechterung der Lage der Munizipalaristokratie zu schließen, wäre verfehlt, denn vergleichbare Quellen für die frühere Zeit stehen einfach nicht zur Verfügung.[41]

[34] Jacques, Privilège XXIII. XXIX.

[35] Krause, Patronatsformen 202.

[36] Jacques, Privilège XXVIII. Dies gilt z. B. für den konkreten Fall des Eintritts in den *ordo decurionum:* Jacques, Privilège 572. 585.

[37] Krause, Patronatsformen 200. 202.

[38] Jacques, Privilège XXI.

[39] Krause, Patronatsformen 202.

[40] Jacques, Privilège XXVII: Es wäre falsch, etwa jede Nachricht aus severischer Zeit als Hinweis auf eine damals eingeführte Neuerung oder eine veränderte Haltung der kaiserlichen Verwaltung zu betrachten; sie gibt uns nur einen terminus ante quem.

[41] Horstkotte, Zwangsstaat 113 f.

3. Der Forschungsstand und das Ziel des vorliegenden Beitrages

Es „fehlt uns ... allgemein eine umfassende Darstellung der städtisch-sozialen Bevölkerungsgruppen, insbesondere der Oberschicht und damit des Dekurionenstandes", schreibt G. Rupprecht 1975 im Zusammenhang einer Untersuchung des Dekurionenstandes in den nordwestlichen Provinzen des römischen Reiches auf Zusammensetzung und geographische wie soziale Herkunft.[42] Diese Situation hat sich bis heute nicht geändert. Vor allem besteht noch immer das Desiderat eines umfassenden Städtekatalogs mit für jede einzelne Stadt ausführlichen, das gesamte städtische Leben betreffenden Angaben als eine Voraussetzung für Fortschritte in den Untersuchungen zum römischen Städtewesen.[43]

Mit dem vorliegenden Beitrag kann nicht einmal der Versuch unternommen werden, hier Abhilfe zu schaffen. Der Verfasser muß sich im Rahmen des Gesamtwerkes darauf beschränken, aus der ihm bekannt gewordenen und zugänglichen, insgesamt recht umfänglichen Forschungsliteratur zur Munizipalaristokratie einzelner mehr oder weniger weit gefaßter Reichsgebiete wie zu speziellen Aspekten ihrer Existenz dasjenige Wissen zusammenzutragen, das geeignet ist, ein Bild dieser Gesellschaftsschicht unter besonderer Berücksichtigung des 3. Jh. zu entwerfen. Eigene Kenntnis des Inschriftenmaterials aus dem im Jahre 79 untergegangenen Pompeji und in gewissem Umfang der nordafrikanischen Inschriften war ihm nicht ohne Nutzen bei den Vorarbeiten; vor allem hat sie zum Verständnis manches der aufgeworfenen Probleme beigetragen.

B. Der *ordo decurionum*

1. Terminologie

Ordo decurionum war seit dem Ende der republikanischen Zeit die übliche Bezeichnung des Rates der städtischen Gemeinden und *decurio* diejenige des einzelnen Mitglieds. Daneben gab es andere, zum Teil ältere Termini, wie *senatus, senatores, decuriones conscripti,* selten *patres (et) conscripti* und *centumviri* (falls die Zahl einhundert für die Mitglieder eingehalten wurde), ferner im griechischsprachigen Osten *bulê* bzw. *buleutai,* seltener *synhedrion* und *synklêtos.*[44] Im 3. und frühen 4. Jh. verdrängten die Benennungen *curia* für das Gremium und *curialis* für das einzelne Mitglied die bisherigen lateinischen Termini.[45] *Curia* hatte bis dahin wie die griechische Entsprechung *buleutêrion* in

[42] Rupprecht 50.
[43] Rupprecht 50.
[44] Liebenam 226–228; Kübler Sp. 2319–2322; Langhammer 190. Zu *centumviri* siehe S. 291 mit Anm. 336.
[45] Rupprecht 54; Horstkotte, Zwangsstaat 100–104; vgl. Kübler Sp. 2345.

wohl ursprünglicher Verwendung das Tagungslokal bezeichnet,[46] schon lange aber auch metonymisch den Senat in Rom (seit dem Ausgang der republikanischen Zeit) wie den *ordo decurionum* anderer städtischer Gemeinden (seit der frühen Kaiserzeit).[47] *Curialis* scheint keine entsprechende Tradition gehabt zu haben.[48] In den juristischen Quellen bietet das früheste Zeugnis – noch rein adjektivisch in der Verbindung *munera curialia* – der nicht näher datierte Erlaß Diokletians und Maximians Cod. Iust. 10, 59, 1; als Personenbezeichnung findet sich *curialis* dann aber erst – und zwar im Wechsel mit *decurio* – in dem Erlaß Konstantins d. Gr. Cod. Theod. 12, 1, 6 von 319.[49] Im 4. Jh. schließlich, in der Zeit der Bindung an den Stand, wird in der Gesetzessprache *curialis* auch umfassender benutzt zur Bezeichnung der durch ihre Geburt zur Mitgliedschaft in der *curia* bestimmten Angehörigen der Munizipalaristokratie – etwa in dem Reskript Valentinians, Theodosius' und Arcadius' Cod. Theod. 12, 1, 122 von 390.[50]

2. Voraussetzungen und Kriterien der Aufnahme bzw. der Mitgliedschaft

Unabdingbare Voraussetzung dafür, Zugang zum *ordo decurionum* zu erlangen und die Mitgliedschaft dann aufrechtzuerhalten, war eine gute ökonomische Grundlage.[51] Die dahinter stehende Größe des Vermögens variierte entsprechend der Größe und Bedeutung der jeweiligen Trägergemeinde und dem davon abhängigen Umfang der von einem Dekurio für die Öffentlichkeit erwarteten und geforderten Leistungen[52] stark;[53] die Spannweite reichte von den 20 000 Sesterzen kleinbäuerlichen Besitzes der Dekurionen eines nordafrikanischen Landstädtchens bis zu den 400 000 Sesterzen der Dekurionen in Karthago[54] und in Tarraco, der Hauptstadt der Hispania Tarraconensis,[55] die dem ritterlichen Mindestzensus entsprachen.

[46] Siehe die Belege für Rom (seit dem Ausgang der republikanischen Zeit) und für andere städtische Gemeinden (seit der frühen Kaiserzeit) Thes. ling. Lat. 4, Lipsiae 1906–1909, Sp. 1482–1484 s. v. curia. Vgl. Liebenam 241 mit Anm. 3.

[47] Belege: Thes. ling. Lat. 4, Lipsiae 1906–1909, Sp. 1484–1486 s. v. curia.

[48] Siehe die Belege Thes. ling. Lat. 4, Lipsiae 1906–1909, Sp. 1488 s. v. curialis.

[49] Beides: Horstkotte, Zwangsstaat 101.

[50] Horstkotte, Zwangsstaat 103.

[51] Francisco Martin 242.

[52] Zu diesen gehörte in weiterem Sinne auch die Absicherung der Gemeinde gegen schlechte und gegen das geltende Recht verstoßende Führung eines *honor* bzw. Erfüllung eines *munus;* siehe Rupprecht 66 f.

[53] Langhammer 191; Garnsey–Saller, Early principate 23; Alföldy, Sozialgeschichte 110; Kolb 188.

[54] Jacques, Privilège 532.

[55] Alföldy, Sozialgeschichte 110.

Festgelegt war der dekurionale Mindestzensus seit der republikanischen Zeit im jeweiligen Stadtrecht *(lex municipii* bzw. *lex coloniae)*.[56] Doch verfügen wir nur über eine einzige Zahlenangabe: Plinius d. J. nennt epist. 1, 19 für seine Heimatstadt Comum in Oberitalien 100 000 Sesterzen. Vielfach wird angenommen, es handle sich dabei um den im allgemeinen eingehaltenen Regelbetrag;[57] doch ist diese Annahme keineswegs zwingend.[58] Erforderlich war die Festlegung eines Mindestzensus im Interesse der Sicherung der Gemeinde gegen das Gemeinwesen schädigende Arbeit im Rat, vor allem aber einfach als Gewähr für die von einem Dekurio erwarteten Leistungen.[59] In Anbetracht der Unterschiede in der Höhe sowohl des festgelegten Mindestzensus wie des tatsächlichen Zensus verwundert es nicht, wenn ein Jurist wie der mit Septimius Severus befreundete Papinian Dig. 50, 4, 15 nur allgemein von *sufficientes facultates* („ausreichenden Mitteln") als Vermögensqualifikation eines Dekurios spricht.[60] Es wäre falsch, aus einer solchen Formulierung etwa auf Abstriche an der Vermögensqualifikation zu schließen, zu denen die einsetzende Krisenzeit gezwungen habe.[61]

Im Prinzip egal war, in welcher Gestalt der Reichtum vorlag: ob in Land bei den Grundbesitzern oder in Geld bei den Handwerkern und Handeltreibenden.[62] Doch zeigt die Praxis wie bei den Angehörigen der Reichsaristokratie, den Senatoren und den Rittern, daß in der Regel Grundbesitz die Basis abgab, die das erforderliche Einkommen speiste.[63] Entsprechend setzen die erhaltenen

[56] Jacques, Privilège 528; vgl. Kübler Sp. 2328.

[57] Mommsen, Staatsrecht 3, 802; Abbott, in: Abbott–Johnson 66; Langhammer 191 f.; Stahl 49 mit Anm. 124; Kolb 110.

[58] Kübler Sp. 2328; Jacques, Privilège 527; vgl. Liebenam 234 f. Martin 60 betont, es sei keine generelle Regelung hinsichtlich eines konkret festgelegten Mindestbesitzes der Dekurionen bekannt, und verweist ebenda 173 ergänzend auf den von Lehmann 378–384 erbrachten Nachweis, daß auch Cod. Theod. 12, 1, 33 (342 n. Chr.) entgegen der verbreiteten Annahme (Liebenam 491 mit Anm. 2; Kübler Sp. 2345; Gagé 378; Hahn 180 Anm. 7; weitere Literatur bei Lehmann 379 f. mit Anm. 9–12 und Horstkotte, Domanialpacht 247 Anm. 1) nicht in die Richtung einer solchen generellen Regelung (die besagt hätte, daß jeder männliche Stadtbewohner, der über wenigstens 25 iugera = 6,5 ha Grundbesitz verfügte, in die Kurie eintreten mußte) interpretiert werden kann. Den gleichen Nachweis – verbunden allerdings mit einer anderen Interpretation des Inhaltes bzw. Zieles des Gesetzes – führt Horstkotte, Domanialpacht 247–253.

[59] Deshalb war bei Eintritt in den *ordo decurionum* – gegen Francisco Martin 240 – nicht wie bei Antritt eines Leitungsamtes oder bei Übernahme eines *munus* die Gewährung einer besonderen Garantiesumme gefordert: Jacques, Privilège 578.

[60] Auf ähnliche Formulierungen in Cod. Theod. 12, 1, 5, 13. 53. 96. 133. 140 (negativ: *tales, qui functiones publicas implere non possint* „Leute, die öffentliche Funktionen nicht ausfüllen können") verweist Lehmann 378 Anm. 4.

[61] So aber Langhammer 192 und Lehmann 378 f. Dagegen Jacques, Privilège 528 Anm. 62.

[62] Rupprecht 66; Klein 28; Kolb 188.

[63] Gagé 164. 178; Jones 55; Alföldy, Sozialgeschichte 110; Kolb 247.

rechtlichen Regelungen im allgemeinen voraus, daß die Dekurionen Grundbesitzer waren.[64] Und in den Inschriften finden wir nur selten, daß ein städtischer Beamter eine Tätigkeit in Handwerk oder Handel erwähnt – außer etwa in spezifischen Handelsstädten wie den Hafenorten Ostia bei Rom, Aquileia im östlichen Oberitalien und Salona in Dalmatien oder dem Handelsplatz Palmyra in Syrien.[65] Das lag einfach an der konservativen Mentalität der Oberschichten insgesamt, die etwa von einem Senator Grundbesitz als Vermögensgrundlage forderte. Aus ihr erklärt sich, daß noch im frühen 3. Jh. Personen des Handelslebens nur im äußersten Notfall aufgenommen werden durften,[66] daß also zu dieser Zeit noch mehr als in der frühen Kaiserzeit die wirtschaftliche Existenz des typischen Dekurios auf Grundbesitz basierte.[67] So blieb es sogar im 4. Jh.[68]

Doch wie etwa Senatoren schon in republikanischer Zeit über Strohmänner im Handel tätig waren, so hielt es auch ein Teil der Dekurionen, um ihre Einkünfte zu mehren. Sie trieben über Agenten, die zu ihren Freigelassenen oder Sklaven gehörten, Handwerks- und Handelsgeschäfte.[69] In manchen Städten bzw. ganzen Gebieten freilich handelten sie – allerdings als Grundbesitzer – ganz offen mit landwirtschaftlichen Erzeugnissen, etwa mit Wein und Öl in der Lusitania,[70] mit einem Produkt der Fischerei, wie der berühmten Soße *garum* im Pompeji der Mitte des 1. Jh. n. Chr.,[71] oder mit Erzeugnissen der Keramik- und Ziegelmanufaktur.[72] Wie groß der Anteil an der Gesamtheit der Dekurionen war, läßt sich nicht feststellen. Immerhin dürfen wir vermuten, daß es unter denjenigen Angehörigen des Standes, von denen wir aus den Inschriften wissen, noch so manchen gab, der zwar seine Einkünfte aus Handel und Handwerk bezog oder der aus von dort gespeisten Einkünften[73] Grundbesitz erworben hatte und so dem üblichen Bild eines Dekurios entsprach, der aber aus Rücksicht auf die herrschende Anschauung die Art und Quelle seines Besitzes verschwieg.[74]

[64] Jones 57.

[65] Jones 56. 72–74 (Ostia, Palmyra); Alföldy, Sozialgeschichte 111 (Ostia, Aquileia, Salona).

[66] Jones 55 f. unter Hinweis auf Dig. 50, 2, 12 (Callistratus; dazu siehe S. 285).

[67] Alföldy, Sozialgeschichte 142.

[68] Gagé 378. Daß die Kurialen zusätzliche Einkünfte aus der Verwaltung der städtischen Ländereien und aus dem Einzug der staatlichen Steuern bezogen (Hahn 197 f.), ändert nichts daran, daß sie in der Regel eben auf der Basis ihres Grundbesitzes Kuriale waren.

[69] Jones 57; Kolb 247.

[70] Francisco Martin 242.

[71] Der Name des Duovirn A. Umbricius Scaurus (CIL X 1024 aus spätneronischer Zeit: Castrén 232 Nr. 424, 5) erscheint neben denen seiner Freigelassenen (?) auf zahlreichen *garum*-Amphoren; siehe CIL IV Index I p. 747. Vgl. dazu Jones 56.

[72] Jones 56 (Ziegel); Kolb 247.

[73] Kolb 247 spricht von „Startkapital“.

[74] In diesem Sinne Kolb 248 in bezug auf den Handel als ökonomische Basis.

An dieser Stelle soll kurz auf die in den einzelnen Stadtrechten und in der geheiligten Tradition *(mos)* festgelegten Kriterien für die Aufnahme in den *ordo decurionum* eingegangen werden. Schon in der Tabula Heracleensis CIL I^2 593 (cum addendis p. 724. 739. 833. 916) = ILS 6085 = FIRA I^2 p. 140–152 n. 13 aus der Zeit 80–75 v. Chr.,[75] einer Sammlung, wie es scheint, von Bestimmungen zur Gemeindeordnung in Rom und den anderen Städten Italiens, sind es dieselben wie für die Übernahme der führenden Gemeindeämter.[76] Der Grund dieser Identität liegt darin, daß der Dekurionat gleich diesen als *honor* galt,[77] was sich schon äußerlich daran zeigt, daß hier wie da bei Antritt der Position die Zahlung einer *summa honoraria* durch die betreffende Gemeindeordnung *(lex)* vorgeschrieben war und die Gewohnheit die Abgabe von *pollicitationes ob honorem* („Versprechungen aus Anlaß des *honor*") verlangte,[78] also das Versprechen von Sonderleistungen für den Fall der Wahl.

Über das Erfordernis eines Vermögens, das den in der jeweiligen Gemeinde üblichen Ansprüchen an einen Dekurio genügte, ist gerade gesprochen worden. Zu den weiteren Kriterien gehörten von Anfang an eine freie Geburt, der Besitz der vollen bürgerlichen Ehrenrechte und eine in den Augen der herrschenden Klasse achtbare, nicht mit *infamia* („Verruf") behaftete Tätigkeit[79] – Qualitäten, die sich unter dem Begriff *dignitas* („Würde") zusammenfassen ließen. Zusammen mit der Voraussetzung mehr oder minder umfangreichen materiellen Besitzes bedeuteten sie eine aristokratische Exklusivität der Ordo-Zugehörigkeit,[80] wie sie ähnlich auch für den Senatoren- und für den Ritterstand galt.

Innerhalb der Familien, die Vertreter in den *ordo decurionum* entsandt hatten, entwickelte sich jedoch eine noch weitaus engere Auffassung von *dignitas*, deren Besitz als von der Zugehörigkeit untrennbar angesehen wurde. Nicht selten richtete sie sich sogar gegen andere Angehörige des Ordo – vielleicht als Folge eines Machtkampfes der einzelnen Familien der Munizipalaristokratie. Einen solchen Fall spiegelt der gegen 165/166 an den damaligen Leiter des obersten Gerichts der Gallia Transpadana gerichtete Brief Fronto p. 191–198 Naber = p. 181–187 van den Hout (epist. ad amicos 2, 7). In ihm setzt sich der Rhetor für einen Angehörigen der Munizipalaristokratie ein, dem nach Verbü-

[75] Zu dieser neuen Datierung Humbert 315 mit Anm. 108 und I. (d. i. H.) Krummrey, CIL I^2 2, 4, Berolini – Novi Eboraci 1986 p. 916 (zu Nr. 593). Die alte Datierung lautete auf das Jahr 45 v. Chr. – Gefunden worden ist die Bronzetafel bei Policoro, dem Ort des antiken Heraclea in der Lucania.

[76] Jacques, Privilège 578. Vgl. Liebenam 233 f.; Kübler Sp. 2326; Langhammer 190 f.

[77] Zur Einordnung des Dekurionats unter die munizipalen *honores* Jacques, Privilège 578. 607 f.

[78] Vgl. Jacques, Privilège 578.

[79] Liebenam 233 f.; Kübler Sp. 2326 f.; Langhammer 190–194; vgl. Garnsey-Saller, Early Principate 23.

[80] Garnsey-Saller, Early Principate 23.

ßung einer Exilstrafe von den Mitgliedern des *ordo decurionum* als ihrer Ansicht nach mit *infamia* Behaftetem das Betreten der Kurie verweigert wurde.[81] Die Kaiser, im Interesse der Reichsverwaltung bedacht auf die Aufrechterhaltung der Funktionsfähigkeit des Dekurionenstandes in bezug auf Mitgliederzahl wie auf ökonomische Basis, hatten gegen diese *dignitas*-Auffassung ständig zu kämpfen,[82] solange noch nicht die Erblichkeit des Dekurionenstatus die erforderliche Sicherheit bot, also bis ins 3. Jh. hinein.

Kaiserkonstitutionen und Juristenentscheide illustrieren diese Situation seit der zweiten Hälfte des 2. Jh.[83] Sie gehen davon aus, daß ein verurteilter Angehöriger der Munizipalaristokratie nur zeitweilig seine *dignitas* verlor,[84] sie also nach Verbüßung der Strafe vollständig wiedererlangte. Falsch wäre es, das Beharren auf diesem Grundsatz als durch die Krise des Reiches erzwungen zu interpretieren, das heißt aus einer Notwendigkeit heraus, anders als zuvor auch „Unwürdige“ mit der Ehre und der Last des Dekurionats zu bekleiden, weil die Munizipalaristokratie sich ihren alten, belastenden Verpflichtungen für die Gesellschaft zu entziehen suchte.[85] Wie bereits gesagt[86]: Die juristischen Texte behandeln Konfliktfälle und nicht die normale Alltagssituation.

Die soeben beschriebene aristokratische Gesinnung der Dekurionen äußerte sich noch stärker ausgeprägt in der Tendenz, soziale Aufsteiger zurückzuweisen, um so die eigene Herrschaft zu sichern.[87] Das früheste Zeugnis dürfte der im Jahre 111/112 oder 112/113 von Plinius d. J. als Statthalter von Bithynien und Pontus an Kaiser Trajan gerichtete Brief Plin. epist. 10, 79 (83) (im Verein mit dem kaiserlichen Antwortschreiben Plin. epist. 10, 80 [84]) darstellen. Aus ihm geht deutlich hervor, daß schon damals die Munizipalaristokratie den Nachwuchs aus ihren Reihen bei der Aufnahme in den *ordo decurionum* in ungesetzlicher Weise vor jungen Männern aus der Plebs *(e plebe)* bevorzugte.[88] Sowohl Plinius wie Trajan wenden sich nur gegen das ungesetzliche Vorgehen, nicht aber gegen das Argument der Notabeln, ihre Söhne seien als „ehrenwerterer Männer Söhne“ *(honestiorum hominum liberi)* eher berechtigt zum Eintritt in die Kurie *(in curiam admitti)* als Männer *e plebe;* als Angehörige der Oberschicht hegten sie beide an dessen Berechtigung sicher keinen Zweifel.[89]

[81] Dazu Jacques, Privilège 597–599.
[82] Jacques, Privilège 600.
[83] Jacques, Privilège 600.
[84] Auch der Umstand, einst im Besitz der *dignitas* gewesen zu sein, brachte noch Vorteile, etwa im Strafrecht die Befreiung von der Folter: Siehe S. 299.
[85] Jacques, Privilège 602.
[86] S. 252.
[87] Jacques, Privilège 602; Horstkotte, Zwangsstaat 90. 99.
[88] Dazu Garnsey, Urban Aristocracy 242 f.; Jacques, Privilège 586–588; Horstkotte, Zwangsstaat 90.
[89] Jacques, Privilège 588.

Das ungesetzliche Vorgehen der Notabeln in den Stadtgemeinden Bithyniens war möglich geworden durch das Bestehen zweier widersprüchlicher gesetzlicher Regelungen des Mindestalters für den Eintritt in den Gemeinderat bzw. für die Übernahme eines Gemeindeamtes. Aus dem erwähnten Pliniusbrief geht hervor, daß Cn. Pompeius Magnus, nachdem er im Jahre 64 v. Chr. den König von Pontos Mithradates VI. Eupator besiegt hatte, für Bithynien ein die Gemeindeverwaltung regelndes Gesetz erließ,[90] das die Übernahme eines Gemeindeamtes und den Eintritt in den Gemeinderat (Plinius schreibt *senatus* und übersetzt damit das griechische *bulê*) in einem Alter unter 30 Jahren verbot, zugleich aber festlegte, daß die Inhaber eines Gemeindeamtes in den Rat kommen sollten. Weiter erfahren wir aus demselben Brief, daß Augustus dann das Mindestalter für die niederen Gemeindeämter – mit denen die munizipale Ämterlaufbahn ja begann – auf 25 Jahre[91] herabsetzte, ohne zugleich das Eintrittsalter für den Rat entsprechend zu verändern. Kaiser Trajan bekräftigt in seinem Antwortschreiben Plin. epist. 10, 80 (84) die von Augustus vorgenommene Herabsetzung des Mindestalters für die niederen Gemeindeämter und bestätigt die von den bithynischen Notabeln praktizierte Regelung, die jugendlichen Beamten dann – also vor dem 30. Lebensjahr – in den Rat aufzunehmen, verbot aber, weiterhin Söhne der Munizipalaristokratie auch ohne vorherige Bekleidung eines solchen Amtes schon ab dem 25. Lebensjahr zu Dekurionen zu machen.

Von 30 Jahren als Mindestalter für die Übernahme der leitenden Gemeindeämter und damit für den Eintritt in den *ordo decurionum* erfahren wir auch aus Quellen der Zeit der ausgehenden Republik[92]: aus der Tabula Heracleensis[93] Z. 89 f. und – ausdrücklich für den Eintritt in den Gemeinderat – aus Cic. Verr. 2, 2, 122 (für Halaesa an der Nordküste Siziliens[94]). Von 25 Jahren ist die Rede für die Ämter der Gemeindeleitung in Kap. 54 der Lex Malacitana CIL II 1694 = ILS 6089 = FIRA^2 I p. 208–219 n. 24, der Gemeindeordnung des flavischen Munizipiums von Malaca in der Hispania Baetica aus der Zeit 82–84 n. Chr., sowie direkt in bezug auf den Dekurionat in den Äußerungen severischer Juristen, etwa Dig. 50, 2, 6, 1 (Papinian). 50, 2, 11 (Callistratus). 50, 4, 8 (Ulpian).[95] Dabei geht aus Äußerungen sowohl des unter den Kaisern von Commodus bis Severus Alexander tätigen Paulus Dig. 36, 1, 76, 1 (unter Bezugnahme auf eine Konstitution Kaiser Hadrians) wie des unter den Severern tätigen Ulpian Dig. 50, 4, 8 hervor,

[90] Vgl. S. 280.

[91] Plin. epist. 10, 79 (83), 2 ist handschriftlich *XXII* überliefert, doch wird es heute unter Hinweis auf die im folgenden genannten Digestenstellen korrigiert in *XXV*. Entsprechend wird das in dem kaiserlichen Antwortbrief 10, 80 (84) überlieferte *XXVII* ebenfalls in *XXV* geändert.

[92] Kübler Sp. 2328; Rupprecht 65.

[93] Siehe S. 257.

[94] Vgl. Anm. 221.

[95] Kübler Sp. 2328; Rupprecht 65.

daß es sich um das begonnene, nicht das vollendete Lebensjahr handelte. In der Konstitution Kaiser Konstantins d. Gr. Cod. Theod. 12, 1, 19 vom 4. August 331 schließlich ist das Mindestalter auf 18 Jahre herabgesetzt, wobei wiederum ausdrücklich das begonnene Lebensjahr angesprochen wird.

Wie es nachweislich immer wieder Gemeindebeamte gab, die jünger waren, als es die verschiedenen gesetzlichen Bestimmungen vorschrieben,[96] so gab es auch Dekurionen, die das gesetzlich vorgeschriebene Alter noch nicht erreicht hatten.[97] Es handelt sich nicht um eine an eine Krisenzeit gebundene, auf dem Mangel an geeigneten Bewerbern basierende Erscheinung.[98] So wissen wir aus der Inschrift CIL III 8203 = ILS 7177, gefunden in Kučevište bei Skopje, der Hauptstadt der ehemaligen Teilrepublik Mazedonien, von einem im Alter von 18 Jahren Verstorbenen, dem der Gemeinderat der Kolonie von Scupi in der Moesia Superior sowohl die Ädilität wie den Dekurionat übertragen hatte. Und in der Inschrift CIL XI 5217 aus Fulginiae in Umbrien ist von einem mit 22 Jahren verstorbenen Prätorianer die Rede, der Dekurio in der Gemeinde (Munizipium?) von Fulginiae war und zuvor bereits Ädil des benachbarten Forum Flaminii, das möglicherweise keine eigene Gemeinde besaß, sondern verwaltungsmäßig zu Fulginiae gehörte. Sehr wahrscheinlich handelt es sich bei diesen jungen Leuten wenigstens in einem Teil der Gemeinden nicht um Vollmitglieder des Ordo, indem sie zwar manche Vergünstigungen der Dekurionen genossen, etwa den Empfang von Anteilen (Sporteln) aus Wohltätigkeitsspenden, doch, wie etwa der von Kaiser Caracalla im Jahre 212 hingerichtete Jurist Papinian Dig. 50, 2, 6, 1 ausführt, kein Stimmrecht besaßen.[99]

Allgemein werden in den 25 *praetextati* des einzigen vollständig erhaltenen Munizipalalbums, des in das Jahr 223 datierten Verzeichnisses der Mitglieder des *ordo decurionum* von Canusium in Zentralapulien CIL IX 338 = ILS 6121, solche

[96] Einige Belege bietet Liebenam 235 Anm. 2. 269 Anm. 2. Ich verweise noch auf die Steininschrift AE 1911 Nr. 72 = Onorato, IP Nr. 14 aus der Zeit von etwa 54 bis 62 (zur Datierung siehe meine Ausführungen in: Historia 18, 1969, 378–380), die Grabinschrift eines mit 22 Jahren verstorbenen Ädils der Kolonie Pompeji in Kampanien. Und ich verweise auf die gleich noch bei den jugendlichen Dekurionen zu erwähnende Inschrift CIL XI 5217, derzufolge ein ebenfalls mit 22 Jahren verstorbener Prätorianer bereits Ädil und Dekurio gewesen war.

[97] Liebenam 235; Kübler Sp. 2328; Rupprecht 65.

[98] Jacques, Privilège 618. Dagegen meint z. B. Langhammer, Magistratus municipales 227, der Mangel an freiwilligen Anwärtern auf die *honores*, also auch auf Dekurionat, habe seit Mark Aurel dazu geführt, daß die Kaiser zunehmend die bestehenden gesetzlichen Beschränkungen des Zuganges aufhoben; ebenda 229 rechnet er dazu auch die Öffnung des Zuganges für Minderjährige.

[99] Kübler Sp. 2328; Rupprecht 65 (der allerdings abweichend meint, die *praetextati* hätten „häufig noch nicht im Rang von vollberechtigten Stelleninhabern" gestanden); Horstkotte, Magistratur 220.

jugendlichen Dekurionen ohne Stimmrecht gesehen.[100] Ihre Zahl – genau ein Viertel der regulären Dekurionen – verrät, daß es sich um eine Institution handelte, deren Konstituierung in der Gemeindeordnung *(lex)* festgelegt gewesen sein muß.[101] Die Kriterien, nach denen sie rekrutiert wurden – Alter, gesellschaftliche Stellung – sind uns unbekannt.[102] Knaben wurden normalerweise spätestens mit 16 Jahren volljährig und erhielten die *toga praetexta*. P. Garnsey und F. Jacques vermuten, die *praetextati* seien Träger dieser Toga, also mindestens Siebzehnjährige gewesen.[103] Weiter meint Jacques sicher zu Recht, sie könnten nicht die gesamte Nachkommenschaft der Dekurionen darstellen, sie seien dafür zu wenige.[104] Ihre Herkunft vermutet er ebenso wie Garnsey aus Familien der Munizipalaristokratie;[105] er betont jedoch, daß vier der *praetextati* Namen tragen von Familien, die, soweit wir heute sehen, nicht im Ordo vertreten waren, offenbar also keine vollständige Exklusivität bestanden habe.[106] Vor allem aber zeige eine Prüfung der Gentilizien der *praetextati* im Vergleich mit denen der ordentlichen Dekurionen, daß die weniger angesehenen Familien des Ordo bei der Rekrutierung keineswegs benachteiligt waren.[107]

Ganz offensichtlich handelte es sich bei den *praetextati* um eine Institution, die es jungen Angehörigen der Munizipalaristokratie ermöglichen sollte, praktische Erfahrungen für ihre künftige Arbeit im *ordo decurionum* zu sammeln. Sie dürften dann – solange es noch keine Erblichkeit der Ordo-Mitgliedschaft gab – auf einem der normalen Wege als Vollmitglieder in den Rat gelangt sein.[108]

[100] Kübler Sp. 2328; Langhammer 193; Garnsey, Urban Aristocracy 245. 248; Horstkotte, Magistratur 219–221 (der allerdings ebenda 221 offensichtlich meint, die *praetextati* von Canusium hätten bereits ein Stimmrecht im Ordo besessen); Jacques, Privilège 614–617.

[101] Garnsey, Urban Aristocracy 248; Jacques, Privilège 614; vgl. Horstkotte, Magistratur 221.

[102] Jacques, Privilège 614.

[103] Garnsey, Urban Aristocracy 245; Jacques, Privilège 617. An die Möglichkeit, daß es sich um Minderjährige handelte, scheint dagegen Horstkotte, Magistratur 220 zu denken.

[104] Jacques, Privilège 614.

[105] Garnsey, Urban Aristocracy 245; Jacques, Privilège 616 f.

[106] Jacques, Privilège 615.

[107] Jacques, Privilège 616 f.

[108] Garnsey, Urban Aristocracy 248 denkt an Wahlen als üblichen Weg, daneben an *adlectio* zur Füllung von Vakanzen; doch meint er – überzeugt davon, daß seit severischer Zeit nur Ordo-Mitglieder noch Gemeindeämter übernehmen durften (s. Anm. 141. 234. 238) – ebenda, zur Zeit der Aufstellung des Albums von Canusium hätten die *praetextati* das Reservoir gebildet, aus dem sich der Ordo bei Vakanzen, die durch Todesfälle oder Aufstieg in eine höhere Gesellschaftsschicht entstanden waren, selbst ergänzte; sie seien damit zu *pedani* geworden, aus deren Reihen wiederum die im Kursus niederen Gemeindeämter (Quästur, Ädilität) besetzt worden seien.

Es galt in der Munizipalaristokratie als selbstverständlich, daß die Söhne von Dekurionen auf Grund der durch die Geburt erworbenen *dignitas* selbst wieder Dekurionen wurden. Daraus erklärt sich nicht nur die Institution der *praetextati*; daraus erklären sich auch die in den Inschriften häufige Erwähnung einer entsprechenden Ahnenreihe und die mitunter geäußerte Hoffnung auf deren Fortsetzung in der Zukunft. Die Ehreninschrift CIL IX 1459 aus dem Gebiet der Ligures Baebiani in Nordwestapulien ist unter der Herrschaft Mark Aurels und Verus'[109] einem Legionsveteranen und ehemaligen Dekurio gesetzt worden unter anderem als *patri et avo decurionum* („Vater und Großvater von Dekurionen"). Dieselbe Formel, ergänzt durch *patri equitum Romanorum* („Vater römischer Ritter"), lesen wir in der Ehreninschrift CIL XIV 374 = ILS 6165, die wohl in der ersten Hälfte des 3. Jh.[110] in Ostia für einen hohen, selbst mit den *ornamenta decurionalia,* den äußeren „Ehrenzeichen des Dekurionats", ausgezeichneten Funktionär eines Berufskollegiums gesetzt worden ist. Ein Veteran, der wohl zu Beginn des 3. Jh. Dekurio im nordostmauretanischen Auzia geworden war, wendet sich in seinem Testament CIL VIII 9052 an seine Erben als an zukünftige Dekurionen.[111] Und aus der undatierten, beschädigten und im Detail unklaren Inschrift CIL V 2117 von Tarvisium in der Venetia scheint hervorzugehen, daß ein Notabler sich mit einem Geschenk dafür bedankt hat, daß der ihm oder schon einem seiner Vorfahren verliehene *honor decurionatus* nach seinem Tode einem seiner nahen Verwandten übertragen werden sollte, weil er den einzigen Sohn und unmittelbaren Erben verloren hatte.[112]

Unter den wohlhabenden Familien einer Gemeinde kristallisierten sich damit solche heraus, die Anspruch auf einen Sitz im örtlichen Gemeinderat anmelden konnten, die also dem *ordo decurionum* im Sinne der Munizipalaristokratie angehörten. G. Rupprecht hat bei einer Untersuchung des Inschriftenmaterials der nordwestlichen Provinzen[113] auf Zusammensetzung des *ordo decurionum* und Herkunft seiner Angehörigen für die Gallia Narbonensis, Aquitanien, die Gallia Lugdunensis, Obergermanien und die Alpenprovinzen zu einem gewissen Prozentsatz Wiederholungen des Duovirats und Bekleidung des Dekurionats bzw. des Duovirats durch Angehörige derselben Familie in der gleichen oder in

[109] Waltzing 3, 395 zu Nr. 1501.

[110] Der Geehrte, ein gewisser M. Licinius Privatus, ist auf der Basis der Kaiser Diokletian im Jahre 285 gewidmeten Inschrift CIL VI 1116 = CIL XIV 128 = ILS 615 (gefunden in Rom, wahrscheinlich aber aus Ostia stammend) als leitender Funktionär desselben Kollegiums genannt. H. Dessau, CIL XIV 128 Kommentar (vgl. dens., ILS 615 Anm. 4) argumentiert allerdings, die Basis mit ihrer Inschrift sei älter als die Diokletiansinschrift (so auch W. Henzen, CIL VI 1116 Kommentar) und stamme aus der Zeit der Severer oder Gordiane.

[111] Jacques, Privilège 607.

[112] Jacques, Privilège 606 f.

[113] Vgl. S. 50 f.

verschiedenen Generationen festgestellt;[114] sein Belegmaterial verteilt sich – nicht in allen Provinzen gleichmäßig – auf die Zeit vom 1. bis zum 3. Jh.

Deutlich die Tendenz zur Weitergabe der *honores* und der Mitgliedschaft im *ordo decurionum* verrät das erwähnte[115] Munizipalalbum von Canusium aus dem Jahre 223.[116] Doch handelt es sich nur um eine Tendenz; ein Führungsmonopol bestimmter Familien bestand ganz offensichtlich nicht.[117] Ein ähnliches Bild ergibt sich bereits in der zweiten Hälfte des 1. Jh. n. Chr. für den *ordo decurionum* von Pompeji in Kampanien, wie ihn P. Castrén untersucht hat[118]: 106 Angehörige der Jahre 50–79 verteilen sich auf 69 Gentilizien.[119] Dieses Bild erscheint nahezu unverändert wieder in dem zweiten, allerdings verstümmelt erhaltenen Munizipalalbum, dem von Thamugadi in der südwestlichen Numidia CIL VIII 2403 (cf. 17824) = ILS 6122. CIL VIII 17903 aus den Jahren 365–367/368,[120] also aus einer Zeit, da die Erblichkeit des Kurialenstandes gesetzlich festgelegt war: 66 als Beamte oder Priester erwähnte Dekurionen verteilen sich auf 33 Familien.[121]

Eingangs ist im Zusammenhang mit der Definition der Munizipalaristokratie auf die nichtmunizipalen Gemeinwesen hingewiesen worden, in denen es, vergleichbar mit denen der städtischen Gemeinden, ebenfalls eine leitende Oberschicht gab.[122] Das Album einer solchen ist, leider wiederum nur bruchstückhaft, aus dem zur Kolonie von Cirta im Norden der Numidia gehörigen *castellum* von Sigus erhalten geblieben in der Inschrift CIL VIII 10860 = 19135 = ILAlg II 6519; es gehört in die Zeit der sogenannten Confoederatio Cirtensis *(res publica quattuor coloniarum Cirtensium),* die um die Mitte des 3. Jh. aufgelöst wurde.[123] Zu lesen sind kaum mehr als 30 Namen; die 24 vollständig erhaltenen oder wiederherstellbaren verteilen sich auf 18 Gentilizien.[124] Auch hier spiegelt sich die Tendenz der herrschenden Familien, die Leitung des Gemeinwesens ihren Angehörigen zu reservieren und *homines novi* nur eingeschränkt aufsteigen zu lassen, doch keineswegs eine Entwicklung zur nach außen abgeschlossenen Kaste.

[114] Rupprecht 86 (Zusammenfassung). Keine Belege hat er in den mehr oder minder quellenarmen Provinzen Britannien, Gallia Belgica, Niedergermanien und Rätien gefunden: ebenda.

[115] S. 260 f.

[116] Garnsey, Urban Aristocracy 245; Jacques, Privilège 617.

[117] Garnsey, Urban Aristocracy 246–249; Jacques, Privilège 509 f. 526. 615 f.

[118] Castrén.

[119] Castrén 272–274. Vgl. Jacques, Privilège 512 f.

[120] Dies die neue Datierung nach Horstkotte, Dekurionenverzeichnis 238–247; vgl. dens., Album 245.

[121] Vgl. dazu Jacques, Privilège 513.

[122] S. 247 f.

[123] Bezeugt zuletzt für das Jahr 224; siehe Th. Mommsen, CIL VIII p. 619.

[124] Vgl. dazu Jacques, Privilège 513 Anm. 15.

Weder die in der Munizipalaristokratie herrschende Auffassung einer Vererbung der *dignitas* als Angelpunkt der Zugehörigkeit zum *ordo decurionum* noch die Anerkennung dieser Auffassung im geltenden Recht[125] führten jedoch zu einer juristischen Definition des Dekurionats als erblicher Würde. Wie schon Th. Mommsen gesehen hat,[126] gilt diese Feststellung noch für das 3. Jh. bis zu den Reformen Diokletians und Konstantins; auch heute gibt es keinen Grund zu einer Revision.[127]

Vor allem die weitere Gültigkeit der Aufnahmekriterien Besitz und Alter stand einer Erblichkeit entgegen.[128] Letzteres bedeutete, daß für die Mitgliedschaft ein bestimmtes Mindestalter gefordert war, niemand also durch seine Geburt als „Sohn eines Dekurios" automatisch Mitglied wurde. Darauf wird im Zusammenhang mit dem Aufnahmemodus noch einzugehen sein.[129] Der für den Eintritt in den *ordo decurionum* erforderliche Mindestzensus mußte aus dem Familienvermögen aufzubringen sein, ferner weitere von einem Dekurio erwartete finanzielle Leistungen. Nur die reichsten Familien vermochten unter dieser Bedingung neben einem Vater auch dessen Sohn oder gar mehrere Söhne als Mitglieder des Rates zu tragen – es sei denn, der Vater war bereits von den einem Dekurio zufallenden *munera* befreit (auf Grund seines Alters oder weil er sie bereits alle abgeleistet hatte).[130] Wenn man will, hemmte eine finanzielle Schranke die ungehinderte Verwirklichung des Prinzips der Erblichkeit.[131] So konnte es vorkommen, daß ein Dekurionensohn erst nach dem Tode seines Vaters, also nachdem er in den Besitz des väterlichen Vermögens gelangt war, in den Ordo eintrat, daß er im Ordo keine *honores* übernahm, sondern *pedanus* blieb, weil die finanziellen Mittel der Familie zu mehr nicht ausreichten, oder daß er gar auf Lebenszeit „Sohn eines Dekurios" genannt wurde, weil er nie in den Ordo eintrat.[132]

125 Hierzu Jacques, Privilège 563 (Anm. 185). 603 f. 612 und oben S. 258 f. zu Plin. epist. 10, 79 (83). 80 (84).

126 Mommsen, Dekurionat 47 (5).

127 Jacques, Privilège 569. 603. 613; Horstkotte, Magistratur 218; vgl. Horstkotte, Zwangsstaat 104–109.

128 Horstkotte, Zwangsstaat 91; Jacques, Privilège 603.

129 S. 285–287.

130 Daran ist zu denken, wenn z. B. im Album von Canusium (s. S. 260 f.) eine relativ große Zahl von Personen auftritt, aus deren Familien keine weiteren Vertreter als Ordo-Mitglieder verzeichnet sind (Jacques, Privilège 612). Es handelt sich nicht unbedingt nur um Unverheiratete oder Väter ohne erwachsene Söhne oder um *homines novi*, also um Angehörige bisher nicht im Rat vertretener Familien; am ehesten lassen an eine derartige Herkunft denken – so meint Jacques, Privilège 525 – die Verbindung einer solchen Isolierung mit einem griechischen Kognomen und eine untere Position in der inneren Hierarchie des Ordo. Zu der Problematik siehe auch Garnsey, Urban Aristocracy 246–249 (erörtert am Beispiel des Albums von Canusium).

131 Jacques, Privilège 612 f.

132 Jacques, Privilège 612 f.

Was wären unter diesen Umständen die Folgen gewesen, hätte es eine gesetzlich verankerte Erblichkeit des Sitzes im Ordo gegeben? Einmal hätte die Zahl der verarmten Dekurionen vor allem in einer Krisenzeit wie jener des 3. Jh. schnell zugenommen, und damit wären die Leistungen für das Gemeinwesen zurückgegangen. Zum anderen wäre die Möglichkeit des Aufstiegs aus den Kreisen der wohlhabenden Plebs in die Reihen der Munizipalaristokratie über das übliche Maß hinaus behindert worden, weil bei der im jeweiligen Stadtrecht festgelegten Mitgliederzahl des Rates immer erst eine Familie in männlicher Linie hätte erloschen sein müssen, damit ein *homo novus*, ein „neuer Mann", mit dem erforderlichen Zensus und damit finanziellen Leistungsvermögen aufsteigen konnte.[133]

Also: Nicht nur um Ersatz für verarmte Dekurionen mußte es gehen, sondern auch um das Schließen von Lücken, die durch das Aussterben ganzer Familien entstanden.[134] F. Jacques meint, daß sich eine Familie der Munizipalaristokratie auf der schließlich erreichten obersten Stufe der munizipalen Hierarchie selten länger als drei oder vier Generationen hindurch halten konnte.[135]

Die Festlegung der erblichen Mitgliedschaft dürfte demnach keineswegs im Interesse der Zentralregierung gelegen haben, wollte diese die Stadtgemeinden weiter effektiv nutzen als die untersten Glieder der Reichsverwaltung. Erst deren völlige Umgestaltung, wie sie im Zuge der diokletianisch-konstantinischen Reformen vorgenommen wurde, führte zum Verlassen dieser politischen Linie.[136] Einstweilen bemühten sich die Kaiser auf der einen Seite, das Vermögen der kurialen Familien vor übermäßiger Beanspruchung und damit vorzeitiger Erschöpfung zu schützen,[137] auf der anderen, von ihrem Besitz her geeigneten Plebejern den Aufstieg in die Munizipalaristokratie offenzuhalten.[138]

Im Bereich des Rechts, besonders des Strafrechts, machten sich, soweit wir sehen, in der Zeit Hadrians die ersten Anzeichen einer Scheidung der freien Reichsbevölkerung in *honestiores* („Vornehmere") und *humiliores* („Niedrigere") bemerkbar.[139] Zu ersteren gehörten neben den Senatoren, Rittern, Soldaten

[133] Jacques, Privilège 613.

[134] Jacques, Privilège 595. 602.

[135] Jacques, Privilège 524.

[136] Siehe S. 285–288.

[137] Aus diesem Bestreben – und nicht aus dem Kampf gegen die Monopolstellung bestimmter Familien – erklären Langhammer 231 und Jacques, Privilège 611 einleuchtend ein Dokument wie das Reskript Septimius Severus' und Caracallas Cod. Iust. 10, 41, 1 pr., Vater und Sohn sollten nicht unmittelbar nacheinander zu *honores* und *munera* benannt werden.

[138] Auf eine von Plinius d. J. ausgelöste entsprechende Aktivität Trajans ist bereits auf S. 258 f. hingewiesen worden.

[139] Vgl. dazu Anm. 402 und den zugehörigen Text. Gardascia 467 betont, die Anfänge hätten bereits im Beginn des Prinzipats gelegen; bis zur Zeit Hadrians habe sich die Scheidung in der Rechtsprechungspraxis zunehmend ausgewirkt.

und Veteranen auch die Dekurionen; sie alle wurden bei der Zumessung der Strafen gegenüber der Masse der Plebs, den *humiliores,* bevorzugt. Seit den Severern war diese Scheidung dann gesetzlich festgelegt.[140]

Nun zeigen aber gerade juristische Texte der Severer-, aber auch schon der Antoninenzeit eindeutig, daß die *humiliores,* wenngleich ihnen normalerweise *honestiores* vorgezogen wurden, keineswegs gesetzlich vom *ordo decurionum* ausgeschlossen waren[141] – abgesehen davon, daß den Plebejern noch im 3. Jh. der „Umweg" über den Militärdienst zum Aufstieg in den Dekurionenstand offenstand.[142] Gesetze aus dem späten 4. und dem frühen 5. Jh. schließlich bezeugen, daß auch damals noch den Kurien frische Kräfte aus den Reihen der Plebs zuflossen.[143] Es hieße, dem besonderen Charakter der juristischen Quellen zum Munizipalwesen[144] nicht Rechnung zu tragen, betrachtete man die fraglichen Zeugnisse nicht als Widerspiegelung von Sonderfällen und Ausnahmesituationen, sondern wertete sie mit W. Langhammer[145] und anderen[146] dahin, daß erst sie entsprechenden Plebejerkreisen den Weg des Aufstiegs in den *ordo*

[140] Zur Scheidung von *honestiores* und *humiliores* siehe etwa Gardascia 467–472; Gagé 54 f. 282 f.; Kierdorf Sp. 1210; Garnsey, Social Status 153–172. 221–276; Langhammer 33–40; Johne, in: Johne-Köhn-Weber 161 f.

[141] Horstkotte, Zwangsstaat 91-97, Magistratur 217; Jacques, Privilège 589–591. 593. 603; in der vorliegenden Darstellung S. 285. – Nur in einem Text des unter den Kaisern von Caracalla bis Severus Alexander tätigen Juristen Paulus, der in Dig. 50, 2, 7, 2 erhalten ist, heißt es eindeutig: *decurionum honoribus plebeii fungi prohibentur* „die Plebejer dürfen nicht die Ehrenstellungen der Dekurionen bekleiden"; namentlich wird der Duovirat genannt. Die Deutung ist kontrovers; siehe z. B. Langhammer 226; Garnsey, Urban Aristocracy 249; Stahl 51 und Horstkotte, Zwangsstaat 99 auf der einen Seite, dagegen Horstkotte, Magistratur 212–218. 224 und Jacques, Privilège 592–594 auf der anderen. Mit Recht weist Jacques ebenda 594 darauf hin, daß die Aussage des Textes in der uns vorliegenden Gestalt nicht in die severische Zeit paßt, also entweder nicht von Paulus stammt oder als Paulus-Text später durch eine Bearbeitung in seiner Aussage deformiert worden ist. Und Horstkotte, Magistratur 218. 224 betont, daß die rechtlich festgelegte Reservierung der Magistraturen für die Dekurionen in unseren Qellen erst ab der konstantinischen Zeit faßbar ist, also seit der Einführung der obligatorischen Mitgliedschaft der Dekurionensöhne im Ordo. Im übrigen geben Langhammer 226, Garnsey, Urban Aristocracy 249 wie Horstkotte, Zwangsstaat 99 zu, daß auch nach Einführung einer solchen Bestimmung die Möglichkeit einer Rekrutierung von Plebejern für den *ordo decurionum* bestehen blieb – eine Möglichkeit, die auch im 5. Jh. noch gegeben war (s. Langhammer 122; Alföldy, Sozialgeschichte 175).

[142] Zu diesem Umweg Jacques, Privilège 625 und unten S. 271.

[143] Horstkotte, Zwangsstaat 120–122; Alföldy, Sozialgeschichte 175; Krause, Städtepatronat 16; vgl. Ausbüttel 10.

[144] Siehe S. 252.

[145] Langhammer 227 f.

[146] Z. B. Stahl 49. Vgl. Neesen 229.

decurionum öffneten mit dem Ziel, in einer Krisensituation wie jener des 3. Jh. deren Vermögen den Stadtgemeinden nutzbar zu machen.[147]

Von der Scheidung in *honestiores* und *humiliores* waren auch die als Nicht-Vollbürger eingestuften Freigelassenen, also die ehemaligen Sklaven, betroffen. Mag es sein, daß solche Leute wenigstens in den Städten dank Handwerk und Handel bei eigener Initiative und mit entsprechender Förderung durch ihre Herren bzw. Freilasser größere Aussicht auf ökonomischen und in gewissem Maße auch gesellschaftlichen Aufstieg hatten als mancher Freigeborene auf niedriger sozialer Stufe[148] – wenngleich sie vom Besitz her den an einen Angehörigen der Munizipalaristokratie gestellten Anforderungen genügen konnten, waren sie doch rechtlich von der Mitgliedschaft im *ordo decurionum* und der Bekleidung der städtischen *honores* ausgeschlossen.[149] Allenfalls konnten sie die *ornamenta decurionalia,* die äußeren „Ehrenzeichen eines Dekurios", erhalten – ein Mittel der Munizipalaristokratie und der kaiserlichen Zentralgewalt, die reiche Oberschicht der Freigelassenen an sich und die jeweilige Stadtgemeinde zu binden und deren finanzielle Mittel auf dem Wege über Spenden verschiedener Art eben für die Gemeinde zu nutzen. In der Regel schlossen sich diese reichen Freigelassenen in einem *ordo Augustalium* zusammen, der im munizipalen Kaiserkult tätig war.[150] Sie bildeten eine Art Freigelassenenaristokratie, die zu den *honestiores* zählte.[151] Aber auch sie fand keine Aufnahme in die Munizipalaristokratie[152] über die Ämter der Gemeindeleitung *(honores)* bzw. den Dekurionat.

Die Öffnung der Gemeindeämter und damit auch des Dekurionats für Freigelassene unter Caesar[153] und den ersten beiden Kaisern stellte nur ein Zwischenspiel dar.[154] Nach dem Zeugnis von Cod. Iust. 9, 21, 1 (Reskript der Kaiser Diokletian und Maximian von 300 [?]) ließ Tiberius im Jahre 24 durch eine Lex Visellia[155] den Zugang wieder verschließen und machte die Aufnahme von

[147] Horstkotte, Zwangsstaat 97. Weiter dazu siehe unten S. 285 f.

[148] Garnsey-Saller, Roman Empire 124.

[149] Kübler Sp. 2327; Liebenam 233; Kolb 188 f. Rupprecht 85 betont, er habe bei seiner hauptsächlich auf den Inschriften basierenden Untersuchung des Dekurionenstandes der ersten drei Jahrhunderte der Kaiserzeit in den nordwestlichen Provinzen des römischen Reiches (vgl. Anm. 22) keinen Freigelassenen als Dekurio oder Inhaber eines städtischen Jahresamtes gefunden.

[150] Gagé 171 f.; W. Eisenhut, in: Der kleine Pauly 1, 1964, Sp. 739 f. s. v. *augustales;* Mrozewicz 350 (mit Literaturhinweisen); Kolb 189; Alföldy, Sozialgeschichte 112 f.

[151] Langhammer 35 f.; Klein 29.

[152] Klein 29. Siehe auch oben S. 247.

[153] Lex Ursonensis (s. S. 273) Kap. 105 und Kübler Sp. 2327.

[154] Rupprecht 63; vgl. Kübler Sp. 2327 und Liebenam 233.

[155] Zu ihr siehe R. Leonhard, J. Weiss, in: RE 12, 2, 1925 Sp. 2418 s. v. Lex Visellia Nr. 2.

Freigelassenen abhängig davon, daß der Kaiser dem Betreffenden vorher das *ius aureorum anulorum,* das „Recht des Tragens eines goldenen Ringes", verliehen hatte.[156] In den uns bekannten Fällen einer Ausnahme von dem allgemeinen Ausschluß der Freigelassenen wird freilich der Grund der Ausnahme nicht sichtbar. Dies gilt etwa für die Grabinschrift AE 1966 Nr. 75 des C. Gabbius Messallae lib(ertus) Aequalis, von dem es dazu heißt: *adlecto in ordin(em) decurionum Larinat(ium)* („zugewählt in den Ordo der Gemeinde von Larinum"). Die Inschrift ist in Larinum in Samnium gefunden worden und wird vom Herausgeber D. Freda in die nachcaesarische Zeit des 1. Jh. n. Chr. datiert.[157] Man betrachte aber beispielsweise auch den Fall des C. Sedatius Stephanus, von dem wir aus der in das Jahr 240 datierten Weihinschrift CIL XIII 7352 von Frankfurt-Heddernheim wissen. Er wirkte wie sein wohl älterer Sohn Stephanius Maximus als Dekurio der *civitas Taunensium* in Obergermanien, und es ist nicht ausgeschlossen, daß er ursprünglich Sklave war.[158]

Anders war die Lage der Söhne von Freigelassenen. Besaßen sie als in Freiheit Geborene das nötige Vermögen und genügten sie auch den übrigen Kriterien, so stand ihnen die Tür zu Dekurionat und Gemeindeämtern offen,[159] und sie werden sie häufig durchschritten haben.[160] Dies könnte der Weg des gerade erwähnten Stephanius Maximus gewesen sein. Um im gegebenen Zusammenhang auch noch einmal auf das Album von Canusium[161] zu kommen, so dürften sich unter den Personen mit kaiserlichen Gentilizia (Iulius, Claudius, Aelius, Aurelius) durchaus solche befunden haben, die von kaiserlichen Freigelassenen oder von Freigelassenen anderer Familien abstammten, die selbst ihr Bürgerrecht und damit ihr Gentiliz einem entsprechenden Kaiser verdankten.[162] Der Aufstieg innerhalb der Munizipalaristokratie erfolgte, wie für andere *homines novi,* gewöhnlich nur langsam, im Laufe mehrerer Generationen.[163] Gut illustriert diese Feststellung die leider undatierte Ehreninschrift CIL IX 4891 aus Trebula Mutuesca im mittelitalischen Sabinerland: Geehrt wird ein Augustalis, also wohl ein Freigelassener; erwähnt werden rühmend seine männlichen Nachkommen zweiten und dritten Grades mit ihren Gemeindeämtern, unter denen freilich die

[156] Horstkotte, Zwangsstaat 90. Der Besitz des *ius aureorum anulorum* als Voraussetzung auch in Cod. Iust. 10, 33 (32), 1 (undatiertes Reskript der Kaiser Diokletian und Maximian).

[157] Siehe AE 1966 Nr. 75. Horstkotte, Zwangsstaat 90 erweckt unrichtig den Eindruck, in der Inschrift sei als Voraussetzung der Aufnahme in den Ordo der Erhalt des *ius aureorum anulorum* genannt.

[158] Rupprecht 229.

[159] Kolb 189; Jacques, Privilège 595; Garnsey-Saller, Roman Empire 125.

[160] Garnsey-Saller, Roman Empire 124 f.

[161] Siehe S. 260 f.

[162] Garnsey, Urban Aristocracy 247.

[163] Jacques, Privilège 595 (der ebenda 596 auf das folgende Zeugnis hinweist).

Quinquennalität als der höchste *honor* fehlt; der Geehrte selbst ist bezeichnet als *pater decur(ionum)* („Vater von Dekurionen"), woraus hervorgeht, daß seine Söhne zwar in den *ordo decurionum* eintraten, dort aber über den Rang von *pedani,* also Mitgliedern, die keinen *honor* bekleidet hatten, nicht hinauskamen.

Nicht zur Debatte stand die Aufnahme in den *ordo decurionum* für die Angehörigen des Senatorenstandes, der zahlenmäßig relativ begrenzten höchsten Gesellschaftsschicht des Reiches. Ihre politischen Einflußmöglichkeiten und ihre mannigfachen Vorrechte sicherten ihnen eine Spitzenposition unter den *honestiores,* in der ein Wirken in den Gemeinden wohl als Patrone und auf dem Gebiete der Munifizenz in Frage kam, nicht aber im Rahmen des *ordo decurionum* mit den zugehörigen Belastungen durch *honores* und *munera* (von denen sie im übrigen gesetzlich befreit waren[164]) und mit den im Verhältnis zu ihren eigenen wenig ins Gewicht fallenden Privilegien.

Ganz anders gestaltete sich in dieser Hinsicht die Lage der römischen Ritter, die nach den Senatoren die zweite Stelle unter den *honestiores* einnahmen. Besonders infolge umfangreicher Verleihungen der Ritterwürde seit den Flaviern waren sie in den Stadtgemeinden weitaus stärker vertreten als die Senatoren.[165] Ihre Würde war nicht erblich; mit ihr ausgezeichnet wurden von den Kaisern höhere und hohe Militärs, Mitglieder des einheimischen Stammesadels in den Provinzen, in Ausnahmefällen auch Freigelassenensöhne, vor allem aber Angehörige der Munizipalaristokratie.[166] Ein Teil der Ritter stand wie die Senatoren im Staatsdienst und genoß folglich Immunität von den munizipalen *honores* und *munera.*[167] Gerade das 3. Jh. brachte die große Zeit des Ritterstandes, indem die meisten Offiziere und kaiserlichen Beamten ihm zugehörten.[168] Zweifellos die große Mehrheit der Ritter jedoch trat nie in den Staatsdienst,[169] sondern engagierte sich in den Stadtgemeinden Italiens und der Provinzen im Rahmen des

164 Langhammer 34 f.; Kolb 188.

165 Langhammer 35.

166 Alföldy, Sozialgeschichte 107 f. Zum Aufstieg von Angehörigen der Munizipalaristokratie in den Ritterstand in der Provinz Asia vgl. Klein 58 Anm. 105, in Numidien (Cuicul; Antoninenzeit) Mahboubi 676–678. Nicht in allen Provinzen erfolgte jedoch die Promotion von Angehörigen der Munizipalaristokratie zu Rittern gleichmäßig: G. Rupprecht hat bei seiner Untersuchung des Dekurionenstandes in den nordwestlichen Provinzen des Römischen Reiches für die ersten drei Jahrhunderte n. Chr. festgestellt, daß mit Ausnahme der stark romanisierten Gallia Narbonensis nur selten ein Dekurio oder Gemeindebeamter Ritter war oder geworden ist (Rupprecht 69. 87); vereinzelte Beispiele für Ritterpromotionen von Dekurionen aus der Gallia Lugdunensis bietet er 73. 75 (im Staats- bzw. Militärdienst), aus der Aquitania 72 (im Militärdienst), aus der Gallia Belgica 76 (im Militärdienst).

167 Kolb 188; vgl. Langhammer 35.

168 Alflödy, Sozialgeschichte 140.

169 Jacques, Privilège 562.

ordo decurionum[170] – auch im 3. Jh.;[171] sie stellte damit einen integrierenden Bestandteil der zum *ordo decurionum* gehörigen Familien der Munizipalaristokratie dar und teilte das Schicksal der Dekurionen hinsichtlich Privilegien wie Belastungen.[172] Folgerichtig war in der späten Kaiserzeit, also nach Diokletian-Konstantin, der Ritterstand aufgegangen teils im Senatorenstand, teils unter den Kurialen.[173]

Den *honestiores* gehörten als weitere privilegierte Bevölkerungsgruppe, wie erwähnt,[174] die Veteranen zu.[175] Durch das Edikt FIRA I^2 p. 315–317 Nr. 56 von 40/39 oder 31 v. Chr. des Triumvirn Oktavian hatten sie eine unbeschränkte Immunität erhalten, die sie vor direkten Steuern wie vor munizipalen *honores* und *munera* bewahrte und die sich auch auf Eltern, Frau und Kinder erstreckte.[176] Die folgenden Kaiser scheinen verschiedene Einschränkungen verfügt zu haben, bis dann in der zweiten Hälfte des 2. Jh. die angesichts der ständigen Kriege zunehmende Bedeutung des Militärs Commodus oder Septimius Severus veranlaßte, die Situation des 1. Jh. n. Chr. weitgehend wiederherzustellen.[177] Ausgenommen blieben die Steuerbefreiung[178] und die Ausdehnung der Immunität auf die Eltern.[179] Von Septimius Severus an bis ins 4. Jh. hinein betonen Kaiser wie Juristen immer wieder, die Immunität der Veteranen betreffe nur die munizipalen *honores* und die unter Einsatz der Person zu leistenden sogenannten *munera personalia*.[180] Ihre Texte setzen voraus, daß die Veteranen nicht nur die notwendige *dignitas* („Würde") besaßen, um Dekurionen bzw.

[170] Langhammer 35; Alföldy, Sozialgeschichte 108; Kolb 188; vgl. Anm. 166 zur Gallia Narbonensis in den ersten drei Jahrhunderten n. Chr.

[171] Alföldy, Sozialgeschichte 141.

[172] Langhammer 35; Alföldy, Sozialgeschichte 141. 148.

[173] Alföldy, Sozialgeschichte 157.

[174] S. 266.

[175] Garnsey, Social Status 245-251; Jacques, Privilège 621 mit Anm. 170.

[176] Neumann Sp. 1602.

[177] Zu dieser Entwicklung seit Oktavian Langhammer 37–40 und Jacques, Privilège 619 f.; vgl. Neumann Sp. 1602.

[178] Jacques, Privilège 620.

[179] Langhammer 38 Anm. 62.

[180] Jacques, Privilège 620. – Seit Beginn des 2. Jh. wurden einzelne öffentliche Aufgaben (besonders solche, die mit größeren Geldausgaben oder erhöhtem Risiko verbunden waren) aus dem Tätigkeitsbereich der Munizipalbeamten herausgelöst: Langhammer 238. In der Folge setzten die severischen Juristen die *munera* in ihrer Definition von den *honores* ab, und wohl Hermogenian und Arcadius Charisius in der diokletianischen Zeit führten dann eine Klassifizierung durch: Jacques, Privilège 354 f. Wahrscheinlich Mark Aurel und Verus brachten die *munera personalia* in ein System, demzufolge jeder Bürger und auch jeder *incola* einer Stadtgemeinde diese Lasten, beginnend mit seinem 25. Lebensjahr, nach einem festen Schema zu übernehmen hatte: Langhammer 238. 242.

Kurialen werden zu können, sondern daß sie auch über die erforderlichen Mittel verfügten.[181]

Natürlich waren die einem Veteranen aus seiner aktiven Dienstzeit zugeflossenen beziehungsweise bei seiner regulären, das heißt ehrenhaften, Entlassung *(honesta missio)* in die Hand gegebenen finanziellen Mittel bzw. der Umfang des zugewiesenen Landes[182] unterschiedlich je nach Rang.[183] So konnte es durchaus sein, daß ein einfacher Veteran von seinem Vermögen *(facultates)* her nur in einer nordafrikanischen Kleinstadtgemeinde den finanziellen Belastungen eines Dekurios oder Gemeindebeamten gewachsen war, in einer Großstadt wie Karthago oder Cirta aber eine solche Ehrenstelle *(honor)*[184] den ehemaligen Zenturionen oder noch höheren ritterlichen Dienstgraden überlassen mußte.[185] Immerhin liegen gerade aus mittelgroßen Stadtgemeinden Nordafrikas genügend Beispiele für Veteranen als Angehörige des *ordo decurionum* vor.[186]

In welchem Ausmaß die Veteranen insgesamt in den Ordo und damit in die Munizipalaristokratie integriert worden sind, läßt sich freilich nicht mehr erkennen;[187] damit bleibt auch im dunkeln, wieweit von den Plebejern, den *humiliores,* der „Umweg" über den Militärdienst genutzt wurde, um in die Munizipalaristokratie aufzusteigen.[188]

Normalerweise bedeutete der Antritt eines Gemeindeamtes bzw. der Eintritt in den Ordo für einen Veteranen den Verzicht auf die gegebenenfalls besessene Immunität von den munizipalen *honores* und *munera.*[189] Septimius Severus im Verein mit Caracalla sowie Severus Alexander bekräftigen dieses Prinzip für den Eintritt in den Ordo in ihren Reskripten Dig. 49, 18, 5 bzw. Cod. Iust. 10, 44 (43), 1; doch dürfte dieser Grundsatz damals nicht neu gewesen sein, wie die Inschrift CIL II 4515 = ILS 6957 aus Barcino (Barcelona) anzuzeigen scheint, in der ein unter Mark Aurel und Verus mit *honesta missio* entlassener Zenturio, der die munizipale Laufbahn absolviert hatte, ein Legat an die Öffentlichkeit verewigt und dabei betont, er sei unter die *immunes* des Ordo aufgenommen worden. Er tut dies doch wohl, weil er normalerweise bei diesem Eintritt seine Immunität

181 Jacques, Privilège 532. 622.

182 Neumann Sp. 1605–1607.

183 Neumann Sp. 1607.

184 Zur Einordnung des Dekurionats unter die munizipalen *honores* siehe die in Anm. 77 angegebene Literatur.

185 Jacques, Privilège 533. 630; vgl. Stahl 39.

186 Jacques, Privilège 630 f. Ein Beispiel der Antoninenzeit aus Süditalien bietet die oben S. 262 vorgestellte Inschrift CIL IX 1459.

187 Jacques, Privilège 625. Einen Rückgang gegenüber dem 1. Jh. n. Chr. glaubt Gagé 285 erkennen zu können seit dem Ausgang der Antoninenzeit. Jacques, Privilège 633–635 bezweifelt dies; bei den fraglichen Veteranen habe es sich wohl immer um eine Minderheit gehandelt.

188 Vgl. oben S. 266.

189 Jacques, Privilège 624. Vgl. Langhammer 40.

verloren hätte.[190] Gleichzeitig erfahren wir, daß er mit seiner Vergünstigung keineswegs allein stand. Dasselbe Prinzip wird dann von Diokletian und Maximian erneut betont in Cod. Iust. 10, 44 (43), 2.[191] Ausnahmen von der Regel waren rechtlich zulässig. So erlaubt Severus Alexander in seinem schon zitierten Reskript Cod. Iust. 10, 44 (43), 1 ein vertragliches Übereinkommen zwischen dem Ordo und einem eintrittswilligen Veteranen, das die volle oder teilweise Immunität trotz Dekurionat garantierte.[192] Erst die spätestens konstantinischer Zeit entstammenden, Ulpian zugeschriebenen *Opiniones* stellen fest, die Immunität gehe nicht verloren, wenn ein Veteran ein *munus* oder einen *honor* übernehme (Dig. 49, 18, 2).[193]

Einen weiteren Vorteil könnten die Veteranen als Ordo-Mitglieder dadurch genossen haben, daß sie nicht unbedingt eine vollständige Beamtenkarriere, beginnend mit der Ädilität, zu durchlaufen hatten. Das afrikanische Inschriftenmaterial präsentiert uns die meisten dem Dekurionenstand angehörigen Veteranen als Inhaber eines Priestertums, vor allem der hochangesehenen Stellung eines *flamen perpetuus;*[194] doch leider bedeutet das nicht unbedingt, daß diese Veteranen keine munizipale Karriere durchlaufen hätten.[195]

Die Untersuchung eben des nordafrikanischen Inschriftenmaterials läßt aber auch annehmen, daß trotz solcher Begünstigungsmöglichkeiten die Mehrzahl der Veteranen es vorzog, ihre Immunitäten uneingeschränkt zu genießen und auf die Ordo-Mitgliedschaft zu verzichten.[196] Für die nordwestlichen Provinzen des Römischen Reiches vermitteln G. Rupprechts schon erwähnte Untersuchungen zum Dekurionenstand denselben Eindruck: Veteranen, soweit sie nicht bis zu ritterlichen Offiziersgraden aufgestiegen waren, fehlen in den lokalen *ordines decurionum* fast völlig.[197]

Immerhin beweisen aber die erwähnten Ausnahmeregelungen genauso wie inschriftliche Zeugnisse aus Nordafrika und anderswoher, auch aus Italien, daß Dekurionat und Gemeindeämter noch im 3. Jh. Anziehungskraft besaßen und eine größere Honorabilität verliehen, als sie einem Soldaten bei seiner *honesta missio* zuteil wurde; die Zugehörigkeit zum *ordo decurionum* dürfte doch für manchen Veteranen die Krönung seines sozialen Aufstiegs gewesen sein.[198]

[190] Jacques, Privilège 624.
[191] Neumann Sp. 1604.
[192] Neumann Sp. 1603 f.; Jacques, Privilège 624.
[193] Jacques, Privilège 624; vgl. Neumann Sp. 1603.
[194] Jacques, Privilège 630 f. Beispiele: Mahboubi 679.
[195] Mahboubi 681; Jacques, Privilège 139 f.
[196] Jacques, Privilège 626–629; für Numidien im 2. Jh. und zu Anfang des 3. Jh. vgl. mit demselben Ergebnis Mahboubi 680.
[197] Rupprecht 85.
[198] Jacques, Privilège 625. Zur Attraktivität im 3. Jh. vgl. dens., Volontariat 269 mit Anm. 36.

Ansonsten waren ja Veteranen und Dekurionen ranggleich.[199] Der unter Elagabal und Severus Alexander tätige Jurist Marcian präzisiert Dig. 49, 18, 3, beide besäßen die gleiche Honorabilität *(honos)*.[200]

Die aktive Teilnahme von Veteranensöhnen am munizipalen Leben durch Übernahme von *honores* und *munera* und durch den Eintritt in den *ordo decurionum* setzt voraus, daß die Väter als Veteranen und ebenso die Söhne über Honorabilität und ausreichenden Besitz verfügten. Auch hier wieder sind nordafrikanische Inschriften deutliche Zeugnisse.[201] Verwundern darf diese Teilnahme zumindest nicht für das 3. Jh., weil – wie der Jurist Papinian Dig. 50, 5, 8, 2 schon zu dessen Beginn feststellt – die Immunitäten der Väter, obwohl prinzipiell übertragbar, nicht mehr für die Söhne galten;[202] im übrigen war freiwillige Übernahme von Ämtern und Lasten einem *immunis* immer möglich, wie das Beispiel der Veteranen zeigt.

Die dem Jahre 44 v. Chr. entstammende Gemeindeordnung *(lex)* der caesarischen Colonia Genetiva Iulia Urso in der Baetica (Südspanien) CIL I^2 594 (cum add. p. 916 sq.) = ILS 6087 = $FIRA^2$ I p. 177–198 n. 21 legt in Kap. 91 fest, ein Dekurio habe in der Stadt oder, wenn außerhalb, dann innerhalb des 1. Meilensteines zu wohnen; in der Tat war er nur so in der Lage, an den Ratssitzungen teilzunehmen. Später, in manchen Gemeinden vielleicht auch von Anbeginn an, kann diese Bedingung der Mitgliedschaft im Ordo keine Gültigkeit besessen haben, denn wir erfahren aus einschlägigen Inschriften, daß einzelne Männer den Räten verschiedener Stadtgemeinden angehörten,[203] was Gleichzeitigkeit der Dekurionate bedeutet, da eine Mitgliedschaft im *ordo decurionum* in der Regel lebenslänglich währte.[204] Um so etwas zu ermöglichen, muß es Wege gegeben haben, eine Ratsmitgliedschaft ohne ständige Präsenz mit Leben zu erfüllen.

Der aus Alexandria in Ägypten stammende griechische Historiker des 2. Jh. Appian berichtet App. civ. 5, 128, Augustus habe den Zenturionen und den teils ritterlichen, in der Mehrheit sogar senatorischen höheren Legionsoffizieren, den *tribuni militum,* die Dekurionenwürde *(buleutikên axiôsin)* ihrer jeweiligen Heimatgemeinde verliehen.[205] Für die Dauer der Militärdienstzeit kann es sich dabei kaum um mehr als eine Ehrenmitgliedschaft gehandelt haben, denn eine ordentliche Mitarbeit in der Gemeindeleitung dürfte vor allem bei größerer Entfernung des Truppenstandortes nicht möglich gewesen sein.

199 Langhammer 39; Stahl 39.
200 Jacques, Privilège 621 f.
201 Jacques, Privilège 633.
202 Jacques, Privilège 621. 632.
203 Siehe Kübler Sp. 2327; Rupprecht 86 (für die nordwestlichen Provinzen des Römischen Reiches). Siehe im Folgenden zur Aussage der Inschrift CIL III 14416.
204 Langhammer 189. 197.
205 Liebenam 237. Dies geschah im Jahre 36 v. Chr.

In der Forschungsliteratur wird verschiedentlich auf Inschriften hingewiesen, aus denen möglicherweise ebenfalls hervorgehe, daß aktive Soldaten einem Dekurionenrat angehörten bzw. als Gemeindebeamte tätig waren. Danach bezeugt etwa CIL XII 367 einen Signifer, einen rangmäßig unmittelbar unter dem Zenturio stehenden Feldzeichenträger, der Legio Decima Gemina Pia Fidelis als Quattuorvirn der Colonia Apollinaris Reiorum in der Gallia Narbonensis.[206] Die fragliche Legion stand von 70 bis mindestens 102 in der benachbarten Germania Inferior, um von dort an die Donau gerufen zu werden;[207] in dieser Periode dürfte der Signifer Dienst getan haben.[208] Ferner berichtet CIL III 14416 = ILS 7178 von einem Primipilaris und Princeps des Dekurionenrates der Colonia Ulpia Oescus in der Moesia Inferior, ehemaligen Dekurio der peregrinen Civitas Tungrorum in der Gallia Belgica, der – möglicherweise von Caracalla – zum ritterlichen Primuspilus, also in den höchsten Zenturionengrad, befördert worden war und danach als *buleutês,* als Dekurio, in mehreren griechischen Städten des Gebietes an der unteren Donau gewirkt hatte. G. Rupprecht ist überzeugt, daß er als aktiver Soldat und vielleicht bereits Primuspilus den Dekurionat bei den Tungrern bekleidete.[209] Und in der schon erwähnten[210] Inschrift CIL XI 5217 aus Fulginiae in Umbrien ist von einem mit 22 Jahren verstorbenen einfachen Prätorianer die Rede, der Dekurio war und zuvor bereits Ädil.[211]

Eine gelockerte Präsenzpflicht für Dekurionen könnte die Tür für Mitgliedschaften aktiver Soldaten im Dekurionenrat geöffnet haben. Doch bleibt die Frage, ob in den entsprechenden Zeugnisinschriften wenigstens in einigen Fällen nicht einfach von verschiedenen Stationen eines militärisch-politischen Kursus die Rede ist und die betreffenden Personen nicht doch entweder als Dekurionen in den Militärdienst eintraten oder erst als Veteranen Mitglieder eines Gemeinderates wurden. An diese Möglichkeit denkt G. Rupprecht[212] bei dem Signifer in CIL XII 367; an sie denke ich auch bei dem jung verstorbenen Prätorianer. Daß aber in der Tat aktive Soldaten Dekurionen werden konnten, beweist unwiderleglich der Fall der Bauinschrift ILAlg I 2130 aus Madauros in Nordostnumidien; in ihr hat sich ein Veteran der im 2. und 3. Jh. in Karthago

[206] Rupprecht 69.

[207] E. Ritterling, in: RE 12, 2, 1925 Sp. 1681–1683 s. v. *legio.*

[208] Ritterling, in: RE 12, 2, 1925 Sp. 1682 s. v. *legio.*

[209] Rupprecht 85. 195. Rupprecht schließt an der letztgenannten Stelle nicht aus, daß der offenbar besonders fähige Mann noch als Primuspilus die Buleutenstellen bekleidete.

[210] S. 260.

[211] Jacques, Privilège 622 Anm. 171. Jacques spricht hier zugleich verallgemeinernd von aktiven Soldaten, die den Dekurionat angenommen haben.

[212] Rupprecht 119 (ohne die Möglichkeit ganz auszuschließen, daß die betreffende Person erst nach dem Quattuorvirat in den Militärdienst trat).

stationierten Cohors prima urbana verewigt, dem der *ordo decurionum* der römischen Kolonie von Madauros während seiner aktiven Militärdienstzeit *(militanti)* den Dekurionat verliehen hatte.[213]

3. Aufnahmemodus

Aus Kap. 125 der erwähnten Lex Ursonensis[214] (in Verbindung mit deren Kap. 66) sowie aus Cic. leg. agr. 2, 96 ergibt sich, daß bei Neugründung einer Stadtgemeinde im allgemeinen wohl der Gründer bzw. dessen Beauftragte die ersten Dekurionen ernannten.[215] Ansonsten gehörte es zur inneren Autonomie der Stadtgemeinden, die Dekurionen nach ihren eigenen Regeln zu rekrutieren,[216] die im jeweiligen Stadtrecht und in der als geheiligt angesehenen Tradition *(mos)* festgelegt waren. Bei den Aufnahmekriterien war davon bereits die Rede.[217] Die Aufnahmemodalitäten waren in gleicher Weise Sache der jeweiligen Gemeinde. Zwar entwickelte sich hier wie in der Gemeindeverwaltung ein gewisser allgemeiner Standard, doch blieb ein Nebeneinander verschiedener Möglichkeiten der Aufnahme. Ihm trugen die Juristen in ihren Texten durch das Vermeiden einer strengen Terminologie Rechnung, denn es waren andere Probleme, die sie an den zur Entscheidung vorgelegten Streitfällen interessierten, nämlich die Gültigkeit einer Wahl zum Dekurio und deren finanzielle Konsequenzen.[218]

Die mehrfach erwähnte Lex Ursonensis[219] vom Jahre 44 v. Chr. spricht in Kap. 101 von einem Eintritt in den Dekurionenrat über eine Benennung als Kandidat *(nominatio)* und eine nachfolgende Wahl *(creatio)*, wobei die Wahl zweifellos durch das *comitium*, die Volksversammlung, erfolgte.[220] Ebenfalls die Volkswahl bezeugen zum einen für die Zeit der ausgehenden Republik Cic. Verr. 2, 2, 120 *(suffragia)* verallgemeinernd in bezug auf die griechischen Städte Siziliens, zum anderen für die kleinasiatische (bithynische) Stadt Prusa in der Zeit Kaiser Trajans Dion Chr. 45, 9 sq. *(cheirotonein, cheirotonia)*.[221]

[213] Jacques, Privilège 622 Anm. 171. 631. Zu dem an der erstgenannten Stelle von Jacques aus dieser Inschrift, aus CIL XI 5217 und aus anderen Zeugnissen gezogenen verallgemeinernden Schluß siehe oben Anm. 211, zur Datierung von ILAlg I 2130 S. Gsell, ILAlg I 2128 Kommentar.

[214] Siehe S. 273.

[215] Langhammer 189; Rupprecht 61.

[216] Horstkotte, Zwangsstaat 87; Jacques, Privilège 572.

[217] S. 257.

[218] Jacques, Privilège 575.

[219] Siehe S. 273.

[220] Horstkotte, Zwangsstaat 87 (der allerdings meint, der Kandidat müsse in der Regel ein städtisches Oberamt bekleidet haben).

[221] Kübler Sp. 2324. Solche *suffragia* erwähnt Cic. Verr. 2, 2, 122 speziell auch für Halaesa an der Nordküste Siziliens (vgl. S. 259).

In welchem Ausmaß die Volkswahl später noch eine Rolle spielte, entzieht sich unserer Kenntnis.[222] Im folgenden ist im Zusammenhang mit dem Eintritt in den Ordo über ein Amt der Gemeindeleitung näher darauf einzugehen.[223] Keinesfalls wird sie durchweg und überall außer Gebrauch gekommen sein.

Neben der Volkswahl, gleichzeitig mit ihr, bestand die Möglichkeit, daß sich ein Dekurionenrat selbst ergänzte. Cicero spricht Verr. 2, 2, 123 bzw. 125 für zwei benachbarte Städte der Südwestküste Siziliens, für Heraclea und Agrigentum, von *cooptatio* („Kooptierung") durch den Rat,[224] ebenso Cael. 5 für eine Gemeinde Italiens,[225] deren Name in der handschriftlichen Überlieferung leider verderbt ist. Und die schon erwähnte Tabula Heracleensis der Zeit 80–75 v. Chr.[226] bietet Z. 85–89 Vorschriften für dasselbe Verfahren.[227] Fronto, der Erzieher der Kaiser Mark Aurel und Verus, schreibt in dem Brief ad amicos II 7 (Fronto p. 193. p. 196 N. = p. 190. p. 193 van den Hout) in bezug auf die Kolonie von Concordia an der Südostküste der Venetia von einer Wahl durch den Ordo *(factus . . . decreto ordinis . . . decurio* bzw. *creari . . . creatus est . . . creatus est).*[228] In den Inschriften wird diese Kooptierung als *adlectio* („Zuwahl") oft erwähnt, ja sie ist hier der am häufigsten bezeugte Weg des Zuganges überhaupt,[229] weil sie von dem Betreffenden und der Gesellschaft als Ehrung empfunden und daher auch der Nachwelt gegenüber als erwähnenswert betrachtet wurde.[230] Verwiesen sei hier nur auf die drei Ehreninschriften CIL XI 3807. 3808. 3809 = ILS 6582 b. c. a des Munizipiums von Veii in Südetrurien aus der Mitte des 3. Jh.[231] Doch gibt es Gemeinden wie die römische Kolonie von Ostia, wo die *adlectio* als Methode der Ergänzung des *ordo decurionum* zumindest im 1. und 2. Jh. die Regel gewesen zu sein scheint.[232] Mitunter war die

[222] Langhammer 232 rechnet mit ihrem zunehmenden Rückgang seit dem 2. Jh., kann aber nicht leugnen, daß es Zeugnisse für eine weitere Existenz gibt, wie z. B. für die Africa sprechende Konstitution Kaiser Konstantins d. Gr. Cod. Theod. 12, 5, 1 vom Jahre 325/326, in der es um die Beamtenwahlen geht (zu ihr vgl. S. 278 f.).

[223] S. 278 f.

[224] Kübler Sp. 2325; Jacques, Privilège 575.

[225] Jacques, Privilège 575.

[226] Siehe S. 257.

[227] Kübler Sp. 2324; Horstkotte, Zwangsstaat 89; Jacques, Privilège 573.

[228] Kübler Sp. 2325. Zum *decretum ordinis* siehe S. 47.

[229] Jacques, Privilège 574. Unklar bleibt, worauf Langhammer 189 seine Behauptung gründet, die *adlectio* sei erst dem 2. Jh. möglich gewesen, und zwar mit kaiserlicher Erlaubnis.

[230] Vgl. Rupprecht 60; Jacques, Privilège 574.

[231] Jacques, Privilège 574 Anm. 5. CIL XI 3808 ist durch Konsulnangabe datiert in das Jahr 256. Die anderen beiden Inschriften sind derselben Person gewidmet. Verallgemeinernd spricht Jacques, Privilège 603 von der *adlectio* als einem der Wege in den Ordo noch während des 3. Jh.

[232] Jacques, Privilège 574. Alle inschriftlich für Ostia bekannten Dekurionen sind durch *adlectio* mittels eines *decretum ordinis* aufgenommen worden.

adlectio mit der Einstufung in eine bestimmte exmagistratische Rangklasse verbunden, etwa in die der hochstehenden *adlecti inter quinquennalicios* („unter die Quinquennalen Zugewählten") des Albums von Canusium aus dem Jahre 223.[233]

Endlich gab es, ebenfalls seit dem Ausgang der republikanischen Zeit und bis in das 3. Jh. hinein bezeugt, als dritten Weg in den Dekurionenrat denjenigen über eines der höheren Gemeindeämter *(honores)*;[234] er führte in der Regel über das im Kursus die erste Stelle einnehmende, also rangniedrigste von ihnen, das Amt des Quästors oder, wo dieses fehlte, das des Ädils. Sicher irrig ist die manchmal vertretene Ansicht, dieser Weg sei lange wenn nicht der einzige, so doch der in der Regel einzuschlagende gewesen.[235] Es läßt sich nicht vorstellen, daß allein der jährliche Zugang zweier Ädilen o. ä. das Einhalten der im jeweiligen Stadtrecht vorgeschriebenen Zahl der Ordo-Mitglieder garantierte, jene Lücken im Rat zu schließen vermochte, die Tod, Aufstieg in den ritterlichen Reichsdienst oder in den Senatorenstand und Vermögensverlust schlugen.[236] In der Tat rechnet die flavischer Zeit entstammende Lex Irnitana, die 1981 in der spanischen Provinz Sevilla gefundene Gemeindeordnung des latinischen Munizipiums von Irni (oder Irnium?) in der Baetica,[237] in ihrem 31. Kapitel damit, daß es Jahre gab, in denen die durch die Gemeindeordnung *(lex)* vorgeschriebene Zahl

[233] Rupprecht 60. Zu Publikationsangaben und Datierung des Albums siehe S. 260.

[234] Liebenam 233; Kübler Sp. 2325; Gagé 163 f.; Langhammer 189; Garnsey, Urban Aristocracy 248 (nur bis zum Beginn des 3. Jh.: siehe unten Anm. 238); Rupprecht 55; Horstkotte, Magistratur 218. Zwangsstaat 88 (wobei Horstkotte an dieser Stelle die Bekleidung der Magistratur nur als Vorbedingung dafür ansieht, daß jemand bei einer Volkswahl als Kandidat für den Rat auftreten konnte); Alföldy, Sozialgeschichte 97; Jacques, Privilège 603.

[235] Gagé 163 f.; Langhammer 188. 198; Alföldy, Sozialgeschichte 97.

[236] Garnsey, Urban Aristocracy 242. Zustimmend Horstkotte, Zwangsstaat 88. Vgl. Garnsey, Urban Aristocracy 248: Am Beispiel des Albums von Canusium mit seinen 100 regulären Dekurionen läßt sich schätzen, daß bei einer plausiblen Todesrate von 20 Dekurionen innerhalb einer Zensurperiode von 5 Jahren neben den 10 am Beginn ihrer munizipalen Ämterlaufbahn stehenden Exmagistraten (im konkreten Fall: Exquästoren) dieses Zeitraumes zusätzlich 10 *pedani* aufgenommen werden mußten, um die Vollzähligkeit zu sichern.

[237] Veröffentlicht von J. Gonzáles, in: JRS 76, 1986, 147–243. – H. Galsterer, in: JRS 78, 1988, 86 zieht aus Kap. 21 der Lex Irnitana den Schluß, die Zugehörigkeit zum *ordo decurionum* sei eine Vorbedingung für die Wahl in ein Amt der Gemeindeleitung gewesen. Dies würde bedeuten, daß in dem betreffenden Munizipium der Weg in den Gemeinderat über eine Magistratur verschlossen war. Dagegen macht H. Horstkotte, in: ZPE 78, 1989, 170–173. 176 deutlich, daß die Lex Irnitana, soweit ihr Text erhalten ist, keine Qualifikationskriterien für die Bekleidung einer Magistratur bietet, ebenso aber auch keinen Anhaltspunkt dafür, daß „der übliche Weg über die Magistratur in Irni verschlossen gewesen wäre" (176). Daraus ist die Berechtigung abgeleitet, im gegebenen Zusammenhang auf die Lex Irnitana hinzuweisen.

der Dekurionen unterschritten wurde, und sieht für einen solchen Fall eine „Wahl beziehungsweise Nachwahl" *(lectio sublectio)* vor. (Leider läßt ihr Wortlaut nicht erkennen, auf welcher Ebene – Volkswahl oder Kooptierung seitens des Ordos – dieser Akt stattfinden sollte.) Jedenfalls dürfte sich aus einer derartigen Ergänzung des Ordos die hohe Zahl der *pedani*, das heißt der Ratsmitglieder ohne vorherige Ämterbekleidung, im Album von Canusium erklären: Die 32 *pedani* stellten ein Drittel des gesamten Ordo.

Die Tabula Heracleensis berücksichtigt in Z. 135–137 auch den Weg über ein höheres Gemeindeamt. In dem Ehrendekret CIL V 532 = ILS 6680 = JJ X 4, 31 der Dekurionen und der Bürger der römischen Kolonie von Tergeste in Istrien aus der Zeit des Kaisers Antoninus Pius ist II 5–7 neben der entsprechenden Lebensführung und dem ausreichenden Vermögen auch die Absolvierung der Ädilität als Vorbedingung für die Aufnahme in den Gemeinderat genannt: ... *prout qui meruissent vita atque censu, per aedilitatis gradum in curiam ... admit[te]rentur* ... Die Auswertung des Albums von Canusium ergibt, daß im Jahre 223 wenigstens ein Drittel oder mehr der Dekurionen über ein Gemeindeamt in den Rat gelangt war.[238]

Für die Wahl in ein Gemeindeamt galten im wesentlichen die gleichen Voraussetzungen wie für die Aufnahme in den Rat;[239] vor allem mußten also *dignitas* („Würde") im Sinne der Oberschichten und ausreichendes Vermögen gegeben sein.

Nicht entscheiden läßt sich, wie lange die Ämter über eine Volkswahl besetzt wurden – eine Volkswahl, deren bekannteste Zeugnisse die Wahlaufrufe der im Jahre 79 untergegangenen Kolonie von Pompeji darstellen. Im allgemeinen wird in der Forschung angenommen, daß zu Beginn des 2. Jh.[240] oder in dessen Verlauf[241] der *ordo decurionum* die Volksversammlung als Wahlgremium ersetzte. Das Beispiel der Stadt Rom vor Augen, ist man leicht geneigt, ihnen dort, wo sie noch zusammentraten, einen nur mehr formalen Wert beizumessen.[242] In jüngster Zeit hat sich F. Jacques kritisch mit dieser traditionellen Ansicht auseinandergesetzt und die einschlägigen direkten und indirekten Zeugnisse der Volkswahl und anderer Äußerungen des Volkswillens, die zeitlich bis zu der die

[238] Horstkotte, Magistratur 222; vgl. Rupprecht 57. Zur Diskussion des problematischen Paulus-Textes Dig. 50, 2, 7, 2 siehe oben Anm. 141. Garnsey, Urban Aristocracy 248 geht davon aus, daß er eine seit Beginn des 3. Jh. gültige Festlegung enthält („Nur noch Dekurionen dürfen ein Gemeindeamt übernehmen."), die den Zugang zum Ordo über ein Gemeindeamt verschloß. Eine offensichtlich ähnliche Ansicht vertritt Langhammer 283. Den Eintritt dieses Effektes setzt Horstkotte, Zwangsstaat 122 erst in das Ende des 3. Jh.

[239] Liebenam 233–235; Langhammer 190–195; Jacques, Privilège 578.

[240] Liebenam 479; Degrassi 315 = Scritti 4, 80.

[241] Langhammer 42 („fast durchweg"). 215 f. 280 f.; Francisco Martin 229; vgl. Kotula, Principales d'Afrique 19 und Jacques, Privilège 379 f.

[242] Liebenam 479; vgl Jacques, Privilège 380.

Diözese Africa betreffenden Konstitution Kaiser Konstantins d. Gr. Cod. Theod. 12, 5, 1 vom Jahre 325 oder 326[243] reichen, einer erneuten eingehenden Prüfung unterzogen.[244] Obwohl sich direkte Zeugnisse für das Weiterbestehen der Volkswahl nur in Afrika finden lassen, eingeschlossen die erwähnte Konstitution von 325/326,[245] räumt er im Ergebnis für das 2. und 3. Jh. ein, es sei eine Tendenz wirksam gewesen, die Volksversammlung aus den Wahlen zu verdrängen oder sie wenigstens zu einem Organ zu machen, das zwar abstimmte, aber nur über die vom *ordo decurionum* designierten Personen.[246] Und er betont zu Recht, das Volk habe auch außerhalb seiner Versammlungen stets eine Größe dargestellt, die von der Munizipalaristokratie respektiert werden mußte und, wie die Äußerungen des Euergetismus als des Werbens um die Volksgunst durch Akte der öffentlichen Freigebigkeit (Munifizenz) bezeugen, durchaus auch ernst genommen wurde.[247]

Alle fünf Jahre wurde in den Stadtgemeinden ein Zensus abgehalten, dessen Ergebnisse nach Rom zu melden waren. Bei dieser Gelegenheit führten die als Zensoren – in der Regel mit dem Titel – *quinquennalis* – fungierenden obersten Gemeindebeamten *(duoviri* u.s.w.) eine Revision des *album decurionum,* des Verzeichnisses der Mitglieder des Gemeinderates, durch, die sogenannte *lectio ordinis.*[248] Ergebnisse solcher Revisionen sind die beiden uns inschriftlich erhaltenen Dekurionenalben: das von Canusium aus dem Jahre 223[249] und das von Thamugadi (Timgad) aus den Jahren 362/363.[250]

Aus dem an Kaiser Trajan gerichteten Brief Plin. epist. 10, 114 (115), 1 geht hervor, daß Pompeius Magnus in seinem die Gemeindeverwaltung in Bithynien

[243] Zur ihr vgl. Anm. 222.

[244] Jacques, Privilège 379–425. Natürlich berücksichtigt er dabei nicht die 1981 gefundene, aber erst 1986 publizierte flavische Lex Irnitana (zu ihr s. S. 277 f. mit Anm. 237). Deren Kap. 59. 60 besagen ganz eindeutig, daß die Beamten aus einer Volkswahl *(comitia)* mit Abstimmung *(suffragium)* nach Kurien *(curiae)* hervorgingen.

[245] Gagé 160 stellt etwas pauschal fest, Zeugnisse des Weiterbestehens der munizipalen Volksversammlungen gebe es bis zu den diokletianisch-konstantinischen Reformen. Lepelley, Cités 140–149 hat die Existenz der Volkswahl bzw. abstimmungsähnlicher Meinungsäußerungen des munizipalen *populus* für Nordafrika bis in das frühe 5. Jh. hinein nachgewiesen (zustimmend Ausbüttel 7f.). Ausbüttel 7f. macht auf Zeugnisse des 4. Jh. (Ehreninschriften, Patronatstafeln) aus Italien aufmerksam, die das Fortbestehen der Volksversammlungen voraussetzen. Der Rückgang vor allem der Inschriften macht es schwierig, eine Minderung des schon in den vorherigen Jahrhunderten nicht sehr großen Einflusses der Komitien im 4. und 5. Jh. eindeutig festzustellen (Ausbüttel 8).

[246] Jacques, Privilège 423 f. 453–455. 792.

[247] Jacques, Privilège 423–425.

[248] Liebenam 230; Kübler Sp. 2325. Zur Anordnung der Mitglieder im Album siehe S. 301 f.

[249] Siehe S. 260.

[250] Siehe S. 263. Nicht munizipal ist das Album von Sigus aus der Zeit vor der Mitte des 3. Jh.: Siehe ebd.

regelnden Gesetz[251] unter anderem festgelegt hatte, aus welchen Gründen die Zensoren Dekurionen aus dem Gemeinderat ausschließen sollten; die Gelegenheit zum Ausschluß bot also die Revision des Albums. Über die zum Ausschluß führenden Gründe erfahren wir aus dem Plinius-Brief nichts, wohl aber aus anderen Quellen, besonders juristischen;[252] hier muß nicht auf sie eingegangen werden. Es gab nach Aussage des unter den Severern tätigen Juristen Ulpian Dig. 48, 22, 7, 20 vollkommene Ausschlüsse, aber auch befristete *(vel ad tempus vel in perpetuum* „auf Zeit oder für ständig"), bei denen eine Rückkehr zum Teil ohne weiteres und an den früheren Platz, zum Teil allein mit kaiserlicher Genehmigung und dabei nur auf eine niedrigere Position möglich war;[253] in allen Fällen mußte ein Gerichtsverfahren vorausgehen.[254]

Ansonsten war die Dekurionenwürde lebenslänglich,[255] so daß wir etwa in den beiden Inschriften CIL XII 5864 = ILS 6999. 6999a aus Vienna in der nördlichen Gallia Narbonensis von zwei siebenundsiebzigjährigen Brüdern im Quästorenamt erfahren, die der Ordo als des Dekurionats würdig bezeichnet hatte. Diese Regelung galt bis ins 3. Jh. hinein.[256] Erst seit den Severern hören wir von einer Obergrenze insofern, als nach Vollendung des 55. Lebensjahres niemand mehr gegen seinen Willen – das heißt sehr wohl aber freiwillig – in den *ordo decurionum* berufen werden konnte.[257] Der unter Septimius Severus und Caracalla tätige Jurist Callistratus erwähnt diese Regelung Dig. 50, 2, 11 als gültig, ebenso sein unter allen vier Severern tätiger Kollege Ulpian Dig. 50, 2, 2, 8, der sich dabei auf entsprechende, nicht näher benannte Kaiserkonstitutionen beruft. Diokletian und Maximian bekräftigen die Gültigkeit dieser Regelung in dem Reskript Cod. Iust. 10, 50, 3 allgemein für alle *munera personalia,* also alle in Person abzuleistenden Lasten und damit auch für diejenigen unter ihnen, die mit der Stellung eines Dekurios verbunden waren. Doch handelte es sich zu ihrer Zeit, in der wahrscheinlich die Zwangsmitgliedschaft „geeigneter" Personen eingeführt wurde, bereits um eine Schutzfrist, ein Privileg, das vor der zwangsweisen Einberufung schützte – zumal ein freiwilliger Eintritt auch weiterhin möglich blieb.[258]

Im allgemeinen wird angenommen, erst die Aufnahme in das Album habe die Aufnahme in den Rat juristisch besiegelt.[259] In jüngster Zeit hat F. Jacques hier

251 Siehe S. 259.
252 Liebenam 235 f.; Kübler Sp. 2329 f.
253 Kübler Sp. 2330; vgl. Liebenam 235 f.
254 Kübler Sp. 2329; Langhammer 189 f. 197.
255 Langhammer 235; Kübler Sp. 2329.
256 Langhammer 193.
257 Langhammer 193. 231. 272 f.
258 Langhammer 193.
259 Degrassi 312 = Scritti 4, 77; Langhammer 196. 198; Garnsey, Urban Aristocracy 248; Rupprecht 55 f. 59 f.; Alföldy, Sozialgeschichte 97. Wenigstens in bezug auf die durch

Zweifel angemeldet, weil weder in den Inschriften noch in den juristischen Quellen die Quinquennalen im Zusammenhang mit der Aufnahme in den Ordo erwähnt seien und weil die Mehrzahl der in den Inschriften erwähnten „Zuwahlen" *(adlectiones,* das heißt „Bestimmungen von *adlecti*") außerhalb der fünfjährlichen *lectiones* stattgefunden zu haben scheine; man müsse annehmen, daß der Rat sich selbst zu demjenigen Zeitpunkt durch eine *adlectio* ergänzte, zu dem es galt, Vakanzen aufzufüllen bzw. Personen durch eine Aufnahme zu ehren.[260] Inzwischen bezeugt die 1981 gefundene Lex Irnitana, wie schon erwähnt,[261] daß der Ordo in der Tat bei Bedarf jährlich ergänzt wurde. Nur jene Personen, die gerade das unterste Gemeindeamt bekleidet hatten, das ein Anrecht auf den Eintritt in den Ordo mit sich brachte, also die Exquästoren bzw. Exädilen, könnten, räumt Jacques ein, nach Aussage unter anderem des schon erwähnten[262] Briefes Plinius' d. J. an Trajan Plin. epist. 10, 79 (83) dann bis zur nächsten *lectio* haben warten müssen, wenn bei ihrem Ausscheiden aus dem Amt der Ordo komplett war und sie nicht schon vorher zu den *pedani,* also den Ratsmitgliedern ohne vorherige Amtsführung, gehört hatten; aber auch dann, so sei zu vermuten, hätten sie wohl schon vorher eine beratende Stimme im Rat gehabt – in der Art vermutlich der in der Tabula Heracleensis Z. 96. 109. 124. 126. 128. 131. 133. 135. 138. 149 erwähnten *conscripti.*[263] Und ebenso wie die

Wahl zu Dekurionen Bestimmten nimmt dies an Horstkotte, Zwangsstaat 88 f. 122, wobei er davon ausgeht, daß einerseits die Exmagistrate sich einer Wahl stellen mußten, andererseits überhaupt nur sie als Wahlkandidaten auftreten durften (s. oben Anm. 234). Langhammer 198 macht folgende Einschränkungen: Unmittelbar, das heißt außerhalb der Zensus-*lectio,* seien aufgenommen worden die *adlecti,* die zugleich einer bestimmten Rangklasse (*quinquennalicii, duoviralicii* usw.) zugewiesen wurden, sowie solche Personen, die als *sublecti* an die Stelle verstorbener oder ausgestoßener Dekurionen traten und anscheinend vom Ordo selbst kooptiert worden seien. Eine ähnliche Einschränkung akzeptiert Rupprecht 60, meint aber, sie habe alle *adlecti* betroffen, also auch die als *pedani* bezeichneten, die nicht einer bestimmten Rangklasse zugewiesen worden waren.

260 Jacques, Privilège 576 f. 579; vgl. dens. ebenda 573: Es gibt kein Zeugnis dafür, daß eine Kooptierung in den Dekurionenrat nur während eines der fünfjährlichen Zensus stattfand. In dieselbe Richtung wie Jacques denken schon Langhammer 198 und Rupprecht 60, ohne doch die traditionelle Position ganz zu verlassen; siehe Anm. 259.

261 S. 277.

262 S. 258.

263 Jacques, Privilège 579, der bezweifelt, daß es sich um eine im 2. und 3. Jh. noch verbreitete Personenkategorie handelt. Zu den *conscripti* siehe auch Langhammer, Magistratus municipales 199, der sie für identisch hält mit den *pedani,* das heißt den Mitgliedern des *ordo decurionum,* die, ohne vorher ein Gemeindeamt bekleidet zu haben, durch Volkswahl oder *adlectio* seitens des Ordo zu Dekurionen berufen worden waren, ohne dabei zugleich einer bestimmten Rangklasse (*quinquennalicii, duoviralicii* usw.) zugeteilt zu werden.

quaestoricii bzw. *aedilicii* dürften die *pedani* selbst bei Gelegenheit der *lectio* aufgenommen worden sein.[264]

Dort, wo sich der *ordo decurionum* durch *cooptatio* bzw. *adlectio* selbst ergänzte, fiel es ihm zweifellos am leichtesten, Angehörige seiner Schicht, der Munizipalaristokratie, oder ihm genehme Vertreter der Plebs, der *humiliores,* in seinen Kreis aufzunehmen. Aber auch wo der Zugang zum Rat über eine Volkswahl – direkt oder indirekt (d. h. über ein höheres Gemeindeamt) – erfolgte, fand er sicherlich dank seiner gesellschaftlichen Machtposition Mittel und Wege, seine diesbezüglichen Vorstellungen zu verwirklichen, obwohl hier eher die Möglichkeit bestanden haben dürfte, daß ein *homo novus* aus den Reihen der Plebs in die Munizipalaristokratie aufstieg. Besonders zu erinnern ist in diesem Zusammenhang zum einen an die während des fünfjährlichen Zensus erfolgende *lectio ordinis,* die von zwei Zensusbeamten aus den Reihen der lokalen Oberschicht *(quinquennales* o. ä.) vorgenommen wurde und gegebenenfalls erst die Aufnahme in den Ordo brachte, und zum anderen an das *decretum ordinis,* den Beschluß des Rates, der die entsprechende Entscheidung der Zensusbeamten ergänzte.[265]

Bis zum Ende der Prinzipatszeit blieb der Eintritt in den Dekurionenstand generell freiwillig und von der Entscheidung des Betroffenen bzw., wenn er noch in der Gewalt *(potestas)* seines Vaters stand, von dessen Zustimmung abhängig. Dies haben in jüngster Zeit Untersuchungen besonders F. Jacques' erneut gezeigt. Vor allem die Rechtsquellen sprechen hier eine recht deutliche Sprache.[266]

Entgegen dem Prinzip der Freiwilligkeit wurde der Wille des Betroffenen nicht immer berücksichtigt. Infolgedessen ist in den Rechtsbestimmungen severischer Zeit Cod. Iust. 10, 62 (60), 1 (Septimius Severus/Caracalla) und Dig. 50, 2, 6, 4 (Papinian). 50, 1, 2 pr. (Ulpian). 50, 2, 7, 3 (Paulus? Vgl. Anm. 141 zu Dig. 50, 2, 7, 2) die Möglichkeit eingeräumt, gegen eine Nominierung zum Dekurio zu appellieren.[267] Zwang bei der Besetzung der Dekurionenstellen und freiwilliger Eintritt in den Rat – dieses Nebeneinander war keineswegs eine Be-

264 Jacques, Privilège 579. Verallgemeinernd bezeichnet er ebenda 603 die *lectio* während des Zensus als einen der noch im 3. Jh. gangbaren Wege in den *ordo decurionum.*

265 Zu dem *decretum ordinis* nach der *lectio ordinis* siehe Jacques, Privilège 579, der auf die dabei gegebene letztendliche Entscheidung des Rates über die Aufnahme hinweist. Zu dem *decretum ordinis* als Ergänzung auch der *adlectio* siehe dens. ebenda 574. 603.

266 Jacques, Privilège 364 f. 378. 579–583. Eine Zusammenstellung entsprechender Rechtsquellen bietet Jacques ebenda 360.

267 Jacques, Privilège 580–582.

sonderheit der severischen Zeit.[268] Er ist für diese quellenreiche Zeit nur besonders gut dokumentiert,[269] einmal weil in den späteren Rechtssammlungen Regelungen der Zeit Mark Aurels und der Severer bevorzugt worden sind[270] und zum anderen weil in dieser Zeit zunehmende (besonders finanzielle) Schwierigkeiten im öffentlichen Leben die Zahl der Streitfälle zunehmen ließen und damit eine Entwicklung der Rechtssprechung erforderten.[271] Ansonsten aber stellte, wie F. Jacques äußert, dieses Nebeneinander eine Eigenheit der antiken Stadt überhaupt dar[272] – genauso wie der Egoismus der Notabeln und die Zurückweisung munizipaler Ämter und Lasten.[273]

Die Nominierung Unfreiwilliger *(inviti)* zu *bonores* läßt sich über das Reskript der Kaiser Mark Aurel und Verus Dig. 50, 1, 38, 6 *(qui compulsi magistratu funguntur* „die unter Zwang ein Amt bekleiden") zurückverfolgen bis zum Kap. 51 der Lex Malacitana der Jahre 82–84, zum Kap. 60 der Lex Irnitana vom Jahre 81[274] und sogar zu dem Edikt Oktavians FIRA^2 I p. 315–317 n. 56, in dem der Triumvir seinen Veteranen eine Vielzahl von Immunitäten zugestanden hat,[275] u. a. die von munizipalen Ämtern *(munera publica* – worunter hier die eigentlichen *munera* wie die *honores* zu verstehen sind) – eine Bestimmung, die die Benennung von *inviti* zu den Gemeindeämtern voraussetzt.[276] Die Inschrift CIL X 1132 = ILS 6447 aus Abellinum im südwestlichen Samnium schließlich bezeugt zweifellos unmittelbar die Existenz von *decuriones inviti* seit der Zeit des Kaisers Augustus:[277] Geehrt ist mit ihr ein römischer Ritter, der von den Dekurionen der römischen Kolonie Abellinum in den Rat berufen worden war, wobei – wohl im Dekurionenalbum – auf seinen Wunsch ausdrücklich vermerkt war, dies sei mit seiner Einwilligung *(voluntas)* geschehen. Es tut also nichts zur Sache, daß die Bezeichnung *decurio invitus* erst in dem Brief Kaiser Trajans Plin.

[268] Langhammer 189. 198 rechnet damit, daß seit der severischen Zeit alle geeigneten Grundbesitzer *(possessores)* Mitglieder des *ordo decurionum* waren – freiwillig oder durch zwangsweise *adlectio;* vgl. dens. ebenda 283.

[269] Jacques, Volontariat 269; vgl. ders., Privilège 371 und die Zusammenstellung der einschlägigen juristischen Quellen, die ders. ebenda 369 f. bietet (einige davon erwähnt auch Garnsey, Urban Aristocracy 230).

[270] Jacques, Privilège 373.

[271] Jacques, Privilège 373 f.

[272] Jacques, Volontariat 269 f.

[273] Jacques, Privilège 373. 377 f. 800.

[274] Zu Publikation und Datierung der beiden Gemeindeordnungen siehe S. 259 bzw. S. 277.

[275] Siehe S. 270.

[276] Jacques, Volontariat 269. Privilège 372 f.

[277] Jacques, Volontariat 269. Privilège 375. Das in der Inschrift erwähnte republikanische Militäramt des *tribunus militum a populo* ist zuletzt für die Zeit des Augustus bezeugt; siehe J. Lengle, in: RE 6 A 2, 1937 Sp. 2442 s. v. *tribunus militum.* Dieser Umstand ermöglicht die Datierung in die augusteische Zeit.

epist. 10, 113 (114) belegt ist,[278] einem Dokument aus der bithynischen Statthalterschaft Plinius' d. J. in den Jahren 111/112 oder 112/113, und dann wieder für die severische Zeit indirekt bei Ulpian Dig. 50, 2, 2, 8,[279] wo wir lesen ... *ad decurionatus honorem inviti vocari* („daß zur Würde des Dekurionats Leute gegen ihren Willen berufen werden"), zudem vielleicht in dem Reskript Septimius Severus' Dig. 50, 1, 18, worin von *inviti* die Rede ist, die *honores*(?)[280] bekleiden.[281]

Die Bestellung von *decuriones inviti* war zweifellos schon seit der frühen Kaiserzeit möglich.[282] Als Begründung einer zwangsweisen Nominierung diente eine Notlage der Gemeindeverwaltung infolge Bewerbermangels. Ganz eindeutig ist davon die Rede in bezug auf die Gemeindeämter *(honores)* in den gerade erwähnten beiden flavischen Gemeindeordnungen, und zwar in Kap. 60 der Lex Irnitana bzw. in Kap. 51 der Lex Malacitana.[283] Während die Lex Irnitana auf die anzuwendende Prozedur nicht näher eingeht, ist die Lex Malacitana in diesem Punkte recht ausführlich: Waren nicht genügend Bewerber für die Gemeindeämter vorhanden, konnte der Wahlleiter von sich aus Kandidaten aufstellen, und jeder so Benannte hatte wiederum das Recht, seinerseits Kandidaten zu benennen. Da die Bekleidung eines der leitenden Gemeindeämter vielerorts laut Gemeindeverfassung eine Vorbedingung – wenn auch nicht die einzige – für einen Platz im *ordo decurionum* darstellte,[284] konnte es über die unfreiwillige Kandidatur zu einem Gemeindeamt zu einer unfreiwilligen Ordo-Mitgliedschaft kommen. Parallel ist daher auch mit einer unfreiwilligen Benennung als Kandi-

[278] Jacques, Privilège 374. Jacques macht hier allerdings Zweifel an dem Zeugniswert geltend unter Hinweis auf Ausführungen A. N. Sherwin-Whites in dessen Kommentar zu den Plinius-Briefen (Sherwin–White 723 f.): Da in Plinius' den kaiserlichen Brief auslösendem Anfrage-Brief Plin. epist. 10, 112 (113) nur von „überzähligen" *(super legitimum numerum)* Dekurionen die Rede ist, das heißt von solchen, die über die reguläre, in dem jeweiligen Gemeindestatut vorgesehene Anzahl hinaus vorhanden waren, und nicht von „unfreiwilligen", meint Sherwin–White, statt des in den Handschriften überlieferten Wortes *inviti (eos, qui inviti fiunt decuriones)* habe man *invitati* „Eingeladene", „Hinzugezogene" im Sinne von „Überzählige" zu lesen. Gegen diese von B. Mynors in die Oxford-Ausgabe der Plinius-Briefe 1963 übernommene Korrektur wendet sich mit gutem Argument zugunsten des überlieferten *inviti* G. P. Goold in der Rezension zu Mynors' Edition, in: Phoenix 18, 1964, 327 f.

[279] Jacques, Privilège 374.

[280] Überliefert ist an der betreffenden Stelle *oneribus* „Lasten", wofür die Lesung *honoribus* vorgeschlagen worden ist.

[281] Garnsey, Urban Aristocracy 230 – der offensichtlich *honoribus* übernimmt, ohne auf die überlieferte Lesung hinzuweisen, und keine Zweifel an dem entsprechenden Zeugniswert äußert.

[282] Horstkotte, Zwangsstaat 125.

[283] Zur Regelung der Lex Malacitana vgl. Garnsey, Urban Aristocracy 231.

[284] Siehe S. 277 f.

dat für eine Direktwahl in den Rat zu rechnen.[285] Das Recht des Einzelnen hatte hinter dem Interesse der Gemeinde zurückzustehen.[286] Dementsprechend haben Mark Aurel und Verus in ihrem Reskript Dig. 50, 4, 11, 2 jegliche *immunitas* aufgehoben für den Fall eines Mangels an Bewerbern um ein Gemeindeamt. Es handelt sich also nicht um Sicherheitsvorkehrungen einer ausgesprochenen Krisenzeit,[287] wie dies etwa W. Langhammer[288] für die zweite Hälfte des 2. Jh. meint, in der sich kaum noch Freiwillige zur Bekleidung der munizipalen *honores* gefunden hätten.

Aus der späteren Prinzipatszeit, beginnend mit Mark Aurel und den Severern, sind uns eine Reihe kaiserlicher Reskripte bzw. Konstitutionen und Äußerungen kaiserlicher Juristen erhalten, die sich mit der Aufnahme von Plebejern in den *ordo decurionum* befassen. Danach waren uneheliche Söhne, Inzestgeborene, Söhne eines Sklaven und einer Freien, vermögende Händler und Juden zum Dekurionat zugelassen.[289] Allerdings war dies an Bedingungen geknüpft, wie „ehrenhaften" Lebenswandel, ausreichendes Vermögen oder – ausdrücklich etwa im Zusammenhang mit den Lebensmittelhändlern vermerkt von dem zu Anfang des 3. Jh. wirkenden Juristen Callistratus Dig. 50, 2, 12 – Mangel *(paucitas)* an *honesti*, also an Angehörigen der Munizipalaristokratie, der allein die Aufnahme derartiger Nicht-*honesti* rechtfertige.

In der Forschung ist der Inhalt dieser Bestimmungen teilweise verstanden worden als Abstriche an den ursprünglich strengeren Qualifikationsbedingungen, Abstriche, die gemacht wurden, um den infolge der Krise des Reiches und der zunehmenden Belastungen der Dekurionen sich verringernden Kreis von Gemeinderatsanwärtern zu erweitern.[290] Ohne weiteres zuzugeben ist, daß die Sorge der Zentralgewalt deutlich wird, die Fortexistenz der für die Reichsverwaltung so wichtigen Dekurionenräte durch den Zugang vor allem finanziell geeigneter frischer Kräfte zu gewährleisten[291] und diesen Zugang auch gegen den möglichen Widerstand der zum Abschluß gegen die Plebs tendierenden Munizipalaristokratie offenzuhalten.[292]

Folgende Gesichtspunkte jedoch sind bei der weiteren Beurteilung unbedingt zu berücksichtigen. Zum einen wurde, wie im Zusammenhang mit dem Problem der *decuriones inviti* gezeigt worden ist, schon von Beginn der Prinzipatszeit an mit der Möglichkeit des Mangels an geeigneten Dekurionatsanwärtern gerechnet. Zum anderen hat die seit der trajanischen Zeit bezeugte Tendenz der

[285] Horstkotte, Zwangsstaat 88. Zur Direktwahl in den Ordo siehe S. 275 f.

[286] Nach Jacques, Privilège 373 entsprach diese Rangordnung der antiken Mentalität.

[287] Krause, Städtepatronat 16.

[288] Langhammer 225. 283. Vgl. dens. ebenda 189. 198.

[289] Liebenam 491 mit Anm. 1; Kübler Sp. 2327; Langhammer 194. 227 f.; Neesen 225.

[290] Liebenam 490; Langhammer 194. 227-229; Neesen 225. Siehe auch oben S. 266 f.

[291] Siehe auch oben S. 265 f.

[292] Siehe oben S. 257 f.

Munizipalaristokratie, den Angehörigen der Plebs den Zugang zum *ordo decurionum* zu verwehren, sofort das Bestreben der Zentralgewalt ausgelöst, geeigneten Angehörigen der Plebs diesen Zugang offenzuhalten.[293] Folglich kann weder der erzwungene Eintritt in den *ordo decurionum* entgegen dem Anschein, der sich aus der zeitlichen Verteilung der Quellen ergibt, als Besonderheit der severischen Zeit gewertet werden[294] noch das Offenhalten des Ordos für die Plebejer insgesamt bzw. für deren im vorhergehenden besonders angesprochene Kreise als Indiz einer sich seit der Severerzeit entwickelnden besonderen Krisensituation des Ordos.[295] Und drittens ist die besondere Lage der Überlieferung der hier einschlägigen juristischen Texte zu bedenken: Texte der Prinzipatszeit sind erhalten in den spätrömischen Gesetzessammlungen, und wir haben uns abzufinden mit dem dort praktizierten Auswahlprinzip, das Texte älterer Zeit weniger berücksichtigte als solche jüngerer, darunter gerade der Zeit der Severer. Es wäre falsch, aus dem Inhalt der Texte und deren Datierung Schlüsse zu ziehen auf den Zeitpunkt, zu dem die behandelten Probleme auf die Tagesordnung der Reichsverwaltung kamen.

Die skizzierte Quellensituation zum Problem der Zwangsmitgliedschaft im *ordo decurionum* und in der Frage der Öffnung des Rates für Angehörige der Plebs hat in der Forschung teilweise zu der Ansicht geführt, ein bereits unter den Antoninen spürbarer Mangel an geeigneten Kandidaten für den Ordo habe möglicherweise veranlaßt, daß bereits am Ende der severischen Zeit für die männlichen Angehörigen der Munizipalaristokratie, also für die Dekurionensöhne, die erbliche Verpflichtung zur Mitgliedschaft eingeführt wurde.[296] Dieser Ansicht wird von anderer Seite widersprochen.[297] Teilweise bezeichnet man vorsichtig das 3. Jh. als Zeit der erblichen Bindung an den Ordo,[298] teilweise schränkt man den Zeitraum, in dem diese festgelegt wurde, weiter ein auf das Ende des Jahrhunderts.[299] Damit nähert man sich den traditionellen Auffassungen – der schon von W. Liebenam[300] vertretenen, die Bindung der Söhne eines Dekurios an den Ordo auf der Grundlage ihrer Geburt sei im Zuge der diokletia-

[293] Siehe oben S. 258 f.

[294] Siehe S. 282 f.

[295] Horstkotte, Zwangsstaat 95–97 in bezug auf die hier angesprochenen Kreise der Plebs; zum gleichen Urteil über das Offenhalten des Ordos für die Plebs insgesamt siehe oben S. 266 f.

[296] Horstkotte, Zwangsstaat 104–109. 122. 124 f. – der die Einführung der obligatorischen Ratsmitgliedschaft der Dekurionensöhne als frühestens am Ende der severischen, spätestens in der diokletianischen Zeit erfolgt bezeichnet.

[297] Garnsey, Urban Aristocracy 249; Jacques, Privilège 603. 613.

[298] Stein 17. 51; Stahl 46 f. Für möglich hält die Einführung der erblichen Bindung im 3. Jh. auch Rupprecht 173 f.

[299] Jones 58.

[300] Liebenam 492.

nischen Reformen erfolgt,[301] der von B. Kübler[302] und anderen[303] vertretenen, die einen Zusammenhang mit der gesamten diokletianisch-konstantinischen Neuordnung des Staates herstellt, sowie der von O. Seeck[304] und anderen[305] vertretenen, Konstantin d. Gr. habe in diesem Zusammenhang die bestimmende Rolle gespielt.

Beim gegenwärtigen Kenntnisstand darf man wohl davon ausgehen, daß die diokletianisch-konstantinischen Reformen die gesetzliche Bindung der Dekurionensöhne an den *ordo decurionum* ihres jeweiligen Vaters brachten.[306] Der genaue Zeitpunkt der Einführung hat sich bisher nicht feststellen lassen.[307] Zwei Reskripte Diokletians und Maximians, Cod. Iust. 12, 33 (34), 2[308] von 284 oder 292 und Cod. Iust. 10, 32 (31), 5[309] von 286, lassen darauf schließen, daß sie bereits am Ende des 3. Jh. galt. Deutlich nachweisbar ist sie jedoch erst seit der Zeit Konstantins d. Gr. – ab 320 mit der Konstitution Cod. Theod. 12, 1, 7[310] bzw. ab 325 mit der Konstitution Cod. Theod. 12, 1, 10.[311] Obwohl auch aus der Zeit Konstantins kein Gesetz bekannt ist, das den Grundsatz der erblichen Bindung der Dekurionen allgemein ausspricht,[312] vermutet angesichts der Quellensituation W. Schubert, dieser Kaiser erst habe sie zu einem allgemeinen Prinzip erhoben.[313] Seine Vermutung wird von H. Horstkotte zurückgewiesen: Das allgemeine Prinzip der Bindung habe bereits bestanden und sei von Konstantin nur gegen Verstöße verteidigt worden.[314] Angesichts dieser Diskussion wird man

301 Vertreten auch von Schubert 309; Langhammer 285; Horstkotte, Zwangsstaat 104–109. 122. 124 f.; Ausbüttel 10. Horstkotte bezeichnet es als möglich, daß die obligatorische Ratsmitgliedschaft der Dekurionensöhne bereits am Ende der severischen Zeit eingeführt wurde; vgl. Anm. 296.

302 Decurio Sp. 2344.

303 Langhammer 33. Rupprecht 62 spricht allgemein von der Wende vom 3. zum 4. Jh. als dem Zeitraum der Einführung des „Erbzwanges".

304 Seeck 315–322.

305 Piganiol 75.

306 Die Bindung bezog sich grundsätzlich auf die Abstammung von einem Dekurio/Kurialen, nicht auf die von dessen Tochter: Schubert 310 f. unter Hinweis auf die Konstitutionen Cod. Theod. 12, 1, 122 der Kaiser Valentinian, Theodosius und Arcadius von 390 (vgl. S. 288) und Cod. Theod. 12, 1, 137 der Kaiser Theodosius, Arcadius und Honorius von 393. Doch gab es örtlich wie zeitlich auch hierbei Ausnahmen, die sogar die Söhne von Kurialentöchtern, die sich mit Nichtkurialen (Freien oder gar Sklaven) liiert hatten, banden; hierzu Schubert 312.

307 Schubert 309; Horstkotte, Zwangsstaat 108.

308 Schubert 309 und Horstkotte, Zwangsstaat 104–107.

309 Hierzu im gegebenen Zusammenhang Schubert 309.

310 Schubert 309.

311 Schubert 309; Horstkotte, Zwangsstaat 104.

312 Schubert 309.

313 Schubert 309. 330; vgl. dens. 292.

314 Horstkotte, Zwangsstaat 108.

am besten von der Annahme ausgehen, daß sowohl Diokletian wie Konstantin an der Einführung beteiligt waren.

Seit Konstantin reißt die Kette einschlägiger späterer Kaisererlasse zum Thema der Erblichkeit des Dekurionen- bzw. Kurialenstatus nicht mehr ab.[315] Erwähnt seien wegen ihrer eindeutigen Formulierungen hier nur zwei Beispiele: die Konstitution der Kaiser Valentinian, Theodosius und Arcadius von 390 Cod. Theod. 12, 1, 122 (. . . *qui statim ut nati sunt, curiales esse coeperint* „die von Geburt an Kurialen sind"; vgl. Anm. 313) und Cod. Theod. 13, 5, 19 (*Manebit vero in ordine curiali et ei filius in officium curiale succedat.* „Er wird aber im Kurialenstand verbleiben, und sein Sohn soll ihm in das Kurialenamt nachfolgen.")

Alle diese Entscheidungen beruhen auf den ständigen Versuchen, das geltende Recht zu unterlaufen.[316] Sie verraten, daß allen Anstrengungen der Zentralgewalt zum Trotz eine volle Durchsetzung des Prinzips der Bindung niemals gelang, daß vielmehr immer wieder Abstriche gemacht und Verstöße unter bestimmten Bedingungen sanktioniert wurden. Sofern sie nachkonstantinischer Zeit entstammen, zeigen sie zugleich deutlich, daß sich das Augenmerk der Regierung zwar vorrangig auf die personelle Sicherung des *ordo decurionum* bzw. der Kurie richtete, dabei jedoch die finanzielle nicht vernachlässigt wurde: Ebenso sehr an der einzelnen Person war ihr gelegen wie an deren Vermögen als der Grundlage der Existenz und Handlungsfähigkeit eines Ratsmitglieds.[317] Die einzelne Person konnte deshalb unter Umständen aus ihrer Verpflichtung entlassen werden, wenn sie ihr Vermögen bzw. einen beträchtlichen Teil desselben an einen Ersatzmann (aus der Verwandtschaft oder anderswoher) oder auch direkt an die Kurie abtrat.[318]

Es dürfte allerdings nicht richtig sein, aus den entsprechenden Nachrichten mit H. Horstkotte[319] und anderen[320] abzuleiten, es habe eine Zwangserblichkeit der Mitgliedschaft in der Kurie im eigentlichen Sinne, das heißt auf die Person bezogen, gar nicht gegeben, oder mit G. Alföldy[321] noch weiter zu gehen und zu leugnen, daß es überhaupt eine gesetzlich vorgeschriebene Zwangserblichkeit

[315] Vgl. Liebenam 492–496; Kübler Sp. 2344 f.; Schubert 309; Horstkotte, Zwangsstaat 104.

[316] Horstkotte, Zwangsstaat 107.

[317] In diese Richtung zielen auch die in nachkonstantinischer Zeit – seit dem Ende des 4. bzw. dem Anfang des 5. Jh. – vorgenommenen Beschränkungen der Verfügungs- und Testierfreiheit bezüglich des Kurialenvermögens. zu ihnen siehe etwa Liebenam 495 mit Anm. 3; Kübler Sp. 2348 f.; Schubert 317–322. 324–330; Horstkotte, Zwangsstaat 110–112.

[318] Zu den entsprechenden Zeugnissen siehe etwa Liebenam 493–495; Kübler Sp. 2346; Schubert 294–296. 298. 305–308, vgl. ders. ebenda 331.

[319] Zwangsstaat 125.

[320] Z. B. Ausbüttel 10 f.

[321] Sozialgeschichte 165.

des Kurialenstatus gab. Wohl war es, wie Horstkotte betont,[322] möglich, sich durch Aufgabe des Vermögens oder eines Vermögensteiles von der Kurienpflicht und damit verbundenen Lasten zu befreien und so seine „Privatautonomie“[323] zu wahren. Doch wer wird ohne Not so seine Existenz aufs Spiel gesetzt haben?[324]

Über die Ursachen, die zur gesetzlichen Bindung der Dekurionen/Kurialen und ihrer Söhne an ihren Stand geführt haben, hat sich die Forschung immer wieder Gedanken gemacht. Nicht bezweifelt werden kann, daß die in der Antoninenzeit einsetzende, seit der Severerzeit sich verstärkende allgemeine Krise des Reiches als Ausgangspunkt der entsprechenden Entscheidung(en) anzusehen ist. Diese Krise machte die Bereitstellung umfangreicher Mittel zur Verteidigung gegen die äußeren Feinde des Reiches, aber auch zur Bestreitung der Bürgerkriege im Inneren notwendig und beeinträchtigte gleichzeitig die Reproduktion der entsprechenden Quellen, die sich sowohl in der kaiserlichen wie in der städtischen Wirtschaft mit Landwirtschaft, Handwerk und Handel fanden. Das alte Problem, geeigneten Nachschub für den *ordo decurionum* zu finden, dürfte sich in der Folge verschärft haben; auf das in diesem Zusammenhang immer wieder angesprochene Problem der „Kurialenflucht“ wird noch einzugehen sein.[325] Die Zentralregierung hat sich bei der Einführung der erblichen Bindung ganz sicher von der Absicht leiten lassen, die Funktionsfähigkeit der Städte als der unteren Verwaltungsebene und damit als einer der wesentlichen Existenzgrundlagen des Reiches weiterhin zu gewährleisten. Kein Zweifel kann in diesem Zusammenhang auch daran bestehen, daß über die städtischen Verwaltungseinheiten das notwendige Steueraufkommen gesichert werden sollte und daß dies entsprechend der Verwaltungstradition nur möglich war, wenn personell wie materiell ein funktionsfähiger Ordo bzw. eine funktionsfähige Kurie vorhanden war.

Das zeitliche Zusammentreffen der einschneidenden Änderungen der Steuerpolitik des Reiches im Zuge der diokletianisch-konstantinischen Reformen mit der Einführung der Bindung an den Kurialenstand hat die Forschung veranlaßt, in der Änderung der Steuerpolitik traditionell den wesentlichsten Grund der Zwangsbindung zu sehen.[326] Dagegen macht H. Horstkotte geltend, daß die Aufgaben und Verpflichtungen der leitenden Gemeindebeamten und des gesam-

[322] Zwangsstaat 125; vgl. dens. ebenda 122.

[323] Horstkotte, Zwangsstaat 125.

[324] Dies ist eine Frage, die sich auch Ausbüttel 11 (vgl. Anm. 320 und den zugehörigen Text) mit Recht stellt. Er gibt zu, daß eine derartige „Freiheit“ der persönlichen Entscheidung über die Mitgliedschaft in der Kurie nur in auswegloser Lage zum Verzicht auf die kuriale Existenz geführt haben dürfte; wie oft ein solcher Fall eintrat, bleibe im dunkeln.

[325] Siehe S. 296–298.

[326] Liebenam 489 f.; Gagé 164; Langhammer 285; Klein 62.

ten Rates in der Finanzverwaltung – eingeschlossen ihre finanzielle Haftung in bestimmten Fällen – bereits vor Einführung der erblichen Bindung der Kurialen bestanden; er zeigt, daß weder ein zeitlicher noch gar ein ursächlicher Zusammenhang zwischen den Aufgaben in der Finanzverwaltung und der Bindung nachgewiesen werden kann.[327] Damit ist natürlich auch ein ursächlicher Zusammenhang zwischen dem diokletianisch-konstantinischen Steuersystem und der erblichen Bindung an den Kurialenstand verneint und von dieser Seite her die Frage nach dem Datum der Einführung der Bindung nicht zu beantworten. Allerdings kann bei der Planung des neuen Steuersystems mitbedacht worden sein, daß die Neuregelung der Mitgliedschaft in der Kurie dann auch diesem System zugute kommen mußte.

4. Größe eines *ordo decurionum* und Anteil an der Gesamtbevölkerung

Die Zahl der Mitglieder eines *ordo decurionum* dürfte in der jeweiligen Gemeindeverfassung festgelegt gewesen sein.[328] Jedenfalls sagt die schon erwähnte, flavischer Zeit entstammende Lex Irnitana[329] in ihrem 31. Kapitel ganz eindeutig, die Größe des Ordos sei bestimmt durch örtliches Recht und örtliche Gewohnheit: Im Falle des Municipium Flavium Irnitanum war in die Lex eben jene Dekurionenzahl von 63 übernommen worden, die bereits vorher *iure more eiius municipi* („durch Recht und Gewohnheit dieses Munizipiums") festgelegt gewesen war.[330]

Ziemlich oft hören wir aus den einschlägigen Quellen[331] von der 100, so daß man diese Zahl als die Regelzahl der Gemeinden annehmen kann.[332] Sie galt noch für das 3. Jh.: Das Album von Canusium vom Jahre 223[333] verzeichnet zwar

[327] Zwangsstaat 124 f.

[328] Langhammer 190. Von einer Festlegung in der *lex* der betreffenden Gemeinde geht auch Liebenam 229 aus (der ebenda Anm. 1 auf entsprechende Quellenaussagen hinweist). Beide kennen noch nicht die im Folgenden genannte Lex Irnitana.

[329] Siehe S. 277 mit Anm. 237.

[330] Dazu Nicols 714 f.

[331] Quellen bei Mommsen, Staatsrecht 3, 845; Liebenam 229 Anm. 2; Kübler Sp. 2323 f.; Gagé 163; Duncan-Jones, Economy 283 f.; Nicols 713–717. 719 (mit kritischer Beleuchtung der Ausführungen Duncan-Jones', Economy 283 f.).

[332] Mommsen, Staatsrecht 3, 845; Liebenam 229; Kübler Sp. 2323; Duncan-Jones, Wealth 168; Gagé 163; Duncan-Jones, Economy 285. 287; Garnsey, Urban Aristocracy 245; Rupprecht 58; Alföldy, Sozialgeschichte 110; Horstkotte, Magistratur 221. Gegen die Annahme einer solchen „Standardgröße" polemisiert Nicols (s. besonders die Zusammenfassung 718 f., in der er dennoch zugeben muß, daß 100 vielleicht eine Idealzahl darstellte).

[333] Siehe S. 260.

insgesamt 164 Ordo-Mitglieder; rechnet man jedoch die 25 *praetextati* und die 39 *patroni* aus dem Ritter- und dem Senatorenstand ab, ergibt sich genau 100 als die Zahl der ordentlichen Mitglieder.[334] Entsprechend sind die Dekurionen in älterer Zeit zum Teil, wie schon erwähnt,[335] als *centumviri* („Hundertmänner") bezeichnet worden.[336] Abweichungen waren selten.[337] Sie kamen vor allem in Städten des griechischsprachigen Ostens vor, wenn die alte Tradition der *gerusia* mit oft mehreren hundert *buleutai* fortlebte.[338] Doch gab es auch Zahlen unter 100 – vor allem in kleineren Stadtgemeinden.[339] Nachdem die erbliche Bindung an den Ordo bzw. die Kurie eingeführt worden war, kann es logischerweise keine in der Gemeindeordnung festgelegte Mindest- oder Maximalzahl der Ratsmitglieder mehr gegeben haben.[340]

Interessant wäre, das zahlenmäßige Verhältnis zwischen Dekurionen und der übrigen Bevölkerung einer bestimmten Stadtgemeinde bzw. des gesamten Reiches zu erfahren. Doch bedauerlicherweise fehlen, von wenigen Ausnahmen abgesehen, Quellen, die uns zuverlässige Auskunft über die Bevölkerung einzelner Städte wie des gesamten Imperiums geben oder wenigstens Berechnungen mit einigermaßen zuverlässigem Ergebnis anstellen lassen. Was die einschlägigen Quellen uns dagegen vermitteln, ist ein allgemeiner Eindruck von der Größe der Bevölkerung und von ihrer Zu- oder Abnahme.[341] So sind die von F. Jacques unter Vorbehalt angestellten Berechnungen[342] des prozentualen Anteils der Dekurionen und deren Familienangehörigen (die ihrerseits auf Berechnungen der freien und der Gesamtbevölkerung beruhen, die R. P. Duncan-Jones für ausgewählte Städte Italiens und G. Ch. Picard für ausgewählte Städte Nordafrikas vorgenommen haben) auch nur unter Vorbehalt zu referieren. Sie belaufen sich auf 5–10–20 Prozent der freien Bevölkerung in Stadtgemeinden mit kleinem Territorium oder mit geringer Bevölkerungsdichte auf ausgedehnterem Territorium, auf 2–3 Prozent in Städten mit 15 000–18 000 freien Bewohnern und auf 1 Prozent in Großstädten wie Karthago. Eine Berechnung der Gesamtzahl aller

[334] Mommsen, Staatsrecht 3, 845 Anm. 1; Kübler Sp. 2325; Rupprecht 58; Nicols 715 f.

[335] S. 253.

[336] Belege bei Mommsen, Staatsrecht 3, 845 Anm. 1; Kübler Sp. 2322; vgl. Alföldy, Sozialgeschichte 110.

[337] Alföldy, Sozialgeschichte 110.

[338] Liebenam 229 mit Anm. 5; Kübler Sp. 2324; Langhammer 190; Alföldy, Sozialgeschichte 110.

[339] Liebenam 229; Kübler Sp. 2323 f.; Alföldy, Sozialgeschichte 110; vgl. Langhammer 190.

[340] Horstkotte, Magistratur 221.

[341] Siehe etwa Vf., Bevölkerung, in: Lexikon der Antike 93 und dens., Bevölkerungsgeschichte des Orbis antiquus, in: Einleitung in die klassischen Altertumswissenschaften 65 f.

[342] Jacques, Privilège 534.

Dekurionen des Imperiums wagt G. Alföldy: Er rechnet mit über 1000 Stadtgemeinden zu durchschnittlich je 100 Dekurionen und erhält so die Zahl 100 000–150 000.[343]

5. Soziale Stellung

Das Recht, die Geschicke der Gemeinde an maßgebender Stelle mitzubestimmen, und die mit der Stellung eines Dekurios verbundenen Vorrechte mußten bei einer großen Zahl jener, die über die entsprechenden ökonomischen Voraussetzungen verfügten, den Wunsch aufkommen lassen, in den Rat ihrer Gemeinde einzutreten. Die bereits erwähnte Tendenz der Munizipalaristokratie, sich von der übrigen freien Bürgerschaft abzugrenzen,[344] dürfte zur Attraktivität der Mitgliedschaft im *ordo decurionum* das Ihrige beigetragen haben.

Ganz unterschiedliche Nachrichten der epigraphischen, literarischen und juristischen Quellen illustrieren diese Attraktivität.

So erklärt sich die Fixierung der munizipalen Ämterlaufbahn in den Inschriften der männlichen Angehörigen der Munizipalaristokratie aus dem Bestreben, dem gesellschaftlichen Ansehen des Betreffenden ein bleibendes Denkmal zu errichten; sie setzt damit voraus, daß die *honores,* eingeschlossen der Dekurionat,[345] nicht eine zwangsweise auferlegte Last waren,[346] daß sie freiwillig bekleidet wurden. Die inschriftlichen Zeugnisse des Euergetismus („Betätigung als Wohltäter"), der privaten Munifizenz zugunsten der Stadtgemeinden und ihrer Bürger, finden ihre Erklärung nicht nur allgemein in dem Wettbewerb um die Gunst der Plebs, sondern auch speziell in dem Wettstreit um die Bestätigung der sozialen Position durch den Erhalt eines entsprechenden munizipalen *honor*[347]

[343] Sozialgeschichte 110. Er referiert dort die von Duncan-Jones, Wealth 168 für das gesamte römische Nordafrika der Zeit vom Ende des 1. Jh. bis Mitte des 3. Jh. geschätzte Zahl von insgesamt etwa 25 000 Dekurionen im Jahr (von Duncan-Jones, Wealth 168 bezogen auf eine geschätzte Gesamtzahl von 250 Stadtgemeinden, also unter Annahme einer durchschnittlichen Mitgliederzahl von 100 je Ordo); diese dürfte seiner Meinung nach etwa 2 Prozent aller erwachsenen Männer in den Städten entsprechen.

[344] Siehe S. 257 f.

[345] Zur Einordnung des Dekurionats unter die munizipalen *honores* siehe die in Anm. 77 angegebene Literatur.

[346] Jacques, Privilège 364.

[347] Jacques, Volontariat 269. Entsprechend äußert ders., Privilège 632 in bezug auf die in die Gemeindeleitung eintretenden Veteranen, das von ihnen dabei verfolgte Ziel sei gewesen, ihre Honorabilität zu „konkretisieren". Ein Zeugnis des Wettbewerbes um die munizipalen *honores* vom Ende des 4. oder Anfang des 5. Jh., die von J. Marcillet-Jaubert in: Epigraphica 41, 1979, 66-72 veröffentlichte Inschrift aus Numidien, behandelt Jacques in seinem Aufsatz „Genitalis curia". Diese Inschrift entstammt der Zeit der erblichen Mitgliedschaft in der Kurie, in der natürlich der Wettbewerb nicht mehr auf

bzw. in dem Wettlauf um den sozialen Aufstieg[348] – den sozialen Aufstieg, der sich, solange die Mitgliedschaft im Gemeinderat auf dem freiwilligen Eintritt[349] beruhte, wiederum in einem munizipalen *honor* und damit eben auch in der Zugehörigkeit zum *ordo decurionum* manifestierte. Erneut steht also die Attraktivität der Positionen der Gemeindeleitung im Hintergrund.

Verallgemeinernd darf wohl gesagt werden, daß sich das Prinzip der Freiwilligkeit auf dem Gebiet der Gemeindeleitung nur durchhalten ließ, solange die zugehörigen Positionen einschließlich der Mitgliedschaft im Ordo genügend Attraktivität besaßen. Eine solche muß also gegeben gewesen sein, mindestens bis in diokletianisch-konstantinischer Zeit die erbliche Bindung der Kurialensöhne an die väterliche Kurie eingeführt wurde.

Um noch eine konkrete Inschrift als Zeugnis der Attraktivität des Dekurionats anzuführen, sei auch hier das Album von Canusium von 223 CIL IX 338 = ILS 6121[350] erwähnt. Die in ihm verzeichneten 25 *praetextati*, allgemein angesehen als jugendliche Dekurionen, denen noch das Stimmrecht im Ordo fehlte,[351] verraten durch ihre Anwesenheit nach Auffassung H. Horstkottes[352] „die Tendenz zu einem möglichst frühzeitigen Beitritt" zum *ordo decurionum* und diese wiederum „spricht für die hohe Attraktivität des Dekurionenrates noch zu Anfang des 3. Jahrhunderts".

Als Beispiel einer einschlägigen literarischen Quelle mag der Brief Plin. epist. 10, 112 (113) erwähnt werden. Geschrieben hat ihn Plinius d. J. während seiner Statthalterschaft in Bithynien und Pontus, also in den Jahren 111/112 oder 112/113. Wir erfahren aus ihm, daß in einigen Städten der Provinz von jenen Personen, die mit kaiserlicher Einwilligung über die Zahl, wie sie in der jeweiligen Gemeindeverfassung festgelegt war, hinaus im Gemeinderat *(bulê)* Aufnahme fanden, ein hohes Eintrittsgeld *(honorarium decurionatus* laut dem Antwortschreiben Kaiser Trajans Plin. epist. 10, 113 [114]) gefordert wurde. Die Würde eines Dekurios war also damals so begehrt, daß man eine hohe Ausgabe nicht scheute, um sie zu erlangen.[353]

Zum Gebiet des Euergetismus, der Munifizenz, gehören die *pollicitationes* („Versprechungen") auf Leistungen zugunsten der Öffentlichkeit anläßlich einer anstehenden Wahl bzw. Ernennung zu einem *honor (ob honorem),* sei es einem

den Kurieneintritt zielte (vgl. S. 294), sondern auf die Übernahme der höheren Gemeindeämter und munizipalen Priestertümer: In der fraglichen Inschrift rühmt sich der Inschriftsetzer, anläßlich der Übernahme des Flaminats für die Reparatur des Kuriengebäudes seiner Vaterstadt gesorgt zu haben.

348 Jacques, Privilège 358.

349 Direkt oder über die Bekleidung der leitenden Gemeindeämter.

350 Siehe S. 260.

351 Siehe S. 260 f.

352 Magistratur 224.

353 Langhammer 107.

Gemeinde- oder Priesteramt (Augurat, Pontifikat, Flaminat), sei es dem Dekurionat.[354] F. Jacques hat die entsprechenden Nachrichten für das römische Nordafrika genauer untersucht und dabei festgestellt, daß der Eintritt in den Ordo anders als die Übernahme der Ädilität, des Duovirats und des Flaminats nur in geringem Maße mit Äußerungen des Euergetismus *ob honorem* verbunden war[355]: Nur 6 Prozent der uns bekannten derartigen Leistungen beziehen sich auf den Dekurionat.[356] Die Ursache dafür sieht er zweifellos zu Recht darin, daß sich die Dekurionen in ihrer Mehrheit aus den Familien der Munizipalaristokratie rekrutierten, so daß der Eintritt in den Ordo für den Angehörigen einer solchen Familie kein Ereignis von größerer Bedeutung darstellte.[357] Entsprechende Untersuchungen für die anderen Provinzen fehlen; doch läßt sich vermuten, daß sie vergleichbare Ergebnisse bringen würden. Für die Zeit nach Einführung der Kurienbindung sind natürlich keine *pollicitationes ob honorem* mit Bezug auf den Eintritt in den Ordo bzw. die Kurie mehr zu erwarten.

Da es immer wieder Verzögerungen bei der Einlösung gab und Versuche, sich der Realisierung ganz zu entziehen,[358] entwickelte sich, nachweisbar seit trajanischer Zeit, ein besonderes Pollicitationenrecht[359] – auch dieses ein Zeugnis des Wettbewerbs um die munizipalen *honores* und damit deren Attraktivität. Sein Grundprinzip bestand nicht darin, eine Verpflichtung zur Abgabe von Versprechen festzulegen,[360] sondern in der Forderung, mit Blick auf *honores* abgegebene Versprechen auf Munifizenzleistungen auch zu erfüllen.[361] Eine Weiterentwicklung erfuhr es noch in nachseverischer Zeit, und dies ist ebenso wie die inschriftlichen Zeugnisse für *pollicitationes ob honorem* ein deutliches Indiz dafür, daß der Wettbewerb um die *honores* im 3. Jh. fortbestand.[362]

Im Zusammenhang der vorliegenden Untersuchung mag den einschlägigen Quellen genügend Aufmerksamkeit gezollt sein mit dem abschließenden Hinweis auf die Inschriften und die Rechtsbestimmungen zum Eintritt von Veteranen in den *ordo decurionum*.[363] Veteranen und Dekurionen befanden sich auf der gleichen gesellschaftlichen Rangstufe. Erstere besaßen zudem für sich, ihre Frauen und ihre Kinder die Immunität von allen munizipalen Belastungen durch die Übernahme von *honores* oder *munera*. Wenn sie dennoch immer wieder in

354 Jacques, Volontariat 268. Privilège 729–733 (bezogen auf Nordafrika).
355 Privilège 729 f.
356 Privilège 729.
357 Privilège 729.
358 Jacques, Volontariat 265–267. Privilège 735–751 (bezogen auf Nordafrika).
359 Jacques, Volontariat 263–265; vgl. Garnsey, Urban Aristocracy 239.
360 Jacques, Volontariat 264.
361 Jacques, Privilège 365.
362 Jacques, Privilège 365 f.
363 Zur sozialen Stellung der Veteranen und zu deren Eintritt in den Dekurionenrat siehe S. 270–273.

gewissem Umfang in die Gemeinderäte und -ämter drängten, so verrät dies deren Attraktivität auch für privilegierte Kreise der städtischen Gesellschaft, und zwar bis hinein ins 3. Jh.[364]

Die Forschung hat natürlich die einschlägigen Quellen insgesamt untersucht und im Ergebnis festgestellt, daß in trajanischer Zeit,[365] am Ende des 2. Jh. und im folgenden, dem 3. Jh.,[366] die Stellung eines Dekurios attraktiv genug war, um die Mitgliedschaft in einem *ordo decurionum* erstreben zu lassen. Zumindest seit der Zeit der diokletianisch-konstantinischen Reformen aber habe die Attraktivität nachgelassen,[367] obwohl sie auch in der Spätantike nie ganz geschwunden sei.[368] Wohl am Ende des 3. Jh., jedenfalls vor Konstantin d. Gr., suchten der *vicus* („Dorf") Tymandus im südkleinasiatischen Pisidien, unter Konstantin d. Gr. der *vicus* Orcistus im zentralkleinasiatischen Phrygien um den Status einer *civitas*, einer Stadtgemeinde, nach; die entsprechenden Nachrichten sind in den Inschriften CIL III 6866 = ILS 6090 = FIRA^2 I p. 454–455 n. 92 bzw. CIL III 7000 = ILS 6091 = FIRA^2 I p. 461–464 n. 95 erhalten. Die Angehörigen der örtlichen Oberschicht, von denen ohne Zweifel in beiden Fällen die Initiative ausging, müssen das ihnen mit der Stadterhebung in Aussicht stehende „Dasein eines Curialen für durchaus attraktiv gehalten haben".[369] Entsprechend betrachtete ein Angehöriger der Munizipalaristokratie wie der als Rhetor des 4. Jh. bekannte

[364] Jacques, Volontariat 269 Anm. 36. Vgl. dieselbe Aussage bei dems., Privilège 364 auf der Grundlage der juristischen Quellen für die Veteranen und die auf Grund ihres hohen Alters im Besitz der Immunität Befindlichen, bezogen auf das Ende des 2. und das 3. Jh., und ebenda 624 f. auf derselben Grundlage allein für die Veteranen des 3. Jh. (wobei die zitierten Texte der ersten Hälfte des 3. Jh. entstammen).

[365] Langhammer 107 (vgl. Anm. 353 und den zugehörigen Text).

[366] Jacques, Privilège 364 (vgl. Anm. 364). Die Attraktivität des Dekurionenamtes zu Anfang des 3. Jh. sieht H. Horstkotte bezeugt durch das Album von Canusium: Siehe S. 293 mit Anm. 352. Zur Attraktivität im 3. Jh. auch Horstkotte, Zwangsstaat 97 f. und – unter Hinweis auf die Integration von Veteranen – Jacques, Privilège 624 f. (vgl. Anm. 364). Die Attraktivität erscheint dagegen Schubert 288 unbestreitbar sicher nur bis ins 2. Jh. Nicht als Zeugnis der Attraktivität des *ordo decurionum* noch in severischer Zeit kann entgegen Garnsey, Urban Aristocracy 249 der Gesetzestext Dig. 50, 2, 7, 2 aus den dem Juristen Paulus (tätig unter den Kaisern von Caracalla bis Severus Alexander) zugeschriebenen Sentenzen gewertet werden. Die Deutung der Stelle ist kontrovers; die Aussage, Plebejer dürften keine den Dekurionen offenen *honores* bekleiden, paßt nicht in die severische Zeit, sondern erst in die konstantinische (siehe Anm. 141).

[367] Schubert 288; Garnsey, Urban Aristocracy 229.

[368] Alföldy, Sozialgeschichte 164 (der betont, vor allem im 4. Jh. sei die Attraktivität noch recht wohl gegeben gewesen); Horstkotte, Zwangsstaat 120 (mit Hinweisen auf juristische Zeugnisse u. a. aus dem Beginn des 5. Jh.). 123; Krause, Patronatsformen 201.

[369] Krause, Patronatsformen 201.

Libanios aus Antiochia in Syrien Lib. or. 16, 14 den Verlust des Status einer städtischen Gemeinde als Strafe.[370]

Der Rückgang der Attraktivität wird allgemein im Zusammenhang mit einem Niedergang des Dekurionenstandes gesehen. Unbestreitbar ein Niedergangssymptom ist die im 4. Jh. zu beobachtende strafweise Versetzung in die Kurien. Sie betraf alle, die sich im Palast- oder Staatsdienst etwas hatten zuschulden kommen lassen, wurde auch auf sich ihres Amtes unwürdig verhaltende Kleriker und im weiteren auf Juden, sogenannte Häretiker und wirkliche Verbrecher angewandt, brachte den Betroffenen allerdings nur die entsprechenden Pflichten, nicht aber die Rechte und Ehren eines Kurialen.[371]

Als weiteres Symptom des Niederganges gilt ganz allgemein die Flucht aus der Kurie, deren Ursachen in der steigenden Belastung der Dekurionen bzw. Kurialen durch Anforderungen weniger ihrer jeweiligen Gemeinde, als vielmehr des Staates gesehen werden sowie in der erblichen Bindung an die Kurie.[372] Quellen unserer Kenntnis der in der Forschung als weitverbreitet dargestellten Fluchtbewegung sind von Kaiser Konstantin d. Gr. und dessen Nachfolgern erlassene Gesetze.[373] Bei deren Auswertung ist generell nicht zu vergessen, daß sie kasuistisch sind und auf das Abstellen einzelner Mißstände zielen, die allerdings teilweise immer wieder auftraten.[374] Dem sich aus ihnen ergebenden Bild steht ein anderes gegenüber, das sich aus spätantiken Ehreninschriften zeichnen läßt, in denen immer wieder der vorbildliche Einsatz der Kurialen für ihre Gemeinden gelobt wird.[375] Auch dieses Bild ist natürlich einseitig, weil es naturgemäß zu positiv ausfällt und verarmte, niedergedrückte Kuriale nicht erfaßt.

Immerhin haben aber neuere Untersuchungen der Kaisergesetze ergeben, daß in der Forschung zu undifferenziert von Kurialenflucht geredet und damit ein unrealistisch düsteres Bild der Lage der Kurialen entworfen wird.[376] Die Mehrzahl der Gesetze wendet sich nämlich nicht gegen eine Flucht der Kurialen in Positionen, die sozialen Abstieg bedeuteten, also gegen eine wirkliche Flucht in die Berge, Wälder oder Großstädte, gegen den Verkauf der Güter, der gleichbe-

[370] Hinweis von Krause, Patronatsformen 201.

[371] Langhammer 278; vgl. Liebenam 494; Kübler Sp. 2346; Alföldy, Sozialgeschichte 165.

[372] Liebenam 495 f.; Kübler Sp. 2349; Gagé 379; Langhammer 278. 284; Garnsey, Urban Aristocracy 229; Alföldy, Sozialgeschichte 165 f.; Krause, Patronatsformen 198. Vgl. die Darstellung des in der Forschung verbreiteten Bildes vom Fluchtstreben der Kurialen bei Lepelley, Carrière 334; Horstkotte, Zwangsstaat 86; Kolb 198; Jacques, Privilège XXXII.

[373] Horstkotte, Zwangsstaat 113–119.

[374] Das Ziel, die „Flucht" der Dekurionen/Kurialen zu verhindern, wurde nicht erreicht; dies verraten die immer wieder neuen Anordnungen gegen das Verlassen der Kurie. Vgl. Garnsey, Urban Aristocracy 229 f.

[375] Horstkotte, Zwangsstaat 119 unter Hinweis auf Lepelley, Cités 292. 303–318.

[376] So auch das Urteil von Kolb 198.

deutend war mit der Aufgabe der ökonomischen Basis der Kurialenexistenz, oder dagegen, daß Kuriale in Handwerkerkollegien oder in kaiserliche Werkstätten *(fabricae)* eintraten oder sich in das Patrozinium eines Großgrundbesitzers begaben.[377] Die Mehrzahl der Gesetze wendet sich gegen eine „Flucht nach oben", gegen den Aufstieg in einen höheren oder den Übertritt in einen etwa gleichrangigen Stand.[378]

Natürlich ist es verlockend, aus diesem Zahlenverhältnis einen Schluß auf die Hauptrichtung der „Kurialenflucht" zu ziehen. I. Hahn hat die rund 200 kaiserlichen Reskripte, Edikte, Konstitutionen und sonstigen Entscheidungen zum Thema „Kurialenflucht" der Zeit von 313 bis zum Ende des 4. Jh. untersucht, die im Codex Theodosianus enthalten sind. Dabei hat er nicht nur festgestellt, daß die Mehrzahl sich eben gegen eine „Flucht nach oben, in eine günstigere soziale Position" (also z. B. in die kaiserliche Verwaltung, in den Senatorenstand, in die kirchliche Hierarchie) richtet;[379] er setzt sie auch ab gegen die einschlägigen späteren Kaiserentscheide, indem er betont, nach Aussage der Kaisergesetze habe bis etwa 380 eine vorrangige Tendenz der Kurialen zur „Flucht nach oben" bestanden, danach und teilweise noch im 5. Jh. eine ebensolche „nach unten".[380]

J.-U. Krause, der Hahns Untersuchung beifällig verwertet, warnt davor, aus deren Ergebnis auf das wirkliche Ausmaß der beiden „Fluchtbewegungen" zu schließen – vor allem weil den Kurien und damit dem Staat der größere Schaden aus der „Flucht nach oben" erwuchs, so daß sich die Kaiser in ihren Entscheidungen vornehmlich gegen sie richten mußten.[381]

Die Angehörigen der Munizipalaristokratie bildeten keine einheitliche Schicht; es gab zum Teil große Unterschiede in ihrer ökonomischen und ihrer gesellschaftlichen Stellung.[382] So wurden nicht nur die Anforderungen sehr unterschiedlich empfunden und getragen. Die reicheren und mächtigeren, vor allem

[377] Zu diesen Möglichkeiten, sich den kurialen Pflichten zu entziehen, siehe Krause, Patronatsformen 195 f.

[378] Krause, Patronatsformen 194; Ausbüttel 14.

[379] Hahn 183.

[380] Hahn 199.

[381] Krause, Patronatsformen 195 mit Anm. 210. Ausbüttel 14 f. schließt nicht aus, daß ein Teil der gesetzlichen Regelungen von Kurialen selbst veranlaßt worden ist, „besonders wenn das Verhalten ihrer Standesgenossen für sie eine Mehrbelastung darstellte" (15). Auf der anderen Seite sind aus dem 4. Jh. Fälle bezeugt (Cod. Theod. 7, 2, 2; ebenda 12, 1, 13. 17. 110. 113; Lib. or. 48, 11–13), daß Kurialen die „Flucht" ihrer Standesgenossen aus kurialen Verpflichtungen, ja überhaupt aus der Kurie wohlwollend duldeten. In bezug auf „soziale Aufsteiger" dürfte ein Motiv dieser Haltung, vermutet Krause, Städtepatronat 49, die Überlegung gewesen sein, daß ein solcher „Flüchtling" aus ihren Reihen ihnen und ihrer Gemeinde nutzen konnte, und er verweist auf entsprechende Zeugnisse.

[382] Siehe dazu S. 300–306.

die *principales*, konnten leicht ihre Überlegenheit auch zum Nachteil der schwächeren nutzen und diese so zu einer „Flucht" veranlassen;[383] sie allein besaßen aber auch die nötigen ökonomischen Mittel und den entsprechenden gesellschaftlichen Einfluß, um einen sozialen Aufstieg zu versuchen und zu verwirklichen, also „nach oben zu fliehen". Insofern sind die Zeugnisse der „nach oben" gerichteten „Kurialenflucht" Indizien „einer beachtlichen Vitalität und Wohlhabenheit" gewisser Kreise der Munizipalaristokratie, die aber kaum die Mehrheit darstellte.[384]

Für die ökonomisch und sozial schwächeren Angehörigen der Munizipalaristokratie stand, wenn eine Flucht erwogen wurde, zumeist sicher nur eine solche „nach unten" offen, und wie häufig diese ergriffen wurde, welches Ausmaß sie erreichte, bleibt uns aus Mangel an entsprechenden Nachrichten zumindest für das 4. Jh. verborgen. Wenn für die Folgezeit die Quellen zur „Flucht nach unten" zunehmen, so muß dieser Umstand nicht unbedingt auf eine quantitative Zunahme dieser Bewegung hindeuten; er kann auch auf einem weiteren Niedergang des Dekurionenstandes insgesamt beruhen, auf der Abnahme der Zahl der Leistungsfähigen und auf dem Absinken des ökonomischen Durchschnittsniveaus – Erscheinungen, die sowohl die Kurien wie den Staat veranlaßten, ihre Anstrengungen verstärkt darauf zu richten, auch die Träger der „Flucht nach unten" in den Kurien zu halten.

Die Vorrechte der Dekurionen waren vielfältig. Besondere Abzeichen an den Schuhen und an der Toga, dem Staatskleid jedes römischen Bürgers, hoben sie schon in der Kleidung aus der Masse der Freien heraus;[385] wahrscheinlich trugen sie gleich den Senatoren Roms die mit einem breiten Purpurstreifen verzierte *toga praetexta*.[386] Im Theater und im Amphitheater waren ihnen wie bei öffentlichen Gastmählern besondere Sitze reserviert.[387] Bei der Verteilung von Geschenken (Sporteln) an die Bürgerschaft wurden sie in der Größe ihrer Anteile bevorzugt.[388] Wahrscheinlich erhielten sie auch unentgeltlich Wasser aus den städtischen Leitungen.[389] Nicht selten waren an den Privilegien die nächsten Angehörigen beteiligt. Dies gilt etwa für die Anteile bei der Verteilung von Sporteln und für die Beteiligung an öffentlichen Gastmählern,[390] vor allem aber für die Privilegien im Rechtswesen.[391]

383 Auf die Übergriffe der *principales* gegenüber den einfachen Kurialen als mögliche Ursachen einer Kurialenflucht macht Krause, Patronatsformen 202 aufmerksam.

384 Ausbüttel 14.

385 Liebenam 237; Kübler Sp. 2330.

386 Liebenam 237; Kübler Sp. 2330.

387 Liebenam 237; Kübler Sp. 2330.

388 Liebenam 237; Kübler Sp. 2330 f.

389 Kübler Sp. 2331.

390 Kübler Sp. 2331.

391 Kübler Sp. 2331 f.; vgl. Jacques, Privilège 563. 565.

Gerade in letzterem Bereich bestanden die nach Zahl und Inhalt bedeutendsten Vorrechte.[392] Sie betrafen im wesentlichen das Strafrecht[393] und kennzeichneten die Dekurionen und deren Eltern und Kinder als *honestiores* und damit als zu den bevorrechteten Schichten des Reiches[394] gehörig. Wie bereits gesagt, machten sich die ersten Anzeichen einer Scheidung der freien Reichsbevölkerung in *honestiores* und *humiliores* unter Hadrian bemerkbar.[395] So war es dieser Kaiser, der die Dekurionen von der Todesstrafe, ausgenommen im Falle des Elternmordes, befreite (Dig. 48, 19, 15) – dabei allerdings möglicherweise nur eine bereits bestehende Tradition legalisierte, die auch andere Rechtsvorteile betraf.[396] Wegen des ausdrücklichen Bezuges auf die *dignitas* der Dekurionen[397] sei hier noch auf die Regelung Dig. 50, 2, 14 hingewiesen: Antoninus Pius verbot, Dekurionen zu foltern; der unter den Kaisern Caracalla, Elagabal und Severus Alexander tätige Jurist Iulius Paulus leitet daraus ab, auch ein ehemaliger Dekurio dürfe in Rücksicht auf die einst als Dekurio besessene *dignitas (in memoriam prioris dignitatis)* nicht der Folter unterworfen werden.

In der Forschung ist in neuerer Zeit von G. Gardascia,[398] G. W. Bowersock[399] und W. Langhammer[400] der Gedanke geäußert worden, die Privilegien seien den Dekurionen gewährt worden, um einen gewissen Ausgleich für deren zunehmende Belastungen (Gardascia, Bowersock, Langhammer) und fortschreitende politische Entmachtung (Gardascia) zu schaffen und zugleich der sich vermehrenden Schwierigkeiten bei der Rekrutierung neuer Dekurionen einigermaßen Herr werden zu können (Bowersock,[401] Langhammer). Ein derartiger ursächlicher Zusammenhang läßt sich jedoch nicht beweisen. P. Garnsey hat gezeigt, daß zumindest in der Kaiserzeit die Angehörigen der ökonomisch und sozial bevorrechteten Gesellschaftsschichten von Anfang an auch im Strafrecht privilegiert wurden.[402] Daraus folgert F. Jacques, an eine Privilegierungspolitik, die auf die Kompensation von Belastungen gezielt hätte, sei also nicht zu denken.[403]

[392] Jacques, Privilège 563.

[393] Jacques, Privilège 563. Zu Einzelheiten siehe Liebenam 238; Kübler Sp. 2331 f. 2347 (nach den diokletianisch-konstantinischen Reformen).

[394] Siehe S. 265.

[395] Siehe ebenfalls S. 265.

[396] Jacques, Privilège 564 f.

[397] Zur *dignitas* der Dekurionen siehe S. 257 f. 264.

[398] Gardascia 478.

[399] Bei G. P. Goold, in: Phoenix 18, 1964, 327 f.

[400] Langhammer 220 in Verbindung mit 225.

[401] Gegen Bowersock in diesem Punkte Garnsey, Social Status 170 Anm. 1 (dem Jacques, Privilège 565 Anm. 193 zustimmt).

[402] Social Status 153–172. Zustimmend Jacques, Privilège 564; ähnlich Gardascia 467. Vgl. dazu Anm. 396 und den zugehörigen Text: Die Befreiung der Dekurionen von der Todesstrafe.

[403] Privilège 565.

Dieser Ansicht kann man sich anschließen, ohne zu übersehen, daß die Privilegien selbstverständlich zur Attraktivität des Dekurionats beitrugen und damit auch zur Überwindung von Schwierigkeiten, die sich aus den Belastungen für die Rekrutierung neuer Mitglieder der Gemeinderäte ergeben mußten, – aber natürlich nur so lange, wie die aus den Privilegien resultierenden Vorteile die Nachteile der Belastungen überwogen.

Der Ausbau der Privilegien, eine unbezweifelbare Tatsache, dürfte mithin zu sehen sein einfach im Zusammenhang mit der sich anbahnenden und allmählich ausgebauten Bevorrechtung der *honestiores* überhaupt, also aller oberen Schichten, und damit mit der Umgestaltung des Gefüges der römischen Gesellschaft unter dem Prinzipat.[404] Allerdings scheint gerade der Ausbau der Privilegien der Dekurionen sehr weit gegangen zu sein, scheinen diese Privilegien exemplarischen Charakter besessen zu haben. Ein Umstand, auf den F. Jacques[405] hinweist, legt diese Vermutung nahe: Sowohl die Kaiser wie deren Juristen definieren die zu den *honestiores* gerechneten Angehörigen anderer privilegierter Kategorien der munizipalen Bevölkerung, etwa die Veteranen, stets nur in bezug auf die Dekurionen.

6. Schichtung

Über die ökonomische Grundlage des Wirkens als Dekurio und über den im jeweiligen Stadtrecht festgelegten Mindestzensus eines Angehörigen des *ordo decurionum* ist bereits das Nötige gesagt.[406] Aus ihm dürfte verständlich werden; warum es keine einheitliche Dekurionenklasse[407] gab.

In Abhängigkeit vom wirtschaftlichen und politischen Gewicht sowie von der Größe der einzelnen Stadtgemeinden bestanden von Gemeinde zu Gemeinde Unterschiede zwischen den Dekurionen;[408] ein Dekurio der reichen Handelsmetropole Karthago etwa ließ sich in seinem ökonomischen und politischen Gewicht kaum vergleichen mit dem kleinbäuerlichen Dekurio eines nordafrikanischen Landstädtchens.[409] Ähnliche Unterschiede bestanden aber auch innerhalb der einzelnen *ordines,* also zwischen den Angehörigen des *ordo decurionum* einer und derselben Gemeinde.[410] Hier spielte nicht nur der materielle Reichtum einer Familie eine Rolle, sondern auch die *dignitas,* das Ansehen,

[404] Vgl. hierzu Johne in: Johne-Köhn-Weber 161 f.
[405] Privilège 571.
[406] S. 254–256. 264.
[407] Lepelley, Carrière 344; Alföldy, Sozialgeschichte 109; vgl. de Blois 360–362.
[408] Alföldy, Sozialgeschichte 110 f. Weiter dazu Garnsey-Saller, Roman Empire 23; Jacques, Privilège 527. 534 f.; Krause, Patronatsformen 194.
[409] Vgl. S. 254.
[410] Alföldy, Sozialgeschichte 111; Jacques, Privilège 536 f.

sowohl des Einzelnen wie seiner Familie[411] – wobei eines der Grundelemente dieser *dignitas* die Anciennität der Familie, ihre über Generationen reichende Verankerung im Ordo, in der munizipalen Aristokratie darstellte.[412]

Ähnlich wie im Ritter- und im Senatorenstand zeichnete sich also auch innerhalb der Munizipalaristokratie eine vielfältige soziale Schichtung ab.[413] Schon früh gab es nach Aussage der Inschriften in vielen Städten Familien, deren Angehörige sich durch Akte der Munifizenz und verhältnismäßig häufige Verwaltung der leitenden Gemeindeämter aus der Munizipalaristokratie heraushoben.[414] Die allgemeine Scheidung von Arm und Reich in den Gemeinderäten, bezeugt dann weiter aus der Zeit der Antonine[415] und der Severer,[416] hat also – entgegen der in der Forschung gern vertretenen gegenteiligen Meinung[417] – ihre Ursache kaum in einer Krise des Munizipalwesens; F. Jacques geht sogar noch einen Schritt weiter, indem er feststellt, nicht nur sei die Schichtung der Dekurionenschaft immanent, es habe in der Zeit vom Ende des 1. Jh. n. Chr. bis in die Epoche der Severer auch keine Strukturveränderungen gegeben.[418] Daß aber die in nachseverischer Zeit deutliche Krise des Reiches ihrerseits eine Verschärfung der Differenzierung der Munizipalaristokratie bewirkt haben muß, läßt sich nicht bezweifeln.[419]

Diese Differenzierung spiegelte sich im *album decurionum* jeder Stadtgemeinde, dem schon behandelten[420] Verzeichnis aller Mitglieder des Dekurionenrates, in der Reihenfolge der Anordnung der Namen wider: An der Spitze standen diejenigen mit der höchsten *dignitas*. Die konkrete Anordnung der amtierenden und der ausgeschiedenen Beamten und Priester der Gemeinde sowie der übrigen Dekurionen war in der Regel in der jeweiligen *lex municipalis*, der Gemeindeordnung, festgelegt. Dies erfahren wir aus dem Auszug, der Dig. 50, 3, 1 aus einer unter Caracalla von dem Juristen Ulpian verfaßten Schrift erhalten ist. Dort heißt es, entweder sei nach der Festlegung der Gemeindeordnung zu verfahren, oder falls die Gemeindeordnung außer Kraft sei oder zu diesem Gegenstand

[411] Jacques, Privilège 520 f.

[412] Jacques, Privilège 522.

[413] Alföldy, Sozialgeschichte 111.

[414] Alföldy, Sozialgeschichte 111.

[415] Garnsey, Urban Aristocracy 233-235. 241; Jacques, Privilège 566-568.

[416] De Blois 375; Jacques, Privilège 568.

[417] Siehe z.B. Kotula, Principales d'Afrique 14–17. Vgl. Garnsey, Urban Aristocracy 241: Langsamer Niedergang der Dekurionenschaft in der Antoninenzeit, ablesbar an der Differenzierung in reiche *(primores)*, arme *(inferiores)* und solche Dekurionen, die einer Mittelgruppe angehörten und die Mehrheit ausmachten.

[418] Jacques, Privilège 570.

[419] Vgl. Alföldy, Sozialgeschichte 141 f. und speziell für Nordafrika Kotula, Principales d'Afrique 18. 38.

[420] S. 279 f.

nicht sage,[421] so seien die *dignitates* („Würden") in der Weise zu berücksichtigen, daß an erster Stelle jene genannt werden, die das höchste Ehrenamt der Gemeinde bekleidet haben – also die ehemaligen Duovirn –, an zweiter Stelle diejenigen, die den in der Hierarchie an zweiter Stelle folgenden *honor* innegehabt haben, und so weiter bis hinab zu den einfachen Dekurionen, die kein Amt bekleidet haben und nach dem Datum ihres Eintritts in den Ordo aufzuführen seien. Der Auszug Dig. 50, 3, 2 aus einer anderen Schrift Ulpians ergänzt, an erster Stelle seien im Album diejenigen zu nennen, die *dignitates* auf Grund einer Entscheidung des Kaisers erhalten haben. An den Alben von Canusium und von Thamugadi[422] ist abzulesen, daß diesen Richtlinien[423] mehr oder weniger genau gefolgt wurde – mit wahrscheinlich durch die jeweilige Gemeindeordnung und andere Umstände bedingten Modifikationen.

Schon im Anfang der republikanischen Zeit war es in Italien üblich, wenn der Ordo nicht in seiner Gesamtheit auftreten konnte (etwa bei Gesandtschaften), eine Auswahl von zehn der angesehensten Mitglieder zu seiner Vertretung zu bestimmen, die in der Regel *decem primi* („die zehn Ersten") genannt wurden (z.B. Cic. S. Rosc. 25. Verr. 3, 162), aber auch anders, etwa *decem principes* (z.B. Liv. 8, 3, 8; 29, 15, 5).[424] Die Institution bestand noch in der Spätzeit: In den kaiserlichen Konstitutionen Cod. Theod. 9, 35, 2 von 376 und 16, 2, 39 von 408 ist von den *decemprimi curiales* die Rede. Diese werden in der Konstitution Cod. Theod. 16, 5, 54, 4 von 414 als solche ausdrücklich von den „übrigen Dekurionen" *(reliqui decuriones)* unterschieden und genossen verschiedene Privilegien, mußten aber auch eine höhere Verantwortung tragen. So waren sie laut Cod. Theod. 9, 35, 2 von den Körperstrafen, denen die „übrigen" unterworfen waren, ausgenommen, hatten aber nach Cod. Theod. 16, 5, 54, 4 auch höhere Geldstrafen zu entrichten und wurden verantwortlich gemacht für Unregelmäßigkeiten und Ungesetzlichkeiten, die der gesamte Rat verschuldet hatte.[425] Ursprünglich Mitglieder eines ad hoc gebildeten Ratsausschusses, stellten sie damals also wohl eine feste Institution dar.

Problematisch ist ihr Verhältnis zu den *dekaprôtoi* („zehn Ersten"), einem in vielen Stadtgemeinden des griechischsprachigen Ostens vom Jahre 66 n. Chr. bis in konstantinische Zeit bezeugten Kollegium munizipaler Funktionäre, denen wenigstens seit severischer Zeit als Liturgie der Einzug der Reichssteuern oblag, die sich aber auch mit den innergemeindlichen Steuern zu befassen hatten.[426]

421 Dies die Auslegung, die Jacques, Privilège 458 Anm. 76 den betreffenden Worten *si lex cessat* („wenn das Gesetz ausfällt") gibt.

422 Zu ersterem siehe S. 260 f., zu letzterem S. 263.

423 Wir kennen neben Dig. 50, 3, 1. 2 keine weiteren Quellen, in denen solche Richtlinien niedergelegt wären.

424 Brandis, Decemprimi Sp. 2254 f.; Horstkotte, Zwangsstaat 68 f.

425 Brandis, Decemprimi Sp. 2254 unter Hinweis auf ein Beispiel in Cod. Theod. 16, 2, 39.

426 Brandis, Dekaprôtoi Sp. 2419 f.; Volkmann Sp. 1437; Neesen 230; Horstkotte, Zwangsstaat 64–67. 84.

Von der Wortbedeutung her müßten *decemprimi* und *dekaprôtoi* identisch sein. So wird in der Forschung in der Tat teilweise davon ausgegangen, daß beide Träger derselben Institution – der *dekaprôtia* des Ostens, des *decemprimatus* (Dig. 50, 4, 1, 1 – ein Text Hermogenians, eines Juristen diokletianischer Zeit) des Westens – waren.[427] Von anderer Seite wird die Identität entschieden bestritten,[428] wobei als überzeugendes Argument der Hinweis auf den Umstand dient, daß als Dekaproten nicht nur Mitglieder des Gemeinderates *(bulê)* tätig waren, sondern auch andere vermögende Personen, sogar Frauen.

Wahrscheinlich keine so beschränkte Gruppe wie die *decemprimi* stellte der breiten Masse der *reliqui decuriones* eine andere Scheidung entgegen,[429] die für uns einigermaßen deutlich wird in der Zeit Hadrians[430]: In Dig. 50, 7, 5 (4), 5 ist ein Reskript des Kaisers an die Bürger von Klazomenai, einer Stadt an der jonischen Küste Kleinasiens, zitiert oder resümiert, aus dem hervorgeht, daß es im Rat *(bulê)* der Gemeinde *primores viri* („vornehme Männer") und *inferiores* („rangniedrigere") gab. Das genaue zahlenmäßige Verhältnis der beiden Gruppen zueinander allerdings bleibt für uns hier wie in den späteren Kaisergesetzen im dunkeln.[431]

Sieht man von den etwas problematischen *decemprimi* ab, so entstand aus einer solchen „groben" Differenzierung der Dekurionen eine feste Institution, die der *principales* („Vornehmsten"), wohl erst im Zuge der diokletianisch-konstantinischen Reformen.[432] Auch hier, wie so oft, ist die Bezeichnung nicht neu geschaffen worden. Von den einflußreichsten, ökonomisch stärksten Vertretern der Munizipalaristokratie wurde bereits zur Zeit Mark Aurels als von den *principales* gesprochen, wie Apul. flor. 100 Oudendorp = 21 Helm und Apul. met. 4, 293 Oudendorp = 26 Helm verraten.[433] Weitere Belege entstammen mit Tert. 5, 2 *(principales . . . personas)* und Dig. 48, 19, 27, 1 der severischen Zeit;[434] auch ein 1980 erstmals vorgestelltes epigraphisches Zeugnis aus Henchir Slimane im Gebiet des numidischen Thuburbo Maius ist wohl damals entstan-

[427] Siehe z. B. Gagé 164. 282; Medicus Sp. 1407; Langhammer 197. 254.

[428] Brandis, Dekaprôtoi Sp. 2418 f.; Volkmann Sp. 1437; Horstkotte, Zwangsstaat 69 f. (der in einem Kompromißversuch ebenda 69 meint, die Trennung beider Institutionen schließe nicht aus, daß die *decemprimi* in ihren Gemeinden ähnlich den Dekaproten für den Steuereinzug verantwortlich gewesen sein könnten).

[429] Worauf die Behauptung Langhammers 254 beruht, die *decemprimi* – für ihn identisch mit den *dekaprôtoi* – seien seit dem 3. Jh. auch als *principales* bezeichnet worden, bleibt unklar.

[430] Alföldy, Sozialgeschichte 111; Garnsey, Urban Aristocracy 232–235.

[431] Garnsey, Urban Aristocracy 235. Auch aus den Inschriften ist kein verläßlicher Eindruck zu gewinnen, da vielfach nur die Elite der Dekurionen aus ihnen zu uns spricht (so das Urteil Jacques', Privilège 569 f. für Nordafrika insgesamt).

[432] Kotula, Principales d'Afrique 24. Principales curiae 431; vgl. Lepelley, Carrière 345.

[433] Kotula, Principales d'Afrique 14.

[434] Kotula, Principales d'Afrique 14.

den.[435] Insgesamt sind sie für das 3. Jh. noch wenig zahlreich.[436] Daneben gab es auch andere Bezeichnungsmöglichkeiten der vom Beginn des 2. Jh. an[437] deutlicher abgehobenen Oberschicht der Dekurionen,[438] wie *primarii, primates, priores, proceres, optimates, seniores, summates;* in ihrer Mehrzahl weisen sie sprachlich auf die gesellschaftliche „Spitzenstellung" ihrer Träger (als „Erste" oder „Oberste") hin. Zu beachten ist, daß sie nicht auf den engeren Kreis der Angehörigen des Prinzipalates als Institution beschränkt waren.[439]

Das älteste Zeugnis der Existenz des Prinzipalates als Institution ist ein juristisches und betrifft den griechischsprachigen Osten des Reiches: Cod. Iust. 10, 48 (47), 2 bietet ein Fragment der Akten der Augusti Diokletian und Maximian (286–293) zur Befreiung bestimmter Würdenträger des syrischen Antiochia von *munera,* in dem als Zeugen die *principales Antiochensium adstantes* erwähnt sind.[440] Etwa der gleichen Zeit entstammt das älteste epigraphische Zeugnis, die in den Jahren zwischen 290 und 293[441] im Municipium Verecunda in Numidien gefertigte Widmungsinschrift CIL VIII 4224 für dieselben beiden Augusti – ein Zeugnis des lateinischsprachigen Westens.[442] Juristische und epigraphische Quellen belegen die Institution als seit der Zeit Konstantins d. Gr. etabliert[443] und mit dem Munizipalwesen dauerhaft verbunden.[444] Ein Überblick lehrt, daß die Zeugnisse[445] im wesentlichen nur aus Italien, Südgallien und dem römischen Nordafrika stammen, also aus stark urbanisierten Gebieten.[446]

Über den Rekrutierungsmodus ist nichts Genaues bekannt. Ursprünglich ergänzte sich das Gremium möglicherweise durch Kooptierung.[447] Die Konstitu-

[435] Kotula, Principales d'Afrique 23.

[436] Kotula, Principales d'Afrique 9.

[437] Kotula, Principales d'Afrique 19.

[438] Siehe Kotula, Principales d'Afrique 32 f.; vgl. dens. ebenda 20–24 (epigraphische Belege aus Nordafrika) und Anm. 456 mit dem zugehörigen Text.

[439] Kotula, Principales d'Afrique 33–35.

[440] Kotula, Principales d'Afrique 24.

[441] Der in ihr als Bauherr verzeichnete Statthalter der Numidia Aurelius Maximianus amtierte zwischen 290 und 293; siehe H.-G. Kolbe, Die Statthalter Numidiens von Gallien bis Konstantin (268–320), München–Berlin 1962 (Vestigia 4), 40 f.

[442] Kotula, Principales d'Afrique 24 f.

[443] Kotula, Principales d'Afrique 25 f. mit Anm. 40.

[444] Kotula, Principales d'Afrique 38.

[445] Kotula, Principales d'Afrique behandelt vorrangig die Institution im römischen Nordafrika mit ihren Zeugnissen (die er 41–44 zusammenstellt, 45–63 kommentiert und 63–66 allgemein auswertet), berücksichtigt aber auch das übrige Imperium (dessen Zeugnisse er 146 f. zusammenstellt). Auf die nordafrikanischen *principales* beschränkt er sich in dem zeitlich vorhergehenden Aufsatz Afrikańscy *principales curiae* und in dem folgenden Principales curiae.

[446] Kotula, Principales d'Afrique 128 f. Principales curiae 431 unter Berufung auf Ganghoffer 120–122. 124–128.

[447] Kotula, Principales d'Afrique 27 f. (im Anschluß an A. H. M. Jones).

tion der Kaiser Honorius und Theodosius Cod. Theod. 12, 1, 171 von 409 (oder 412) ordnet die Wahl durch die Kurie an; auf Grund dieses Zeugnisses geht die Forschung allgemein davon aus, daß die Ergänzung durch Wahl der Kurialen erfolgte.[448] Ein beinahe 100 Jahre älteres Zeugnis (von 317) solcher Wahl liegt vielleicht in Cod. Theod. 12, 1, 5 vor: Kaiser Konstantin d. Gr. wendet sich an die Kurie der Bithynier und spricht dabei von *decuriones vel principales constituti;* aus diesen Worten läßt sich auf eine Designierung im Schoße der Kurie schließen.[449]

Als Elite der Kurialen[450] wurden die *principales* aus denjenigen rekrutiert, die alle Gemeindeämter bekleidet hatten[451] und ökonomisch zu den Stärksten gehörten, damit also die Gewähr für besondere Leistungen zugunsten der Gesamtgemeinde boten.[452] Dabei gab es analog den Unterschieden unter den Dekurionen bzw. Kurialen überhaupt soziale wie wirtschaftliche Unterschiede auch zwischen den *principales* nicht nur auf der Ebene einer Gemeinde, sondern auch reichsweit je nach Größe und wirtschaftlichem Gewicht der einzelnen Gemeinden.[453]

Die Zahl der *principales* war nicht konstant und dürfte in den großen und reichen Stadtgemeinden höher gewesen sein als in den kleinen und wirtschaftlich schwachen.[454] Ein *principalis* behielt seine Stellung in der Regel zweifellos lebenslänglich; doch scheint es Ausnahmen gegeben zu haben – vielleicht als besondere Vergünstigung.[455]

Den Vorsitzenden des Kollegiums der *principales* sieht man für den Osten in dem *primus curiae,* für den Westen in dem *primus principalis,* die beide in dieser Eigenschaft wahrscheinlich nur eine Ehrenwürde bekleideten und nicht ein wirkliches Amt.[456]

Selbstverständlich bestimmten die *principales* das Geschehen in ihren Gemeinden,[457] hielten also, wie es in der Konstitution der Kaiser Honorius und Theodosius Cod. Theod. 12, 1, 171 von 409 (oder 412) heißt, die *gubernacula*

[448] Kotula, Principales d'Afrique 27 f.

[449] Kotula, Principales d'Afrique 27: Falls nicht eine Ernennung durch den *curator urbis* dahinter steht, für die aber in der fraglichen Konstitution kein Anhaltspunkt gegeben ist.

[450] Gagé 378; Kotula, Principales d'Afrique 84; vgl. dens. ebenda 38 und Alföldy, Sozialgeschichte 164.

[451] Lepelley, Carrière 345; Kotula, Principales d'Afrique 28 f. 38.

[452] Kotula, Principales d'Afrique 29; vgl. dens. ebenda 108. 110 f. und Afrikańscy *principales curiae* 104.

[453] Kotula, Principales d'Afrique 101.

[454] Kotula, Principales d'Afrique 29–32.

[455] Kotula, Principales d'Afrique 28.

[456] Zu diesem *primus* siehe Kotula, Principales d'Afrique 35 f.

[457] Kotula, Afrikańscy *principales curiae* 104. Principales d'Afrique 107. Principales curiae 434.

urbium („die Steuerruder der Städte") fest in ihren Händen und sicherten gegenüber den jährlich wechselnden Beamten institutionell die Kontinuität der Leitung.[458] Sie wirkten als Exekutivkommission,[459] praktisch aber als Leitungsgremium ihrer Kurie[460] und ersetzten allmählich die Duovirn im Vorsitz der Debatten in der Kurie.[461]

C. Zum Problem des Niederganges der Munizipalaristokratie im 3. Jahrhundert

Die Reichskrise des 3. Jh. muß logischerweise Auswirkungen auf die *ordines decurionum* / die Kurien und die sie tragende Munizipalaristokratie gehabt haben. Zwei Fragen stellen sich in diesem Zusammenhang: 1. Ging eine Krise der Munizipalaristokratie als Komponente in die allgemeine Krise ein? 2. Ist an den einschlägigen Quellen ein Niedergang der *ordines decurionum*/der Kurien im 3. Jh. ablesbar?

Grundvoraussetzung des Wirkens im *ordo decurionum* / in der *curia* war zu allen Zeiten und so auch im 3. Jh. ein ausreichendes Vermögen in Gestalt von Besitz an Grund und Boden. (Noch im frühen 3. Jh. durften Personen des Handelslebens nur im Notfall in die Kurie aufgenommen werden.) Eine einheitliche Munizipalaristokratie hat es nie gegeben. Naturgemäß waren Reichtumsunterschiede und, daraus folgend, Unterschiede hinsichtlich des Einflusses auf das politische Leben vorhanden – sowohl von Gemeinde zu Gemeinde (je nach deren Größe und Bedeutung) wie innerhalb der einzelnen Gemeinden. Die Differenzierung ist frühzeitig dokumentiert. Die einschlägigen Zeugnisse aus der Zeit der Antonine und der Severer sprechen mithin entgegen der in der Forschung gern vertretenen gegenteiligen Meinung kaum für eine Krise der Munizipalaristokratie und des von dieser getragenen Munizipalwesens. Falsch wäre es, auf durch die Krise erzwungene Abstriche an der Vermögensqualifikation der Dekurionen/Kurialen zu schließen, wenn ein Jurist wie der mit Septimius Severus befreundete Papinian in Dig. 50, 4, 15 nur allgemein von *sufficientes facultates* („ausreichenden Mitteln") als Vermögensvoraussetzung spricht. Außer Zweifel steht freilich, daß die Reichskrise des 3. Jh. eine Verschärfung der Differenzierung der Munizipalaristokratie bewirkt haben muß.

Neben einem „ausreichenden" Vermögen gehörten zu den weiteren Erfordernissen der Zulassung zum Gemeinderat ein in der jeweiligen Gemeindeordnung *(lex)* festgelegtes Mindestalter, eine freie Geburt, der Besitz der vollen bürgerlichen Ehrenrechte und eine in den Augen der Oberschichten achtbare Tätigkeit – Qualitäten, die sich mit dem politischen Einfluß der jeweiligen Familie unter

[458] Lepelley, Carrière 345.
[459] Kotula, Principales d'Afrique 100. 138. Principales curiae 431.
[460] Kotula, Principales d'Afrique 103.
[461] Kotula, Principales d'Afrique 102 f.

dem Begriff *dignitas* („Würde") zusammenfassen ließen. Grundbesitz wie *dignitas* bewirkten in solcher Funktion eine aristokratische Exklusivität der Zugehörigkeit zum Gemeinderat und damit zu dem diesen tragenden Stand, wie sie ähnlich auch für den Senatoren- und für den Ritterstand galt. Diese Exklusivität zu wahren, suchte die Munizipalaristokratie deutlich bereits zu Beginn des 2. Jh., wobei sie es als selbstverständlich ansah, daß auf Grund der durch die Geburt erworbenen *dignitas* die Dekurionensöhne wieder Dekurionen wurden, also in den *ordo decurionum* eintraten. Eine enge Auffassung von *dignitas* richtete sich sogar gegen straffällig gewordene Angehörige des eigenen Standes. Sie wurde von den Kaisern, wie Konstitutionen und Juristenentscheide seit der zweiten Hälfte des 2. Jh. illustrieren, bekämpft, um die Funktionsfähigkeit der Räte in bezug auf Mitgliederzahl und ökonomische Basis im Interesse der Reichsverwaltung zu sichern. Erzwungen war diese Reaktion der Zentralgewalt also nicht erst durch die Krise des 3. Jh. – etwa weil die Munizipalaristokratie sich nun zunehmend ihren alten belastenden Verpflichtungen zu entziehen suchte und deshalb auch „Unwürdige" zur Kurie herangezogen werden mußten.

Der Eintritt in den *ordo decurionum* / die *curia* erfolgte bis zu den diokletianisch-konstantinischen Reformen prinzipiell freiwillig, das heißt nur nach Zustimmung des Betreffenden bzw., wenn sich dieser noch in der Gewalt des Vaters *(patria potestas)* befand, des Vaters. Vor allem die Rechtsquellen sprechen hier eine deutliche Sprache. Und dieses Prinzip der Freiwilligkeit ließ sich aufrechterhalten dank der Attraktivität des Rates.

Entgegen dem Prinzip der Freiwilligkeit wurde der Wille des Betreffenden dann nicht berücksichtigt, wenn infolge eines Mangels an Bewerbern um den Dekurionat bzw. die zum Dekurionat führenden höheren Gemeindeämter *(honores)* die Gemeindeverwaltung in eine Notlage geriet. Zweifellos war die Bestellung von *decuriones inviti* („Dekurionen gegen ihren Willen") schon seit der frühen Kaiserzeit möglich. Sie war also keineswegs eine Sicherheitsvorkehrung nur einer späteren Krisenzeit. Dagegen war sicher ein Symptom des Niederganges die im 4. Jh. zu beobachtende strafweise Versetzung in die Kurien, die im Palast- und Staatsdienst Tätige, Kleriker, Juden, sogenannte Häretiker und sogar wirkliche Verbrecher betraf, die den Betroffenen freilich nur die entsprechenden Pflichten, nicht aber die Rechte und Ehren eines Kurialen brachte; doch sie fällt in die Zeit nach der erblichen Bindung der Kurialen an ihre Kurie.

Zu den wesentlichen Komponenten der Attraktivität gehörte der Faktor „Macht": das Recht, die Geschicke der Gemeinde an maßgebender Stelle mitzubestimmen. Dazu gehörten weiter die mit der Stellung eines Ratsmitgliedes verbundenen Privilegien, darunter solche, die den *honestiores* („Ehrenwerteren"), dem seit Hadrian als bevorrechtet zunehmend den übrigen Freien als den *humiliores* („Niedrigeren") gegenübergestellten Teil der Bevölkerung, auf dem Gebiet des Strafrechtes zuteil wurden – Privilegien, an denen nicht selten (so im Rechtswesen) die nächsten Angehörigen beteiligt waren. In neuerer Zeit ist verschiedentlich der Gedanke geäußert worden, die Privilegien seien den Dekurionen gewährt worden, um einen gewissen Ausgleich für die Auswirkungen der zunehmenden Reichskrise zu schaffen – für die stärker werdenden Belastungen, die fortschreitende politische Entmachtung – und um zugleich der zunehmenden Schwierigkeiten bei der Rekrutierung neuer Ratsmitglieder einigermaßen Herr werden zu können. Doch ein derartiger ursächlicher Zusammenhang läßt sich nicht beweisen.

Schließlich mußte wohl auch die von der Munizipalaristokratie gehegte Tendenz, eine Exklusivität der Mitgliedschaft im Gemeinderat zu pflegen, zur Attraktivität des Rates beitragen und die Anstrengungen der „Ausgeschlossenen" beflügeln, Zugang zu erhalten.

Die Attraktivität der Stellung eines Ratsmitgliedes überwog den Nachteil, den die mit eben dieser Stellung verbundenen Belastungen darstellten. Deutlich wird sie einmal an der „Tendenz zu einem möglichst frühzeitigen Beitritt", wie wir sie noch für den Beginn des 3. Jh. in dem Dekurionenalbum von Canusium an dem Vorhandensein der 25 *praetextati*, wegen ihres unter der gesetzlichen Grenze stehenden Alters wohl noch nicht stimmberechtigter Dekurionen, ablesen können. Deutlich wird sie auch an der Abgabe von Versprechen auf sogenannte Munifizenzleistungen zugunsten der betreffenden Gemeinde, sollte dem Bewerber um einen *honor* dieser zuteil werden (*pollicitationes ob honorem* „Versprechen anläßlich eines Ehrenamtes"). Seit trajanischer Zeit entwickelte sich ein Pollicitationenrecht, dessen weitere Ausgestaltung wir noch in nachseverischer Zeit beobachten können. Es zielte darauf, die Verwirklichung der Versprechen zu sichern, und nicht etwa darauf, den Kurialen eine Last damit aufzuerlegen, daß es ihnen zur Pflicht gemacht wurde, solche Versprechen abzugeben.

In den Versuchen, die Verwirklichung der *pollicitationes ob honorem* hinauszuzögern und vielleicht gar zu umgehen, drückte sich ein Egoismus der Angehörigen der Munizipalaristokratie aus, der sich ebenso in der Zurückweisung munizipaler Funktionen durch einige Vertreter schon in republikanischer Zeit und zu Beginn der Kaiserzeit äußerte. Er gehörte zweifellos zu den dem Munizipalwesen immanenten Problemen und hatte mit der Reichskrise des 3. Jh. und deren früheren Stadien nur insofern etwas zu tun, als damals die Schwierigkeiten, vor allem die finanziellen, wuchsen und damit das Bestreben, Belastungen zu umgehen, zunehmen mußte, folglich auch die Rechtsprechung sich verstärkt mit entsprechenden Streitfällen zu befassen hatte.

Die Attraktivität bewirkte, daß zu allen Zeiten Plebejer bzw. *humiliores*, also weder der Munizipalaristokratie noch überhaupt den *honestiores* angehörige Freie, in den Gemeinderat einzutreten suchten, falls sie die entsprechenden Voraussetzungen erfüllten, vor allem über das notwendige Vermögen verfügten. Auf die ablehnende Haltung der Munizipalaristokratie ist bereits hingewiesen worden. Die Kaiser steuerten ihr immer wieder entgegen in dem Bestreben, den Plebejern den Zugang zum Gemeinderat offenzuhalten; entsprechende Zeugnisse liegen vor aus der Zeit Trajans, der Antonine und der Severer.

Es scheint, daß eine Familie der Munizipalaristokratie sich auf der schließlich erreichten obersten Stufe der munizipalen Hierarchie selten länger als drei oder vier Generationen hindurch halten konnte (F. Jacques). Familien verarmten oder starben aus. So war ständig ein Nachschub für die Munizipalaristokratie aus den Plebejerkreisen nötig, sollten die Kurien und das Munizipalsystem wirksam bleiben. Wenn man will, kann man von einer „Notlage" der Kurien sprechen; doch diese war wie der oben erwähnte Egoismus der Angehörigen der Munizipalaristokratie systemimmanent. Folglich können die Bestimmungen über die Aufnahme von Plebejern in die Kurien nicht, wie es in der Forschung teilweise geschieht, als Abstriche an den ursprünglich strengeren Qualifikationsbedingungen für den Eintritt in die Kurien interpretiert werden, als Abstriche, die gemacht werden mußten, um den Kreis von Gemeinderatsanwärtern zu erweitern, der sich infolge der Reichskrise und der zunehmenden Belastungen und abnehmenden Leistungsfähigkeit der Munizipalaristokratie verringerte. Ebenso falsch ist es, jene Gesetze des späten 4. und des frühen 5. Jh., die bezeugen, daß auch damals noch, nach der erblichen Bindung der Kurialen an ihre Kurien, frische Kräfte aus den Reihen der Plebs zuflossen, dahingehend zu verstehen, daß erst sie entsprechenden Plebejerkreisen den Weg des Aufstiegs in die Kurien öffneten mit dem Ziel, in einer Krisensituation das Vermögen dieser Plebejer den Stadtgemeinden nutzbar zu machen.

Geringer als aus den höheren Plebejerkreisen war der Kräftestrom für die Munizipalaristokratie aus den Kreisen der vermögenden Veteranen. Wie die Kurialen gehörten die Veteranen zu den *honestiores*. Ranggleich mit jenen, genossen sie von Augustus bis ins 4. Jh. hinein Immunität von den munizipalen Ämtern und in Person zu erfüllenden Lasten *(munera personalia)*. Wenn dennoch ein – uns in seinem konkreten Ausmaß allerdings unbekannter – Anteil von Veteranen bis ins 3. Jh. hinein in die Kurien eintrat, so verrät dies deren Anziehungskraft, die darauf beruhte, daß die Mitgliedschaft in ihnen eine größere Honorabilität verlieh, als sie einem Veteranen bei der *honesta missio*, der regulären, ehrenhaften Entlassung aus dem Militärdienst, zuteil wurde.

Nach den Senatoren die zweite Stelle unter den *honestiores* nahmen die Ritter ein. Besonders infolge der zahlreichen Verleihungen der Ritterwürde an höhere und hohe Militärs, an Mitglieder des Stammesadels in den Provinzen, vor allem aber an Angehörige der Munizipalaristokratie waren sie in den Stadtgemeinden weitaus stärker vertreten als die Senatoren. Zweifellos die Mehrheit von ihnen ging nie in den Staatsdienst, sondern engagierte sich in den Stadtgemeinden im Rahmen des *ordo decurionum*. Die Kurien übten also auch auf sie trotz ihrer hohen sozialen Stellung ihre Anziehungskraft aus – und dies gerade im 3. Jh., der hohen Zeit des Ritterstandes, in der die meisten Offiziere und kaiserlichen Beamten ihm zugehörten.

Beinahe allgemein verbreitet ist es, wenn von einem Schwinden der Attraktivität des Dekurionenstandes gesprochen wird, auf die Flucht der Kurialen als deren gravierendste Folge hinzuweisen. Quellen unserer Kenntnis dieser Bewegung sind von Kaiser Konstantin d. Gr. und dessen Nachfolgern erlassene Gesetze. Es handelt sich um eine Erscheinung, die erst nach der erblichen Bindung der Kurialen an ihre jeweilige Kurie auftrat, die also außerhalb der in diesem Beitrag genauer betrachteten Zeit liegt. Erst neuere Forschungen haben deutlich gemacht, daß sie mit einem Niedergang der Munizipalaristokratie während des 3. Jh. möglicherweise nichts zu tun hat. Deshalb ist doch auch hier auf sie einzugehen.

Dem sich aus den juristischen Quellen ergebenden Bild der Flucht steht ein anderes gegenüber, das sich aus spätantiken Ehreninschriften zeichnen läßt, in denen immer wieder der vorbildliche Einsatz der Kurialen für ihre Gemeinden gelobt wird. Erneute Untersuchungen der Kaisergesetze haben ein bedeutsames Ergebnis erbracht. In der Forschung ist bisher zu undifferenziert von Kurialenflucht geredet und damit ein unrealistisch düsteres Bild der Lage der Kurialen entworfen worden. Die Mehrzahl der Gesetze wendet sich nämlich nicht gegen eine „Flucht nach unten", in Positionen, die sozialen Abstieg bedeuteten, also in die Berge, Wälder oder Großstädte, gegen den Verkauf der Güter und damit die Aufgabe der ökonomischen Basis der Kurialenexistenz, gegen den Eintritt von Kurialen in Handwerkerkollegien oder kaiserliche Werkstätten *(fabricae)* oder die Selbstunterstellung unter das Patrozinium eines Großgrundbesitzers. Die Mehrzahl wendet sich vielmehr gegen eine „Flucht nach oben", gegen den Aufstieg in einen höheren oder den Übertritt in einen etwa gleichrangigen Stand. Eine Untersuchung der rund 200 kaiserlichen Gesetze zum Thema „Kurialenflucht" der Zeit von 313 bis zum Ende des 4. Jh., die im Codex Theodosianus enthalten sind, hat zu der Feststellung geführt, daß die Mehrzahl sich eben gegen eine „Flucht nach oben" richtet (I. Hahn). Abzusetzen sind diese Gesetze auch gegen die einschlägigen späteren Kaiserentscheide. Nach Aussage der Kaisergesetze hatte unter den Kurialen bis etwa 380 die Tendenz zur „Flucht nach oben" den Vorrang, danach und noch teilweise im 5. Jh. die Tendenz zur „Flucht nach unten" (I. Hahn).

Das wirkliche Ausmaß beider Fluchtbewegungen bleibt uns verborgen. Das Bild der Quellen könnte insofern verzogen sein, als den Kurien und dem Staat aus der „Flucht nach oben" vor allem durch den Verlust des Zugriffes auf die größeren Kurialenvermögen der bedeutsamere Schaden erwuchs, so daß die Kaiser sich vornehmlich gegen sie wenden mußten. Die „Flucht nach unten" wurde von jenen Kurialen getragen, die in den wirtschaftlichen Ruin gestürzt waren oder deren beschränkte ökonomische Mittel ihnen zumindest keine „Flucht nach oben" erlaubten; die „Flucht nach oben" muß als Indiz „einer beachtlichen Vitalität und Wohlhabenheit" der einflußreichen Kreise der Oberschicht der Munizipalaristokratie gelten – die freilich kaum die Mehrheit darstellte (F. M. Ausbüttel). Wenn nach 380 die Zeugnisse der „Flucht nach unten" zunehmen, muß dieser Umstand nicht unbedingt auf eine quantitative Zunahme dieser Bewegung hindeuten; er kann auch auf einem weiteren Niedergang des Kurialenstandes insgesamt beruhen, auf der Abnahme der Zahl der Leistungsfähigen und auf dem Absinken des ökonomischen Durchschnittsniveaus – Erscheinungen, die sowohl die Kurien selbst wie den Staat veranlaßten, ihre Anstrengungen verstärkt darauf zu richten, auch die Träger der „Flucht nach unten" in den Kurien zu halten.

Die Frage nach dem Zeitpunkt, zu dem die erbliche Bindung der Kurialen an ihre jeweilige Kurie vorgenommen wurde, hat in der Forschung ebenso kontroverse Antworten erfahren wie die Frage nach den entsprechenden Gründen.

Zwei Reskripte Diokletians und Maximians, Cod. Iust. 12, 33 (34), 2 von 284 oder 292 und Cod. Iust. 10, 32 (31), 5 von 286, lassen darauf schließen, daß die Bindung bereits am Ende des 3. Jh. galt. Deutlich nachweisbar ist sie jedoch erst ab 320 mit der Konstitution Cod. Theod. 12, 1, 7 bzw. ab 325 mit der Konstitution Cod. Theod. 12, 1, 10. Beim gegenwärtigen Kenntnisstand darf man deshalb wohl davon ausgehen, daß die Bindung zum Komplex der diokletianisch-konstantinischen Reformen gehört. Seit Konstantin d. Gr. reißt die Kette einschlägiger Kaisererlasse nicht mehr ab. Sie beruht auf den ständigen Versuchen, das geltende Recht zu unterlaufen, verrät mithin, daß die volle Durchsetzung des Prinzips der erblichen Bindung niemals gelang, daß vielmehr immer wieder Abstriche gemacht und Verstöße unter bestimmten Bedingungen sanktioniert wurden.

Sicher nicht falsch ist es, die Reichskrise des 3. Jh. als Ausgangspunkt der Entscheidung bzw. der Entscheidungen zur Bindung anzusehen. Diese Krise machte die Bereitstellung umfangreicher Mittel zur Verteidigung gegen die äußeren Feinde des Reiches, aber auch zur Bestreitung der Bürgerkriege im Innern notwendig und beeinträchtigte gleichzeitig die Reproduktion der entsprechenden Quellen, die sich vorrangig sowohl in der kaiserlichen wie in der städtischen Wirtschaft fanden. Das alte Problem, geeigneten Nachschub für die Kurien zu finden, dürfte sich in der Folge verschärft haben.

Der Verdacht drängt sich auf, die Zentralgewalt habe sich bei der Bindung von der Absicht leiten lassen, die Funktionsfähigkeit der Städte als eine der Existenzgrundlagen des Reiches weiter zu gewährleisten. In diesem Zusammenhang liegt die Vermutung nahe, daß über die städtischen Verwaltungseinheiten das notwendige Steueraufkommen gesichert werden sollte und daß dies entsprechend der Verwaltungstradition nur möglich erschien über funktionsfähige Kurien. Alles dies sind Überlegungen, die sich auf kaum mehr als auf den zeitlichen Zusammenfall von Reichsreformen und Bindung stützen. Noch ungünstiger zu beurteilen ist die in der Forschung traditionell vertretene Ansicht, in der Änderung der Steuerpolitik im Zuge der diokletianisch-konstantinischen Reformen sei der wesentlichste Grund der erblichen Bindung zu suchen: Hier kann weder ein direkter zeitlicher noch ein ursächlicher Zusammenhang nachgewiesen werden. Ein ähnlich kritisches Urteil gilt schließlich auch für die im Inneren der Munizipalaristokratie vermutete Krise: Diese Krise kann erahnt, aber nicht in dem Ausmaß nachgewiesen werden, in dem man sie als Ursache einer so einschneidenden Veränderung wie der erblichen Bindung erwartet.

Abkürzungsverzeichnisse

1. Siglenverzeichnis

AAntHung:	Acta Antiqua Academiae Scientiarum Hungaricae, Budapest
AE:	L'Année épigraphique. Revue des publications épigraphiques relatives à l'antiquité romaine, Paris
ANRW:	Aufstieg und Niedergang der römischen Welt. Geschichte und Kultur Roms im Spiegel der neueren Forschung, hrsg. von H. Temporini, mehrere Teile in vielen Bänden, Berlin–New York 1972 ff.
AntAfr:	Antiquitées Africaines, Paris
Chiron:	Chiron. Mitteilungen der Kommission für alte Geschichte und Epigraphik des Deutschen Archäologischen Instituts, München
CIL:	Corpus inscriptionum Latinarum, consilio et auctoritate Academiae Literarum Regiae Borussicae/Academiae Litterarum Borussicae/Academiae Scientiarum Germanicae/Academiae Scientiarum Rei Publicae Democraticae Germanicae editum, Berolini 1863 ff.
Eos:	Eos. Commentarii Societatis Philologae Polonorum, Wrocław
FIRA²:	Fontes iuris Romani antejustiniani, in usum scholarum ed. S. Riccobono, J. Baviera, C. Ferrini, J. Furlani, V. Arangio-Ruiz, t. I–III, editio altera aucta et emendata Florentiae 1940–1943
Historia:	Historia. Revue d'histoire ancienne, Wiesbaden
ILAlg:	Inscriptions latines de l'Algérie, rec. et publ. par St. Gsell et H.-G. Pflaum, t. I–II 1, Paris 1922–1957, t. II 2, Alger 1976
ILS:	Inscriptiones Latinae selectae, ed. H. Dessau, vol I–III, Berolini 1892–1916 (Nachdruck Berlin 1954–1955)
ILT:	Inscriptions latines de la Tunisie, publ. par A. Merlin, Paris 1944
JJ:	Inscriptiones Italiae, Academiae Italicae consociatae ed., Roma 1931 ff.
JRS:	The Journal of Roman Studies, London
Klio:	Klio. Beiträge zur alten Geschichte, Berlin
Ktèma:	Ktèma. Civilisations de l'Orient, de la Grèce et de Rome antiques, Strasbourg
PBSR:	Papers of the British School at Rome, London
RD:	Revue Historique de Droit français et étranger, Paris
RE:	Paulys Realencyclopädie der classischen Altertumswissenschaft, Neue Bearbeitung, hrsg. von G. Wissowa, W. Kroll, K. Mittelhaus, K. Ziegler und W. John, Stuttgart (ab 1972 München) 1893–1980
ZPE:	Zeitschrift für Papyrologie und Epigraphik, Bonn
ZRG:	Zeitschrift der Savigny-Stiftung für Rechtsgeschichte (Romanistische Abteilung), Köln

2. Verzeichnis der abgekürzt zitierten Literatur

Abbott–Johnson: F. F. Abbott–A. Ch. Johnson, Municipal Administration in the Roman Empire, Princeton 1926.

Alföldy, Sozialgeschichte: G. Alföldy, Römische Sozialgeschichte, 3., völlig überarb. Aufl. Wiesbaden 1984 (Wiss. Paperbacks 8, Sozial- und Wirtschaftsgeschichte).

Alföldy, Städtische Eliten: G. Alföldy, Drei städtische Eliten im römischen Hispanien, in: ders., Die römische Gesellschaft. Ausgewählte Beiträge, Stuttgart 1986 (Heidelberger Althistorische Beiträge und Epigraphische Studien 1), 239–284 (auch in: Gerión 2, 1984, 193–238).

Ausbüttel: F. M. Ausbüttel, Die Verwaltung der Städte und Provinzen im spätantiken Italien, Frankfurt a. M.–Bern–New York–Paris 1988 (Europäische Hochschulschriften, Reihe III: Geschichte und ihre Hilfswissenschaften 343).

de Blois: L. de Blois, The Third Century Crisis and the Greek Elite in the Roman Empire, Historia 33, 1984, 358–377.

Brandis, Decemprimi: C. G. Brandis, Decemprimi, in: RE 4, 2, 1901, 2254–2256.

Brandis, Dekaprôtoi: C. G. Brandis, Dekaprôtoi, in: RE 4, 2, 1901, 2417–2422.

Castrén: P. Castrén, Ordo populusque Pompeianus. Polity and Society in Roman Pompeii, Roma 1975 (Acta Instituti Romani Finlandiae 8).

Degrassi: A. Degrassi, L'amministrazione delle città, in: Guida allo studio della civiltà romana antica 1, Napoli 1959, 303–330 (auch in: A. Degrassi, Scritti vari di antichità 4, Trieste 1971, 67–98).

Devijver: H. Devijver, Zur politischen Tätigkeit der munizipalen Aristokratie des griechischen Ostens in der Kaiserzeit, Historia 33, 1984, 253–255.

Dobson: B. Dobson, Die Primipilares. Entwicklung und Bedeutung, Laufbahnen und Persönlichkeiten eines römischen Offiziersranges, Köln–Bonn 1978 (Bonner Jahrbücher, Beihefte 37).

Duncan-Jones, Economy: R. Duncan-Jones, The Economy of the Roman Empire. Quantitative Studies, Cambridge 1974.

Duncan-Jones, Wealth: R. P. Duncan-Jones, Wealth and Munificence in Roman Africa, PBSR 31, 1963, 159–177.

Einleitung in die klassischen Altertumswissenschaften: Einleitung in die klassischen Altertumswissenschaften. Ein Informationsbuch von einem Autorenkollektiv unter Leitung von J. Irmscher, Berlin 1986.

Francisco Martin: J. Francisco Martin, Los magistrados municipales en Lusitania durante el Alto Imperio, Memorias de Historia Antigua 1, 1977, 227–245.

Gagé: J. Gagé, Les classes sociales dans l'empire romain, Paris 1964 (Bibliothèque historique) [Die 2. Aufl. ebd. 1971 war nicht zugänglich.].

Ganghoffer: R. Ganghoffer, L'évolution des institutions municipales en Occident et en Orient au Bas-Empire, Paris 1963 (Bibliothèque d'Histoire du Droit et Droit Romain 9).

Gardascia: G. Gardascia, L'Apparition dans le droit des classes d'„honestiores" et d'„humiliores", RD 4, 28, 1950, 305–337. 461–485.

Garnsey, Social Status: P. Garnsey, Social Status and Legal Privilege in the Roman Empire, Oxford 1970.

Garnsey, Urban Aristocracy: P. Garnsey, Aspects of the Decline of the Urban Aristocracy in the Empire, in: ANRW 2, 1, Berlin 1974, 229–252.

Garnsey, Social Status: P. Garnsey, Social Status and Legal Privilege in the Roman Empire, Oxford 1970.

Garnsey–Saller, Early Principate: P. Garnsey–R. Saller, The Early Principate. Augustus to Trajan, Oxford 1982 (Greece & Rome. New Surveys in the Classics 15).

Garnsey–Saller, Roman Empire: P. Garnsey–R. Saller, The Roman Empire. Economy, Society and Culture, Berkeley–Los Angeles 1987.

Gascou: J. Gascou, La politique municipale de l'Empire romain en Afrique Proconsulaire de Trajan à Septime-Sévère, Rome 1972 (Collection de l'École Française de Rome 8).

Härtel: G. Härtel, Die Rechtsverhältnisse in den römisch-germanischen Grenzprovinzen in der Niedergangsperiode der antiken Sklavenhaltergesellschaft, Antiquitas 5, 1975, 91–110 (Acta Universitatis Wratilslaviensis 256).

Hahn: I. Hahn, Immunität und Korruption der Curialen in der Spätantike, in: W. Schuller [Hrsg.], Korruption im Altertum. Konstanzer Symposium Oktober 1979, München–Wien 1982, 179–195.

Hartmann: F. Hartmann, Herrscherwechsel und Reichskrise. Untersuchungen zu den Ursachen und Konsequenzen der Herrscherwechsel im Imperium Romanum der Soldatenkaiserzeit (3. Jahrhundert n. Chr.), Frankfurt a. M. – Bern 1982 (Europäische Hochschulschriften, Reihe 3: Geschichte und ihre Hilfswissenschaften 149).

Held: W. Held, Die zunehmende Erstarkung der römischen Provinzialaristokratie in der 2. Hälfte des 3. Jahrhunderts, AAntHung 19, 1971, 281–291.

Hopkins: K. Hopkins, Conquerors and Slaves. Sociological Studies in Roman History, vol. 1, Cambridge–London–New York–New Rochelle–Melbourne–Sydney 1978, reprinted 1980, first paperback edition 1981.

Horstkotte, Album: H. Horstkotte, Das Album von Timgad und die Bindung von Staatsbeamten an die Kurie, ZPE 75, 1988, 237–246.

Horstkotte, Dekurionenverzeichnis: H. Horstkotte, Die Datierung des Dekurionenverzeichnisses von Timgad und die spätrömische Klerikergesetzgebung, Historia 33, 1984, 238–247.

Horstkotte, Domanialpacht: H. Horstkotte, Domanialpacht und Ratsmitgliedschaft nach CT 12.1. 33 v. J. 342, ZPE 75, 1988, 247–253.

Horstkotte, Magistratur: H. Horstkotte, Magistratur und Dekurionat im Lichte des Albums von Canusium, ZPE 57, 1984, 211–224.

Horstkotte, Zwangsstaat: H. J. Horstkotte, Die Theorie vom spätrömischen „Zwangsstaat" und das Problem der „Steuerhaftung", Königstein/Ts. 1984 (Beiträge zur klassischen Philologie 159).

Humbert: M. Humbert, Municipium et civitas sine suffragio. L'organisation de la conquête jusqu'à la guerre sociale, Roma 1978 (Collection de l'École Française de Rome 36).

Jacques, Curateurs: F. Jacques, Les curateurs des cités africaines au IIIe siècle, in: ANRW 2, 10, 2, Berlin–New York 1982, 62–135.

Jacques, Genitalis curia: F. Jacques, „Genitalis curia“. L'hérédité du décurionat revendiquée dans une inscription de Numidie, ZPE 59, 1985, 146–150.

Jacques, Privilège: F. Jacques, Le privilège de liberté. Politique impériale et autonomie municipale dans les cités de l'Occident romain (161–244), Roma 1984 (Collection de l'École Française de Rome 76).

Jacques, Volontariat: F. Jacques, Volontariat et competition dans les carrières municipales durant le Haut-Empire, Ktèma 6, 1981, 261–270.

Johne–Köhn–Weber: K.-P. Johne–J. Köhn–V. Weber, Die Kolonen in Italien und den westlichen Provinzen des Römischen Reiches. Eine Untersuchung der literarischen, juristischen und epigraphischen Quellen vom 2. Jahrhundert v. Chr. bis zu den Severern, Berlin 1983 (Schriften zur Geschichte und Kultur der Antike 21).

Jones: A. H. M. Jones, Das Wirtschaftsleben in den Städten des römischen Kaiserreiches, in: Sozial- und Wirtschaftsgeschichte der römischen Kaiserzeit, hrsg. von H. Schneider, Darmstadt 1981 (Wege der Forschung 552), 48–80.

Kierdorf: W. Kierdorf, Honestiores, in: Der kleine Pauly 2, 1967, 1210.

Klein: R. Klein, Die Romrede des Aelius Aristides. Einführung, Darmstadt 1981.

Der kleine Pauly: Der kleine Pauly. Lexikon der Antike auf der Grundlage von Pauly's Realencyclopädie der classischen Altertumswissenschaft unter Mitwirkung zahlreicher Fachgelehrter bearb. und hrsg. von K. Ziegler und W. Sontheimer, Bd. 1–5, Stuttgart 1964–1975.

Kolb: F. Kolb, Die Stadt im Altertum, München 1984.

Kotula, Afrikańscy *principales curiae:* T. Kotula, Arfrikańscy *principales. curiae.* Z badań nad elitą municypalną epoki późnego Cesarstwa, Zeszyty naukowe Universytetu Jagiellońskiego 613/Uniwersitas Jagiellonica, Acta scientiarum litterarumque 613, Prace historyczne zeszyt 70/Schedae historicae fasciculus 70, Warszawa–Kraków 1981, 93–105.

Kotula, Principales d'Afrique: T. Kotula, Les principales d'Afrique. Étude sur l'élite municipale nord-africaine au Bas-Empire romain, Wrocław–Warszawa–Kraków–Gdańsk–Łódż 1982 (Prace Wrocławskiego Towarzystwa Naukowego, seria A 226/Travaux de la Société des Sciences et des Lettres de Wroctaw A 226).

Kotula, Principales curiae: T. Kotula, Die principales curiae im städtischen Leben und in der Geschichte des römischen Nordafrika, Klio 64, 1982, 431–435.

Krause, Patronatsformen: J.-U. Krause, Spätantike Patronatsformen im Westen des Römischen Reiches, München 1987 (Vestigia. Beiträge zur Alten Geschichte 38).

Krause, Städtepatronat: J.-U. Krause, Das spätantike Städtepatronat, Chiron 17, 1987, 1–80.

Kübler: B. Kübler, Decurio 1, in: RE 4, 2, 1901, 2319–2352.

Kunkel: W. Kunkel, Römische Rechtsgeschichte. Eine Einführung, 11., unveränd. Aufl. Köln–Wien 1985 (Böhlau-Studien-Bücher: Grundlagen des Studiums).

Ladage: D. Ladage, *Collegia iuvenum* – Ausbildung einer municipalen Elite?, Chiron 9, 1979, 319–346.

Langhammer: W. Langhammer, Die rechtliche und soziale Stellung der Magistratus municipales und der Decuriones in der Übergangsphase der

	Städte von sich selbstverwaltenden Gemeinden zu Vollzugsorganen des spätantiken Zwangsstaates (2.–4. Jahrhundert der römischen Kaiserzeit), Wiesbaden 1973.
Lehmann:	H. Lehmann, Grenzen der Mehrfachbesteuerung in der Spätantike. Zur Auslegung von CT 12, 1, 33, Historia 33, 1984, 378–384.
Lepelley, Carrière:	C. Lepelley, La carrière municipale dans l'Afrique romaine sous l'Empire tardif, Ktèma 6, 1981, 333–347.
Lepelley, Cités:	C. Lepelley, Les cités de l'Afrique romaine au Bas-Empire, t. 1: La permanence d'une civilisation municipale, Paris 1979.
Lepelley, Curiales:	C. Lepelley, *Quot curiales, tot tyranni*. L'image du décurion oppresseur au Bas-Empire, in: Crise et redressement dans les provinces européennes de l'Empire (milieu du IIIe – milieu du IVe siècle ap. J.-C.). Actes du colloque de Strasbourg (décembre 1981) édités par E. Frézouls, Strasbourg 1983 (Université des Sciences Humaines de Strasbourg. Contributions et travaux de l'Institut d'Histoire Romaine 3), 143–156.
Lexion der Antike:	Lexikon der Antike, hrsg. von J. Irmscher in Zusammenarbeit mit R. Johne, 9., neubearb. Aufl. Leipzig 1987.
Liebenam:	W. Liebenam, Städteverwaltung im römischen Kaiserreiche, Leipzig 1900.
Liebeschuetz:	J. H. W. G. Liebeschuetz, Antioch. City and Imperial Administration in the Later Roman Empire, Oxford 1972.
Mahboubi:	M. Mahboubi, Les élites municipales de la Numidie: deux groupes: étrangers à la cité et vétérans, in: ANRW 2, 10, 2, Berlin–New York 1982, 673–681.
Martin:	J. Martin, Spätantike und Völkerwanderung, München 1987 (Oldenbourg Grundriß der Geschichte 4).
Medicus:	D. Medicus, Decemprimi, in: Der kleine Pauly 1, 1964, 1407.
Mommsen, Decurionat:	Th. Mommsen, Die Erblichkeit des Decurionats, in: ders., Gesammelte Schriften 3, Berlin 1907, 43–49 (aus: Festschrift zu O. Hirschfeld's 60. Geburtstage, Berlin 1903 [Beiträge zur alten Geschichte und griechisch-römischen Altertumskunde], 1–7).
Mommsen, Staatsrecht:	Th. Mommsen, Römisches Staatsrecht, 3 Bde., 4. Aufl. Tübingen 1952 (photomechan. Nachdruck der Ausgabe 1887–1888).
Mrozewicz:	L. Mrozewicz, Munizipalaristokratie in Moesia Inferior, Eos 70, 1982, 299–318.
Munteanu:	M. Munteanu, Despre magistraturile sătești din Dobrogea romană (sec. I-III e. n.), Pontica 4, 1971, 125–136.
Neesen:	L. Neesen, Die Entwicklung der Leistungen und Ämter (munera et honores) im römischen Kaiserreich des zweiten bis vierten Jahrhunderts, Historia 30, 1981, 203–235.
Nellen:	D. Nellen, Viri litterati. Gebildetes Beamtentum und spätrömisches Reich im Westen zwischen 284 und 395 nach Christus, 2., erweit. und veränd. Aufl. Bochum 1981 (Bochumer Studien. Alte Geschichte 2).
Neumann:	A. Neumann, Veterani, in: RE Suppl. 9, 1962, 1597–1609.
Nicols:	J. Nicols, On the Standard Size of the Ordo Decurionum, ZRG 105, 1988, 712–719.

Onorato, IP: G. O. Onorato, Inscriptiones Pompeianae. Honores et munera/ Inscrizioni pompeiane. La vita pubblica, Firenze 1957 (Il Melagrano 182–185).

Petit: P. Petit, Libanius et la vie municipale à Antioche au IVe siècle après J.-C., Paris 1955 (Institut Français d'Archéologie de Beyrouth. Bibliothèque archéologique et historique 62).

Piganiol: A. Piganiol, L'empire chrétien (325–395), 2ième éd. mise à jour par A. Chastagnol, Paris 1972.

Quass: F. Quass, Zur politischen Tätigkeit der munizipalen Aristokratie des griechischen Ostens in der Kaiserzeit, Historia 31, 1982, 188–213.

Reynolds: J. Reynolds, Cities, in: The Administration of the Roman Empire (241 BC – AD 193), ed. by D. C. Braund, Exeter 1988 (Exeter Studies in History 18), 15–51.

Rupprecht: G. Rupprecht, Untersuchungen zum Dekurionenstand in den nordwestlichen Provinzen des Römischen Reiches, Kallmünz/Opf. 1975 (Frankfurter althistor. Studien 8).

Schubert: W. Schubert, Die rechtliche Sonderstellung der Dekurionen (Kurialen) in der Kaisergesetzgebung des 4.–6. Jahrhunderts, ZRG 86, 1969, 287–333.

Seeck: O. Seeck, Geschichte des Untergangs der antiken Welt Bd. 2, 2., vermehrte und verbess. Aufl. Stuttgart 1921.

Sherwin-White: A. N. Sherwin-White, The Letters of Pliny. A Historical and Social Commentary, Oxford 1966.

Stahl: M. Stahl, Imperiale Herrschaft und provinziale Stadt. Strukturprobleme der römischen Reichsorganisation im 1.-3. Jh. der Kaiserzeit, Göttingen 1978 (Hypomnemata 52).

Stein: E. Stein, Histoire du bas-empire, éd. française par J.-R. Palanque, vol. I–II, Paris–Bruxelles–Amsterdam 1959 bzw. 1949.

Velkov: V. Velkov, Cities in Thrace and Dacia in Late Antiquity (Studies and Materials), Amsterdam 1977 (Publications of the Henry Frankfort Foundation 3).

Volkmann: H. Volkmann, Dekaprôtoi, in: Der kleine Pauly 1, 1964, 1437.

Waltzing: J.-P. Waltzing, Étude historique sur les corporations professionelles chez les Romains depuis les origines jusqu'à la chute de l'Empire d'Occident, t. 1–4, Louvain 1895–1900 (Nachdruck Roma 1968).

V. Das Kaiserporträt im 3. Jahrhundert

von Detlef Rößler

A. Einleitung

Für fast alle Gattungen der bildenden und bauenden Künste im Römischen Reich bedeutet das 3. Jh. eine deutliche Zäsur. Ein unmittelbarer Zusammenhang mit den wirtschaftlichen Krisenerscheinungen besteht insofern, als zu den Merkmalen dieser Zäsur auf vielen Gebieten ein quantitativer Rückgang der Kunstproduktion gehört.[1] Fast 50 Jahre lang, vom Zeitpunkt der Vollendung der Caracalla-Thermen bis zum Beginn des Baues der Aurelianischen Mauer, werden in Rom keine größeren öffentlichen Bauten errichtet.[2] Die Reihe der historischen Reliefs bricht bereits unter Septimius Severus ab und setzt erst in diokletianischer

[1] Siehe hierzu und zum folgenden K. Fittschen, Die Krise des 3. Jahrhunderts n. Chr. im Spiegel der Kunst, in: Krisen in der Antike – Bewußtsein und Bewältigung, Düsseldorf 1975 (Geschichte und Gesellschaft 13), 133–134.

[2] Zu einzelnen kleineren kaiserlichen Bauaktivitäten A. Alföldi, Studien zur Geschichte der Weltkrise des 3. Jahrhunderts nach Christus, Darmstadt 1967, 381–382.

Zeit wieder ein.[3] Für die Kunstgeschichte wird ihr Ausfall durch die große Zahl der Reliefsarkophage zwar teilweise kompensiert[4] – in der gewandelten Funktion und den neuen Inhalten der Reliefs drückt sich gleichwohl eine einschneidende Veränderung aus. Die im 2. Jh. noch in Blüte stehende bildhauerische Kopistentätigkeit kommt fast völlig zum Erliegen.[5] Immer häufiger werden zur Arbeits- und Kostenersparnis, z. T. auch als Spolien, ältere Architekturteile und Skulpturen wiederverwendet.[6] Auf den Gebieten der Wandmalerei und der Mosaikkunst ist es weniger ein Rückgang, als vielmehr die weitgehende Verdrängung der traditionellen durch die christliche Thematik, durch die sich das 3. von den früheren Jahrhunderten abhebt.

Dagegen verläuft die Entwicklung in der Porträtkunst – zumindest aus der Perspektive eines pauschalen Überblicks gesehen – relativ kontinuierlich. Zwar ist in den absoluten Zahlen etwa der Bildnisse einzelner Kaiser ebenfalls ein gewisser Rückgang festzustellen,[7] aber die dichte chronologische Reihe der Porträts bricht niemals ganz ab, und neben den Herrscherköpfen entstehen immer auch zahlreiche Privatbildnisse. Unter dem Blickwinkel der künstlerischen Qualität hat man das 3. Jh. häufig als eine Zeit besonderer Blüte[8] oder sogar als absoluten Höhepunkt der römischen Porträtkunst[9] bezeichnet. Dies allerdings sind subjektive, von der ausgeprägten Expressivität vieler Porträtschöpfungen des 3. Jh. beeinflußte Urteile, bei denen z. T. wohl auch die Identifizierung mit einem Lebensgefühl eine Rolle spielt, das als dem „modernen" verwandt empfunden wurde.[10] Doch auch unter objektiveren Kriterien, wie etwa dem des Niveaus der handwerklichen Qualität, wird man zumindest keinen so gravierenden Bruch mit den Traditionen des 2. Jh. feststellen können, wie er in anderen Gattungen zu beobachten ist.

[3] Th. Kraus, Das römische Weltreich, Berlin 1967 (Propyläen-Kunstgeschichte 2), 111, 117, 123.

[4] Zur Bedeutung der Sarkophage für die Geschichte der römischen Kunst im 3. Jh. siehe H. Sichtermann in H. Sichtermann, G. Koch, Römische Sarkophage, München 1982 (Handbuch der Archäologie), 622–623.

[5] H. Lauter, Zur Chronologie römischer Kopien nach Originalen des V. Jahrh., Diss. Bonn 1966, 124–129, bes. 127.

[6] H. Blanck, Wiederverwendung alter Statuen als Ehrendenkmäler bei Griechen und Römern, Diss. Köln 1962, Köln 1963, 94, 104–105.

[7] M. Wegner, Bildniskunde römischer Herrscher, in: ANRW II/12/2, 664. – Beispiele auch bei K. Fittschen, s. Anm. 1, 134. – Vgl. für Kleinasien J. Inan, E. Rosenbaum, Roman and Early Byzantine Portrait Sculpture in Asia Minor, London 1966, 44–45.

[8] Bandinelli 42; M. Wegner, s. Anm. 7, 664–665.

[9] So W. Zschietzschmann, Kunst der Etrusker – Römische Kunst, Frankfurt/Main – Berlin 1963 (Ullstein Kunstgeschichte 6), 133.

[10] So zu interpretieren ist wohl auch Bandinellis Schlüsselbegriff des „Leidens am Leben" für die Porträts des 3. Jh. (vgl. dazu hier S. 331 f. mit Anm. 69).

Wie läßt sich die relative Kontinuität der Porträtproduktion in einer solchen Umbruchzeit erklären? Bei der Beantwortung dieser Frage wird man die vergleichsweise unkomplizierte und nicht allzu kostspielige Herstellung nicht gänzlich außer acht lassen dürfen. Wesentlicher ist aber zweifellos ein anderer Grund: Im Laufe der Entwicklung des Prinzipatssystems hatten die Kaiserbildnisse einen festen Platz im Mechanismus der staatlichen Machtausübung erhalten. Sie erfüllten politische, juristische, kultische und ideologische Funktionen. In vollplastischer Gestaltung, gemalt oder als Reliefs symbolisierten sie z. B. bei völkerrechtlichen Akten, etwa der Unterwerfung eines fremden Fürsten, die Autorität des nicht anwesenden Kaisers, bekräftigten in Gerichtsverhandlungen den Rechtsvollzug, demonstrierten als Feldzeichensigna die oberste militärische Befehlsgewalt des Prinzeps, bildeten in den Fahnenheiligtümern der Legionen den Mittelpunkt des Kaiserkults der Armee, wurden in Tempeln und Hauskapellen auch von Zivilpersonen kultisch verehrt, dienten den Stempelschneidern in den Münzwerkstätten als Muster bei der Herstellung der Prägestempel.[11] Neben diesen genauer umrissenen Einzelaufgaben hatten die Kaiserporträts aber auch einen allgemeineren Zweck. Sie waren eine Art Kommunikationsmittel; durch sie wurde das Bild des regierenden Herrschers im ganzen Reich verbreitet, in der monumentalen Form der Ehrenstatue ebenso wie in kleineren Formaten und auf verschiedenen Gegenständen des täglichen Gebrauchs wie Münzen, Siegeln, Gewichten und Schmuck.[12]

Die fortdauernde Produktion und Emission von Kaiserbildnissen war also, auch und gerade unter den komplizierten Bedingungen des 3. Jh., nicht so sehr eine künstlerische als vielmehr eine politische Frage. Der Staat konnte nicht ohne weiteres auf sie verzichten. Andererseits könnte gerade angesichts ihrer engen Verknüpfung mit den Interessen der Staatsmacht die Vermutung nahelie-

[11] Siehe dazu H. Kruse, Studien zur offiziellen Geltung des Kaiserbildes im römischen Reiche, Paderborn 1934 (Studien zur Geschichte und Kultur des Altertums 19/3); H. G. Niemeyer, Studien zur statuarischen Darstellung der römischen Kaiser, Berlin 1968 (Monumenta artis romanae 7), 14–27; J. P. Rollin, Untersuchungen zu Rechtsfragen römischer Bildnisse, Bonn 1979 (Habelts Dissertationsdrucke, Reihe Klassische Archäologie, 11), 94–195; G. Lahusen, Untersuchungen zur Ehrenstatue in Rom, literarische und epigraphische Zeugnisse, Roma 1983 (Archaeologica 35); Th. Pekary, Das römische Kaiserbildnis in Staat, Kult und Gesellschaft, Berlin 1985 (Das römische Herrscherbild 3/5). In den genannten Werken finden sich auch zahlreiche Hinweise auf die relevanten Passagen in den Quellen; vgl. dazu weiter: Schriftquellen zum römischen Bildnis I: Textstellen, von den Anfängen bis zum 3. Jh. n. Chr., zusammengest. von G. Lahusen, Bremen 1984, passim. Die von Kruse, 54–55 u. a., und von Niemeyer, 20–22, nachdrücklich vertretene These von der Stellvertretungsfunktion des Bildes für den Kaiser bei völkerrechtlichen Akten wird allerdings von Rollin, 117–131, mit juristischen Argumenten zurückgewiesen. Inzwischen haben jedoch auch Rollins Ansichten vielfach Kritik erfahren.

[12] Dazu P. Zanker, Prinzipat und Herrscherbild, Gymnasium 86, 1979, 353–368.

gend erscheinen, daß im Verlauf der Krise und schließlichen Auflösung des Prinzipatssystems im 3. Jh. auch die Kaiserporträts ihre Bedeutung verloren hätten. Das aber war nicht der Fall. Vielmehr behielten sie im wesentlichen ihre Funktionen bei, und gegen Ende des Jahrhunderts scheint durch die Einführung einer strafferen Organisation der Bildnisaussendung ihre wichtige Rolle auch äußerlich noch einmal unterstrichen worden zu sein.[13] Sieht man jedoch von den vordergründigen Mechanismen der Machtausübung ab und betrachtet den sich mit dem Übergang vom Prinzipat zum Dominat vollziehenden grundsätzlicheren Wandel der Herrschafts- und Herrschervorstellungen, dann wird deutlich, daß sich die Porträts in ihrer Gestaltungsweise diesem Wandel anpaßten und erst dadurch auch unter den veränderten Bedingungen ihre Rolle weiterspielen konnten.

Diese Feststellung erfordert eine Präzisierung der oben getroffenen Aussage über die relative Kontinuität der Porträtkunst im 3. Jh. „Kontinuität" bedeutet in diesem Zusammenhang die fortdauernde Produktion von Bildnissen, keineswegs aber eine bruchlose stilistische Entwicklung. Im Gegenteil: angesichts der politischen Veränderungen, die ihrerseits ja wiederum nur als Ergebnis einer allgemeineren gesellschaftlichen Krise zu verstehen sind, waren einschneidende Wandlungen in der Gestaltungsweise geradezu die Bedingung für die Lebens- und Wirkungsfähigkeit der Gattung.

Bei der Bedeutung der Bildnisse für die allgegenwärtige Dokumentation kaiserlicher Macht kann es nicht überraschen, daß die wesentlichsten Impulse für künstlerische Neuerungen in der Porträtplastik fast stets vom Herrscherbildnis ausgingen. Die Privatporträts lehnten sich in der Regel eng an die Gestaltungsweise der Bildnisse des jeweils regierenden Kaisers und seiner Familie an. So prägte sich auf den verschiedenen Enwicklungsstufen ein vom Herrscherbild dominiertes „Zeitgesicht" aus,[14] was freilich nicht ausschließt, daß die Kaiserikonographie ihrerseits gelegentlich auf bereits typologisch verfestigte Bildlösungen zurückgreifen konnte.[15]

Schon an dieser Stelle sei die Einschätzung vorweggenommen, daß die Wandlungen im 3. Jh. grundlegender und durchgreifender waren als alle Entwicklungsschritte der kaiserzeitlichen Porträtkunst zuvor. Das römische Bildnis am Ende des Jahrhunderts ist ein gänzlich anderes als an seinem Beginn.

[13] So wird nach Kruse, s. Anm. 11, 23, unter Diokletian das frühere Gewohnheitsrecht der Kaiserbilderhebung beim Regierungsantritt in eine „verfassungsrechtliche Norm" umgewandelt. Die Aufstellung der Bilder erfolgt seitdem nicht mehr auf Initiative der örtlichen Behörden, sondern im Rahmen einer zeremoniell inszenierten Bildversendung vom Kaiserhof.

[14] P. Zanker, Herrscherbild und Zeitgesicht, Wissenschaftliche Zeitschrift der Humboldt-Universität zu Berlin, Ges.- und sprachwiss. Reihe, 31, 1982, 307–312.

[15] Dazu M. Bergmann, Zeittypen im Kaiserporträt?, ebenda, 143–147.

B. Forschungsgeschichte und Forschungsstand

1. Ikonographische Forschungen

Was wir heute über die römische Porträtkunst des 3. Jh. wissen, ist im wesentlichen das Ergebnis etwa einhundertjähriger Forschung, die mit Untersuchungen zur Kaiserikonographie einsetzte,[16] in den dreißiger Jahren unseres Jahrhunderts durch H. P. L'Oranges bahnbrechendes Werk[17] aber den entscheidenden Anstoß zur Beschäftigung mit stilgeschichtlichen und typologischen Fragen erhielt – Fragen, die bis heute einen wichtigen Teil ihres Inhalts ausmachen. Daneben ist jedoch die Diskussion ikonographischer Probleme nie abgerissen. Das wird verständlich, wenn man bedenkt, daß die – bis in die Severerzeit in den weitaus meisten Fällen gesicherte – Identifizierung der plastischen Kaiserporträts durch Münzvergleiche für die Epoche der Soldatenkaiser und die folgenden Jahrzehnte auf ziemlich unsicherem Boden steht. Ursachen dafür sind neben der sehr viel größeren Zahl von Kaisern im 3. Jh. und ihrer meist kurzen Regierungszeit u. a. die Vermehrung der Münzstätten, die fortschreitende Verschlechterung der Münzqualität und die zunehmende Abstraktion der Münzporträts vom realen Erscheinungsbild.[18] So wird in den seit den fünfziger Jahren erschienenen zusammenfassenden Werken zur Kaiserikonographie[19] die Zuschreibung vieler

[16] J. J. Bernoulli, Römische Ikonographie, II: Die Bildnisse der römischen Kaiser und ihrer Angehörigen, 3: Von Pertinax bis Theodosius, Stuttgart–Bern–Leipzig 1894; A. Hekler, Die Bildniskunst der Griechen und Römer, Stuttgart 1912, XIV–XV, 290–305; R. Delbrück, Antike Porträts, Bonn 1912; ders., Bildnisse römischer Kaiser, Berlin 1914; ders., Die Münzbildnisse von Maximinus bis Carinus, Berlin 1940 (Das römische Herrscherbild 3/2).

[17] H. P. L'Orange, Studien zur Geschichte des spätantiken Porträts, Oslo u. a. 1933.

[18] Dazu u. a. Bergmann 110; D. L. Thompson, AJA 84, 1980, 394.

[19] Felletti Maj; Calza; Wegner III/1 und III/3. Zu den oft recht eigenwilligen Zuweisungen von Porträts und Ablehnungen älterer Forschungsmeinungen durch Wegner und seine Mitarbeiter siehe die Rezensionen von H. v. Heintze, Gymnasium 83, 1976, 89–92, und 88, 1981, 471–474; K. Fittschen, Göttingische Gelehrte Anzeigen 230, 1978, 133–153; J. Ch. Balty, L'antiquité classique 49, 1980, 269–285; D. L. Thompson, AJA 84, 1980, 394–395; U. Hausmann, Gnomon 53, 1981, 375–392; E. Alföldi-Rosenbaum, Bonner Jahrbücher 183, 1983, 818–825. – Vgl. auch die Aufsatzfolgen von H. v. Heintze, Studien zu den Porträts des 3. Jh. n. Chr., RM 62, 1955, 174–184 (Gordianus III.), 63, 1956, 56–65 (Trebonianus Gallus – Trajanus Decius, Gordianus I. – Gordianus II.), 64, 1957, 69–91 (Der Feldherr des Großen Ludovisischen Schlachtsarkophages), 66, 1959, 175–191 (Der Knabe des Acilia-Sarkophags), 69, 1962, 164–171 (Eine Porträtbüste des Severus Alexander aus Veji), 73/74, 1966/67, 190–231 (Caracalla, Geta, Elagabal und Severus Alexander), 84, 1977, 159–180 (Die Kaiser der Krisenjahre 193–197 n. Chr.)., sowie von J. und J. Ch. Balty, Notes d'iconographie romaine, Bulletin de l'Institut historique belge de Rome 44, 1974, 23–59, und RM 83, 1976, 175–193. – Zum Frauenporträt severischer Zeit zwei Dissertationen: K. Buchholz, Die Bildnisse der Kaiserinnen der severischen Zeit nach ihren Frisuren (193–235 n. Chr.), Frankfurt/Main 1963; J. Meischner, Das Frauenporträt der Severerzeit, Berlin 1967.

Bildnisse kontrovers beurteilt, und auch Spezialuntersuchungen erbrachten nur selten allgemein akzeptierte Ergebnisse. Dennoch kann man heute die Ikonographie zumindest der wichtigeren Kaiser des 3. Jh. als einigermaßen geklärt bezeichnen; unbefriedigender ist die Situation für die beginnende Dominatszeit.

Den Bildnissen des Septimius Severus waren in den sechziger und siebziger Jahren zahlreiche Publikationen gewidmet;[20] insbesondere die Arbeit von D. Soechting hat wesentlich zur Klärung der bis dahin noch offenen ikonographischen und typologischen Probleme beigetragen. Gesichert ist auch die Ikonographie der späteren Typen des Caracalla-Porträts;[21] dagegen bildet die Zuweisung der Jugendbildnisse entweder an Caracalla oder an seinen Bruder Geta[22] und ihre Abgrenzung von antoninischen Knabenporträts[23] ein altes und noch immer nicht völlig gelöstes Problem. Über die Ikonographie des Macrinus scheint inzwischen weitgehende Übereinstimmung erreicht worden zu sein;[24] andererseits wird die seit J. J. Bernoullis Identifizierung lange Zeit kaum angefochtene Deutung eines Kopfes im Museo Capitolino[25] als Elagabal – und damit die gesamte Ikonographie dieses Kaisers – neuerdings skeptischer beur-

[20] J. Balty, Les premieres portraits de Septime Sévère: problèmes de méthode, Latomus 23, 1964, 56–63, und andere Aufsätze der Verfasserin; A. M. McCann, The Portraits of Septimius Severus (A.D. 193–211), Rome 1968 (Memoirs of the American Academy in Rome 30); G. Säflund, Zur Ikonographie des Kaisers Septimius Severus, in: Opuscula, ed. G. Säflund, Stockholm 1968 (Stockholm Studies in Classical Archaeology 5), 119–134; W. Hornbostel, Severiana – Bemerkungen zum Porträt des Septimius Severus, JdI 87, 1972, 348–387; D. Soechting, Die Porträts des Septimius Severus, Bonn 1972 (Habelts Dissertationsdrucke, Reihe Klassische Archäologie 4).

[21] H. B. Wiggers, in: Wegner III/1, 25–42, Taf. 10–22.

[22] L. Budde, Jugendbildnisse des Caracalla und Geta, Münster 1951; H. v. Heintze, RM 73/74, 1966/67, s. Anm. 19, 190–215, Taf. 62–72/2; dies., Caracalla und Geta, RM 75, 1968, 174–179; H. B. Wiggers, in: Wegner III/1, 17–24, 93–114, Taf. 1–9, 24–27; A. Seeberg, Caracalla (oder Geta), Antike Kunst 16, 1973, 76–82; J. Ch. Balty, Style et facture – Notes sur le portrait romain du IIIe siècle de notre ère, Revue archéologique 1983, 306–308, fig. 7–11.

[23] Dazu z. B. K. Fittschen, Zum angeblichen Bildnis des Lucius Verus im Thermen-Museum, JdI 86, 1971, 221–223, 236–238 (mit Anm. 77), 250.

[24] L'Orange 93; Wegner III/1, 131–140, Taf. 30–33; Bergmann 19–22; J. Ch. Balty, L'iconographie romaine du IIIe siècle, L'antiquité classique 49, 1980, 277; D. Salzmann, Die Bildnisse des Macrinus, JdI 98, 1983, 351–381.

[25] K. Fittschen, in: K. Fittschen, P. Zanker, Katalog der römischen Porträts in den Capitolinischen Museen und den anderen kommunalen Sammlungen der Stadt Rom, 1: Kaiser- und Prinzenbildnisse, Mainz 1985 (Beiträge zur Erschließung hellenistischer und kaiserzeitlicher Skulptur und Architektur 3), 115–117 (Nr. 98), Taf. 120–121. Zur Deutung als Elagabal J. J. Bernoulli, (s. Anm. 16), 88, Taf. 25; L'Orange 93–94.

teilt.[26] Ziemlich einhellig schreibt man Severus Alexander eine Reihe von Porträts zu;[27] die Knabenbildnisse sind jedoch zwischen ihm und Philippus iunior strittig.[28]

Das Porträt des Maximinus Thrax hat in neuerer Zeit zu Auseinandersetzungen um typologische und stilistische Fragen Anlaß gegeben; ikonographisch sind zumindest die charakteristischsten Wiederholungen gesichert.[29] Von den nur wenige Monate regierenden Kaisern des Jahres 238 können wir Gordian I. möglicherweise in einem bekränzten Kopf in Tunis[30] erkennen, gesicherte Darstellungen Gordians II. existieren nicht.[31] Bildnisse des Pupienus[32] und des Balbinus[33] besitzen wir in wenigen, aber ziemlich eindeutigen Exemplaren; von letzterem ist – ein besonderer Glücksfall – in den römischen Katakomben auch

[26] H. v. Heintze, RM 73/74, 1966/67 (s. Anm. 19), 215–224, Taf. 72/3–78; Wegner III/1, 146–152, Taf. 38–41; J. Meischner, Privatporträts der Jahre 195 bis 220 n. Chr., JdI 97, 1982, 437–439. Dagegen halten Bergmann 22-26, und K. Fittschen, s. Anm. 25, an der traditionellen Deutung fest.

[27] L'Orange 94-96; Felletti Maj 24–27, 83–103; H. v. Heintze, RM 69, 1962, s. Anm. 19, 164–171; dies., RM 73/74, 1966/67, s. Anm. 19, 215–220, Taf. 72/3–73 (mit eigenwilligen Identifizierungen), Wegner III/1, 177–199, Taf. 44–56 a; D. Pandermalis, Ein Bildnis des Severus Alexander in Thessaloniki, AA 1972, 128–145; B. Andreae, Der Bronzekopf des Kaisers Severus Alexander in der Sammlung Paul Dierichs, in: Paul Dierichs zu seinem 75. Geburtstag von seinen Mitarbeitern, Kassel 1976, 67–81; Bergmann 26–29.

[28] Dazu Bergmann 28, Anm. 87, in Auseinandersetzung mit Wegner III/1, 184–199 passim, der auf die alte Identifizierung des Typs mit dem jüngeren Philippus zurückgreift (s. auch W. Real, in: Wegner III/3, 42–50, Taf. 17–20). Zur Forschungsgeschichte; Felletti Maj 85.

[29] Felletti Maj 114–121; J. Meischner, Zwei Stilrichtungen in der Porträtkunst des mittleren 3. Jh. n. Chr. – Zum Bildnis des Maximinus Thrax, AA 1967, 34–46; Wegner III/1, 223–228, Taf. 66–70; Bergmann 30–31; K. Fittschen, Siebenmal Maximinus Thrax, AA 1977, 319–326.

[30] A. Merlin, L. Poinssot, Tête présumée de l'empereur Gordien Ier au Musée du Bardo, Fondation Eugène Piot, Monuments et mémoires 40, 1944, 135–146. Weitere Literatur zur Ikonographie Gordians I.: H. v. Heintze, RM 63, 1956, s. Anm. 19, 62–65, Taf. 29–30; Felletti Maj 127–132; Wegner III/1, 236–240, Taf. 73; Bergmann 33–34.

[31] H. v. Heintze, RM 63, 1956, Anm. 19, 64–65, Taf. 31; Felletti Maj 132–134; Wegner III/1, 236–237, 240, Taf. 73.

[32] Felletti Maj 135–140; Wegner III/1, 241–245, Taf. 74, 76–77; B. Haarløv, New Identifications of Third Century Roman Imperial Portraits, Odense 1975 (Odense University Classical Studies 7), 13–14, fig. 10 a–12 c.

[33] Felletti Maj 140–146; H. Jucker, A Portrait Head of the Emperor Balbinus, Bulletin of the Cleveland Museum of Art 1967, January, 11–16; J. M. Luzón Nogué, Un retrato de Balbino en Itálica, Habis 2, 1971, 263–271; Wegner III/1, 241–243; 246–249; Taf. 75, 78–79; J. u. J. Ch. Balty, Bulletin de l'Institut historique belge de Rome 44, 1974, s. Anm. 19, 24–27, pl. I–III; dies., RM 83, 1976, s. Anm. 19, 175–176; J. Ch. Balty, Revue archéologique 1983, s. Anm. 22, 309–310.

der Sarkophag des Kaisers mit drei Porträts aufgefunden worden.[34] Für Gordian III. wurde eine relativ große Zahl von Bildnissen in Anspruch genommen,[35] aber lediglich ein Teil davon kann als gesichert gelten. Die Gesichtszüge des Philippus Arabs sind uns nur in wenigen Köpfen eindeutig überliefert; die meisten Zuschreibungen haben sich als ungewiß und eher unwahrscheinlich erwiesen.[36] Die Ikonographie des Trajanus Decius[37] bleibt – trotz H. v. Heintzes Versuch, einen neuen Zugang zu der Frage zu finden[38] – weiterhin an die bekannte kapitolinische Büste[39] gebunden. Auf Trebonianus Gallus hat man vier der relativ wenigen erhaltenen Bronzebildnisse des 3. Jh. bezogen, doch diese Zuschreibungen sind im Grunde ebenso unsicher wie alle anderen Vorschläge.[40]

Bildnisse des Valerian[41] fehlten, abgesehen von den ikonographisch kaum relevanten sassanidischen Felsreliefs,[42] bis vor einigen Jahren noch völlig; nun dürfte mit dem kleinasiatischen Kopf in Kopenhagen[43] wenigstens ein gesicher-

[34] M. Gütschow, Das Museum der Prätextat-Katakombe, Città del Vaticano 1938 (Atti della Pontificia Accademia Romana di archeologia, Memorie, Ser. 3, Bd. 4/2); H. Jucker, Die Behauptung des Balbinus, AA 1966, 501–514.

[35] H. v. Heintze, RM 62, 1955, s. Anm. 19, 174–184, Taf. 65–69; Felletti Maj 147–163; J. Bracker, Bestimmung der Bildnisse Gordians III. nach einer neuen ikonographischen Methode, Diss. Münster 1965; ders., in: Wegner III/3, 13–29, Taf. 1–9; S. Wood, Subject and Artist – Studies in Roman Portraiture of the Third Century, AJA 85, 1981, 59–68.

[36] Felletti Maj 169–177; B. Haarløv, s. Anm. 32, 15–19, fig. 13–18 c; Bergmann 34–35; W. Real, in: Wegner III/3, 30–41, Taf. 10–14; S. Wood, The Bust of Philip the Arab in the Vatican: a Case for the Defense, AJA 86, 1982, 244–247, pl. 39–40.

[37] Felletti Maj 187–192; J. und J. Ch. Balty, Bulletin de l'Institut historique belge de Rome 44, 1974, s. Anm. 19, 45–54; dies., RM 83, 1976, s. Anm. 19, 176–178; Bergmann 42–43; Wegner III/3, 63–69, Taf. 26–28.

[38] H. v. Heintze, RM 63, 1956, s. Anm. 19, 56–62, Taf. 23–28.

[39] Wegner III/3, 64, 66, Taf. 26; K. Fittschen, in: Fittschen – Zanker, s. Anm. 25, 130–133 (Nr. 110), Taf. 135–137.

[40] L'Orange 97; H. v. Heintze, RM 63, 1956, s. Anm. 19, 56–62, Taf. 21; Felletti Maj 201–207; J. und J. Ch. Balty, Bulletin de l'Institut historique belge de Rome 44, 1974, s. Anm. 19, 45–59; Bergmann 44–46; Wegner III/3, 83–91; J. Balty, Trébonien Galle et Volusien, in: Eikones, Festschrift H. Jucker, hrsg. von R. A. Stucky und I. Jucker, Bern 1980 (Antike Kunst, Beih. 12), 49–56, Taf. 14–16; A. M. McCann, Beyond the Classical in Third Century Portraiture, in: ANRW II/12/2, 630–632, pl. V–VII.

[41] Felletti Maj 215–218; B. Haarløv, Endnu et portraet af Kejser Valerianus?, Meddelelser fra Ny Carlsberg Glyptotek 28, 1971, 59–65; dies., Un altro ritratto dell'imperatore Valeriano?, Analecta Romana Instituti Danici 7, 1974, 101–108; Wegner III/3; 101–104, Taf. 38–39.

[42] R. Goebl, Der Triumph des Sasaniden Šahpur über die Kaiser Gordianus, Philippus und Valerianus – Die ikonographische Interpretation der Felsreliefs, Wien 1974 (Denkschriften der Österr. Akademie der Wiss., philosoph.-hist. Kl. 116).

[43] Ny Carlsberg Glyptotek Nr. 766 c: V. Poulsen, Les portraits romains, 2: De Vespasien à la Basse-antiquité, Copenhague 1974, 169–170 (Nr. 174), Taf. CCLXXIX–CCLXXX; Wegner III/3, 102–103.

tes Exemplar vorliegen. Porträts seines Sohnes Gallien kennt man dagegen schon lange.[44] Allerdings waren viele Einzelstücke, besonders unter den sogenannten Jugendporträts, umstritten. Jetzt scheint die Forschung in den Hauptpunkten einen gewissen Konsens erreicht zu haben. Die Diskussion um die Ikonographie der Kaiser Claudius Gothicus,[45] Aurelian[46] und Probus,[47] immer wieder mit den vier bekannten Brescianer Bronzeköpfen[48] verbunden, bleibt auch nach den jüngsten Identifizierungsvorschlägen von J. Ch. Balty, M. Bergmann, K. Fittschen, U. Hausmann u. a. offen; lediglich die Deutung eines kapitolinischen Kolossalkopfes[49] als Probus wird von den meisten akzeptiert. Desgleichen herrscht über die Identifizierung eines anderen, im römischen Konservatorenpalast aufbewahrten, überlebensgroßen Kopfes[50] als Carinus[51] weitgehende Einigkeit. Für die übrigen, jeweils nur kurz regierenden Kaiser der siebziger und achtziger Jahre des 3. Jh. bis zur Machtübernahme Diokletians – Quintillus,

[44] G. Bovini, Gallieno – La sua iconografia e i riflessi in essa delle vicende storiche e culturali del tempo, Atti della Reale Accademia d'Italia, Memorie della classe di scienze morali e storiche, ser. 7, 7/2, 1941, 115–161; Felletti Maj 220–234; B. Haarløv, A Contribution to the Iconography of the Emperor Gallienus, in: Studia romana in honorem P. Krarup septuagenarii, Odense 1976, 113–121; Bergmann 47–59; Wegner III/3, 106-120, Taf. 40–47; J. D. Breckenridge, Roman Imperial Portraiture from Augustus to Gallienus, in: ANRW II/12/2; 506–509, Pl. XXIII–XXIV; A. M. McCann, s. Anm. 40, 632–637, pl. IX-XI.

[45] L'Orange 97–99; Felletti Maj 260–264; J. und J. Ch. Balty, RM 83, 1976, s. Anm. 19, 180–190, Taf. 48–54; Bergmann 105–107, Taf. 32/1–3; Wegner III/3, 135–138, Taf. 52; U. Hausmann, s. Anm. 19, 390–391.

[46] Felletti Maj 265–268; J. und J. Ch. Balty, RM 83, 1976, s. Anm. 19, 190–193, Taf. 55-56/1; Bergmann 113–116; Taf. 32/4–33/2; K. Fittschen, zitiert bei: B. Andreae, Römische Kunst, 3. Aufl., Freiburg–Basel–Wien 1978, 301; Wegner III/3, 141–143, Taf. 53. – Zu der permanenten Diskussion vgl. auch J. Meischner, s. Anm. 26, 433–434; P. Kranz, Restituiertes oder atypisches Kaiserbildnis – Der „Aurelianus"-Commodus in der Sammlung Ortiz, Hefte des Archäologischen Seminars der Universität Bern 9, 1983, 53–64.

[47] L'Orange 99–100, Abb. 90, 92; Felletti Maj 276–279; Bergmann 104, 107–113, Taf. 33/3–34/2; Wegner III/3, 150-154, Taf. 56–57.

[48] K. Kluge, K. Lehmann-Hartleben, Die antiken Großbronzen, 2, Berlin–Leipzig 1927, 49–50, Abb. 5–8.

[49] Wegner III/3, 153; Fittschen, in: K. Fittschen – P. Zanker, s. Anm. 25, 139–141 (Nr. 116), Taf. 143–144; W. Schindler, Römische Kaiser – Herrscherbild und Imperium, Leipzig 1985, 206, Abb. 87.

[50] Wegner III/3, 158–159, Taf. 61; Fittschen, in: K. Fittschen–P. Zanker, s. Anm. 25, 141–142 (Nr. 117), Taf. 145–146.

[51] Zur Ikonographie des Carinus: Felletti Maj 282–285; Bergmann 104, 118, Taf. 34/3; Wegner III/3, 157–159, Taf. 60–61.

Tacitus, Florianus, Carus, Numerianus – sind einigermaßen sichere Porträts nicht bekannt.[52]

Nicht überzeugen konnten bisher auch alle Versuche, die ersten Dominatsherrscher[53] und insbesondere Diokletian[54] in Bildnissen zu identifizieren. Die bekannten Porphyrgruppen in Venedig und im Vatikan[55] stellen zwar sicher Tetrarchen dar, sind aber ikonographisch kaum auswertbar. Erst von Konstantin I. besitzen wir wieder sichere Porträts,[56] die freilich einen grundsätzlich gewandelten Bildnisgehalt aufweisen.

Auf den Stand der ikonographischen Erforschung von Bildnissen der kaiserlichen Familienangehörigen, u. a. der Ehefrauen und der mitregierenden Söhne, verschiedener Usurpatoren sowie der Herrscher des Gallischen und des Palmy-

52 Siehe dazu Felletti Maj und Wegner III/3 unter den jeweiligen Namen, außerdem: Bergmann 104–105, 118–121. Zum sog. Numerian in Boston C. C. Vermeule, A Graeco-Roman Portrait of the Third Century A.D. and the Graceco-Asiatic Tradition in Imperial Portraiture from Gallienus to Diocletian, Dumbarton Oaks Papers 15, 1961, 1–22, fig. 1–6; Bergmann 133–137; J. Meischner, Zu einem Männerbildnis in Boston, AA 1985, 135–140.

53 Zur Ikonographie der Tetrarchen: L'Orange 100–105; Calza 89–117, 119–131, 135–148, 152–167; Bergmann 174–179; E. Künzl, Zwei silberne Tetrarchenporträts im RGZM und die römischen Kaiserbildnisse aus Gold und Silber, Jahrbuch des Römisch-Germanischen Zentralmuseums Mainz 30, 1983, 381–402, Taf. 64–85; H. P. L'Orange, in: Wegner III/4, 3–36, 95–116. – Zu Maximian: J. Meischner, Bildnisse des Maximianus Herculius – Zum Kaiserkopf im Archäologischen Museum Mailand, Notizie dal Chiostro del Monastero maggiore 27/28, 1981, 37–46. Zu Constantius Chlorus: F. Villard, Une tête romaine èn porphyre, Revue du Louvre et des musées de France 27, 1977, 235–236. – Zu Galerius:: G. Dontas, Collection Paul Canellopoulos IX: portrait de Galère, Bulletin de correspondance hellénique 99, 1975, 521–533.

54 Siehe außer der in der vorigen Anm. zitierten Literatur F. K. Dörner, Der Porträtkopf des Kaisers Diokletian aus seiner Residenzstadt Nikomedeia, in: Vom Bosporus zum Ararat, hrsg. von F. K. Dörner, Mainz 1981, 79–85 (Kulturgeschichte der antiken Welt 7); A. M. McCann, s. Anm. 40, 637–640, pl. XII–XV.

55 A. Ragona, I tetrarchi dei gruppi porfirei di S. Marco in Venezia, Caltagirone 1963; Calza 98–105, 247.

56 H. P. L'Orange, Kleine Beiträge zur Ikonographie Konstantins d. Gr., Opuscula Romana 4, 1962, 101–105; J. Brakker, Zur Ikonographie Constantins und seiner Söhne, Kölner Jahrbuch für Vor- und Frühgeschichte 8, 1965/66, 12–23, Taf. 7–9; H. Jucker, Zwei konstantinische Porträtköpfe in Karthago – Beitrag zur Ikonographie Konstantins d. Gr. und seiner Söhne, in: Gestalt und Geschichte – Festschrift K. Schefold, Bern 1967, 121–132; W. v. Sydow, Zur Kunstgeschichte des spätantiken Porträts im 4. Jh. n. Chr., Bonn 1969, 22–36; Calza 209–247; A. M. McCann, s. Anm. 40, 640–641, pl. XVI; H. Jucker, Von der Angemessenheit des Stils und einigen Bildnissen Konstantins des Großen, in: Von Angesicht zu Angesicht, Festschrift für M. Stetter, Bern 1983, 40–70; H. P. L'Orange, in: Wegner III/4, 37–80, 118–128.

renischen Sonderreiches kann an dieser Stelle nicht eingegangen werden; insgesamt sind unsere Kenntnisse hier noch viel lückenhafter als bei den Kaisern selbst.

2. Stilgeschichtliche Forschungen

Den Übergang von einer vorwiegend ikonographisch zu einer mehr stilgeschichtlich orientierten Forschung[57] markieren, wie bereits erwähnt, H. P. L'Oranges „Studien zur Geschichte des spätantiken Porträts" (vgl. Anm. 17). Überwiegend der Bildniskunst des 4. und 5. Jh. gewidmet, bildete das Buch mit seiner knappen Einleitung über die Porträts von Severus Alexander bis zum Tode des Gallienus und mit seinem 1. Kapitel über das „Porträt zwischen Gallien und Konstantin" dennoch den Ausgangspunkt für die weitere Beschäftigung mit der Stilentwicklung der Bildnisse des 3. Jh. Aus dem Abstand eines halben Jahrhunderts gesehen, erscheint als folgenreichstes Charakteristikum der Sicht L'Oranges sein Versuch, die Kunstgeschichte des 3. Jh. – anknüpfend an ihren Verlauf in den ersten beiden Jahrhunderten der Kaiserzeit – als einen fortschreitenden, kontinuierlichen Prozeß zu erfassen. Die gravierenden Unterschiede in der formalen Gestaltung der Porträts, die er natürlich sah, stellten sich in einem solchen Konzept linearer Entwicklung als Ergebnisse einer „raschen Abfolge verschieden orientierter, aufeinander gewaltsam reagierenden Strömungen"[58] dar. Diese Strömungen glaubte L'Orange ihrem stilistischen Grundduktus nach auf zwei Tendenzen zurückführen zu können: eine „klassizistische" und eine „realistische",[59] und darin folgte ihm fast die gesamte Forschung mehrerer Jahrzehnte.

Das von L'Orange an Kaiserbildnissen und ihnen unmittelbar nahestehenden männlichen Privatporträts gewonnene Bild – ein in illusionistischer Scheinkörperlichkeit sich auflösender Spätklassizismus unter Severus Alexander, eine „realistische" Reaktion zur Zeit der ersten Soldatenkaiser und wieder eine gewaltsame klassizistische Gegenbewegung unter Valerian und Gallienus – wurde durch die Untersuchungen G. Rodenwaldts, G. Bovinis, E. B. Dusenberys,

[57] Vgl. dazu den Abriß der Forschungsgeschichte bei Bergmann 5–8.

[58] L'Orange 1. – Ähnlich noch D. Pandermalis, s. Anm. 27, 136.

[59] Das Problem der Terminologie kann hier nicht erörtert werden. Statt „klassizistisch" hat man auch die Begriffe „idealisierend" oder „verallgemeinernd", statt „realistisch" die Bezeichnungen „veristisch", „impressionistisch", „naturalistisch" oder „individualisierend" verwendet. Völlig befriedigend sind sie alle nicht. Generell geht es um die Unterscheidung einer geglätteten, oft illusionistisch-körperhaften Darstellungsweise mit nur zurückhaltend vorgetragenen individuellen Merkmalen von einer zweiten, die persönliche, auch häßliche und altersbedingte, Züge ungeschminkt wiedergibt und in der Regel von einem stark bewegten Gesichtsrelief geprägt ist.

G. Zinserlings, O. Pelikáns[60] u. a. zwar erweitert, bereichert und differenziert, in Einzelzügen korrigiert, in seinen Grundlinien aber erst einmal nicht in Frage gestellt.

Bei der bald einsetzenden Suche nach den Wurzeln der beiden unterschiedlichen Strömungen konzentrierte sich die Forschung zunächst auf die Frage nach künstlerischen „Vorbildern". Im Falle der „klassizistischen" Porträts dachte man anfangs an eine unmittelbare Einwirkung griechischer Muster; so verstand etwa A. Alföldi[61] den gallienischen Klassizismus als eine „Reaktion des Hellenismus". G. Rodenwaldt[62] betonte daneben auch – wie nach ihm viele andere – die Beispielhaftigkeit augusteischer Porträtschöpfungen. Geringer war dagegen das Echo auf den Versuch B. Schweitzers,[63] für die „realistischen" Bildnisse der Soldatenkaiser republikanische Porträts als stilistische Muster nachzuweien.

Alle drei genannten Forscher warfen aber auch bereits die Frage nach möglichen außerkünstlerischen – ideologischen oder programmatisch-politischen – Antrieben der Stilwandlungen im Kaiserporträt auf. Diese Problematik rückte in den sechziger Jahren in den Mittelpunkt der Aufmerksamkeit. Auf einige Versuche in dieser Richtung soll hier kurz eingegangen werden.

Direkt an Schweitzer knüpft in einem Aufsatz von 1963 G. Zinserling[64] an. Er akzeptiert dessen Beobachtungen zur Traditionsgebundenheit der Porträts des 3. Jh., geht aber, indem er eine Hypothese über die Beweggründe dieser stilistischen Retrospektiven aufstellt, noch einen Schritt weiter. Den Umstand, daß die als Usurpatoren zur Macht gekommenen Kaiser der ersten Jahrhunderthälfte gewöhnlich in „realistischer", ihre mitregierenden Söhne aber in der am Vorbild des Augustus orientierten „klassizistischen" Gestaltungsweise dargestellt sind, versteht Zinserling als Ergebnis politischen Kalküls: Der „neue" Mann auf dem Thron mußte sich zunächst einmal, möglichst deutlich abgehoben von

[60] G. Rodenwaldt, Zur Kunstgeschichte der Jahre 220 bis 270, JdI 51, 1936, 82–113; G. Bovini, Osservazioni sulla ritrattistica romana da Treboniano Gallo a Probo, Monumenti antichi 39, 1943, 179–372; E. B. Dusenbery, Sources and Development of Style in Portraits of Gallienus, Marsyas 4, 1945/47, 1–17; G. Zinserling, Die Stilentwicklung der stadtrömischen Porträtkunst vom Ausgang des 2. Jh. n. Chr. bis zum Beginn der Spätantike, Diss. Jena 1950 (ungedruckt); O. Pelikán, Vom antiken Realismus zur spätantiken Expressivität, Praha 1965 (Opera Universitatis Purkynianae Brunensis, Facultas philosophica, 101).

[61] A. Alföldi, Die Vorherrschaft der Pannonier im Römerreiche und die Reaktion des Hellenentums unter Gallienus, in: 25 Jahre Römisch-Germanische Kommission, Berlin–Leipzig 1929, 11-51 (wiederabgedruckt in: A. Alföldi, s. Anm. 2, 228–281).

[62] G. Rodenwaldt, Das Problem der Renaissancen, AA 1931, 323–324.

[63] B. Schweitzer, Altrömische Traditionselemente in der Bildniskunst des dritten nachchristlichen Jahrhunderts, Nederlands Kunsthistorisch Jaarboek 5, 1954, 173-190, bes. 182–187.

[64] G. Zinserling, Altrömische Traditionselemente in Porträtkunst und Historienmalerei der ersten Hälfte des dritten Jahrhunderts u. Z. ?, Klio 41, 1963, 196–220.

seinen Vorgängern, im Reich bekanntmachen, der designierte Nachfolger dagegen bedurfte dessen nicht mehr, er konnte seine Legitimation aus der Verweisung auf den ersten Prinzeps Augustus beziehen.

Auch wenn Zinserlings These sicher nicht als ausschließliches Erklärungsmodell dienen kann, zudem die im Jünglingsbildnis besonders ausgeprägte Typenkontinuität nicht berücksichtigt wird, kommt dem Autor doch zweifellos das Verdienst zu, als einer der ersten nachdrücklich auf die Frage der Manipulierbarkeit künstlerischer Gestaltungsmittel durch die Kaiser hingewiesen zu haben.

Einen anderen Weg der Erklärung der Stilunterschiede schlägt J. Meischner[65] ein. Sie unterscheidet, anknüpfend an R. Delbrücks[66] Typologie der Münzbildnisse dieses Kaisers, bei den Porträtköpfen des Maximinus Thrax zwischen „consularen Porträts" und „Feldporträts". Die Gruppe der „consularen Porträts", die – trotz des Abgrenzungsversuches der Autorin[67] – ungefähr mit den von L'Orange, Schweitzer u. a. als „klassizistisch" charakterisierten Bildnisses gleichgesetzt werden kann, repräsentiert nach ihrer Meinung den „stadtrömischen Senatsstil"; in den von einem „expressionistischen Oberflächenstil" geprägten „Feldporträts", die wiederum weitgehend mit den von anderen als „realistisch" bezeichneten Bildnissen zusammenfallen, erkennt sie den Einfluß provinzieller Kunstströmungen. Auch dieses Erklärungsschema, das kürzlich von J. D. Brekkenridge[68] in modifizierter Form wieder aufgegriffen wurde, kann nicht völlig befriedigen; irreführend erscheint unter anderem die in ihm zumindest anklingende Parallelisierung der stilistischen Dichotomie mit der traditionellen, auf die antiken Autoren zurückgehenden Unterscheidung zwischen „Senats-" und „Soldatenkaisern". Unbeweisbar bleibt bislang auch J. Meischners Hinweis auf die mögliche Rolle provinzieller Einflüsse bei der Ausprägung der beiden Stilrichtungen.

In jüngerer Zeit haben auch die Arbeiten R. Bianchi Bandinellis[69] in den Diskussionen um die Ursachen der Stilwandlungen in der Kunst des 3. Jh. eine beträchtliche Rolle gespielt. Bandinelli entwickelt seine Darstellung der Kunstgeschichte vor dem Hintergrund einer eingehenden Analyse der ökonomischen, politischen und ideologischen Situation. Einen bedeutenden Anteil an der Herausbildung der spätantiken Formensprache weist er der sogenannten „plebe-

[65] J. Meischner, s. Anm. 29, 34–46.

[66] R. Delbrück, Münzbildnisse, s. Anm. 16, 66–67.

[67] J. Meischner, s. Anm. 29, 45.

[68] J. D. Breckenridge, Portraiture, in: Age of Spirituality, Catalogue of the exhibition at the Metropolitan Museum of Art, ed. by K. Weitzmann, New York 1979, 3; ders., in: ANRW II/12/2, s. Anm. 44, 503–506. Breckenridge unterscheidet zwischen einem „hard style" der „military portraiture" (auch „military style") und einem „soft style" der „senatorial portraiture".

[69] Besonders Bandinelli 1–38.

jischen Kunst" zu, die zunächst in den Provinzen und dann auch in Rom das Übergewicht über das griechisch-hellenistische Erbe gewonnen habe.

So groß die Verdienste Bandinellis für die Durchsetzung einer historischen Sicht der künstlerischen Phänomene und einer differenzierten Untersuchung der gesellschaftlichen Basis der Kunstproduktion sind – bei der Interpretation der Porträts des 3. Jh. beharrt er doch im wesentlichen auf traditionellen Positionen. Er deutet sie überwiegend physiognomisch, sieht in ihren expressiven Zügen eine individuelle Reaktion auf die gesellschaftliche Krise. Seine Schlüsselbegriffe für die Deutung der Porträts des 3. Jh. sind daher auch psychologischer Natur: „Leiden am Leben" und „Wille zur Macht".

Anders als für die griechische Plastik hat man für das römische Porträt die Rolle der Künstler bei der Ausprägung der Gestaltungseigenarten meist gering eingeschätzt, ursprünglich wohl vor allem auf Grund ihrer Anonymität, heute – mit mehr Berechtigung – aus der Kenntnis des Herstellungsprozesses heraus, der die Entfaltung künstlerischer Individualität kaum zuließ.[70] Wenn überhaupt Bildhauer imstande gewesen sein sollten, persönliche Gestaltungsabsichten in einem für die Stilentwicklung relevanten Maße durchzusetzen, dann allenfalls die führenden „Hofbildhauer", die Schöpfer von Archetypen der Kaiserporträts. Von dieser Voraussetzung ist denn auch S. Wood[71] bei ihrem Versuch ausgegangen, Stilwandlungen und -kontinuitäten an Bildnissen des 3. Jh. auf einzelne Künstlerpersönlichkeiten zurückzuführen; ihre Thesen bleiben aber am Ende ohne rechte Überzeugungskraft.

Selbst wenn es möglich sein sollte, die „Hände" verschiedener Künstler einleuchtender zu unterscheiden, als ihr das gelungen ist, wäre damit die Frage nach den Ursachen der Stiländerungen nicht beantwortet.[72] Wichtig und in zunehmendem Maße auch erfolgversprechend erscheint dagegen eine Untersuchung der voneinander abweichenden Gestaltungsmerkmale in einzelnen Werkstätten, wie sie kürzlich J. Ch. Balty[73] vorgeschlagen hat; freilich bleibt man aber auch damit noch im Vorfeld des eigentlichen Problems.

Daß keine der genannten und der übrigen bisher aufgestellten Hypothesen, für sich genommen, die Frage nach den Wurzeln der unterschiedlichen Stilrichtungen bündig lösen kann, dürfte heute feststehen. Insgesamt hat sich aber durch diese Forschungen unsere Kenntnis der Porträtkunst des 3. Jh. deutlich erweitert und differenziert. Sozusagen ein Nebenergebnis war die Einsicht, daß die bis dahin als zeitlich aufeinanderfolgende Stilwandlungen interpretierten Gestaltungsunterschiede durchaus auch an zeitgleichen Werken auftreten kön-

[70] Vgl. dazu die schematische Darstellung bei K. Fittschen, s. Anm. 23, 222.

[71] S. Wood, s. Anm. 35, 59–68, Taf. 13–15.

[72] So auch M. Bergmann, Gnomon 53, 1981, 177, in ihrer Auseinandersetzung mit V. Poulsen, der in seinem Katalog der Kopenhagener Porträts, s. Anm. 43, ähnliche Ansichten wie S. Wood vertritt.

[73] J. Ch. Balty, s. Anm. 22, 301–315. Vgl. dazu den Hinweis bei Bergmann 117.

nen. Damit mußte das wesentlich von L'Orange geprägte Bild „einer auf kurze Strecken stetigen, auf lange Strecken jedoch gebrochenen Entwicklung"[74] revidiert werden. An die Stelle des Modells einer Folge von aufeinander reagierenden Entwicklungsschritten trat die Vorstellung der Existenz einer Art Arsenals ständig latent vorhandener, abrufbarer Gestaltungsmöglichkeiten.

Ein solches Konzept in der Erforschung des Porträts des 3. Jh. steht nicht etwa isoliert da, es ordnet sich ein in den Kontext der allgemeinen Krise, in die der Entwicklungsbegriff auf den Gebieten der Archäologie und der Kunstwissenschaften in den Jahren nach dem 2. Weltkrieg geraten ist.[75] Zeitweilig schien es, als seien Kriterien einer Entwicklung auf weite Strecken der antiken Kunstgeschichte überhaupt nicht mehr anwendbar; für die von so vielen einander entgegenwirkenden Tendenzen geprägte Periode des 3. Jh. galt das in besonderem Maße.

Es ist das Verdienst einer jüngeren Forschergeneration, für die hier stellvertretend die Namen von K. Fittschen, M. Bergmann und J. Ch. Balty genannt seien,[76] wieder stärker entwicklungsgeschichtliche Aspekte in die Behandlung der Bildnisse der späten Prinzipatszeit eingebracht zu haben. Nach den eben umrissenen Ergebnissen der vorhergehenden Forschungsperiode ist es klar, daß dazu ein unilinearer Entwicklungsbegriff nicht ausreicht, nicht in seinen älteren teleologischen Varianten, aber auch nicht in seiner moderneren „relativistischen"[77] Form. Vielmehr muß der Aspekt der sich schrittweise vollziehenden Veränderungsprozesse innerhalb der Gattung (Diachronie) kombiniert werden mit dem Gesichtspunkt der Vielfalt gleichzeitiger Phänomene (Synchronie)[78], sind inner- (Werkstatt-, Schul- und Lokaltraditionen, Typenkonstanz und -wandlung u. a.) wie

[74] Bergmann 5.

[75] Dazu N. Himmelmann-Wildschütz, Der Entwicklungsbegriff der modernen Archäologie, Marburger Winckelmann-Programm 1960, 13–40, bes. 14.

[76] Siehe z. B. K. Fittschen, Bemerkungen zu den Porträts des 3. Jahrhunderts nach Christus, JdI 84, 1969, 197–236, bes. 214 ff.; ders., Zwei römische Bildnisse in Kassel, RM 77, 1970, 132–143; ders., JdI 86, 1971, s. Anm. 23, 214–252, bes. 230 ff.; ders., Krise, s. Anm. 1; M. Bergmann, Studien zum römischen Porträt des 3. Jh. n. Chr., Bonn 1977; dies., Die Aussage abstrakter Formen am Porträt des Kaisers Gallien, Jahrbuch der Akademie der Wissenschaften in Göttingen 1980, 24–27; J. Ch. Balty, L'antiquité classique 49, 1980, s. Anm. 19, 269–285, bes. 282–283.

[77] N. Himmelmann-Wildschütz, s. Anm. 75, 15-17 und öfter.

[78] Dazu D. Rößler, Diachronische und synchronische Betrachtungsweise in der Kunstwissenschaft – ein methodologischer Versuch am Beispiel von Forschungen zum römischen Porträt des 3. Jh. u. Z., Wissenschaftliche Zeitschrift der Humboldt-Universität zu Berlin, Ges.- und sprachwissenschaftl. Reihe 31, 1982, 265–267; ders., Zur Stilentwicklung des römischen Porträts im 3. Jh., in: Krise, Krisenbewußtsein, Krisenbewältigung. Ideologie und geistige Kultur im Imperium Romanum während des 3. Jahrhunderts, Halle 1988 (Wissenschaftl. Beiträge der Martin-Luther-Universität Halle-Wittenberg 1986/62, C 40), 68–76.

außerkünstlerische (politische Aussageabsichten der Auftraggeber, ideologische Manipulationen usw.) Einflüsse auf die Ausprägung der Gestaltungsweise einzukalkulieren. Von verschiedenen Forschern werden dabei unterschiedliche Punkte besonders hervorgehoben. Ganz folgerichtig gewinnen bei dem Versuch, die Vielfalt der künstlerischen Formen in einer überschaubaren Systematik aufzuheben, auch die Arbeiten der älteren Strukturforschung, vor allem G. Kaschnitz' von Weinberg,[79] erneut an Interesse.

Charakteristisch für die gegenwärtige Phase der stilgeschichtlichen Forschung – sofern man dafür diesen relativ engen Begriff überhaupt benutzen kann – scheint mir die Tendenz zu sein, die entwicklungsgeschichtlich relevanten Potenzen der Kunst des 3. Jh. nicht so sehr in der Antithese von „Realismus" und „Klassizismus" zu sehen, als vielmehr in ihrer vermittelnden Stellung auf dem Weg von der organischen Körperlichkeit antiker Plastik zur abstrakten Formensprache der Spätantike.[80] In der Bildniskunst ist dieser Übergang mit der Ausprägung eines grundsätzlich gewandelten Menschenbildes verbunden. Dadurch weist er über den Rahmen der Stilgeschichte und auch der Kunstgeschichte überhaupt hinaus auf allgemeinere historische Zusammenhänge.

C. Entwicklungsstufen des Kaiserporträts

1. Caracalla, Berlin, Staatliche Museen, Nr. R 96

Die Bildnisse der Kaiser des 2. Jh. von Hadrian bis Commodus lassen sich in eine gut überschaubare, ikonographisch weitgehend abgesicherte Reihe einordnen. In ihrem äußeren Habitus einander ähnlich – alle Kaiser tragen Vollbart und langes, lockiges Haupthaar –, zeigen sie auch deutliche Merkmale einer relativ kontinuierlichen stilistischen Entwicklung. Der Klassizismus der Hadrian-Porträts wird unter den folgenden Kaisern schrittweise abgebaut. Die anfangs klar erkennbare Axialität der Gesichtsgliederung verschleift sich; die plastischen Formen verlieren ihre kompakte Körperlichkeit; die Modellierungen werden kleinteiliger und beginnen, ineinander zu verschwimmen; insbesondere das Haar erscheint – nicht zuletzt infolge der zunehmenden Verwendung des laufenden Bohrers – immer weniger als Summe einzelner, körperhaft durchgestalteter Locken, sondern vielmehr als plastisch undifferenzierte, lediglich durch „malerische" Hell-Dunkel-Effekte gegliederte Masse.

[79] Etwa G. Kaschnitz v. Weinberg, Spätrömische Porträts, Die Antike 2, 1926, 36–60 (im folgenden zitiert nach: G. Kaschnitz v. Weinberg, Ausgewählte Schriften, 2: Römische Bildnisse, Berlin 1965, 55–66).

[80] Auch in diesem Punkt kann z. T. an Kaschnitz' Arbeiten angeknüpft werden: ebenda, 58–59. Von neueren Arbeiten siehe etwa K. Fittschen, s. Anm. 1, 138–140.

Eine gewisse Festigung des Aufbaus und der plastischen Substanz ist erst wieder an den Bildnissen des Septimius Severus zu beobachten. Im Typus aber schließen sie sich größtenteils noch eng an die der antoninischen Vorgänger an.[81] Eine solche Porträtgestaltung korrespondiert mit der politischen Haltung des Kaisers, der bestrebt war, seine Herrschaft durch die Betonung der Kontinuität von den Antoninen her zu legitimieren. Deshalb verkündete er im Jahre 195 offiziell seine Adoption durch Mark Aurel, nannte sich in Militärdiplomen, Inschriften und Münzlegenden Sohn des Marcus und Bruder des Commodus[82] und gab seinem Sohn Bassianus bei dessen Ernennung zum Caesar 196 den Namen Antoninus (HA Sept. Sev. 10,3; Herod. 3,10,5).

Die Porträts dieses Sohnes, der als Nachfolger des Septimius Severus unter dem Spitznamen Caracalla (211–217) in die Geschichte eingegangen ist, bringen dagegen einen deutlichen Bruch mit der Tradition. Zumindest gilt das für den Bildnistyp, der nach der Ermordung des Geta und der Übernahme der Alleinherrschaft entstand, sowie dessen unmittelbare Vorstufen.[83] So zeigt etwa die Schulterbüste in den Berliner Staatlichen Museen[84] (Abb. 1), zweifellos eines der besten Exemplare des „Alleinherrschertyps", einen mit dem Paludamentum, dem Mantel der römischen Soldaten, bekleideten Mann mit kurzem, gekräuseltem Kopfhaar und gestutztem Backen- und Kinnbart. Abrupt wendet er den Kopf zur linken Schulter. Unter den heftig zusammengezogenen Brauen hervor scheint der Blick ein unbestimmtes Gegenüber finster und mißtrauisch von unten her zu mustern. Der etwas verkniffene kleine Mund verleiht den Zügen einen energischen, beinahe brutalen Ausdruck.

Stilistisch ist das Porträt von einer die Tektonik des Kopfes betonenden klaren Gliederung, einer relativ spannungsvoll-knappen Behandlung des Schädelvolumens, einem bewegten Relief der Gesichtsflächen und einer nachdrücklichen plastischen Hervorhebung der Einzelformen, insbesondere der Locken, bestimmt. Diese Züge, die man wohl als „klassizistisch" bezeichnen darf,[85] sind

[81] Zur Angleichung der Bildnisse des Septimius Severus an die des Mark Aurel R. A. Stucky, Rückgriffe in der Kunst der mittleren Kaiserzeit, Hefte des Archäologischen Seminars der Universität Bern 11, 1986, 29. Die stilistischen Wandlungen der Septimius-Severus-Bildnisse gegenüber den Porträts der antoninischen Kaiser hebt dagegen Soechting, s. Anm. 20, 73–81, hervor. Seine Einschätzung, daß einige Septimius-Köpfe „bereits die Grundlage der Porträtentwicklung des dritten nachchristlichen Jahrhunderts voll ausgeprägt erkennen" lassen (ebenda, 81), halte ich für übertrieben.

[82] Fluss, in: RE II A 2, Stuttgart 1923, Sp. 1943 (s. v. Severus 13).

[83] Zum „Alleinherrschertypus" vgl. H. B. Wiggers, in: Wegner III/1, 28–35. Von diesem Typ trennt Wiggers die nur wenig jüngeren Typen „Vestalinnenhaus" und „Tivoli" (ebenda, 25–28), denen er aber nur „Übergangscharakter" (S. 28) zuerkennt.

[84] C. Blümel, Römische Bildnisse, Berlin 1933 (Staatliche Museen zu Berlin. Katalog der Sammlung antiker Skulpturen), 39–40 (Nr. R 96), Taf. 59–60; H. B. Wiggers, in: Wegner III/1, 31–32, 44, 57, Taf. 16, 17 a; W. Schindler, s. Anm. 49, 154–155, Abb. 67.

Abb. 1.
Caracalla (211–217). Berlin, Staatliche Museen, Nr. R 96

aber – und das macht zum guten Teil die hervorragende künstlerische Qualität des Kopfes aus – verbunden mit Merkmalen eines eindringlich charakterisierenden „Realismus". Eine solche Verbindung klassizistischer und „realistischer" Elemente an e i n e m Werk ist übrigens bereits an sich schon ein Hinweis auf die Fragwürdigkeit einer undifferenzierten und verabsolutierenden Entgegensetzung der beiden Stiltendenzen.

Der bereits kurz charakterisierte physiognomische Ausdrucksgehalt des Caracalla-Porträts weist eine in ihrer Deutlichkeit fast verblüffende Übereinstimmung mit dem Bild auf, das die literarischen Quellen[86] vom Charakter des Kaisers geben. Man hat deshalb von Anfang an diese Quellen zur Ausdeutung des Bildnisses herangezogen, die Art und Weise des Zustandekommens eines menschlich so abstoßenden Herrscherbildes jedoch zunächst nicht ausreichend reflektiert. Es dürfte heute als erwiesen gelten, daß die Annahme, der Künstler habe den verabscheuungswürdigen Charakter Caracallas gegen dessen Willen oder wenigstens ohne sein Wissen im Bildnis kritisch entlarven wollen, ebenso falsch wäre wie die Vorstellung, die Züge des lebenden Kaisers seien so von Schlechtigkeit durchdrungen gewesen, daß sich bei einer „realistischen" Bildnisgestaltung die unangenehme Physiognomie unter den Händen des Künstlers gleichsam von selbst im Porträt reproduziert hätte.[87] Wie die Bildnisse anderer Kaiser vor und nach ihm ist auch das des Caracalla keineswegs ohne Einflußnahme des Auftraggebers auf die Gestaltungsweise entstanden. Im Gegenteil, wir müssen Caracallas deutliche Abkehr von der Tradition der Antonine als programmatischen Akt imperialer Selbstdarstellung verstehen. Die gewandelte Haar- und Barttracht wie auch die soldatische Kleidung korrespondieren mit der Distanzierung des Kaisers vom graekophilen Bildungsideal Hadrians und seiner Nachfolger und mit der durch die Quellen mehrfach bezeugten (Dio Cass. 77, 13, 1–2; Herod. 4, 3, 4; 4, 7, 4–7) Zuwendung zum Lagerleben der Soldaten – eine

[85] Die Berliner Büste zeigt solche Merkmale unter den Caracalla-Bildnissen des „Alleinherrschertyps" besonders ausgeprägt. Weniger deutlich sind sie vor allem an Wiederholungen provinzieller Herkunft, etwa an kleinasiatischen (Togatus aus Pergamon im Museum Bergama: H. B. Wiggers, in: Wegner III/1, 16–17, 28, 29, 32, 33, 43, 57, Taf. 12) und nordafrikanischen (Kopf aus Madaura in Guelma, Musée Archéologique: ebenda, 29, 34, 53, 62–63, Taf. 20 c–d) Stücken. Auf Grund ihrer hervorragenden Qualität darf man aber dem Zeugnis der Berliner Büste für die Beurteilung des Typus insgesamt besonderes Gewicht beimessen; auch ihre stadtrömische Herkunft spricht für eine relative stilistische Nähe zum Urbild.

[86] Hauptquellen zu Caracalla: Dio Cass. 76,3–78,10 (fragmentarisch); Herodian 3,10–4,13; HA Sev. 20–21, Carac. 1–11, Geta 6–7; Aur. Vict., Caes. 20–21; Ps. Aur. Vict., epit. 21.

[87] Eine gewisse Unsicherheit in der Bewertung der Züge noch bei C. Blümel, Römische Skulpturen, Berlin 1946, 25–28. Grundsätzlich zur Problematik physiognomischer Ausdeutung von Herrscherporträts W. H. Gross, Caligula oder zulässige und unzulässige Interpretationen eines römischen Herrscherbildes, Wissenschaftliche Zeitschrift der Humboldt-Universität zu Berlin, Gesellschafts- und sprachwiss. Reihe 31, 1982, 205–207.

Haltung, die sicher nicht nur von persönlicher Neigung, sondern auch von politischem Kalkül bestimmt war.[88] Mehr noch, auch der grimmige Gesichtsausdruck, der das Caracalla-Bildnis geradezu aggressiv erscheinen läßt,[89] dürfte das Ergebnis einer bewußten Selbstinszenierung sein: Nach Dio Cassius wollte Caracalla „stets furchtbar, wild und streng erscheinen".[90] Es ist aufschlußreich, daß einige unter dem Einfluß starker lokaler Stiltradition in den Provinzen entstandene Bildnisse diese Züge sogar noch gesteigert zeigen.[91]

Auch in der Wahl seiner Vorbilder vollzieht Caracalla einen bemerkenswerten Wechsel gegenüber früheren Kaisern. Hatte Commodus sich als „neuer Hercules" stilisiert und entsprechend darstellen lassen,[92] hatte sich Septimius Severus in einem seiner Porträttypen dem hellenistisch-ägyptischen Gott Serapis angeglichen,[93] so präsentiert sich Caracalla mit Vorliebe in der Pose Alexanders d. Gr. Er läßt sich „Alexander Magnus" nennen (Ps. Aur. Vict., epit. 21, 4), trägt makedonische Kleidung, umgibt sich mit einer „Phalanx" aus angeblich 16 000 jungen Makedonen und imitiert Alexander auch sonst auf verschiedene Weisen (Dio Cass. 77, 7–8; 77, 22, 1; Herod. 4, 8, 1–2; HA, Carac. 2, 1–2). Herodian (4, 8, 2) berichtet von Gemälden, die – wohl in der Art einer Doppelherme – an einem Kopf zwei Gesichter, das des Caracalla und das Alexanders, zeigten. Die bis zur völligen Identifikation gehende[94] Alexander-Nachahmung des Kaisers hat ihre Spuren auch am plastischen Porträt hinterlassen: Die „völlig aus dem Rahmen des Hergebrachten"[95] fallende abrupte Kopfwendung an den späteren

[88] Vgl. P. Zanker s. Anm. 12, 365.

[89] So J. D. Breckenridge, s. Anm. 44, 505.

[90] Dio Cass. 77,11,1: ἤθελε γὰρ δεινὸς καὶ ἄγριος καὶ ἀπότομος ἀεὶ φαίνεσθαι. P. Zanker, Provinzielle Kaiserporträts – Zur Rezeption der Selbstdarstellung des Princeps, München 1983 (Abhandlungen der Bayerischen Akademie der Wissenschaften, Phil.-hist. Kl., N.F. 90), 47: „Die affektgeladene Wut- und Kraftgebärde des letzten Caracalla-Bildnisses . . . konnte als ‚herrscherlich' verstanden . . . werden."

[91] Vgl. die Granitköpfe aus Tanis in Alexandria (H. Jucker, Römische Herrscherbildnisse aus Ägypten, in: ANRW II/12/2, 721–722, Taf. LVI–LVII; Zs. Kiss. Études sur le portrait impérial romain en Égypte, Varsovie 1984, 81, fig. 207–208) und aus Koptos in Philadelphia (P. Zanker, s. Anm. 90, 47, Taf. 29/3; Kiss., a. a. O., 82, fig. 239). Die Spannweite der Ausdrucksmöglichkeiten am Caracalla-Porträt zeigen auch die beiden Gemmen bei G. I. Sokolov, Rimskij skul'pturnyj portret III veka i chudoshestvennaja kul'tura togo vremeni, Moskva 1983, Abb. 72 und 73. – P. Zanker, s. Anm. 90, 40, weist darauf hin, daß „Formvereinfachungen" an provinziellen Porträts häufig „Mittel der Ausdruckssteigerung" sind.

[92] Büste im Konservatorenpalast Rom: M. Wegner, Die Herrscherbildnisse in antoninischer Zeit, Berlin 1939 (Das römische Herrscherbild, 2/4), 73, 265–266, Taf. 53; K. Fittschen, in: K. Fittschen, P. Zanker, s. Anm. 25, 85–90 (Nr. 78), Taf. 91-94.

[93] D. Soechting, s. Anm. 20, 26–27, 49–57.

[94] Herodian (4,8,1) sagt von Caracalla: „. . . εὐθὺς Ἀλέξανδρος ἦν." – Ansätze zur Alexanderimitation gab es anscheinend auch schon bei Pescennius Niger: Dio Cass. 74,6,2 a.

[95] Th. Kraus, s. Anm. 3, 108.

Bildnistypen und der unruhig-beredte Gesichtsausdruck, der – wenigstens vor dem Hintergrund der zuerst klassizistisch abgeklärten und zuletzt weitgehend entleerten antoninischen Physiognomien – in gewisser Weise an das Pathos hellenistischer Bildnisschöpfungen erinnert, dürften dort ihre Wurzeln haben.[96]

Fassen wir zusammen: Caracalla präsentiert sich in seinem spätesten Bildnistyp der Bevölkerung des Imperiums in bewußter Abgrenzung gegen seine Vorgänger als ein energischer, zielbewußter Herrscher, der sich dem Leben der Soldaten verbunden fühlt und bei der Durchsetzung seiner Zwecke keine hinderlichen Skrupel kennt. Dieser Aussageabsicht, die zweifellos einen propagandistischen Aspekt hat, entspricht die deutlich individuelle Prägung der Gesichtszüge. Der Gebrauch klassizistischer Gestaltungsmittel im einzelnen tut dem auf die Verdeutlichung des Individuellen gerichteten Gesamtcharakter des Porträts keinen Abbruch, ebensowenig die Anlehnung an das Vorbild Alexander d. Gr. Denn diese Anlehnung drückt sich nicht etwa in einer Nachahmung ikonographischer Einzelzüge aus, sondern in einer Übernahme von allgemeinen Elementen hellenistischer Herrscherdarstellung: der heftigen Kopfbewegung und der nachdrücklichen physiognomischen Verdeutlichung psychisch-emotionaler Erregtheit. Es erscheint mir wichtig, das letztgenannte Merkmal als eine mehr oder minder formelhafte Aufnahme hellenistischer Vorbilder zu erkennen und deutlich von den individuellen Zügen der traditionell-römischen „realistischen“ Richtung zu unterscheiden. Diese aber weist das Caracalla-Porträt daneben zweifellos ebenfalls auf. Mehr noch, es ist geprägt von einer individuell-charakterisierenden Gestaltungskraft wie kaum ein anderes Kaiserporträt vor ihm. Damit steht es auf dem Höhepunkt einer Entwicklung, auf dem sich die spezifische Fähigkeit der römischen Kunst zur realistischen Bildnisgestaltung voll entfaltet hat. In der Alexander-Pose dagegen könnte sich, wenn auch nur in ersten Ansätzen, der Beginn einer anderen Entwicklung andeuten: der Entwicklung eines überindividuellen und übermenschlichen Herrscherbildes, des Bildes des εὐσεβέστατος πάντων ἀνθρώπων oder „religiosissimus Augustus“.[97] In eine solche Richtung scheint auch die Tatsache zu weisen, daß unter Caracalla erstmals Attribute im Superlativ, wie „invictissimus“, „indulgentissimus“, „sanctissimus“ u. a., in die Kaisertitulatur aufgenommen werden.[98]

[96] Vgl. dazu H.-P. L'Orange, Apotheosis in Ancient Portraiture, Oslo 1947 (Instituttet for sammenlignende kulturforskning, Ser. B: Skrifter, 44), der den Weg einer bestimmten Pathosformel, des expressiv erhobenen Blickes, von Bildnissen Alexanders d. Gr. über hellenistische Herrscherporträts und den vom Autor so genannten „imperial Saviour-type“ der römischen Kaiserbildnisse bis in die Spätantike verfolgt. Das Pathos des Caracalla-Kopfes bedient sich zwar anderer Ausdrucksformeln, ist aber im Grunde gleicher Qualität.

[97] So A. Alföldi, s. Anm. 2, 275 (nach Dio Cass. 77,16,1 bzw. CIL III 4413), der aber m. E. den Stand dieser Entwicklung auf der Stufe des Caracalla-Porträts überschätzt.

[98] P. v. Rohden, in: RE II 2, Stuttgart 1896, Sp. 2438 (s. v. Aurelius 46).

2. Severus Alexander, Vatikan, Sala dei Busti, Nr. 361

Einen weiteren Schritt auf dem Wege zur Formensprache der Spätantike markiert das Bildnis des letzten Kaisers aus der severischen „Dynastie", des Severus Alexander (222–235),[99] für das hier exemplarisch der Kopf in der Sala dei Busti des Vatikanischen Museums[100] stehen soll (Abb. 2). Man hat die besondere Stellung der Porträts dieses Kaisers in der Bildkunst des 3. Jh. längst gesehen: L'Orange[101] eröffnet mit der vatikanischen Büste seine zum spätantiken Bildnis hinführende Reihe von Kaiserporträts; Kaschnitz[102] sieht an dem Kolossalkopf im Thermenmuseum[103] „die ersten Anzeichen" des „Strukturwandels", und Fittschen[104] erfaßt „an den Bildnissen des Severus Alexander ... eine erste Stufe" der Entwicklung zur spätantiken Porträtkonzeption. Dagegen betont Pelikán,[105] neben den entscheidenden neuen Zügen, auch die idealisierende „Grundstimmung ... in der Linie antoninisch-severischer Tradition".

Beide Beobachtungen müssen einander nicht ausschließen. Tatsächlich knüpft das Severus-Alexander-Porträt wieder an die verallgemeinernde, in gewissem Sinne „klassizistische" Auffassung der antoninischen Bildnisse an, bedient sich aber dabei grundsätzlich gewandelter Gestaltungsmittel. Der stilistische Bruch

99 Zu den Bildnissen des Severus Alexander vgl. die in Anm. 27 genannte Literatur. Den letzten Stand, auch in der Frage der inneren Chronologie, gibt Bergmann 26–29. Eine klare Abgrenzung von Bildnistypen ist kaum möglich; einziges Indiz sind die Unterschiede in den Bartformen mit den jeweiligen Parallelen in einzelnen Münzemissionen. Wegners Aufteilung in fünf Typen (Wegner III/1, 180-183) ist willkürlich; dazu K. Fittschen, s. Anm. 19, 149–151, und U. Hausmann, s. Anm. 19, 383. Nach Meinung H. v. Heintzes, RM 69, 1962, s. Anm. 19, 166, hört mit den Bildnissen des Elagabal und des Severus Alexander die relativ strenge Typengebundenheit des Porträts im 3. Jh. überhaupt auf.

100 W. Amelung, Die Sculpturen des Vaticanischen Museums, 2, Berlin 1908, 550-551 (Nr. 361), Taf. 71; Wegner III/1, 197, Taf. 54; Bergmann 27 (Nr. 17), Taf. 2/3; W. Schindler, s. Anm. 49, 164, Abb. 70.

101 L'Orange 1–2, Abb. 1.

102 G. Kaschnitz v. Weinberg, Die spätantike Porträtkunst, in: ders., Ausgewählte Schriften, 3: Mittelmeerische Kunst – eine Darstellung ihrer Strukturen, hrsg. v. P. H. v. Blanckenhagen und H. v. Heintze, Berlin 1965, 465.

103 B. M. Felletti Maj, Museo Nazionale Romano – I ritratti, Roma 1953, 138 (Nr. 273), Abb.; Wegner III/1, 193–194; Bergmann 27 (Nr. 14). Die von den sicheren Severus-Alexander-Porträts auch ikonographisch etwas abweichenden Züge erklären Wegner und Bergmann, a. a. O., als Folgen von Umarbeitungsversuchen, wobei Wegner die Alexanderdarstellung als sekundär, Bergmann sie als primär ansieht.

104 K. Fittschen, s. Anm. 1, 139.

105 O. Pelikán, s. Anm. 60, 70.

Abb. 2.
Severus Alexander (222–235). Rom, Musei Vaticani, Sala dei Busti, Nr. 361

mit dem „Realismus" des Caracalla-Porträts ist eklatant.[106] Die Beziehung zu augusteischen Bildnissen, noch von Schweitzer[107] stark betont, geht über eine sehr allgemeine Ähnlichkeit im Typus nicht hinaus.

Den stilistischen Grundduktus des Severus-Alexander-Porträts hat man, m. E. treffend, mit dem Begriff des „Illusionismus" zu fassen gesucht.[108] Die Modellierungen des Gesichts vergleiten in dem darüber hinwegflutenden Licht; gliedernde Akzente, die dem Auge des Betrachters einen Halt bieten könnten, treten kaum hervor. Fast unmerklich abgestuft geht die Gesichtsfront in die Seitenansichten über. Das Haar ist als flache, in sich kaum differenzierte Kappe gestaltet. Der Bart läßt eigene plastische Substanz fast gar nicht erkennen; er ist durch in die Wangenhaut eingegrabene Ritzlinien lediglich angedeutet. Gewisse individuelle Züge zeigt allein die Mundpartie mit den aufgeworfenen Lippen. Den Ausdruck des Bildnisses jedoch bestimmen vornehmlich die Augen mit ihrem verschwimmenden, frei in den Raum schweifenden Blick. Die pralle körperhafte Erscheinung des Caracalla-Bildnisses mit seiner rücksichtslosen Wiedergabe auch abstoßender individueller Züge und dem unbedingten Anspruch auf Selbstbehauptung hat einer in ihrer Struktur kaum faßbaren Scheinkörperlichkeit Platz gemacht.

Vornehmlich dieser illusionistisch-klassizistischen Gestaltung ist es zuzurechnen, daß die im Bildnis dargestellte Persönlichkeit – ganz anders als der Caracalla des oben besprochenen Porträts – seltsam unbestimmt bleibt. Es wäre verlockend, einen solchen Befund physiognomisch anzudeuten, ihn an Hand der Nachrichten aus schriftlichen Quellen[109] über Severus Alexander zu interpretieren, nach denen dieser Kaiser zwar persönlich integer, maßvoll und gerecht, aber zugleich auch schwach und unentschlossen, völlig dem Einfluß seiner Mutter und Großmutter ausgeliefert, gewesen sein soll. Doch es wurde bereits gesagt, daß solche Interpretationen grundsätzlich fragwürdig sind, da sie die Tatsache außer acht lassen, daß die Kaiserbildnisse in der Regel weit mehr repräsentative Selbstinszenierungen als eindringliche Charakterstudien darstellen. Bei Severus Alexander kommt dazu noch die besonders tendenziöse – das heißt in diesem Falle panegyrisch verklärende – Ausrichtung der wichtigsten Quellen, insbesondere der Vita in der „Historia Augusta".[110] Deshalb scheint es geraten,

[106] Anders als J. D. Breckenridge, s. Anm. 44, 505, sehe ich die Unterschiede zwischen Caracalla- und Severus-Alexander-Porträt nicht nur auf der Ebene des Ausdrucks, sondern auch des Stiles.

[107] B. Schweitzer, Anm. 63, 178.

[108] Unter anderen O. Pelikán, Anm. 60, 70.

[109] Die wichtigsten Quellen sind – neben den spärlichen Nachrichten in Dio Cassius' zudem nur fragmentarisch überlieferten letzten Büchern (79,17–80,5) – Herodian 5,7–6,9,8; HA Hel. 5,1, 10,1, 13,1–16,1, 29,5, 35,2, Alex. Sever. 1–68; Aur. Vict., Caes. 23,3–24,11; Ps. Aur. Vict., epit. 23,4–24,5.

[110] Siehe dazu R. Syme, Emperors and Biography – Studies in the Historia Augusta, Oxford 1971, 146–162, bes. 155–156; W. Seyfarth, Römische Geschichte – Kaiserzeit, 1, Berlin 1974, 270–271.

nur die denkbaren programmatischen Aspekte des Wechsels der Bildniskonzeption zu benennen, wobei auch dieser Versuch hypothetisch genug bleibt.

Gut vorstellbar wäre es, daß dahinter die Absicht einer nachdrücklichen Abgrenzung von den Bildnissen der Vorgänger stand, die sich durch Gewaltherrschaft und Willkür diskreditiert hatten. Dem scheint zu widersprechen, daß zwischen dem vermutlichen Elagabal-Bildnis (vgl. Anm. 25) und dem Severus-Alexander-Porträt eine unverkennbare stilistische Verwandtschaft besteht, obwohl doch Elagabal derjenige Kaiser war, von dem sich zu distanzieren Severus Alexander besonders bestrebt sein mußte und es nach den Quellen auch war.[111] Aber abgesehen davon, daß die Elagabal-Ikonographie nicht als völlig gesichert angesehen werden kann (vgl. Anm. 26), gibt es noch weitere mögliche Erklärungen für diese Erscheinung. Daß Severus Alexander mit seinem Vetter Elagabal durch engere verwandtschaftliche Beziehungen verbunden war als mit Caracalla, dürfte dabei kaum eine Rolle gespielt haben. Eher ist anzunehmen, daß für ihn die Profilierung der eigenen Person gegenüber der beherrschenden Gestalt Caracallas doch noch wichtiger war als gegenüber dem durch seine Extravaganzen zwar auffälligen, aber politisch ziemlich unbedeutenden Elagabal. Vor allem aber mag dem literarisch und wissenschaftlich gebildeten Herrscher (HA, Alex. Sever. 3,1–5), der griechische und lateinische Autoren gelesen (ebenda, 30,1–2) und sich mit den Standbildern bedeutender Religionsstifter, Dichter und Philosophen umgeben haben soll (ebenda, 29,2; 31,4–5), ein „klassizistischer" Bildnistyp als besonders angemessen erschienen sein. Vermuten kann man weiter die Absicht des Kaisers, sein Porträt an Bildnisse „guter Kaiser", vor allem aber an das des ersten Princeps Augustus anzugleichen – eine Absicht freilich, deren Realisierung, falls sie überhaupt bestand, an den gewandelten künstlerischen Ausdrucksmöglichkeiten der Zeit ihre Grenze fand. Betrachtet man das Porträt des Severus Alexander unter dem Gesichtspunkt dieser grundsätzlichen Wandlungen der Bildniskunst im 3. Jh., dann ist die wichtigste Feststellung die, daß an ihm zum ersten Mal deutlich sichtbar der Schritt von der vergleichsweisen körperhaften Erscheinung aller früheren Porträtköpfe – seien ihre Züge nun im einzelnen mehr „realistisch" oder mehr „klassizistisch"-idealisierend gestaltet – in Richtung auf eine neue, abstrakt-scheinkörperhafte Gestaltung getan ist.

3. Maximinus Thrax, Kopenhagen, Ny Carlsberg Glyptotek, Nr. 744

Der abrupte Machtwechsel zwischen Severus Alexander und Maximinus Thrax (235–238) wird von einem ebenso plötzlichen Umschwung in der Konzeption des Kaiserbildnisses begleitet.[112] Das Porträt des neuen Herrschers ist uns in

[111] Siehe dazu z. B. Herodian 6,1,3; HA Alex. Sever. 1,1–2, 4,2, und 15,1.

[112] Die ersten Münzbildnisse des Maximinus zeigen allerdings noch den Einfluß des Severus-Alexander-Porträts (etwa R. Delbrück, Münzbildnisse, s. Anm. 16, Taf. 1/1–4). Zu den möglichen Gründen siehe Bergmann 31. Anders U. Hausmann, s. Anm. 19, 384.

einigen wenigen, aber umso charakteristischeren Wiederholungen erhalten,[113] unter denen neben der kapitolinischen Büste[114] ein Kopf in Kopenhagen[115] (Abb. 3) durch seine Qualität herausragt.

L'Orange sah im Maximinus-Bildnis die Reaktion des „römischen Realismus" auf den „glatten Klassizismus der früheren Epoche".[116] In der Tat sind auf den ersten Blick die stilistischen Unterschiede zum Severus-Alexander-Porträt eklatant. An Stelle der glatten Flächen von Stirn und Wangen mit ihren sanft vergleitenden Modellierungen am Bildnis des Vorgängers prägen das Maximinus-Porträt ein bewegtes Gesichtsrelief und markant eingreifende Inskriptionen. Die breiten Horizontalfurchen der Stirn und die kurzen senkrechten Falten über der Nasenwurzel, das Gefältel feiner Linien um die Augenpartie, die tief eingegrabenen Nasen-Lippen-Furchen, die eingefallenen Wangen, der schmallippige, festgeschlossene Mund sowie das ausgeprägte, im Profil deutlich hervorspringende Kinn geben ihm zugleich auch ein ausgesprochen individuelles Gepräge.

Ein weiterer stilistischer Unterschied zum Severus-Alexander-Bildnis besteht in dem verschiedenartigen Verhältnis zwischen Gesichtsoberfläche und Schädelgerüst. Er drückt sich nicht so sehr in dem deutlicheren Hervortreten der Jochbeine am Maximinus-Porträt aus – dieses ist vorwiegend als Altersmerkmal, das heißt typologisch, zu erklären – als vielmehr in solchen Zügen wie dem steileren und tieferen Zurückspringen der Orbitale unter die Brauenbögen, vor allem aber in dem unvermittelteren Aufeinandertreffen von Gesichtsfront und Profilen. Diese Art der Verbindung der Ansichtsseiten betont in ihrer abstrakt wirkenden Strenge die stereometrische Grundform des Kopfes und unterscheidet sich deutlich nicht nur von dem spannungslos gleitenden Schädelvolumen des Severus-Alexander-Porträts, sondern ebenso von dem knapp abgerundeten des Caracalla-Kopfes.[117]

Im übrigen hat auch dessen „Realismus" mit der „realistischen" Gestaltungsweise am Maximinus-Bildnis wenig gemein. An dem severischen Werk ordnen sich die Inskriptionen, auf denen die „realistische" Wirkung des Porträts beruht,

[113] Ich beschränke mich auf den Typus Kapitol-Kopenhagen-Louvre; die Annahme der Existenz des von J. Meischner, s. Anm. 29, rekonstruierten Typs Kairo–Florenz–München, des sog. „Feldporträts", kann nach neueren Forschungen nicht aufrechterhalten werden (dazu Bergmann 31).

[114] Wegner III/1, 225, 227–228, Taf. 69 b; Bergmann 30 (Nr. 1); K. Fittschen, in: K. Fittschen, P. Zanker, s. Anm. 25, 124-126 (Nr. 105), Taf. 128–129.

[115] V. Poulsen, s. Anm. 43, 161–162 (Nr. 164), Taf. CCLXII–CCLXIII; Wegner III/1, 225, 226–227, Taf. 69 a; Bergmann 30 (Nr. 2); W. Schindler, s. Anm. 49, 185, Abb. 72. – Zur Herkunft des Kopfes K. Fittschen, s. Anm. 29, 320–322.

[116] L'Orange 3.

[117] G. Kaschnitz, s. Anm. 102, 465, deutet das stereometrisch gestaltete Volumen als Teilaspekt einer „alten mittelmeerischen Struktur der megalithischen Epochen, des orthogonalen Koordinatenraumes", zu der nach seiner Meinung die Porträtkunst im Laufe des 3. Jh. zurückkehrte.

Abb. 3.
Maximinus Thrax (235–238). Kopenhagen, Ny Carlsberg Glyptotek, Nr. 744

in ein System gliedernder, die Tektonik des Kopfes verdeutlichender Akzente ein. Sie orientieren sich an den horizontalen und vertikalen Gesichtsachsen, erscheinen aber ansonsten relativ locker aufeinander bezogen. Dagegen zeigt sich am Kopf des Maximinus Thrax deutlich eine Tendenz zur abstrakt-geometrischen Verfestigung des Liniengefüges der gesichtsgliedernden Akzente: in dem strengen Aufbau der Mundpartie mit dem annähernden Rechteck des Kinns und dem darüberliegenden, von Mund und Nasolabialfalten gebildeten Dreieck etwa oder auch in dem Linienmuster von Haaransatz, Stirnfurchen und Brauenbögen.

Mit den zuletzt genannten Merkmalen, der stereometrischen Darstellung des Kopfes als Ganzem und der Ornamentalisierung seiner Einzelzüge, stellt sich das Maximinus-Porträt – trotz seiner im Sinne des „Realismus" abweichenden Bildniskonzeption – in einen kontinuierlichen Entwicklungszusammenhang mit dem Severus-Alexander-Bildnis, an dem die beginnende Abwendung von der organischen Gestaltungsweise früherer Köpfe bereits zu beobachten war.[118] Ist dies für die allmähliche Herausbildung von Stilmerkmalen des spätantiken Porträts zweifellos die ausschlaggebende Tendenz, so darf man doch darüber die Bedeutung der erneuten – und zwar sehr entschiedenen – Aufnahme „realistischer" Gestaltungsmittel ins Kaiserporträt nicht unterschätzen. Offenbar handelt es sich dabei um einen bewußten Bruch mit der Tradition der unmittelbaren Vorgänger und um ein Anknüpfen an eine andere Stilüberlieferung. Ob man allerdings mit Schweitzer[119] an eine direkte Nachahmung republikanischer Porträts denken muß, erscheint mir zumindest fragwürdig, zumal sich aus ideologischer oder politischer Sicht für eine Neubelebung altrömisch-republikanischer Traditionen ausgerechnet durch den Thraker Maximinus kaum eine einleuchtende Begründung denken läßt.[120] Den Zeitgenossen standen „realistische" Porträts nicht nur in Beispielen aus der republikanischen Epoche, sondern auch aus anderen Perioden vor Augen, und deren Gestaltungsmittel waren als eine grundsätzliche Möglichkeit römischer Bildnisgestaltung den Auftraggebern und Künstlern sicher auch ohne unmittelbare Benutzung stilistischer Muster verfügbar.

Was das Maximinus-Porträt von republikanischen Köpfen unterscheidet, ist vor allem die oben beschriebene Tendenz zu einer stereometrisch-abstrakten Fassung des Kopfvolumens und zur Unterwerfung der Gesichtsgliederung unter ein geometrisch-ornamentales Ordnungsschema. Ähnliches gilt auch für die Gegenüberstellung mit flavischen Porträts, deren Verwandtschaft mit dem

[118] Als Entwicklungsmerkmale von untergeordneter Bedeutung können noch einige weitere Unterschiede angesehen werden, etwa die kürzeren Inzisionen des Kopfhaares am Maximinus-Porträt, die die plastische Substanz der Einzellocken noch stärker zurücktreten lassen als am Severus-Alexander-Bildnis, oder das etwas stärkere Ausweichen des Blickes nach oben als Folge des näheren Heranrückens der Pupillen an die Oberlider.

[119] B. Schweitzer, s. Anm. 63, 175, 182–186; vgl. auch O. Pelikán, s. Anm. 60, 73.

[120] So auch G. Zinserling, s. Anm. 64, 197–198.

Maximinus-Kopf L'Orange[121] betont hat. Auch hier besteht die Parallele im Grunde nur ganz allgemein in dem Bestreben, individuelle Gesichtszüge wiederzugeben; die Gestaltungsmittel im einzelnen sind durchaus verschieden.

Vielleicht sollte man die Beziehung stärker unter inhaltlich-programmatischem als unter formal-stilistischem Aspekt sehen, verbindet die Porträts des Maximinus und des ersten flavischen Kaisers Vespasian doch immerhin der Umstand, daß sich an ihnen eine deutlich „realistische" Strömung gerade in dem Augenblick bemerkbar macht, in dem jeweils nach einer längeren Periode mehr oder minder familiengebundener Weitergabe der Kaiserwürde ein „neuer" Mann die Macht übernimmt. Die beiden Herrscher stammten aus dem Kaiserthron zunächst ziemlich fernen Verhältnissen. Zwar war Vespasian unter Tiberius in den Senat aufgenommen worden, doch erlangte auch er, wie Maximinus, seine Autorität erst als Heerführer bei den eigenen Truppen. Maximinus Thrax war der erste unmittelbar aus dem Soldatenstand kommende Herrscher, der sich für längere Zeit auf dem Thron behaupten konnte, also in diesem Sinne der erste wirkliche „Soldatenkaiser". Zumindest die starke Ausrichtung auf den militärischen Lebensbereich verbindet ihn auch mit Caracalla, dessen Porträt, wie wir sahen, ebenfalls deutliche „realistische" Züge aufweist.[122]

Man sollte solche Parallelen nicht überbewerten, aber immerhin könnten sie Hinweise auf mögliche Zusammenhänge geben.[123] Jedenfalls hat die Abwendung des „Halbbarbaren Maximinus, der kaum etwas Latein sprechen konnte" (HA, Maximin. 2, 5), von der klassiszistischen Fassung des Porträts seines Vorgängers sicher einen programmatischen Aspekt. Es wäre aber gewiß falsch, die vom Kaiser erstrebte Aussage in der Darstellung des „Barbarischen seines Wesens"[124] zu suchen. Vielmehr ging es dem Kaiser, neben der Verbreitung einer Vorstellung von seinem persönlichen Aussehen, höchstwahrscheinlich um eine Präsentation seiner Person als eines lebenserfahrenen Mannes mit der Fähigkeit zum energischen Regenten. Dabei konnte ihm ein nachdrücklicher Kontrast seines Bildnisses zu den jugendlich-weichen, unbestimmten Zügen am Severus-Alexander-Porträt nur willkommen sein. Anders als im Falle der zur Schau getragenen „Wildheit" Caracallas gibt es in den Quellen[125] aber keinen

[121] L'Orange 3.

[122] Bergmann 30, erwägt auch die – allerdings ziemlich vage – Möglichkeit einer Anknüpfung der Maximinus- an die Caracalla-Bildnisse im Büstentyp.

[123] Vgl. dazu die oben (S. 330 f. mit Anm. 64) referierte These Zinserlings zu den Beweggründen „realistischer" Bildnisgestaltung.

[124] So H. v. Heintze, in: W. Helbig, Führer durch die öffentlichen Sammlungen klassischer Altertümer in Rom, 2, 4. Aufl., Tübingen 1966, 148.

[125] Unter den Quellen zu Maximinus Thrax ist am ausführlichsten, aber sehr tendenziös die Vita in der HA. Siehe dazu E. Hohl, Über die Glaubwürdigkeit der Historia Augusta, Berlin 1953 (Sitzungsberichte der Deutschen Akademie der Wissenschaften, Klasse für Gesellschaftswissenschaften, 153, 2), 3–12; R. Syme, s. Anm. 110, 179–193; J. Burian, Der Gegensatz zwischen Rom und den Barbaren in der Historia Augusta,

glaubhaften Hinweis darauf, daß sich Maximinus gegenüber seiner Umgebung bewußt als „Barbar“ gegeben hätte – was doch die Voraussetzung für eine entsprechende Aussageabsicht seines offiziellen Porträts gewesen wäre. Der dem Kaiser gewiß nicht günstig gesinnte Autor der „Historia Augusta“ erwähnt neben der enormen Körpergröße auch den Glanz seiner Erscheinung und ein „männlich-schönes Aussehen“ (HA, Maximin. 3, 6 und 2, 2), und ich sehe keinen Anlaß, dem Bildnis eine entgegengesetzte Aussageintention zu unterstellen.[126]

Nun ist freilich nicht zu leugnen, daß die aufs Individuelle gerichtete Gestaltungsweise des Maximinus-Porträts und verwandter Bildnisse durchaus die Wiedergabe von unregelmäßigen Zügen, von Merkmalen des Alters und manchmal sogar des körperlichen Verfalls einschließt. Es wäre jedoch übereilt, deshalb mit Pelikán[127] von einem „Kult der Unregelmäßigkeit und Häßlichkeit“ zu sprechen. Die „realistische“ Richtung in der Art des Maximinus-Porträts blieb auch noch für die meisten Herrscherbildnisse der folgenden beiden Jahrzehnte verbindlich, und es scheint mir eindeutig, daß sich, ungeachtet der individuellen Züge im einzelnen, in der grundsätzlichen Entscheidung für eine derartige Gestaltungsweise ein überpersönliches Lebensgefühl ausdrückt, das seinen Niederschlag zweifellos auch in zeitgenössischen ästhetischen Wertvorstellungen gefunden hat. Kurz, es besteht kein Anlaß, die Darstellung des Maximinus als bewußt „häßlich“ oder gar „barbarisch“ zu interpretieren.[128]

Die neuere Forschung benutzt zur Charakterisierung solcher epochenspezifischen Züge in der Bildnisgestaltung manchmal den Begriff des „Zeitgesichts“

Eirene 15, 1977, 60–72; ders., Maximinus Thrax – Sein Bild bei Herodian und in der Historia Augusta, Philologus 132, 1988, 230–244. Zuverlässiger ist Herodian 6,8–8,6, den der Autor der HA-Vita als Quelle benutzt hat (dazu Th. Mommsen, Die Scriptores historiae Augustae, in: ders., Gesammelte Schriften VII, Berlin 1909, 335–340). Knappe Angaben von unterschiedlichem Wert bei Aur. Vict., Caes. 25; Ps. Aur. Vict., epit. 25; Eutr. 9,1; Zos. 1,13,1–15,2; Zonar. 12,16.

126 Ein Versuch zur Deutung der Aussage-Intention des Maximinus-Porträts unter Berücksichtigung der Informationen in den Schriftquellen bei J. Burian, Philologus 132, 1988, s. Anm. 125, 242–244. In welcher Weise der Kaiser Einfluß auf die Gestaltung seines Porträts genommen haben könnte, ist im Falle des Maximinus Thrax besonders schwer zu entscheiden. Da er nie in Rom war, könnte sein offizielles Porträt entweder außerhalb der Hauptstadt oder aber in ihr entstanden sein, im letzteren Fall jedoch, ohne daß er selbst dafür Modell saß (so H. v. Heintze, s. Anm. 124, 148; U. Hausmann, s. Anm. 19, 384). Mir scheint die andere Möglichkeit die wahrscheinlichere zu sein; das wäre auch ein weiteres Argument gegen J. Meischners, s. Anm. 29, Annahme eines besonderen „Feldtyps“ des Maximinus-Porträts.

127 O. Pelikán, s. Anm. 60, 73.

128 Die von Herodian und dem HA-Autor behauptete Ansicht von der barbarischen Herkunft des Maximinus ist wahrscheinlich nicht zu halten. Siehe dazu und zu den Diskussionen in der Sekundärliteratur J. Burian, Eirene 15, 1977, s. Anm. 125, und in diesem Bande S. 193–195.

und betont dessen Prägung durch das jeweilige Kaiserbildnis.[129] Das ist sicher richtig, darf aber nicht zu eng verstanden werden. Wir würden dem künstlerischen Rang vieler Porträts dieser Zeit nicht gerecht und vergäben einen Teil ihrer Aussagemöglichkeiten, wollten wir sie nur als Spiegelung des kaiserlichen „Geschmacks" und nicht auch als Zeugnisse einer in ihrer Zeit verbreiteten Lebenshaltung bewerten, wie es sehr eindrucksvoll, wenn auch nicht bis zum Letzten abgesichert, Bandinelli (vgl. Anm. 69) getan hat.

4. Trajanus Decius, Rom, Museo Capitolino, Stanza degli Imperatori Nr. 52

In den Kaiserporträts des zweiten Viertels des 3. Jh. schreitet die römische Bildniskunst noch einmal die Spannweite der Möglichkeiten ihrer „realistischen" Richtung aus. Diese Entwicklung beginnt mit dem Porträt des Maximinus Thrax, setzt sich fort vor allem in dem des Philippus Arabs (vgl. Anm. 36) und gipfelt in der großartigen[130] Büste des Trajanus Decius (249–251) im Kapitolinischen Museum (Abb. 4). In einem Maße wie kaum an einem Kaiserporträt vorher offenbart sich an ihr die psychische Befindlichkeit des Dargestellten. Mir scheint, daß dieser Aussageaspekt jetzt dem programmatischen der kaiserlichen Selbstrepräsentation nicht nur die Waage hält, sondern ihn sogar in den Hintergrund drängt.

Die weitere Steigerung „realistischer" Merkmale am Decius-Porträt gegenüber dem Maximinus Thrax bedeutet aber keineswegs eine bedingungslos veristische Wiedergabe der Gesichtszüge. Im Gegenteil, die bereits früher zu beobachtende Tendenz zur Ornamentalisierung der Inskriptionen und zur Aufgliederung der Gesichtsfläche in geometrisch begrenzte, wenn auch durch zahllose kleine Asymmetrien aufgelockerte Formenkomplexe verstärkt sich noch, wobei jetzt allerdings mehr als an älteren Porträts die Augenpartie ein besonderes Gewicht erhält. Wichtig ist, daß es sich dabei um ein abstrakt konstruiertes, sozusagen von außen aufgetragenes, nicht um ein organisch-tektonisches, aus dem Schädelgerüst des Kopfes entwickeltes Gliederungsprinzip handelt.[131]

Deutlich wird im Vergleich zwischen dem Maximinus- und dem Decius-Kopf auch die weitere Auflösung der plastischen Substanz: Die zerklüftete Stirn etwa erscheint wie aus Licht- und Schattenflecken zusammengesetzt; die Nasen-Lippen-Furchen sind scharfkantig eingraviert; die Haarkappe hebt sich fast gar nicht mehr vom Schädel ab. Vom klassizistischen Bildnis des Severus Alexander unterscheidet beide Köpfe, den des Decius aber noch deutlich stärker als den des Maximinus, neben dem drastischen „Realismus" der Züge vor allem der

129 Vgl. dazu oben S. 322 mit Anm. 14 und 15.

130 Diese Bewertung bezieht sich auf den Ausdrucksgehalt des Kopfes, nicht auf die technische Ausführung. Nach K. Fittschen, in: K. Fittschen, P. Zanker, s. Anm. 25, 131, ist das Stück „nicht von besonders hoher handwerklicher Qualität". Lit. zu dem Bildnis: vgl. Anm. 39.

131 Ähnlich K. Fittschen, s. Anm. 1, 139–140, und K. Fittschen, P. Zanker, s. Anm. 25, 131.

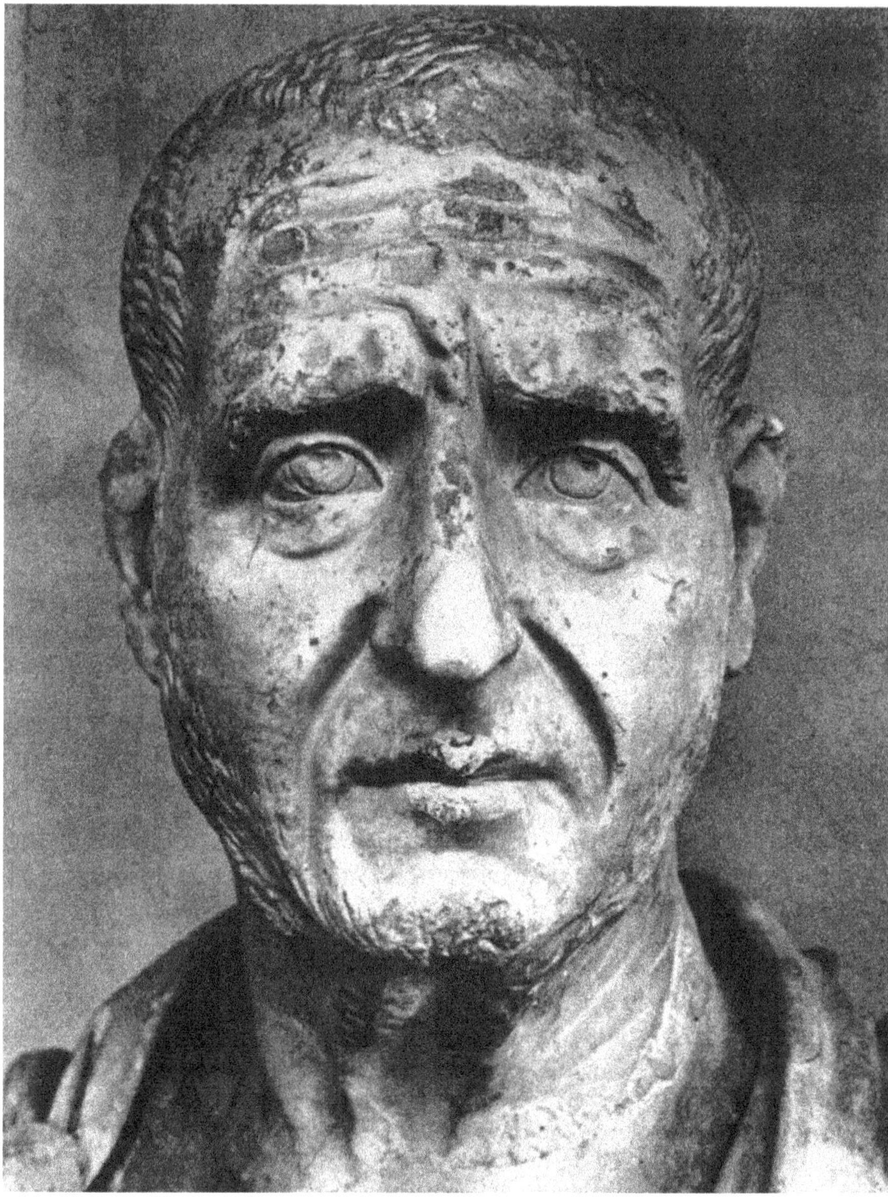

Abb. 4.
Trajanus Decius (249–251). Rom, Museo Capitolino, Stanza degli Imperatori, Nr. 52

Eindruck des Momenthaften, Flüchtigen, den man, wohl nicht ganz abwegig, als „impressionistisch" charakterisiert hat.[132] Er ergibt sich aus der unvermittelt wirkenden Kopfbewegung, noch mehr aber aus der angespannten Mimik und der unruhigen Modellierung der Gesichtsfläche.

Eine Steigerung des physiognomischen Ausdrucks über die Stufe des Decius hinaus war wohl nicht mehr möglich. So bewegend die Aussage des Kopfes als Zeitdokument auch sein mag – herrscherliches Selbstbewußtsein konnte er kaum vermitteln.[133] Dieses zu zeigen, war aber für das offizielle Kaiserbildnis mit seinen repräsentativen und legitimatorischen Funktionen nach wie vor unerläßlich. Die Konsequenz mußte daher in der Folge der Versuch einer neuerlichen Festigung und Beruhigung der Formen sein.

5. Gallien, Berlin, Staatliche Museen Nr. R 114 und Kopenhagen, Ny Carlsberg Glyptotek Nr. 768

Ein solcher Versuch wird faßbar an den Bildnissen des Kaisers Gallien[134] aus der Zeit seiner gemeinsamen Herrschaft mit dem Vater Valerian (253–259), für die hier als Beispiel der Kopf aus den Berliner Staatlichen Museen[135] stehen soll (Abb. 5). Daß die erneute Dominanz klassizistischer Tendenzen im Kaiserporträt unter Gallien nicht so unvermittelt einsetzte, wie man zunächst angenommen hatte, haben die Forschungen der letzten Jahrzehnte erwiesen. Wahrscheinlich gab es Vorstufen zu dieser Entwicklung unter Trebonianus

[132] Siehe dazu H. P. L'Orange, The antique Origin of the Medieval Portraiture, in: Acta Congressus Madvigiani, Hafniae 1954, 3: The Classical Pattern of Modern Western Civilization – Portraiture, Copenhagen 1957, 54–55; G. Kaschnitz, s. Anm. 79, 59; O. Pelikán, s. Anm. 60, 73–74.

[133] Dazu J. D. Breckenridge, s. Anm. 44, 506: „. . . rather than massively confident like Maximinus or Philip, Trajan Decius appears hopelessly irresolute in the face of overwhelming disasters." – Quellen zu Trajanus Decius: HA Valer. 5,4–6; Aur. Vict., Caes. 29,1–5; Ps. Aur. Vict., epit. 29,1–5; Eutr. 9,4; Eus., hist. eccl. 6,39–41, 7,1, 7,22,12; Zos. 1,21,1–25,2; Iord., Get. 90, 101–103; Zonar. 12,19–20.

[134] Die beim gegenwärtigen Forschungsstand überzeugendste Typologie der Gallien-Bildnisse bringt Bergmann 47–59. Die Autorin unterscheidet drei Typen. Der im folgenden behandelte Berliner Kopf gehört ans Ende des 1. Typs, das heißt in die Zeit gegen 260 (ebenda, 58). Das Porträt in Kopenhagen, Ny Carlsberg Glyptotek Nr. 768, vertritt den 3., wahrscheinlich im Todesjahr des Kaisers, 268, anzusetzenden (ebenda, 55) Typ. Der 2. Typ dürfte bald nach der Übernahme der Alleinherrschaft, um 260/61, geschaffen worden sein.

[135] C. Blümel, s. Anm. 84, 47–48 (Nr. R 114), Taf. 74; Wegner III/3, 108, 111, Taf. 42; W. Schindler, s. Anm. 49, 192, Abb. 85. – Die Identifizierung des Kopfes als Gallien, die auf Rodenwaldt, s. Anm. 62, 324, zurückgeht, von Bovini, s. Anm. 44, 145–146, 148–149, fig. 13, aber zurückgewiesen und von Felletti Maj 224, bezweifelt wurde, hat sich heute allgemein durchgesetzt.

Abb. 5.
Gallienus (253–268), 1. Bildnistyp. Berlin, Staatliche Museen, Nr. R 114

Gallus,[136] dem Vorgänger Valerians, aber an den frühen Gallien-Bildnissen können wir auf Grund der Denkmälerüberlieferung und des Standes der ikonographischen Erforschung den neuen Klassizismus am eindeutigsten nachweisen.

Die stilistischen Unterschiede des Berliner Kopfes zu den Porträts des Maximinus und des Decius sind so offensichtlich, daß wohl einige stichpunktartige Hinweise genügen:[137] an Stelle des zerklüfteten Gesichtsreliefs wieder relativ glatte Flächen von Stirn und Wangen, eine neu gewonnene Plastizität der Haar- und Bartlocken, ein ziemlich gleichmäßig-straff abgerundeter Gesichtsumriß, eine durchgreifende Beruhigung der Züge, eine deutliche Zurücknahme der psychischen Expressivität.

Es kann kein Zweifel daran bestehen, daß wir es mit einem erneuten Versuch klassizistischer Stabilisierung in Form und Ausdruckswerten zu tun haben. Daß ein solcher Versuch noch einmal gerade unter einem Kaiser unternommen wird, der – als letzter für lange Zeit – einer italischen Senatorenfamilie entstammt, ist wohl mehr als Zufall. Am Jugendbildnis des Gallien werden Tendenzen wiederaufgenommen, die bereits das Bildnis des Severus Alexander bestimmten, wenigstens insoweit, als auch dieses von ruhigen, ausgeglichenen Zügen und von einem verallgemeinerten Bildnisgehalt geprägt war. Im einzelnen freilich zeigen sich bemerkenswerte Unterschiede.[138]

Die klassizistische Konzeption erscheint am Gallien deutlich konsequenter verwirklicht als an dem um etwa 30 Jahre älteren Werk; dessen „Illusionismus“

[136] Klassizistische Tendenzen zeigen sich z. B. an dem Männerkopf Kopenhagen, Ny Carlsberg Glyptotek, Nr. 769, der von Heintze, RM 63, 1956, s. Anm. 19, 56–58, Taf. 21–22, und einigen anderen als Trebonianus Gallus gedeutet wird. Auch wenn man dieser Identifizierung nicht folgt, bleibt doch eine Datierung des Kopfes in die frühen fünfziger Jahre wahrscheinlich (anders W. Schindler, Römischer Porträtkopf im Museum der Bildenden Künste, Bulletin du Musée Hongrois des beaux-arts 1974, Nr. 42, 19–21). Die manchmal als Bildnisse des Trebonian-Sohnes Volusian gedeuteten Köpfe (J. Meischner, Ein Porträt des Kaiser Volusianus, AA 1967, 220–228; J. Balty, in: Eikones, s. Anm. 40), die sämtlich ebenfalls klassizistische Züge aufweisen, müssen hier unberücksichtigt bleiben, da ihre Identifizierung in keinem Fall hinlänglich gesichert ist. Siehe dazu K. Fittschen, JdI 84, 1969, s. Anm. 76, 225–230; Bergmann 44; U. Hausmann, s. Anm. 19, 388. J. Meischner hat ihren Identifizierungsvorschlag später zurückgenommen (s. Anm. 26, 421 Nr. 37, 422-437).

[137] Daß derartige Gegenüberstellungen wegen der unterschiedlichen Typenzugehörigkeit beider Köpfe (hier Jünglings-, da Altersbildnis) nur bedingt aussagefähig sind, deutet Bergmann 59, an.

[138] Wesentlich übertrieben erscheint mir die Ansicht Breckenridges, s. Anm. 44, 506, 508, der den ersten Typ der Gallienbildnisse als technisch, stilistisch und ikonographisch weitgehend mit den Porträts des Severus Alexander übereinstimmend charakterisiert und ihn als „Severan Portrait“ vom späteren „Alexander Portrait“ des Kaisers untercheidet. Ähnlich in diesem Punkt auch A. M. McCann, s. Anm. 40, 634–635. Vgl. dagegen die differenzierte stilistische Analyse bei L'Orange 7. Ähnlich auch O. Pelikán, s. Anm. 60, 97.

ist weitgehend vermieden. Die Ansichtsseiten heben sich markanter voneinander ab; das innere „Gerüst“, die Schädelstruktur, bestimmt spürbar stärker das Erscheinungsbild des Kopfes. Der sich zum Kinn hin straff zuspitzende Kontur läßt – zusammen mit den betont an den Gesichtsachsen orientierten Gliederungsakzenten von Brauen, Augenzone, Nase und Mundpartie – den Gallien-Kopf im tektonischen Sinne „gebaut“ wirken, wogegen an dem Severus-Alexander-Porträt der Umriß locker geführt ist und die Organe im Gesicht zu „schwimmen“ scheinen. Die an beiden Köpfen nur in geringem Maße die Oberfläche auflockernden Modellierungen sind am Gallien doch immerhin etwas knapper und markanter formuliert. Das Haar, beide Male wie eine flache Kappe den Kopf bedeckend, ist an dem späteren Porträt ein wenig deutlicher in Einzellocken gegliedert; am Wangen- und Kinnbart wird dieser Unterschied noch greifbarer.

Ist also der Klassizismus des frühen Typs der Gallien-Bildnisse nicht unmittelbar von dem seiner ebenfalls klassizistischen Vorläufer im 3. Jh. abzuleiten – ein Vergleich des Berliner Kopfes mit dem typologisch verwandten Porträt Gordians III.[139] ergäbe ähnliche Unterschiede wie zum Severus Alexander –, so liegt die Frage nach möglichen älteren Vorbildern aus der Reihe der römischen Kaiserporträts nahe. Bevor darauf jedoch eingegangen werden kann, ist die weitere Entwicklung des Gallien-Porträts zu verfolgen.

Es gehört zu den erstaunlichsten Phäomenen in der bewegten Geschichte des römischen Porträts, daß sich der wohl wesentlichste Schritt auf dem Wege zur spätantiken Bildniskonzeption an den Darstellungen eines einzigen Kaisers vollzieht. Unmittelbar nach der Gefangennahme Valerians durch die Perser läßt Gallien im Jahre 260 oder 261 sein neues Porträt verbreiten.[140] Wohl in der Absicht, sich von der schmachvollen Katastrophe seines Vaters zu distanzieren,[141] bricht der jetzt allein regierende Kaiser (259–268) mit der ikonographischen Tradition, läßt sich langhaarig und in „Alexanderpose“, mit in den Nacken geworfenem Kopf (vgl. Anm. 96), darstellen. In einem 3. Typus, wohl aus dem Todesjahr 268, werden die Details der Gesichtsbildung im wesentlichen beibehalten, die heftige Bewegung aber zugunsten einer starren Frontalität zurückgenommen.

Dieser 3. Typ, vertreten durch den Kopf in der Ny Carlsberg Glyptotek Kopenhagen Nr. 768[142] (Abb. 6), hat außer einigen ikonographischen Erken-

[139] Siehe z. B. die Büste in Berlin, Staatliche Museen, Nr. R 102: C. Blümel, s. Anm. 84, 42–43 (Nr. R 102), Taf. 66; J. Bracker, in: Wegner III/3, 16–17, 21. Abwegig ist die Meinung von S. Wood, s. Anm. 35, 67–68, der 1. Gallientyp gehe möglicherweise auf den gleichen Künstler zurück wie das Urbild der Gordian-Porträts.

[140] Am besten ist dieser 2. Typus des Gallien-Bildnisses überliefert durch den Kopf in Rom, Museo Nazionale Romano, Nr. 736: Felletti Maj, s. Anm. 103, 152–153 (Nr. 304), Abb.; Wegner III/3, 108–109, 117–118, Taf. 45.

[141] Siehe dazu A. Alföldi, in: Cambridge Ancient History, 12, Cambridge 1939, 182–183; M. Bergmann, Jahrb. der Akad. d. Wiss. in Göttingen 1980, s. Anm. 76, 26.

[142] V. Poulsen, s. Anm. 43, 172–173 (Nr. 177), Taf. CCLXXXV–CCLXXXVI; Wegner III/3, 113 (mit kaum begründeten Zweifeln an der Echtheit); W. Schindler, s. Anm. 49, 195, Abb. 86.

Abb. 6.
Gallienus (253–268), 3. Bildnistyp. Kopenhagen, Ny Carlsberg Glyptotek, Nr. 768

nungsmerkmalen – z. B. dem für Gallien charakteristischen Oberlippenzipfel – mit dem „Jugendbildnis" kaum etwas gemein. Der Unterschied zwischen beiden läßt sich jedoch nicht mehr durch die Antithese von „Klassizismus" und „Realismus" ausdrücken.[143] Der neue Typus zeigt nämlich nicht weniger verallgemeinerte Züge als der frühere – verallgemeinert aber nicht im Sinne eines Klassizismus, wenigstens insoweit nicht, als man darunter in letzter Konsequenz eine Anlehnung an die körperhaft gebildeten Werke der griechischen Klassik versteht.

In das von einem beinahe rechteckigen, spannungslos geführten Kontur begrenzte Gesicht erscheinen die Einzelorgane locker eingefügt. Die am Berliner Kopf noch vorherrschende Orientierung des Gesichtsaufbaus an der Tektonik der Schädelstruktur hat einem ornamentalen Gliederungsprinzip Platz gemacht, das sich u. a. in dem eleganten Schwung der geschlossenen Stirnhaargrenze und in der rhythmischen Abstimmung von Außen- und Binnenkontur zeigt. Die Gesichtsfront ist außerordentlich flach gestaltet und wird durch das wie ein „Rahmen" wirkende Kopf- und Barthaar von den Profilen isoliert. Die Modellierungen der Wangen und der Mundpartie vergleiten in kaum merklichen Abstufungen. Aus der maskenhaften Starre des ganz auf frontale Betrachtung hin konzipierten Antlitzes bricht nur der schräg nach oben weisende Blick aus und gibt diesem lediglich einen Anflug von Lebendigkeit.

Seit A. Alföldis bahnbrechendem Aufsatz von 1929 (vgl. Anm. 61) ist die besondere Rolle der Gallien-Bildnisse im Rahmen der Entwicklung des römischen Herrscherbildes allgemein anerkannt. Mit seiner Charakterisierung der ganzen Epoche als „Reaktion des Hellenentums" auf die voraufgehende Phase des Erstarkens der Donauvölker hat Alföldi der weiteren Diskussion die Richtung gegeben; wenig später prägte G. Rodenwaldt den Begriff der „gallienischen Renaissance".[144] Heute spricht man zumeist, und wohl mit Recht vorsichtiger, von „gallienischem Klassizismus", wobei allerdings der Begriff mit unterschiedlichem Inhalt gebraucht wird. Manchmal ist damit die ganze gallienische Epoche, manchmal nur die Periode des „Jugendbildnisses" und gelegentlich auch – auf der Basis eines grundsätzlich anderen „Klassizismus"-Verständnisses – die der späteren Typen gemeint.

Alföldi ging von der Vorstellung eines unmittelbaren griechischen Einflusses bei der Konstituierung der Stileigenart der Gallien-Bildnisse aus;[145] Rodenwaldt ließ dies nur für die späteren Typen gelten und glaubte, wie nach ihm andere

[143] So auch Bergmann 59.

[144] G. Rodenwaldt, s. Anm. 62, 310–327. Vgl. auch später G. Mathew, The Character of the Gallienic Renaissance, Journal of Roman Studies 33, 1943, 65–70. Anders E. B. Dusenbery, s. Anm. 60, 1–17.

[145] A. Alföldi, s. Anm. 2, 245–281; ähnlich L'Orange 7, und noch O. Pelikán, s. Anm. 60, 97–98. Einen forschungsgeschichtlichen Überblick zu den Gallien-Bildnissen gibt Bergmann 47–49.

auch, im frühesten Bildnistypus als Vorbild das Porträt des ersten Princeps Augustus zu erkennen.[146] Für den 2. Typ hat man häufig eine Wiederbelebung hadrianisch-antoninischer Tradition angenommen,[147] doch wahrscheinlich greift – auch nach dem Zeugnis der Münzen[148] – die neue Form der kaiserlichen Bildnispropaganda nach der Übernahme der Alleinherrschaft sogar noch weiter zurück bis auf die Bildnisse Alexanders d. Gr.[149] Der 3. Typus hat unter älteren Werken keinerlei nähere Entsprechungen; mit seinem blockhaft-starren Bau und der Konzentration der gesamten Ausdruckskraft im Blick weist er vielmehr auf spätantike Gestaltungen voraus.

Es soll hier nicht versucht werden, in der „Vorbilder"-Frage eine definitive Antwort zu finden. Das erscheint nicht möglich und hätte wohl auch dann, wenn unser Kenntnisstand besser wäre, keine ausreichende Basis in den historischen Gegebenheiten.[150] Galliens Münzpropaganda, die in aufeinanderfolgenden Emissionen seit 261 eine Angleichung an oder eine Identifizierung mit den verschiedensten Kaisern, Heroen und Göttern erkennen läßt,[151] bietet nicht das Bild eines einheitlichen Programms.[152] Ähnlich sind wohl auch die abrupten Wandlungen in der Bildniskonzeption zu sehen. Der letzte Porträttyp dürfte zeitgleich mit den Münzen sein, auf denen sich der Kaiser mit dem höchsten Gott Jupiter gleichstellt.[153] Es ist im übrigen bemerkenswert, daß sich die verschiedenen Identifizierungsversuche mit Göttern und Heroen zwar in den Legenden und Revers-Darstellungen niederschlagen, auf die Münzbildnisse selbst aber nicht auswirken.[154]

[146] G. Rodenwaldt, Porträts auf spätrömischen Sarkophagen, Zeitschrift für bildende Kunst 57 (N.F. 33), 1922, 120; ders., s. Anm. 62, 323–324; J. D. Breckenridge, s. Anm. 44, 507. Vgl. aber auch schon A. Alföldi, s. Anm. 2, 52–54, 261. Anders O. Pelikán, s. Anm. 60, 98.

[147] Z. B. noch J. D. Breckenridge, s. Anm. 44, 507. Etwas differenzierter A. M. McCann, s. Anm. 40, 634.

[148] R. Delbrück, Münzbildnisse, s. Anm. 16, 122; A. M. McCann, s. Anm. 40, 635.

[149] H. P. L'Orange, s. Anm. 96, 86–90; J. D. Breckenridge, s. Anm. 44, 508; A. M. McCann, s. Anm. 40, 634–635.

[150] Bergmann, Jahrb. der Akad. d. Wiss. in Göttingen 1980, s. Anm. 76, 27, spricht von einer Kumulation „alter Ikonographien verschiedener Herkunft und Aussage", Brekkenridge, s. Anm. 44, 507, von „a veritable orgy of retrospection". Die Quellen zu Gallien sind wenig ergiebig: HA Gall. 1,1–21,6, trig. tyr. 1,1–31,7, Claud. 1,3, 5,2, 7,4, 9,1, 17,1–7. Aurelian, 41,7, Prob. 6,1–5, Car. 1,4, 3,5; Aur. Vict., Caes. 33; Ps. Aur. Vict., epit. 33; Amm. 14,1,9; Eus., hist. eccl. 7,23; Eutr. 9,7–11; Iul., Caes. 313 C; Oros., hist. 7,22,13; Zos. 1,30,1–41; Zonar. 12,23–25.

[151] R. Delbrück, Münzbildnisse, s. Anm. 16, 122–123; Bergmann 49–50; J. D. Breckenridge, s. Anm. 44, 507.

[152] Anders A. M. McCann, s. Anm. 40, 635: „a unified, imperial, propagandistic program".

[153] Bergmann 55.

[154] J. D. Breckenridge, s. Anm. 44, 508.

Alföldis Erklärungsversuch des gallienischen Klassizismus stützt sich zu einem wesentlichen Teil auf die Persönlichkeit und die persönlichen Ambitionen des Kaisers: auf seine Griechenverehrung und seine Bildungsbeflissenheit insbesondere, die sich u. a. in der Einweihung in die Mysterien von Eleusis und, deutlicher noch, in der engen Bindung an den römischen Kreis der Neuplatoniker um Plotin dokumentieren.[155] Sicher haben diese Neigungen in Galliens Politik eine Rolle gespielt, man denke etwa an den – freilich gescheiterten – Plan der Gründung einer Philosophenstadt Platonopolis in Campanien.[156] Den eigentlichen Grund für die Wandlungen der Gestaltungsweise im Herrscherporträt dürfen wir in ihnen aber nicht suchen.

Gallien hat, rechnet man die Jahre der gemeinsamen Herrschaft mit seinem Vater ein, weitaus länger regiert als die meisten Kaiser des 3. Jh., und er hat nach allem, was wir wissen, sehr bewußt versucht, durch verschiedene Maßnahmen auf wirtschaftlichem, politischem, militärischem und nicht zuletzt auf ideologischem Gebiet die Grundlagen seiner Macht zu festigen. Daß er dazu durch die katastrophale Lage des Reiches nach Ereignissen wie der Niederlage des Decius gegen die Goten, der Gefangennahme des Valerian durch die Perser, den Usurpationen des Ingenuus und des Regalian sowie den Abspaltungen von Reichsteilen in Gallien und Syrien geradezu gezwungen war, mindert die Bedeutung seiner politischen Aktivitäten nicht, sondern erhöht sie eher noch. Es wäre also mehr als verwunderlich, wenn ausgerechnet Gallien bei der Konzipierung seiner Bildnisse nicht mehr – wie nachweislich viele seiner Vorgänger – politische, sondern nur noch Bildungs-Ziele verfolgt hätte. Gerade wegen der komplizierten Lage des Reiches stellte sich ihm die Aufgabe einer überzeugenden Legitimation seiner Herrschaft mit besonderer Dringlichkeit. Ein Legitimitätsanspruch aber ließ sich besonders wirkungsvoll nun einmal im Bildnis ausdrücken – im Bildnis, mit dem die Erinnerung an frühere Kaiser beschworen werden konnte und das ja nach wie vor im Kult wie in der politischen Praxis, bei völkerrechtlichen und juristischen Akten sowie in der Münzprägung eine hervorragende Rolle spielte.[157]

Der erste Typus des Kaiserporträts mit seiner Einbindung in die Tradition des römischen Klassizismus – und damit letzten Endes der Berufung auf das Erbe des ersten Princeps Augustus – spricht, ebenso wie die bis zur Mitte der sechziger Jahre emittierten Münzen,[158] dafür, daß Gallien sich mit seiner Propa-

[155] Dazu A. Alföldi, s. Anm. 2, 245–263. Quellen: HA Gall. 11,3–6; Porphyr., vit. Plot. 12,1–2.

[156] Porphyr., vit. Plot. 12,3–12.

[157] Die politische Relevanz der Bildnisaufstellung (und der Vernichtung von Bildnissen des Vorgängers) zeigt sich besonders deutlich bei gewaltsamen Thronusurpationen, etwa in den Vorgängen des Jahres 238 beim Sturz des Maximinus: Herodian. 7,5,8, 8,5,9, 8,6,2; HA Maximin. 23,7, 24,2, Gord. 10,8, Max. et Balb. 17,2.

[158] R. Delbrück, Münzbildnisse, s. Anm. 16, 122–123.

ganda zunächst ganz in den Bahnen der Prinzipatsideologie bewegte. Mit dem 2. und insbesondere mit dem 3. Bildnistyp wird eine neue Stufe erreicht. Offenbar brachte die weitere Verschärfung der politischen Lage den Kaiser und seine Berater zu der Einsicht, daß die *auctoritas* des Princeps seinen Herrschaftsanspruch nicht mehr ausreichend begründen konnte. Eine immerhin vorstellbare Rückkehr zu einer wieder stärker „realistischen" Gestaltungsweise mit einer auf persönliche Energie und Durchsetzungsfähigkeit abhebenden Physiognomik verlor damit ihren Sinn und ihre Perspektive. Stattdessen wird ein neues Bild der Herrschers geschaffen, in dem sich dieser der Reichsbevölkerung als charismatische, den Unwägbarkeiten des realen Geschehens weitgehend entrückte Erscheinung präsentiert.[159] Die sich im Reich ausbreitenden, eschatologisch ausgerichteten orientalischen Mysterienreligionen mögen dabei eine Rolle gespielt haben, ebenso wie der wachsende Einfluß des Christentums. Gallien ging, gleich nach der Gefangennahme Valerians, von der Verfolgung zur Duldung der Religionsgemeinschaft über (Euseb., Hist. eccl. 7,13).[160] Wichtiger noch war seine durch die Quellen eindeutig belegte (Porphyr., Vita Plot. 12) Förderung des mit mystizistischen Elementen verbrämten philosophischen Gedankenguts des Neuplatonismus. Dabei muß man nicht an einen unmittelbaren, kausalen Zusammenhang mit der künstlerischen Entwicklung denken, vielmehr an eine Verbindung dergestalt, daß sich die kaiserliche Bildnispropaganda ein durch Religion und Philosophie geprägtes, sich immer weiter ausbreitendes Menschenideal zunutze machte.[161] Es ist dies das Bild einer spiritualisierten, aus der Unvollkommenheit des realen Geschehens in eine Welt unverrückbaren Seins transzendierenden Existenz.

In Bildnisgestaltungen wie dem letzten Gallien-Typ deutet sich damit eine ideologische Entwicklung an, die zu Konsequenzen in anderen Bereichen von Kultur und Politik – faßbar etwa in der Errichtung des „Dominats" oder in der Manifestierung des Gedankens der Gotterwähltheit des Herrschers – erst später geführt hat.[162] Zwar erscheint auch in einigen politischen Maßnahmen Galliens,

[159] Ähnlich auch: J. D. Breckenridge, s. Anm. 44, 508; M. Bergmann, Jahrb. der Akad. d. Wiss. in Göttingen 1980, s. Anm. 76, 26, 27.

[160] Dazu A. Alföldi, s. Anm. 2, 305–308.

[161] D. Rößler, Die römische Porträtkunst im 3. Viertel des 3. Jh. u. Z. und die Philosophie Plotins – Zur Krise von Kunst und Ideologie am Beginn der Spätantike, Wissenschaftliche Zeitschrift der Humboldt-Universität zu Berlin, Gesellschafts- und sprachwissenschaftliche Reihe 25, 1976, 499–507; ders., Philosophie und bildende Kunst: Bildnisse des 3. Jh. u. Z. im Lichte neuplatonischer Philosophie, Wissenschaftliche Zeitschrift der Wilhelm-Pieck-Universität Rostock, Gesellschaftswissenschaftliche Reihe 34, 1985, 43–47.

[162] Bezeichnenderweise stellt N. Hannestad, Roman Art and Imperial Policy, Aarhus 1986, 285–301, unter dem Gesichtspunkt der Kunstentwicklung schon die Zeit von Severus Alexander bis Diokletian unter die Überschrift „The Dominate".

vor allem soweit sie auf eine Zurückdrängung des Einflusses der Senatsaristokratie ausgerichtet sind, der Weg zum Dominatssystem schon vorbereitet. Aber dabei handelt es sich nur um erste Vorstöße, wohingegen die Ausprägung des neuen Herrscherbildes in der Porträtplastik bereits mit großer Konsequenz vollzogen wird. Eine solche Vorwegnahme späterer gesellschaftlicher Entwicklungen ist in der Geschichte der Kunst durchaus keine singuläre Erscheinung. Allerdings bleibt es in derartigen Fällen – und das gilt auch für den hier behandelten – schwierig einzuschätzen, in welchem Maß dieser Prozeß von Auftraggebern und Künstlern bewußt gesteuert worden ist oder inwieweit er sich unabhängig von den Absichten der Urheber durchgesetzt hat.[163]

Stellt man nur die Bildnistypen des Gallien einander gegenüber, dann erscheint dieser Schritt sehr plötzlich und unvermittelt.[164] Tatsächlich drängen sich in den sechziger Jahren des 3. Jh. außerordentlich folgenreiche künstlerische Prozesse zusammen, die dieser Periode eine ganz besondere Bedeutung auf dem Wege zur spätantiken Gestaltungsweise verleihen.[165] Andererseits darf man aber auch nicht übersehen, daß manche Züge dieses Wandels in den Jahrzehnten zuvor schon vorbereitet waren und dann nur zeitweilig wieder in den Hintergrund traten. Insbesondere die Reduktion der plastisch-körperhaften Erscheinung, die zunehmende Ornamentalisierung der Gesichtsgliederung, die Tendenz zu einer Stereometrisierung des Kopfvolumens, die fortschreitende Vereinzelung der Teile, die sich steigernde Dominanz des Blickes im Gesamtausdruck des Gesichts – also sämtlich Züge, deren Anfänge mehr oder minder deutlich schon seit Beginn des Jahrhunderts zu verfolgen waren – weisen in diese Richtung. In den späteren Gallien-Bildnissen ist verwirklicht, was vorher bereits angelegt war. Sie markieren einen Kulminationspunkt in einer längeren Entwicklung, gewissermaßen eine Art Qualitätsumschwung nach einer Phase quantitativer Anreicherung mit neuen Gestaltungsmerkmalen. An ihnen erweist sich endgültig, daß nicht das Pendeln zwischen „klassizistischer" und „realistischer" Richtung die entscheidende Entwicklungstendenz der Epoche war, sondern die Überwindung des körperhaft-plastischen durch ein vergeistigt-transzendierendes Menschenbild.

Aus dieser Perspektive ist schließlich auch die Frage nach der Berechtigung solcher Begriffe wie „gallienischer Klassizismus" und „gallienische Renaissance" noch einmal zu stellen. Mir scheint, daß man im Zusammenhang mit Galliens erstem Bildnistyp zu Recht von „gallienischem Klassizismus" spricht: als Charakterisierung einer Periode des zeitweiligen Vorherrschens von Gestaltungsmerk-

[163] Diese Frage wäre auch an M. Bergmann, Jahrb. der Akad. d. Wiss. in Göttingen 1980, s. Anm. 76, 24–27, zu stellen, deren politische Deutung des gallienischen Bildniswandels ich im übrigen für überzeugend halte.

[164] Bergmann 102, weist mit Recht darauf hin, daß es einen vergleichbar abrupten Wechsel im gallienischen Privatporträt nicht gegeben hat.

[165] Ähnlich J. D. Breckenridge, s. Anm. 44, 508.

malen, die letzten Endes in der klassischen Kunst der Griechen ihre Wurzel haben. Eine „Renaissance" freilich bedeutet dieses kurze und alles in allem kaum sehr folgenreiche Intermezzo wohl nicht.[166] Davon könnte man allenfalls für die letzten Jahre der Regierung Galliens sprechen; doch muß diese Frage sicher noch weiter diskutiert werden. Unbestreitbar erscheint mir, daß auch in dieser Epoche – in der Kunst wie übrigens auch in der Philosophie – die Elemente des Beharrens in ihrer Bedeutung bei weitem übertroffen werden durch die neuen, von der „klassischen" Antike wegführenden Tendenzen.[167]

6. Probus, Rom, Museo Capitolino, Galleria Nr. 33 (früher Salone Nr. 66)

Der weit überlebensgroße Kaiserkopf im Kapitolinischen Museum (vgl. Anm. 49) (Abb. 7), den man zunächst als Diokletian,[168] seit Delbruecks Vorschlag[169] aber ziemlich übereinstimmend als Probus (276–282) gedeutet hat, ist mit Recht als „eine der eindrucksvollsten Schöpfungen der antiken Bildniskunst"[170] bezeichnet worden. Wenn M. Bergmanns Neubestimmung der Brescianer Bronzeporträts[171] das Richtige trifft, würde sich die Wahrscheinlichkeit der Identifizierung noch erhöhen.[172]

Nicht nur nach dem Urteil der Quellen,[173] die auch im Falle des Probus die nötige Objektivität vermissen lassen, sondern auch auf Grund unserer Kenntnis

[166] Ähnlich A. M. McCann, s. Anm. 40, 632–633, unter Berufung auf J. Inan, E. Alföldi-Rosenbaum, Römische und frühbyzantinische Porträtplastik aus der Türkei – Neue Funde, 1, Mainz 1979, 9–16; anders J. D. Breckenridge, s. Anm. 44, 506. Im Unterschied zu G. Bovini, s. Anm. 60, 355, spreche ich von „Intermezzo" nicht im Hinblick auf die gesamte gallienische Epoche, sondern nur auf deren erste, klassizistische Phase.

[167] Vgl. O. Pelikán, s. Anm. 60, 98; A. M. McCann, s. Anm. 40, 634. Eine eindringliche Charakterisierung des gallienischen Klassizismus gibt N. Himmelmann-Wildschütz, Sarkophag eines gallienischen Konsuls, in: Festschrift für Friedrich Matz, Mainz 1962, 111–112. Siehe auch Bergmann 47–103, mit dem Versuch einer Periodisierung (S. 72).

[168] H. Stuart Jones, A Catalogue of the Ancient Sculptures in the Municipal Collections of Rome – The Sculpture of the Museo Capitolino, Oxford 1912, 306–307; auch noch R. Paribeni, Il ritratto nell'arte antica, Milano 1934, zu tav. 343.

[169] R. Delbrück, Bildnisse römischer Kaiser, s. Anm. 16, zu Taf. 37.

[170] K. Fittschen, in: K. Fittschen, P. Zanker, s. Anm. 25, 139.

[171] Bergmann 107–118. Vgl. auch Anm. 48.

[172] Dazu Bergmann 112. – In jüngster Zeit wird der Kopf manchmal später, so z. B. von J. Meischner, Die Porträtkunst der ersten und zweiten Tetrarchie bis zur Alleinherrschaft Konstantins: 293 bis 324 n. Chr., AA 1986, 225–226, in die tetrarchische Periode, von L'Orange, in: Wegner III/4, 100, sogar in das „vorgerückte 4. Jh." (postumes Probus-Bildnis), datiert; vgl. auch Wegner III/3, 153 (mittelalterliche Umarbeitung?). Mir erscheint auf Grund des Vergleichs mit Münzbildnissen die Deutung als Probus und die Datierung in seine Regierungszeit noch immer als die wahrscheinlichste Lösung.

[173] Zu Probus s. HA, Tac. 14,2–16,8, Prob. 1,1–24,8, quatt. tyr. 1,4, 11,1–3, 15,2–3, Car. 1,2, 5,4–6,3; Aur. Vict., Caes. 37, 1–7; Ps. Aur. Vict., epit. 37,1–4; Zos. 1, 64–71; Zonar. 12,29.

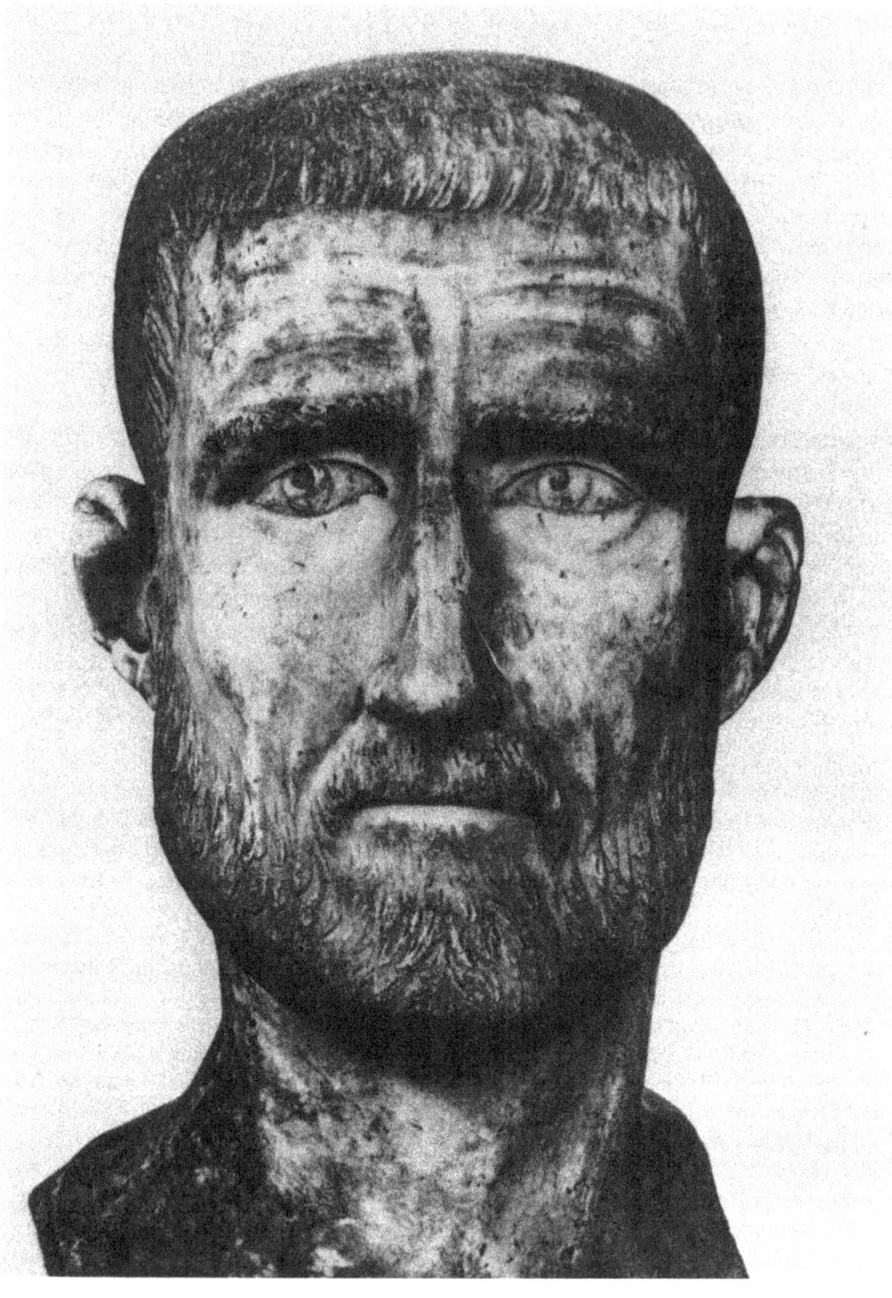

Abb. 7.
Probus (276–282). Rom, Museo Capitolino, Galleria, Nr. 33

seiner politischen und militärischen Initiativen dürfen wir Probus als energischen und geschickten Politiker und Heerführer ansehen, als zumindest teilweise erfolgreichen Fortsetzer der Restitutionspolitik seiner Vorgänger Claudius II. und Aurelian. Mißt man sein Bildnis an den Maßstäben der früheren Kaiserikonographie, dann läßt es freilich von einer Vergegenwärtigung traditioneller Herrscherqualitäten wenig verspüren. Es ist in einem so hohen Maße vom organischen Erscheinungsbild abstrahiert, daß man auch solche Züge wie den schmalen, an den Winkeln heruntergezogenen Mund oder die über der Nasenwurzel kontrahierten Brauen nur mit Zögern als Restelemente einer individuellen Charakterisierung und damit als „sprechend" im Sinne einer programmatischen kaiserlichen Selbstdarstellung verstehen möchte. Die auch an zeitlich und stilistisch nahestehenden Bildnissen – von einigen ausgesprochen provinziellen Werken abgesehen – kaum je in dieser Rigorosität noch einmal zu beobachtende geometrische Vereinfachung des Kopfvolumens und der Gliederung hat sogar zu dem, allerdings nicht beweisbaren, Verdacht einer stark eingreifenden mittelalterlichen Umarbeitung geführt.[174]

Unvermittelt bricht die Gesichtsfront, von dem streng rechtwinklig verlaufenden Haarsaum und dem markant hervortretenden Jochbeinrand begrenzt, zu den Profilen um; alle Abstufungen und Übergänge sind vermieden; Stirnhaargrenze, Stirnfalten und Brauen treffen in scharfem Winkel auf die Linie des Gesichtskonturs, leiten nicht wie an früheren Porträts vermittelnd zu den Seitenansichten hinüber. Wenn sich die Isolierung des Gesichts in der Fläche am Kopenhagener Gallien vor allem durch die rahmende Wirkung von Haar und Bart herstellte, so herrscht jetzt eine andere Gestaltungsweise vor, die jedoch zu einem ähnlichen Ergebnis führt: Die Hervorhebung der Frontalansicht wird durch das kompromißlos stereometrische Volumen des Kopfes erreicht; das Gesicht wirkt wie eine Folie, die auf die Vorderfläche des Schädelquaders aufgezogen ist. Nicht zufällig erinnert die kubische Grundstruktur des Probus-Kopfes an Züge, die in gewissem Maße bereits die Erscheinung des Decius im gleichen Museum prägen; ein Anknüpfen an diese, die „vorgallienische" Stufe der Porträtentwicklung ist unverkennbar.[175] Andererseits lassen sich die mit den späteren Gallien-Bildnissen erreichten stilistischen Neuerungen nicht mehr unterdrücken: Die blockhafte Anlage des Decius-Kopfes ist jetzt ins Abstrakt-Stereometrische gesteigert; die geometrische Grundform tritt wesentlich starrer in Erscheinung.

[174] So Wegner III, 153. Dagegen U. Hausmann, s. Anm. 19, 391. Sehr skeptisch auch E. Alföldi-Rosenbaum, s. Anm. 19, 824.

[175] Siehe dazu L'Orange 35. Wenn L'Orange allerdings den Probus und verwandte Köpfe als „ganz und gar ungallienisch" bezeichnet, dann bezieht sich dieses Urteil, wie aus dem weiteren Text hervorgeht, nur auf die erste, nicht auf die – m. E. wesentlichere - zweite Etappe der gallienischen Kunst.

Auch in der Binnengliederung des Gesichts erscheint die bereits an den früheren Köpfen zu beobachtende Tendenz – wennschon nicht in den gestalterischen Details, so doch in ihrer Auswirkung auf die plastische Gesamterscheinung – konsequent fortgeführt. Waren es am Decius- und am späteren Gallien-Bildnis vor allem Anklänge an eine ornamental-rhythmische Stilisierung der Inskriptionen, so ist es jetzt die starre Achsenbindung. Das wird besonders am streng rechtwinkligen Raster der Stirnfurchen sichtbar. Ebenso wie der schmale Mund setzen diese zwar geometrisch-flächengliedernde, aber kaum mehr tektonisch-plastische Akzente. Dieser Eindruck wird durch den starr rechteckigen, langgezogenen Kopfkontur noch verstärkt.

Besonders gegenüber dem Decius wird in der Modellierung der Gesichtsformen der weitere Verlust – und das will offenbar heißen, die bewußte Aufgabe – organisch-vitalen Lebens deutlich. Die Inskriptionen bleiben an der Oberfläche, greifen kaum in die blockhafte Struktur des Kopfes ein und tragen in ihrer streng linearen Ausrichtung auch nicht nennenswert zur Belebung der Züge bei. Stirn- und Bartlocken bewahren zwar einen Rest an plastischer Autonomie; infolge ihrer schematischen Regelmäßigkeit wirken sie aber dennoch nur wie Elemente eines leblosen Flächenmusters.

Fragt man nach seiner Stellung in der Entwicklungslinie der spätantiken Herrscherrepräsentation, so vertritt der kapitolinische Probus trotz seiner unterschiedlichen Gestaltungsmittel im wesentlichen die gleiche Stufe wie der Kopenhagener Gallien. Man kann noch einige weitere Porträts in diese Reihe einordnen, obwohl die Tendenz zur geometrisch-stereometrischen Abstraktion an ihnen nicht ganz so deutlich ausgeprägt ist. Damit erweisen sich ihre in der Forschung vorgeschlagenen Identifizierungen zumindest als möglich. Das gilt für den von M. Bergmann als Claudius II. gedeuteten Kopf in Worchester/Mass.[176] ebenso wie für das traditionell als Carinus bezeichnete Bildnis im Konservatorenpalast (vgl. Anm. 50). Charakteristisch für diese Stufe ist die Aufgabe der individuellen physiognomischen Charakterisierung und die Hinwendung von der organisch-vitalen zu einer überpersönlichen und der Intention nach „körperlosen", spiritualisierten Erscheinung. Die Hauptausdruckskraft der Gesichter liegt in fast allen Fällen im Blick – im Blick, in dem sich die geistigen Wesenskräfte des Menschen besonders deutlich aussprechen und durch den man offenbar auch die Verbindung des Einzelnen mit einer überindividuellen, transzendenten Geistigkeit ausgedrückt sah.[177] Am Probus-Porträt ist der Blick wieder expressiver geworden als am späten Gallien-Bildnis; er besitzt aber nicht mehr die psychische Intensität des kapitolinischen Decius, sondern wirkt starr, ziel-

[176] Bergmann 105–107; Taf. 32/1–3.

[177] Zur Rolle des „Schauens" im spätantiken Denken und besonders bei Plotin im Zusammenhang mit der Deutung des expressiven Blickes der spätantiken Porträts H. P. L'Orange, s. Anm. 132, 61-65.

und wesenlos. Dadurch unterstreicht er noch die geometrisch verhärtete Deformation des Gesichtsaufbaus.

Vom Standpunkt klassischer und klassizistischer Kunstauffassung aus muß die Abwendung von organischer Körperlichkeit im Porträt, wie sie sich am Probus ganz besonders deutlich zeigt, als Verlust erscheinen. Es darf jedoch nicht übersehen werden, daß sich dieser Wandel im weiteren Verlauf der Entwicklung als außerordentlich bedeutungsvoll und fruchtbar erweist. Hier sind bereits die wichtigsten stilistischen Mittel für die Darstellung eines grundsätzlich gewandelten Herrscher- und Menschenbildes präsent.

7. „Tetrarchisches" Porträt, Rom, Museo Capitolino, Magazin (ehemals Villa Doria Pamfili) und sogenannter Diokletian, Sofia, Nationalmuseum

Anders als für die politische und die Wirtschaftsgeschichte bedeutet die Periode der Regierung Diokletians (284–305) und der Tetrarchen für die Kunstgeschichte und speziell für die Geschichte des Kaiserporträts keinen gravierenden Einschnitt; die wesentlichsten Wandlungen haben sich bereits vorher, vor allem in den sechziger Jahren vollzogen. Angesichts der Tatsache, daß auch in dieser Epoche noch die Herrscherporträts weitgehend allein die chronologische Basis der gesamten Kunstgeschichte bilden müssen,[178] ist das Fehlen von eindeutig zuschreibbaren Bildnissen der Kaiser der 1. Tetrarchie – sieht man von den deutlich provinziell geprägten, ikonographisch zudem kaum aussagefähigen Porphyrgruppen in Venedig und im Vatikan (vgl. Anm. 55) ab – besonders bedauerlich. Andererseits ist jedoch die ziemlich vielgestaltige Stilentwicklung des stadtrömischen Porträts tetrarchischer Zeit nach den differenzierten Vorarbeiten L'Oranges[179] von M. Bergmann[180] überzeugend herausgearbeitet worden. So können wir auch den heute im Magazin der Kapitolinischen Museen befindlichen Kopf (Abb. 8) einer Togastatue aus der römischen Villa Doria Pamfili[181] wennschon nicht, wie man oft wollte, mit zureichender Sicherheit als Diokletian,[182] so doch eindeutig als „tetrarchisch" ansprechen.

Das Besondere dieses Porträts scheint mir darin zu liegen, daß es im einzelnen kaum grundsätzlich neue stilistische Elemente aufweist, dafür aber die auf

[178] Dazu M. Wegner, s. Anm. 7, 665.

[179] L'Orange 28–35.

[180] Bergmann 138–154.

[181] Calza 92 (Nr. 2), tav. 5/13, 6/14–15; Bergmann 140, Taf. 40/1; H. P. L'Orange, in: Wegner III/4, 22, 23, 101, Taf. 14-15; W. Schindler, s. Anm. 49, 208, Abb. 97. – Der Hinterkopf ist modern überarbeitet.

[182] Zuerst H. P. L'Orange, Ein Porträt des Kaisers Diokletian, RM 44, 1929, 180–193, Taf. 37–42; vgl. auch ders., in: Wegner III/4, 23, 101. In neueren Publikationen findet sich die Benennung meist nur noch unter Vorbehalt; A. M. McCann, s. Anm. 40, 639, pl. XIV/28; W. Schindler, s. Anm. 49, 208.

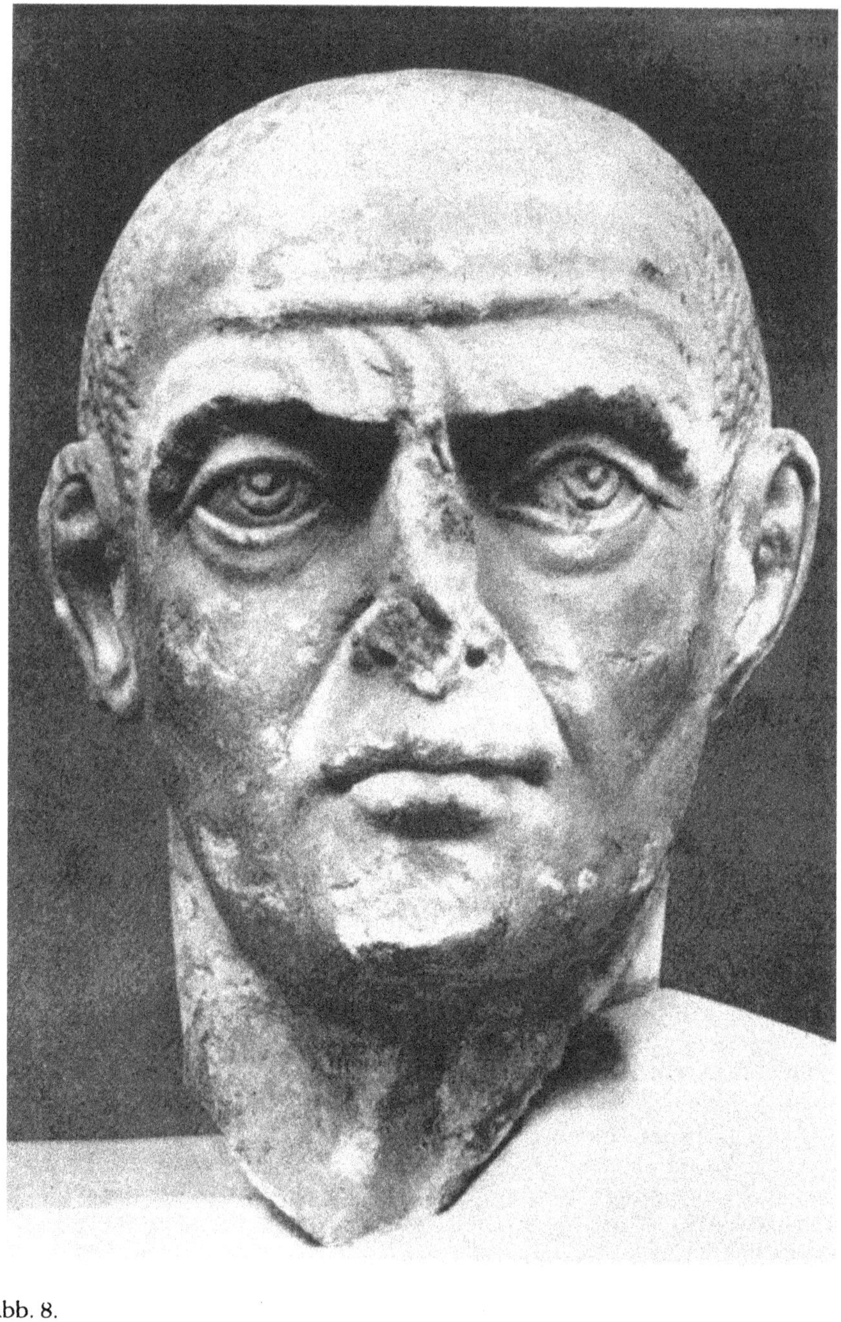

Abb. 8.
„Tetrarchisches" Porträt. Rom, Museo Capitolino, Magazin (ehem. Villa Doria Pamfili)

den voraufgehenden Bildnisstufen erreichten gestalterischen Möglichkeiten zu einer eindrucksvollen Synthese vereinigt.

Unverkennbar ist zunächst ein erneutes Anknüpfen an die Tradition der „realistischen" Bildnisse von der Art des Decius-Porträts, und zwar ein wesentlich entschiedeneres Anknüpfen, als es bereits am Probus zu beobachten war. Das zeigt sich in dem bewegten Relief der Gesichtsoberfläche, in den markant untergliederten Flächen von Stirn, Wangen und Mundpartie, denen die asymmetrisch verlaufenden Inskriptionen zugleich wieder ein stärker individuelles Gepräge geben. Dennoch erscheint es mir bedenklich, wenn Bandinelli den Kopf ohne weitere Differenzierung in die mit dem Maximinus-Porträt beginnende und von den Bildnissen des Philippus Arabs und Trebonianus Gallus fortgeführte Reihe stellt und ihm den gleichen „persönlichen Gehalt außerhalb jedes vorgeformten ikonographischen Schemas"[183] zuerkennt wie diesen. In das Porträt sind nämlich zweifellos auch Züge der spät- und nachgallienischen Stufe eingegangen, so daß M. Bergmann die ganze um den Togatus Pamfili anzuordnende Gruppe von Bildnissen wohl mit Recht als „neuen Typus" bezeichnet und diesen als „expressiv-'realistisch' " charakterisiert.[184]

Die Expressivität des Kopfes ergibt sich vor allem aus der nun gegenüber allen früheren Werken noch wesentlich gesteigerten Intensität des Blickes der übergroßen, durch markante Inzisionen gebildeten Augen.[185] Unter der schlaffen Haut zeichnet sich das Schädelgerüst deutlich ab; die kugelige Kopfform erinnert, trotz der unterschiedlichen Gestaltung im einzelnen, in ihrer stereometrischen Vereinfachung grundsätzlich an die plastische Konzeption des kapitolinischen Probus. Die Tektonik des Gesichtsaufbaus der Decius-Stufe wird jedenfalls nicht wieder erreicht – und wohl auch nicht angestrebt.

Die einfühlsamste stilistische Beschreibung des Togatus-Kopfes Pamfili und verwandter Porträts dieser Zeit dürfte noch immer die von L'Orange[186] sein: Das plastische Leben – das heißt „die Unruhe des Aufbaus, die nervösen Kontraktionen und Verschiebungen der Muskulatur" – spielt „sich innerhalb einer Fassade ab, klebt gleichsam außen am Block der Kopfmasse und bleibt deshalb an einem Teil der physiognomischen Oberfläche isoliert, strömt nicht aus einem bewegten und belebten Ganzen heraus. . . . Die Asymmetrie wird dadurch als Bewegungsform neutralisiert, suggeriert infolgedessen als Ausdrucksform nicht mehr eine momentane physiognomische Bewegung. . ." Die Züge wirken trotz aller Bewegtheit nicht vital, sonder erstarrt. Die im Grunde unplastische Gestaltungsweise erfährt eine zusätzliche Akzentuierung durch die Wiedergabe des Haares, das lediglich durch eingehauene Punkte und Striche auf der sonst ungegliederten Fläche angedeutet ist.

183 Bandinelli 23, 27.
184 Bergmann 141.
185 W. Schindler, s. Anm. 49, 208–209.
186 L'Orange 31.

Solange der Togatus Pamfili nicht eindeutig als Diokletian identifiziert ist, verbietet sich der Versuch einer Ausdeutung seiner Formensprache als Zeugnis für die repräsentativen und propagandistischen Ambitionen dieses Herrschers. Wir können das Werk lediglich als besonders eindringliche Gestaltung des „Zeitgesichts" werten. Als solches dürfte es aber die tetrarchische Porträtkunst – zumindest in einer sehr charakteristischen Richtung – gültig repräsentieren.

Als Beispiel provinzialer Bildnisplastik sei hier ein in der Nähe von Oescus (heute Gigen, Bulgarien) gefundener kleinformatiger Marmorkopf angefügt, der im Nationalmuseum Sofia ausgestellt ist[187] (Abb. 9). Im Anschluß an einen Vorschlag D. P. Dimitrovs[188] wird er ebenfalls oft als Diokletian bezeichnet, obwohl auch in seinem Fall diese Deutung nicht als gesichert gelten kann.[189]

Sollte es sich tatsächlich um ein Bildnis des Kaisers handeln, dann hätten wir es entweder mit der provinziellen Variante eines durch stadtrömische Repliken nicht belegten Typus oder – wahrscheinlicher noch – mit der eigenständigen Schöpfung eines Künstlers aus dem Donaugebiet zu tun. An der Entstehung des Porträts in tetrarchischer Zeit zumindest dürfte kaum ein Zweifel bestehen.

Das ausdrucksstarke Bildnis wird von den großen, hervorquellenden Augen beherrscht. In der Intensität des Blickes wie auch in der Gestaltung der Augen im einzelnen mit ihren kräftigen Lidern und den tief eingekerbten Linien von Iris und Pupille zeigt sich die unmittelbare zeitliche Nähe zum Togatus-Kopf Pamfili. Das gilt auch für die markanten Inzisionen über der Nasenwurzel und die tiefen Stirnfalten, deren insgesamt ornamental verfestigte Führung durch deutliche Asymmetrien aufgelockert erscheint.

Auffällig ist weiter die ausgesprochen stereometrische Grundanlage des Kopfes. Die Stirn biegt abrupt zu den Schläfen um; es gibt kaum vermittelnde Übergänge zwischen Gesichtsfront und Profilen. So bestimmt die Grundstruktur des Marmorblockes noch deutlich das Erscheinungsbild des Porträts – in ähnlichem Maße, wie das schon am kapitolinischen Probus zu beobachten war. Das Gesicht ist trotz einiger kräftiger plastischer Akzente sehr flach gehalten; auch die Augenhöhlen greifen nur wenig in die Substanz des Kopfes ein.

Das Haupthaar erscheint als geschlossene, plastisch kaum differenzierte Masse; lediglich im Nacken sind einige Locken angedeutet. Scharf und schematisch eingeschlagene senkrechte Meißelspuren gliedern den Schnurrbart; die Brauen sind in ähnlicher Weise gestaltet. Der sich bis zu den wulstigen Ohren hinaufziehende Backenbart besteht aus mehreren Reihen gleichförmig gedrehter Löckchen.

[187] Bandinelli 321, Abb. 301; M. Končeva, Chudožestvenoto nasledstvo na trakijskite zemi, Sofija 1971, Abb. 195; H. P. L'Orange, in: Wegner III/4, 28, 109.

[188] D. P. Dimitrov, Ein Portraitkopf des Kaisers Diocletian im Nationalmuseum zu Sofia, Studia Serdicensia 3, 1942, 1–3, Abb. 1–2.

[189] Bandinelli 321, möchte in dem Porträt eher Galerius erkennen, ebenso H. P. L'Orange, in: Wegner III/4, 109.

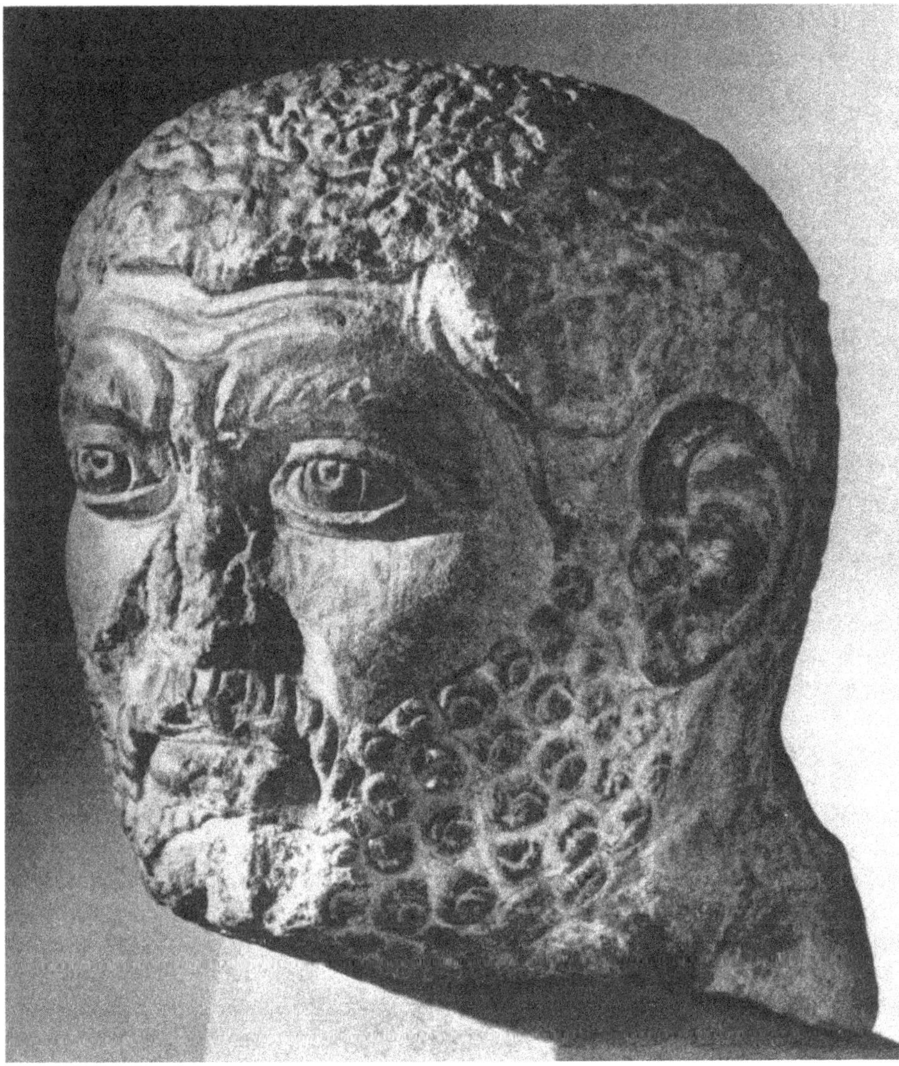

Abb. 9.
Sog. Diokletian (284–305). Sofia, Archäologisches Nationalmuseum

Nicht nur in vielen Details, sondern auch in der Gesamtanlage ist der Kopf deutlich asymmetrisch gebildet. Die linke Gesichtshälfte dehnt sich wesentlich weiter aus als die rechte; hier sind auch die Formen ebenso unregelmäßig wie die Stirnfalten; der Mund sitzt schief im Gesicht. Wieweit man allerdings hinter solchen Asymmetrien künstlerische Absicht zu vermuten hat, ist nicht ohne weiteres zu entscheiden. Sicher jedoch dürfte sie nicht einfach als Zeichen mangelnder Qualität oder als Merkmal der provinziellen Herkunft des Kopfes gewertet werden; ähnliche Asymmetrien sind auch an Porträts aus Rom selbst zu finden.

Es stellt sich die Frage, in welchem Maße die Gestaltungsweise des Sofioter „Diokletian" mit formalen Merkmalen zeitgleicher Werke der stadtrömischen Bildniskunst übereinstimmt. Sicher wird man einige Züge, wie die außerordentliche Härte der Inskriptionen und die extrem schematische Anlage des Bartes, seiner Entstehung in einem Randgebiet des Reiches zugutehalten können. Andererseits läßt er sich mit seinen stilistischen Hauptmerkmalen – vor allem der kubischen Grundstruktur und der dominierenden Wirkung des Blickes – ohne weiteres in die stadtrömische Entwicklung einfügen, wie durch die Hinweise auf den kapitolinischen Probus und den Togatus-Kopf Pamfili bereits angedeutet wurde. Nur dadurch wird ja überhaupt eine glaubhafte Datierung möglich, für die das Vergleichsmaterial aus den Donauprovinzen kaum ausreichen würde.

Das Problem der Porträtkunst in den Provinzen des Römischen Reiches kann hier nur kurz angesprochen, nicht eingehend erörtert werden. Die Frage, ob bei der Ausprägung der spätantiken Bildniskonzeption provinzielle Porträtschöpfungen eine entscheidende Rolle gespielt haben, wird in der Forschung immer noch kontrovers beantwortet. Es sei auf den Abriß der künstlerischen Entwicklung in verschiedenen Provinzen bei Bandinelli[190] und auf die grundsätzlichen Überlegungen Zankers[191] zur Problematik des provinziellen Kaiserporträts verwiesen. Zweifellos sind einige der stilistischen Merkmale, die seit spätgallienischer Zeit und besonders in den folgenden Jahrzehnten in der römischen Bildniskunst dominierten, von provinziellen Porträtschöpfungen „vorweggenommen" worden. Andererseits läßt sich aber die Herausbildung des spätantiken Herrscherbildes in seinen Hauptzügen durchaus auch aus den Voraussetzungen, die die stadtrömische Kunst selbst bot, und aus den ihrer Entwicklung zugrundeliegenden gesellschaftlichen Wandlungen verstehen. So wird man also die Rolle der provinziellen Einflüsse bis zum Beweis des Gegenteils eher zurückhaltend bewerten müssen.[192]

[190] Bandinelli 105–367.

[191] P. Zanker, s. Anm. 90.

[192] So grundsätzlich auch P. Zanker, ebenda, bes. 49–50.

8. Konstantin I., Rom, Palazzo dei Conservatori, Cortile, Inv.Nr. 757

Immer wieder und nicht ohne Grund hat man die Zeit Konstantins I. (306–337) als epochale Wendemarke in der Geschichte der römischen Bildniskunst charakterisiert. Mit den Porträts des ersten christlichen Kaisers findet der das ganze 3. Jh. umspannende, widerspruchsvolle Prozeß der Herausbildung des spätantiken Menschen- und Herrscherbildes seinen Abschluß, beginnt zugleich aber auch eine neue, zur Kunst des Mittelalters überleitende Entwicklung.

Stellvertretend für eine größere Zahl überlieferter Konstantin-Porträts mag hier der Kopf der Sitzstatue aus der Maxentius-Basilika (Abb. 10) stehen, der Ende des 15. Jh. zusammen mit einigen Fragmenten des Körpers gefunden wurde und seit 1654 an seinem heutigen Platz im Hof des Konservatorenpalastes aufgestellt ist.[193] Seine riesigen Ausmaße – der Kopf mit Hals ist 2,60 m hoch, die ganze Statue maß ehemals etwa 10 m – könnten ihn als untypisch und für eine paradigmatische Behandlung nicht geeignet erscheinen lassen, doch erstens sind noch weitere überlebensgroße, wenn auch nicht ganz so gewaltig dimensionierte Porträts des Kaisers bekannt, und zweitens ist der Drang zur Monumentalität an sich schon ein bezeichnendes Merkmal dieser Bildnisstufe. Während L'Orange[194] noch an eine spätkonstantinische Entstehungszeit dachte, wird das Werk heute allgemein in die früheren Regierungsjahre des Kaisers datiert; Zanker[195] sieht in ihm eine stilistisch eigenständige Umbildung des 311 geschaffenen zweiten Bildnistyps Konstantins.

Der Eindruck des streng frontal zu sehenden Kopfes wird von den augedehnten glatten Flächen der Stirn und der Wangen, viel mehr aber noch von dem aus großen, weitgeöffneten Augen schräg nach oben ausstrahlenden Blick bestimmt. Hinter der Expressivität dieses Blickes, dem gleichwohl keinerlei individuelle psychische Ausdruckskraft mehr eignet, tritt die haptisch-körperliche Präsenz des Kopfes im Ganzen ebenso zurück wie im – plastisch ohnehin kaum ausgearbeiteten – Detail. Jeder auch nur entfernte Anklang an eine den Einzelnen charakterisierende Gestaltung ist vermieden, mehr noch: in seiner starren Ungeregtheit, in der Alterslosigkeit der Züge, in der Unbestimmtheit des Blikkes[196] scheint das Porträt, oder richtiger: der in ihm Dargestellte, über sein irdisches Dasein, über die Grenzen von Raum und Zeit hinausgehoben. Man hat in diesem Zusammenhang von einem „ikonen"- bzw. „kultbildhaften" Ausdruck

[193] P. Zanker, in: K. Fittschen, P. Zanker, s. Anm. 25, 147–152 (Nr. 122), Taf. 151–152; W. Schindler, s. Anm. 49, 211-212, Abb. 100.

[194] L'Orange 63: um 324–337.

[195] P. Zanker, in: K. Fittschen, P. Zanker, s. Anm. 25, 152.

[196] Zutreffend nach meiner Meinung G. Kaschnitz, s. Anm. 79, 59; ders., s. Anm. 102, 465; P. Zanker, s. Anm. 12, 366. Genau im entgegengesetzten Sinne deutet den Blick Bandinelli 83: „. . .stellt die direkte Verbindung zu den Anwesenden her".

Abb. 10.
Konstantin I. (306–337). Rom, Palazzo dei Conservatori, Cortile

gesprochen[197], und man hat – am eindringlichsten Kaschnitz[198] – darauf hingewiesen, daß sich in einer solchen Bildnisgestaltung eine Auffassung äußert, die die irdische Erscheinung des Menschen nur noch als Reflex eines transzendenten, reinen, von den Geschehnissen des Tages nicht affizierbaren Seins gelten läßt.

Eine derartige Wandlung signalisiert ganz sicher mehr als nur eine neue Weise kaiserlicher Herrschaftslegitimation. Allerdings dürften auch solche Gesichtspunkte noch eine Rolle gespielt haben: Hierher gehören etwa die im Bildnis enthaltenen „Zitate" der Ikonographie Trajans, des noch immer beispielgebenden *„optimus princeps"*, auf die Zanker[199] hingewiesen hat. Aber diese Züge konventioneller politisch-propagandistischer Aussage werden in den Hintergrund gedrängt durch das zeitlose Bild des weit über alle Mitmenschen hinausgehobenen Herrschers in seinem „ernsten, unnahbaren, starren Sein".[200]

Es erschiene mir wenig sinnvoll, Vermutungen darüber anzustellen, wieweit eine solche neue Konzeption des Kaiserporträts noch aus der Dominatsideologie des ausgehenden 3. Jh. erklärt werden kann, oder ob hier, wie man gelegentlich vermutet hat, bereits christliche Vorstellungen eine Rolle gespielt haben könnten. Wichtig ist, daß dem Bild des spiritualisierten, von der Bindung an die individuelle Erscheinung befreiten und in gewissem Sinne der Körperwelt überhaupt entrückten Herrschers eine christliche Deutung jedenfalls leicht unterlegt werden konnte.

D. Zusammenfassung

Verglichen mit der Entwicklung des römischen Porträts in den beiden ersten Jahrhunderten der Kaiserzeit, haben die Stilwandlungen des 3. Jh. eine neue Qualität. Was vorher den wesentlichen Inhalt der Porträtentwicklung ausmachte, das Pendeln zwischen den Polen einer „realistischen" oder „veristischen" und einer „klassizistischen" Gestaltungsweise, hat jetzt nur noch sekundäre Bedeutung. Die Elemente beider Richtungen existieren nebeneinander, sind weitgehend zum bewußt einsetzbaren „Handwerkszeug" der Künstler geworden. Hinter dem Wechsel aber von einmal naturnäheren, einmal mehr idealisierten Zügen und von diesen zwar verunklärt, aber kaum je völlig verdeckt, vollzieht sich über das ganze 3. Jh. hin in annähernder Kontinuität ein anderer, viel wesentlicherer Vorgang: die Herausbildung des scheinbar „entkörperlichten", spiritualisierten Bildnisses der Spätantike.

[197] L'Orange 64 („ikonenhafte Steigerung des Ausdrucks"); Bandinelli 83 („beinahe war es ein Kultbild"); P. Zanker, s. Anm. 12, 366 („kultbildähnlich").
[198] G. Kaschnitz, s. Anm. 79, 59–60; ders., s. Anm. 102, 465.
[199] P. Zanker, s. Anm. 12, 366; ders., in: K. Fittschen, P. Zanker, s. Anm. 25, 151.
[200] G. Kaschnitz, s. Anm. 79, 59.

Diese Entwicklung ist nur in einer vordergründigen Schicht stilistischer Natur. In ihr spiegeln sich die grundsätzlichen Wandlungen des Herrschaftsverständnisses und damit des Herrscherbildes: Folgen der politischen und sozialen Umwälzungen des 3. Jh. Dennoch lassen sich die künstlerische Entwicklung und mit ihr der Übergang zum spätantiken Porträt nur bedingt, jedenfalls nicht unmittelbar, aus dem Gang der geschichtlichen Ereignisse begründen. Von diesen zwar angeregt und auf sie zurückwirkend, aber doch relativ selbständig vollzog sich im 3. Jh. ein tiefgreifender Wandel des Menschenbildes, dessen Objektivierung im plastischen Porträt am Ende weit über den Rahmen der bewußten Gestaltungsabsichten der Künstler hinausging.

Abkürzungsverzeichnis

1. Siglenverzeichnis

AA:	Archäologischer Anzeiger
AJA:	American Journal of Archaeology
ANRW:	Aufstieg und Niedergang der römischen Welt
CIL:	Corpus inscriptionum Latinarum
JdI:	Jahrbuch des Deutschen Archäologischen Instituts
RE:	Paulys Realencyclopädie der classischen Altertumswissenschaft, Neue Bearbeitung
RM:	Mitteilungen des Deutschen Archäologischen Instituts, Römische Abteilung (Römische Mitteilungen)

2. Verzeichnis der abgekürzt zitierten Literatur

Bandinelli:	R. Bianchi Bandinelli, Rom – Das Ende der Antike. Die römische Kunst in der Zeit von Septimius Severus bis Theodosius I., München 1971 (Universum der Kunst).
Bergmann:	M. Bergmann, Studien zum römischen Porträt des 3. Jahrhunderts n. Chr., Bonn 1977 (Antiquitas, Reihe 3, Bd. 18).
Calza:	Iconografia romana imperiale, 3: Da Carausio a Giuliano (287–363 d. C.), a cura di R. Calza, Roma 1972 (Quaderni e guide di archeologia).
Felletti Maj:	Iconografia romana imperiale, 2: Da Severo Alessandro a M. Aurelio Carino (222–285 d. C.), a cura di B. M. Felletti Maj, Roma 1958 (Quaderni e guide di archeologia).
L'Orange:	H. P. L'Orange, Studien zur Geschichte des spätantiken Porträts, Oslo u. a. 1933 (Instituttet for sammenlignende kulturforskning, Ser. B: Skrifter, 22).
Wegner III/1:	M. Wegner (Hrsg.), Das römische Herrscherbild, 3/1: Caracalla, Geta, Plautilla, von H. B. Wiggers, Macrinus bis Balbinus, von M. Wegner, Berlin 1971.
Wegner III/3:	M. Wegner (Hrsg.), Das römische Herrscherbild, 3/3: Gordianus III. bis Carinus, von M. Wegner, J. Bracker, W. Real, Berlin 1979.
Wegner III/4:	M. Wegner (Hrsg.), Das römische Herrscherbild, 3/4: Das spätantike Herrscherbild von Diokletian bis zu den Konstantin-Söhnen 284–361 n. Chr., von H. P. L'Orange unter Mithilfe von R. Unger, mit einem Nachtrag von M. Wegner: Die Bildnisse der Frauen und des Julian, Berlin 1984.

VI. Zusammenfassung der Ergebnisse

von Klaus-Peter Johne

Sieben verschiedene Bereiche des wirtschaftlichen, sozialen und geistigen Lebens im Imperium Romanum des 3. Jh. sind in den vorangegangenen Kapiteln dieses Buches einer näheren Betrachtung unterzogen worden. An relevanten Problemen aus Landwirtschaft, Handwerk und Handel, Kaisertum und Munizipalaristokratie und aus der Porträtkunst wurde der Versuch unternommen, den Übergang vom frühen zum späten Kaiserreich nachzuzeichnen, um auf diese Weise das Phänomen der „Krise des 3. Jahrhunderts" etwas mehr zu erhellen. Die Ergebnisse zeigen, daß die Veränderungen, die zwischen dem Ende des 2. und dem Beginn des 4. Jh. eingetreten sind, beinahe so vielfältig waren wie die untersuchten Sphären. Die in der „Einleitung" knapp skizzierte Ereignisgeschichte erweist sich bei näherer Untersuchung nur als der offenkundige Teil eines sehr komplizierten ökonomischen und sozialen Beziehungsgeflechts. Als ein wesentliches Ergebnis der vorgelegten Beiträge wird man festhalten können, daß die Krise des 3. Jh. nicht nur in den verschiedenen Reichsteilen, Regionen und Provinzen einen recht unterschiedlichen Verlauf genommen hat, sondern auch in den einzelnen Lebensbereichen sehr verschiedenartige Auswirkungen besaß.

Die regionale Differenzierung wird in den beiden Kapiteln über die archäologischen Quellen zur Entwicklung der Villenwirtschaft und die Probleme von Stadt und Stadtentwicklung am deutlichsten.

In der Landwirtschaft zeichnet sich bei einer archäologischen Bestandsaufnahme zum Ende des 3. Jh. eine Situation ab, die erhebliche Veränderungen gegenüber derjenigen am Beginn des Jahrhunderts aufweist. Die Gesamtzahl der für die römische Wirtschaftsweise typischen Villen hat sich verringert, und zwar nicht nur in den durch Invasionen betroffenen Gebieten der Grenzprovinzen, sondern auch dort, wo die Entwicklung von äußeren Einflüssen weniger berührt worden ist, wie auf der Iberischen Halbinsel oder in Nordafrika. Das archäologische Quellenmaterial spiegelt die Entstehung von Großgrundbesitz auf Kosten kleiner und mittelgroßer Güter wider, da unter der geringer gewordenen Zahl von Villen der Anteil der luxuriös ausgestatteten Großvillen deutlich zugenommen hat. Diese reichsweite Tendenz hatte jedoch in den einzelnen Regionen unterschiedliche Ursachen.

Obwohl die iberischen Provinzen von den Einfällen und Verwüstungen der Jahrhundertmitte relativ wenig betroffen worden sind, ist in diesem Reichsteil ein Rückgang der Villenwirtschaften zu verzeichnen, der sich nur aus sozialökonomischen Entwicklungen erklären läßt. Dagegen ist die Villenwirtschaft in Thrakien und Niedermösien, in Provinzen, die jahrzehntelang Brennpunkte des politischen und militärischen Geschehens waren und in denen ein völliger Niedergang nicht überraschen würde, zwar von diesen Vorgängen gezeichnet, aber nicht wirklich nachhaltig und irreparabel beeinträchtigt worden. Trotz langwieriger Kämpfe mit eingedrungenen „Barbaren" stellt das 3. Jh. keinen gravierenden Einschnitt in der Landwirtschaftsentwicklung dieser Provinzen dar. Wiederum anders war die Situation in den an der Rheingrenze gelegenen Provinzen Nieder- und Obergermanien, in denen der Zusammenhang zwischen militärischen Operationen und wirtschaftlicher Entwicklung unübersehbar ist. So bedeuteten die Germaneneinfälle für Rheingau, Wetterau und Dekumatland das faktische Ende einer geregelten Landwirtschaft römischen Musters. Der Entwicklungsprozeß wurde also sowohl durch gesellschaftsimmanente Faktoren wie auch durch das äußere Geschehen beeinflußt.

Zu ähnlichen Ergebnissen gelangt die Untersuchung des Städtewesens in verschiedenen Teilen des Imperium Romanum. So ist im mittel- und süditalischen Raum ein wirtschaftlicher Niedergang der Städte zu konstatieren, obwohl diese Gebiete weder von feindlichen Invasionen noch von Bürgerkriegen heimgesucht wurden. Stagnationserscheinungen und Krisensymptome waren für Teile der Apenninenhalbinsel schon für die Mitte und zweite Hälfte des 2. Jh. charakteristisch. Mit dem allmählichen Verlust der ökonomischen Vorrangstellung Italiens ging derjenige der politischen Bedeutung des Reichszentrums einher. Der Aufstieg einiger Städte Norditaliens – Aquileia und Mailand sind die markantesten Beispiele – erfolgte dagegen trotz Belagerungen in Bürgerkriegen und trotz latenter germanischer Bedrohung. Er zeigt, daß kriegerische Einwirkungen für den Rückgang oder die Weiterentwicklung italischer Städte keine wirklich nachhaltige Bedeutung besessen haben können. In Nordafrika spricht alles dafür, daß die Städte ihre Prosperität durch das gesamte 3. Jh. hindurch behaupten konnten. Auch in Kleinasien und Syrien, wo die städtische Entwicklung auf der älteren hellenistischen Tradition basierte, wurden die ökonomischen Grundlagen durch Einfälle und innenpolitische Auseinandersetzungen nicht grundsätzlich beeinträchtigt. Die vielfältigen Belastungen, die die Jahrhundertmitte auch diesen Provinzen brachte, konnten nach einiger Zeit wieder kompensiert werden. Trotz aller zeitbedingten Rückschläge blieben die wirtschaftlichen und sozialen Voraussetzungen für ein städtisches Leben gesichert. Dagegen haben sich die meisten Städte der Donauprovinz Pannonien von den schweren Schlägen, die dieses Gebiet in dem Jahrhundert erschütterten, nicht wieder erholt. Auch die Städte im gallisch-germanischen Raum wurden von den Vorgängen der Zeit sehr in Mitleidenschaft gezogen, erlebten jedoch im Unterschied zu den pannonischen meist wieder einen Aufschwung; Köln und Trier gelangten im 4. Jh. noch einmal zu einer späten Blüte. Insgesamt läßt sich feststellen, daß viele Städte im Römischen Reich des 3. Jh. trotz der anhaltenden militärischen und politischen Wirren die antike Tradition bewahren konnten.

Eine differenzierte Beurteilung ist auch auf einem Felde angebracht, auf dem weithin sichere Ergebnisse als Folge der Krise vorzuliegen scheinen. Als solche gelten zu Recht die gesetzlich fixierte Bindung der meisten Produzenten an ihre jeweilige Tätigkeit, der Bauern an das von ihnen bearbeitete Land und vieler Handwerker an ihren Beruf. Hierbei kommt den Pächtern landwirtschaftlich genutzten Bodens, den Kolonen, eine besondere Bedeutung zu. Sicher ist der Umbruch von der Kolonenwirtschaft der frühen Kaiserzeit zum spätantiken Kolonat in der Zeit der diokletianisch-konstantinischen Reformen zu suchen. Diesem Umbruch war jedoch eine lange Entwicklung vorangegangen. Bereits seit Jahrhunderten hatte es unter den Kolonen Abhängigkeitsverhältnisse gegeben, die über eine normale Pachtbindung hinausgingen, so bei den Kolonen in klientelartiger Abhängigkeit, bei den Freigelassenen und den Quasi-Kolonen. Hinzu kamen Probleme der Verschuldung und für die Provinzen charakteristische Formen der Untertänigkeit, wie sie schlaglichtartig einmal für die nordafrikanischen Domänen in den Jahren 181/182 erhellt werden. So zeichnete sich bei Ausbruch der akuten militärisch-politischen Krise des 3. Jh. schon eine breite Skala von Abhängigkeiten ab, die für die Landbevölkerung relevant waren. Zwangsansiedlungen unterworfener „Barbaren“ seit den Zeiten Mark Aurels gaben der zum Kolonat tendierenden Kolonenwirtschaft gewissermaßen bereits die staatliche Sanktionierung für die Bodenbindung. Diese scheint Diokletian dann zunächst aus fiskalischen Gründen verfügt zu haben. Darauf weisen Bestimmungen der Jahre 371 und 393/395, in denen ein Wechsel in der Begründung für die Bindung der Kolonen vorgenommen wird. Bis zu diesem Zeitpunkt waren sie durch eine bestimmte Steuerpflichtigkeit gefesselt, danach nur noch auf Grund ihrer Herkunft. Konstantins I. Edikt von 332 markierte eine entscheidende Etappe auf dem Weg zum Kolonat, der sich in einem längeren Prozeß vom Ende des 3. bis in die zweite Hälfte des 4. Jh. herausgebildet hat. Unter machtpolitischem Aspekt beruhte er auf einem Arrangement zwischen dem militärbürokratischen Staatsapparat und der Großgrundbesitzeraristokratie zu Lasten der kleinbäuerlichen Kolonen, deren Leistungen für die Gesellschaft zu wichtig geworden waren, um sie wie in der Vergangenheit dem privaten Kräftespiel zwischen Grundherren und Pächtern zu überlassen.

Das Pendant zur Bodenbindung der Kolonen ist die Fesselung von Handwerkern und Händlern an ihre jeweiligen Kollegien. Die ideelle Grundlage für beide Maßnahmen war der Wunsch, das Funktionieren der Wirtschaft und des gesellschaftlichen Lebens, ja den Fortbestand der alten Ordnung überhaupt, dadurch zu gewährleisten, daß man einen jeden an dem Platz, den er einmal eingenommen hatte, fixierte. Die ältesten für den gewerblichen Bereich relevanten Quellenzeugnisse stammen wie diejenigen, die die Kolonen betreffen, aus konstantinischer Zeit. Danach waren spätestens in den Jahren 314 die Schiffseigner, 315 die Bäcker und 317 die Münzarbeiter samt ihrem Vermögen an den betreffenden Berufsverein erblich gefesselt. Wie bei den Pachtbauern auf dem Lande, so war auch in den Städten dieser Zustand das Ergebnis einer langen Entwicklung, deren Anfänge bereits in der frühen Kaiserzeit zu suchen sind. Schon im 1. Jh.

begann der Ausbau der Privilegien als eine Art Kompensation für die wachsenden Aufwendungen der Vereinsmitglieder bei der Erfüllung staatlicher Aufgaben. Als die Privilegien dann immer mehr ihre Anziehungskraft einbüßten und die öffentlichen Lasten schließlich so zugenommen hatten, daß die Handwerker und Händler ihrem Berufsverein und damit ihren Verpflichtungen den Rücken zu kehren drohten, sah die Staatsmacht einen Ausweg aus dieser Situation nur noch in der Bindung an die Kollegien. Die Möglichkeit reglementierenden Eingreifens bot sich durch die seit langem vorhandene staatliche Initiative zur Gründung von Berufsvereinen. Seit der Regierung des Severus Alexander hatte sie private Initiativen endgültig verdrängt. Die Bindung der Vereinsmitglieder erfolgte im Zuge der diokletianisch-konstantinischen Reformen wohl zuerst durch eine des Vermögens an die vom Staat für die Aufrechterhaltung des öffentlichen Lebens geforderten Leistungen. Erst in einem zweiten Schritt ist dann auch eine Bindung der Person an ihre Tätigkeit vorgenommen worden, um auf diese Weise in wichtigen Bereichen von Handwerk und Handel eine Stabilisierung zu erreichen.

Um die Veränderungen an der Spitze der gesellschaftlichen Pyramide geht es in dem Kapitel über Kaiser, Senat und Ritterstand. Im Mittelpunkt steht dabei die sich ändernde soziale Herkunft der Kaiser sowie deren Verhältnis zu den beiden oberen Ständen, den Hintergrund bildet die Verlagerung und Erweiterung der Rekrutierungsräume des Heeres bis an die Peripherie des Reiches.

Bis zum Tode Caracallas im Jahre 217 war die Zugehörigkeit zum Senatorenstand die unabdingbare und niemals durchbrochene Voraussetzung für die Bekleidung des Herrscheramtes. Die Übergangsphase begann mit Macrinus, dem ersten Ritter auf dem Thron, und Oclatinius Adventus, dem ersten einfachen Soldaten, den sein Weg bis zur Thronkandidatur geführt hat. Die Vorgänge bei der Kaiserwahl von 217 beleuchten nachdrücklich die Ausweitung der Führungsschicht am Anfang des 3. Jh. Der Aufstieg altgedienter Soldaten zu hohen Kommando- und Verwaltungsposten war ein Charakteristikum severischer Zeit und die Voraussetzung dafür, daß Maximinus Thrax 235 der erste Soldatenkaiser im engeren Sinne des Wortes geworden ist. Die heftige Restauration der restaurativen Kräfte im Sechskaiserjahr 238, die sich in der Berufung der senatorischen Vigintiviri und in der Wahl der Senatskaiser Balbinus und Pupienus dokumentiert, blieb letztlich erfolglos. In der von inneren und äußeren Kämpfen erfüllten Jahrhundertmitte verdrängte der Kaiser neuen Typs denjenigen, der in der Tradition des Prinzipats stand. Erstmals im Gallischen Teilreich scheinen Soldatenkaiser und Senatsaristokratie unter dem Druck der Verhältnisse einen in die Zukunft weisenden Ausgleich gefunden zu haben. Mit den Reformen des Gallienus fiel die endgültige Entscheidung über die weiteren Geschicke des Kaisertums. Der Ausschluß der Senatoren vom Militärkommando bewirkte, daß der erste Stand künftig nicht mehr das Reservoir bildete, aus dem die neuen Imperatoren kamen. Auch dieser entscheidende Schritt zur Veränderung der Führungsschicht trug Prozeßcharakter und knüpfte an genügend frühere Entwicklungen an. Er führte in der Konsequenz dazu, daß es seit der Mitte der siebziger Jahre des 3. Jh. den Herrscher senatorischer Abkunft nicht mehr gab, der Soldat auf dem Thron hatte sich durchgesetzt. Diokletians Herrschaft und die Tetrarchie führten schließlich zur Herausbildung einer Militäraristokratie, die von Veteranen- und Soldatenfamilien vorwiegend der Grenzprovinzen abstammte. Die Krise des 3. Jh. hat somit die Führungsschicht des Römischen Reiches in einer relativ kurzen Zeit tiefgehend verändert. Die dahin führende Entwicklung hat zweifellos durch die von außen kommenden Einflüsse in der Jahrhundertmitte eine ungeheure Beschleunigung erfahren, verursacht worden ist sie jedoch nicht erst in dieser Zeit. Ihre gesellschaftlichen Wurzeln reichen vielmehr über die Epoche der Severerdynastie bis in das Zeitalter der Antonine zurück.

Die Umschichtungen, die sich an der Spitze der Gesellschaft vollzogen, sind offenkundig. Bei der Munizipalaristokratie ist davon sehr viel weniger zu bemerken, durch die Krise bedingte Veränderungen können hier mehr erahnt und erschlossen als nachgewiesen werden. Im Mittelpunkt der umfangreichen Betrachtungen des Dekurionen- bzw. Kurialenstandes stehen die Voraussetzungen und Kriterien der Aufnahme in ihn, der Aufnahmemodus, die Größe und Schichtung sowie die soziale Stellung seiner Angehörigen. Bis zum 3. Jh. gab es für diese für das Funktionieren der Stadtgemeinden unerläßliche Schicht keine erbliche Mitgliedschaft. Diese lag auch nicht im Interesse der Kaiser, die das Vermögen der städtischen Oberschicht vor übermäßiger Beanspruchung und damit vorzeitiger Erschöpfung zu schützen suchten, andererseits von ihrem Besitz her geeigneten Plebejern den Aufstieg in diesen Stand offenhalten wollten. Wie die Pächter in der Landwirtschaft und die Handwerker und Händler im gewerblichen Bereich sind auch die Dekurionen durch die diokletianisch-konstantinischen Reformen an ihren Stand gefesselt worden. Reskripte Diokletians gestatten den Schluß, daß das bereits am Ende des Jahrhunderts erfolgt sei, nachzuweisen ist die Bindung, wie in den beiden parallelen Fällen, erst unter Konstantin in den Jahren 320 und 325. Die Zentralregierung hat sich bei der Einführung der erblichen Bindung bestimmt von der Absicht leiten lassen, die Funktionsfähigkeit der Städte als der unteren Verwaltungsebenen zu gewährleisten. Das notwendige Steueraufkommen ließ sich über die städtischen Verwaltungseinheiten nämlich nur sichern, wenn ein personell wie materiell funktionsfähiger Dekurionenstand vorhanden war.

Eine eingehende Untersuchung der Munizipalaristokratie zeigt, daß in der bisherigen Forschung für Krisensymptome gehaltene Phänomene nicht als solche gewertet werden dürfen. So gab es schon seit dem Beginn der Prinzipatszeit des öfteren einen Mangel an geeigneten Bewerbern für das Dekurionat. Der daraus resultierende erzwungene Eintritt in den Stand ist keine Sicherheitsvorkehrung einer Krisenzeit. Ebensowenig kann die Aufnahme von Plebejern in die städtische Aristokratie in diesem Sinne interpretiert werden, da sie sich schon vorher immer aus wohlhabenden Vertretern der Plebs ergänzt hat. Auch noch im 3. Jh. übten die Kurien eine unübersehbare Anziehungskraft aus. Die „Kurialenflucht“ der Spätantike ist im größeren Teil der belegten Fälle eine Abwanderung in eine günstigere soziale Position und nicht der unterstellte soziale Abstieg. Als eindeutiges Symptom des Niedergangs kann lediglich die im 4. Jh. zu beobachtende strafweise Versetzung in den Kurialenstand verstanden werden. Insgesamt scheint die Munizipalaristokratie mehr innere Stabilität besessen zu haben als das bisher weithin angenommen wurde. Diese Feststellung stimmt mit wesentlichen Ergebnissen der Untersuchung über das Städtewesen überein.

Das abschließende Kapitel über das Kaiserporträt beleuchtet exemplarisch die Verflechtung von Kunst und Ideologie in einer speziellen Gattung. Dabei werden ausgewählte Bildnisse der Kaiser Caracalla, Severus Alexander, Maximinus Thrax, Trajanus Decius, Gallienus, Probus, Diokletian und Konstantin einer Betrachtung unterzogen. Sie zeigt, daß die Wandlungen im 3. Jh. grundlegender und durchgreifender waren als alle Entwicklungsschritte der kaiserzeitlichen Porträtkunst zuvor. Das römische Bildnis am Ende des Jahrhunderts ist ein gänzlich anderes als an seinem Beginn. Hinter dem Wechsel von einmal naturnäheren, einmal mehr idealisierten Zügen vollzieht sich über das gesamte Jahrhundert hin die Herausbildung des scheinbar „entkörperlichten", spiritualisierten Bildnisses der Spätantike. In dieser künstlerischen Entwicklung spiegeln sich grundsätzliche Veränderungen des Herrschaftsverständnisses und des Herrscherbildes als Folgen von politischen und sozialen Umwälzungen.

Die zeitlichen Parallelen zwischen wichtigen Einschnitten der politischen Geschichte und wesentlichen Wandlungen des Kaiserporträts sind überraschend. So wird das abrupte Ende der Severerdynastie und die Machtergreifung des ersten Soldatenkaisers Maximinus Thrax 235 von einem ebenso plötzlichen Umschwung in der Konzeption des Kaiserbildnisses von einer „klassizistischen" zu einer „realistischen" Gestaltungsweise begleitet. In den sechziger Jahren des 3. Jh. drängen sich außerordentlich folgenreiche künstlerische Prozesse zusammen, die dieser Periode eine ganz besondere Bedeutung für die nachfolgende Entwicklung verleihen. Bildnisse des Gallienus markieren einen Kulminationspunkt bei der Überwindung des körperhaft-plastischen durch ein vergeistigt-transzendierendes Menschenbild. In demselben Jahrzehnt erreichte die politisch-militärische Krise des Reiches durch Angriffe von außen und Bürgerkriege im Innern sowie durch die Bildung von Teilreichen im Westen und Osten ihren Höhepunkt. Der Ausschluß der Senatoren vom Militärkommando durch Gallienus setzte für Roms künftige Führungsschicht höchst folgenreiche Akzente und bedeutete einen Wendepunkt in der Entwicklung dieses Standes. Schließlich lagen im Zeitalter Konstantins im künstlerischen wie im politischen und gesellschaftlichen Bereich Schlußpunkte und Neuanfänge dicht beieinander. Unter diesem Kaiser formierten sich endgültig Staat und Sozialordnung der Spätantike mit den an ihren Stand gebundenen Kurialen, den an ihren Beruf gefesselten Gewerbetreibenden und den ihrem Land zugehörigen Kolonen. Mit den Porträts dieses Kaisers findet auch der das gesamte 3. Jh. umspannende, widerspruchsvolle Prozeß der Herausbildung des spätantiken Menschen- und Herrscherbildes seinen Abschluß und beginnt zugleich eine neue, zur Kunst des Mittelalters überleitende Entwicklung.

Zum Abschluß soll nach den Ergebnissen gefragt werden, die den verschiedenartigen Beiträgen gemeinsam sind.

Die Krise des 3. Jh. weist mehrere Aspekte auf. Sie umfaßt einmal die akute militärisch-politische Krise der Jahrhundertmitte, gekennzeichnet durch eine ungewöhnliche Häufung von Usurpationen, durch den Abfall ganzer Reichsteile und durch eine seit den Zeiten des Hannibalischen Krieges nicht mehr gekannte äußere Bedrohung Roms. Diese an der Ereignisgeschichte ablesbare Krise läßt sich auf die Zeit der Soldatenkaiser von 235 bis 284 begrenzen und erreichte ihren Höhepunkt unter Kaiser Gallienus in den fünfziger und sechziger Jahren. Für ihre spezielle Ausprägung sind im wesentlichen äußere Faktoren namhaft zu machen.

Den Hintergrund für das militärisch-politische Geschehen bildet nun jedoch ein von der frühen Kaiserzeit zur Spätantike führender gesamtgesellschaftlicher Umbruch, der mit seinen vielfältigen Wandlungsprozessen als eine Krise der Gesellschaft und Wirtschaft bezeichnet werden kann. Mit diesem Wendepunkt nahm der Niedergang des Römischen Reiches seinen Anfang und mit ihm derjenige der antiken Gesellschaftsordnung insgesamt.

Diese Krise, die auch als ein „beschleunigter Wandel" definiert worden ist, begann in der zweiten Hälfte des 2. Jh. und erfuhr erst in der ersten Hälfte des 4. Jh. eine relative Bewältigung. Sie durchdrang alle Bereiche des gesellschaftlichen Lebens, die jeweiligen Auswirkungen waren jedoch sehr unterschiedlich. So gab es nicht nur beachtenswerte regionale Unterschiede, wie die Ausführungen zu Landwirtschaft und Städtewesen hinreichend zeigen, es existierten ganze Strukturen, bei denen sich Krisensymptome in geringem Maße und dann nur indirekt nachweisen lassen, wie z. B. bei der Munizipalaristokratie. Auf anderen Gebieten vollzogen sich gewichtige Veränderungen im Verlaufe weniger Jahrzehnte und in großer Deutlichkeit, die Sozialgeschichte des Kaisertums und die Wandlungen in der Porträtkunst bezeugen dies zur Genüge.

Die Ansätze für die Entwicklungsprozesse lagen in jedem der untersuchten Bereiche weit vor dem 3. Jh. Die Bindung ganzer Bevölkerungsgruppen wie der Kolonen, der Gewerbetreibenden und der Kurialen an ihren Stand und ihre Tätigkeit durch die diokletianisch-konstantinischen Reformen war zweifellos ein Indiz für den Versuch, Auswege aus einer alle Schichten der Gesellschaft erfassenden krisenhaften Situation zu suchen. Tendenzen, die zum Schluß in einer Bindung kulminierten, lassen sich jedoch in jedem der Fälle in das 2. Jh. und zum Teil sogar bis in das 1. Jh. zurückverfolgen. Auch das Verdrängen der Senatoren durch Ritter und der Aufstieg von Soldaten in den Ritterstand mit den daraus resultierenden Folgen für die Führungsschicht hat weit zurückreichende Wurzeln. Immer wurde eine spätestens im 2. Jh. tendenziell vorhandene Entwicklungsrichtung im 3. Jh. mehr oder weniger spürbar beschleunigt.

Die Tatsache, daß Stadt und Land in Teilen des Reiches die mannigfachen Zerstörungen recht gut überstanden haben bzw. sich wieder erholen konnten, zeigt, daß es neben zweifellos vorhandenen strukturellen Schwächen auch eine beachtenswerte Stabilität gerade der unteren Verwaltungseinheiten gegeben hat.

Die wirtschaftliche Stabilität von Städten und Landschaften und die gesellschaftliche der Munizipalaristokratie hat dafür gesorgt, daß in der Krise des Reiches nicht die Wendung zum Untergang erfolgte, sondern eine Krisenbewältigung überhaupt erst möglich wurde.

Die Ansätze für die Veränderungen in dem Jahrhundert der Krise weit davor und die innere Stabilität, die letztlich über Untergang oder Weiterexistenz entschied, sprechen für einen Vorrang innerer vor äußeren Faktoren. Die Landwirtschaft Spaniens wurde eben von der Krise stärker erfaßt als die der Balkanhalbinsel, das Städtewesen Süditaliens stärker als das Norditaliens, obwohl beide Male von den durch äußere Faktoren bedingten Gegebenheiten das Gegenteil zu erwarten gewesen wäre. Vor allem die Beiträge zu Landwirtschaft, Städtewesen und Munizipalaristokratie haben die gewiß nicht zu unterschätzenden kriegerischen Ereignisse in ihren Auswirkungen auf Gesellschaft und Wirtschaft doch relativiert. Zweifellos gibt es für all das, was sich im 3. Jh. im Römischen Reich vollzogen hat, keine monokausale Erklärung. Weder die Invasionen über die Reichsgrenzen allein, noch die Entwicklung im Innern des Reiches für sich genommen liefern eine hinreichende Begründung für den eingetretenen Wandel. Das Beziehungsgeflecht innerer und äußerer Faktoren für die zahlreichen Veränderungen ist kompliziert und stimmt in keinem der behandelten Lebensbereiche völlig mit dem anderen überein. Nach den hier vorgelegten Untersuchungen waren jedoch die von außen kommenden Einflüsse insgesamt eher von einer verschärfenden Wirkung auf den beginnenden Niedergang der antiken Gesellschaftsordnung als von ursächlicher Bedeutung.

Register

Abbildungsnachweise
zum Abschnitt „Das Kaiserbild im 3. Jahrhundert"

Originalfotos:
Staatliche Museen zu Berlin – Preußischer Kulturbesitz, Antikensammlung: *Abb. 1, 5*

Die übrigen Abbildungen wurden reproduziert nach:

Wegner, Max (Hrsg.): Das römische Herrscherbild. Abt. III, Bd. 1: Caracalla, Geta, Plautilla von Heinz Bernhard Wiggers, Macrinus bis Balbinus von Max Wegner. Berlin 1971, Taf. 54 a: *Abb. 2*

Poulsen, Vagn: Les portraits romains. Vol. II: De Vespasien à la Basse-antiquité. Planches. Copenhague 1974 (Publications de la Glyptothèque Ny Carlsberg, Bd. 8), Taf. CCLXIII: *Abb. 3*

Felletti Maj, Bianca Maria: Iconografia romana imperiale da Severo Alessandro a M. Aurelio Carino (222–285 d. C.). Roma 1958 (Quaderni e guide di archeologia, Bd. 2), Taf. XXIX/95 *Abb. 4*

Schindler, Wolfgang: Römische Kaiser. Herrscherbild und Imperium. Leipzig 1985, Abb. 86: *Abb. 6*

Fittschen, Klaus u. Paul Zanker: Katalog der römischen Porträts in den Capitolinischen Museen und den anderen kommunalen Sammlungen der Stadt Rom. Bd. I: Kaiser- und Prinzenbildnisse. Tafelbd. Mainz 1985 (Beiträge zur Erschließung hellenistischer und kaiserzeitlicher Skulptur und Architektur, Bd. 3), Taf. 143 und 152: *Abb. 7, 10*

Mitteilungen des Deutschen Archäologischen Instituts, Römische Abteilung, Bd. 44, Rom 1929, Taf. 37: *Abb. 8*

Bianchi Bandinelli, Ranuccio: Rom – Das Ende der Antike. Die römische Kunst in der Zeit von Septimius Severus bis Theodosius I. München 1971 (Universum der Kunst), Abb. 301: *Abb. 9*

www.ingramcontent.com/pod-product-compliance
Lightning Source LLC
LaVergne TN
LVHW081359011026
849161LV00013BA/2857